专利分析（第2版）

方法、图表解读与情报挖掘

Patent Information Analysis

Methods，Patent-Map Interpretation and Data Mining

主编　马天旗

副主编　赵亚娟　黄文静　张　弛　谢阿涟
李　杰　赵　哲　朱玉华　刘丹丹 等

知识产权出版社
全国百佳图书出版单位
—北京—

图书在版编目（CIP）数据

专利分析：方法、图表解读与情报挖掘/马天旗主编．—2版．—北京：知识产权出版社，2021.6
ISBN 978-7-5130-7480-3

Ⅰ.①专…　Ⅱ.①马…　Ⅲ.①专利—分析　Ⅳ.①G306

中国版本图书馆CIP数据核字（2021）第058878号

内容提要

本书系统收集了国内外常用的专利分析方法，并借鉴吸收了美、日、法、英、韩等国家及我国台湾等地区的相关研究机构和人员的最新研究成果，还重点参考了国内外主要专利分析工具中采用的较为先进的专利分析方法，结合作者自身的研究成果以及实际工作实践，首次对专利信息分析方法按照分析的对象、目的和深入程度进行了系统的归纳和梳理。本书设置了很多独有的专利分析方法内容，为从事专利信息分析工作的人员提供了一本系统完整、具有一定理论深度和较强实用性的专利信息分析方法方面的教材。

读者对象：专利代理与咨询机构的工作人员、专利信息服务组织或机构的工作人员、从事专利信息分析和情报挖掘的企业人员、相关专业的大学生等。

责任编辑：黄清明　张利萍　　　**责任校对**：潘凤越
封面设计：回归线（北京）文化传媒有限公司　　　**责任印制**：刘译文

专利分析（第2版）
——方法、图表解读与情报挖掘
主　编　马天旗
副主编　赵亚娟　黄文静　张　弛　谢阿涟　李　杰　赵　哲　朱玉华　刘丹丹　等

出版发行：知识产权出版社有限责任公司	**网　　址**：http://www.ipph.cn
社　　址：北京市海淀区气象路50号院	**邮　　编**：100081
责编电话：010-82000860转8117	**责编邮箱**：hqm@cnipr.com
发行电话：010-82000860转8101/8102	**发行传真**：010-82000893/82005070/82000270
印　　刷：天津嘉恒印务有限公司	**经　　销**：各大网上书店、新华书店及相关专业书店
开　　本：787mm×1092mm　1/16	**印　　张**：35.75
版　　次：2021年6月第2版	**印　　次**：2021年6月第1次印刷
字　　数：848千字	**定　　价**：149.00元

ISBN 978-7-5130-7480-3

编委会

主　编　马天旗

副主编　赵亚娟　黄文静　张　弛　谢阿涟
李　杰　赵　哲　朱玉华　刘丹丹
张　丛　马德刚　李　萍　卢宝锋
郝政宇　裴　军　王　冀　孙　敏
吕璐成　刘斌强　李　梁　邱俊杰
杨欣宇　阚　红　董新蕊

编者序

据统计，世界上每年发明创造成果的90%~95%在专利文献上记载。那么，怎么从文献中提取零散的专利信息进行分析、加工、组合，并利用统计学方法和技巧使这些信息转化为具有总揽全局及预测功能的竞争情报，就成了知识产权行业中一项举足轻重的研究内容。专利信息作为一种集技术、经贸、法律等于一体的高价值信息资源，可以用于辅助决策、指导技术研发、分析市场态势、促进产业升级，具有很高的价值。专利分析是进行专利布局规划、专利挖掘指导、高价值专利筛选、评估和运营等一切专利实务工作的基础（见图1），甚至是贯穿其中，例如在企业专利布局工作中，需要进行多个方面的专利信息分析（见图2）。毫不夸张地说，学好专利分析方法是每一位知识产权人的"基本功"。

鉴于此，"专利信息分析专业人员"作为一个确定的职业在2015年被列入我国《职业分类大典》。国家知识产权局在2018年还专门组织编制了《专利信息分析专业人员能力素质指导大纲》。在大纲的编制过程中，笔者有幸作为专家组成员之一全程参与其中，对专利信息分析人员需要具备的知识、技能和素质的多个模块都进行了深入研究。

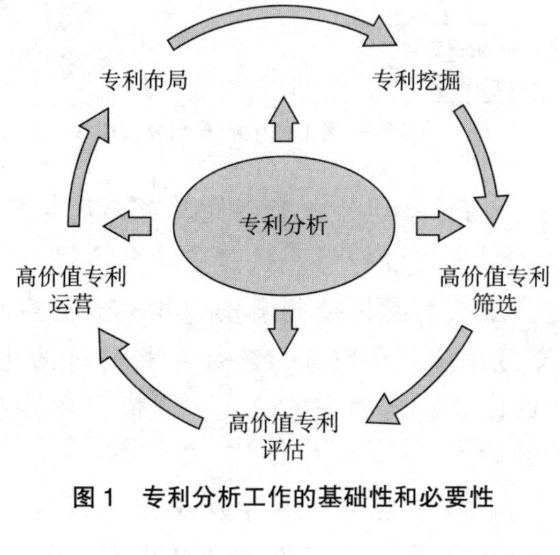

图1　专利分析工作的基础性和必要性

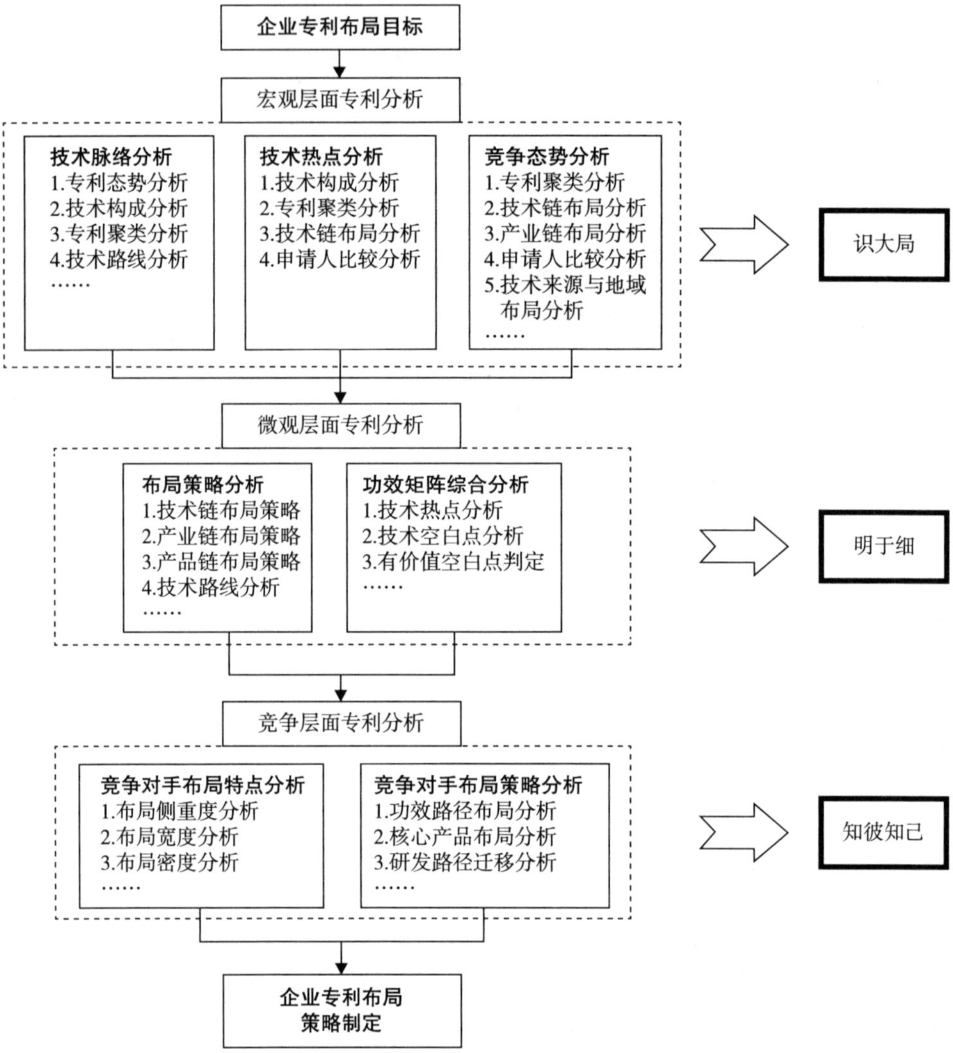

图2　专利布局工作中的专利分析模块

截至2020年年底，国家知识产权局会同教育部批复建设23家高校国家知识产权信息服务中心，制定出台知识产权基础信息数据规范，持续拓展知识产权信息传播利用渠道，专利信息传播利用基地和文献服务网点达到132个，新建30家技术与创新支持中心（TISC）。进行专利分析的主要障碍——专利信息的获取得到了极大的改善，这为全方位、大规模、高质量地开展专利信息分析工作奠定了良好的基础。

要实现我国专利信息服务能力的科学发展，还需要对制约其发展的因素进行全面、深入、整体的思考，只有摸清造成我国专利服务机构高端服务能力明显不足这一现象的各种深层次矛盾，才能发现内在的运行和发展规律，解决发展所面临的根本问题（见图3）。

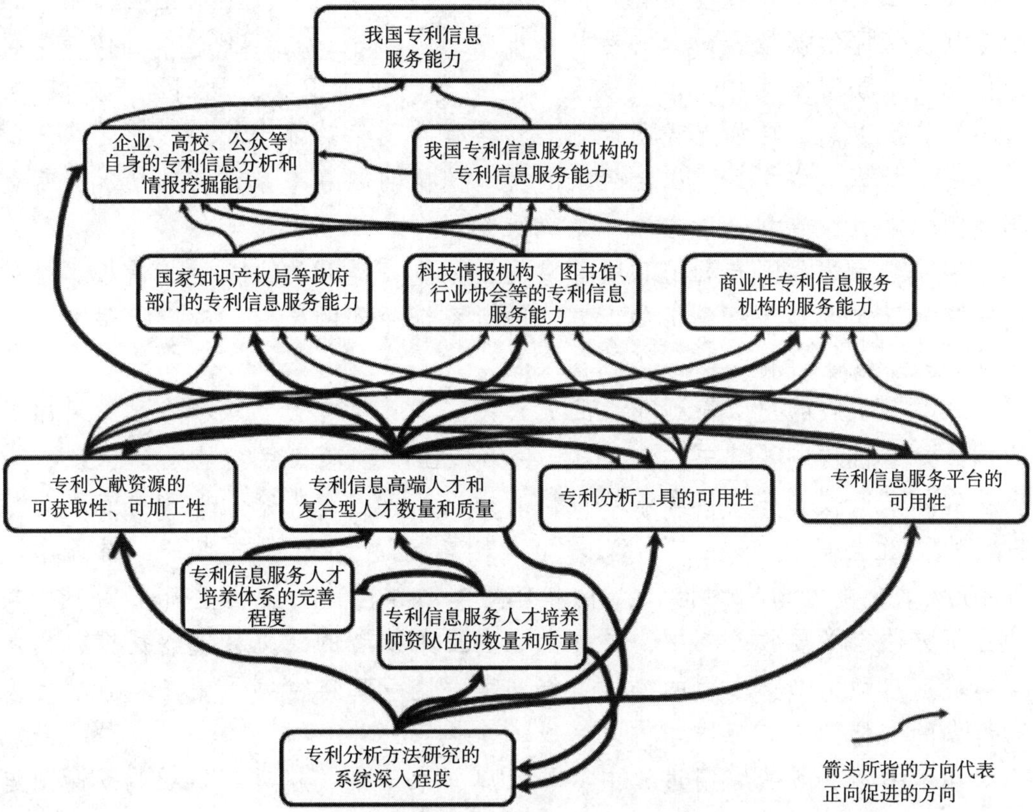

图3　我国专利信息服务能力的影响因素

我国专利服务机构的高端专利信息服务能力尚不能充分支持我国创新主体和市场主体的需求。而造成我国专利服务机构“缺钙”最直接的原因之一是“缺血”，即缺乏专利信息服务高端人才和复合型人才。专利信息服务既需要能够娴熟地掌握专利检索技能、专利信息分析预警方法、专利战略制定决策能力的高端人才，又需要懂技术、懂经营、懂法律的复合型人才。

我国专利服务机构“缺血”的主要原因是“造血能力”不足，没有构建完备的专利信息高端人才和复合型人才培养培育体系。而“造血能力”不足的主要原因是缺少批量的“造血干细胞”——对专利信息分析和情报挖掘方法进行系统深入研究并能熟练掌握和灵活运用的师资队伍。

“造血干细胞”的成长需要非常好的“营养环境”，只有组织人员对专利信息分析加工方法进行深入研究之后才能系统掌握和灵活运用，才能在此基础上组建相应的师资队伍，才能形成科学合理的课程体系和课程内容。

专利信息分析方法方面的核心研究成果不可能直接从国外获得，需要靠我们自身进行系统且深入的研究来获得。国外专利分析方法的研究成果主要以三种形式进行保护，一是作为技术秘密来保护，二是研发成特定的专利分析工具，三是申请专利。不管是何种方式，都不可能直接拿来免费使用。诸如专利价值评估模型等核心的专利分析方法，国外专利信息服务机构通常都是作为技术秘密来保护，即使购买到它的专利分析工具，我们也只知其然，而不知其所以然。再加上我国专利文献具有专利年龄都比较短、缺乏系统的专利引证数据、中文语言属性带来的文本挖掘问题等一系列特殊情况，都需要我们开展针对专利分析方法的系统研究。

因此，制约我国专利信息服务机构服务能力提升的最关键、最根本性的问题是缺乏对专利信息分析加工方法进行系统深入的研究，缺乏普适性、基础性和系统性的教材。

本书第1版的出版得到业界的极大关注，甚至有长期从事专利信息服务的国外知名机构购买此书。自2015年9月首印以来5年内已加印7次，被企业的知识产权管理人员和服务机构的知识产权咨询师亲切地称为专利分析方面的“红宝书”。仅在“当当网”上就有超过2300条的点评，好评率接近100%。但随着时间的推移，书中有些案例和理论变得有些陈旧，有些新的分析方法有必要收入其中，再加上有上百条读者的意见和建议反馈，因此最终决定启动本书第2版的编写工作。幸而这一工作得到了诸多本领域专家和好友的支持，修订工作才得以完成。

在本书第2版的编撰过程中，马天旗、朱玉华、赵哲、赵亚娟、谢阿涟负责统稿工作。马天旗全面参与了各章节的修订和案例收集工作，并主要参与了第1~3、6、8、10、13、19、22章的修订；赵亚娟主要参与了第3、6、10、14章的修订；张弛主要参与了第1~3章的修订；谢阿涟主要参与了第5章的修订，并撰写第22章；赵哲主要参与了第9、10、12、16章的修订；朱玉华主要参与了第8、9、20章的修订；刘丹丹与孙敏主要参与了第4、5、7章的修订；马德刚主要参与了第11、17章的修订；卢宝锋主要参与了第4、5章的修订；裴军主要参与了第15、18章的修订；杨欣宇主要参与了第23章的修订。本次修订对第1版中的时间节点的表述基本未做修改，请读者结合上下文语境来理解。

专利分析方面的知识浩瀚如海，本书虽倾尽编者们心血，然仍难免有疏漏和差错，请广大读者批评指正！再次感谢黄清明和张利萍两位编辑的辛苦付出，感谢陈燕、刘细文、刘介明、苏平、何佳、王峻岭、关典、潘晓梅和宋逸峰等专家为本书撰写推荐语。

马天旗

2021年2月

第1版序言

专利信息服务贯穿创新活动的全过程，对提升创新效益和产业竞争力具有至关重要且不可或缺的作用，更是企业应对专利侵权纠纷、进行海外专利布局、提升专利价值等战略决策过程中必不可少的内容。纵观世界，发达国家大都充分发挥着知识产权服务业的重要作用，为知识产权制度促进创新获取竞争优势提供了强有力的支撑。

我国经济已从高速增长进入中高速增长的新常态，创新驱动发展战略的实施推进、行业和企业的转型升级越来越离不开集法律性、技术性、经济性于一体的复合型战略性资源——专利信息资源的支撑。特别是由于专利挖掘、专利规避设计、专利价值评估、竞争对手专利分析等基于用户价值的高端咨询服务需求，以及专利质押、专利证券化等专利商业化的新兴业态不断涌现，我国的创新主体和市场主体越来越需要专利服务机构能够提供更高质量的个性化、专业化、系统化、战略化和规模化的专利信息增值服务。

专利分析是专利信息服务的核心手段之一，是实现专利情报挖掘和专利信息增值的关键步骤。专利分析方法则是专利分析过程中最智慧的思维运用，对专利分析方法系统且深入的研究是培养优质的专利信息服务高端人才和复合型人才的必要条件。只有系统深入地掌握了专利分析方法体系，才能对各种专利信息的加工实现多角度、多层次的信息挖掘，发现隐藏在数据信息背后的真实情报信息。

本书根据专利分析的分析目的、分析内容、深入程度将专利分析方法分解为数据层面、技术层面、战略层面和系统应用层面4个方面，对专利信息分析方法进行了较为系统的梳理和较为深入的阐述，体现了作者在学术研究和工作实践中最新的知识积累和研究成果，具有较高的理论研究水平和实用价值，既有利于初学者根据专利分析的目的由浅入深的学习，也有利于经验丰富的专利分析人员直接查阅相关的分析方法和手段。

国家知识产权局专利局机械发明审查部部长

国务院特殊贡献专家、津贴获得者

王　澄

2015年6月

第1版前言

专利分析方法方面的研究成果不可能直接从国外获得，需要靠我们自身进行系统且深入的研究来获得。国外专利分析方法的研究成果主要以3种形式进行保护，一是作为技术秘密来保护，二是研发成特定的专利分析工具，三是申请专利。不管是何种方式，都不可能直接拿来免费地使用。诸如，专利价值评估模型等核心的专利分析方法，国外专利信息服务机构通常都是作为技术秘密来保护，即使购买到它的专利分析工具，我们也只知其然，而不知其所以然。再加上我国专利文献具有专利年龄都比较短、缺乏系统的专利引证数据、中文语言属性带来的文本挖掘问题等一系列特殊情况，都需要我们开展针对专利分析方法的研究。

位卑未敢忘忧国，在当前的形势下，知识产权从业人员中的有识之士应当肩负起梳理和探索适合我国国情的专利分析方法的重任。对专利分析方法进行系统研究需要涉猎多方面的知识，笔者常叹专利分析知识之无涯而哀人生之须臾，幸得众多挚友和志士同仁相助，大家相互切磋、相互协作，互补短长，历时两年多终成此书。

已有的分类方法相对于整个专利分析体系来说仍过于笼统，没有体现出专利分析的主体内容和过程实质，不利于初学者快速掌握专利分析方法的精髓。本书对国内外专利分析方法的类型进行了系统归纳和整理。本书根据专利分析方法的分析目的、分析内容、深入程度等将其分为数据层面、技术层面、战略层面和系统应用层面4个方面。这样的分类方法有助于专利分析人员根据分析目的、分析的深入程度进行学习和运用。此外，还详细说明了专利分析方法的理论基础和内在逻辑，并通过针对性的案例深入阐述了这些专利分析方法的分析步骤、分析原理，不仅有利于专利分析人员深入地掌握方法实质，同时也可以提升其对专利数据图表解读和专利情报挖掘的技能。

“浮云谦恭地泊于天空的一角，黎明为它戴上了霞彩的冠冕”，多少个通宵达旦奋笔疾书，如能为推动我国专利信息服务能力之提升略尽绵薄之力，亦能聊慰平生！

我国居东亚之天府，应绍汉唐之遗烈，作并世之先进，周虽旧邦，其命维新。在专利信息分析方法上我们应大胆探索，敢于创新。遵从创新无不胜，深信前途会伐柯!!

参与各章节的人员情况如下：马天旗，现就职于国家知识产权局专利局机械发明审查部，参与前期搜集资料，搭建章节框架，撰写绪论，参与撰写第 1~15、19、21 章，参与统稿；黄文静，现就职于北京合享新创信息科技有限公司，参与撰写第 1~4、11、21 章，参与统稿；李杰，现就职于北京菲而飞德信息技术有限公司，参与撰写第 9、11、17、21 章，参与统稿；张丛，现就职于北京东方灵盾科技有限公司，参与撰写第 7、18 章；李萍，现就职于中国航天科工集团知识产权研究中心，参与撰写第 8、19 章，参与统稿；郝政宇，现就职于北京奥凯知识产权服务有限公司，参与撰写第 4、5、22 章；王冀，现就职于优酷土豆集团，参与撰写第 14、16、22 章；刘斌强，现就职于横琴国际知识产权交易中心有限公司，参与撰写第 12、16 章；李粱，现就职于国家知识产权局专利局机械发明审查部，参与撰写第 11、21 章；邱俊杰，现就职于国家知识产权局专利局材料发明审查部，参与撰写第 19、20 章；阚红，现就职于国家知识产权局专利局化学发明审查部，参与撰写第 4 章；董新蕊，现就职于国家知识产权局保护协调司，参与撰写第 18 章；杨欣宇，现就职于成都市知识产权服务中心，参与撰写第 22 章。

感谢国家知识产权局专利局机械发明审查部王澄部长的关心和帮助以及亲自为本书作序；感谢国家知识产权局知识产权发展研究中心副主任陈燕、优酷土豆集团总裁刘德乐、乐视全球知识产权副总裁谢海楠、北京强国知识产权研究院院长杨旭日、北京东方灵盾科技有限公司总裁孙瑞阳、中国通信标准化协会首届技术管理委员王加莹为本书撰写鉴定语；感谢白玉、石蕊、金梦、冯志云、顾欣燕、银路等提供的资料；感谢朱仁秀副部长、孙全亮处长、张小凤处长、黄清明编辑等提出的修改建议。

感谢国家知识产权局专利局审查业务管理部专利分析普及推广项目给予的案例资料支持。

专利分析方法方面的知识浩瀚如海，本书虽倾尽编者之心血，然仍难免有所疏漏和差错，望广大读者鉴阅！

马天旗

2015 年 6 月

目　录

数据分析方法篇

技术分析方法篇

案例目录

数据分析方法篇

技术分析方法篇

策略分析方法篇

应用分析方法篇

绪　论

专利信息分析方法（以下简称专利分析方法）是贯穿专利分析过程的核心和实现分析目标的关键。专利分析旨在对各种专利信息的加工实现多角度、多层次的信息挖掘，发现隐藏在数据信息背后的真实情报信息。

第一节　专利分析方法的发展

专利信息分析（以下简称专利分析）是指对大量杂乱无序的专利和非专利信息进行检索、处理和加工，使用各种定量、定性及组合的分析方法，研究它们在时间、空间、主体、技术等维度的内部关联性，挖掘隐藏在信息背后相对真实的情况，以实现技术发展预判、竞争对手跟踪、投资风险防范等主要目的，最终形成指导各方面科学决策的情报活动。

从早期简单的专利统计分析发展到专利分析评议、专利预警分析、专利导航分析、区域布局分析、政策支撑分析等相关类型，专利分析的内容、方法和应用场景不断得到扩展，有力支撑了企业技术创新能力和市场竞争优势提升，有效服务了政府科学决策和产业经济高质量发展，已经成为知识产权服务的重要组成部分。

各类专利分析报告是专利分析方法的载体。专利分析方法主要可以划分成 4 个发展阶段，如图 0-1 所示。

Seidel 于 1949 年第一个系统地提出专利引文分析的概念，他指出专利引文是后继专利基于相似的科学观点而对先前专利的引证，Seidel 同时还提出了高被引专利其技术相对重要性的设想。有些专利分析方法更侧重于对专利信息内部的深层次挖掘和分析结果客观、准确的研究。如 Byungun Yoon、Yongtae Park❶ 提出了一种把文本挖掘技术和联合分析、形态分析相结合的专利分析方法，利用专利信息发现新的、潜在的技术机会。

20 世纪 90 年代后随着信息技术、网络技术与专利数据库的不断发展、完善，专利分析法开始真正适用并应用于企业战略与竞争分析之中❷，各种分析体系也开始不断建立和完善。国外许多知识产权咨询机构都定义了不同的专利分析指标，比如美国摩根研

---

❶ Yoon B，Park Y. Development of new technology forecasting algorithm：hybrid approach for morphology analysis and conjoint analysis of patent information ［J］. IEEE Transactions on Engineering Management，2007.

❷ 张燕舞，等. 企业战略与竞争分析方法之一：专利分析法 ［J］. 情报科学，2003，21（8）：808-810.

究与分析协会（Mogen Research & Analysis Association）、美国知识产权咨询公司（CHI Research）、汤森路透（Thomson Reuters）等。

随着计算机的普及及信息技术和网络技术的发展，专利信息分析逐渐从手工处理过渡到以计算机为工具的时代。由于面对的专利数据非常庞大，各种专利分析方法往往需要依赖专利分析工具加以实现，分析工具直接影响到专利信息分析的效率和准确性，为专利分析提供了极大的便利，促进了专利信息分析方法的研究和拓展应用，而且也促使专利分析方法向自动化、智能化、网络化和可视化方向发展，出现了各种各样的专利分析工具，如TI（Thomson Innovation）、Innography、WIPS等。

近年来，随着我国企业和科研院所的创新能力和专利保护意识不断提升，基于专利挖掘、专利规避设计、专利价值评估、竞争对手专利分析等高端咨询服务需求日益旺盛，越来越需要专利服务机构能够提供更为个性化、专业化、系统化、战略化和规模化的专利信息增值服务。鉴于此，“专利信息分析专业人员”作为一个确定的职业在2015年被列入我国《职业分类大典》[1]。国家知识产权局在2018年还专门组织编制了《专利信息分析专业人员能力素质指导大纲》。为增强社会公众和创新主体获取知识产权基础数据的便利性，提高公众准确解读和有效利用知识产权基础数据的能力，国家知识产权局公共服务司特编制《知识产权基础数据利用指引》。此外，国家知识产权局还专门针对专利信息利用的典型场景知识产权分析评议和专利导航分别制定了《知识产权分析评议工作指南》和《专利导航指南》。为了创新用户提升技术信息检索能力，更快地掌握行业动态和新技术信息，促进其增强创新能力，世界知识产权组织（WIPO）和国家知识产权局致力于共同推广技术与创新支持中心（TISC项目）。

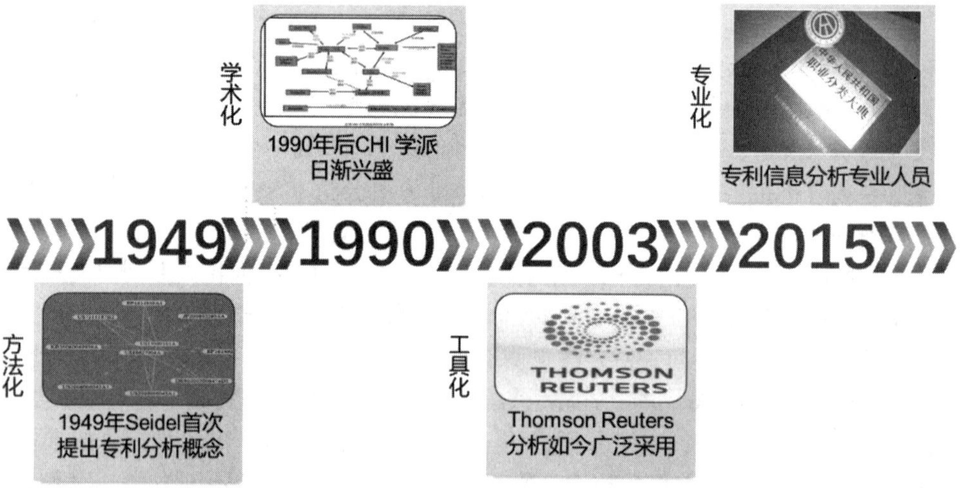

图0-1　专利分析的发展阶段

[1] 在“经济和金融专业人员”类下增加了“知识产权专业人员”小类，下设“专利代理专业人员”“专利审查专业人员”“专利管理专业人员”“专利信息分析专业人员”4个相关职业。

第二节　专利分析方法的分类

根据分析对象可分析的程度，通常将专利分析方法分为定量分析、定性分析、拟定量分析等类型❶。定量分析是利用数理统计、科学计量等方法对专利文献及其相关信息进行加工整理和统计分析。定量分析主要是通过专利文献上所固有的著录项目来识别相关文献，对有关指标进行统计分析。定性分析是将专利文献信息的内部特征（如说明书、权利要求书的内容等）运用数据挖掘等手段进行归纳和整理，然后运用专业技术进行解读、分析的方法。专利拟定量分析是专利定量分析与定性分析相结合的分析方法。专利拟定量分析通常由数理统计入手，然后进行全面、系统的技术分类和比较研究，再进行有针对性的量化分析。上述 3 种类型的专利分析方法常见的分析手段和分析内容参见表 0-1。

表 0-1　按照分析对象的性质划分的专利信息分析方法

分析种类	分析手段和分析内容
定量	技术生命周期分析
	分类号、关键词等技术主题的聚类分析
	时间序列分析
	地域分布和技术构成分析
	技术实施情况统计分析
	……
定性	技术功效矩阵分析
	核心专利分析
	权利要求分析
	技术发展路线分析
	……
拟定量	专利文本数据挖掘
	专利价值评估分析
	专利引文分析
	……

郭婕婷、肖国华、肖沪卫均从分析维度的角度出发提出了“点”“线”“面”和

❶ 方曙，等．专利情报分析方法及应用研究［J］．图书情报知识，2007（4）：64-69.

“立体”4 个层次的专利情报分析方法❶❷（见表 0-2）。“点”分析主要是对专利文献上固有的单个著录项，按有关指标分别进行统计分析，是对专利信息的初步挖掘。“线”分析是对专利数量、专利权人、专利申请日等“点”情报按照时间、空间、分类等进行组配统计，或按照时间、空间、分类等进行再排序的过程。将“线”情报加以组合，即综合时间、空间、分类等方面的不同因素则得到各种相互联系的有关技术发展状况的“面”情报。“立体”分析是指将上述“面”情报加以组合，得到专利与其他各因素间联系的全面情报，即用透视的观点或角度进行专利分析，把隐藏的要素详细地表露出来，最终得出技术分析结果。

表 0-2　按照分析维度划分的专利信息分析方法

分析维度	分析手段和分析内容
点	专利申请量、授权量等数量及构成分析
	申请人、发明人申请量排序分析
	……
线	专利申请的时间序列分析
	技术生命周期分析
	专利申请的地域分布分析
	专利申请的 IPC 分类分析
	……
面	技术矩阵分析
	专利聚类分析
	专利引文分析
	技术输入输出国分析
	……
立体	专利组合分析
	TEMPST❸ 分析
	鱼骨技术分析
	技术发展路线分析
	……

还有按照专利分析的深浅程度将专利分析方法分为一维分析方法、二维分析方法以

❶ 肖沪卫. Internet 专利竞争情报开发研究［J］. 情报杂志，2003，22（10）：52-54.

❷ 郭婕婷，肖国华. 专利分析方法研究［J］. 情报杂志，2008（1）.

❸ TEMPST 分析，即从方法、效果、材料、工艺、产品和结构 6 个角度对专利进行分析。

及综合分析方法[1]。针对专利分析方法的分类还有基于不同研究目的和分析对象的划分，比如针对不同研究目的或受众的专利分析方法、面向技术预见的专利分析方法、面向企业战略布局的专利分析方法、技术引进中的专利分析方法、专利价值的分析方法等。

但是，上述这些分类相对于整个专利分析体系来说仍过于笼统，仍然是以借鉴其他学科的分析方法为主，没有体现出专利分析的主体内容和过程实质，不利于初学者快速掌握专利分析方法的精髓。笔者认为，根据专利分析的分析目的、分析内容、深入程度等，主要可分为数据层面、技术层面、战略层面和系统应用层面。分析目的决定了分析内容，如只需要分析某行业的专利申请趋势，则应当以数据层面的分析为主；如需要对某一即将出口的产品进行专利侵权风险分析，则应当以技术层面的权利要求分析为主；如想要分析某一竞争对手的专利挖掘策略时，则应当在技术层面分析的基础之上进行策略上的宏观分析等。分析内容决定了需要分析的深入程度，有些分析内容不仅需要数据层面的分析，还需要技术层面、战略层面乃至系统应用层面的分析，如对竞争对手的分析，既需要统计其专利申请趋势的数据，又需要对其关注的重点技术、技术的研发动向等技术层面进行分析，还需要分析其专利布局策略、专利诉讼策略、专利运用策略等。

因此，本书将专利分析方法分为 4 种类型：数据分析、技术分析、战略分析、应用分析。数据分析又可分为数据趋势、构成、排序和关联分析，数据聚类分析，引文数据分析，模型分析等；技术分析又可分为功效矩阵分析、重点专利分析、技术路线图分析、权利要求书分析、规避设计分析等；战略分析又可分为专利技术追踪策略分析、专利挖掘策略分析、研发合作策略分析、专利布局策略分析、专利诉讼策略分析、专利运营策略分析等；应用分析又可分为技术引进专利分析、产品出口专利分析、对抗竞争对手专利分析、专利对标分析、专利预警及应对中的专利分析等。

对专利分析方法进行分类只是为了更好地掌握和运用这些专利分析方法，在实际的专利分析过程中，往往需要多种专利分析方法相互配合使用，换句话说，专利分析方法是一个完整的体系，不能割裂来看。

---

[1] 蔡爽，等. 专利分析方法评述及层次分析［J］. 科学学研究，2008（S2）.

数据分析方法篇

数据分析是指用适当的统计分析方法对收集的大量数据进行分析，将它们加以汇总、理解并消化，以求最大化地开发数据的潜在信息，充分发挥数据的情报挖掘作用。数据分析是为了提取有用信息和形成结论而对数据加以详细研究和概括总结的过程。数据分析的目的是把一大批看来杂乱无章的数据进行信息集中、萃取和提炼，以找出所研究对象的内在规律和真实状况❶。

多数专利分析都是基于各种专利数据。如专利件数（项数）、同族专利数、专利被引次数等，有时也需要按照专利分类、专利权人、年度、国别等从不同角度进行分析。数据分析是应用最为普遍的一种专利分析方法，也是最为基础的专利分析方法❷。数据分析方法是对比分析法的下位概念❸。在对比分析中，选择合适的对比标准是十分关键的步骤，选择得合适，才能做出客观的评价，选择不合适，评价可能得出错误的结论❹。最为常用的对比标准为时间标准和空间标准，例如，专利申请态势分析用到的主要对比标准就是时间标准，专利申请地域布局分析用到的主要对比标准就是空间标准。对比分析按说明的对象不同可分为单指标对比，即简单评价；多指标对比，即综合评价，例如，常用的技术生命周期分析中就需要用到申请量、申请人数量以及时间等多个指标，主要申请人或发明人分析中有按照申请量的单一指标进行分析，也有按照申请量、授权率、专利被引频次、专利质量等多个指标进行分析。

专利分析中数据分析主要分为5种类型：第一类是考察某要素分析对象数量随时间变化的趋势分析，如申请量发展趋势分析、技术生命周期分析、技术集中度分析等；第二类是显示同一要素不同对象在总和中所占的份额，为分析部分与整体的关系的构成（份额）分析，如技术构成分析、申请区域构成分析、申请类型分析等；第三类是对某一要素进行递减或递增的排序分析，如技术分支排序、申请区域排序、申请人（发明人）排序、其他排序分析等；第四类是考察要素数据之间的相互关系的数据关联分析、专利引证数据分析、数据聚类分析等；第五类是一些基于已有成熟的分析经验或分析手段的专利数据模型分析。

---

❶ http://baike.baidu.com/link?url=ru3KBTNki7WC25SfWirpsskoaibMEKa7BXD2Nf3yLOK7kNLAtvL7bj87hUmxm5LqEhuYW--ZbWoht8biRScTma.

❷ 查先进，杨凤. 基于对比分析法的专利情报分析实证研究［J］. 图书馆论坛，2008，28（6）：193-197，204.

❸ 对比分析法也称比较分析法，是把客观事物加以比较，以认识事物的本质和规律并做出正确的评价。对比分析法通常是把两个相互联系的指标数据进行比较，从数量上展示和说明研究对象规模的大小、水平的高低、速度的快慢，以及各种关系是否协调。对比分析需要遵循的最重要的原则就是可比性原则。

❹ 出自MBA智库百科：http://wiki.mbalib.com/。

第一章　数据趋势分析

数据趋势分析是对专利数据量随时间变化而变化的规律进行动态分析，通过将专利申请量等数据沿时间维度展开，发现其发生、发展的时间变化规律和节点性时刻，从而分析科技创新、社会环境、经济发展、相关政策等影响专利技术产出的内部和外部因素对专利数据量的影响效果，总结相关规律，对比内外因素在过去和当下的存在与否，进而预测其未来的发展变化趋势。通常可以针对某一技术领域或技术分支对特定技术的整体发展走向进行分析，或者围绕某一申请人、发明人、国家或地区的相关技术开展数据趋势分析，从而对某个市场区域、市场主体或研发主体的技术产出量走向，进行有针对性的分析。

总体而言，数据趋势分析对象可分为“技术”“人物”“地域”等，其中“技术”指特定范围的技术领域、产品、行业或者产业；“人物”指专利申请人、专利权人、发明人、专利代理机构等自然人或组织机构；“地域”指特定地理区域，如洲、国家、省、区县等。本章以“技术领域”和“申请人（专利权人）”为主要视角介绍专利申请趋势的分析方法，同时介绍技术生命周期与专利集中度趋势分析方法，并给出了相关案例。

第一节　专利申请趋势分析

一、分析目的

1. 以技术领域整体为分析视角

以技术领域整体为视角的专利申请趋势分析，既包括分析项目所选定的技术领域的全球专利数据分析，也包括限定了申请人、发明人、国家或地区之后的技术领域整体的专利数据分析。

通过对不同范围的技术领域整体专利申请趋势进行分析，可得到以下信息：

（1）技术领域全球专利申请趋势。明晰技术领域整体专利产出数量变化趋势，从而对技术领域发展的阶段特点进行判断，是了解所分析的技术领域整体状态的基本手段之一。

（2）某技术领域特定申请人/发明人全球专利申请趋势。掌握所关注的申请人/发明人的整体技术研发产出量，从而对特定申请人的技术研发的历史总体实力以及当下实力变化方向进行初步判断。

（3）某技术领域特定国家/地区全球专利申请趋势。特定国家或地区技术实力的分析常用于辅助判断该国家或地区以科技创新为代表的经济发展实力，其中地区不限于省市、高新区、经济发展区域（如长三角、京津冀等），常见于特定地区专利导航分析。

（4）技术领域在不同地域的专利申请趋势。一定程度上反映出某技术领域在不同地域的被关注程度，通常而言只有技术研发较为密集或者市场开发潜力更大的地域，申请人才会重视在该地域的专利布局。

（5）技术领域首次申请国（优先权中的国别）的专利申请趋势。侧面反映出某国家或者地区的技术创新能力和活跃程度，因为专利首次申请国在一定程度上代表了技术产出国或技术来源国。

2. 以细分支之间的比较为分析视角

对于专利分析而言，“分解—对比—综合”是进行任何维度分析都必须要完成的步骤，因此，在分析专利申请趋势时，除了对申请量整体进行分析以外，还需要通过不同的角度对数据进行分解、分组、分类，从而能够比较细分支之间的相同点和差异点，综合比较后得出的信息，再返回数据整体，以细分支的变化为依据，对技术领域的未来发展趋势进行判断。

（1）对各技术分支进行比较。根据分析目的，形成技术分解表，并据此对各个技术分支的发展趋势进行统计分析和相互比较，使得对技术领域的趋势分析不仅仅停留在整体发展趋势上，而是进一步地摸清技术领域以技术分支为代表的方向变化。

（2）对不同国家/地区进行比较。通过对国家/地区的专利申请趋势进行分析，能够更准确地把握各个国家/地区在当下的技术研发实力，了解技术研发中心的全球转移情况。

（3）对不同申请人/发明人进行比较。对不同申请人/发明人的专利申请趋势进行分析，可以识别出该领域的先发者、追随者、持续者、退出者、新晋者等不同的身份，当返回技术领域整体时，还能够识别出各个阶段该领域的主导者；也可以对同一集团下的不同子公司进行比较，从而识别出集团内部的战略重点转移方向。

（4）对不同专利类型进行比较。专利申请依据申请类型和申请途径通常可以分为发明、实用新型和外观设计，或者国内申请、PCT申请和巴黎公约申请。由于专利制度在各个类型的授权要求、保护强度、缴纳费用等方面多有不同，市场主体会基于其自身发展阶段和商业策略选择不同的保护类型。通过对专利类型进行比较分析，有助于借助专利申请策略对技术领域的发展阶段进行判断。

（5）特定技术分支、国家/地区、申请人/发明人、专利类型的细分支比较。在上述细分支比较分析的基础上，还可以选择其中的特定分支，再重复进行上述细分支之间的比较分析，通过层层拆解的方式，探索专利技术申请趋势的细节变化。

3. 以申请人为分析视角

以申请人为视角的专利申请趋势分析对象可以是专利著录项中记载的申请人全球专利数据；也可以是具有相同属性的一类“申请人”的专利数据，如根据申请人性质划分的高等院校、企业、个人、社会机关团体等，根据申请人所属地域划分的中国申请人、美国申请人等；还可以是“申请人”与技术领域、地域、专利类型等组合的专利数据，如申请人与技术领域进行组合后，就可以分析某申请人在不同技术领域的专利数据。

通过对不同对象的专利申请趋势分析，可得到以下信息：

（1）申请人全球专利申请趋势。一定程度上反映出申请人不同时期的专利布局策略和技术发展动向，可预测未来一段时间可能的专利布局发展趋势。

（2）多个申请人全球专利申请趋势。一定程度上反映出不同申请人的技术实力强弱和专利布局策略差异，帮助企业发现潜在的竞争对手或者合作伙伴。

（3）申请人不同技术领域的全球专利申请趋势。一定程度上反映出申请人的技术研发热点，可预测未来的技术发展动向。

（4）申请人不同地域的专利申请趋势。一定程度上反映出申请人对不同地域的市场关注程度，可预测未来的市场发展动向。

（5）申请人不同类型专利的申请趋势。一定程度上反映出申请人的技术创新变化情况，可以侧面评价创新的技术含量高低。

（6）申请人核心发明团队的全球专利申请趋势。一定程度上反映出申请人的技术研发动向，可以侧面推断技术领域是否出现了重大技术突破。

二、分析方法

专利申请趋势分析的坐标横轴始终是时间，坐标纵轴通常是专利申请的数量。但也可以进一步包含其他法律状态下的专利的数量，例如公开量、授权量、失效量；或者是其他相关的专利内部或外部数据，例如申请人/发明人数量、上市产品数量、市场销量额等；又或者是经过计算的数据，例如专利申请增长率、申请数量/发明人的比例等，通过增加其他信息来辅助说明专利申请量变化趋势的影响因素或者细节状态。

分析内容主要包括比较分析、节点分析和佐证分析：

（1）比较分析主要是对不同时间段的专利申请量及其变化趋势进行比较分析，比如多或少，上升或下降。此外，还可以对细分支进行比较分析，比如强与弱，增强或减弱，以及变化趋势同步与否等，从细分支的角度对技术领域整体变化趋势进行理解。此外，比较分析也可能发生在理论值与实际值之间。

（2）节点分析既可以是数据时间趋势本身呈现出的拐点，比如峰值等，同时也可能是两个细分支的交叉点等。节点的发生往往是由历史性事件引起的，有时，节点本身也会成为历史性事件。

（3）佐证分析是专利申请趋势分析中的重要环节。趋势分析是统计分析的一种，在统计分析阶段，往往缺少个案技术细节的信息作为分析的依据，因而难以从微观层面对专利申请趋势进行解读。此时，更多地会从宏观因素的角度对数据变化的原因进行解释，例如突破性技术、市场容量和变化趋势、相关政治和经济政策等。

以上 3 种分析，不仅是趋势分析的主要内容，也同样是其他数据分析的常见分析内容，因而，在专利分析工作中，需要常存“比较之心”，练就“鉴点之目”，拥有“识因之脑”。

三、分析案例

【案例 1-1】切削加工刀具领域全球专利申请趋势分析❶

案例设置目的：掌握专利申请趋势的阶段划分和数据拐点的分析方法。

图 1-1 示出了切削加工刀具全球专利申请趋势。分析步骤如下：

第一步：将数据趋势曲线分段，找出数据拐点。

切削加工刀具领域的全球专利申请趋势可分为 4 个阶段：缓慢发展期（1953～1968 年）、第一快速发展期（1969～1990 年）、调整期（1991～1993 年）、第二快速发展期（1994 年至今）。

第二步：补充其他数据信息，分析拐点出现的原因。

缓慢发展期步入第一快速发展期：主要得益于 20 世纪 60 年代末出现了可转位铣刀技术，并且涂层技术、硬质合金材料技术和陶瓷材料的发展十分迅速。

第一快速发展期转变为调整期：主要由于苏联解体，其经济和科技遭到重创，失去了在刀具技术上的主导地位，专利申请量从每年 300 件下降到了每年 50 件以下，间接影响了全球专利申请总体趋势。

调整期进入第二快速发展期：主要由于计算机技术的普及，刀具的设计进入一个新的发展阶段，各种复杂曲线的刃型设计能够得以实现，各种刀具的新技术也不断涌现。

第三步：得出分析结论，对未来发展趋势进行预判。

随着硬质合金刀具材料的应用、可转位刀片的出现、涂层材料和工艺的持续改进以及对新型超硬刀具材料的不断探索，全球刀具行业整体技术发展前景良好，专利年度申请量一路攀升，2009 年已突破 1000 件大关，预计未来一段时间内该行业专利申请量仍会保持快速增长趋势。

图 1-1　切削加工刀具全球专利申请趋势

---

❶ 改编自：杨铁军. 产业专利分析报告（第 3 册）：切削加工刀具［M］. 北京：知识产权出版社，2012：37-40.

【案例 1-2】立体影像领域全球专利态势分析❶

案例设置目的：掌握不同技术分支的专利申请趋势比较分析方法。

图 1-2 示出了立体影像不同技术分支的全球专利申请趋势。分析步骤如下：

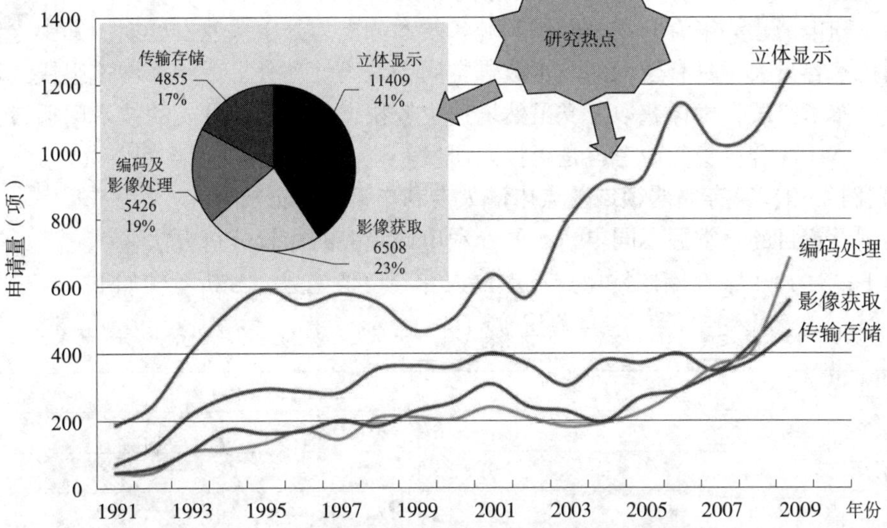

图 1-2 立体影像不同技术分支的全球专利申请趋势

第一步：比较不同趋势线的变化趋势。

特点一：立体显示分支的年度申请量一直处于领先地位，但是该分支在 20 世纪 90 年代中后期出现了年均增长率为负的情况。

特点二：影像获取分支的年度申请量在 1999~2007 年一直保持较低的增长率，未与其他 3 个分支同步。

特点三：2003~2009 年，传输存储分支的年度申请量增势放缓，而编码处理分支则保持较大增长率不回落，年均增长率达到全领域的最高水平 36%。

第二步：补充其他数据信息，分析不同趋势线出现差异的原因。

特点一出现的原因：其他 3 个分支在 20 世纪 90 年代中期均延续着快速发展趋势，由此推断该时期立体显示分支遇到了一定的技术瓶颈，而不是经济或政治因素引起的简单的申请量下滑。进一步分析了解到，一方面由于该时期传统的 CRT 屏幕的结构导致在立体显示时扫描控制极为复杂，并且限制了立体显示屏幕的尺寸；另一方面由于液晶显示刚刚突破了 TFT-LCD 技术，在造价、画质等方面都有待提高，使得立体显示技术（尤其是裸眼 3D 技术）的发展受到制约，故专利申请量呈负增长趋势。

特点二出现的原因：处于产业链下游的立体显示技术，对传输存储和编码处理技术的发展具有一定的推动作用，故专利申请趋势较为接近；而影像获取技术相对较为独立，并且技术集中度大、技术门槛较高，推断该分支的申请量低迷可能与核心技术掌握

❶ 改编自：杨铁军. 产业专利分析报告（第 5 册）：立体影像［M］. 北京：知识产权出版社，2012：155-157.

者的专利策略有关。

特点三出现的原因：从技术发展来看，该时期立体显示技术出现了裸眼技术的可视角度过窄的技术瓶颈，很可能研究力量已转向编码处理技术，例如被关注的人脸识别与跟踪技术。

第三步：得出分析结论，对未来发展趋势进行预判。

从专利申请趋势来看，立体影像领域各技术分支均处于快速发展期，其中立体显示分支的技术容量大，具有较大的技术改进空间；编码处理分支近年来增速很快，可能出现了重要技术突破；影像获取分支虽然增速也较快，但由于该分支的技术门槛较高，相关创新主体应综合自身实力考虑是否投入研发。

【案例 1-3】某存储器领域重点申请人专利申请趋势分析

案例设置目的：掌握不同申请人的专利申请趋势的比较分析方法。

图 1-3 示出了某存储器领域重点申请人专利申请趋势。分析步骤如下：

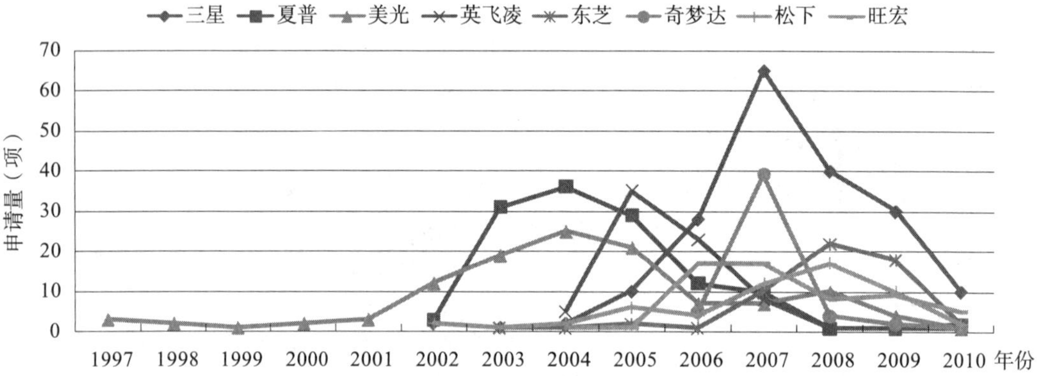

图 1-3 某存储器领域重点申请人专利申请趋势

第一步：比较不同趋势线的变化趋势。

特点一：各申请人在某存储器领域的专利申请均主要集中在 2002 年之后。

特点二：各申请人的专利年度申请规模并不大，其中夏普、美光和英飞凌在 2005 年之前分别形成了专利申请的高峰后，年度申请量迅速回落，而三星、奇梦达和东芝在 2007 年之后申请量呈上升趋势（由于检索截止日、专利审查程序和数据交换的原因，2008 年之后的数据较实际数量偏少）。

第二步：补充其他数据信息，分析不同趋势线出现差异的原因。

特点一出现的原因：受试验手段和需求的影响，直至 2000 年美国一所大学报道了某种氧化物薄膜材料的电阻变化特性后，人们才开始投入较大精力和财力对该存储器进行研究，故重点申请人的专利申请主要集中在 2002 年之后。

特点二出现的原因：由于具有类似电阻变化特性的材料种类繁多，近 10 年内对某存储器的研究重点主要集中在特性的探讨和性能提升上，但是对采取何种工艺制备的何种材料能够得到实际应用一直没有定论，也没有出现该存储器投入量产的消息，故各申请人的专利申请规模并不大，也没有呈现出持续上升趋势。

第三步：得出分析结论，对未来发展趋势进行预判。

虽然从理论上来说该存储器的发展潜力巨大，但是该存储器是否会成为主流新型存储器的趋势并不明朗，重点申请人在相关领域的专利申请也未集体呈现出上升的趋势，并且夏普和英飞凌等公司可能已放弃该存储器的技术研发。

【案例 1-4】某公司在某技术领域专利申请趋势分析

案例设置目的：掌握申请人的专利申请趋势比较分析。

图 1-4 示出了 A 公司重点技术领域专利申请趋势。分析步骤如下：

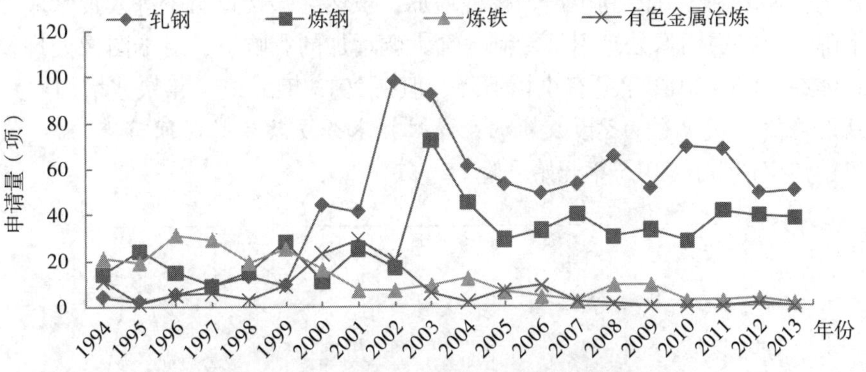

图 1-4　A 公司重点技术领域专利申请趋势

第一步：比较不同趋势线的变化趋势。

A 公司 2000 年之前在各领域的专利年度申请规模普遍较小，2003 年左右在轧钢和炼钢领域的专利申请量明显增大，而在炼铁和有色金属冶炼领域专利申请量明显减少。

第二步：补充其他数据信息，分析不同趋势线出现差异的原因。

A 公司于 20 世纪初期成立，虽然业务涉及钢铁冶金行业的多个领域，但是总体规模不大。2001 年 A 公司被某著名跨国企业所收购，并与该企业的电气工程产品和自动化方案业务部门合并成为新的 A 公司，使其在轧钢和炼钢领域的实力明显增强，专利申请量增长明显。

第三步：得出分析结论，对未来发展趋势进行预判。

伴随着强大的资金和技术注入，A 公司的技术实力及专利申请规模明显提升，其业务重心已转移至轧钢和炼钢领域，并且可能已经逐步放弃炼铁和有色金属冶炼方面的技术研发。

【案例 1-5】超高清终端图像处理及接口全球专利申请趋势❶

案例设置目的：发掘专利申请趋势中值得注意的节点事件。

第一步：对数据趋势进行描述，找到数据的变化规律和节点。

终端图像处理及接口从 1991 年开始出现专利申请，总体经过起步期（1991～2002 年）、缓慢发展期（2003～2007 年）和整体发展期（2008 年至今）3 个阶段，如图 1-5 所示。图像处理引擎技术早于终端接口技术出现，从 1991 年开始，随着图像处理引擎

❶ 参考《超高清产业专利分析评议报告》。

专利申请的出现，终端图像处理及接口方面开始缓慢积累专利，而终端接口从1998年开始出现专利申请（对两技术分支的申请量起步差异进行分析），由于初期图像处理引擎和终端接口方面的专利申请较少，导致终端图像处理及接口经历了较长的技术储备期，直到2003年随着终端接口技术的快速发展，终端图像处理及接口的专利申请量随之快速增加。终端接口专利申请量在2007年达到峰值，导致终端图像处理及接口专利申请总量也在2007年达到峰值（指出分支申请量与申请总量之间的关系，点明影响总量的因素），随后终端接口专利申请开始下降，进入成熟期，而这一阶段，图像处理引擎技术开始快速发展，其专利申请大幅度增加，虽然终端接口由于进入技术成熟期而申请数量下降，但是在图像处理引擎专利申请大幅增加的影响下，终端图像处理及接口专利申请总体在2007~2012年虽有小幅下降，但在2013年、2014年快速增加，并在2014年达到新的峰值（明确影响总量变化的主导性技术分支改变的时间节点）。终端图像处理及接口整体申请量自2015年开始下降。

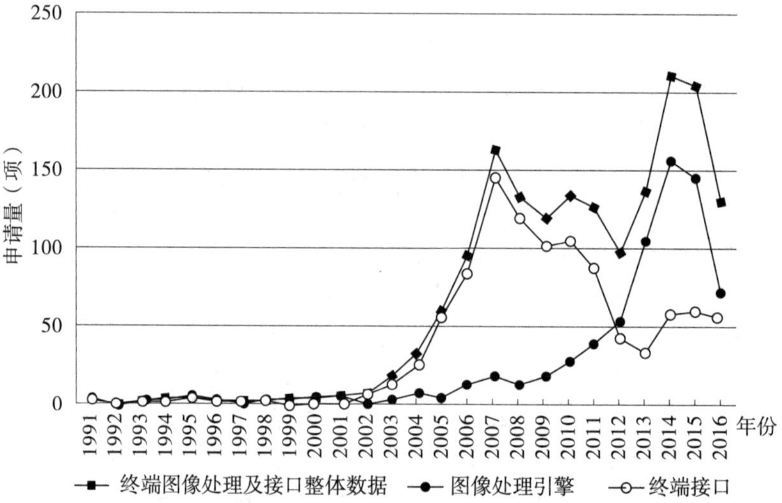

图1-5 超高清终端图像处理及接口全球专利申请量趋势

第二步：在后续工作中对节点事件进行深入分析和解读。

通过对细分支之间以及细分支与整体之间的趋势进行分析，从而发现值得关注和讲述的节点性事件，在后续对技术和市场进行深入分析和解读后，再返回趋势分析对例如技术研发起点时间以及主导分支的交替原因进行解释。

【案例1-6】在华石墨烯专利申请IPC数量变化情况❶

案例设置目的：对不同维度的专利申请数据进行趋势分析。

第一步：从IPC的维度对申请量趋势进行分析。

图1-6展示了在华石墨烯专利申请IPC数量变化情况。通过对每年申请的IPC进行分析可以看出，所涉及的分类号在逐年增加，从最初的1个小类，扩展到2012年的111

❶ 参考专利审查协作北京中心编，国家知识产权局学术委员会2014年度一般课题研究项目研究报告《石墨烯专利技术信息分析与研究》。

个小类，是2004年的22倍之多（描述数据发展趋势）。

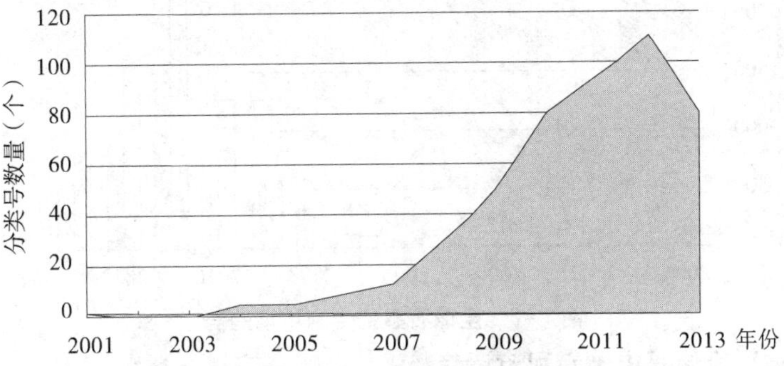

图1-6　在华石墨烯专利申请IPC数量变化情况

第二步：基于IPC种类的意义对技术领域的发展趋势进行解读。

专利分类号的增加表明石墨烯的研究领域在逐渐扩展，并处在加速扩展的过程中，这说明石墨烯相关技术正处于技术成长阶段，全球相关技术研发投入在快速增长，推动石墨烯技术应用范围不断扩大（在对各种专利数据进行统计分析时，分析人员需了解该维度的分析意义，例如IPC数量通常随应用领域的扩展而增加，对IPC数量进行统计分析可以对技术在各个产业行业运用的广度进行分析，从而对技术发展空间和市场容量等前景进行预测分析）。

【案例1-7】全球石墨烯专利申请趋势❶

案例设置目的：展示多维度综合分析。

第一步：对不同维度的变化趋势进行比较。

从图1-7的申请人数量走势可以看出，申请人数量的走势同样经历了初期较慢增长和近期快速增长两个阶段。从整体趋势上看，2000~2007年，石墨烯领域专利申请人数量持续增长，但每年进入石墨烯技术领域的新申请人保持在几十人，且专利申请数量小于申请人数量；2008年之后，专利申请人数量出现快速增长，介入石墨烯研发领域的申请人以每年几百人的速度递增（描述图表趋势时，可以从绝对值和增速两个角度同步进行比较分析）。

第二步：对造成现象的原因进行解释，进而对技术领域发展阶段进行解读。

初期申请人数量较高，可能由于在技术发展初期，技术研发力量比较薄弱，技术应用前景不够明朗，多个申请人联合申请以有效降低研发和投资风险；近期数量变化则表明了石墨烯研究作为当今技术研发的热点领域受到极大关注，随着石墨烯的不断深入研究，石墨烯材料制备技术的突破性进展使得石墨烯材料的应用前景更加清晰，各国的创新主体纷纷参与到石墨烯的制备技术和应用技术研究中来，并以惊人的速度进行全球目标市场布局，以期未来在石墨烯技术这片具有广阔发展前景的领地占有一席之地（申请人作为市场主体，对其数量进行分析时，不应仅从技术产出的角度进行解读，还需要从市场竞争的角度对其申请和布局行为进行分析）。

---

❶ 参考专利审查协作北京中心编，《石墨烯专利技术信息分析与研究》。

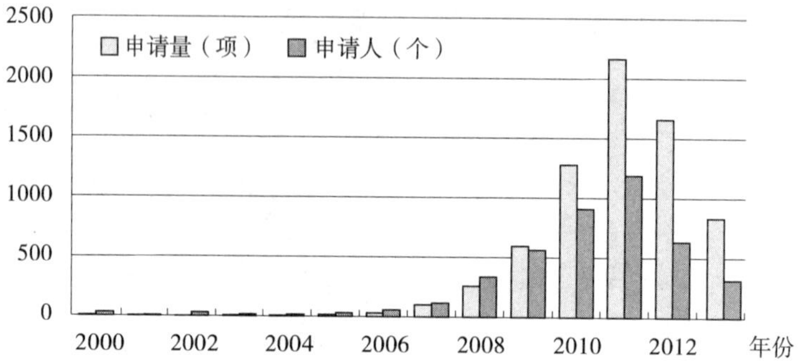

图 1-7　全球石墨烯专利申请趋势

【案例 1-8】铬修复中国专利申请趋势[1]

案例设置目的：展示以相关技术为对照的对比分析。

分析内容：

1986~2001 年，生物炭在环境修复领域的专利申请发展非常缓慢，当时人们认为，生物炭原料属于废弃物而不是资源。且当时对环境污染，特别是重金属的处理重视不够。自 2005 年以来，生物炭作为近年来发展迅速、修复效果显著的重金属污染修复材料之一，成为环境领域的研究热点。生物炭和铬修复的专利数量几乎逐年增加（见图 1-8）。在这一阶段，通过对生物炭进行改性处理，提高了生物炭的还原效率，降低了重金属的迁移率和生物利用度，显著改善了生物炭的性能，此外，还将生物炭与其他固化材料一起使用，以提高其固化强度。随着该技术的主要性能参数迅速提高，产量迅速增加，成本降低，回报率提升，市场的投资额也大幅增加。虽然铬修复和生物炭技术都越来越成熟，但将生物炭用于铬修复的相关技术还处于起步阶段。这主要是因为铬很难被生物炭直接吸收，需要将五价铬还原为三价或者将生物炭与其他材料复合后用于固定。然而，从好的方面来看，由于生物炭生产技术和铬污染场地修复技术的发展，只要解决铬吸附或固定化的关键问题，生物炭铬修复技术就可以得到广泛应用。

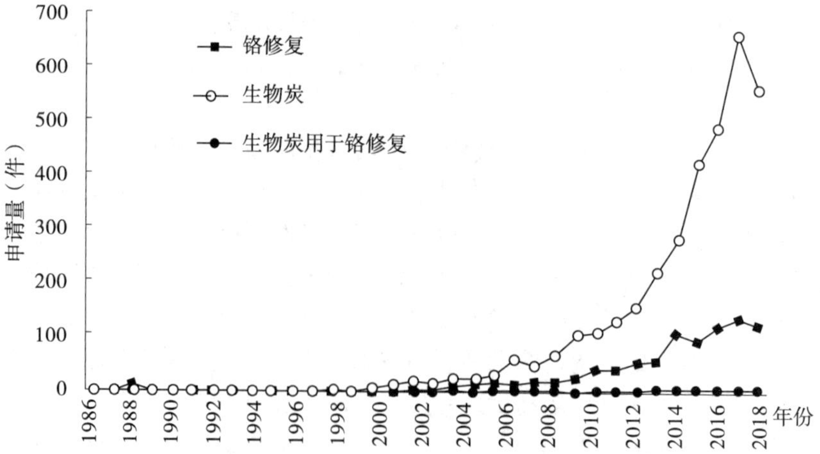

图 1-8　生物炭和铬修复中国专利申请趋势

[1] M Liu. Research on the development status of biochar for Cr（VI）remediation technology based on patent analysis [J]. IOP Conf. Ser. Earth and Environ. Science, 2020（9）.

分析思路：

对于存在集成性或交叉性的技术领域，可以通过对比相关技术领域的专利申请量变化，发现彼此之间的不同步性，从而有针对性地分析所关注的具体技术领域在研发方面可借鉴的支撑技术的数量以及可能存在的技术障碍，通过技术的差异，解读数据的差异，再基于数据的差异，来预测技术的发展潜力。

第二节　技术生命周期分析

生命周期理论应用于不同的系统和过程：国家、地区、行业、活动类型、企业和组织、技术、战略业务单元、制成品等，有超过1.5万种不同类型的系统经济生命周期。技术生命周期，是描述一项技术的使用，从基础科学或应用科学衍生发展而来，将之应用于产品开发与设计上，到该项产品导入市场后，直至该项产品退出整个市场的一段时间❶。技术从诞生到最终退出市场的全过程称为技术生命周期，一般分为导入期、成长期、成熟期和衰退期❷。

（1）导入期。导入期是指任何一项新技术自实验室诞生后最初被引入市场的那段时期。该时期专利数量较少，大多是原理性的基础专利，并且专利数量和申请专利的企业数量都较少，属于根本性创新时期。主要特征为：参与者数量较少，主要专注于研发、实验和原型设计，技术研发内容之间还存在相互竞争的理念和各种各样的设计，技术的应用前景、术语定义、性能参数尚不明朗，并不确定哪些方向会被市场接受，技术产出增速缓慢，市场销售几乎为零。

（2）成长期。随着基本技术问题的解决和市场不确定性的消除，技术逐渐赢得市场认同并为部分厂商相继采用，迎来了快速发展的成长期。该时期市场扩大，介入的企业增多，技术分布的范围扩大，相关专利申请量和专利申请人数也激增。主要特征为：技术产出量呈现高增长态势，参与者则有高的进入率，也可能同时因为市场的频繁调整而包含高的退出率，出现了大量分工不同且专业化程度增强的参与者。关键性能参数和技术应用浮出水面并被广泛接受，技术的多样性开始下降，在主导设计方面逐渐达成共识。技术委员会或标准委员会等机构开始出现，在执行哪些标准方面出现激烈的竞争和冲突，逐渐建立起操作标准、技术规范或安全法规等制度。

（3）成熟期。新技术在经历了导入期和成长期之后赢得了社会的广泛认同，并进入了为广大用户所采用的成熟期。该时期由于市场有限，进入技术领域的企业数量趋于稳定，并且专利申请量增速放缓。主要特征为：参与者的进入率和退出率基本稳定在较低水平，分工已经高度专业化，产业链基本成型，大公司可能成为创新的主导者，同时也有许多参与者聚焦到不同的环节。技术的性能已经较为优越，但仍在不断改进增强，

---

❶ 李春燕．基于专利信息分析的技术生命周期判断方法［J］．现代情报，2012，32（2）：98-101.

❷ Jochen Markard. The life cycle of technological innovation systems［J］. Technological Forecasting & Social Change，2020（4）.

新的技术分支和新的应用领域不断拓展。市场表现为高的销售额。

（4）衰退期。衰退期是指新技术在经历了成长期和成熟期之后，技术的领先优势逐步趋于消失的时期。该时期技术的发展已濒临饱和，此时的技术称为基础技术或常规技术。当技术老化后，企业也因收益递减而纷纷退出市场，此时有关领域的专利技术几乎不再增加，专利的年度申请量和申请人数都呈负增长趋势。主要特征为：市场销售额明显下降，越来越多的参与者开始离开该领域，剩下的参与者之间的竞争日趋激烈，技术创新研发和性能参数改进产出下降。

一、分析目的

通过对技术生命周期进行分析，明晰所分析的技术领域所处的发展阶段，结合自身实力和市场地位等，选择合适的研发和商业策略❶。

（1）导入期。研发能力较强、规模较大的企业可以加大研发投入，尽早取得整体的技术突破，加快基础性技术的专利布局；对于中等企业，需要选择适合发展的技术分支进行重点研究，优先需要将有限的资源充分配置在核心技术上；对于弱小企业，需要依靠研发合作，选择某一重点技术进行研发合作创新。

（2）成长期。技术创新能力中等的企业可以采用模仿创新战略；规模较小的企业可进一步选择跟随创新战略；具有优势的企业可以自主研发新的市场需求技术，开拓新的市场，尝试摆脱对先进企业的依赖。

（3）成熟期。中小企业可以进行二次创业，形成新的技术制高点，立足于如何利用市场缝隙获得生存和有限成长。

（4）衰退期。考虑成本优势，节约资源，可通过技术引进方式进行技术选择；选择性撤出效率低下的技术，使资源得到集中发挥；转变某些导致收入弹性较低的产品，并通过技术转化进行产品转型，使产品得到新的定位；确定核心技术，选择使核心技术得到充分发挥的技术。

二、分析方法

常见的技术生命周期分析方法有专利指标法、相对增长率法、技术生命周期图法、TCT（Technology Cycle Time）计算法和S曲线数学模型法等❷❸，具体分析方法如下：

1. 专利指标法

通过计算技术生长率（v）、技术成熟系数（α）、技术衰老系数（β）和新技术特征系数（N）4个指标的历年值，生成图表并观察数据变化趋势，即可判断技术所处的生命周期（见表1-1）。

（1）技术生长率（v）。指某技术领域发明专利申请或授权量占过去5年该技术领域发明专利申请或授权总量的比率，如果连续几年技术生长率持续增大，则说明该技术

❶ 李维思，等. 基于专利分析的产业竞争情报与技术生命周期研究［J］. 企业技术开发，2011（6）：91-93.

❷ 陈燕，等. 专利信息采集与分析［M］. 北京：清华大学出版社，2006.

❸ 李春燕. 基于专利信息分析的技术生命周期判断方法［J］. 现代情报，2012，32（2）：98-101.

处于生长阶段。计算公式为：$v = a/A$。

a 为该技术领域当年发明专利申请量或授权量；A 表示追溯特定时间段（该时间段的选择可能需要依据特定技术领域的技术更新、发展速度确定一个合适的范围，一般可设定为 5 年）该技术领域的发明专利申请累计量或授权累计量。

（2）技术成熟系数（α）。指某技术领域发明专利申请或授权量占该技术领域发明专利和实用新型专利申请或授权总量的比率，如果技术成熟系数逐年变小，说明该技术处于成熟期。计算公式为：$\alpha = a/(a+b)$。

a 为该技术领域当年发明专利申请量或授权量；b 为该技术领域当年实用新型申请量或授权量。

（3）技术衰老系数（β）。指某技术领域发明和实用新型专利申请或授权量占该技术领域发明专利、实用新型和外观设计专利申请或授权总量的比率，如果技术衰老系数逐年变小，说明该技术处于衰老期。计算公式为：$\beta = (a+b)/(a+b+c)$。

a、b 含义同上。c 为该技术领域当年外观设计申请量或授权量。

（4）新技术特征系数（N）。由技术生长率和技术成熟系数推算而来，计算公式为：$N = \sqrt{v + \alpha}$。

在某一技术领域新技术特征系数越大，说明该技术的新技术特征越强。

表 1-1　技术生命周期与 4 个专利指标的关系

阶　段	v	α	β	N
导入期	↑（较小，逐年增长，但增速缓慢）	↑	↑	↑
成长期	↑（增速明显）	↑	↑	↑
成熟期	↓	↓	↑（或不变）	↓
衰退期	↓	↓	↓	↓

2. 相对增长率法

该方法是利用技术领域的相对增长率与相对增长潜力率构成的二维矩阵分析技术的生命周期，相对增长率和相对增长潜力率的计算公式如下：

相对增长率（RGR）= 某技术领域的专利申请数的平均增长率/所有技术领域的专利申请数的平均增长率

增长潜力率（DGR）= 某技术领域后 n 年的专利申请数的平均增长率/某技术领域前 n 年的专利申请数的平均增长率

相对增长潜力率（RDGR）= 某技术领域的 DGR/所有技术领域的 DGR

如图 1-9 所示，利用二维矩阵判断技术生命周期的具体方法为：区域 I 的技术领域相对增长率和相对增长潜力率都高，说明技术增长很快并且有很大潜力，可能处于成长期；区域 II 的技术领域相对增长率高，但相对增长潜力率低，可能处于成熟期；区域 III 的技术领域相对增长率和相对增长潜力率都低，可能处于衰退期；区域 IV 的技术领域相对增长率低，但相对增长潜力率高，可能处于导入期。

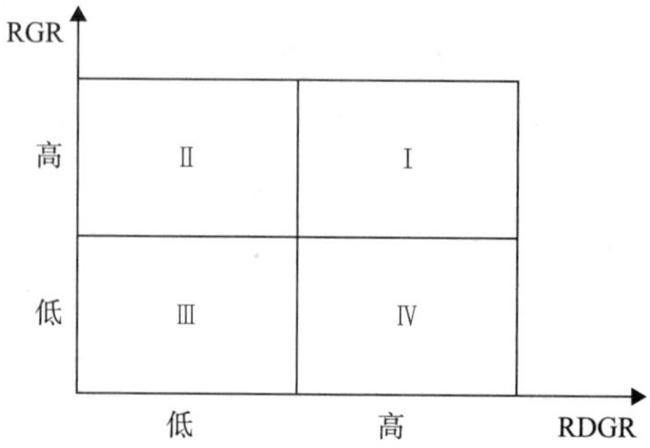

图 1-9　相对增长率法二维矩阵

3. 技术生命周期图法

该方法是利用某技术领域的专利申请量与专利申请人随时间的推移而变化来分析技术生命周期。在某个技术领域技术生命周期的不同阶段，会表现出不同的阶段性特征：导入期技术市场不明确，研发风险大，创新主体较少，专利申请量和申请人数较少，且增速缓慢；成长期技术不断发展，市场扩大，介入的创新主体增多，专利申请量和申请人数激增；成熟期创新主体间竞争激烈，技术商品化程度非常高，专利申请量增长缓慢，申请人数也保持稳定；衰退期技术发展缓慢，企业收益递减，市场不断萎缩，专利申请量和申请人数出现负增长。

4. TCT 计算法

该方法主要研究某件专利文献所代表技术的生命周期，用专利在其申请文件扉页中所有引证文献技术年龄的中间数表示技术生命周期。具体计算方法为：

专利年龄=本专利授权年-参考专利授权年

中间位置=参考专利数/2

技术生命周期（TCT）=专利年龄由大到小排列位于中间位置的年龄

如果“参考专利数/2”不是整数，则中间位置取结果的整数部分和之后的一个位置，技术生命周期 TCT 取两个位置专利年龄的平均值。

TCT 计算法是将技术发展进步看作一系列连续的更好组合的替代，这种替代发生得越快，技术进步也就越快。TCT 数值较小，表明了更快的替换，更快的进展。在电子等快速发展的领域，循环时间可能最快为 3~5 年，而在一些非常古老的技术中，例如造船，循环时间可能在 15~20 年。

5. S 曲线数学模型法

该方法来源于对某些技术的技术行为数据随时间或累计研发付出变化呈 S 形的观察：任何一项新技术在最初均成长缓慢，一旦突破某个界限之后，成长就变得快速，而当其接近上限时，成长又再度放缓，图形表现如同 S 形状。

图 1-10 显示了技术生命周期的 S 形状概念，可以看到分为 4 个阶段：导入期、成长期、成熟期、衰退期（饱和期）。

技术导入期的技术行为相对于研发努力来说增长率相对较低；成长期相对于累计

R&D 付出的边际技术进步速度不断提高，即曲线下凹，曲线函数的二次微分为正；成熟期技术进步速度开始变小，曲线出现一个拐点，开始变为上凸，曲线函数的二次微分为负。

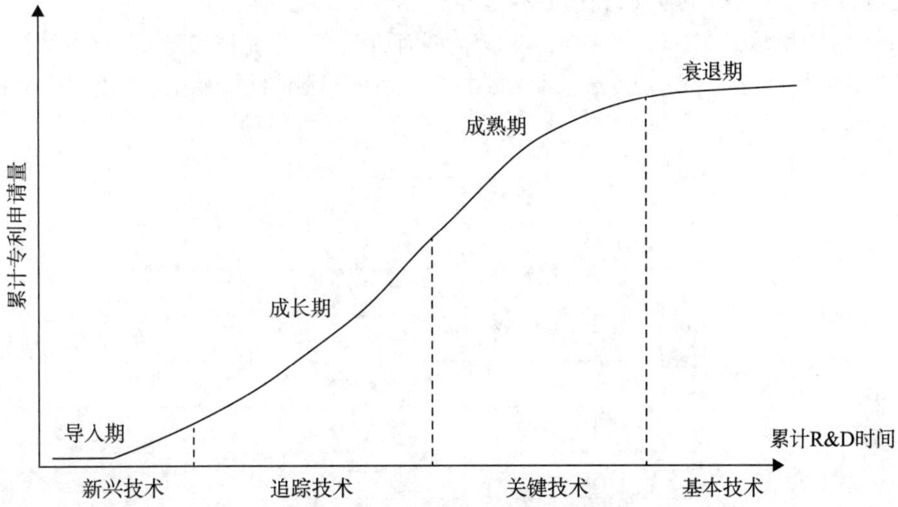

图 1-10　技术生命周期 S 曲线

通常，基于已有专利申请的累计量或其他相关数据的累计量的时间变化趋势图获得 S 曲线，并在此基础上通过曲线拟合获得完整生命周期曲线，从而预测后续周期节点的发生时间。但由于使用单一指标的准确性和可靠性通常较弱，目前也已经构建了许多基于不同指标构建的 S 曲线数学模型，例如，Lidan Gao 等（2013 年）挑选了 13 项专利指标用以绘制技术生命周期曲线，Changyong Lee 等（2016 年）则挑选了 7 项专利指标构建了新的技术生命周期计算的数学模型。

6. 技术集中度指数分析法

技术集中度指数（HHI），即赫芬达尔-赫希曼指数（Herfindahl-Hirschman Index，HHI），是经济学中用来测量产业集中度的综合指数，是指行业中所有企业的相关份额的平方和的总和。相关学者将 HHI 引入专利，通过专利技术集中度反映技术热点。HHI_i 越接近 1，说明该领域专利集中度越高；比较 HHI_i 与 HHI_{avg} 的大小，差值越大，该领域未来成为技术热点的可能性越大。

计算公式如下：

$$HHI_i = \sum_{i=1}^{N} \left(\frac{X_i}{X}\right)^2$$

式中，N 表示技术领域序数；X_i 为各领域的专利数量；X 为 n 个技术领域的专利总量。

三、分析案例

【案例 1-9】打印成像领域技术生命周期分析❶

案例设置目的：掌握如何利用专利指标法分析技术生命周期。

如图 1-11 所示，在 2003 年以前，v 趋势曲线有所振荡，但整体趋势上扬，说明该阶段打印成像领域的技术正处于导入、成长期；2003 年之后 v 趋势曲线开始呈递减趋势，意味着突破性技术较少出现。

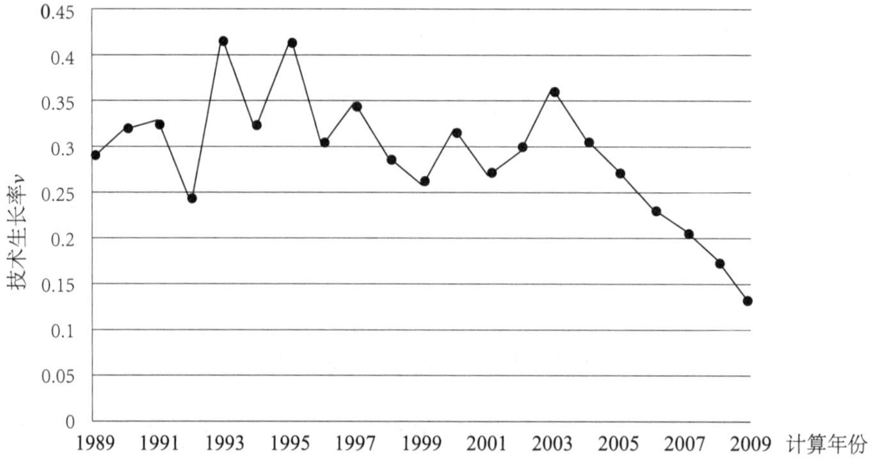

图 1-11　以 5 年为周期计算的技术生长率 v 趋势

如图 1-12 所示，在 1992 年以前，技术成熟系数 α 趋势曲线呈振荡特点，说明打印成像领域的技术正处于导入期；1993 ~ 2000 年，α 趋势曲线呈递增态势，说明技术持续发展，处于生长期；而 2000 年之后，α 趋势曲线转为递减，说明技术日趋成熟 。

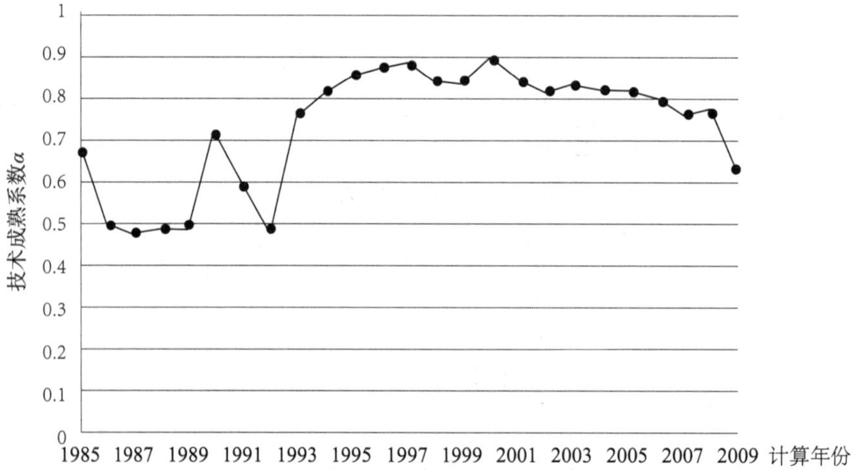

图 1-12　技术成熟系数 α 趋势

❶ 改编自：刘斌强，江玉得. 基于专利信息分析的技术生命周期判断与应用［J］. 唯实，2011（1）：77-79.

如图 1-13 所示，技术衰老系数β趋势曲线虽然出现了小幅振荡，但 2000 年之后趋于平缓，说明 2000 年之后技术虽然渐趋衰老，但应用仍较为广泛。

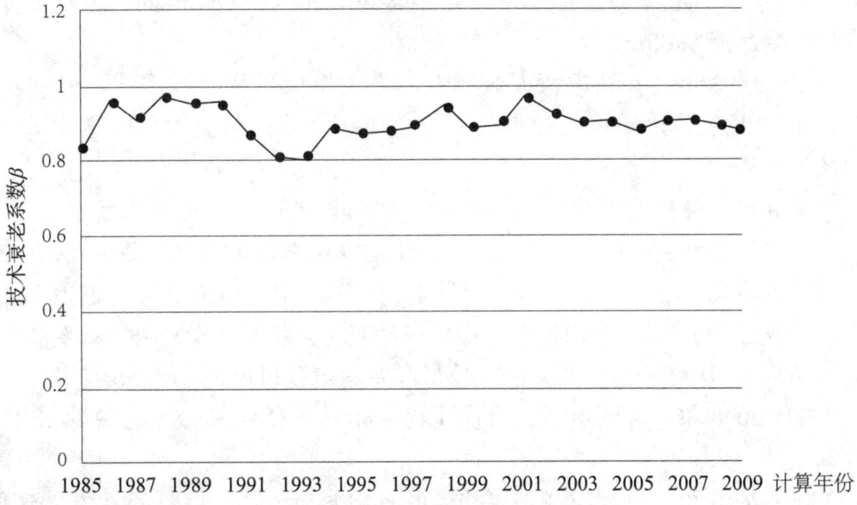

图 1-13　技术衰老系数β趋势

如图 1-14 所示，2000 年以前，新技术特征系数 N 趋势曲线基本呈振荡递增趋势，说明新技术特征占优；而 2000 年以后，N 趋势曲线开始呈振荡递减趋势，偶尔（2003 年）出现增长，表明新技术特征减弱。

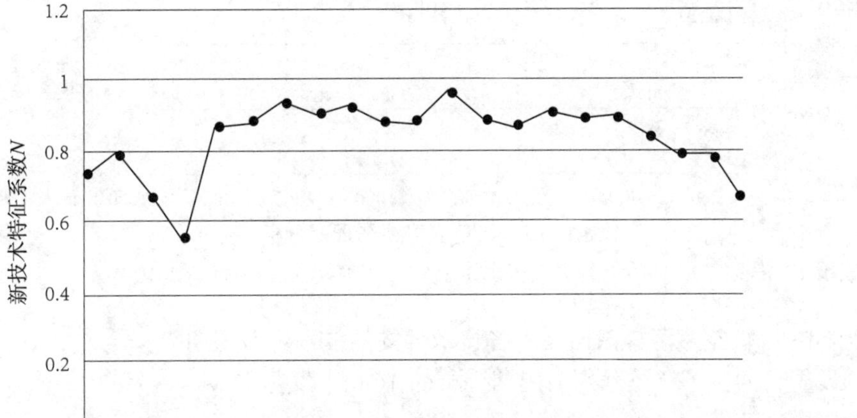

图 1-14　新技术特征系数 N 趋势

以上打印成像领域的技术生长率 v、技术成熟系数α、技术衰老系数β和新技术特征系数 N 这 4 个不同参数趋势一致表明该领域已处于成熟阶段。

【案例 1-10】LCD 领域全球专利态势分析[1]

案例设置目的：掌握如何利用技术生命周期图法分析技术生命周期。

如图 1-15 所示，根据 LCD 全球专利申请量与专利申请人随时间的推移而变化的曲线，可将技术生命周期划分如下：

（1）1980~1993 年，专利申请人数和专利申请量增长都非常缓慢，专利年度申请量均未超过 4000 项，年度申请人数也均未超过 400 个，专利技术发展比较缓慢，属于 LCD 技术的导入期。

（2）1994~2006 年，专利申请量和申请人数增长迅速，专利申请量于 1995 年首次突破 5000 项，2002 年更是突破了 10000 项，年均增长率达 14.4%，说明 LCD 技术处于成长期。相关资料也显示，该段时间由于日本、韩国、中国台湾纷纷向中国大陆转移技术和产能，京东方、上海广电集团等一批中国大陆企业也参与该领域的研发和生产，使得 2003~2006 年 LCD 技术的专利申请人数量和专利申请量出现了快速增长局面。

（3）2007~2008 年，专利申请量有所下降，申请人数增幅减小，说明 LCD 技术已经进入成熟期。

（4）2009~2010 年，专利申请人数和申请量均明显下降，LCD 行业发展速度放缓，技术逐步进入衰退期。

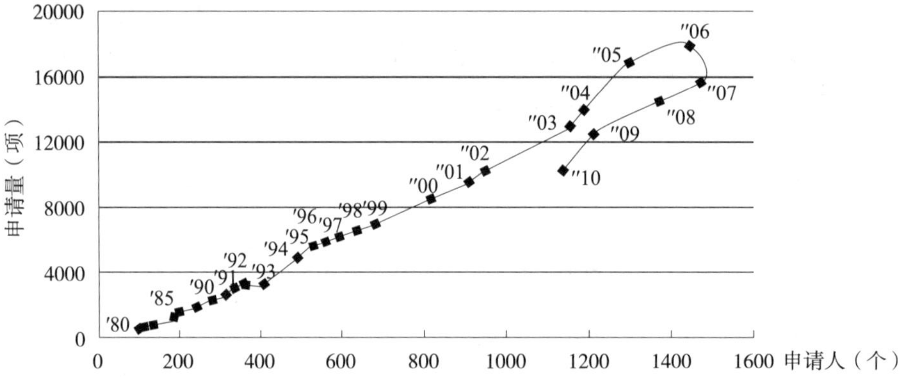

图 1-15　LCD 技术生命周期分析

注：′表示 19，″表示 20；曲线上的数据依次为 1980 年、1985 年……直到 2010 年。

【案例 1-11】空气污染清洁技术各技术分支的技术生命周期[2]

案例设置目的：了解技术生命周期分析的 TCT 计算法。

分析内容：

对空气污染清洁技术的各个技术分支的 TCT 进行计算可以发现，大多数分支的 TCT 都在 10 年以上，甚至有将近一半的技术分支超过 15 年（见表 1-2），这表明空气污染清洁技术领域的创新是较为缓慢的。

---

[1] 改编自：杨铁军. 产业专利分析报告（第 12 册）：液晶显示［M］. 北京：知识产权出版社，2013：12-17.

[2] Sang-Jin Ahn, et al. ‘Green chasm’ in clean-tech for air pollution: Patent evidence of a long innovation cycle and a technological level gap［J］. Journal of Cleaner Production, 2020（11）.

表 1-2　空气污染清洁技术各技术分支的技术生命周期

主分支	二级分支	三级分支	TCT（年）
空气污染控制技术	污染收集技术（TCT=15.1）	工业应用	15.1
		高精度应用	21.2
		生活应用	16.6
	除污染收集技术以外的空气污染控制技术（TCT=13.2）	除雾器	16.2
		火灾和紧急事件气体发生器	29.9
		烟雾收集器	11.5
		汽车尾气系统	10.8
空气质量监测技术	空气质量监测技术（TCT=11.5）	空气污染采样器	12.4
		风速计	10.0
		气体分析仪和探测器	11.0
		颗粒计数器	11.4

分析思路：

根据 TCT 计算法对技术生命周期的值进行计算，结合 TCT 周期数值和创新速度的一般规律，对所分析的技术领域的技术更新速度进行分析。

【案例 1-12】TFT-LCD、闪存系统、个人数字助理技术的技术生命周期[1]

案例设置目的：掌握技术生命周期分析的 S 曲线法。

分析内容：

通过计算累计专利申请量和/或累计引用次数，绘制趋势图（见图 1-16、图 1-17、图 1-18），可以看出，这 3 种技术的累计数量仍在增长，还没有转入稳中有降的阶段，因而还没有达到技术饱和阶段。

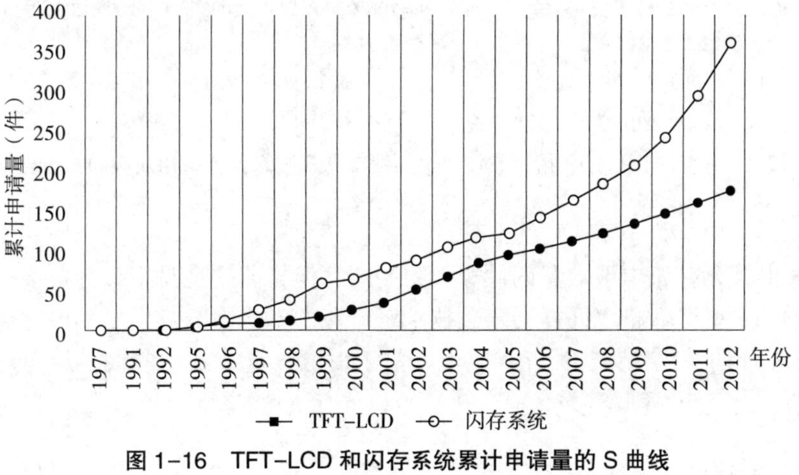

图 1-16　TFT-LCD 和闪存系统累计申请量的 S 曲线

[1] Serkan Altuntas, et al. Forecasting technology success based on patent data [J]. Technological Forecasting & Social Change, 2015 (7).

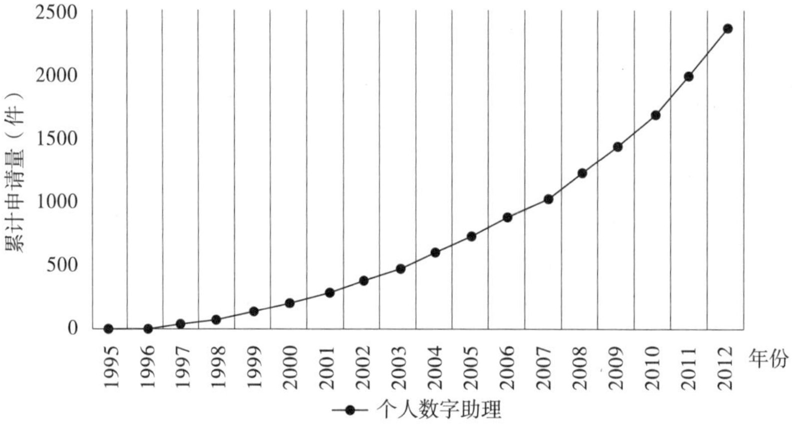

图 1-17　个人数字助理技术累计申请量的 S 曲线

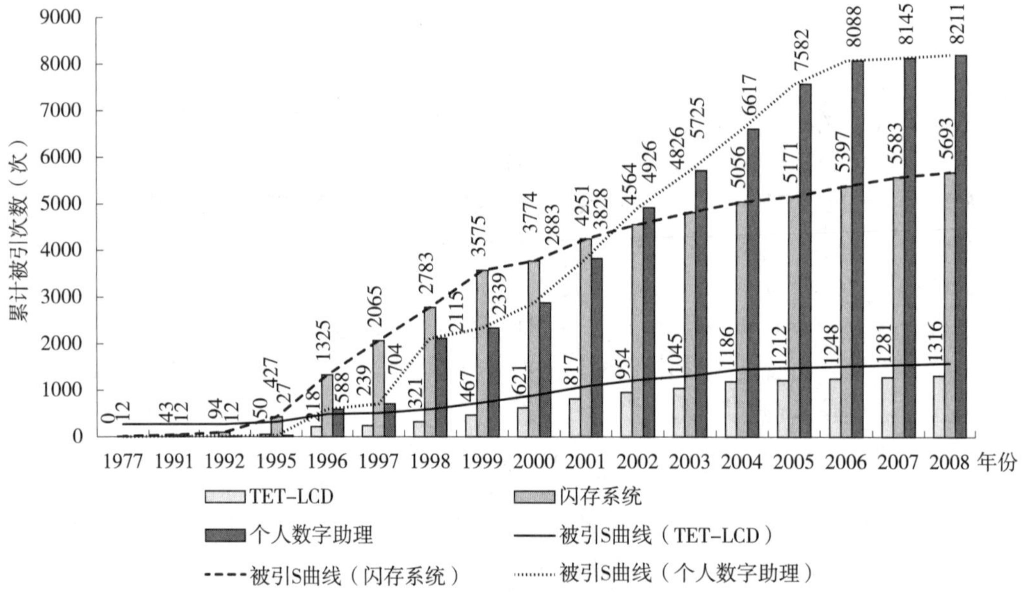

图 1-18　TFT-LCD、闪存系统、个人数字助理技术累计引用次数和 S 曲线

分析思路：

通常 S 曲线是基于申请数量的计算而绘制的，但 S 曲线也是很多分析指标的数量变化规律，例如，引证数量也同样会随着技术对行业的影响力的发生、发展、成熟、衰退呈现出“S”形的变化趋势，因此，也可以基于引证数量绘制 S 曲线，从而对技术成熟度进行分析。

【案例 1-13】纯电动汽车技术生命周期分析❶

案例设置目的：了解技术生命周期分析 Logistic 曲线的绘制。

分析方法：

使用 Logistic 曲线的 t 函数来绘制曲线，其中，y 表示某项技术的专利累计数，a、e 和 k 是常数，t 是时间，利用某项技术的专利申请数据拟合 Logistic 曲线，可以判断其生命周期的各个阶段。k 为 y 的最大值，$f(t_{10}) = 10\%k$，$f(t_{50}) = 50\%k$，$f(t_{90}) = 90\%k$，一般认为 t_{10} 以前是导入期，生长期为 $t_{10} \sim t_{50}$，成熟期为 $t_{50} \sim t_{90}$，下降期在 t_{90} 以后。

$$y=f(t) = \frac{k}{1+a\mathrm{e}^{-\beta t}}$$

将申请量数据逐年输入 matlab，得到的 S 曲线（Logistic 曲线）如图 1-19 所示。

分析内容：

如图 1-19 所示，纵坐标为累计专利数，横坐标为年份，获得的关键数据点见表 1-3，由此可以得出 2012 年我国纯电动汽车技术进入增长阶段，2016 年为成长期与成熟期的分界点，预计 2023 年进入下降期，最终该项技术专利累计申请量最高为 6192 件，目前纯电动汽车技术的发展空间正在逐步缩小，技术创新活动正在放缓。随着市场的逐渐饱和，参股企业数量增速放缓，国内市场技术竞争依然激烈。

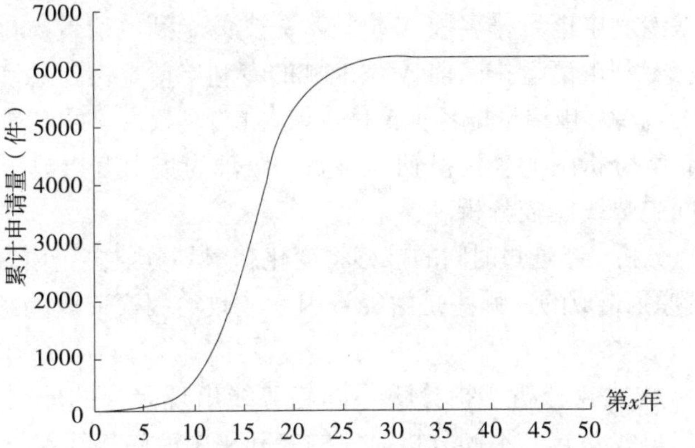

图 1-19　纯电动汽车 S 曲线（横坐标 0 点代表 2003 年）

表 1-3　纯电动汽车中国专利申请 S 曲线关键节点

项目	最大累计申请量（件）	t_{10}（年）	t_{50}（年）	t_{90}（年）
申请量	6192	2012	2016	2023

❶ Mingyue Li，et al. Based on the patent index method and S curve method prediction analysis of pure electric vehicle life cycle［J］. Journal of Physics：Conference Series，2020.

第三节 专利集中度趋势分析

一、分析目的

专利集中度通常指的是基于申请人视角的技术集中度，通过对特定数量申请人所拥有的专利数量在总量中的占比，来评估专利技术研发和专利权利的集中程度。通过此类专利集中度的分析，可以判断相关技术领域所处的行业发展阶段是处在“寡头”时期，还是“春秋战国”时期。同时，技术集中度也可以是特定技术分支、特定地区的集中程度，通过此类专利集中度的分析，可以辅助进行热点技术或热点地区的判断。

二、分析方法

专利集中度趋势分析的关键点之一为计算集中度指数，常见的指数有 CR_n 指数（Concentration Ratio）、基尼系数、HHI 指数（Hirschman-Herfindahl Index）、分散度指数、标准差、熵指数、希尔系数、区位商指数、帕累托系数、破碎化指数等多种❶。其中，CR_n 指数对数据的要求低，计算简单方便，使用率最高。利用该指数计算专利集中度指数的方法如下：

技术集中度：专利申请量排名前 N 位技术分支的专利申请量占比总和；

地域集中度：专利申请量排名前 N 位地域的专利申请量占比总和；

申请人集中度：专利申请量排名前 N 位申请人（专利权人）的专利申请量占比总和。

专利集中度趋势分析图的坐标横轴为时间，纵轴为集中度指数。分析内容主要有数据拐点分析和不同趋势线比较分析。

（1）数据拐点分析。指通过时间的推移将变化趋势划分成多个阶段，辨别哪些数据拐点是由技术发展的原因造成的，哪些是由经济因素或政治因素造成的，以获得集中度变化态势。

（2）不同趋势线比较分析。指分析不同趋势线出现差异的原因，如比较不同排名段的专利集中度趋势线差异，不同分析对象的专利集中度趋势线差异。

三、分析案例

【案例 1-14】切削加工刀具领域申请人集中度趋势分析❷

案例设置目的：掌握如何利用 CR_n 指数分析申请人集中度。

图 1-20 示出了切削加工刀具领域申请人集中度变化趋势。分析步骤如下：

第一步：对数据趋势进行分段，找出数据拐点。

1981～1990 年，前 10 位申请人成长迅速，申请人集中度指数（全球和 3/5 局❸专利

---

❶ 蔡神喜. 我国专利集中度测度指标研究［D］. 武汉：华中科技大学，2011.

❷ 改编自：杨铁军. 产业专利分析报告（第3册）：切削加工刀具［M］. 北京：知识产权出版社，2012：51-52.

❸ 指在美、日、欧、中、韩5个局中的3个及以上的局中递交的专利申请项。

申请比例）不断攀升；1991~2005 年，申请人集中度指数逐渐趋于稳定；而 2006 年之后又呈现出下降的趋势。

第二步：补充其他数据信息，分析数据拐点出现的原因。

刀具涂层和可转位刀片等技术从 20 世纪 70 年代兴起并不断发展，但是当时只有少数企业快速成长及扩张，故 1981~1990 年切削加工刀具领域申请人集中度指数不断攀升。

随着工业化发展，老技术的逐渐成熟及新技术不断涌现，越来越多的企业参与到切削加工刀具行业中，故申请人集中度指数在经历了十几年的稳定期后，又呈现出下降的趋势。

第三步：比较不同趋势线的变化趋势。

在 1996~2000 年，前 10 位申请人 3/5 局专利申请比例出现一个低拐点，而前 10 位申请人全球专利申请比例中却仍呈现上升趋势。

第四步：补充其他数据信息，分析不同趋势线出现差异的原因。

在 3/5 局专利申请中，5 局中的中、日、韩均属于亚洲国家，位于前 10 位的申请人受 1997~1998 年亚洲金融风暴的波及，可能会降低在此 3 个国家的国际专利申请量，进而导致前 10 位申请人 3/5 局专利申请比例降低。

第五步：得出分析结论，对未来发展趋势进行预判。

切削加工刀具领域申请人集中度指数基本保持在 50% 以下，并且近年来出现了下降的趋势，表明该领域产业垄断程度相对较低，准入门槛不是很高，但是企业间的竞争会更加激烈。

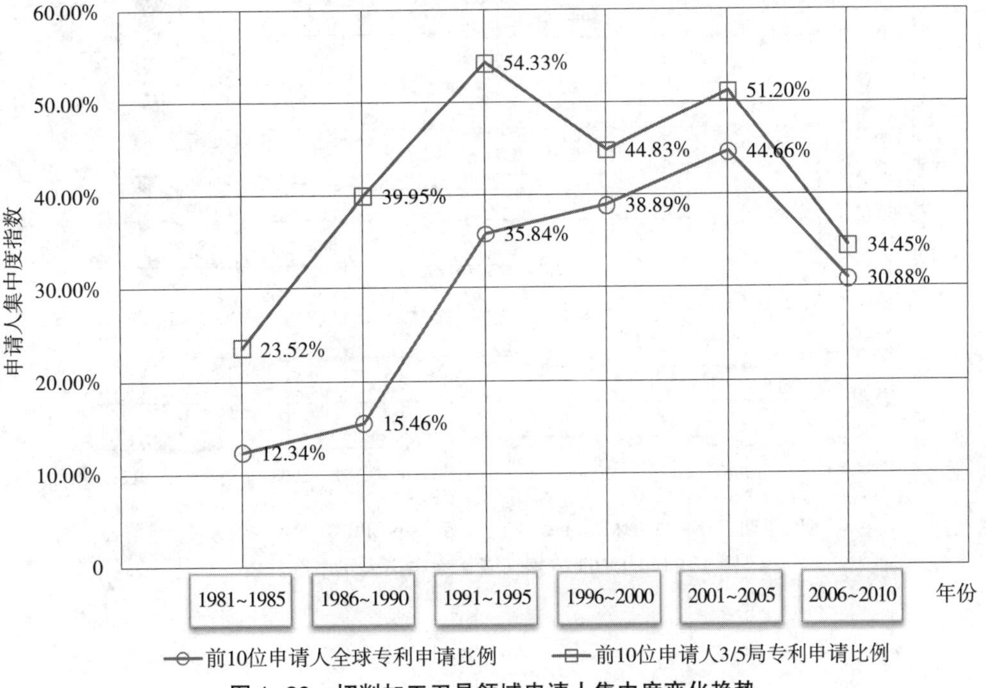

图 1-20 切削加工刀具领域申请人集中度变化趋势

【案例 1-15】LWD 无线随钻技术领域申请人集中度趋势分析

案例设置目的：掌握主要申请人技术集中度的对比分析方法。

斯伦贝谢、哈里伯顿、贝克休斯和 PRAD 这 4 大主要申请人在 LWD 无线随钻技术领域的专利申请集中度如图 1-21 所示。

（1）在 LWD 技术领域，全球的专利申请量的 80% 集中在前 4 大申请人手里，总体的技术集中度经历了先低、中高、后低的过程，也就是在 2000~2008 年，4 大公司掌握了技术突破点，拥有了 90% 以上的专利申请量，而在 2008 年以后集中度变低，这是因为 LWD 技术趋于成熟，各公司的专利布局初步完成。

（2）1996 年，技术集中度较低，很多公司都有专利申请，贝克休斯和斯伦贝谢都掌握了 30% 左右的专利申请量，1996~2000 年，斯伦贝谢的专利占有率急剧上升，并且自此开始保持长期的优势；而贝克休斯的专利占有率开始下降，自 2000 年后变化不大；哈里伯顿在 2004 年后专利占有率开始下降，在 2008 年被 PRAD 超越；在 2012 年，斯伦贝谢遥遥领先，贝克休斯、哈里伯顿和 PRAD 这 3 家公司并驾齐驱。

（3）对于我国的 LWD 技术研发的启示：一是 LWD 技术在 2008 年以后趋于成熟，我国进行 LWD 技术研发就必须进行技术引进或者规避设计；二是技术集中度变低有利于国内企业进行专利布局，趁机跨过技术门槛；三是技术集中度最高点的时间（2000 年）的专利是取得技术突破最多的技术，2000 年的专利是值得学习的对象，包含了很多新的技术手段。

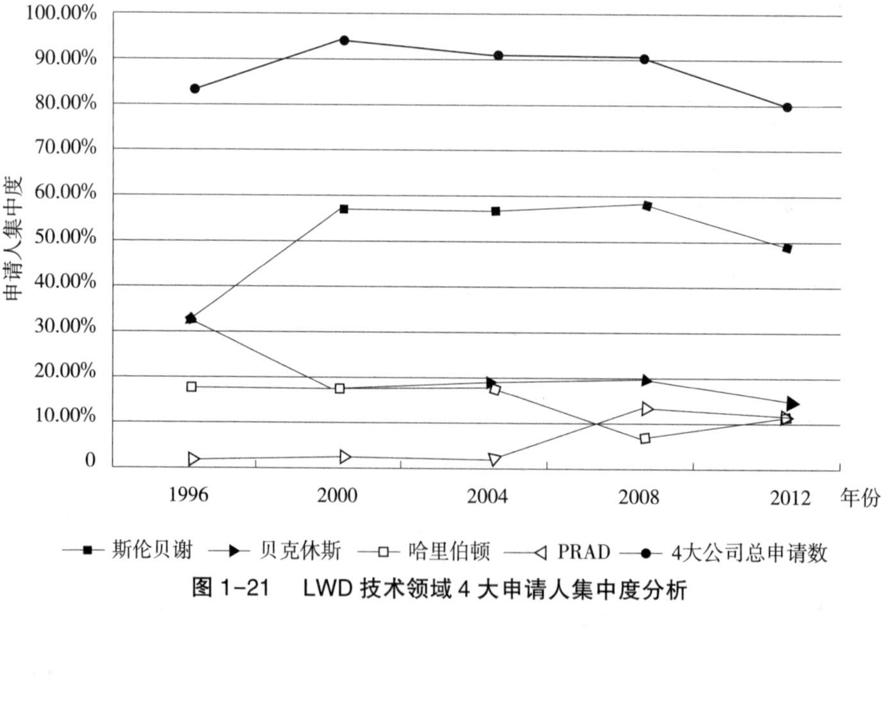

图 1-21　LWD 技术领域 4 大申请人集中度分析

【案例 1-16】智能手机触摸屏专利集中度分析[1]

案例设置目的：了解常用的 CR_n 指数分析方法。

基本理论：

Williamson-Alonso 提出过一种假设，即某种经济现象与另一种现象呈现出倒 U 形的曲线关系。例如一个国家的经济发展水平与其中的某一经济变量之间，刚开始，随着变量的增加经济水平也增加，而到了后来，随着该变量的持续增加，经济水平反而呈现出递减的趋势，最后呈现出一种倒 U 形曲线。罗恺以我国累计专利申请总量位居前列的 985 高校及所有高校为样本，得出的我国高校研发经费水平与专利分散的关系满足 Williamson-Alonso 模型假定，即呈一种倒 U 形曲线关系。基于此，可以提出以下假设：触摸屏技术领域的专利集中度符合 Williamson-Alonso 模型假设。即随着研发投入持续地增加，专利集中度呈现一种倒 U 形的曲线关系。

分析方法：

按专利集中度分析行业集中度是指行业内前 n 家较大企业占整个行业的比重。专利集中度可以用绝对指标 CR_n 表示，即直接计算前几位专利权人在技术领域中的份额，用公式表示为：

$$CR_n = \sum_{i=1}^{n} X_i / \sum_{i=1}^{N} X_i$$

其中：X_i 为各个专利权人拥有的专利数量；N 为所有专利权人的数量；$n=1$，2，3，4，…，N。

依据此公式，计算专利排名前 10 的企业占整个触摸屏技术行业的比重，这 10 家企业即上文提到的 LG、三星、爱普生、京瓷、索尼、苹果、RIM、夏普、诺基亚和松下。由于 2003 年之前，专利数量偏少，参考性有限，所以将 1992~2002 年的数据合起来计算。计算的 CR_{10} 见表 1-4。依据表中数据，得出专利集中度趋势如图 1-22 所示。

表 1-4　智能手机触摸屏专利集中度 CR_{10}

时间（年）	1992~2002	2003	2004	2005	2006	2007
前 10 专利数（项）	48	13	38	40	40	79
全部专利数（项）	339	122	166	211	224	262
CR_{10}	0.142	0.107	0.229	0.190	0.179	0.302
时间（年）	**2008**	**2009**	**2010**	**2011**	**2012**	**2013**
前 10 专利数（项）	394	442	513	611	624	586
全部专利数（项）	1023	1564	2086	2518	3046	3208
CR_{10}	0.385	0.283	0.246	0.243	0.205	0.183

[1] 吴平，等. 广州开发区与上海张江高科技园生物医药产业创新对比［J］. 科技和产业，2020（9）：122-126，179.

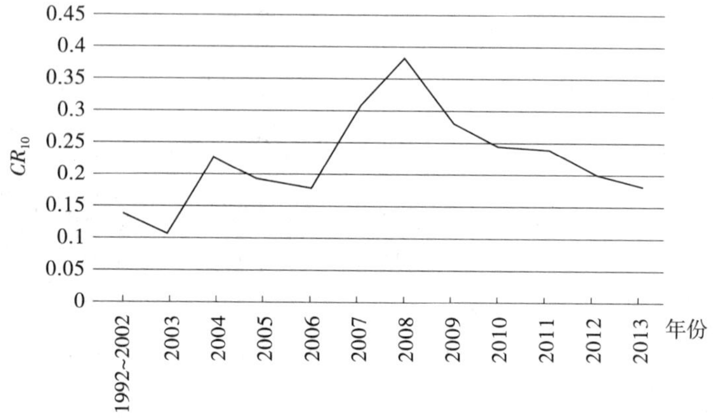

图 1-22　表 1-4 所示 CR_{10} 趋势

分析内容：

由图 1-22 看出，1992~2008 年，专利集中度有一个慢慢变大的趋势，但是由于这期间的专利数量有限，所以并不稳定；而在 2008 年之后，专利集中度值慢慢变小，因为这时候专利数量越来越大，进入该领域的上下游企业也越来越多，专利布局日趋活跃。专利集中度在 2008 年达到最大值，也就是说是触摸屏技术集中于这 10 家知名企业的时候。这个时间点也正是苹果推出 iPhone 确定触摸屏标准的时候，各大智能手机生产企业迅速跟进。随着触摸屏技术专利的集中度逐渐变小，慢慢分散到更多专利权人手中。因为触摸屏技术越来越受到重视，其他更多的专利权人纷纷申请。而触摸屏技术越来越分散，也就越来越容易引起纠纷。

【案例 1-17】广州开发区与张江药谷的生物医药产业技术集中度对比❶

案例设置目的：展示不同地区技术集中度比较分析。

分析内容：

表 1-5 为广州开发区与张江药谷在生物医药各技术领域的前 10 位专利申请人的专利申请量占比情况，以此对比二者在生物医药产业各领域的技术集中度。从表 1-5 可以看出，张江药谷在化学药、中药和医疗器械 3 个一级技术分支的技术集中度均高于广州开发区，在生物制药的 8 个二级技术分支中，有 4 个二级技术分支的技术集中度也高于广州开发区，由此可知，张江药谷的生物医药企业技术集中度总体上超过广州开发区。

❶ 吴平，等. 广州开发区与上海张江高科技园生物医药产业创新对比［J］. 科技和产业，2020（9）：122-126，179.

表 1-5　广州开发区与张江药谷的生物医药产业技术集中度对比

一级分支	二级分支	张江药谷		广州开发区	
		申请人前 10 名的专利总数量（件）	申请人前 10 名的专利数量占比（%）	申请人前 10 名的专利总数量（件）	申请人前 10 名的专利数量占比（%）
生物制药	疫苗	24	64.86	57	86.36
	抗体药物	394	49.07	150	45.05
	重组治疗性蛋白	91	45.96	64	40.51
	血液制品	9	100.00	2	100.00
	干细胞治疗产品	116	78.91	283	83.98
	生物医用材料	79	100.00	157	75.85
	体外诊断检测	685	33.27	1041	21.86
	基因检测	65	56.52	364	71.94
化学药		2019	53.31	519	29.95
中药		395	68.82	348	41.58
医疗器械		823	40.66	807	26.11

分析思路：

基于不同国家或地区技术集中度的比较分析，可以对该区域内是否存在研发实力较为突出的龙头型市场主体进行判断，从而把握区域产业发展现状，为提出相应的产业促进政策提供数据支撑。

【案例 1-18】国际人脸识别技术领域技术集中度分析❶

案例设置目的：展示不同细分领域的技术集中度（HHI）。

计算国际人脸识别技术 10 个 IPC 子领域的技术集中度见表 1-6。观察表 1-6 可知，人脸识别技术在 G07C 和 A63F 两个领域的技术集中度比较高。G07C 是考勤登记器领域，A63F 是娱乐游戏领域，在这两个领域，专利布局趋于成熟，存在技术垄断；其余领域的技术集中度都低于 0.4，处于中低水平，技术分散，被多个专利机构掌握。

表 1-6　1995~2015 年人脸识别技术全球专利申请技术集中度

指数	G06K	H04N	G06F	G06T	G07C	G06Q	G08B	A63F	H04L	A61B
HHI	0.398	0.278	0.271	0.388	0.781	0.306	0.349	0.646	0.285	0.290

❶ 章帆，等. 国际人脸识别技术景观分析［J］. 科技管理研究，2018（10）：28-35.

第二章　数据构成分析

上一章的数据趋势分析主要是按照时间流动的方向纵向地对专利数据量进行统计分析，而本章的数据构成分析则是对各个细分支的相对数量关系的横向比较，因而，常见的呈现形式除了申请量绝对值的比较以外，往往还包括比例关系的对比分析。具体的细分支的类型既可以是基于技术分解表的各个技术分支，也可以是基于不同的地区来源、目标市场、申请人类别、申请类型、法律状态等任何所需的且可能的分支分解方式所划分出的细分支。由于数据构成分析本身就意味着对分解后的数据进行比较，因而，这一分析类型也会最直白而浅显地展示出专利分析过程中“分解-对比-综合”的思维模式。

数据构成分析是在专利数量统计基础上，研究数量、比例及其他分析指标的构成情况，提取出具有总揽全局及预测功能的专利情报信息，从而为企业的技术、产品及服务开发中的决策提供参考。本章从技术、申请人（专利权人）、发明人、代理机构、申请地域、专利类型、法律状态等分析角度，对技术、申请人（专利权人）、申请地域和法律状态的数据构成分析方法进行介绍。

第一节　技术构成分析

一、分析目的

技术构成分析主要是依据技术分解表的技术分支对专利数据整体进行分解，从而通过比较不同技术分支的专利数量情况，判断该技术领域产出的专利技术文献在各技术分支之间的分布特点，识别出研发和布局的重要技术分支，或者结合时间维度识别出正在冉冉升起的新兴技术，为后续进一步深入开展技术统计分析和详情解读提供突破口。

除此之外，还可以以技术构成分析为基础，结合地域、申请人/发明人、申请类型、法律状态等维度，比较不同技术分支在上述维度方面的异同，寻找分支之间的共性或者自有特点，在中观层面加深对各技术分支发展情况的了解；另外，也可以在上述维度中选择特定的对象，就其技术分支分布之间的异同进行比较分析，例如，选定的两个以上申请人的技术构成异同比较，通过技术构成的比较分析，把握特定申请人的技术分布特点，为市场分析和决策提供参考。

技术构成分析对象可以是“技术”“人物”或“地域”相关的专利数据，也可以是“技术”“人物”“地域”、专利类型、法律状态等组合的专利数据，如申请人与申请地域进行组合后，就可以分析某申请人在不同申请地域的专利数据。

通过对不同对象的专利技术构成分析，可达到如下目的：

（1）了解专利申请的密集点和空白点，找出核心技术分支及重点专利。

（2）评估出技术研发广度，判断技术和市场能力更强的分析对象。

（3）评估出技术研发集中度，判断分析对象的技术研发和市场推广侧重点。

二、分析方法

技术构成分析图表用于直观、系统地展示分析对象的专利技术整体构成情况，图表中数据除专利数量和比例外，还可以是计算加工后的指标，例如：

（1）技术侧重度=某申请人在某领域的专利申请量/自身专利申请总量的比值。

技术侧重度用于测算某申请人在某领域的专利布局重视程度，指标值越大说明重视程度越高。

（2）技术宽度=某申请人专利申请涉及的某领域的技术分支项数/该领域总的技术分支项数。

技术宽度（Technology Extent，TE）用于测算专利申请的技术广度，指标值越大说明有研发的技术分支越多，外围专利的控制能力越强。

（3）相对专利密度=某申请人在某领域的专利申请总量/该申请人涉及的该领域的技术分支项数。

相对专利密度用于测算专利申请的密集程度，指标值越大说明整体专利布局越密集。

技术构成分析内容主要有数据特征点分析和比较分析。

（1）数据特征点分析。指分析单个分析对象中的技术构成特征，结合商业、技术、政策，以及其他专利统计信息等共同剖析特征点出现的原因。

（2）比较分析。指比较不同技术构成的差异，结合商业、技术、政策，以及其他专利统计信息等共同剖析差异出现的原因，并进行合理的推测。包括“自身比自身”和“自身比他人”两种分析方法，其中“自身比自身”是比较同一分析对象在不同时期的技术构成差异；“自身比他人”是比较不同分析对象的技术构成差异，如比较不同申请人的技术集中度、不同类型专利的技术构成比例等。

三、分析案例

【案例 2-1】切削加工刀具领域专利技术构成分析[1]

案例设置目的：掌握技术构成分析的数据特征点分析法。

图 2-1 示出了切削加工刀具技术构成分析图。分析步骤如下：

---

[1] 改编自：杨铁军. 产业专利分析报告（第 3 册）：切削加工刀具［M］. 北京：知识产权出版社，2012：40-41.

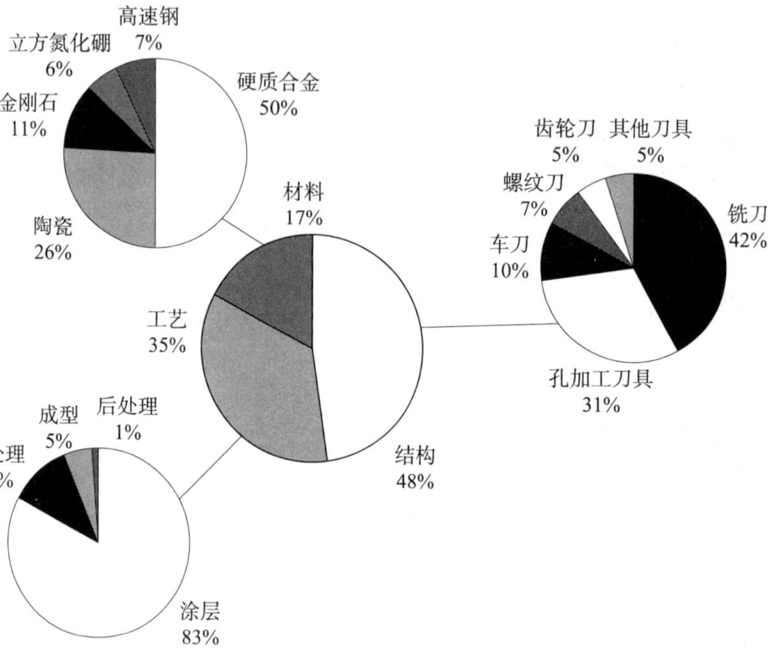

图2-1　切削加工刀具技术构成分析图

第一步：找出数据特征点。

切削加工刀具技术可分为刀具结构、工艺和材料3个分支，其中：结构方面，铣刀和孔加工刀具是专利申请重点；工艺方面，涂层技术是专利申请重点，其次为热处理；材料方面，硬质合金材料是专利申请重点，其次为陶瓷和金刚石。

第二步：补充其他数据信息，分析特征点出现的原因。

铣刀和孔加工刀具的用途最广，故在结构方面的专利申请量领先；被誉为“刀具重大技术革命”的涂层技术一直是刀具行业技术研发的重点，故也属于工艺方面的专利申请绝对重心；硬质合金和陶瓷一直是申请人较为关注的刀具基体材料，故在材料方面的专利申请量领先。

第三步：得出分析结论。

切削加工刀具领域的专利以结构和工艺方面的为主，其中铣刀和孔加工刀具是结构方面的技术研发及专利申请热点；涂层技术是工艺方面的技术研发及专利申请热点；硬质合金和陶瓷是材料方面的技术研发及专利申请热点。

【案例2-2】某技术领域主要专利申请人技术构成比较分析

案例设置目的：掌握利用专利指标进行技术构成比较分析的方法。

图2-2、图2-3、图2-4分别示出了X技术领域6家公司的技术侧重度、技术宽度和相对专利密度的信息。分析步骤如下：

第一步：比较不同分析对象的技术构成异同。

技术侧重度：除B公司的技术侧重度明显偏低外，其余5家公司均较为相似，前10位的技术分支专利申请量均占总量50%以上；

技术宽度：B公司的技术宽度远高于其他几家公司，其次为C公司；

相对专利密度：F 公司的相对专利密度明显高于其他 5 家公司，而 B 公司则明显偏低。

第二步：补充其他数据信息，分析具体原因。

技术侧重度：从业务范围来说，B 公司为日本工业的重量级企业，业务范围极广，不仅涉及 X 技术领域，还涉及 X 技术领域的多个关联技术领域，故技术侧重度偏低；

技术宽度：C 公司为日本在 X 技术领域的另外一家龙头企业，业务范围几乎涵盖了 X 技术领域的所有重点技术分支，故技术宽度偏高；

相对专利密度：A、D、E、F 均为欧洲公司，并且成立已超过百年，但是仅在 X 技术领域的部分重点技术分支中处于全球领先地位，F 公司的相对专利密度偏高也就不足为奇了。

第三步：得出分析结论。

就综合实力而言，C 公司在 X 领域的技术实力较强，技术侧重度、技术宽度和相对专利密度均处于 6 家公司的中上水平；B 公司由于业务较为广泛，其专利申请的技术宽度最高，而技术侧重度及专利密度则较低，技术关联性可能相对较弱；其他 4 家公司的业务集中度较高，在各自擅长的技术分支专利布局较为密集，尤其以 F 公司最具特点。

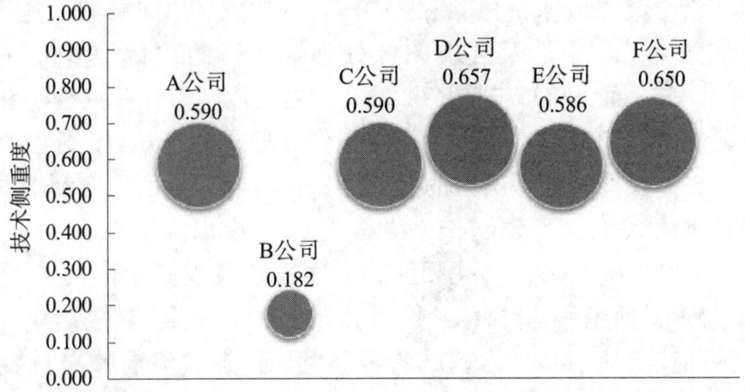

图 2-2　6 家公司技术侧重度指标对比

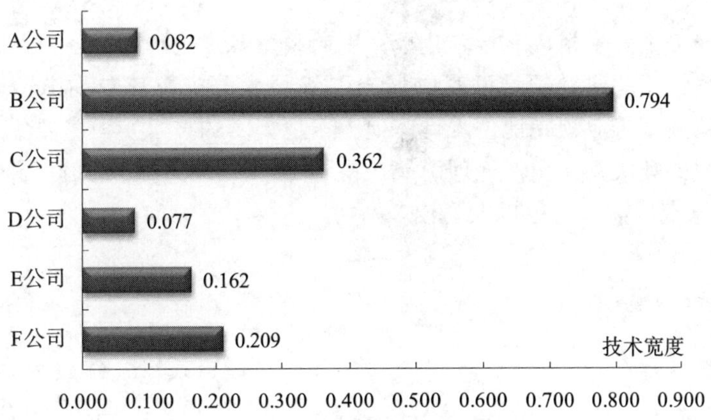

图 2-3　6 家公司技术宽度指标对比

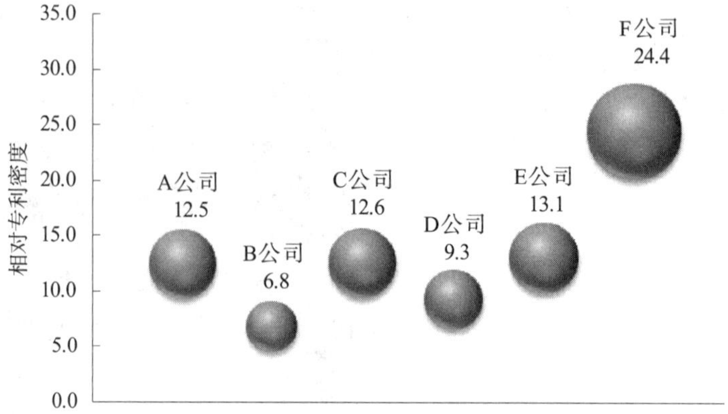

图 2-4　6 家公司相对专利密度指标对比

【案例 2-3】索尼集团全球专利申请技术构成❶

案例设置目的：掌握技术构成分析的一般方法和分析角度。

第一步：对各技术分支的数量/占比进行描述。

图 2-5 给出了索尼集团全球专利申请量中的技术构成。由图可知，其全球专利申请涵盖所有一级技术分支，其中涉及终端图像处理及接口的数量最多，占总申请量的 60%，其次是内容制作方面，占总申请量的 28%，之后依次为音视频编码和信号传输方面，分别占总申请量的 7% 和 5%。具体看终端图像处理及接口方面，涉及终端接口的专利申请数量占 83%，涉及图像处理引擎的占 17%；内容制作方面，专利申请量大小依次为视频制作、视频采集系统、音频制作、立体音频采集以及基带接口，占比分别为 48%、15%、15%、12% 和 10%；音视频编码方面，涉及视频编码的数量占有绝对优势，占比 79%，立体音频编码占 21%；信号传输方面，专利申请量大小依次为基于 IP 技术的视频宽带传输、以 MMT 为基础的多路复用传输、传输数据封装、无压缩视频信号的光纤传输和基于 MIMO 技术的移动转播，占比分别为 45%、28%、17%、7% 和 3%。

第二步：确定重点子领域和对各技术分支的覆盖程度进行判断。

可见，索尼集团的研发领域已覆盖所有二级技术分支，其专利申请量不仅在数量上，在广度上也处于行业领先地位。具体地，索尼集团的技术实力主要集中在终端接口和视频制作领域，其次，在图像处理引擎、视频编码、视频采集系统、音频制作和基于 IP 技术的视频宽带传输方面也投入了较多精力。

❶ 参考《超高清产业专利分析评议报告》。

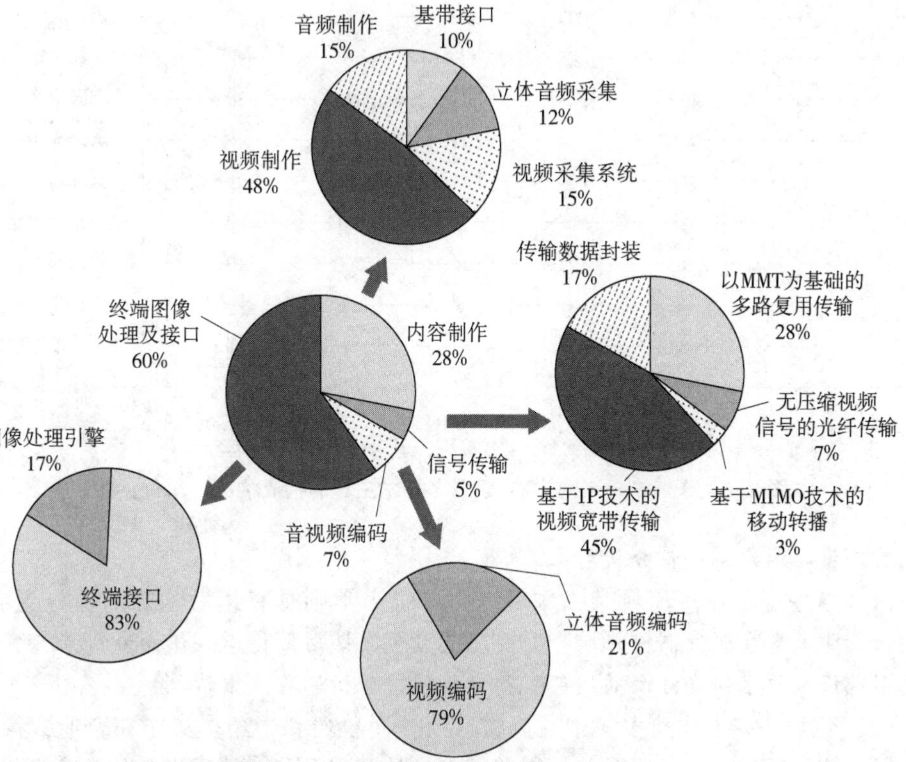

图 2-5　索尼集团全球专利申请技术构成

【案例 2-4】天津市前 10 申请人各技术主题的构成情况❶

案例设置目的：示例如何从比较中发掘值得关注的特征点。

第一步：比较不同申请人的各技术分支分布特点的异同。

天津市前 10 申请人在各技术主题的专利申请如图 2-6 所示。从总申请量来看，前 10 申请人中有 6 家高校/科研院所，4 家企业。天津大学以 1316 件专利申请遥遥领先于其他申请人，南开大学、天士力、天津科技大学的申请量也达到了 500 件以上。从维持情况来看，天士力、天津药物研究院维持有效的专利占比较高，而生机集团和瑞普生物专利维持有效占比较低。天津大学以医疗器械为主，同时在化学药和生物药方面也有较多的申请；生机集团在兽药方面拥有最多的申请，同时在中药方面也有较多的布局；南开大学以生物药和化学药为主，在医疗器械方面也有较多的申请；天士力以中药为主，天津科技大学在保健品、化学药和生物药均有较多的申请，天津药物研究院的申请则集中在化学药，中国医学科学院以生物药和医疗器械为主，中新药业则主要涉及中药方面，天津瑞普生物以生物药和兽药为主，天津医科大学则以生物药和医疗器械为主。

❶ 改编自《天津市生物医药产业知识产权分析评议报告》。

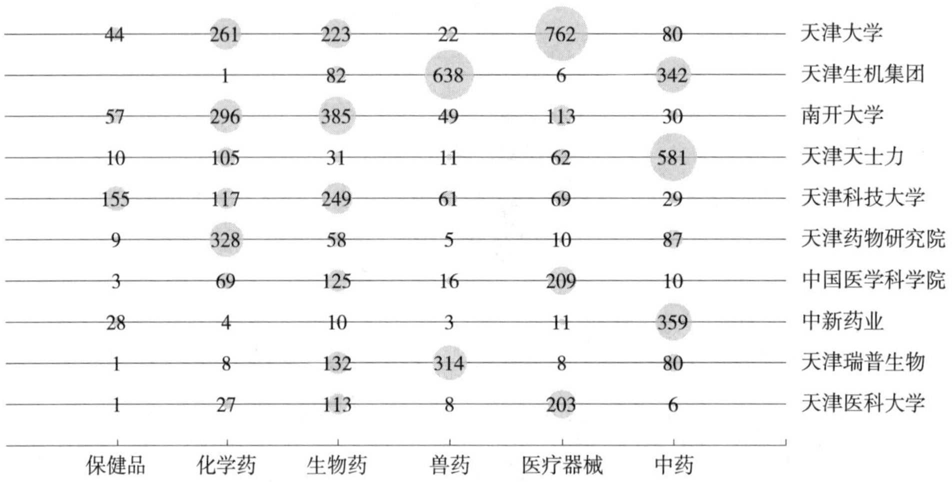

图 2-6　天津市排名前 10 申请人各技术主题的构成情况（单位：件）

第二步：圈定下一步分析对象。

（1）考虑到企业多深耕某一领域，而综合大学则具有相对均衡的各分支覆盖度，因而，天津大学在医疗器械领域相对突出的专利申请量值得进一步研究（基于常见的不同类型申请人技术研发方向的一般规律发掘值得分析的重点申请人）。

（2）化学药和生物药多集中在高校院所，而兽药和中药多集中在企业，科研主体与市场主体的研发方向不匹配，值得关注（从地区科研经济协同发展的角度发掘值得分析的重点申请人）。

（3）排名靠前的天津生机集团和天津天士力，除了各自传统的兽药和中药方向以外，也开始关注化学药和生物药领域，可以从企业发展策略的角度进行深度追踪（从市场主体自身发展的角度发掘值得分析的重点申请人）。

【案例 2-5】4 国 3D 打印材料技术研发侧重点❶

案例设置目的：掌握结合其他维度的技术构成分析，侧重了解原因分析部分。

从技术维度，选取了 3D 打印材料最主要的 4 个技术来源国：中国、美国、德国、日本开展分析。从图 2-7 中可知，中国主要以生物高分子材料为主，其次为工程塑料，与目前整体产业的主流材料研发方向一致（确定我国数量高的技术分支），这主要是由于目前以 PLA 聚乳酸为主的生物高分子材料具有加工工艺多样性，且成本相对较低的优势，作为桌面级 3D 打印机的耗材，广泛应用于制作消费品、工艺品以及医用材料等领域。此外生物高分子材料还具有良好的生物可降解性、生物相容性，可用于医学领域、打印生物工程支架，如心脏支架、骨支架等，具有较好的应用前景（结合技术特点分析原因）。而中国对光敏材料的研究较少，这主要是因为光敏树脂材料价格较高，且我国在光引发剂方面的研究和产业基础较少（结合市场价格因素和研发基础分析原因）。美国同样以生物高分子材料为主要研发方向，其次是光敏材料和工程塑料，其在陶瓷材料方向的专利布局较少（比较美中技术构成的分布差异），但陶瓷材料是近年来

❶ 参考《3D 打印材料产业知识产权分析评议报告》。

才被应用于3D打印技术中，由于其具有硬而脆的特点，使其加工成型难度较大，未得到广泛应用（结合技术特点分析原因）。德国作为传统制造业的强国，其优势技术分支为工程塑料，工程塑料主要包括ABS、PC聚碳酸酯、尼龙、聚砜和聚醚醚酮等高分子材料（确定德国数量高的技术分支），这些材料具有较好的耐热、耐磨性能和优异的力学性能，可广泛使用在工业、机械零部件等领域。此外，德国还拥有世界化工巨头企业巴斯夫集团，其在工程塑料领域的产业基础非常雄厚。此外，还有EOS、德固赛等3D打印机制造商，二者的结合奠定了德国在3D打印产业领域的强国基础（结合研发主体情况分析原因）。德国的劣势技术分支为陶瓷材料，与美国相同。日本的化学工业基础同样很强，其具有帝人公司、JSR公司等大型化工企业，日本的优势技术为光敏材料，光敏材料主要适用于制造表面质量好、尺寸精度高及精细结构等物品，广泛应用于汽车、电器等行业。而汽车和电器是日本的优势产业，因此，对光敏材料的研发较多则不难理解（确定日本数量高的技术分支，结合市场应用因素分析原因），日本的弱势技术分支为金属材料。由此可见，各国的技术研发侧重点都紧密围绕各自的3D打印产业需求开展，相对来说，德国的专利技术布局较为均衡，而其余各国都各有薄弱之处（总结技术分支的覆盖程度），建议我国申请人在发挥自身优势技术的基础上，弥补弱势，防止自身产业受制于人（给出相应建议）。

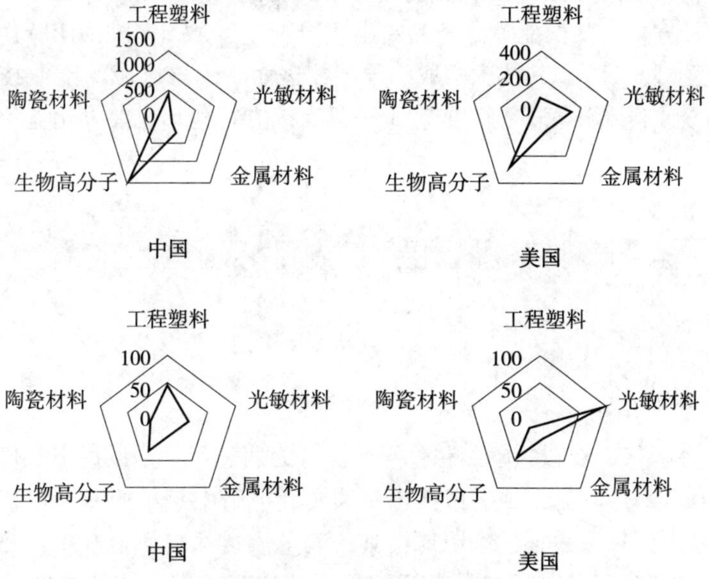

图2-7　4国3D打印材料技术研发侧重点（单位：项）

【案例2-6】全球、中国、四川省医药产业技术构成分析[1]

案例设置目的：采用不同参比对象的技术构成分析。

分析内容：

从全球/中国/四川省医药产业集中度来看，医疗器械领域专利申请数量最多，全球

[1] 参考四川中知慧智数据科技股份有限公司《四川省医药产业专利布局分析》。

超过了一半，中国和四川省也都在 40% 以上，分别为 59.71%、49.06%、48.10%；现代中药领域较少。比较而言，四川现代中药技术专利占比远高于中国的 15.82% 和全球的 4.62%，达到 19.92%；在化学药产业，四川省的技术专利占比与中国总体状况和全球状况几乎没有差别，其在该领域也有较大的发展空间和竞争优势，如图 2-8 所示。

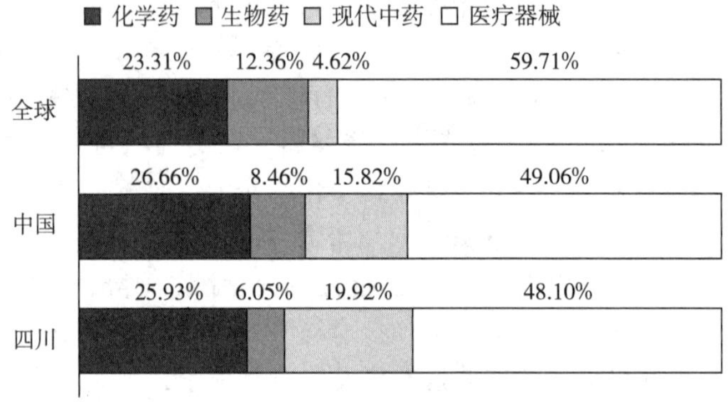

图 2-8　全球、中国、四川省医药产业技术构成分析

分析思路：

通常而言，选取的参比对象都是平行的地区或者申请人等，但也可以采用由小及大的参比地区选择方式，从而能够分析判断出某个特定区域（例如四川），相对于更大的整体（例如全国或全球），其技术构成的异同，进而判断该区域的产业技术发展是否偏离主流成为小众或盲端技术方向，或者是否具有地方特色形成差异化竞争态势等。

第二节　来源地区和/或目标地区构成分析

一、分析目的

地区构成分析基于专利的申请和公开而被分为两类：一是以提出一件专利申请时所在的地区（即申请号地区），或者以提出一项专利申请中最早的专利申请时所在的地区（即最早优先权地区）来表征的来源地，其代表了该技术自何地产出；二是以一件专利公开时的地区（即公开号地区）来表征的目标地，其代表了该技术意欲在何地取得垄断性保护。

基于专利技术往往会在本国本地提出申请，因而，通过对来源地的分析，可以比较不同国家/地区之间的专利技术的研发产出实力；而由于可以通过专利的垄断性保护限制专利权所覆盖地区的制造、生产、销售等一系列行为，因而，通过对目标地的分析，可以比较不同国家/地区作为经济利益角逐战场的受重视程度。

通常而言，申请地域构成分析对象可以是“技术”或“人物”的相关专利数据，也可以是“技术”“人物”、专利类型、法律状态等组合的专利数据，如申请人与技术领域进行组合后，就可以分析某申请人在不同技术领域的专利数据。

通过对申请人的专利申请地域构成分析，可达到如下目的：

（1）分析国家或地区的技术优势和侧重情况，明晰目标市场的专利布局情况。

（2）分析各国家或地区的专利布局及专利输入输出情况，查找技术起源国、辨别目标市场等。

（3）国家或地区的技术实力对比。

二、分析方法

专利申请的优先权号、申请号或者公开号本身都附带有国别/地区的代码，根据代码信息能够获知其来源地或目标地，对于中国专利申请而言，还可以通过特有的国省代码来获取具体的省市地区信息。

专利申请地域分析内容主要有数据特征点分析和比较分析。

（1）数据特征点分析。指比较单个分析对象的专利申请地域构成特征，结合商业、技术、政策，以及其他专利统计信息等共同剖析出数据特征点出现的原因。

（2）比较分析。指比较不同分析对象的专利申请地域构成差异，结合商业、技术、政策，以及其他专利统计信息等共同剖析差异出现的原因，以及进行合理的推测。包括"自身比自身"和"自身比他人"两种分析方法，其中"自身比自身"是比较同一分析对象在不同时期的申请地域构成差异；"自身比他人"是比较不同分析对象的专利申请地域构成差异，如比较不同技术领域的专利申请地域构成差异、不同申请人的申请地域构成差异等。

在地区构成分析过程中，除了对地区之间通过申请量进行总体实力比较，结合时间维度对地区之间的未来走势进行预测，或者结合技术或申请人等其他维度进行交叉分析等常规的构成分析之外，由于目标地与市场的关系极为密切，还可以对某地区公开的专利申请中本地来源专利申请的占比进行分析，并从对该地区的市场控制能力的角度进行解读。进一步地，还可以与市场占有率等现实市场控制情况进行对照分析；或者借由意欲通过专利控制和占有市场行为对其技术成熟程度或产业出海意愿等进行分析判断，从而从市场的角度对国家主体或市场主体的全球竞争力进行解读。

三、分析案例

【案例 2-7】工业机器人焊缝跟踪技术领域专利来源国与目标国分析❶

案例设置目的：掌握申请地域构成分析的技术输出输入分析。

图 2-9 示出了工业机器人焊缝跟踪技术专利来源国与目标国。分析步骤如下：

第一步：找出数据特征点。

焊缝跟踪技术的 3 个技术分支中，日本均是最大的技术来源国和目标国。美国作为技术来源国在电弧式分支的专利申请寥寥无几。德国作为技术来源国在该接触式分支的专利申请很少。

---

❶ 改编自：杨铁军. 产业专利分析报告（第 19 册）：工业机器人［M］. 北京：知识产权出版社，2014：208-212.

第二步：补充其他数据信息，分析特征点出现的原因。

作为机器人王国，日本拥有巨大的工业机器人市场，政府也实施了诸多经济优惠扶持政策，因此日本创新主体在焊缝跟踪技术领域拥有强大的研发实力，并且其他国家的焊缝跟踪技术也需要在日本进行专利布局来实现对市场的占领，故日本是最大的技术来源国和目标国。

美国在 20 世纪 60 年代末突破性地开发出了 CCD 视觉技术，其国内研发重点都集中在视觉式跟踪技术方面，并且相比于工业机器人，美国政府和企业更为关注机器人软件、军事、宇宙、海洋和核工程等特殊领域的高级机器人研发，因此美国创新主体在电弧式技术上的专利申请量很少。

德国对接触式技术的研发力度不大，其他国家的申请人也许正是看到这一点，才较为注重该技术分支在德国的专利布局。

第三步：得出分析结论。

在工业机器人焊缝跟踪技术领域，日本是最大的技术来源国和目标国，整体技术实力和专利布局密度明显强于其他国家或地区，对于我国相关企业而言，需重点关注日本申请人的技术发展及专利申请动态，进入日本市场需提前做好专利布局和风险防范工作。

美国和德国申请人分别对电弧式、接触式的研发关注度很低，我国企业在开拓美国和德国市场时，专利布局可有所侧重。

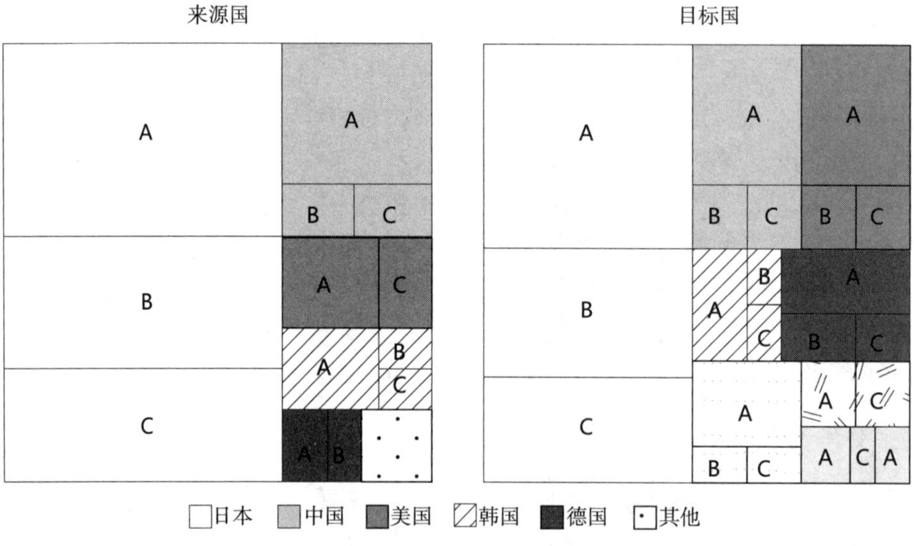

（A 视觉式；B 电弧式；C 接触式）

图 2-9　工业机器人焊缝跟踪技术专利来源国与目标国

【案例 2-8】切削加工刀具领域专利申请流向分析❶

案例设置目的：掌握申请地域构成分析的专利流向分析。

图 2-10 示出了切削加工刀具领域技术输入输出分析。分析步骤如下：

❶ 改编自：杨铁军. 产业专利分析报告（第 3 册）：切削加工刀具［M］. 北京：知识产权出版社，2012：48-52.

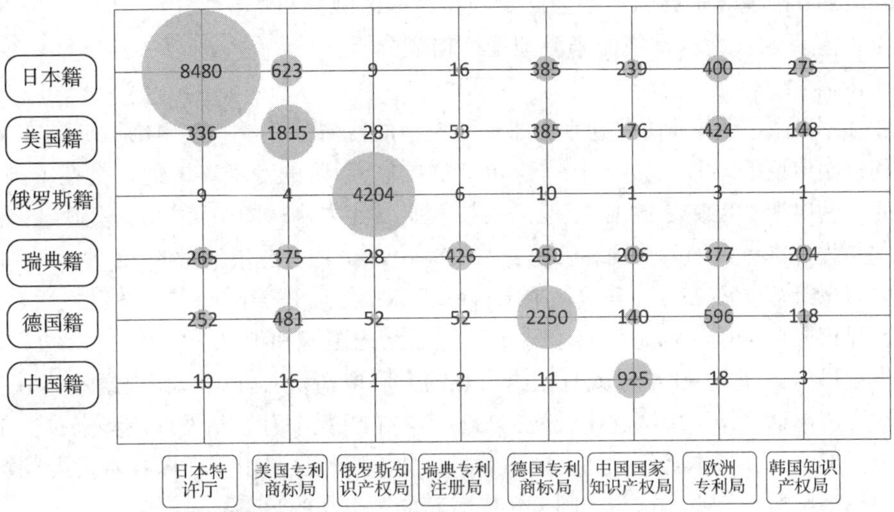

图 2-10　切削加工刀具领域技术输入输出分析（单位：件）

第一步：找出数据特征点。

日本：日本籍申请人在本国和海外的申请量均最大，而其他国籍申请人对日本的输入比例较小。

俄罗斯：俄罗斯籍申请人虽然申请量居全球第二，但主要集中于国内，对外几乎没有专利申请，其他国家申请人在该国的专利申请也很少。

瑞典：瑞典籍申请人在本国的申请量比例明显偏低，较为重视海外布局。

中国：中国籍申请人 93.8% 的专利在本国申请，海外申请量很少，而其他国籍申请人也较为注重在中国的专利布局。

第二步：补充其他数据信息，分析特征点出现的原因。

日本：由于日本企业在刀具领域的技术研发较多，并且有重视专利申请的传统，故日本籍申请人在本国和海外的申请量均最大，而其他国籍申请人可能考虑到进入日本市场的难度太大，在日本的专利布局也相对较少。

俄罗斯：苏联解体后，俄罗斯经济实力减弱，不仅切削加工刀具出口量减少，而且国内制造业对刀具的需求量也降低，故该国申请人的专利申请主要集中在国内，国外申请人也很少在该国部署专利。

瑞典：瑞典企业在刀具领域的技术全球领先，但是由于国内市场较小，产品主要出口国外，故较为重视在国外的专利保护。

中国：由于中国市场对刀具的需求很大，市场也较开放，故国内外申请人均较为注重在中国的专利布局，但是中国企业在切削加工刀具领域的技术实力相对较弱，国际市场上缺乏竞争力，没有在全球范围内进行专利布局的信心和能力。

第三步：得出分析结论。

日本、俄罗斯、美国、德国和瑞典在切削加工刀具方面均已形成较为严密的专利布局，并且国外申请人也很重视在中国的专利布局，因此中国企业在面临较大竞争压力的情况下，需在技术上积极寻求突破，注重海外专利布局和专利侵权风险防范。

【案例 2-9】锂离子动力电池全球专利申请的区域分布❶

案例设置目的：展示常规的来源地地区构成分析。

分析内容：

图 2-11 显示了锂离子动力电池全球专利申请的区域分布，其中申请区域在本文中定义为专利首次申请的国家/地区，在首次申请的国家/地区的专利申请通常是在本国家/地区原创的专利申请，反映了各国家/地区的技术研发实力。从图中可知，该领域的专利申请区域主要为日本、中国、美国和韩国，共 19 440 项，约占总申请量的 72.2%。日本提交的专利申请量最多，占 25%；其次是中国，占 24%；然后是美国，占 13%；之后是韩国，占 11%；排名靠前的国家都是世界上经济较为活跃的国家和地区。从图 2-12 可以看出，日本起步较早，20 世纪 90 年代就有相当可观的专利申请量，韩国和美国紧随其后，1995 年起逐渐形成申请规模。中国起步较晚，2000 年左右开始萌芽。从发展趋势来看，在经过一个上升期之后，日本、韩国和美国申请量比较稳定，这是由于 3 国技术发展成熟度较高；中国呈继续增长势头，这与中国近年来对新能源汽车的政策导向有关。

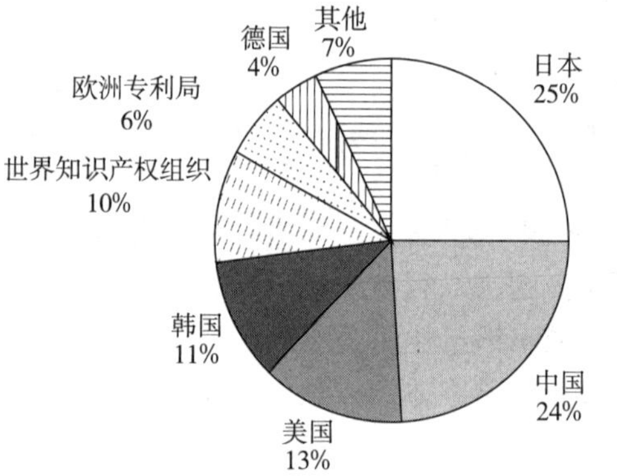

图 2-11 锂离子动力电池全球专利申请区域分布

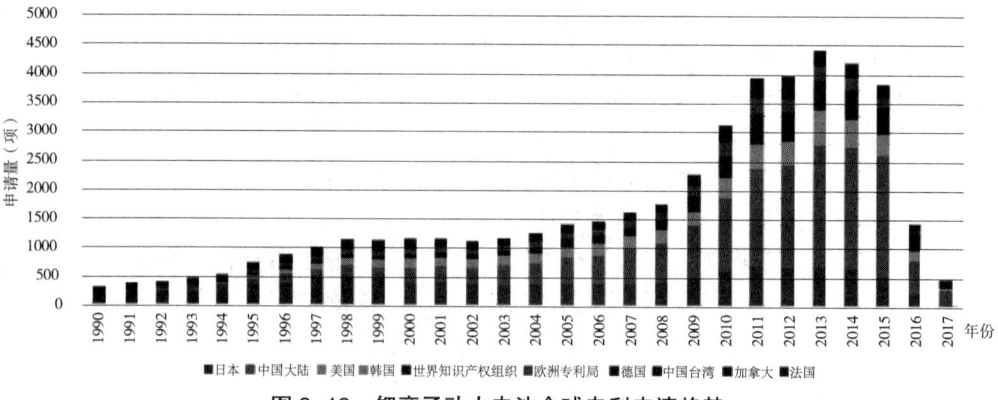

图 2-12 锂离子动力电池全球专利申请趋势

---

❶ 参考《锂离子动力电池产业专利分析评议报告》。

分析思路：

在进行地区构成分析时，首先，计算各国和地区专利申请量在总量中的占比，根据所占比例了解专利技术产出在不同国家和地区的分布情况，从而对各国和地区技术研发实力进行初步的判断。进一步地，可以结合时间维度，对分布的变化趋势进行预判。

当仅针对单一领域进行地区构成分析时，构成分析与排序分析没有明显差别，但对不同技术分支的地区构成进行对比分析时，由于各地区和各技术分支专利总量的差异，可能会导致排序分析难以直观地进行比较，此时，可以通过换算成比例关系，采用构成分析的方式，使之形成可比较的数据。

【案例 2-10】空气污染清洁技术国籍构成分析❶

案例设置目的：展示本地占比分析。

分析内容：

专利局申请的国籍结构如图 2-13 所示。一个明显的模式是，美国专利商标局和欧洲专利局的专利申请中，外国专利申请占大多数，而亚洲国家专利局的国内申请占大多数。美国专利商标局和欧洲专利局的外国专利申请分别占 57% 和 62%。在向韩国知识产权局提交申请的申请人中，国内申请人占 88%，在日本特许厅中占 97%。与美国专利商标局和欧洲专利局的申请相比，韩国知识产权局和日本特许厅的空气污染清洁技术专利申请呈现出强烈的国内化趋势。在中国国家知识产权局中也观察到了同样的情况。因此，与韩国和日本一样，中国也在努力创新国内空气污染清洁技术领域的能力。

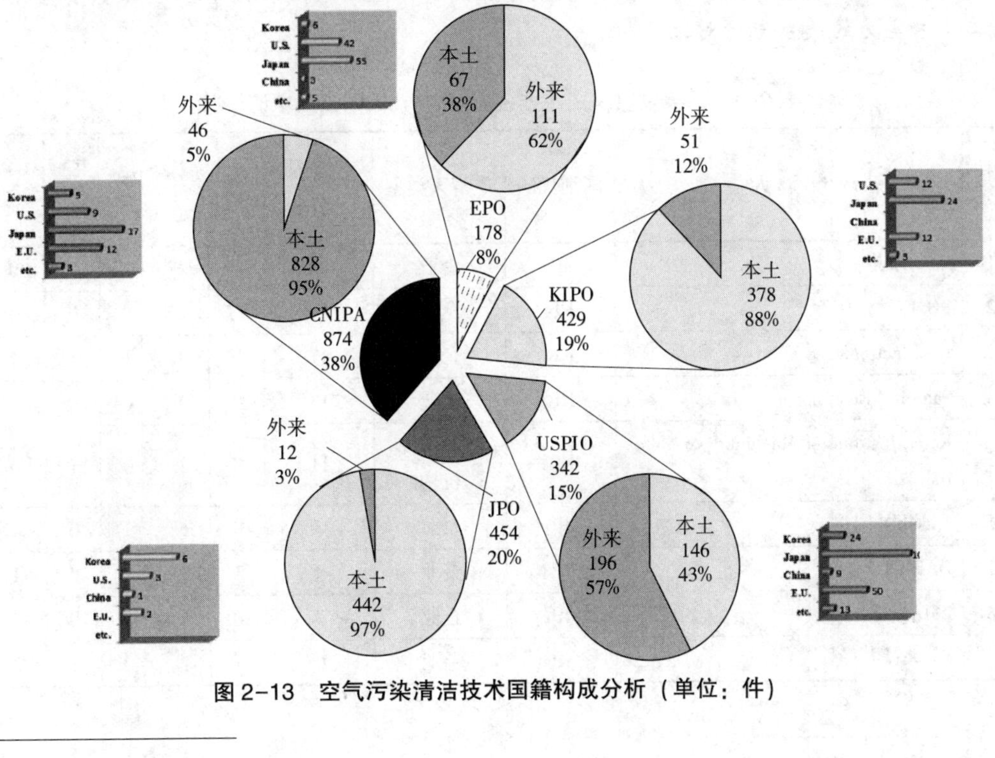

图 2-13　空气污染清洁技术国籍构成分析（单位：件）

❶ Sang-Jin Ahn, et al. 'Green chasm' in clean-tech for air pollution: Patent evidence of a long innovation cycle and a technological level gap [J]. Journal of Cleaner Production, 2020 (11).

分析思路：

以目标地的专利数据为基础，计算其中来源于本地的专利申请的比例，可以判断对于本地市场而言，外部力量和内部力量的强弱对比，以及作为全球市场的影响力大小。由于外部力量越强，本地占比就越低，同时，市场地位越突出，本地占比越低，因而对本地占比进行分析解读时，需要注意多角度考虑数据产生的原因，避免片面解读。

【案例2-11】空气污染清洁领域不同申请人五局申请情况❶

案例设置目的：展示从海外申请的角度分析“走出去”的能力。

第一步：比较不同申请人的五局申请情况。

按技术分支对前10名专利权人进行排序，见表2-1、表2-2、表2-3。日本的专利权人，如松下、大金、三菱重工、丰田、HORIBA、岛津、RION和NGK Spark Plug，已将其技术向各个国家申请了专利保护（对数据情况进行描述），且这些专利权人都是公司，通常而言，持有海外专利的公司倾向于在拥有专利的国家开展相关业务（指出分析基于的理论基础），可见，日本公司成功地实现了技术自主。韩国的三星电子（Samsung Electronics）、LG电子（LG Electronics）和现代汽车公司（Hyundai Motor Company）等跨国公司表现出与日本企业相似的模式。然而，韩国本土企业并没有在技术自主方面取得成功，韩国代表性出口商浦项制铁（POSCO）没有在国外申请，只持有韩国专利，这意味着他们的专利与海外销售的相关性较小，仅可以用来应对国内的专利竞争，或可以被动地用于专利诉讼辩护，主要在本国寻求创新，但未能实现技术自主（基于海外布局与技术实力的关系进行对比分析）。

表2-1 污染物收集技术排名前10申请人的五局申请情况

排序	申请人	国别代码	申请人类型	申请量（件）	KIPO	USPTO	JPO	CNIPA	EPO
1	Panasonic	JP	企业	23	0	2	21	0	0
2	POSCO	KR	企业	17	17	0	0	0	0
2	LG Electronics	KR	企业	17	9	4	1	1	2
4	Samsung Electronics	KR	企业	13	10	2	0	0	1
5	Korea Institute of Machinery & Materials	KR	政府研究机构	11	9	1	0	1	0
6	Mitsubishi Heavy	JP	企业	10	0	6	2	0	2
7	DAIKIN	JP	企业	8	1	2	4	0	1
8	AMANO	JP	企业	7	0	0	7	0	0
9	O-DEN	JP	企业	6	1	2	0	1	2

❶ Sang-Jin Ahn, et al. ‘Green chasm’ in clean-tech for air pollution: Patent evidence of a long innovation cycle and a technological level gap [J]. Journal of Cleaner Production, 2020 (11).

续表

排序	申请人	国别代码	申请人类型	申请量（件）	KIPO	USPTO	JPO	CNIPA	EPO
9	FURUKAWA INDUSTRIAL MACHINERY SYSTEMS	JP	企业	6	0	1	5	0	0
9	Daewoo Shipbuilding & Marine Engineering Co. Ltd.	KR	企业	6	6	0	0	0	0
9	Korea Institute of Energy Research	KR	政府研究机构	6	2	3	0	1	0
9	MITSUBISHI ELECTRIC	JP	企业	6	0	0	6	0	0

表 2-2　除污染物收集技术以外的空气污染清洁技术排名前 10 申请人的五局申请情况

排序	申请人	国别代码	申请人类型	申请量（件）	KIPO	USPTO	JPO	CNIPA	EPO
1	Hyundai Motor Company	KR	企业	23	20	1	2	0	0
2	TOYOTA	JP	企业	16	0	1	13	0	2
3	MECS	US	企业	12	0	4	1	4	3
4	POSCO	KR	企业	8	8	0	0	0	0
4	Ford Global Technologies	US	企业	8	0	6	0	0	2
4	N. E. CHEMCAT	JP	企业	8	0	4	0	0	4
7	UMICORE	DE	企业	7	1	3	0	1	2
7	NGK INSULATORS	JP	企业	7	0	2	2	0	3
9	Mitsubishi Heavy	JP	企业	6	0	1	4	0	1
10	HITACHI PLANT	JP	企业	5	0	0	5	0	0
10	SHIMIZU	JP	企业	5	0	0	5	0	0
10	ANHUI TECHNICAL COLLEGE OF MECHANICAL AND ELECTRICAL ENGINEERING	CN	大学	5	0	0	0	5	0
10	HONDA MOTOR	JP	企业	5	0	1	4	0	0
10	CHUGOKU ELECTRIC POWER	JP	企业	5	0	0	5	0	0
10	ENGINEERED CORROSION SOLUTIONS	US	企业	5	0	3	0	1	1
10	NISSAN MOTOR	JP	企业	5	0	0	4	0	1

表 2-3　空气质量监测技术排名前 10 申请人的五局申请情况

排序	申请人	国别代码	申请人类型	申请量（件）	KIPO	USPTO	JPO	CNIPA	EPO
1	HORIBA	JP	企业	34	2	9	13	3	7
2	SHIMADZU	JP	企业	14	0	4	7	2	1
3	RION	JP	企业	12	0	6	5	1	0
3	Samsung Electronics	KR	企业	12	7	4	1	0	0
3	NGK Spark Plug	JP	企业	12	1	6	4	0	1
6	Mitsubishi Electric	JP	企业	10	0	0	S	0	2
7	POSCO	KR	企业	8	8	0	0	0	0
7	Mitsubishi Heavy	JP	企业	8	0	0	8	0	0
9	NEC	JP	企业	7	2	3	1	1	0
9	AVL TEST SYSTEMS	US	企业	7	3	2	0	2	0
9	GENERAL ELECTRIC	US	企业	7	0	3	0	2	2

第二步：发掘值得关注的点。

研究结果中的一个独特发现是，一方面，韩国政府研究机构（GRI）是海外专利的主要申请者（发现节点性数据），另一方面，大多数韩国企业并没有成功实现技术自主。而在韩国，当技术水平较低时，该国有在 GRI 积累技术创新能力，然后将成功开发的技术转让给公司的历史（节点性数据出现的背景分析）。可见，目前仍处在政府主导下，继续推动空气污染清洁技术领域的技术创新的阶段，也佐证了韩国在这一领域尚未取得技术自主（得出结论）。

尽管最近技术创新呈爆炸式增长，但中国并没有被确定为主要的专利权人（除了一些大学外）（发现隐藏的节点性数据）。这表明，中国的技术创新活动分散在多个创新主体之间，而不是集中在特定的实体上（对节点性数据未出现的原因进行解释）。在这种情况下，中国在空气污染清洁技术领域也没有成功地实现技术自主（得出结论）。

第三节　类型构成分析

一、分析目的

所谓类型构成分析，通常指的是申请类型、申请人类型、法律状态类型等构成分析。

基于专利制度的设计，专利申请分为发明、实用新型和外观设计三类，不同的类别在保护客体、授权条件和保护力度等方面均有不同，特别是发明和实用新型，基于在授权条件方面的差异，可以分析该技术领域创新的高度；基于在授权周期和保护年限方面的差异，可以分析该技术领域的技术和市场的更迭速度等。

申请人通常可以分为企业、高校院所、个人，部分领域还可能包括医院等特定机构，而不同类型的申请人作为市场竞争的主体，在原始创新的基础研发实力、技术孵育的市场对接能力，以及专利的创造、运用、保护、管理等专利运营能力方面均有所不同。通过对申请人类型进行分析，可以对相关技术的创新能力和市场化运营能力进行评估。

专利类型、申请人类型、法律状态类型等类型构成分析内容主要有技术特征点分析和比较分析。

（1）技术特征点分析。指单个分析对象中的专利类型、申请人类型、法律状态类型的构成分析，结合商业、技术、政策，以及其他专利统计信息等共同剖析特征点出现的原因。

（2）比较分析。指比较不同专利类型、申请人类型、法律状态类型的构成差异，结合商业、技术、政策，以及其他专利统计信息等共同剖析特征点出现的原因，进行合理的推测。包括"自身比自身"和"自身比他人"两种分析方法，其中"自身比自身"是比较同一分析对象在不同时期的专利类型、申请人类型、法律状态类型构成差异；"自身比他人"是比较不同分析对象的专利类型、申请人类型、法律状态类型构成差异，如比较不同申请人的专利类型或法律状态类型构成差异，不同技术分支的申请人类型差异等。

法律状态通常可以分为有效、失效、未决 3 类，有效意味着该技术仍处在专利权的保护下，无效则意味着该技术已经进入了公有领域，而未决则意味着该专利申请仍然有获权的可能性。对法律状态类型进行分析，可以了解该领域的权利分布的密度，从而对进入该领域可能面临的风险水平进行初判。

二、分析方法

对于商业数据库而言，专利类型、申请人类型和法律状态类型通常都已经进行了标引，但需要注意的是，申请人和法律状态的标引往往更为细化，因此，在统计分析时需要对同类型情况进行合并归类。例如高校和科研机构常常会被标引为两类，而驳回、视撤、主撤、无效、未缴年费终止、保护期届满终止均属于失效专利，根据分析目的的不同，需要决定是否合并归类，或者保持原样。

三、分析案例

【案例 2-12】小麦清理设备领域的中国专利申请类型分析❶

案例设置目的：掌握专利申请类型分析。

第一步：数据图表描述。

中国是世界最大的小麦生产、加工、消费国，在小麦清理设备领域的专利申请数量

❶ 吴娟，等. 专利视角下的小麦清理设备领域技术发展研究［J］. 现代面粉工业，2020（4）：1-8.

较多，因此有必要分析其在该领域的专利类型及有效性，为今后中国申请人在该领域的专利布局提供参考。由图 2-14 可知，在小麦清理设备领域的中国专利中，实用新型专利共计 243 件，占专利申请总量的 73%，而发明专利仅有 84 件，占专利申请总量的 25%。

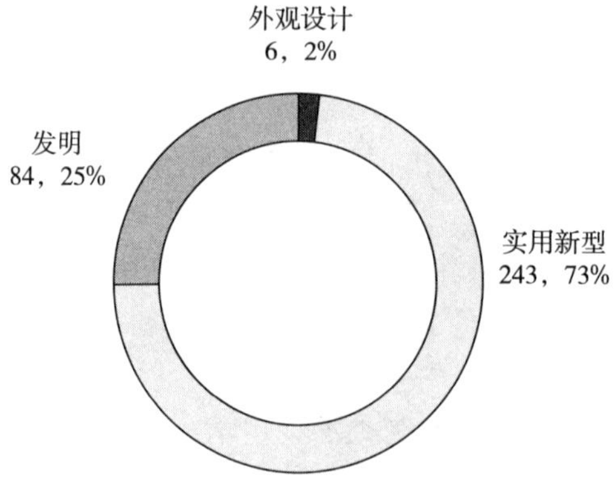

图 2-14　小麦清洁设备领域的中国专利申请类型（单位：件）

第二步：基于专利制度差异进行原因分析。

造成上述现象的原因可能是：一方面，实用新型专利保护的主题为固体形状的产品，而小麦清理设备领域专利申请主题主要是各种小麦清理设备；另一方面，表明该领域专利技术创造度有待进一步提高，对于一些具备新颖性但创造性欠缺的专利，申请人为了能够获得专利授权，便申请使用新型专利，造成了实用新型专利申请量较多。

【案例 2-13】切削加工刀具领域专利申请人类型分析❶

案例设置目的：掌握申请人构成的特征点分析。

图 2-15 示出了切削加工刀具全球专利申请人类型。分析步骤如下：

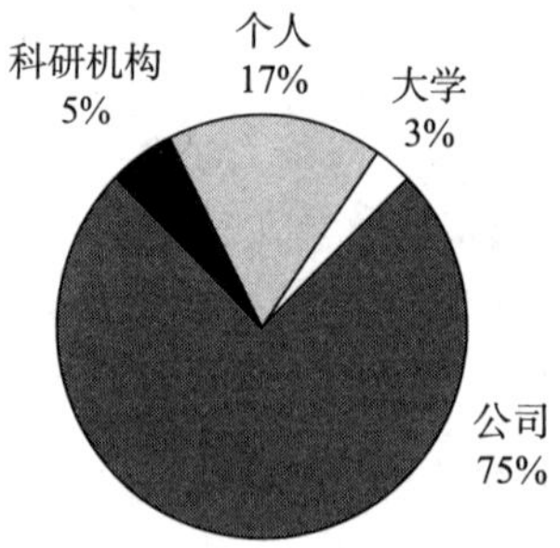

图 2-15　切削加工刀具全球专利申请人类型

第一步：找出数据特征点。

切削加工刀具行业全球专利申请以公司为主，占比达 75%（对合作申请进行了拆分），其次为个人，而大学和科研机构的占比很小。

❶ 改编自：杨铁军. 产业专利分析报告（第 3 册）：切削加工刀具［M］. 北京：知识产权出版社，2012：64-67.

第二步：补充其他数据信息，分析特征点出现的原因。

由于切削加工刀具行业发展历史悠久，市场需求较大，故研发与产业已经很好地结合，公司间的市场竞争也较为激烈，出现了山特维克、山高、肯特等知名公司，而专利作为市场竞争的重要武器，业内公司注重专利申请也就不足为奇了。

第三步：得出分析结论。

公司在切削加工刀具行业的技术创新中占据主导地位，技术发展水平基本代表了行业的整体发展水平，因此关注公司的技术创新动态便可大致了解行业整体发展情况。

【案例 2-14】切削加工刀具领域国内外专利申请人构成比较分析[1]

案例设置目的：掌握国内外申请人类型构成的分析方法。

图 2-16 示出了切削加工刀具中国专利申请人构成。分析步骤如下：

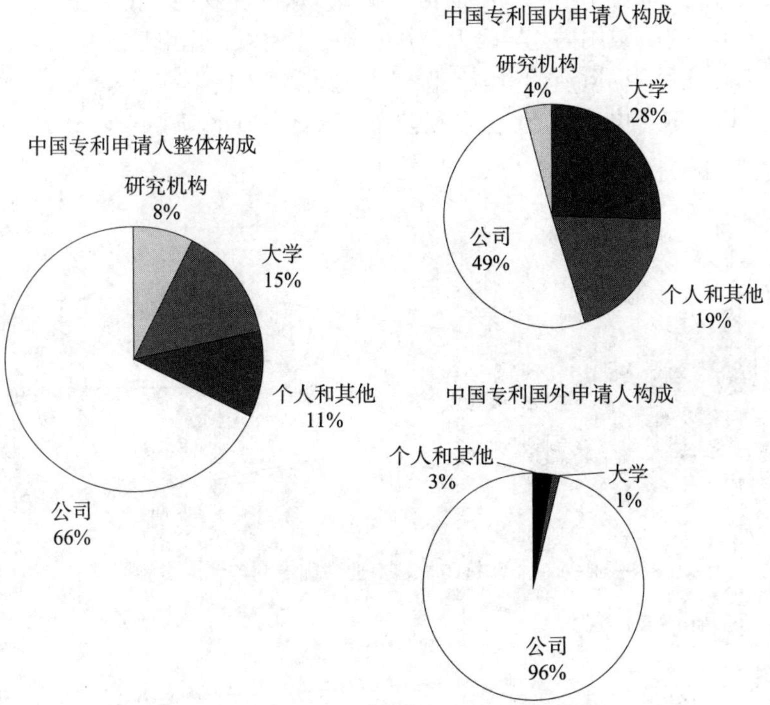

图 2-16　切削加工刀具中国专利申请人构成

第一步：比较不同分析对象的技术构成差异。

切削加工刀具领域的中国专利申请人以公司为主，其中国外申请人中公司所占比例极高，达 96%，而国内申请人中大学和个人的专利申请量偏高。

第二步：补充其他数据信息，分析具体原因。

一方面由于制度的原因，使得研究脱离产业成为中国科技界面临的普遍问题，而欧美国家这种现象要明显少于中国；另一方面由于海外申请的成本相对较高，通常只有技术含量较高或者有利于市场竞争的专利技术国外申请人才会考虑进行海外申请，故国外

[1] 改编自：杨铁军. 产业专利分析报告（第 3 册）：切削加工刀具［M］. 北京：知识产权出版社，2012：64-67.

申请人以公司为主。

第三步：得出分析结论。

切削加工刀具领域的中国专利申请人以公司为主，由于国内申请人存在研发与市场脱离的情况，公司申请的专利占比不足一半，因此对国内企业而言，国外申请人的专利更具威胁。

【案例 2-15】3D 打印材料产业专利申请人类型分析❶

案例设置目的：掌握申请人类型分析。

第一步：数据图表描述。

图 2-17 为中国专利申请人类型，从中可以发现，国内专利申请人中，约一半为企业申请人，值得注意的是研究机构的申请比例较高，约占 3 成，合作申请只占到 10%，且合作申请中高校与企业联合申请的比例也相对较高。从国外专利申请人类型图 2-18 可以看出，其申请人类型格局与国内差异较大，其中国外主要以合作申请为主，且合作申请比例高达 44%，而高校和科研院所的申请比例仅占到 9%，占比不高。合作申请中，大多数为企业和企业之间的联合申请，企业与科研院所的联合申请比例较低。

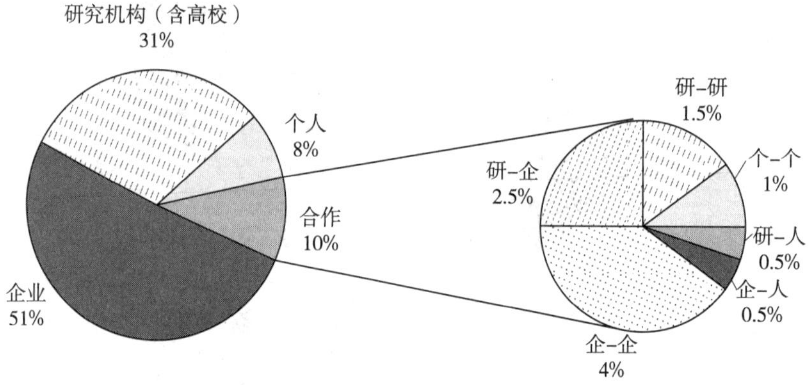

图 2-17　3D 打印材料产业中国专利申请人类型

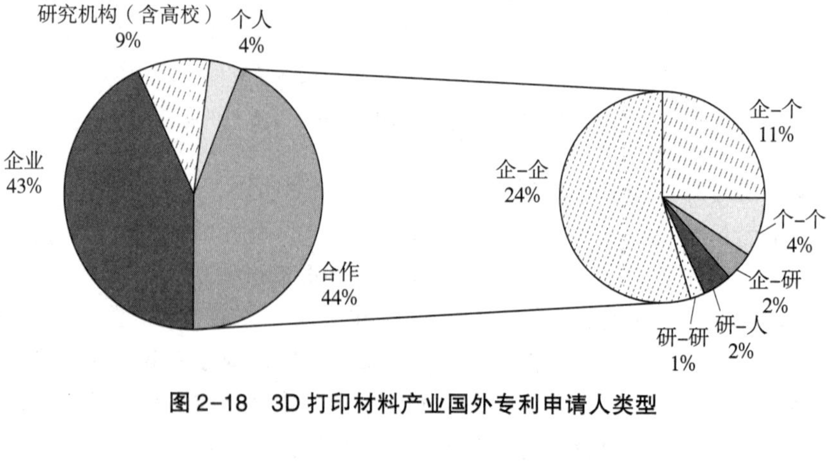

图 2-18　3D 打印材料产业国外专利申请人类型

❶ 参考《3D 打印材料产业知识产权分析评议报告》。

第二步：基于不同主体的市场地位进行原因分析。

造成国内外申请构成差异的主要原因在于，目前国内在3D打印材料领域的产业化程度没有国外高，产业的创新主体中，高校占据了较为重要的地位，与我国目前“高校为主、企业为辅”的发展格局相吻合。

【案例2-16】天津市不同技术分支的专利申请人类型构成情况❶

案例设置目的：展示技术分支与申请人类型的交叉分析。

分析内容：

天津市生物医药产业专利申请在各技术主题的分布情况如图2-19所示，其中中药、兽药、保健品方向基本上为企业申请。在生物药、化学药方面，高校或科研单位申请量超过企业，占相应技术主题总申请量的50%以上。而在医疗器械方面，个人申请量较为突出，超出了高校或科研单位的申请量，占比高达30%以上，由此也反映出该领域技术门槛较低，大众创新参与度较高。

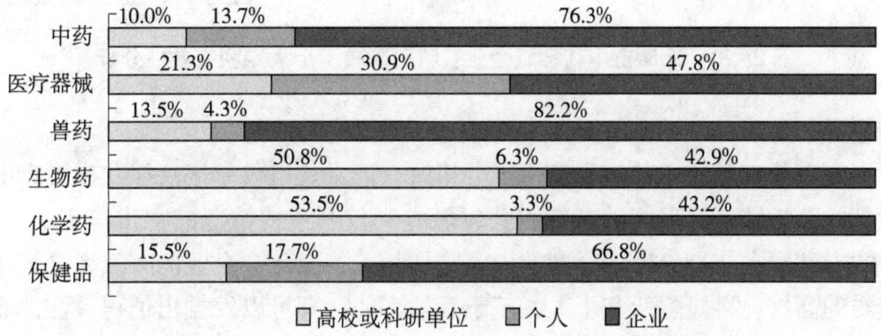

图2-19　天津市不同技术分支的专利申请人类型构成

分析思路：

通过比较不同技术分支中专利申请人的类型构成，可以对技术分支的研发主体特点进行总结，从而对该领域科技创新能力的高低以及技术研发的规律进行分析。

【案例2-17】天津中药领域专利有效性分析❷

案例设置目的：掌握法律状态类型分析。

分析内容：

为了研究中药技术专利申请在企业、科研院校以及个人中的分布，对涉及中药的发明专利中企业、科研院校以及个人的申请量和各自的专利有效结果进行统计分析。如图2-20所示，可以看出中药技术领域企业申请专利的数量最高，占据了大约76%的比例，科研院校和个人申请相对数量较少，从专利有效性来看，普遍偏低，尤其是个人申请，专利有效性仅有12.1%，专利的整体质量偏低。

---

❶❷　参考《天津市生物医药产业知识产权分析评议报告》。

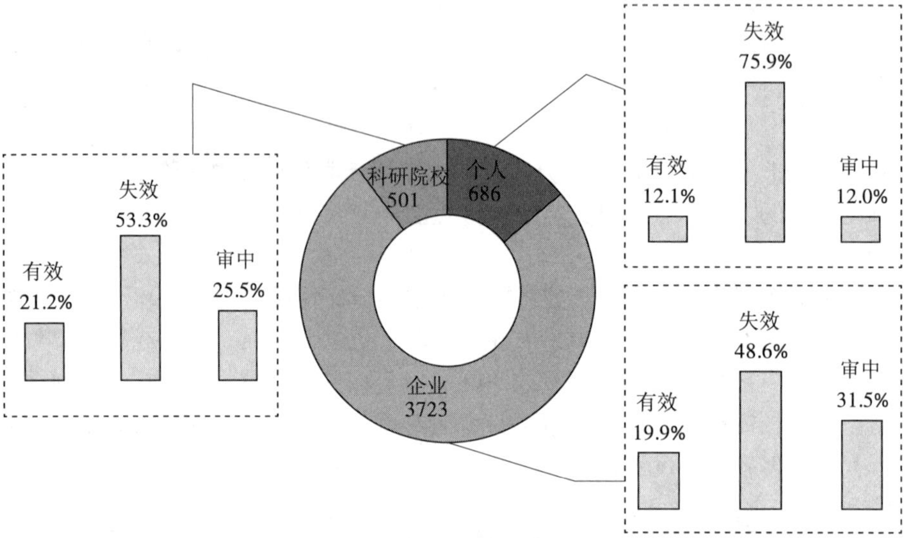

图 2-20　天津市中药领域企业、科研院校、个人专利有效性分析

分析思路：

针对专利有效率等法律状态类型进行分析时，通常难以仅基于法律状态类型分析直接得出有意义的分析结论，只能够获知相关领域专利权利维持情况的初步线索。一般而言，企业申请的专利常常与自身生产经营的内容密切相关，因此，企业的有效率会高于转化实施能力较弱的高校、科研院所和个人，基于有效率的计算可以发掘出值得关注的企业专利维持问题，进一步地可以对其专利平均维持年限、失效专利的失效原因等进行进一步的分析，从而对该领域的专利申请和保护特点进行深度解析。

第三章 数据排序分析

数据排序分析是针对不同的技术分支、国家/地区、申请人、发明人等细分支，使其按照专利数量的多少进行排序，并基于细分支所在序列位置的先后进行分析，了解分析对象的申请人、申请地域、技术分支和发明人等情报信息，明晰专利布局和竞争现状。与数据构成分析的主要区别在于，数据排序分析通常会截取排名靠前，例如前10位或前20位的细分支，进行展示和分析，即数据排序分析一般仅重点关注排名靠前的细分支，但当分析的目的聚焦到某特定细分支的排序位置时，即使其排名靠后，也会对其进行展示和分析。

分析角度通常包括技术、申请人、发明人、专利代理机构、申请地域等，本章将主要对技术、申请人、发明人和申请地域的数据排序分析进行介绍。

第一节 技术分支排序分析

一、分析目的

技术分支排序分析同技术构成分析一样，也是基于技术分解表的各个技术分支对专利数据整体进行标引分解之后，按照所对应的专利数量对各细分支进行排序，从而确定哪些技术分支属于申请数量较多的热门分支，或者从另一个角度来说，可以确定热门分支中都包括哪些技术分支。当结合时间维度时，还可以进一步发掘技术研发细分支方向的热点转移情况，技术细分支的排名变化情况，以及识别出正在爆发的“超新星”细分支，或者逐渐滑落“日暮西山”的细分支。当基于地区、申请人、发明人等维度进行技术分支排序的比较分析时，还可以从热门分支异同的角度确定不同地区、申请人、发明人各自的优势技术，从而判断竞争或互补情况。

技术领域排序分析对象可以是“技术”“人物”或“地域”相关的专利数据，也可以是“技术”“人物”“地域”、专利类型、法律状态等组合的专利数据，如申请人与申请地域进行组合后，就可以分析某申请人在不同申请地域的专利数据。

通过对不同对象的技术领域排序分析，可筛选出专利申请的主要技术领域，进一步还可以将主要技术领域作为分析对象，进行数据趋势和数据构成分析，如比较分析某申请人的主要技术领域专利申请趋势、专利申请地域构成等，以得到更为全面的专利情报信息。

二、分析方法

技术领域排序分析的前提是对专利数据进行技术层面的归类，可直接依据专利著录项中的分类信息（如国际专利分类IPC、联合专利分类CPC等），也可根据实际需求进行定制化的分类（如按照功能、结构、材料等进行多角度分类）。

技术领域排序分析图表中的数据除专利申请量外，还可以是授权量、公开量、申请人数、发明人数等其他指标。

分析内容主要为特征点分析，即分析技术领域排序特点，结合商业、技术、政策，以及其他专利统计信息等共同剖析特征点出现的原因，找出需重点关注的技术领域。

分析的内容主要包括“强者分析”“更替分析”“定位分析”和“缺位分析”。

（1）强者分析。排序分析的首要目的就是寻找出最强者，因此，一般进行技术分支排序时，首先会关注到排名第一或者排名前三的细分支，将其作为优势分支或热点分支进行进一步解析。

（2）更替分析。排名随时间的变动情况，往往能反映出热门技术的研发重点转移情况，从而识别所分析领域的技术更迭特点和技术链重点环节的研发攻坚顺序等。

（3）定位分析。对于特别关注的技术分支所在的排名位置及变化情况进行分析，可以对其在产业发展和技术研发中所处地位的重要性进行判断和评估。

（4）缺位分析。在排序分析中较为特殊的是缺位分析，指的是发掘值得关注但未出现在热门榜单上的技术分支，就其“缺位”的情况和原因进行分析。

对于其他的排名分析，大多也会涉及上述分析内容，后续不再赘述。

三、分析案例

【案例3-1】金融科技领域专利技术主题分析：基于机器学习方法❶

案例设置目的：掌握利用机器学习方法对专利进行分类的方法及其应用。

第一步：数据集构建及文本预处理。

构建金融科技词表，结合词表和IPC分类对金融科技相关专利进行检索和筛选。将金融科技专利文献的标题和摘要等信息进行分词，将专利文本语言转化为重要词项组成的词组。从词组中选择N个特征词，将每个特征词视为一个维度，则每篇专利文本可以用N维词向量进行表征。词袋模型和TF-IDF方法是较为常用的文本特征向量化分析方法。

第二步：人工确定技术类别。

在充分了解金融科技的内涵和底层技术及其在金融领域应用的基础上，依据金融科技的内涵和功能（见表3-1），确定技术分类，为构建准确的专利识别和分类方法提供基础。

---

❶ 徐璐，卢小宾，杨冠灿．金融科技专利识别与分类方法构建及应用［J］．图书情报工作，2020，64（11）：87-95.

表 3-1　金融科技专利分类的详细描述与具体举例

类别	描述与应用实例	具体专利
加密安全	为金融网络系统运行以及金融交易等提供安全保障的技术，应用于例如金融欺诈识别、加密货币等	US 10089683 B2：Fraud Reduction System for Transactions
移动支付	以移动终端设备为载体，借助近场通信等方式实现支付与结算的技术，应用于例如手机支付、可穿戴设备支付等	US 10083443 B1：Persistent Authentication of A Wearable Device
数据分析	借助大数据和前沿的分析方法，解决实际金融问题的技术，应用于例如精准营销、风险管理等	US 10120923 B2：Data Discovery and Analysis Tool
物联网络	基于互联网基础的拓展网络，实现物与人的互联互通的技术，应用于例如物联网智能柜台、物联网征信等	US 10068278 B2：System and Method for Purchasing Merchandise Based on Radio Frequency Recognition
智能交易	根据客户多种交易需求，通过智能算法和产品来替代人工提供服务的技术，应用于例如智慧合约、智能投资顾问等	US 9721251 B1：Intelligent Capture in Mixed Fulfillment Transactions
网络借贷	借助互联网平台，以更加多样化的形式促成资金借贷双方交易的技术，应用于例如 P2P、众筹等	US 8676674 B2：Peer-to-peer and Group Financial Management Systems and Methods

第三步：构建样本集。

样本集的构建需要结合人工判读和聚类分析方法。首先，遴选部分高度相关的专利进行人工判读和分类。其次，通过聚类分析算法找到数据集中与人工判读确定的专利相似的专利簇，从而达到拓展样本集的效果。最后，再次辅以人工阅读分类确定最终样本集。本案例中，先对 765 条高度相关专利进行人工判读，然后通过 k-means 聚类算法拓展样本集并辅以人工判读，最终得到 8 类共 1600 条专利数据（见表 3-2）。k-means 算法是常用的聚类算法，它以 k 为参数，把 n 个对象分为 k 个簇，以使得簇内具有较高的相似度而簇间的相似度最低。

表 3-2　初始样本与最终样本中各类专利数量统计

单位：条

分类编号	分类名称	初始样本	最终样本
1	加密安全	114	122
2	移动支付	113	141
3	数据分析	103	57
4	物联网络	77	42
5	智能交易	87	70
6	网络借贷	48	35
7	非金融科技	109	307
0	金融不相关	114	826

第四步：专利识别和分类。

随机抽取并切分样本数据，随机抽取样本的 80% 作为训练集数据进行学习训练和参数调优，剩余 20% 作为测试集数据进行验证，使用已标注的样本集寻找最优的机器学习模型。综合考虑算法的准确率、精确率、召回率和 F1 值确定最优模型。在本案例中采用随机森林方法对于本问题的专利识别和分类效果最好，并对全数据集进行识别和分类，分类结果分布见表 3-3。

表 3-3　2014~2018 年美国金融科技授权专利情况

单位：条

年份	类别						
	加密安全	移动支付	数据分析	物联网络	智能交易	网络借贷	总计
2014	49	147	38	27	118	38	417
2015	30	91	22	23	30	2	198
2016	34	104	30	19	19	1	207
2017	55	149	40	22	15	6	287
2018	58	191	32	24	32	11	348
总计	226	682	162	115	214	58	1457

与此同时，统计每类专利中数量排名前 5 位的 IPC 号（见表 3-4）。结果显示，一方面，全部金融科技专利涉及的 IPC 号范围广泛；另一方面，不同类别金融科技专利的 IPC 号分布亦存在较大差异。因此，这也说明应用传统的检索方法和分类方法，较难全面准确地对金融科技专利进行分析。

由此可见，基于机器学习算法的专利分类方法在准确性、适用范围等方面具有相对优势，对新兴技术、交叉科学技术领域的专利分类具有较好的分类效果。此外，该方法除了可以对技术进行分类外，也可拓展到面向专利技术应用场景的分类。

表 3-4　各类金融科技授权专利的 IPC 分布情况

排名	类别					
	加密安全	移动支付	数据分析	物联网络	智能交易	网络借贷
1	G06Q20/40	G06Q20/32	G06Q40/00	G06K07/10	G06Q40/00	G06Q40/00
2	H04L29/06	G06Q20/40	G06F17/30	G06Q20/32	G06Q40/06	G06Q40/02
3	G06Q40/00	G06Q40/00	G06Q30/02	G06K19/07	G06Q40/04	G06Q20/10
4	G06Q20/00	G06Q20/20	H04L29/06	H04Q05/22	G06Q40/08	G06Q30/00
5	G06Q20/20	G06Q20/10	G06Q10/06	G06Q20/20	G06Q40/02	G06Q30/06

第五步：基于专利分类的专利数据统计分析。

经过分类后的专利技术在 6 个类别的分布如图 3-1 所示，移动支付类的金融科技专利数量最多共有 682 条，加密安全和智能交易紧随其后，分别有 226 条和 214 条。从专利发展趋势来看，移动支付类金融科技专利占比一直保持较高水平，平均占比为 47% 且呈现逐年扩大的趋势。此外加密安全、数据分析和物联网络的占比也较为稳定，平均占比分别为 16%、11% 和 8%。与此相比，智能交易类专利近年呈现明显的递减趋势，平均占比为 15%，而网络借贷类专利的总体占比最小，平均仅为 4%，但呈先下降后略上升的变化趋势，如图 3-2 所示。

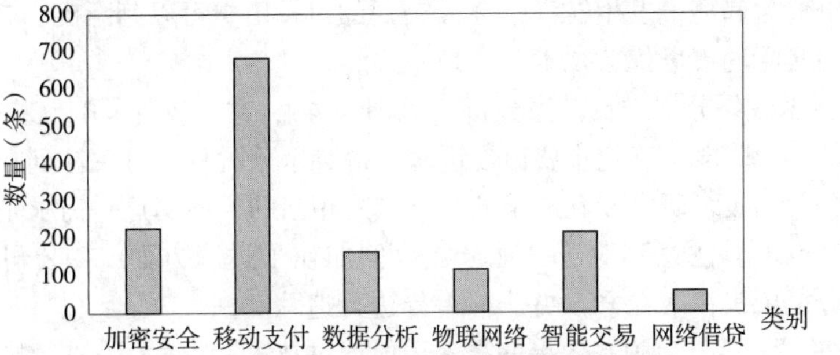

图 3-1　金融科技类型总体分布

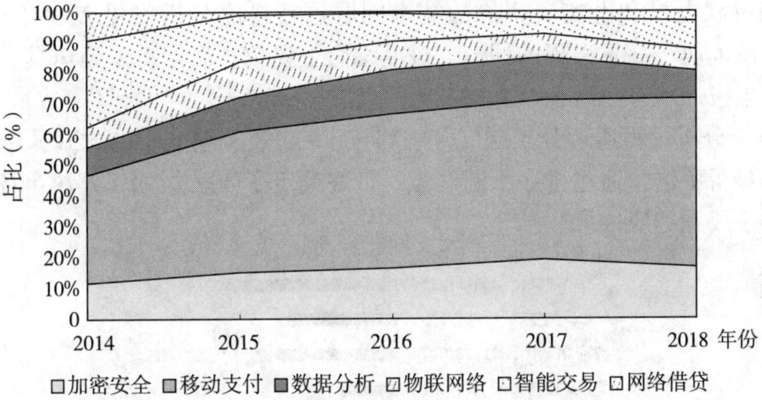

图 3-2　各类金融科技专利变化趋势

【案例 3-2】空气净化机领域技术排序分析[1]

案例设置目的：掌握技术分支排序分析方法。

分析内容：

A 公司在世界上首次开发出配套有离子发生器的空气净化器。空气净化器在物理上或化学上分离或分解空气中包含的气味和细小颗粒以除去杂质，并具有除臭、杀菌和加湿等功能，但去除气味和病毒的功能较难实现。对 A 公司在发明名称、摘要、权利要求中通过"空气清净+空气净化"进行检索，通过专利分类 FI 排名，可见 A 公司的优势技术是电离化、离子发生器等。对于空气净化器最需要解决的消毒、灭菌和除臭问题，A 公司、B 公司和 C 公司专利申请数量相当。进一步对实现除臭和除菌的技术手段进行排序可知，主要通过使用针形（尖头）点击实现设备小型化，提高离子产生效率和离子浓度。对"本发明要解决的技术问题"的关键词进行分析，效率、平衡、浓度出现

[1] 岡本耕太，等. 新事業創出のための 3 つの情報分析アプローチ~空気清浄機を事例として~［J］. 3i 研究会，第 2 期.

频率较高。因此，可以假设A公司具有的优势技术是通过控制电极形状有效地释放高浓度且平衡良好的离子。

分析思路：

（1）对A公司各技术分支按照申请量进行排序分析（见图3-3），确定出A公司的优势技术为电离化和离子发生器，结合A公司的研发历史可以判断出，其专利申请的分支分布情况与实际的市场优势技术分支是一致的。

（2）对技术效果分支进行排序分析（见图3-4），并比较A、B、C三个公司在各技术效果分支的实力强弱，确定主要市场诉求为消毒杀菌脱臭，且关注到在上述主要诉求方面，三家公司的技术研发专利成果的产出量是相当的，表明这一需求是普适性的市场需求。但同时也可以注意到对于其他分支，例如粒子过滤方面，C公司的占比明显更高，仅由于分析聚焦在A公司，并未对差异进行追踪发掘。

（3）对实现消毒杀菌脱臭效果的技术手段通过技术-功效矩阵进行排序分析（见图3-5），获知排名靠前的解决方案为采用针状电极。

（4）对针状电极和电离所解决的技术问题进行排序分析（见表3-5），显示出效率、平衡、浓度属于高频出现的词汇，进而综合上述信息确定，A公司具有的优势技术是通过控制电极形状有效地释放高浓度且平衡良好的离子。

（5）整个分析过程通过分支层层分解和技术-功效交错分析的方式，结合多次排序分析的具体分析手法，通过排序不断聚焦，最终确定了A公司用以解决市场主要需求的优势技术的手段和相应效果。

图3-3 A公司空气清洁机相关专利申请的FI排序（单位：件）

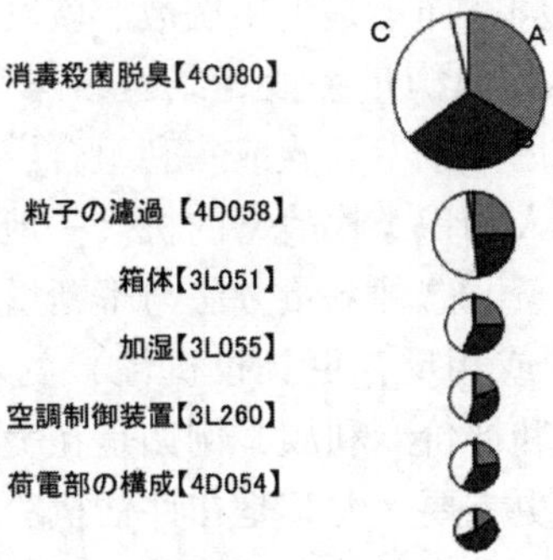

图 3-4　空气清洁机相关专利申请的技术问题分类排序

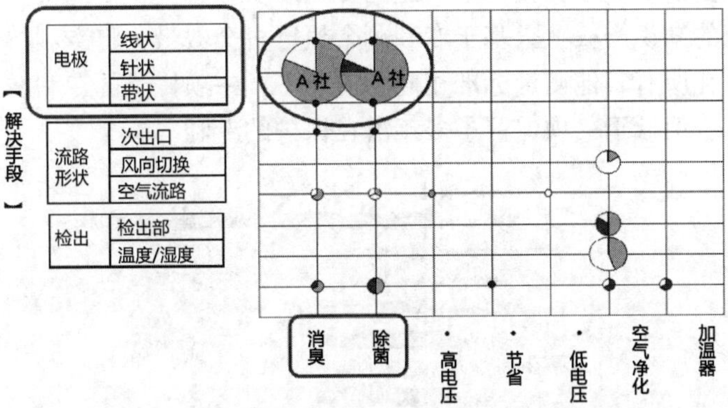

图 3-5　解决技术问题的技术手段的交叉排序分析

表 3-5　针状电极和电离相关专利申请中“本发明要解决的技术问题”的关键词排序

件数	キーワード
47	イオン
40	発生
16	空気
13	放出
13	効率
7	室内
6	抑制
6	バランス
6	濃度
5	送風

【案例 3-3】石油和天然气领域技术分支排序分析❶

案例设置目的：掌握技术领域技术分支排序分析类型。

分析对象：

按照申请量对各项技术分支进行排序（见图 3-6）后，通过对德温特强度指数和时间（见图 3-7）进行进一步交叉分析，德温特强度指数基于在后专利申请引用频次、地区布局宽度、是否授权以及授权的地区、技术宽度、专利年龄计算得到，其中，考虑时

❶ Rohit Singh Gole, et al. Oil and gas industry global patent landscape with a closer look at the MENA region［J］. Derwent, 2019（10）.

间因素，引文指标采用了引用频率而不是引用次数。就其本身而言，引文并不一定是知识产权内在价值的指标，但与其他衡量手段相结合，可以识别出潜在的高价值知识产权。此外，如果第三方高度引用单个专利族或专利组合，但缺乏其他指标，则可以指出知识产权战略的变化或利用他人知识产权战略的机会。地区布局宽度衡量专利申请的不同地理位置或法律管辖区的数量。这种测量方法与不断增加的成本密切相关，因此是一种对专利申请人更具战略性（或相反，更具投机性）的专利主题的识别方法。是否授权以及授权的地区可用于衡量和评价专利族，例如是在美国、欧洲还是日本等地区授予的专利。某些位置比其他位置更重要，尤其是在评估执法潜力、许可机会或市场适用性时，这可以纳入模型中。技术广度衡量与专利族或发明相关的不同技术领域的数量。在所有其他条件相同的情况下，技术上广泛的专利为所有者提供了更大的主张机会，因此映射到更有价值的知识产权上。基于专利剩余执行机会数量，将专利权剩余保护年限定义为专利年龄。在所有其他衡量标准相同的情况下，一项授予的专利在到期前只剩下几年的保护期，其价值低于一项保留了多年潜在保护的专利。

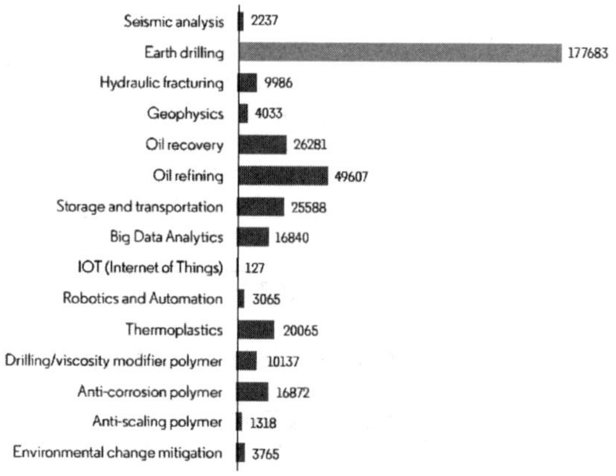

图 3-6　石油和天然气领域技术分支排序（单位：项）

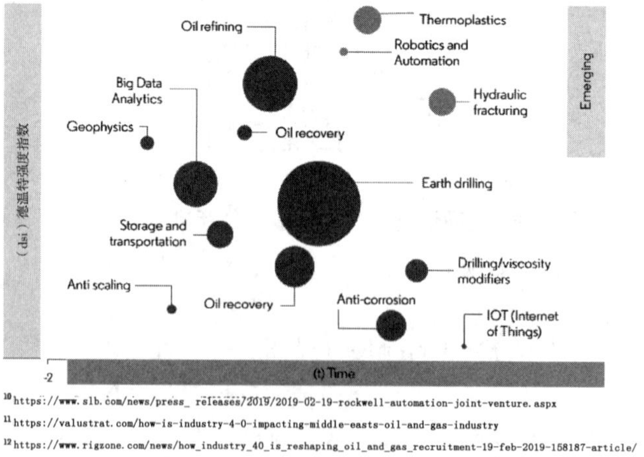

图 3-7　中东和北非地区（MENA）专利申请各技术分支德温特强度指数分析

分析思路：

基于排序和交叉分析结果可以发现，常规的石油钻探仍然是最优选的开采方法，但是水力压裂（hydraulic fracturing，注水处理也称为“压裂”）正在不断发展并且变得越来越有价值（强者分析，关注热点技术分支）。大多数公司现在已经开发了压裂技术，该技术曾引发美国天然气的繁荣，但是现在已经在全球范围内站稳了脚跟。这一备受争议的方法释放了页岩资源，导致了石油供过于求，这是低原油价格的部分原因（对热点技术分支的成因和结果进行解释）。土方钻探的专利已显示出比其他任何技术都更高的增长率（更替分析，关注热点技术分支的变动情况），这是一个令人担忧的问题，因为需求驱动的行业需要在技术进步方面进行扩展（对热点分支变动情况造成的问题进行解释）。原油价格下跌导致行业裁员和缺乏熟练工人，从而引起了人们对石油和天然气行业机器人技术和自动化的更多兴趣（选定特定热点分支的原因解释）。诸如谷歌、微软和亚马逊之类的技术巨头正在与石油公司进行谈判，以提供自动化和 AI 服务，从而简化开采流程，提高开采利润（定位分析，关注特定热点分支）。埃克森美孚公司正在与 Microsoft Azure、Dynamics 365 和一系列其他工具合作，以使用云计算、机器学习和物联网来提高其二叠纪盆地业务的利润率。根据合作关系，埃克森美孚公司将使用 Azure 来收集数百英里以外的油田资产的实时数据。然后，这些数据将用于优化钻井和人员维护。预计被称为“工业 4.0”的全球技术趋势将彻底改变该行业。在石油和天然气行业有几项工业 4.0 投资。挪威国家石油公司公布了其 10 亿美元的克朗（Kroner）数字化计划，英国石油公司向一家名为“Beyond Limits”的人工智能公司投资了 2000 万美元。英国石油公司的地质学家使用 4D 技术地震数据分析工具和 Halliburton 的集成资产管理系统全力收集大量的现场钻井数据，从而使钻井时间减少了一半（对特定热点分支的市场现状进行补充说明）。

第二节　地区排序分析

一、分析目的

地区排序分析，也称为地区排名分析，同地区构成分析一样，也可以分为来源地分析和目标地分析。通过排序重点关注排名靠前的来源地，从而识别出产业创新发展和技术研发主体的聚集地区；通过排序重点关注排名靠前的目标地，可以识别出全球主要市场的分布情况和竞争对手的聚集区域。

地区排序分析在专利导航区域发展项目中是非常重要的环节之一，通过定位分析可以展示出导航区域在全国整体中的发展地位，通过强者分析可以寻找到可供对标和借鉴的其他地区，通过更替分析可以梳理导航区域和标杆区域的发展变化趋势，并对后续发展态势进行预测。

申请地域排序分析对象可以是“技术”或“人物”相关的专利数据，也可以是

"技术""人物"、专利类型、法律状态等组合的专利数据，如申请人与技术领域进行组合后，就可以分析某申请人在不同技术领域的专利数据。

通过对不同对象的专利申请地域排序分析，可筛选出主要申请地域，进一步还可以将主要申请地域作为分析对象，进行数据趋势和数据构成分析，如比较分析某技术领域主要申请地域的申请人、技术分支构成等，进而全方位了解该技术领域的专利布局情况。

二、分析方法

申请地域排序分析图表中的数据除了专利申请量外，还可以是授权量、公开量、申请人数、发明人数等其他指标。

分析内容主要为特征点分析，即分析申请地域的排序特点，结合商业、技术、政策，以及其他专利统计信息等共同剖析特征点出现的原因，从而最终确定出专利布局的主要地域。

地区排序分析还可能是特定区域内地区排序，例如长三角经济区、珠三角经济区、京津冀协同发展区域、"一带一路"沿线国家、"金砖"国家等，这些区域在经济层面已经形成一定的连接性和整体性，根据需要可能会选取上述区域作为分析对象，对其内部构成地区进行排序分析。

三、分析案例

【案例3-4】某公司专利申请地域排序分析

案例设置目的：掌握利用专利申请量进行申请地域排序分析的基本方法。

图3-8示出了A公司专利申请地域分布情况。分析步骤如下：

第一步：找出数据特征点。

特征点一：在全球30个国家或地区有专利申请，地域很广。

特征点二：专利申请的最主要地域为美国，其次为世界知识产权组织和欧洲专利局，而澳大利亚、加拿大、中国、日本和韩国的专利申请量也都突破了500件。

第二步：补充其他数据信息，分析特征点出现的原因。

特征点一出现的原因：A公司为互联网领域的世界知名公司，总部位于美国洛杉矶，在多个国家或地区设有子公司，故其专利的地域分布很广。

特征点二出现的原因：由于A公司的研发中心位于美国，并且美国也是全球互联网技术研发的核心地域，其发明创造几乎均在美国申请了专利，此外由于其海外专利申请主要通过PCT途径，故在世界知识产权组织的专利申请量仅次于美国，同时也较为注重在互联网技术应用较广的欧洲、澳大利亚、加拿大和东亚的专利布局。

第三步：得出分析结论。

A公司的技术研发和市场"大本营"为美国，海外的重点市场为欧洲、澳大利亚、加拿大和东亚，海外专利申请主要通过PCT途径。

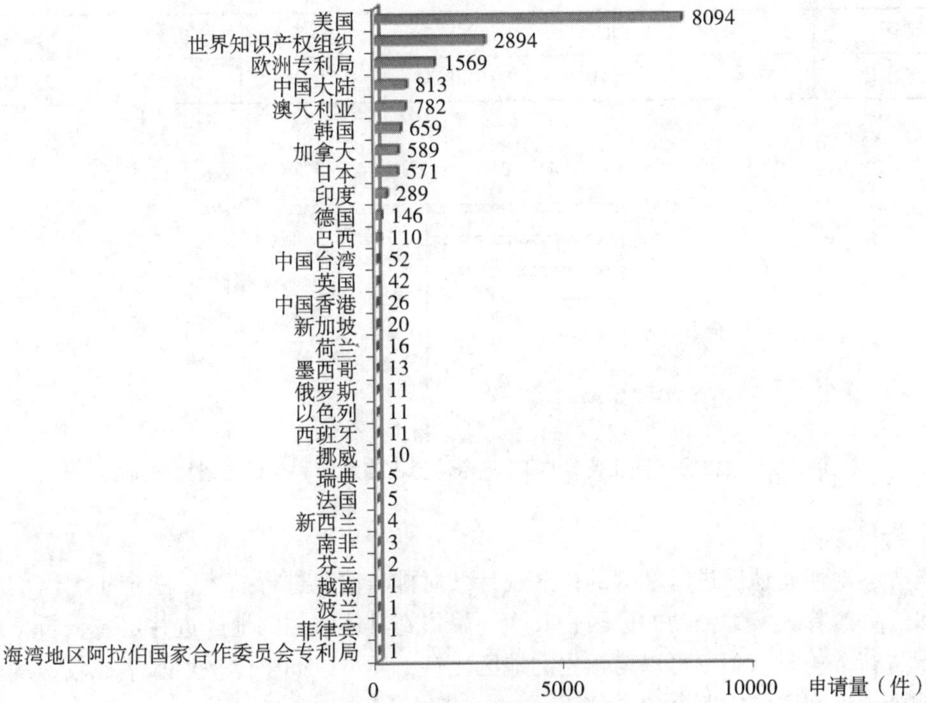

图 3-8　A 公司专利申请地域分布

【案例 3-5】PCT 申请量的省市排序分析❶

案例设置目的：掌握地区排序分析的一般思路。

分析内容：

天津市生物医药产业 PCT 申请占全国生物医药 PCT 申请总量的 2.21%，在全国各省市 PCT 占比的排名中排在第 10 位，排名第 1～9 的省、市、地区分别是上海、广东、北京、江苏、浙江、中国台湾、中国香港、山东、四川（表 3-6 中展示了部分地区的数据），上述地区中，上海、北京、江苏的 PCT 申请占比明显领先于其他地区，特别是上海，这个地区的 PCT 申请超过全国 PCT 申请总量的 20%（强者分析），说明这个地区的对外申请意识明显高于其他地区（分析领先的原因）。另外，通过比较各地区的 PCT 申请占该地区专利申请量的比例，如图 3-9 所示，天津关于生物医药的 PCT 申请占天津市生物医药专利申请总量的 0.86%（在整体中进行定位分析），低于全国平均水平 1.23%（与强者比，与平均比），而上海、广东、北京、江苏的 PCT 申请占比均高于全国平均水平，分别为 5.19%、3.03%、2.66%、1.25%，其中，上海、广东、北京处于明显领先的位置，江苏则与全国平均水平相近，浙江、天津差距不大，均低于全国平均水平。

---

❶ 参考《天津市生物医药产业知识产权分析评议报告》。

表 3-6　部分省市 PCT 申请占全国 PCT 申请总量比例

地区	上海	北京	江苏	浙江	山东	天津
PCT 占比	22.31%	15.05%	9.88%	4.13%	3.28%	2.21%

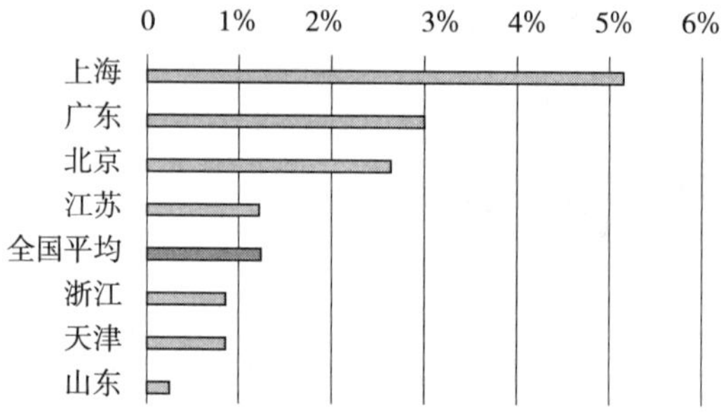

图 3-9　生物医药产业各省市 PCT 申请量占当地专利申请总量比例排名

分析思路：

首先，对所有地区进行常规的排序统计，对排名情况进行描述，圈定排名靠前的强者地区，并解释其实力强劲的原因；其次，聚焦到具体关注的地区进行定位分析，对定位情况进行分析时，不仅可以与领先的地区比较，还可以同整体平均水平比较，从而进一步明晰地区在整体中所处的定位。

【案例 3-6】生物药产业四川省主要技术分支排序分析❶

案例设置目的：展示围绕特定地区的定位分析。

分析内容：

比较排名数据可以发现，在化学药和生物药领域，美国在中国的专利申请量超过了本土的山东和上海，排名第一，在中国的专利布局丰富，特别重视中国的市场；其他两个领域都是中国本土省份排名靠前，其中江苏省综合研发实力最强，在医药产业各子领域都进入了前三名，其次是山东，分别在医疗器械、现代中药领域排第一，在化学药领域排第二，北京也表现不俗；而四川省在各领域排名仅列第九位，与沿海发达的省份相比，实力差距较大，见表 3-7。

表 3-7　生物药产业四川省主要技术分支专利申请情况对比分析

技术分支	申请量（件）	四川省排名	专利占比（%）	四川省主要申请人
生物技术药物	1390	10	1.72	四川大学［226］
				四川农业大学［58］
				成都市绿科华通科技有限公司［52］

❶ 参考四川中知慧智数据科技股份有限公司，《四川省医药产业专利布局分析》。

续表

技术分支	申请量（件）	四川省排名	专利占比（%）	四川省主要申请人
疫苗	318	9	3.96	成都康华生物制品有限公司［58］
				四川农业大学［55］
				四川大学［54］
血液制品	212	9	2.61	成都蓉生药业有限责任公司［16］
				中国医学科学院输血研究所［14］
				四川大学［12］

分析思路：

在针对某特定地区进行分析时，可以选取不同技术分支，分别进行地区排序分析，明确该特定地区各细分支技术实力的精细定位，从而更准确地获取定位信息。

【案例 3-7】"一带一路"沿线国家专利受理量排序分析[1]

案例设置目的：展示对所选取的特定区域内的国家和地区进行排序分析。

分析内容：

从专利申请量看，"一带一路"沿线各国专利申请量分布极不平衡，专利申请主要集中在沿线内少数大国，多数国家仅有少量申请。对 2011～2015 年受理总量进行分析（见图 3-10），发现受理量 5 万件以上的国家仅有 4 个，分别是印度（约 21.8 万件）、俄罗斯（约 21.6 万件）、伊朗（约 6.3 万件）和新加坡（约 5.0 万件），4 国受理量合计占排名前 20 位国家专利受理总量的 69.1%。除上述 4 国外，受理量 1 万件以上的国家有 8 个，分别是马来西亚（约 3.6 万件）、以色列（约 3.3 万件）、泰国（约 2.6 万件）、乌克兰（约 2.5 万件）、土耳其（约 2.4 万件）、波兰（约 2.2 万件）、越南（约 2.1 万件）和菲律宾（约 1.7 万件）。8 国受理量合计占前 20 国受理总量的 25.8%。阿联酋等其余 8 个国家受理量合计仅占前 20 国受理总量的 5.1%。

选取 2015 年"一带一路"沿线国家已公开有效专利量排名前 10 位的国家进行分析，如图 3-11 所示。通过分析可以看出，有效专利量 4 万件以上的国家仅有 5 个，分别是俄罗斯（21.90 万件）、波兰（5.79 万件）、土耳其（5.47 万件）、印度（4.71 万件）、新加坡（4.69 万件），5 国有效量合计占到了排名前 10 位国家专利有效总量的 70.6%；其余 5 个国家专利有效量均达 1 万件以上，分别是以色列（2.87 万件）、乌克兰（2.57 万件）、马来西亚（2.35 万件）、罗马尼亚（1.71 万件）和越南（1.62 万件）。俄罗斯的专利有效量虽然在"一带一路"沿线国家中遥遥领先，但和世界专利强国相比依然差距巨大（美、日、中 3 国截至 2015 年的专利有效量均超过 140 万件）。

[1] 毕亮亮，等. "一带一路"沿线国家专利布局及我国专利战略［J］. 全球科技经济瞭望，2018（03）.

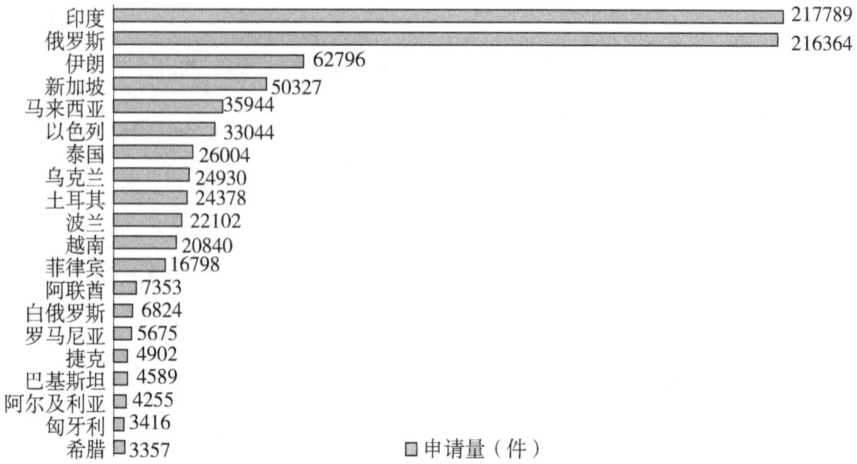

图 3-10　2011~2015 年“一带一路”沿线国家中专利受理总量排名前 20 的国家

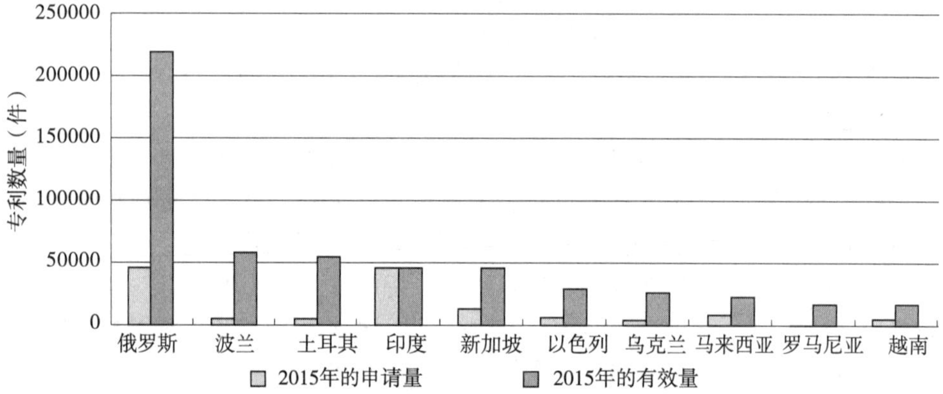

图 3-11　2015 年“一带一路”沿线国家中专利有效量排名前 10 的国家

分析思路：

通常，地区排序分析是在全球视野下对不同国家/地区的专利申请量进行排序分析，从而识别出创新力领先的国家或地区，但基于分析目的的不同，也可以对选定的国家或地区进行排序分析，较为常见的是特定区域内的国家或地区的排序分析，例如“一带一路”沿线国家等。

第三节　申请人排序分析

一、分析目的

申请人排序分析可以是所研究技术领域的所有申请人排序分析，也可以是不同细分技术分支或不同地区的申请人排序分析。通过排序分析，可以发掘出专利技术产出量排名靠前的重要申请人，其一般是该技术领域或细分支的创新领先者，或者是该地区的主要技术研发力量。

申请人排序分析对象可以是“技术”或“地域”相关的专利数据，也可以是“技术”“人物”“地域”、专利类型、法律状态等组合的专利数据，如技术领域与申请地域进行组合后，就可以分析某技术领域在不同地域的专利数据。

通过对不同对象的申请人排序分析，可筛选出主要申请人，进一步还可以将主要申请人作为分析对象，进行数据趋势和数据构成分析，如比较分析其技术广度、技术构成、研发团队规模等，比较主要申请人实力，为市场竞争及合作提供决策依据。

二、分析方法

在进行申请人排序分析时，通常需要基于市场主体之间存在的控股关系对申请人进行合并处理，且由于企业名称变更和申请人名称中英文翻译的问题，还需要对企业名称进行归一化处理。数据经过处理后，按照合并和归一后的申请人的申请量进行统计、排序和分析，常见的是针对排名靠前的申请人以及所关注的特定申请人的排名情况进行分析，即强者分析和定位分析。此外，在申请人排序分析中往往还会特别关注排名较为靠前但并非在本领域鼎鼎有名的申请人，以及耳熟能详但未在榜单上的申请人。

申请人作为技术研发主体，申请量的排名情况在一定程度上能够反映出申请人的科技创新实力，同时，申请人还作为市场竞争的主体，其产品上市情况和研发信息以及市场销售额或占有率等外部经济和技术信息也同样可以反映其技术研发实力。因而，可以通过将专利数量信息，与上述外部信息进行综合分析，来更为准确地评估申请人的实力定位。此外，还可以结合申请人类型信息，对技术创新力与市场竞争力之间的联动关系进行分析判断。

申请人排序分析图表中的数据除专利申请量外，还可以是授权量、公开量、发明人数、引证次数等其他指标。

分析内容主要为特征点分析，即分析申请人排序特点，结合商业、技术、政策，以及其他专利统计信息等共同剖析特征点出现的原因，从而了解其实力对比。

三、分析案例

【案例 3-8】某技术领域重点申请人排序分析

案例设置目的：掌握利用多个专利指标进行申请人排序分析的方法。

图 3-12、图 3-13 示出了 X 技术领域 6 个重点申请人的发明人数量和专利产出率分析。分析步骤如下：

第一步：找出数据特征点。

特征点一：B 公司和 C 公司虽然发明人数量位居前两位，但是专利产出率反而最低。

特征点二：F 公司不仅发明人数量众多，专利产出率也较高。

特征点三：A 公司和 D 公司虽然发明人数量较少，但是专利产出率较高。

特征点四：E 公司发明人团队规模和专利产出率均处于中间位置。

第二步：补充其他数据信息，分析特征点出现的原因。

特征点一出现的原因：由于 B 公司业务范围不仅涉及 X 技术领域，还涉及 X 技术领域的多个关联技术领域，而 C 公司业务范围也几乎涵盖了 X 技术领域的所有重点技术分支，每个技术分支都有相应的研发团队，故 B 公司和 C 公司的发明人规模较大，专利产出率偏低。

特征点二出现的原因：F 公司发展历史已逾百年，业务几乎涵盖 X 技术领域的所有重点技术分支，故研发团队规模和专利产出率均较高。

特征点三出现的原因：A 公司和 D 公司发展历史均已逾百年，在 X 技术领域的部分重点技术分支中处于全球领先地位，故研发团队规模相对较小，专利产出率偏高。

特征点四出现的原因：E 公司在 2008 年由 X 领域的两家知名公司合并而成，故研发团队规模较大，专利产出率居中。

第三步：得出分析结论。

通过分析发明人团队规模和专利产出率，在 X 技术领域，F 公司的综合实力最强，其次为 E 公司、B 公司和 C 公司，而 A 公司和 D 公司仅在部分技术分支中技术实力突出，综合实力相对较弱。

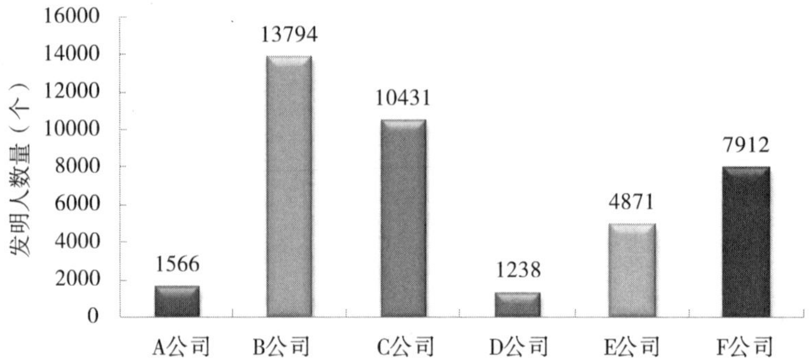

图 3-12　X 技术领域 6 个重点申请人的发明人数量

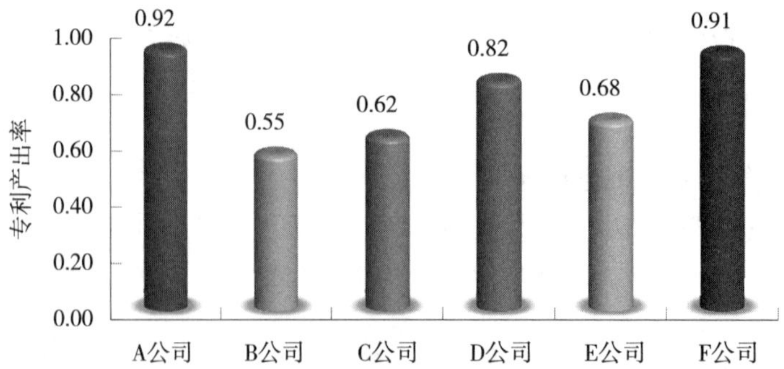

图 3-13　X 技术领域 6 个重点申请人专利产出率

注：专利产出率=专利申请总量/发明人数量

【案例 3-9】LWD 无线随钻领域主要申请人排序分析

案例设置目的：掌握申请人生命值的统计分析方法。

表 3-8 是 LWD 技术领域的全球申请人专利申请量统计表。分析结论如下：

表 3-8　主要申请人申请量排序

序号	公司名称	申请量（项）	所占百分比（%）	近 5 年申请量（2008～2012）	近 5 年所占百分比（%）	生命值
1	斯伦贝谢	2725	41.27	1110	40.73	
2	贝克休斯公司	845	12.80	352	41.66	
3	哈里伯顿	748	11.33	195	26.07	
4	PRAD	280	4.24	221	78.93	
5	埃克森美孚	37	0.56	15	40.54	
6	DRESSER IND（德莱赛）	30	0.45	0	0.00	
7	法国石油研究所	30	0.45	0	0.00	
8	BITTAR MICHAEL S	25	0.38	23	92.00	
9	史密斯国际	25	0.38	21	84.00	
10	LANDMARK GRAPHICS CORP	23	0.35	18	78.26	
11	美孚石油公司	23	0.35	0	0.00	
12	PETROLEUM RES & DEV NV	20	0.30	0	0.00	
13	中国国家海洋石油公司	19	0.29	17	89.47	
14	PATHFINDER ENERGY	20	0.26	3	17.65	
15	德士古公司	17	0.26	0	0.00	
16	BAROID TECHNOLOGY INC	16	0.24	0	0.00	
17	中国石油天然气集团公司	16	0.24	11	68.75	

（1）前 3 家公司具有绝对的专利申请量优势，其中斯伦贝谢的专利遥遥领先，在 LWD 技术领域，是主要技术追踪对象、技术借鉴和学习的对象，也是最大的竞争对手。

（2）近 5 年内，生命值（近 5 年专利申请所占百分比）最高的国外公司有 PRAD、艾克森美孚、BITTAR MICHAEL S 和史密斯国际。其中，PRAD 公司虽然总量排第 4 位，但是应特别关注，其近 5 年的专利申请量占其申请总量的近 8 成，甚至超过了哈里伯顿，此公司在近 5 年专注于 LWD 技术的专利布局，要重点关注其研发方向和布局重点；史密斯国际公司在 2010 年年底被斯伦贝谢以 110 亿美元收购，进一步增强了斯伦贝谢的技术优势；BITTAR MICHAEL S 是德莱赛公司的技术研发人员，这将在下一段作详细介绍。

（3）德莱赛、法国石油研究所、美孚石油公司、PETROLEUM RES & DEV NV、德士古、BAROID TECHNOLOGY 等6家公司的近5年内申请量为0。下面针对这几家公司作具体分析。

德莱赛公司在LWD技术领域从2002年开始没有申请专利，而之前的LWD主要研发人员是BITTAR MICHAEL S，从专利信息看来，BITTAR在2006年以后以个人名义或者和哈里伯顿共同作为专利权人申请了25件专利。由此可见，BITTAR可能是跳槽到哈里伯顿，为哈里伯顿迅速增强了LWD的研发实力，而德莱赛公司自2002年起退出了LWD研发领域。

法国石油研究所在LWD技术申请的专利不多，近年来集中研发地震成像技术、构造地质学技术开发新的勘探方法，该研究所十分注重专利布局，截至2001年专利总数就达到了15 300项。近年来，该研究所转让了大量的LWD技术给斯伦贝谢公司，创造了很好的经济价值；该研究所2005年与中国石油勘探开发研究所结盟，2008年与中国石油大学签署合作协议，是石油勘探技术领域可以进行技术合作的优选单位。

美孚石油公司在1999年与艾克森石油合并为艾克森美孚，也就是申请人排名第五的公司。PETROLEUM RES & DEV NV公司的专利申请主要在阿根廷、巴西、南非等地区，不是欧美和亚洲等市场的主要竞争对手。德士古公司于2001年被雪佛龙公司（Chevron）以390亿美元收购，因此后续的专利申请也是以雪佛龙为申请人。白劳德（BAROID）前期有关于LWD技术的专利申请，但是基本都是与哈里伯顿合作而产生的，近5年与哈里伯顿的研发项目终止而不再单独对LWD技术进行研发。

（4）中国国家海洋石油公司和中国石油天然气集团公司申请量进入全球前20名，虽然总申请量不大，但是大部分都是近5年内的申请，表明这两家公司近期在这个领域进行了一定的专利布局，处于快速发展时期。

【案例3-10】DRAM领域全球重要专利申请人❶

案例设置目的：展示排序分析与市场占有率的综合分析。

分析内容：

从全球申请人排名的情况来看，如图3-14所示，DRAM存储寡头三星、海力士、美光具有接近万件以上的专利申请，即便已经退出市场的厂商依然有至少超过4000件以上的专利储备，而国内申请人专利申请仅在200件以下，专利储备极其薄弱。DRAM产业由群雄并起发展为寡头垄断，但是除了三巨头（三星、海力士、美光）外，退市厂商也持有大量有效专利。如图3-15所示，三巨头在全球存储器重要市场美国拥有超过2000件授权有效专利，同时已经退出市场的英飞凌、富士通、IBM、东芝等都持有数量相当可观的美国授权有效专利。

❶ 参考《下一代半导体存储器专利分析评议报告》。

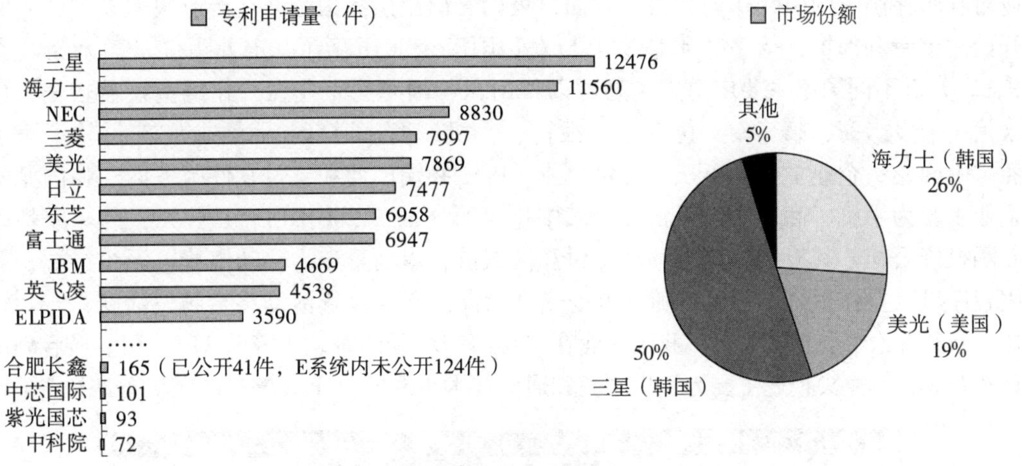

图 3-14　DRAM 全球重要专利申请人

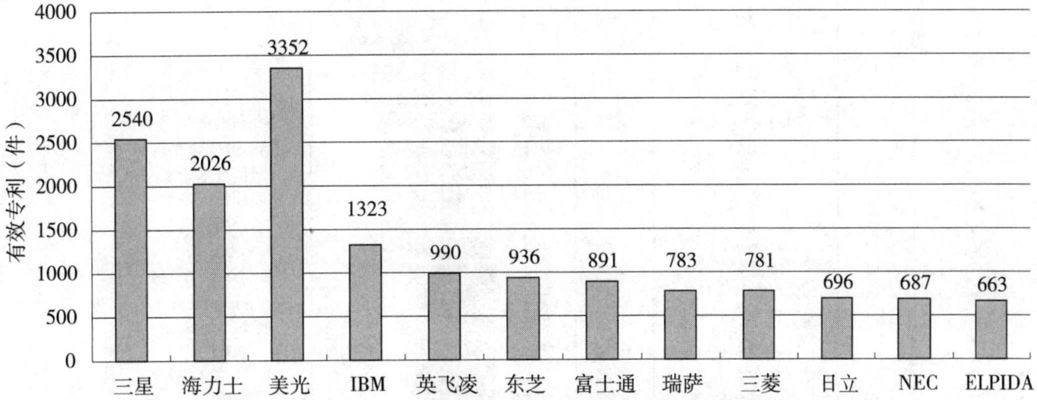

图 3-15　DRAM 全球重要专利申请人授权美国有效专利数量

分析思路：

（1）按申请量对全球申请人进行了排序统计，截取了前 11 名重点申请人，同时，因重点关注中国申请人，因此也列出了排名靠前的中国申请人。为了更好地进行图表展示，对重点申请人和中国申请人之间的申请人进行了折叠。

（2）引入市场份额信息和申请人退市信息，从市场竞争主体的角度，对重点申请人进行了分组分析。

（3）考虑到是对中国企业竞争风险进行分析，因此，对有效专利的数量，即专利权利的数量进行了聚焦分析。

【案例 3-11】移动支付领域全球申请人排序分析[1]

案例设置目的：展示申请人排序分析与产业链定位的结合。

图 3-16 显示了移动支付领域全球申请人排名情况。全球排名前 21 的申请人中，美国占到 9 席，中国和韩国各占 4 席，日本占 3 席，芬兰占 1 席。一方面可以看到龙头企

[1] 参考《移动支付产业专利分析评议报告》。

业对其所在国家的引领作用，另一方面也可以看出虽然我国企业在产业快速发展的同时开始注重专利保护，但整体申请量上与发达国家企业还存在一定差距（从国别角度分析）。分析不同国家主要申请人类型可以得出，美国龙头企业在产业链上覆盖较全，包含信用卡发卡商、第三方支付企业、银行、手机厂商、通信技术企业和支付软件服务商。中国龙头企业主要为第三方支付企业、POS 终端厂商和支付软件服务商。韩国龙头企业主要为手机厂商和电信运营商，其中排名第 8 的 BIZMODELINE 公司，为一家韩国专利投资公司，其投资领域为移动支付和区域链，申请重点为移动银行、无线终端、应用程序以及操作系统。可见，随着市场热度增高，专利投资活动将会越发活跃，专利转让、专利诉讼将会随着增多，我国企业在“出海”韩国的时候要警惕这家公司。最后分析日本企业，其龙头企业主要为手机厂商和通信技术研发公司（从产业链定位角度分析）。

排名	申请人	国家	数量	类型
1	万事达卡	美国	494	信用卡发卡商
2	东芝	日本	470	手机厂商
3	诺基亚	芬兰	451	通信技术研发
4	三星电子	韩国	440	手机厂商
5	VISA	美国	432	信用卡发卡商
6	第一数据公司	美国	331	支付软件服务
7	索尼	日本	326	手机厂商
8	BIZMODELINE	韩国	322	专利投资公司
9	EBAY	美国	311	第三方支付平台
10	NEC	日本	310	通信技术研发
11	高通	美国	302	通信技术研发
12	LG	韩国	299	手机厂商
13	阿里巴巴	中国	284	第三方支付平台
14	PAYPAL	美国	278	第三方支付平台
15	SK电信	韩国	274	电信运营商
15	飞天诚信	中国	274	支付软件服务
17	福建联迪	中国	253	POS厂商
18	谷歌	美国	251	第三方支付平台
19	美国银行	美国	231	银行
20	腾讯	中国	217	第三方支付平台
21	苹果	美国	208	手机厂商

图 3-16　移动支付领域全球申请人排序（单位：项）

第四节　发明人排序分析

一、分析目的

发明人排序分析通常是用于找出某技术领域、某地区或某申请人的“学科带头人”性质的主要发明人，结合时间维度还可以看出发明人研发的持续时间特点，结合申请人信息还可以发掘发明人之间的合作关系等内容，从而可以了解发明团队的内部构成、工作模式和新老交替等信息。

发明人排序分析对象可以是“技术”或“人物”相关的专利数据，也可以是“技术”“人物”“地域”、专利类型、法律状态等组合的专利数据，如申请人与技术领域进行组合后，就可以分析某申请人在不同技术领域的专利数据。

通过发明人排序分析可以找出发明创新最多的技术人才，作为企业人才引进的重要参考因素，持续关注重点发明人的技术研发动态，还可了解前沿技术的演进趋势，洞察产业机遇。

二、分析方法

一般而言，发明人排序分析是发明团队分析的开始，通过排序识别出重要的发明人，再以重要的发明人为线索，对其机构归属、技术特点、持续创新的时间或者与之相关的其他团队成员等信息进行分析，从而厘清发明团队人员组成以及内部成员之间的配合和传承关系等信息，以作为人才引进工作的重要参考信息。

发明人排序分析图表中的数据除专利申请量外，还可以是授权量、公开量、引证次数等其他指标。

分析内容主要为特征点分析，即分析发明人排序特点，结合商业、技术、政策等其他信息共同剖析特征点出现的原因。

三、分析案例

【案例 3-12】某技术领域发明人排序分析

案例设置目的：掌握利用专利申请量进行发明人排序分析的基本方法。

表 3-9 示出了某技术领域发明人排序。分析步骤如下：

表 3-9　某技术领域发明人排序

发明人	申请量（件）	所属公司
KARL-RUDOLF	25	A 公司
	4	B 公司
Gerhard	15	A 公司
HELMUT	11	A 公司
NIESS	8	A 公司
GUNTHER	7	A 公司
ALBERT	6	A 公司
LUNDY	6	A 公司
胡萍	6	C 公司
其他发明人	<5	—

第一步：找出数据特征点。

排名前 6 位的发明人均来自 A 公司，其中位列第一的发明人 KARL-RUDOLF 有 25 件专利是由 A 公司所申请，4 件专利由 B 公司所申请。

第二步：补充其他数据信息，分析特征点出现的原因。

A 公司的专利申请时间距检索日均已超过 10 年，而 B 公司的专利申请主要集中在检索日之前的几年，未有公开的商业信息显示两家公司之间发生了合作和收购事件，由此推测 KARL-RUDOLF 属于 X 领域的“资深技术专家”，A 公司在 X 领域的业务逐渐“没落”后，其已转投至 B 公司。

第三步：得出分析结论。

虽然 X 技术领域排名前几位的专利发明人均来自 A 公司，但由于 A 公司在 X 领域的业务萎缩，已停止了专利申请，核心技术人员很可能也已离职。

【案例 3-13】棕榈油产业发明人排序分析❶

案例设置目的：掌握发明人排序分析的角度。

最活跃的发明人，拥有 13 个专利族或更多，他们的活动如图 3-17 所示（排序分析确定重点发明人）。最活跃的发明人的分布与预期相当，他们总是与最活跃的申请人有关联，包括 MPOB、Guizhou Daziran、CATAS China 和 MYWOOD 2（从归属关系角度对发明人进行分析）。在技术方面，棕榈油生产和废物处理之间的发明相当平衡（从技术方向角度对发明人进行分析）。MPOB 的发明人都跨越了 10 多年的活动，这表明 MPOB 在促进棕榈油工业方面的稳定和专注的努力。此外，最活跃的发明家之一，周元梅博士是 MPOB 的现任董事。对于与其他申请人有关联的发明人来说，他们的专利活动似乎非常有限，只有几年（从创新持续时间角度对发明人进行分析）。

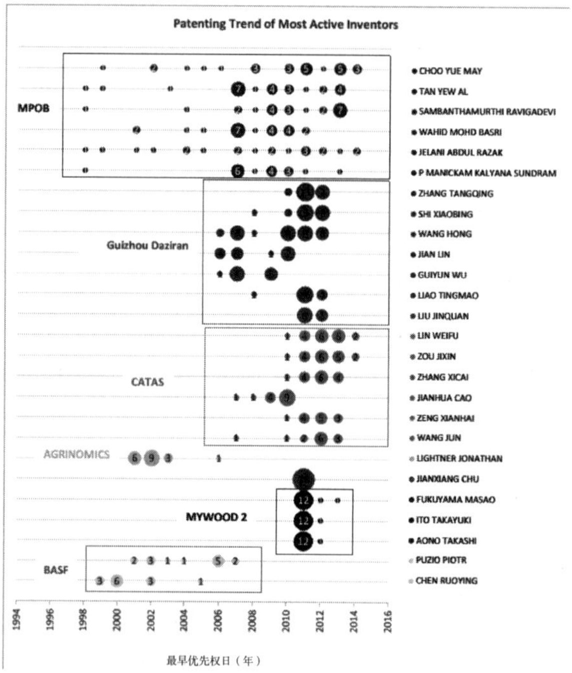

图 3-17　棕榈油产业发明人排序（单位：项）

❶ Patent Landscape Report: Palm Oil Production and Waste Treatment Technologies, In cooperation with the Intellectual Property Corporation of Malaysia (MyIPO) and the Malaysian Palm Oil Board (MPOB), 2016.

第五节　其他排序分析

一、分析概述

排序分析相对于趋势分析和构成分析，可应用的范围更广。除了前述常规的可供排序分析的项目以外，还可以引入外部信息进行排序，或者自行定义用以排序的指标，只要作为排序基础的维度能够具有一定的分析意义、可用于说明被排序对象的某种特征即可。

二、分析案例

【案例 3-14】引证 US9616187 的申请人排序分析❶

案例设置目的：展示基于引证关系的排序分析。

分析内容：

Hamilton Medical 的专利 US9616187，不仅被引用为后续 Hamilton Medical 专利申请的相关现有技术，而且还被 Medtronic、Draegerwerk、ResMed、Philips 等公司的多项申请引用。图 3-18 列出了施引申请数量划分的前 10 大引用公司。Hamilton Medical 是这一行业中的小公司。根据美国国防生产法，Hamilton Medical 获得了美国政府卫生和公众服务部授予的呼吸机合同中价值 5.52 亿美元的最大合同，而 Medtronic 仅得到了价值 910 万美元的最小合同。

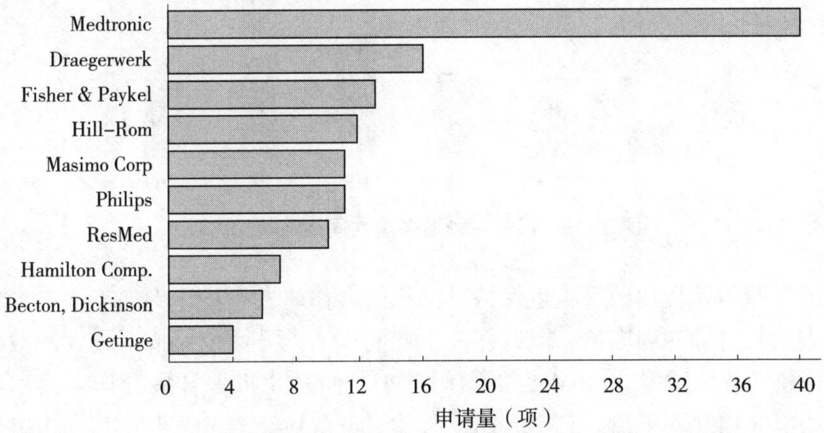

图 3-18　引证 US9616187 的申请人排序

❶ The Medical Ventilators Market in Times of COVID-19, An IP perspective from LexisNexis© PatentSight© and LexisNexis PatentAdvisor©.

分析思路：

通过引证分析获取专利 US9616187 的被引情况后，可以基于引证数量对施引的申请人进行排序分析，从而可以通过了解相关申请人的市场规模和市场竞争地位，进一步阐述该被引专利技术对行业的影响力。

【案例 3-15】石墨烯领域合作申请排序分析❶

案例设置目的：展示基于不同合作申请人数量的排序分析。

分析内容：

从图 3-19 可以看出，在合作方面，韩国的企业和科研院所堪称典范（由于来自 EP 的申请很少，因而虽然其合作度较高，但此处不做重点分析）。韩国的相关专利申请，合作申请的项数几乎逼近申请总量排名第一的中国，而且其合作申请的力度和广度也是前所未有的，从两个共同申请人到多达 7 个共同申请人，这充分表明在韩国石墨烯的专利技术研发方面存在密切的合作关系。以三星集团为例，其在石墨烯方面和韩国成均馆大学有 40 项共同专利申请，这些共同申请占了韩国成均馆大学全部申请量的将近一半，占了三星集团全部申请量的大约 1/7，这种合作方式充分发挥了企业的应用研究优势和科研单位的基础研究优势，使三星集团在短期内抢占石墨烯专利技术的制高点，同时也积极拓展了韩国成均馆大学基础研发的应用前景。韩国不乏这方面的产学研高度结合的良好例子，又例如汉阳大学也开展了相关的合作，其和诸多的合作者有 9 项左右的合作专利技术开发。

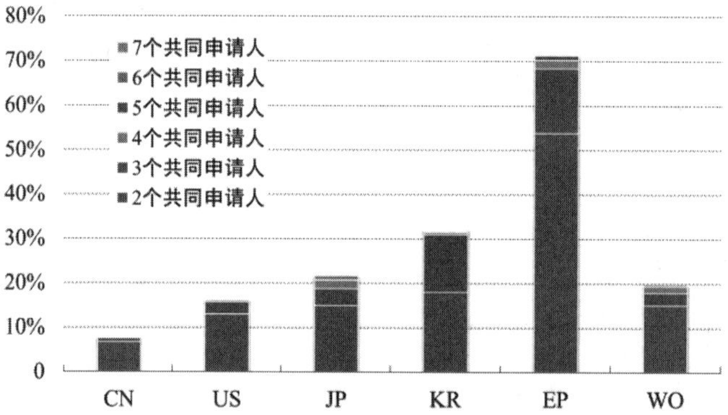

图 3-19　石墨烯领域各国共同申请状况比较

其他的一些国外发达国家，也保持了活跃的合作研发态势。例如美国有大量的 2 个共同申请人的石墨烯专利申请，同时在 3 个共同申请人方面也保持了较大的数量。例如一向以研发能力强大著称的 IBM 也不闭门造车，而是积极地开展合作，其和埃及的纳米技术中心有 8 项共同申请。日本方面，虽然总量落后于美韩，但是其合作申请的类型丰富多彩，这是由于日本相关的公司多隶属于一些大的财阀，这些财阀内部的合作一向比较多。欧洲方面也有一定量的合作研发。值得注意的是一些 PCT 申请，也出现了多

❶ 参考专利审查协作北京中心．国家知识产权局学术委员会 2014 年度一般课题研究项目研究报告，《石墨烯专利技术信息分析与研究》。

个申请人合作申请的情况。

反观国内的合作共同申请状况，发现合作相对不是那么密切和频繁。虽然合作申请的总量仍然占据第一，但是已经被韩国紧紧地咬住。而且中国的合作申请中，存在大量关联子公司的合作申请，例如海洋王有94项专利申请是以海洋王照明科技股份有限公司和深圳市海洋王照明技术有限公司这样的关联公司的合作申请的形式提交的。由于这些关联子公司的共同申请更多是由于财务和产权等技术之外的因素促成的，因此如果剔除掉这部分数据，那么中国合作申请专利数量将低于韩国。另外，考虑到中国在石墨烯领域内庞大的申请量，中国合作申请的占比会变得很小，即中国合作申请的比例处于相对较为落后的地位。例如，从实际的申请来看，中国较为典型的合作方——清华大学和鸿富锦精密工业（深圳）有限公司，这一共同体也仅仅有7项左右的合作石墨烯专利申请。这一方面是由于国内的科研成果转化不利造成的，另一方面也反映出国内单位运用专利技术的态度和趋势。一些企业倾向于将专利技术作为自己的独门绝技，不太积极开展合作申请，例如，中国科学院宁波材料技术与工程研究所独自研发了一定数量的石墨烯专利技术，并以这些技术为股份参与了石墨烯的产业运作。

分析思路：

合作申请的数量和合作申请人的情况，通常能够反映出市场竞争主体之间的协作关系，以及研发主体和市场主体之间的互动情况。基于技术研发的合作，又可以进一步探讨主体之间是否达成了产业联盟，或者技术协作研发的特色规律。

【案例3-16】天津市生物医药产业主要申请人竞争地位分析图❶

案例设置目的：展示基于专利有效性和专利活动相对产出两大特定指标的交叉排序分析。

分析内容：

为揭示天津市主要申请人的竞争态势和竞争处境，对前10位申请人进行综合分析，以专利申请人的专利活动和专利质量指标构成维度进行矩阵分析。专利活动指标的衡量变量为专利活动相对产出比值，即申请量与样本平均申请量的比值，比值越高，说明专利活跃度越高。专利质量指标主要以专利有效率来衡量，通过图3-20可以看出，天士力集团和中新药业相对其他申请人具备较强的技术研发能力且具有较高的专利质量。位于技术活跃区的申请人还有生机集团和太平洋制药，其专利活动频繁，专利利用和保护意识较强，但专利品质需要进一步提高，表明这两家企业相对天士力和中新药业在中药行业技术竞争中处于跟随地位。天津大学和天津药物研究院虽然专利数量相对前述企业较少，但专利质量较高，注重技术创新，仍然具有较强的技术竞争力。这两家与企业的联合专利申请仅有3件，如果市内企业单位能够增强与这两所科研院校的专利技术合作，做好专利布局，会对天津市内的产业创新起到很好的促进作用。

---

❶ 参考《天津市生物医药产业知识产权分析评议报告》。

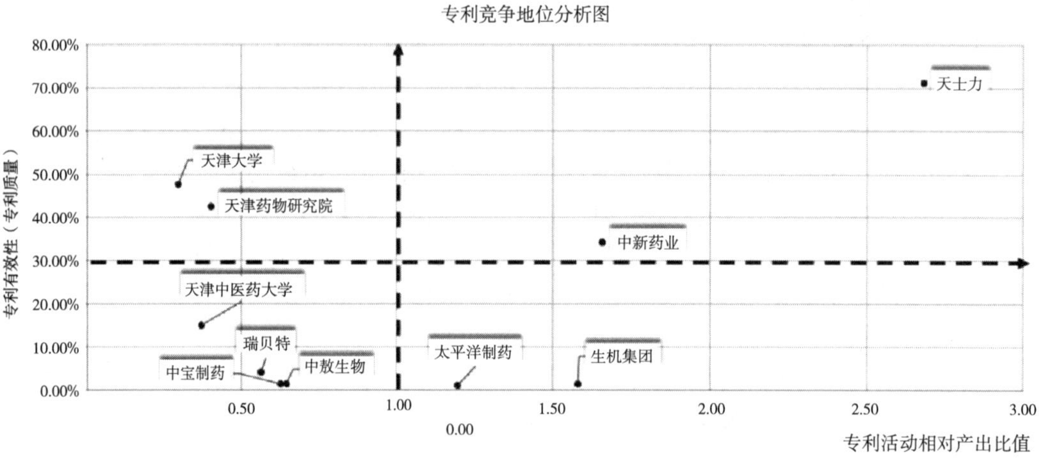

图 3-20　天津市生物医药产业主要申请人专利竞争地位

分析思路：

可以通过创设合理的指标，对申请人进行排序，从而形成特色分析内容。

【案例 3-17】棕榈油产业专利族规模分析[1]

案例设置目的：展示对专利族中专利件数进行排序分析。

分析内容：

将简单同族认为是一项专利，检索获得了 2370 项专利申请，其中共包括 5711 件专利申请。一项简单同族专利申请平均包括约 2 件专利申请，将一项专利申请中包含的专利申请件数称为专利族规模。专利族规模排序如图 3-21 所示，从中可以看出，1700 多项专利族（73%）只包含一件专利申请。大约 68% 的专利族只在一个国家进行了国内专利申请，没有经过国际 PCT 途径。这表明，棕榈油产业领域中的大部分专利申请主要集中在当地司法管辖区，而不是在国外寻求更广泛的保护。以巴斯夫植物科学公司的 WO200177355 A2 为代表的最大专利族共包含 103 件专利申请。这项发明名为“信号转导胁迫相关蛋白及其在植物中的应用”，其进入了美国、欧洲专利局和加拿大。再进一步研究包含 10 件或以上专利申请的专利族时，我们发现其中大多数与种质改进的发明有关，如图 3-22 所示。这些发明主要由大型农化和农业生物技术公司（如巴斯夫、孟山都等）牵头，通常涵盖各种各样的产油植物，包括但不限于油棕。

[1] Patent Landscape Report：Palm Oil Production and Waste Treatment Technologies，In cooperation with the Intellectual Property Corporation of Malaysia（MyIPO）and the Malaysian Palm Oil Board（MPOB），2016.

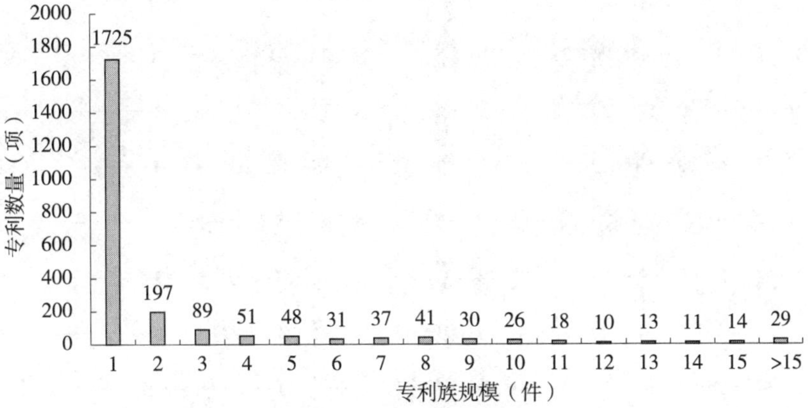

图 3-21　专利族规模排序

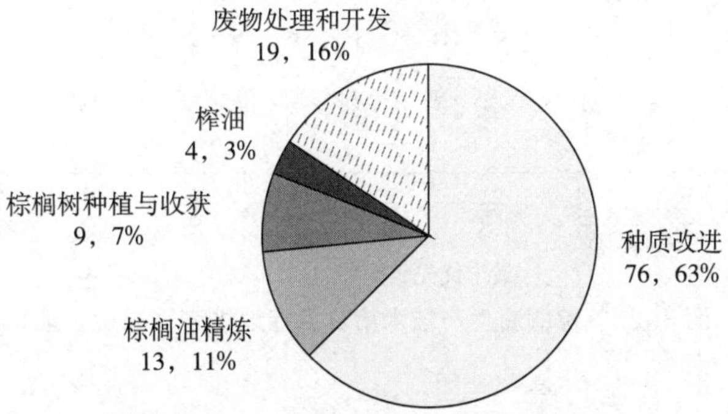

图 3-22　规模最大的前 20 项专利所涉及的技术分布（单位：件）

分析思路：

将同族专利申请数量定义为专利族规模，基于专利族规模的排序可以识别出该领域的重点专利，进而再对重点专利所涉及的技术分支和申请人进行分析，能够了解重点技术的内容和持有者。

【案例 3-18】棕榈油生产技术第二目标地排序分析❶

案例设置目的：展示以第二目标地表示的“走出去”方向的排序分析。

分析内容：

对申请的地域延伸进行分析，即对首次申请后，向任何专利局提出的二次申请（OSF）进行分析。图 3-23 显示了排名前 10 的 OSF 以及每个 OSF 的最早优先年份。与首次申请局仅有 34 个相比，OSF 共有 68 个，表明专利申请倾向于提交更多的国外申请或 PCT 申请，寻求海外覆盖。在 OSF 列表中，WIPO 是最主要的受理局，表明其是申请人在本国申请之外获得国际延伸的首选方式。OSF 排名靠前的还有加拿大、澳大利亚、巴西、印度、阿根廷和墨西哥，尽管其不是首次申请中排名靠前的国家，但表明这些国家在技术发展中也起着重要的作用。

---

❶ Patent Landscape Report：Palm Oil Production and Waste Treatment Technologies，In cooperation with the Intellectual Property Corporation of Malaysia（MyIPO）and the Malaysian Palm Oil Board（MPOB），2016.

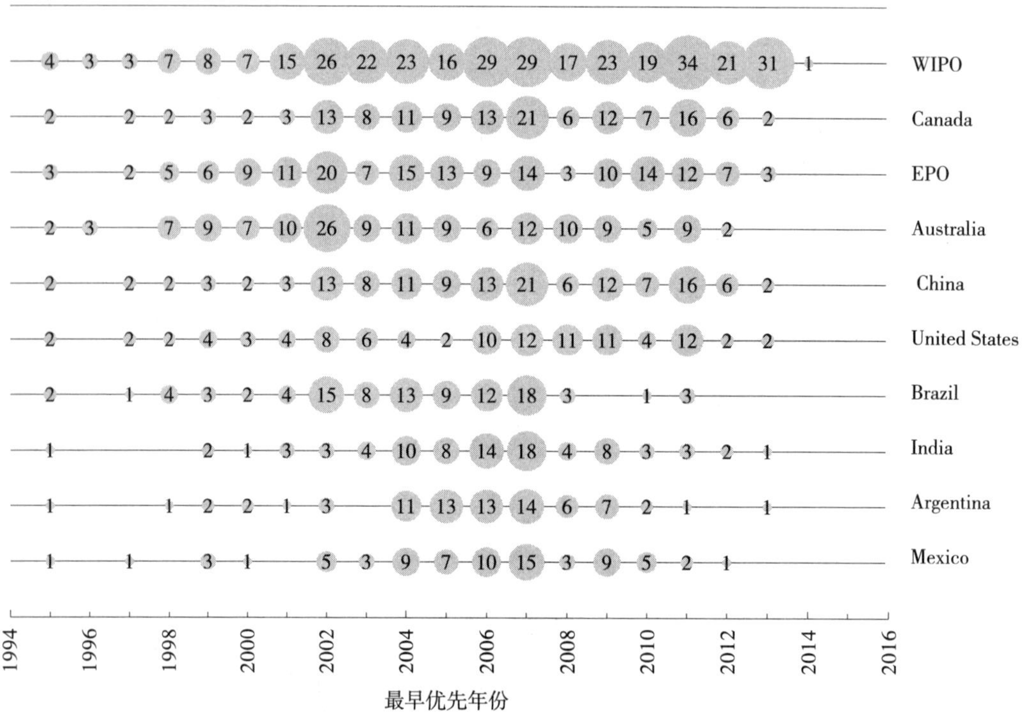

图3-23　棕榈油生产技术第二目标地排序（单位：项）

分析思路：

通常，在专利分析中会通过首次申请的国家或地区来确定技术的来源地，但也可以对首次申请后第二申请的国家或地区进行排序分析，从而了解专利申请会优先进入哪些外部地区，更倾向于在哪些外部地区获得专利权保护，或进一步基于专利权保护获得相应市场回报。

第四章　数据关联分析

专利活动只是创新主体参与市场竞争的一个方面，如需全面透视其科研行为和市场行为，需要将技术研发、市场竞争以及其他相关的行业、经济、政策等信息与专利数据信息进行共同分析。

本章主要涉及3个层次的数据关联分析：第一个层次，将多个专利数据的分析维度进行组合，根据多个专利数据的关联性对专利技术进行分析；第二个层次，采用多个数据指标进行专利组合分析，比较不同国家、地区、企业、专利权人、发明人等的技术创新情况，进而评估某一技术领域的技术发展状况；第三个层次，以大数据的思维对专利数据与技术、市场、法律等其他非专利数据进行综合数据分析。

第一节　专利图表关联分析

在进行专利分析时，将多个专利数据的分析维度进行组合，根据多个专利数据的关联性对专利进行分析，可得到更有价值的情报信息。

一、实现过程

（1）根据专利分析的目的确定需要用到哪些专利数据，并将这些专利数据的逻辑层次进行梳理。

（2）分析专利数据的关联性，根据专利数据的关联性对专利技术进行分析与评估。

（3）利用复合图表对分析结果进行展示。

二、分析案例

【案例4-1】工业机器人领域专利申请趋势分析

案例设置目的：掌握专利图表间的关联分析方法。

图4-1展示了工业机器人领域全球专利申请量随年代变化趋势，虽然从图中可以看出该领域经历了“第一技术发展高峰期”“技术发展低谷期”和“第二技术发展高峰期”3个特殊阶段，但是图中的单一趋势曲线无法反映出不同阶段出现的具体原因。

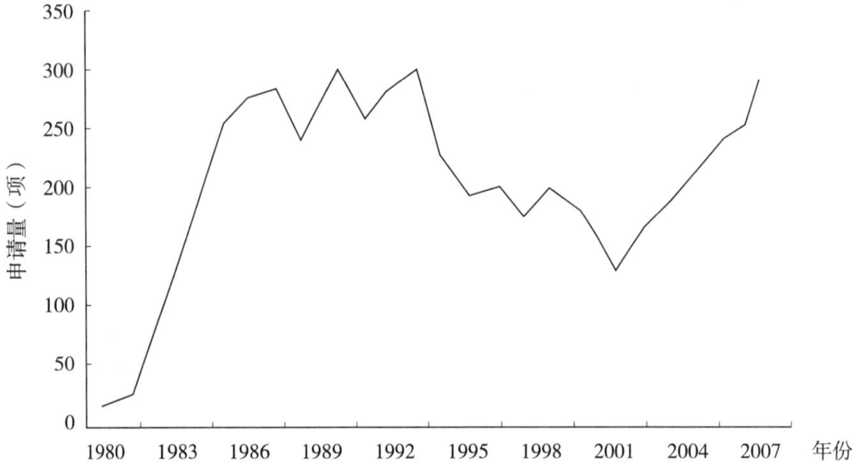

图 4-1　工业机器人领域全球专利申请量变化趋势

如图 4-2 所示，进一步对中国、日本和美国在工业机器人领域的专利申请趋势分析可知：

1976~1993 年，日本在工业机器人领域的专利申请一直处于领先位置，并且在第一技术高峰期的专利申请更是占据了全球专利申请量的 2/3 以上，侧面说明了日本为该领域的技术发展带来了“第一技术发展高峰期”。

1994~2001 年，日本在该领域的专利申请持续下降，主要原因可能是日本在 20 世纪 90 年代遭遇经济危机，对该领域的技术投入减少，而此阶段其他国家又未出现新的技术，美国和中国的专利申请也没有出现增长，故该领域出现了“技术发展低谷期”。

2001 年以后，日本、美国和中国在该领域的研究出现复苏，而中国在本阶段的发展中成为主力，专利申请量迅猛增长，使该领域迎来了“第二技术发展高峰期”。

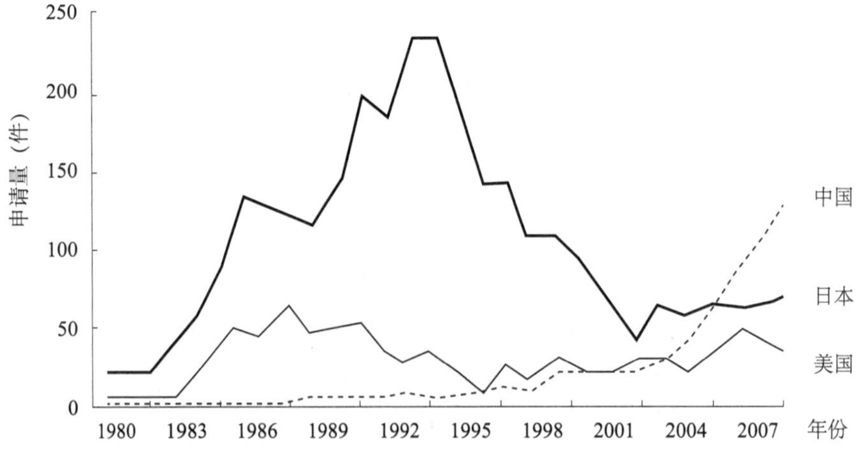

图 4-2　工业机器人领域中国、日本、美国专利申请量随年代变化趋势

通过上述分析可知，从工业机器人的总体走势和各国的发展趋势来看，日本在 2001 年之前在该领域具有垄断地位，决定着该领域专利技术的发展趋势。但受日本国内经济发展市场需求、技术瓶颈等原因影响，在2001年之后技术发展未有起色，未出现增长迹象。而中国则在该阶段的发展中占据了优势地位，并成为第二次技术发展高峰的核心竞争者。

第二节　专利指标组合分析

专利指标组合分析法是指通过建立能够衡量专利潜在价值的一系列定性和定量指标，用以客观、科学地对不同国家、地区、企业、专利权人、发明人等的技术创新情况进行比较分析，评估某一技术领域的技术发展状况，跟踪和预测技术发展趋势，为制定产业、企业发展政策提供决策依据。

本节以德国学者 Holger Ernst 提出的利用专利组合综合评估企业竞争力的方法[1]为例，介绍专利组合分析的基本思路和方法。

一、实现过程

（一）根据分析对象的特点设计不同角度的指标

Holger Ernst 总结了监测与评价企业技术竞争力的一些重要指标（见表4-1），这些指标主要由表征企业专利活动的数量类指标、企业专利的经济价值和技术价值的质量类指标和通过上述各指标权得出的综合类指标3部分构成。

表4-1　Holger Ernst 提出的用于监测与评价企业技术竞争力的重要专利指标

专利指标	定　义	含　义
专利活动(PA_{iF})	企业 i 在技术领域 F 内(iF) 的专利申请量(PA)	企业 i 在技术领域 F 的研发支出的程度(企业 i 对技术领域 F 的关注程度)
研发重点	PA_{iF}/ 企业 i 专利申请总数	技术领域 F 对于企业 i 的重要性(研发重点)
已批准专利的份额(Q_1)	企业 i 在技术领域 F 已获批准的专利数 /PA_{iF}	企业 i 专利申请的技术质量
技术范围(Q_2)	在企业 i 的专利申请中 IPC 分类的多样性与数量	企业 i 专利申请的技术质量

[1] Ernst H. Patent Portfolios for Strategic R&D Planning [J]. Journal of Engineering & Technology Management, 1998, 15 (4): 279-308.

续表

专利指标	定 义	含 义
国际范围(Q_3)	专利族的规模以及 PA_{iF} 三方(美国、日本和欧洲专利局)专利的份额	企业 i 专利申请的技术质量
引用频率(Q_4)	PA_{iF} 的平均引用频率	企业 i 专利申请的技术质量
平均专利质量(PQ_{iF})	所有专利质量指标的总和(即 Q_1 ~ Q_4 指标的总和)	企业 i 在技术领域 F 所有专利申请的总体平均质量
专利强度(PS_{iF})	平均专利质量(PQ_{iF})与专利活动(PA_{iF})的乘积	企业 i 在技术领域 F 的技术质量
技术份额	PS_{iF}/技术领域 F 内所有竞争者的专利强度之和(PS)	企业 i 在技术领域 F 的竞争性技术地位(以质量表示的)
相对技术份额	PS_{iF}/技术领域 F 内所有企业中最高的专利强度	在技术领域 F 中企业 i 与技术领先者的差距

（二）根据分析目的设置不同类型的分析模型

1. Holger Ernst 提出的4种分析模型

（1）基于技术领域的专利组合分析模型

图4-3示出了基于技术领域的专利组合分析模型，该模型共分相对技术份额、技术吸引力和研发重点3个维度，其中：

横坐标为相对技术份额（Relative Patent Position），用于评估企业的相对技术地位，由企业在某技术领域的专利强度 PS_{iF} 与该技术领域内最高专利强度之比来表示，最大值为1。

纵坐标为技术吸引力（Technology Attractiveness），用企业在该技术领域的专利申请增长率来测定。相对增长率高的技术领域在未来会比相对增长率低的技术领域更具吸引力。

图4-3中的圆圈大小表示企业在某一技术领域的专利申请量占企业专利申请总量的比例，其反映了企业在某一技术领域的倾注力度，即某一技术领域在企业总的研发组合中的技术重要性。

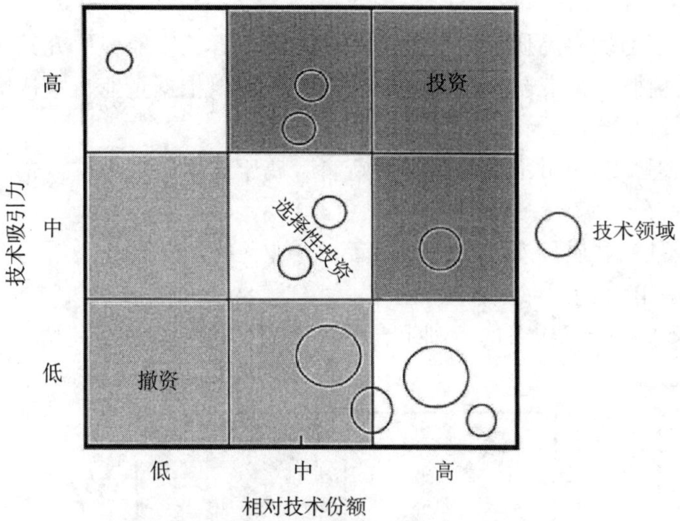

图 4-3　基于技术领域的专利组合分析模型

一般来说，企业应该增加具有中高技术吸引力和较高相对技术份额的技术领域（图中深灰色部分）的研发投入，相应地减少低技术吸引力和低相对技术份额的技术领域（图中浅灰色部分）的研发投入，对于处在对角线的技术领域（图中白色部分）企业应根据自身的经营战略目标、资金和人才等情况做选择性投资。

（2）基于企业的专利组合分析模型

图 4-4 示出了基于企业的专利组合分析模型，该模型中的横坐标代表企业的专利活动（Patent Activity），纵坐标代表企业专利质量（Patent Quality）。

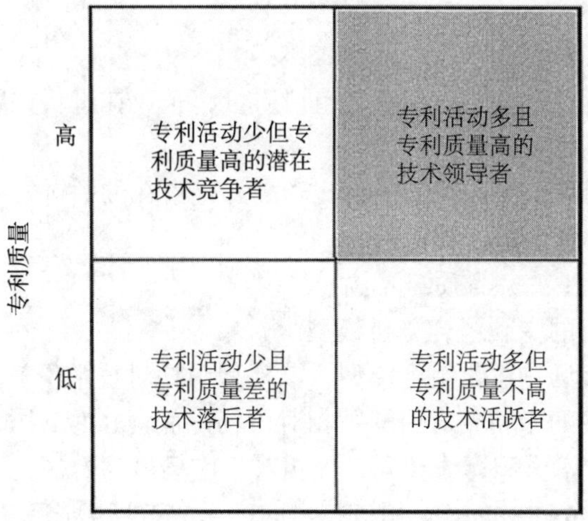

图 4-4　基于企业的专利组合分析模型

根据企业在这两个维度中的位置，将该坐标系分成 4 个区域：

专利活动多且专利质量高的技术领导者，是企业技术创新的跟踪对象和优先选择的产学研合作伙伴。

专利活动不多但拥有高质量专利的潜在技术竞争者，企业应研究其技术侧重点，对其进行新技术的监测，采取防御型的竞争战略，也可以根据企业自身技术战略选择与其在某些技术领域进行合作。

专利活动多但专利质量不高的技术活跃者，属于技术跟随地位，企业对其的关注度可适当降低。

专利数量少且专利质量差的技术落后者，企业无须过多关注。

（3）基于发明人的专利组合分析模型

图4-5示出了基于发明人的专利组合分析模型，该模型从专利品质和专利活动对专利发明人进行区分。

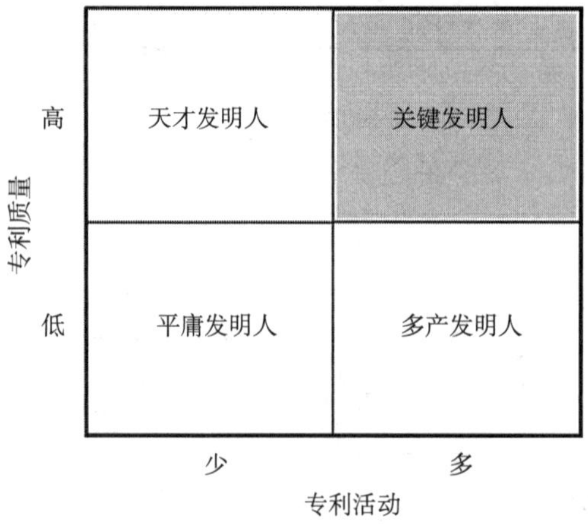

图4-5　基于发明人的专利组合分析模型

一般来说，发明人在组合矩阵中可以分为4类：

关键发明人，具有较高的发明能力和专利申请质量，企业在进行并购整合或人才引进时可以考虑猎取；

天才发明人，虽然专利活动少，但是质量比较高，是潜在的关键发明人；

多产发明人，只追求数量不追求质量；

平庸发明人，专利数量少，并且质量不高。

（4）专利—市场一体化的专利组合分析模型

图4-6显示了专利与市场一体化组合模型，该模型中相对技术份额（Relative Technology Share）即专利组合中的专利相对位置；相对市场份额（Relative Market Share）的计算与专利组合中的相对技术份额算法相同，即相对于市场最高份额为1的相对市场位置；市场吸引力（Market Attractiveness）用该技术的产品的市场增长率来作为纵坐标。

如果技术和产品都落在技术组合和市场组合相同的区域内，即Aa、Bb、Cc和Dd中，则企业可以比较简单地根据战略管理理论推导出行之有效的战略。

对Ab、Ba、Cd、Dc组合位置，这在单独的专利组合或市场组合中是很难进行分析和决策的，企业应特别关注这些领域，仔细评估出现这种组合位置的原因和后果，来作出正确的决策。

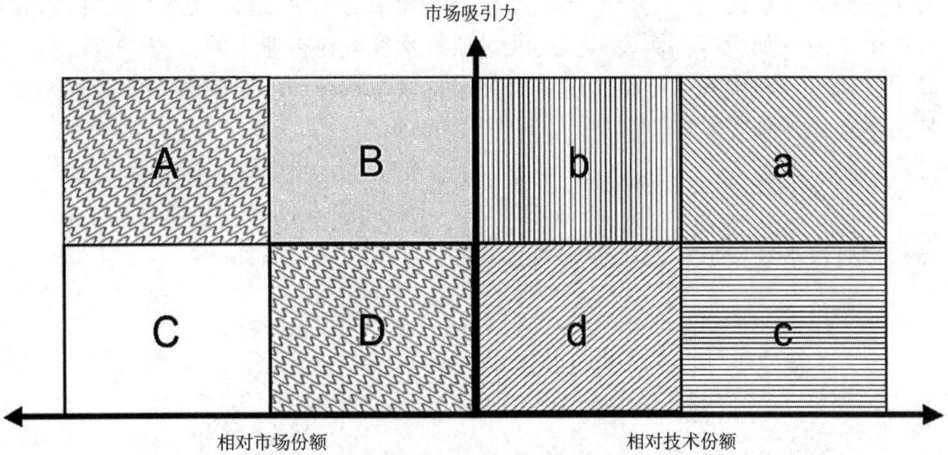

图 4-6 基于专利—市场的专利组合分析模型

2. 基于技术生命周期的专利组合分析模型

在 Holger Ernst 专利组合分析理论的基础上，进一步衍生出了基于技术生命周期的专利组合分析。技术生命周期模型以 Ernst 教授提出的 S 曲线模型为基础，以专利累计申请数量作为衡量技术成熟度的参数，通过基于某技术领域专利累计数量的变化来反映该技术领域的状态，判断技术发展趋势，预测技术开发的新方向，为研发决策提供参考依据。在此基础上，利用技术生命周期 S 曲线，对 Ernst 教授所提出的专利组合模型进行改进，将两者相结合构建用于技术层面分析的专利组合模型（见图 4-7）。

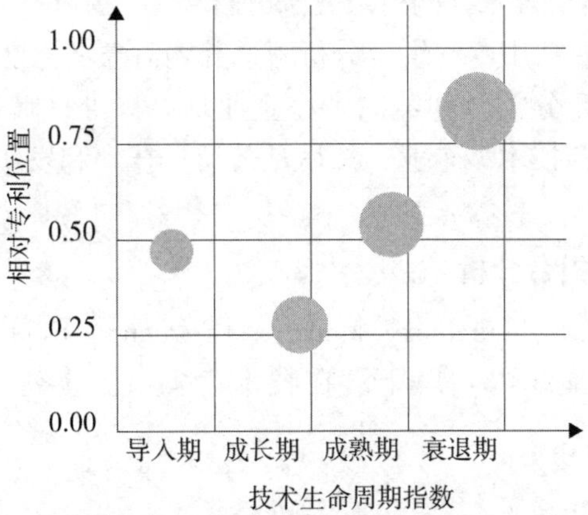

图 4-7 基于技术生命周期的专利组合分析模型

该组合图分别是以技术生命周期指数和相对专利位置指标为横、纵坐标组成的矩阵图，图中圆圈面积的大小由专利相对技术优势指标表示。相对专利位置指标用一机构在某个技术领域内的强度与该技术领域内最高专利强度之比来测定，其最大值为 1，评估每个机构与领先公司的技术差距。技术生命周期指数则采用 S 曲线模型，利用 Loglet Lab 工具并结合推导公式计算各生命周期阶段拐点，套用技术生命周期指数，将技术生命周期定量化，即每项技术领域都对应一定量的技术生命周期指数。不同颜色的圆代表不同公司。圆的大小代表对应技术领域在整个行业中的相对规模，用对应的技术领域在整个行业中申请专利所占比例表示，反映对象技术领域在行业中的位置。❶

其中，相对专利位置指标将能观察出公司占该技术领域的专利数量排名与该技术领域标杆的差距。计算方法如下：

$$相对专利位置指标=\frac{企业\ i\ 在技术领域\ F\ 的专利申请量}{技术领域\ F\ 中标杆企业的专利申请量}$$

专利相对技术优势指标为技术强度的衡量指标，计算方法如下：

$$专利相对技术优势（RPA_{ij}）=100\times\tanh\left(\ln\left(\frac{\frac{P_{ij}}{\sum_i P_{ij}}}{\frac{\sum_i P_{ij}}{\sum_{ij} P_{ij}}}\right)\right)$$

RPA_{ij}是指第 j 家公司在第 i 个技术领域的专利相对强度指标。

$\frac{P_{ij}}{\sum_i P_{ij}}$是指第 j 家公司在第 i 个技术领域的专利数占所有技术领域的专利数总和的比例。

$\frac{\sum_i P_{ij}}{\sum_{ij} P_{ij}}$是指第 i 个技术领域的所有公司专利数量总和占所有技术领域所有公司的专利总和的比例。

二、分析案例

【案例4-2】美国药企技术并购对象甄选分析❷

案例设置目的：掌握利用专利组合分析甄选并购对象的方法。

本案例首先根据IPC分类号和美国中小企业划分标准，筛选出美国Viro、Onyx和Luminex等25家生物制药技术型企业，然后从公司、技术和发明人层面对并购对象进行专利组合分析。

1. 公司层面的专利组合分析

由图4-8可知，Onyx、Luminex、Medarex、Sequeno、Repligen、Oscient、Dynavax、Immunog和Synbiotics（虚线内）属于潜在技术竞争者，应列入技术并购的重要候选对象。

---

❶ 钟华，邓辉. 基于技术生命周期的专利组合判别研究［J］. 图书情报工作，2012（18）.

❷ 李小丽. 基于专利组合分析的技术并购对象甄选研究：美国生物制药技术型企业的实证［J］. 情报杂志，2009，28（9）.

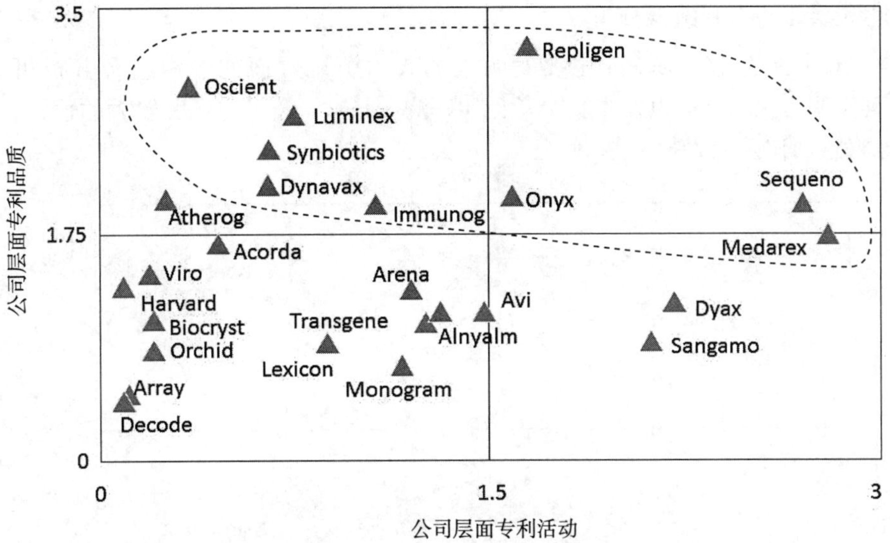

图 4-8　美国生物制药领域专利申请量前 25 位的技术型企业公司层面的专利组合分析

数据来源：Derwent Innovation Index（DII）（检索时间：2009 年 3 月 10 日）

2. 技术层面的专利组合分析

需要说明的是，图 4-9 中所示的点均是以生物制药领域的单个 IPC 分类号的小类所对应的技术领域为研究对象，并进一步选取了各个 IPC 小类上具有相对优势的技术潜力者和技术领先者进行技术层面的专利组合分析研究而得。

从图 4-9 可以看出，Medarex 和 Sequeno（虚线内）拥有优势的技术数量最多，因此综合公司层面和技术层面的分析结果，这两家公司可列为并购的重要对象。

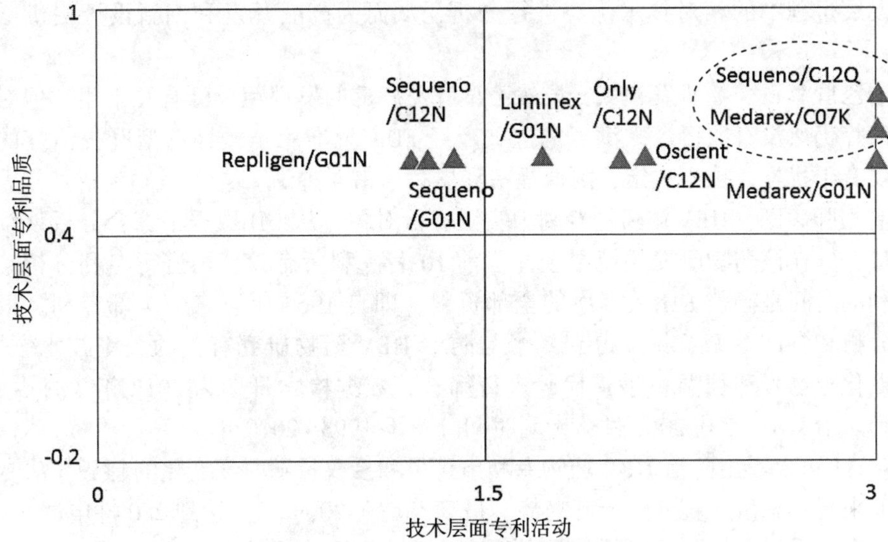

图 4-9　美国生物制药领域技术型企业技术层面的专利组合分析

数据来源：Derwent Innovation Index（DII）（检索时间：2009 年 3 月 10 日）

3. 发明人层面的专利组合分析

如图 4-10 所示，对 Sequeno 主要发明人的人力资源层面的专利组合分析可知，Koest 为关键发明者，Koster 为天才发明者，如并购 Sequeno 公司的难度较大的话，相关企业可考虑将这两位发明人招入麾下。

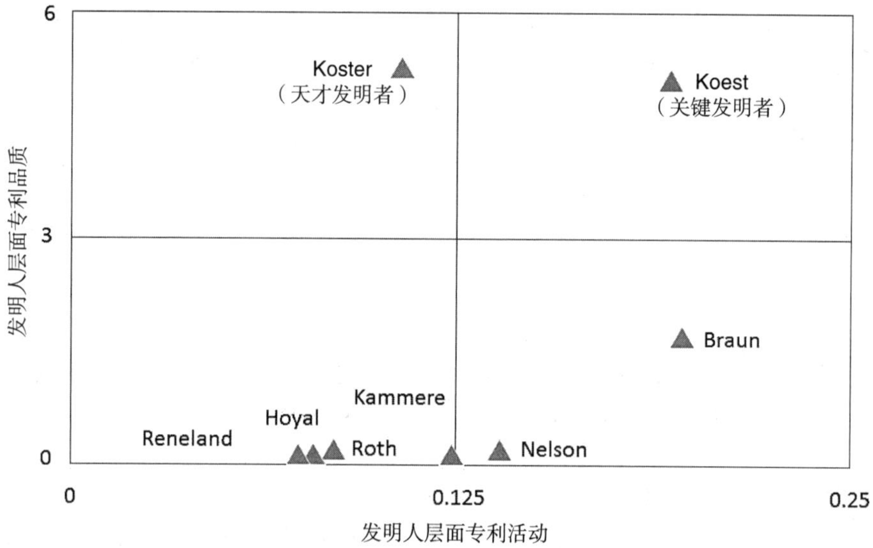

图 4-10　Sequeno 企业主要发明人的人力资源层面的专利组合分析

数据来源：Derwent Innovation Index（DII）（检索时间：2009 年 3 月 10 日）

【案例 4-3】防治乙肝病毒（HBV）药物专利组合分析

本案设置目的：利用基于技术生命周期的专利组合分析模型，对不同研发机构在各技术领域发展过程中的相对技术优势进行分析，从而为产品开发和创新设计提供参考依据。

在防治乙肝病毒药物研发领域，虽然乙型肝炎病毒的发现距今已有几十年，但对慢性肝炎的治疗仍然没有取得令人满意的进展。经 FDA 批准用于慢性乙型肝炎治疗的抗病毒药物仅有干扰素、拉米夫定、阿德福韦和恩替卡韦 4 种。

以防治乙肝病毒（HBV）药物专利为实证分析对象，从 DII 数据中综合分析该领域的专利数量，并在该药物研发领域中选择了前 10 名专利所有权公司进行专利分析。研究选取专利的时间是涵盖 DII 数据库的全部资料，即自 1963 年以来的全部专利。根据文献调研分析和咨询专家意见，得到 4 个与防治 HBV 药物研究有关的关键技术领域，课题组根据化合物号和德温特手工代码进行筛选，数据检索日期为 2012 年 3 月 5 日，共检索得到防治 HBV 专利 2062 件，专利时间分布于 1993~2010 年。

从图 4-11 可以看出防治 HBV 药物专利申请量和授权量随时间变化的趋势，从专利申请数量上来看，总量一直处于上升趋势，最高点是在 2009 年（达到 250 件申请）。专利授权情况由于受到审核公示以及数据库延迟等因素的影响，并未能显示实际情况。核苷和核苷酸类似物药物的专利最多，占防治 HBV 药物专利总量的 51.3%，其专利授权率为 21.2%；细胞因子类药物专利数量为 419 件，占防治 HBV 药物专利总量的 20.3%，其专利授权率为 33. 2%；中药类药物专利数量为 501 件，占防治 HBV 药物专利总量的 24. 3%，其专利授权率为 51. 9%，有超过一半的专利申请获得授权；保肝类药物专利数量为 84 件，占防治 HBV 药物专利总量的 4. 1%，其专利授权率为 26. 2%。从总授权量来看，防治 HBV 药物领域的专利总体授权比例为 31. 3%，说明在该领域中有近三分之一的专利获得了授权。

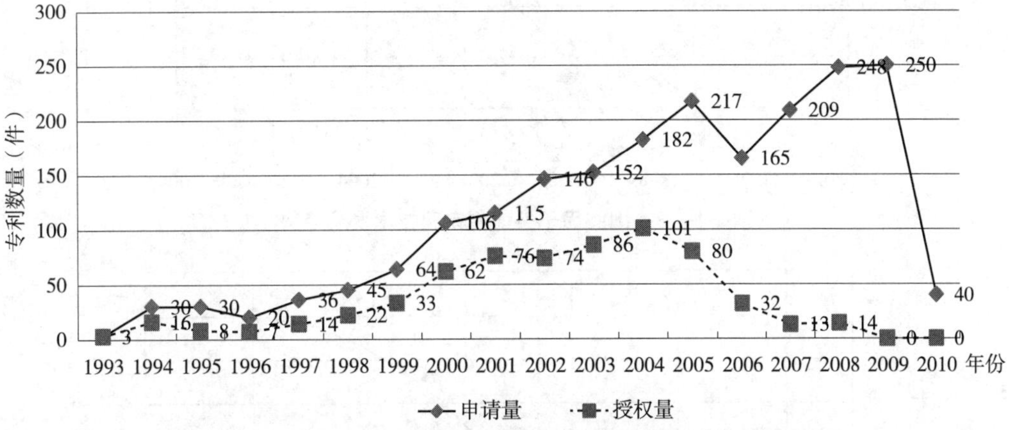

图 4-11　防治 HBV 药物专利申请量和授权量随年度的变化情况

生命周期判别：以 Logistic model 模型为基础，以专利件数为纵轴、年份为横轴，应用 Loglet Lab 软件预测推算 HBV 领域成长曲线，其中饱和点、成长时间和反曲点通过软件估算，生成 4 个与防治 HBV 药物研究的关键技术领域时间—专利件数 S 曲线技术发展趋势（见图 4-12~图 4-15）。图中的圆点表示实际的专利件数，实线表示预测的专利件数，得到 HBV 领域的生命周期曲线。

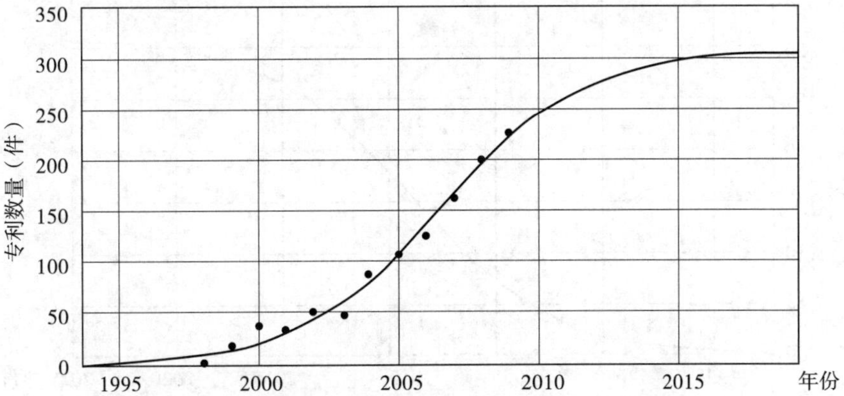

图 4-12　核苷和核苷酸类似物药物专利技术发展趋势

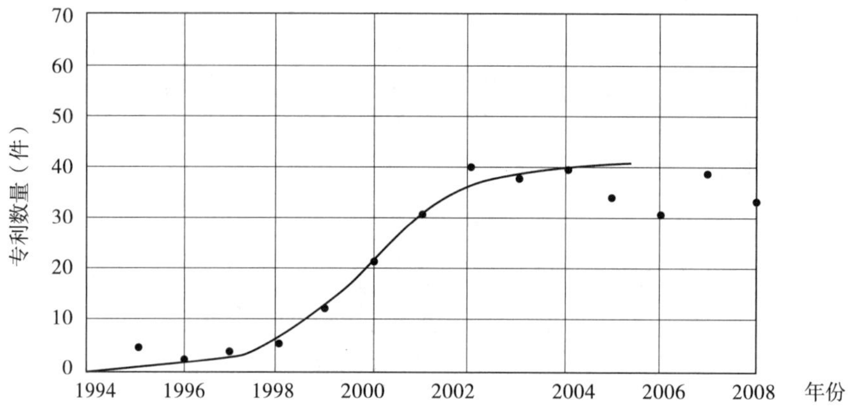

图 4-13　细胞因子类药物专利技术发展趋势

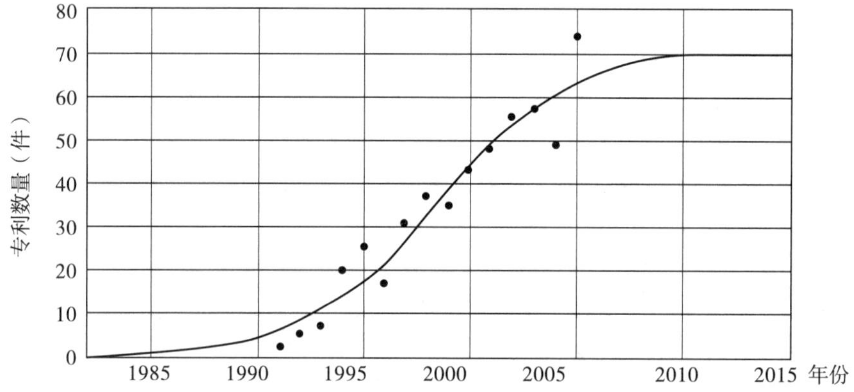

图 4-14　中药类药物专利技术发展趋势

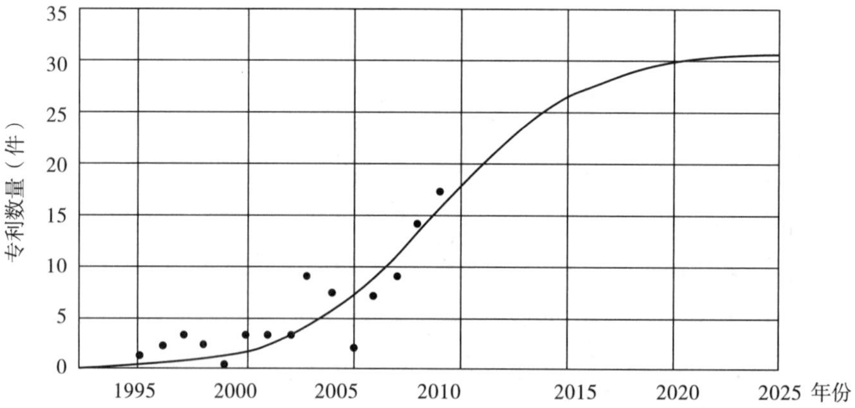

图 4-15　保肝类药物专利技术发展趋势

以图 4-12 核苷和核苷酸类似物为例，经 Loglet Lab 计算得出：

a（dt）= 10.72（成长期与成熟期所需要花费的时间）
k（carry cap）= 306.7（饱和点）

b（tm midpoint）= 2007（反曲点）

energy（depends on norm（L2 or L1））= 888.1313

time inms = 107

由计算结果可知，核苷和核苷酸类似物药物研发的萌芽期以该领域出现第一件专利申请开始计算，也就是 1998 年；而计算反曲点在 $t_m = 2007$ 说明该技术在 2007 年进入成熟期，成长时间为 10.72 年，根据上述所推导的公式，导入期和成长期分界点 $t_{ig} = t_m - \frac{t_g}{2}$；成长期、成熟期分界点 $t_{gm} = t_m$；成熟期、衰退期分界点 $t_{md} = t_m + t_g/2$。代入值计算得，$t_{ig} = 2012$；$t_{gm} = 2002$。以此类推，分别计算 4 个技术领域的技术生命周期，结果见表 4-2。

表 4-2　各技术领域的技术生命周期

单位：年

分　类	萌芽期	成长期	成熟期	衰退期
核苷和核苷酸类似物	1998	2002	2007	2013
细胞因子类	1994	1998	2000	2002
中药类	1991	1992	1998	2005
保肝类	1995	2002	2009	2016

根据计算出的各技术领域生命周期，绘制基于技术生命周期的专利组合模型，如图 4-16 所示。

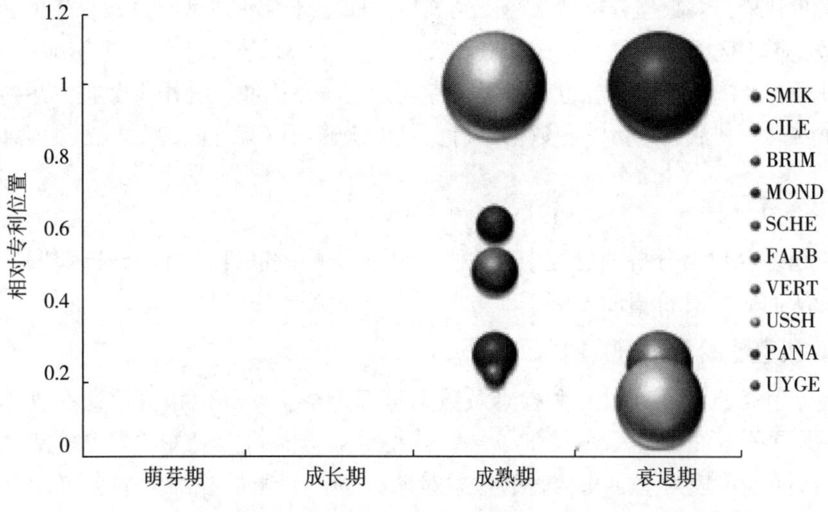

图 4-16　基于技术生命周期的 HBV 药物领域专利组合分析

其中，横轴用各技术领域所处的技术生命周期表示，纵轴用相对专利位置指标表示，圆圈面积的大小用专利相对技术优势指标表示，以此 3 项指标配合各技术领域与研究公司绘制出基于技术生命周期的专利组合。

从不同圆的大小可以分析出每个机构在 4 个子技术领域中所占的技术份额，分析其技术关注点和专利产出的重点领域，判断各类机构对研发资源的分配是均等化还是有所侧重，比如，可看出 MOND 生物技术公司的研发重点在细胞因子类相关产品。此外，公司的相对专利位置是由它与技术领域内标杆公司之间的关系确定的，用以评估与行业内领先公司的技术差距。以深蓝色所代表的 PANACOS 制药公司为例，该公司是一家生物制药公司，位于美国马萨诸塞州，该公司有 19 项核苷和核苷酸类似物药物相关专利和 1 项中药类专利。由于专利申请量排名前 10 位的公司中只有 PANACOS 公司一家涉及中药类专利，因此其专利相对位置指标值高。百时美施贵宝公司（BRIM）是一家以科研为基础的全球性的从事医药保健及个人护理产品的多元化企业，该公司的主要业务涵盖医药产品、日用消费品、营养品及医疗器械。在乙肝治疗领域，该公司最重要的药物是恩替卡韦，2005 年，美国食品药品管理局（FDA）批准了百时美施贵宝公司的乙型肝炎（HBV）治疗药物恩替卡韦的上市申请。同年，中国国家食品药品监督管理局也批准了该公司恩替卡韦片在中国的上市申请，该药于 2006 年在中国上市。从以上分析可看出，其药物研发主要集中在以恩替卡韦为主的核苷和核苷酸类似物药品的开发方面。

第三节　综合数据关联分析

大数据分析是指从大量的、各种类型的数据中，快速获取有价值信息的方法。随着互联网时代的到来，大数据分析越来越受到关注。而全球专利文献经过数百年的积累，文献量已经超过了 1 亿条，并且大量的非专利文献、标准、诉讼信息，以及专利技术所映射的产业、市场、经济、法律信息也应包含在专利数据中。因此，利用大数据的思维对包括专利文献在内的专利数据进行综合数据分析，可以快速获取有价值的专利情报信息。

一、实现过程

在专利综合数据分析的过程中，需要利用数据的关联性，综合分析数据的准确性和可用性，从而获得有价值的专利信息。具体实现过程如下。

1. 收集整理专利和相关信息

收集专利信息主要通过专利检索及数据整理筛查，而其他相关信息的收集有助于分析人员对所要分析的技术领域更加了解，获得更加全面的检索关键词等检索信息（见图 4-17），从而制定较为全面和准确的检索策略。例如，通过参加标准会议的专家名字搜索相关专利，则有助于获得与标准相关的专利。

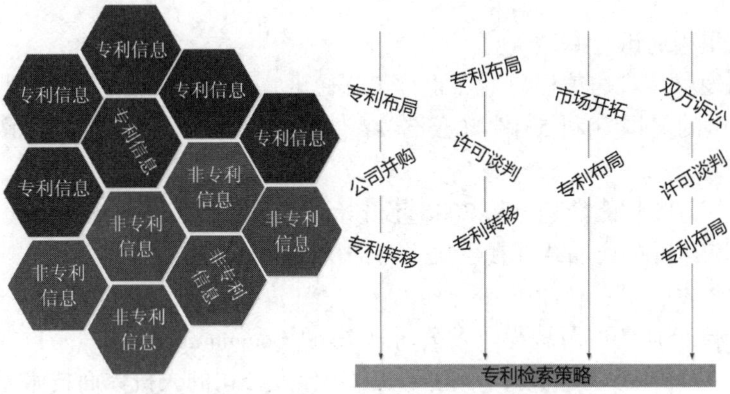

图 4-17 检索时专利与非专利信息整理示意

2. 根据分析目的制作专利分析图表，并对多类型数据进行关联分析

由于专利文献包含及映射了大量的多类型信息，在专利分析时为了得到客观且全面的分析结果，需要对大量的多类型信息制作分析图表，并进行交叉关联分析。

此外，分析过程中通过不断收集非专利信息，有助于拓宽分析思路、验证分析结论的准确性等。例如，如果专利信息和非专利信息存在矛盾，则需分析造成矛盾的原因，进行补充检索以及信息验证，从而获得准确的分析结果。

二、分析案例

【案例 4-4】联发科技公司并购行为对其专利布局影响分析

案例设置目的：掌握利用商业信息和专利信息联合分析竞争对手专利布局的方法。

如图 4-18 所示，结合商业信息和专利信息，分析得出联发科技[1]的美国专利申请中，通过并购等商业行为的专利来源情况如下。

（1）IBM 转让专利

联发科技所拥有的 240 件美国专利申请中有 42 件（公告 41 件/公开 1 件）来自 IBM 转让，该批专利的转让时间集中于 2005 年 9 月和 12 月，这与该公司自 2005 年起开始将其通信芯片推入国际市场，但并不拥有该领域的核心知识产权有很大关联。

（2）HYPERBAND COMMUNICATION 转让专利

2005 年 HYPERBAND COMMUNICATION 向联发科技转让了一件关于终端-射频技术-滤波器的美国公开专利申请，由于该专利尚未授权，联发科技有可能利用该专利作为防御竞争对手的防御型专利或者通过专利转让来弥补自主研发的不足。

（3）SKYWORKS SOLUTIONS 转让专利

2007 年 SKYWORKS SOLUTIONS 转让给联发科技一件关于调制解调-其他技术的美国公告专利，这应与 2006 年 11 月联发科技和 SKYWORKS SOLUTIONS 签署合作协议

[1] 台湾联发科技股份有限公司（MediaTek. Inc，下文简称联发科技）成立于 1997 年，是全球著名 IC 设计厂商，专注于无线通信及数字多媒体等技术领域，已在台湾证券交易所公开上市。其提供的芯片整合系统解决方案，包含无线通信、高清数字电视、光储存、DVD 及蓝光等相关产品。

相关。

（4）收购集程通讯与络达

2005年联发科技收购集程通讯（也称集耀通讯），2006年入主络达。收购集程通讯后，原集成通讯的美国专利51件（公告27件/公开24件）都转让给了联发科技总公司。

手机搭载Wi-Fi功能的趋势从2006年开始逐渐升温，联发科技收购集程通讯和络达后，可补齐Wi-Fi的产品线，在手机平台上积极布局的决心由此可见。

（5）收购竺发获得专利

联发科技于2004年5月取得竺发公司（Pixtel Communications，Inc）在无线通信的相关技术权利以及研发人员。使其不但可以利用竺发公司的人机界面技术增强手机芯片完整解决方案的竞争力，更可借竺发公司现有的客户基础增加未来的销售机会，从而提升联发科技的总体竞争力以及全球化的布局。

（6）收购SARNOFF获得专利

2004年10月，联发科技成功取得美商SARNOFF公司200件与数字视频相关的专利，涵括数字电视、液晶电视及数字影音录放机等领域，也成为联发科技未来在电视领域的竞争利器。SARNOFF公司所拥有与通信技术相关联的美国公告专利技术1件，为终端-其他技术领域。

（7）控股扬智获得专利

2004年6月联发科技投资新台币5亿余元，取得扬智科技将近18.9%的股权，成为该公司当时最大的股东。扬智科技除了光储存的专利外，在USB、图像处理的相关技术也拥有较大数量的专利。

（8）独立源通获得专利

联发科技跨足手机上游芯片完整解决方案，包括基频芯片（Baseband）、射频（RF）端等芯片技术，2003年将功率放大器（PA）部门独立为源通科技，专职投入PA等相关产品研发。

通过上述分析可知，联发科技在全球通过并购、猎才，弥补技术缺口，使其触角与员工遍及美国、印度、新加坡及我国的北京、合肥及深圳等地，真正落实了其“以国际视野，运筹全球资源，追求产业领导地位”的经营理念。

相较于其他公司的收购案，联发科技的收购行动有三大特色：一是能够自己努力做出来的就不买；二是若可以进行技术授权，尤其是技术交互授权的，也不一定非买不可；三则是买的价格不仅要便宜，而且事前要充分评估，对经营团队及企业文化都有深刻了解，以确保收购后的团队稳定。正因为注重这些收购细节，所以联发科技买到的公司往往价格不高，而且最后也都能发挥很好的效果。

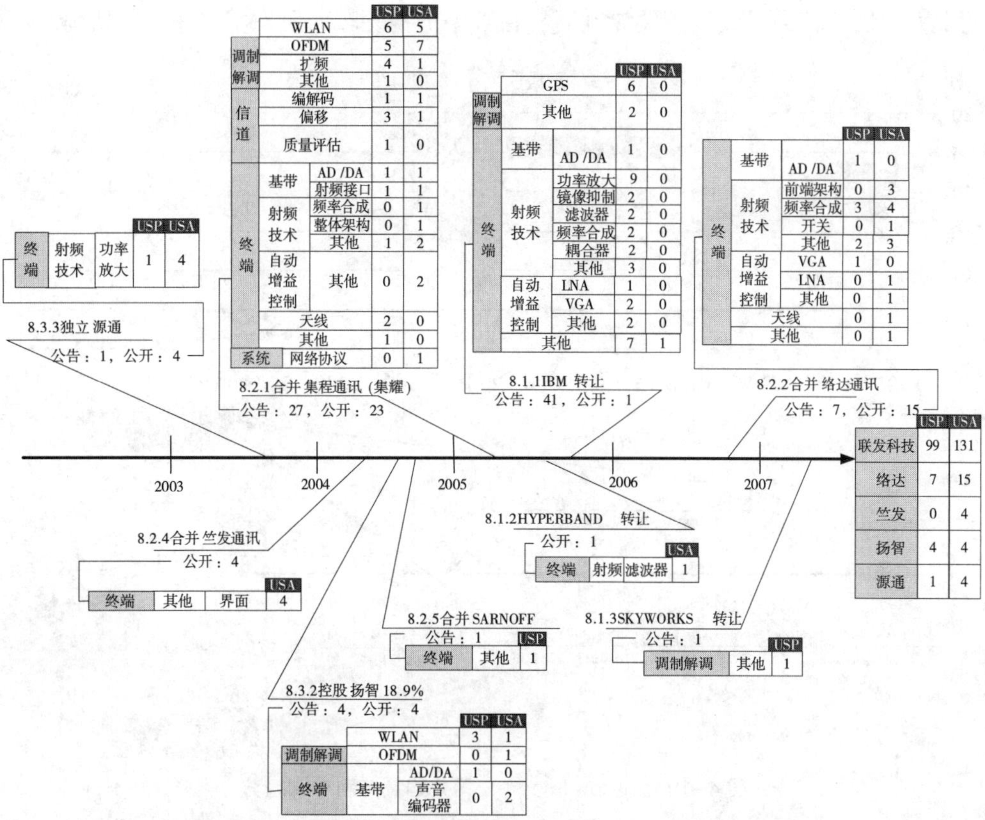

图 4-18　联发科技公司通过并购等商业行为的专利来源示意

【案例 4-5】Silicon Image 公司并购行为对其专利布局影响分析

案例设置目的：掌握如何利用组合图表进行数据关联分析。

图 4-19 是 Silicon Image 公司并购及专利申请趋势。分析步骤如下：

第一步：确定需要用哪些信息或数据来表达分析的主题。

本案例的分析主题为"并购行为对 Silicon Image 公司专利布局的影响"，因此需要获知 Silicon Image 公司的并购行为概况，以及该公司的专利申请数据。同时，对该公司的专利申请数据进行分析，获得这些数据中哪些是通过并购公司转让获得的，哪些是并购行为发生前或者并购行为发生后，哪些是本公司研发获得的。

第二步：选择合适的图表类型来展示不同层面的信息，并形成组合图表。

本案例将 Silicon Image 公司专利申请时间曲线图和并购情况图组合后如图 4-19 所示。

第三步：对组合图表中的信息进行联合解读，获取专利情报。

Silicon Image 公司于 1995 年申请第一件关于高速串行数据传输编码方案的专利。在随后的 1996~2000 年，该公司申请的专利数量有小幅增加，通过并购情况可知，这与从收购的 DVDO、CMD Technology、Silicon Communication Lab 三家公司转移获得部分专利有关。

此外，2001 年该公司申请量最高峰达到 38 件，很可能是由于数字电视是在该时期开始大力发展，其通过收购相关专利后，在数字电视领域的研发实力进一步增强。

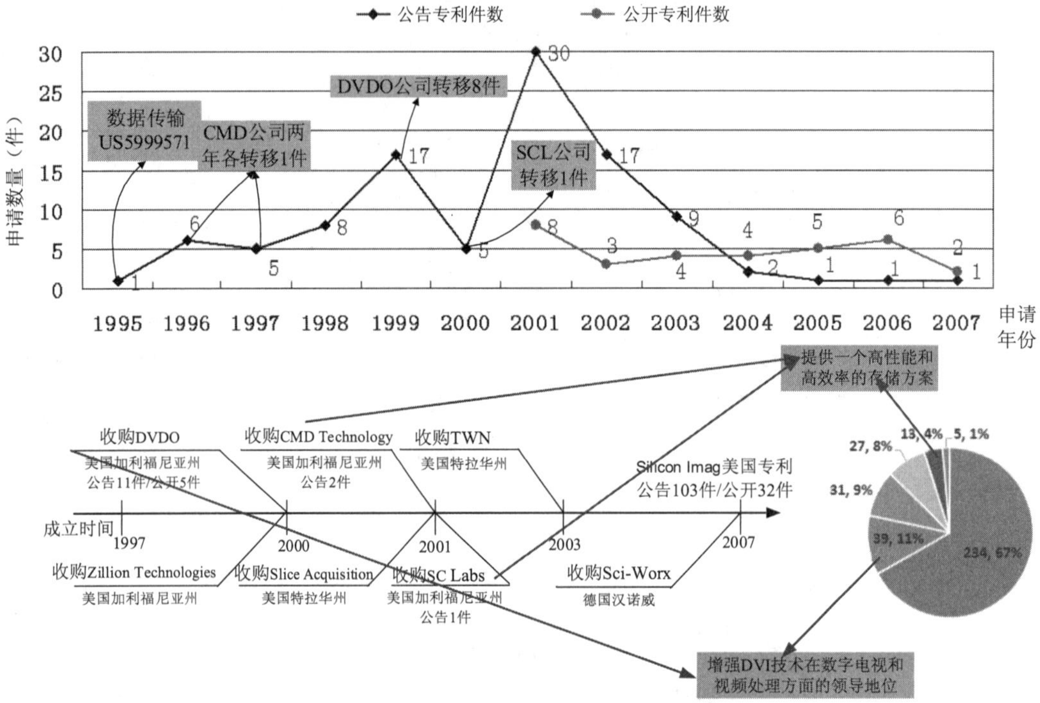

图 4-19　Silicon Image 公司并购及专利申请趋势

【案例 4-6】石化领域技术合作者筛选分析

案例设置目的：掌握如何联合分析企业资源信息和专利信息，以寻找合作者。

本案例数据及分析结果来源于 Innography 专利检索和分析平台。利用 Innography 生成的企业财务和专利实力分析气泡图中，不同颜色的气泡代表不同的企业，气泡大小代表该企业的专利数量，横坐标代表企业技术综合指标（亦称愿景轴，vision），纵坐标代表企业财务指标（亦称资源轴，resources）。

企业愿景轴和资源轴坐标的计算方法如下：

（1）愿景轴

结合了 3 个因素：专利组合的规模、专利涉及的分类号的数量以及引证专利数量。专利组合规模显然很重要，但关注专利所涉及的分类号能更好地展示公司在该领域的专利申请广度；最后，通过统计引证专利的情况，可以了解企业在该技术领域的影响。因此，图 4-20 中气泡位置越靠右，企业所在的技术领域的关注程度和专利表现越突出。

计算企业愿景轴坐标的公式为：

（企业该技术领域专利数量/该技术领域专利总数）/3+（企业专利组合的专利分类位置数量/该领域所有企业专利组合所有分类位置数量）/3+（企业在该技术领域的每项专利平均引证数量/该技术领域所有企业每项专利平均引证数量）/3

（2）资源轴

结合了 3 个因素：企业的总收入、诉讼和位置数量。企业的总收入显然对于企业的资源是很重要的，除此之外，与小型企业相比，大型企业更容易卷入诉讼，因此统计企业涉及的专利诉讼案件的数量也可以作为确定企业规模/资源数量的一个指标；最后，通过观察专利产生位置的数量可以反映出企业的研发力度。通常，气泡在资源轴上所处位置越高，该企业利用专利的能力就越强。

计算企业资源轴坐标的公式为：

（公司收入/所有公司收入总和）/3+（公司诉讼案件总数/所有公司诉讼案件总和）/3+（公司发明位置总数/所有公司发明位置总数）/3

从石化领域主要企业的财务和专利实力分析结果来看，荷兰皇家壳牌、埃克森美孚在企业财务和市场资源（资源轴）以及其专利技术实力方面（愿景轴）均具有优势；霍尼韦尔和雪佛龙都具有较强的专利技术（愿景轴）实力，但是在市场资源和财力方面（资源轴）有所欠缺（见图 4-20）。

中石化虽然在企业财务和市场资源（资源轴）方面具有优势，但在专利技术实力方面（愿景轴）有所欠缺，因此如需寻找合作伙伴以提升专利技术实力的话，霍尼韦尔和雪佛龙将是不错的选择。

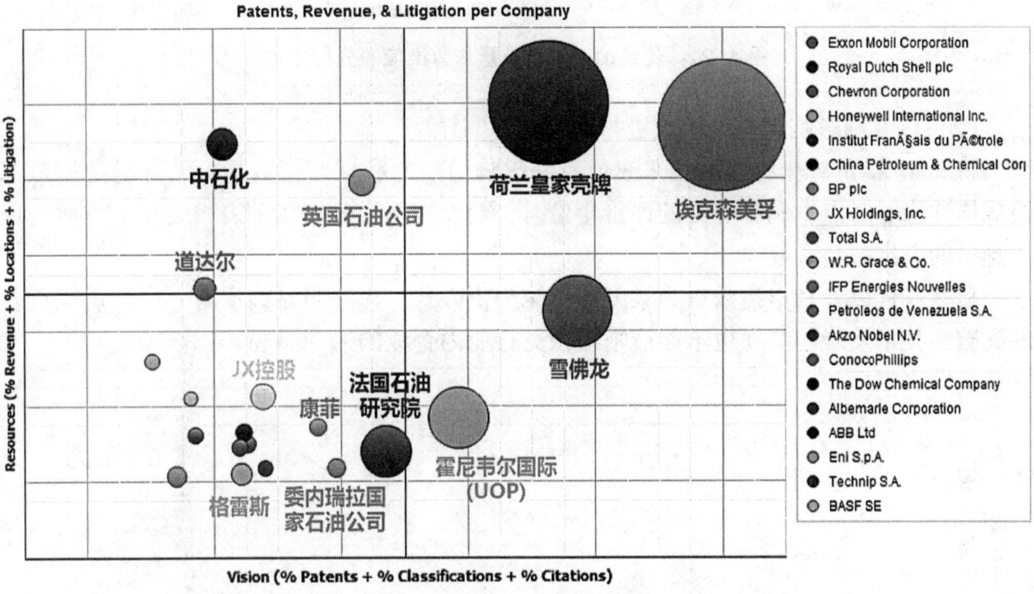

图 4-20　石化领域主要企业财务和专利实力分析

【案例 4-7】苹果公司可穿戴设备专利影响力比较分析

案例设置目的：从专利影响力角度预见企业的技术发展趋势和布局。

（1）分析步骤

首先检索出引证了 Swatch 公司的专利，然后以折线图表示出每个施引公司的施引专利申请年份。为了说明的便利性和展示的清晰程度，此处仅选择前 10 位的施引公司。

图 4-21 每条线代表一家施引机构。前 10 位的施引机构的图例按照施引专利数量进行排列。横坐标为施引专利的申请年份。纵坐标为每家施引机构施引专利按申请年份的

数量。

在图 4-21 中，苹果公司虽然排名靠前，但整个分析图并没有强烈趋势预测效果。

业界在 2011 年左右就已经有分析称苹果在开发手表产品❶。直到 2014 年 9 月 10 日，苹果公司如外界预期的那样推出了新的产品品类——智能手表，并命名为 Apple Watch，在市场上引起轰动❷。

但是如此创新性的产品，传统的以数量为维度的专利分析却难以看出同样程度的强烈表征。

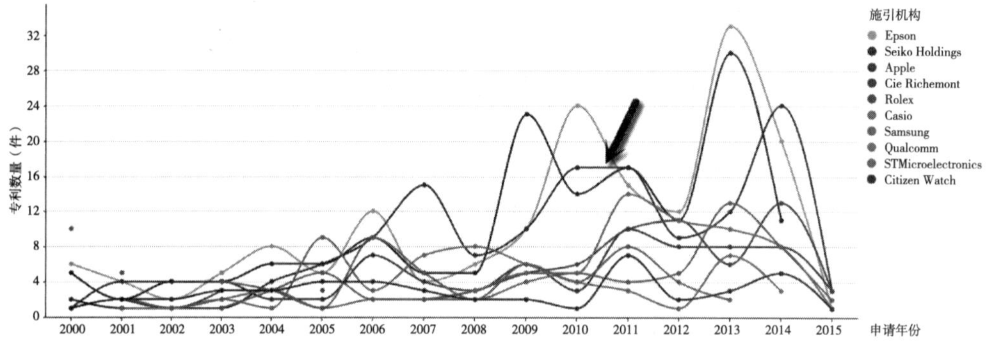

图 4-21　传统的以专利数量作为维度的分析方式

（2）以专利影响力作为维度进行的分析

将图 4-22 的纵坐标换成用来表征专利影响力的专利资产指数指标，并且把横坐标换成描述当时时点专利影响力的评价年份时，会发现苹果公司在手表相关技术方面表现出绝对的突出态势。

显然，仅以专利申请数量为维度的传统分析方式，无法明显揭示出一个公司或行业的突破性技术发展趋势，也不能清晰地预见行业内企业的专利布局。

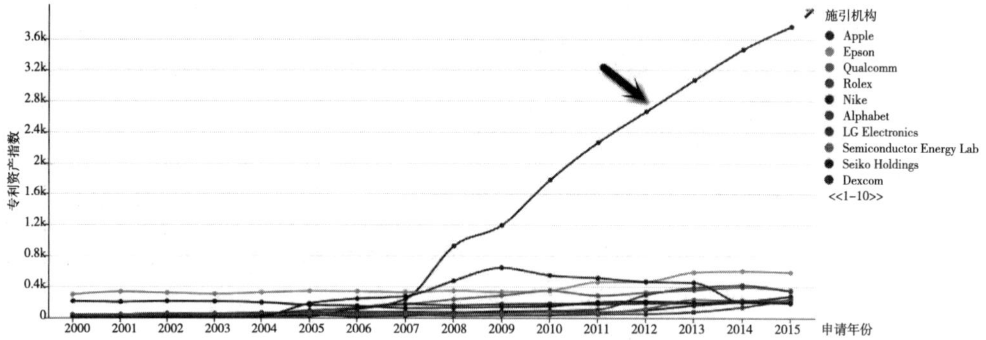

图 4-22　以专利影响力作为维度进行的分析

❶ 苹果 iWatch 手表专利曝光：触屏可弯曲［EB/OL］.［2013-02-25］. https://m.creaders.net/news/page/554546.

❷ 苹果发布 Apple Watch 智能手表：一个新的开始［EB/OL］.［2014-09-10］. http://tech.sina.com.cn/mobile/n/apple/2014-09-10/02069602690.shtml.

（3）专利资产指数原理

专利资产指数的方法论基于1994年开始兴起的“专利计量学”，其并非单纯用统计“个数”的方式来评价专利的影响力，而且还考虑到以下多种因素：

· 专利的公开时间

· 所属技术类别

· 引证该专利的专利局的不同审查实践特征

· 专利在其他国家或地区申请的同族专利

· 在其他国家或地区申请的同族专利的法律效力

· 该国家或地区的“被评价年份”的国民收入总值

简单举例而言，假设专利A在2008年被公开，所属IPC类别为A61K。当评价其在2015年年底的影响力时，会分别看其技术影响力和市场影响力。技术影响力是考察其截至2015年年底，被来自哪些专利局的专利引证。以那些专利局同样2008年公开，同样IPC类别的专利到2015年年底的被引证次数作为分母，进行量纲统一，最后得出该专利的技术影响力。

市场影响力则是考察该专利在2015年年底在哪些国家或地区申请了同族专利，这些专利的法律状态是授权、申请中或失效。每种法律状态被赋予不同的权重系数，再乘以世界银行公布的当年该国或地区国民收入总值（Gross National Income），最后得出该专利的市场影响力。

将该专利的技术影响力乘以市场影响力即得出该专利的竞争力值（Competitive Impact）。一个数据集内各个专利的竞争力值的总和即为该数据集的专利资产指数。

第五章　数据聚类分析

专利数据聚类分析是采用数据挖掘中的聚类分析手段对专利数据进行分析的方法。聚类分析有助于分析隐含在专利数据中不易直接统计得出的信息，特别适合挖掘数据中的趋势、模式等特征。因此，聚类分析使得专利数据分析的手段更为高效，角度更为完善。此外，作为一种无指导的机器学习方法，聚类分析由于不需要训练过程，以及不需要预先对文档手工标注类别，使得聚类分析的结果突破了现有的知识框架，避免了仅凭经验和专业知识进行分类导致的局限和误区，更多地摆脱了主观局限性。因此，聚类分析使得专利数据分析的结果更为客观、准确。

本章首先介绍数据挖掘及聚类分析的基本概念和算法，这是因为只有对聚类分析的流程、算法具有基本的了解，才能更好地使用专利数据聚类分析方法，才能更加完整和正确地解读专利数据聚类分析的结果。其次，介绍专利数据聚类分析的常见做法，这通常需要借助 SPSS、SAS 等专业的统计工具来对专利数据实现聚类分析，因而具有一定的专业性。最后，简要介绍主流的商业专利数据库的聚类分析功能，以及全球最新的专利聚类分析工具。使用商业专利数据库中的聚类分析功能，是更为常见和简单易行的专利数据聚类分析方法，分析结果的可视化效果也更好。

第一节　数据挖掘与聚类分析

聚类分析是数据挖掘的重要方法，有必要了解一下数据挖掘及其与聚类分析的关系。为了更好地理解专利数据聚类分析方法，也需要了解一般的聚类分析方法的概念和算法。

一、数据挖掘的概念

数据挖掘是指从大量的数据中发现隐含模式和知识，并应用这些模式和知识来进行预测以指导决策的过程。自 20 世纪 80 年代以来，为了解决“数据丰富，知识贫乏”的困境，数据库的知识发现（Knowledge Discovery in Database，KDD）和数据挖掘技术作为数据库与统计学、人工智能、机器学习等技术的交叉学科和技术，获得了巨大成功和持续发展。

数据挖掘通常的定义是，采用数学、统计、人工智能和机器学习等领域的科学方法，从大量的、不完全的、有噪声的、模糊的和随机的数据中，提取隐含的、预先未知的并且具有潜在应用价值的模式的过程。

与传统的基于统计和人工分析的专利分析方法相比，专利数据挖掘方法具有特定的优势。在体系结构上，数据挖掘与传统的统计分析方法的本质区别在于：统计是根据随机性的样本数据以及问题的条件和假定，对未知事物作出以概率形式表述的推断；而数据挖掘则是在没有明确假设的前提下去挖掘信息、发现知识。与统计相比，数据挖掘工具处理大量的实际数据更有优势，无需专业的统计背景也能使用数据挖掘的工具，揭示隐藏在数据背后的有价值的知识，给客户以新的指引。在具体方法上，数据挖掘技术与统计分析方法相比，数据挖掘算法的研究成果无论从数量上还是实用性上都具有更大的优势。例如根据挖掘任务，数据挖掘算法包括分类或预测模型发现、数据总结、聚类、关联规则发现、序列模式发现、依赖关系或依赖模型发现、异常和趋势发现等。近年来，自然语言理解、语义关联分析、词频分布统计、语料学研究等可以用于进行信息分析的技术方法和工具，已经成为数据挖掘算法的重要研究方向。因此，无论从体系结构上，还是从具体方法上，数据挖掘算法都能够很好地融合到专利分析系统中去。但是，采用数据挖掘的方法并不是为了替代传统的统计分析技术，相反，对于统计分析方法，数据挖掘主要体现在利用统计和人工智能技术进行高级多元统计方法的应用上，是对这些方法的拓展和深化。

目前，国外利用数据挖掘的理论和数据可视化手段，开展了大量的研究专利信息的自动分析方法。而国内则更多地停留在传统的专利分析手段上，数据挖掘的技术在专利分析领域的应用并不多。

专利数据挖掘一般可分为以下 4 个步骤。❶

（1）数据获取与预处理。根据专利分析工作的目的，确定解决问题的性质和数据挖掘的目标，初步选取监测对象，对相关数据进行获取，形成数据库；对于获取的数据，从中修正错误数据，去除噪声及冗余数据，完成数据预处理，为数据分析做好准备。

（2）数据挖掘处理。结合分析需求，依据特定的数据挖掘算法［如关联分析、模糊聚类、技术组（群）自动识别、关键技术识别、自然语言处理等］，在数据库中提取数据的模式。

（3）数据可视化。运用一定的方法将提取出的数据模式表达成某种易于理解的、直观的知识或模式（图、表等），对数据集和本地化数据库进行初步分析，形成分析结果报告。

（4）情报分析与整合。情报人员结合自己的专业知识，对分析结果进行系统、深层次的分析，由该领域的专家凭借自己的知识和经验，对分析报告进行评估，再将评估意见反馈给情报人员，对分析报告进行修订，形成最终报告。

二、聚类分析的概念

聚类分析是根据数据的不同特征，将其划分为不同的数据类的过程。它的目的是使

---

❶ 于和琴. 专利情报数据挖掘——企业获取竞争优势的法宝［J］. 商场现代化，2008（13）.

得属于同一类别的个体之间的差异尽可能小，而不同类别上的个体间的差异尽可能大。

聚类分析和分类分析有相似的作用，都是起到分类的目的，但是聚类分析和分类分析的方法有着很大的区别。分类分析是已知分类然后总结出分类规则，是一种有指导的学习；而聚类分析则是有了一批样本，不知道它们的分类，甚至连分成几类都不知道，希望用某种方法把样本数据进行合理的分类，使得同一类的样本性质比较接近，不同类的样本性质相差很大。聚类分析作为一种无指导和无示例学习，它不需要预先定义类的特点或属性，而是从数据中发现潜在性的模式（类或群），从而能更好地体现智能性。

在聚类分析算法中，具有代表性的聚类算法主要有❶：

（1）k-means 聚类算法。k-means 聚类算法是最常用的基于划分的方法。它以 k 为参数，把 n 个对象分为 k 个簇，以使簇内具有较高的相似度，而簇间的相似度最低。相似度的计算根据一个簇中所有对象的平均值（被看作簇的重心）来进行。

（2）矩阵聚类算法（Matrix Clustering Algorithm，MCA）。它从稀疏矩阵中提取密度较大的区域来进行聚类，把用户与资源的关系变换为 1 或 0 的关系。聚类的结果代表某个用户群体对某类资源集合感兴趣。通过 MCA 算法，数据对象（用户或资源项）可能分布在多个簇中。

（3）类层次结构算法（Build Classification）。类层次结构算法能根据各个类之间的相似程度形成类层次结构，从而能有效反映类之间的相似性。因为考虑到在类层次结构中的类不是非常多，所以类层次结构算法采用自底向上的分层聚类方法。它避免了一些系统必须按照某些拓扑结构进行分层聚类的方法。此外，当相似度小于某一指定的阈值就不进行聚类分析，而不必像一些分层聚类方法那样直接合并到只剩下一个类为止的情况，这样做加快了聚类速度。

（4）其他聚类算法。如案例 5-1 中的 Lingo 聚类算法。

第二节　聚类分析的主要类型及案例

专利数据聚类分析，就是将一般的聚类分析方法应用于专利数据。分析的对象可以是和专利相关的各种数据，其中主要包括专利的文本信息（标题、摘要、权利要求书、说明书等）、引证信息，以及分类号、发明人、技术功效、共引共现情况等其他信息。本节简要介绍主要的专利数据聚类分析方法——文本聚类和引证聚类。

一、文本聚类分析

文本聚类（Text Clustering）分析是对专利的文本信息（标题、摘要、权利要求书、说明书等）进行聚类分析的方法，是最主要的专利数据聚类分析手段。

文本聚类作为聚类分析的一个应用分支，同样是依据著名的聚类假设：同类的文档

❶ 潘伟．个性化信息服务关键技术——聚类分析［J］．现代情报，2007（10）．

相似度较大，不同类的文档相似度较小。文本聚类可以采用聚类分析的经典算法，但是由于文本信息涉及分词等独特的问题，经典的聚类分析算法往往不能直接适用，需要进行调整和改进。

专利文本聚类通常会选取一个标签来代表各个聚类的主题。但是，需要注意的是，聚类得出的一级标签有可能并不能完整地概括这个聚类的特征，需要我们进一步地解读下面几级的标签。

1. 分析目的

由于专利文本聚类分析主要是对专利文本中的技术内容（如技术术语、技术特征等）的分析，是对专利的技术主题的挖掘，因此，通过专利文本聚类分析，可以实现以下目的。

（1）专利组合分析，了解专利技术布局。通过对某个企业的专利进行文本聚类分析，可以迅速了解该企业的专利技术布局，进一步可以实现不同企业之间的专利布局对比，发现各自的优势和劣势，从而进行相应的专利布局；通过对国家或地区的专利进行分析，有助于了解该区域产业的专利技术布局情况，明确产业发展方向。

（2）技术发展路线分析，掌握专利技术发展态势。通过对不同时期的技术主题下的专利进行文本聚类分析，可以了解该技术的发展态势，探索技术路线，辅助制定研发策略。

（3）技术空白点分析，指导技术路线规划。文本聚类分析可以客观地表明技术领域的热点，同时也可以发现某些技术领域新出现的技术主题。上述技术主题相对于该领域的技术热点，可称为技术空白点，有可能是未来技术发展的趋势，需要引起关注并规划好技术路线。

2. 分析方法

文本聚类分析的流程如图 5-1 所示。下面就通过一个简单的示例来说明文本聚类的流程❶。

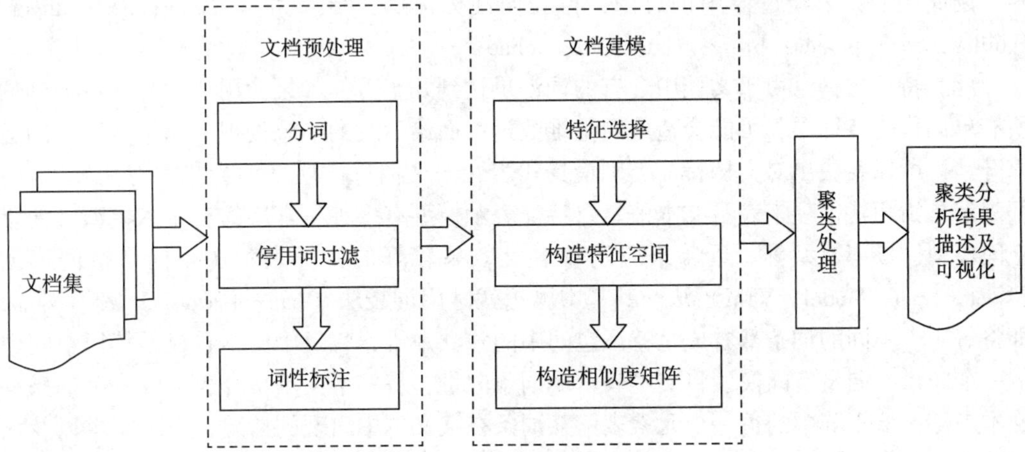

图 5-1 文本聚类方法流程

❶ 徐丹丹. 专利文本聚类分析及可视化研究［D］. 南京：南京理工大学，2009：7-23.

（1）分词。原始的文本必须经过预处理，才能形成便于计算机处理的结构化形式，同时可以提高分析的效率和质量。文本预处理主要包含分词、词性标注、停用词过滤等操作。所谓分词，就是把一个句子按照其中词的含义进行切分。对于英文文本来说，因为英文单词之间使用空格分开，分词是很容易的。与英文不同，汉语中最小的单位不是词，而是字，但是具有一定语义的最小单位却是词，而且中文文本在书面表达时，词与词之间没有明显的切分标志，这使得汉语分词存在诸多难点，所以一般先由分词软件对中文文档进行分词。

例如，如果原始文本为“Sing，O goddess，the anger of Achilles son of Peleus，that brought countless ills upon the Achaeans”，则分词的结果为：“sing；o；goddess；the；anger；of；achilles；son；of；peleus；that；brought；countless；ills；upon；the；achaeans”。

（2）停用词过滤。不管是中文还是英文，都存在一些对文档内容识别意义不大但出现频率却很高的词，称为停用词。这些词在计算相似度或者训练模型求参数的过程中会引入很大的误差，可以看作是一种噪声。比如在英文中，“the，of，and，to，for”等英文单词几乎出现在每一篇英文文档中，但是它们对这个文档所表达的意思几乎没有任何贡献，更多的作用在于语法上。因此，非常有必要将这些停用词从原始的文档中过滤出去，这个过程即称为停用词过滤。

例如，上例中经过分词，再经停用词过滤后，结果为：“sing；goddess；anger；achilles；son；peleus；brought；countless；ills；achaeans”。

（3）词性标注。对于英文，这一过程主要是对分好的词进行词根还原。因为英文单词在不同的时态、单复数情况下出现的形式有所不同，如果同一单词的不同形式作为不同词条出现的话，那么具有相同主题的文档很可能只有很低的相似性，势必会影响聚类的质量。

例如，上例中经过停用词过滤，再经词性标注后，结果为：“sing；god；anger；achilles；son；peleus；bring；count；ill；achae”。

（4）特征选择。由于文档中含有的词汇量达到几十万，如果使用自动分词后得到的所有单词作为特征项，可能会造成向量维数过大而给后续的结果处理工作带来巨大的运算开销，所以要找出对文档特征类别最具代表性的文档特征项（称为二次特征项）。特征表示是指用特征项来表示文本信息。特征表示模型有多种，常用的有布尔模型、向量空间模型、概率模型等。近年来应用较多且效果较好的特征表示法是向量空间模型（Vector Space Model，VSM）法。其基本思想就是用词袋法（bag-of-words）表示文本，即将每一个不同的词条都看成是特征空间中的独立一维，将每个文本看成是特征空间中的一个向量，向量空间模型将文本表示成词条向量，将一个文本集合表示成一个词条—文本矩阵，该矩阵中的每一个元素表示某词条在某文本中出现的情况。由于文本以及词条数量的庞大，虽然此种文本表示方法简单，却引发了高维稀疏的问题。

例如，上例中经过词性标注后的结果，用向量可以表示为：（0，0，1，0，1，0，0，0，…）。

（5）构造特征空间。在采用特征提取技术对原始特征项处理得到了二次特征项集之后，下面就要对特征项赋权重。目前最普遍的赋权重方法是运用统计方法，即用文档的统计信息，主要是词频，来计算特征项权重。TF-IDF 算法是常用的经典的权重算法。TF-IDF 非常有效地将一个单词的局部权重和全局权重结合在一起，其传统的计算公式如下：

$$w_t(d) = \left[\frac{1}{2} + \frac{1}{2} \times \frac{tf_t(d)}{\max TF(t)}\right] \times \lg\left[\frac{N}{DF(t)}\right]$$

上式第一项代表词频（Term Frequency，TF），其中 tf_t（d）代表单词 t 在文档 d 中出现的次数，也就意味着一个单词在一个文档中出现得越多，它的权重就越高。$\max TF(t)$ 代表单词 t 在文档数据集各文档中最大的出现次数。TF 刻画了单词的局部权重，除了使用以上计算形式之外，它还可以使用对数、平方根或词频的原值来表示。

上式第二项代表反文档频数（Inverse Document Frequency，IDF），其中 N 代表整个文档数据集的文档数，$DF(t)$ 代表单词 t 的文档频数（Document Frequency，DF），即单词 t 在多少个文档中出现。这里文档频数取的是倒数，意味着一个单词在越多的文档中出现，它的重要性越低。相对于 TF，IDF 刻画的是单词的全局权重。

（6）构造相似度矩阵。聚类是按照样本之间亲疏远近程度进行聚类的，为了得到理想的聚类效果，必须描述样本之间的相似程度。常用的刻画样本点之间的相似性的函数主要有：Minkowski（明氏）距离函数、Cosine（余弦）距离函数、Mahalanois（马氏）距离函数、Lance（兰氏）距离函数等。

（7）聚类处理。经过文档预处理和文档建模之后，就可以采用第一节所述的聚类分析算法，对文本进行聚类分析和处理。文本聚类的首要问题是文本数据的数学表示。目前多数文本聚类算法都是以向量空间模型（VSM）为基础的。这种文本表示方法非常简单，但却引发了高维稀疏的问题。由于文本特征空间维数很高，使得文本聚类算法的时间开销很大，极大地影响文本聚类算法的效率和准确性，从而使得文本聚类的性能下降。如果要得到好的效率必须采取两种途经：一是采用高效的聚类算法；二是降维。

（8）聚类分析结果描述及可视化。如何将聚类结果直观清晰地表现出来，以方便用户对聚类结果的理解，这就涉及聚类结果的可视化问题。聚类处理的对象通常是高维的数据，要在二维或者三维空间直接显示聚类结果比较困难，因此高维数据的可视化是一个具有挑战性的问题。目前聚类结果可视化主要有以下几种形式：地形图、气泡图、一维因素关系图、交叉参考关系图等。

3. 分析案例

【案例 5-1】稀土萃取技术专利数据 Lingo 聚类分析❶

案例设置目的：利用聚类分析方法分析核心技术的演进。

第一步：数据采集及预处理。

通过稀土金属及其化合物对应的术语名称和国际专利分类（IPC）进行数据的初步筛选，得到稀土专利数据集，数据范围及数据量见表 5-1，基本专利数量共计 106 025

❶ 刘佳，宋之杰．基于文本聚类的稀土萃取技术专利信息分析［J］．燕山大学学报，2014，38（3）：243-251.

件，并从中提取出与稀土萃取相关的专利数据进行后续的聚类分析研究。

表 5-1 所采集数据的范围及数量

项 目	采集结果
时间跨度	1963年1月~2013年8月
基本专利数量（件）	106 025
专利总量（件）	238 757
申请人数量（个）	39 411
发明人数量（个）	75 797

第二步：采用 Lingo 算法进行专利文本聚类。

确定文本集中的特征术语集合，构建术语-文档矩阵。根据第一步选择出的特征术语及其频率，建立向量空间模型（VSM）。利用 TF-IDF 算法求出每个词的权重，生成一个带有量化文本特征的矩阵。将上一步的特征矩阵生成待聚类文本的特征向量 q，也就是一个 $1\times W$ 的矩阵。计算特征向量 q 和训练出来的特征矩阵的相似度，形成聚类方案。具体过程参见引用文献。

第三步：聚类分析和可视化。

经过稀土萃取专利文本的聚类分析，得到1983~2012年稀土萃取专利的文本聚类结果，见表5-2。左边的代码是聚类的排序序号，中间的术语是聚类的主题词，括号中的数字代表该类的大小，即该类对应的专利的数量。限于篇幅只列出了部分年份。

表 5-2 1983~2012 年部分稀土萃取相关专利聚类结果

序号	1983年	1988年	1992年	2002年	2008年	2012年
1	Connected to the Control (3)	Earth Oxides (4)	Crystal (6)	Cerium Separated (21)	Separating the Liquid (46)	Hydrochloric Acid (27)
2	Organic Solvent (3)	Alkali Metal (3)	Organic Solvent (6)	Erbium (15)	Gas Separation (45)	Rare-earth Separating (26)
3	Catalyst (2)	Fine Particles (3)	Europium (5)	Optical Fiber (14)	Extracting Rare Earth (37)	Sodium Hydroxide (26)
4	Cation Exchange (2)	Permanent Magnets (3)	Silica (4)	Lanthanum (12)	Separating Catalyst (37)	Composition Comprise (23)
5	Compound of Formula (2)	Resin (3)	Optical Fibre (3)	Glass (11)	Separating Rare Earth Materials (34)	Calcium (22)
6	External(2)	Adjusting pH (2)	Waste (3)	Gain (10)	Comprises Cerium (33)	Complex (18)

续表

序号	1983 年	1988 年	1992 年	2002 年	2008 年	2012 年
7	Hot (2)	Anode (2)	Aromatic Compounds (2)	Adjusting pH (7)	Earth Elements (33)	Solid-liquid Separation (16)
8	Ions or Ion Complexes (2)	Base Material (2)	Fertilizer (2)	Amplifying Input (7)	Raw Material (33)	Lanthanum Cerium (14)
9	Phosphoric Acid (2)	Concentration (2)	High Pressure (2)	Evaporating (7)	Dried Powder (31)	Nano (14)
10	Residual Acidity (2)	Nuclear Power (2)	Laser (2)	Halide (7)	Zinc Oxide (28)	Mixing Raw (11)

从以上分析结果中可以看出 1983~2012 年稀土萃取专利在申请数量和相关核心技术上的演进过程，反映出研究重点的变迁，可以为我国研究稀土萃取技术演进等方面提供帮助，对于指导我国相关企业进行技术研发和知识产权规划布局有着重要意义。如 1983 年出现的与稀土萃取有机溶剂相关的专利，1988 年出现的与稀土氧化物相关的专利，1992 年出现的与晶体相关的专利，2002 年出现的与光纤有关的专利，2002 年出现的与铈元素相关的专利，以及最近几年出现的与纳米材料有关的专利等。

为了便于对稀土萃取专利技术进行分析，按照专利的申请年度生成一系列图谱，可以更直观地表达出众多专利和技术术语之间的关系。以 2012 年稀土萃取技术图谱（见图 5-2）为例，图谱中每个圆球代表一个专利，文本框中的文字代表技术（主题词），文字右边括号中的数字代表与此术语相关的专利的数量，主题词与小球连线代表主题词与专利之间的相关性，某一小球与多个主题词的连接说明该类专利与多个主题词相关。

从表 5-2 中可以看出：

（1）整个专利地图中，共包含技术主题（聚类主题词）45 个，如 Hydrochloric Acid（盐酸）、Rare-earth Separating（稀土分离）、Sodium Hydroxide（氢氧化钠）、Composition Comprise（成分组成）、Calcium（钙）等。这些主题词反映了目前稀土萃取技术领域的主要研究方向和内容。

（2）聚类主题词后面的数字越大，代表该技术领域所涉及的专利越多，即这些主题是近年来专利申请的热点领域，也是未来一段时间稀土萃取技术领域研究的热点方向，如 Hydrochloric Acid（27）表示 2012 年稀土萃取专利中，有 27 个专利都包含关键词盐酸，或与之相关。

（3）处于整个图谱中核心位置的圆球上的连线越多，代表该项专利所包含的聚类主题词越多，即专利所涉及的内容越广泛。反之，处于图谱中边缘地区的圆球上只连接某一个聚类主题词，代表该项专利所涉及的内容较为专一。因此，图谱中核心位置的专利技术通常更为复杂，技术含量较高，是稀土萃取技术领域的核心专利。

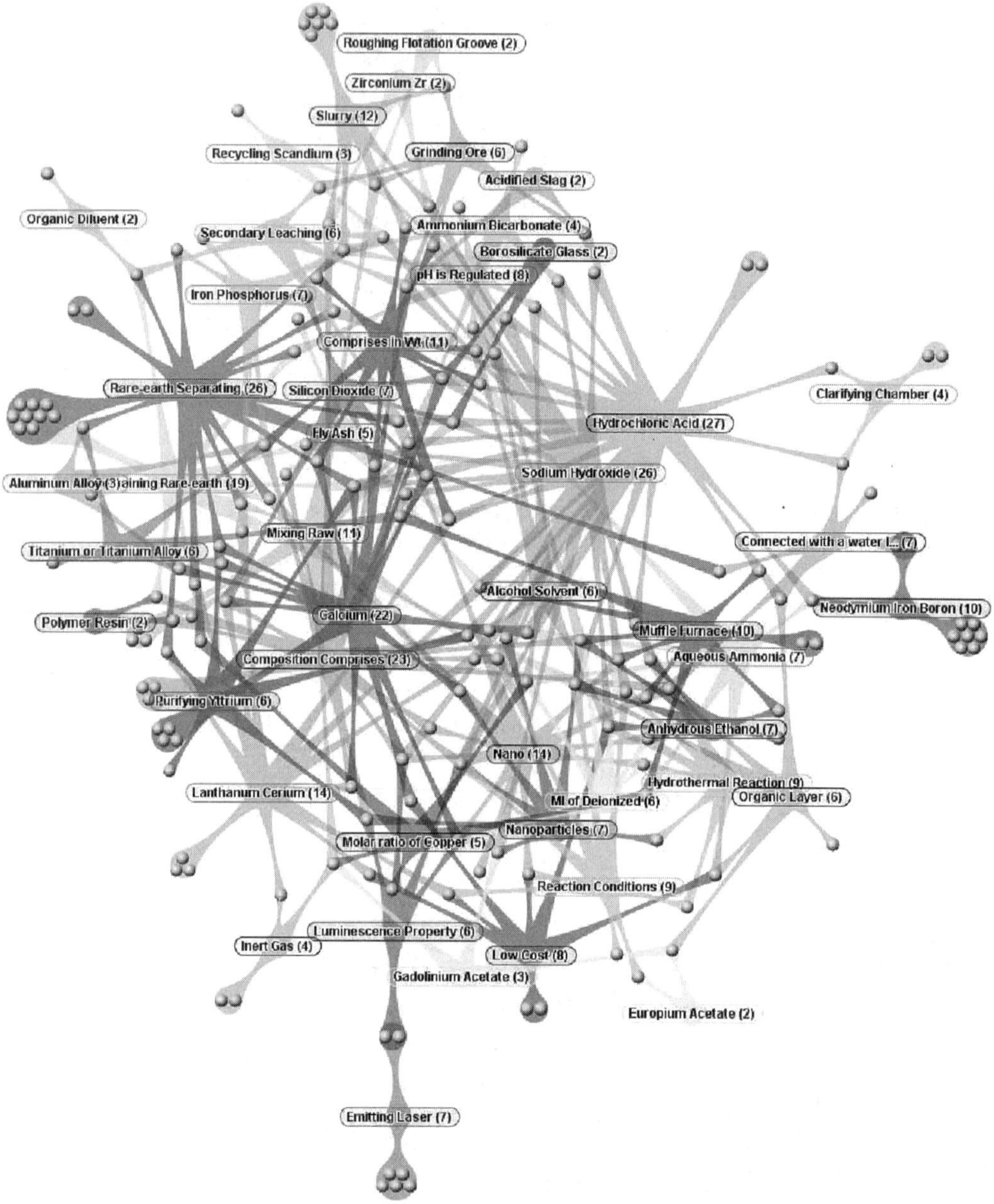

图 5-2　稀土萃取技术图谱（2012 年）

二、引证聚类分析

引用、被引、共被引都是文献计量学中关于科技文献引文分析普遍使用的方法，其中引用分析和共被引分析目前已经被广泛应用于专利分析中。将聚类分析应用于分析专利的引证关系，也受到了一定的关注。

1. 分析目的

专利引证信息包含了不同专利之间的关联信息，对专利的引证情况进行聚类分析，从中可以挖掘出技术相似度、技术发展路线、技术竞争力等信息。

2. 分析方法

引证聚类分析的方法与聚类分析方法基本相同，但是，因为涉及了文献引证关系的分析，所以也要结合文献计量学中科技文献引文的常见算法和工具，具体可以参见下面的案例。

3. 分析案例

【案例 5-2】苹果公司专利共被引聚类分析[1]

案例设置目的：利用专利共被引聚类分析某领域的技术脉络和竞争态势。

第一步：数据采集及预处理。

本案例的数据，来源于德温特创新专利引文索引数据库（Derwent Innovations Index-SM）。以“ae=apple inc or ae=apple computer inc or ae=appy”为检索词，检索 1963～2014 年苹果公司的专利，共检索到 10 519 篇专利。其中 Apple Inc. 为苹果公司现有名称，Apple Computer Inc. 为 2007 年更名前的公司名称。德温特数据库对专利申请量较多的专利权人都分配一个唯一的代码，如 appy 为苹果公司专利权人代码。

用 perl 语言将专利中的引用文献删除，然后利用 CiteSpace 软件的数据转换功能，将专利数据转换为 Web of Science 的数据格式，因为很多处理数据的软件都是基于 Web of Science 数据格式的。CiteSpace 软件可以将 PubMed、arXiv、ADS 等格式转换为 Web of Science 的数据格式，用 Bibexcel 和 Ucinet 软件处理转换后的数据，选取 206 条被引频次大于 50 的专利进行分析。

第二步：专利共被引聚类进行分析。

将 206 个高被引专利通过 Bibexcel 软件转换为 206×206 的专利共被引矩阵。因为 Jaccard 系数比 Salton 余弦系数更适合计算共被引强度或共现强度矩阵，用 Jaccard 系数公式将专利共被引矩阵标准化处理后得到专利共被引强度矩阵，导入 Netdraw 软件，通过调整阈值得到结构清晰的最大连通网络。用 Girvan-Newman 算法得到专利共被引的子网络，该算法能够将联系紧密的节点聚集到一个子网络中，而子网络间的联系比较松散。

第三步：聚类分析和可视化。

如果两个专利共被引的 Jaccard 系数大于 14%，我们就认为这两个专利间存在较强的共被引关系，两结点间就存在连线。否则，就不存在连线。在 Netdraw 中我们用网络连线的粗细表示共被引强度的强弱，节点大小表示中介中心度大小。最后用 Girvan-Newman 算法对大型网络聚类得到专利共被引网络如图 5-3 所示。

---

[1] 王贤文，刘趁，毛文莉. 基于专利共被引方法的技术聚类分析：以苹果公司专利为例 [J]. 科学与管理，2014（5）：31-37.

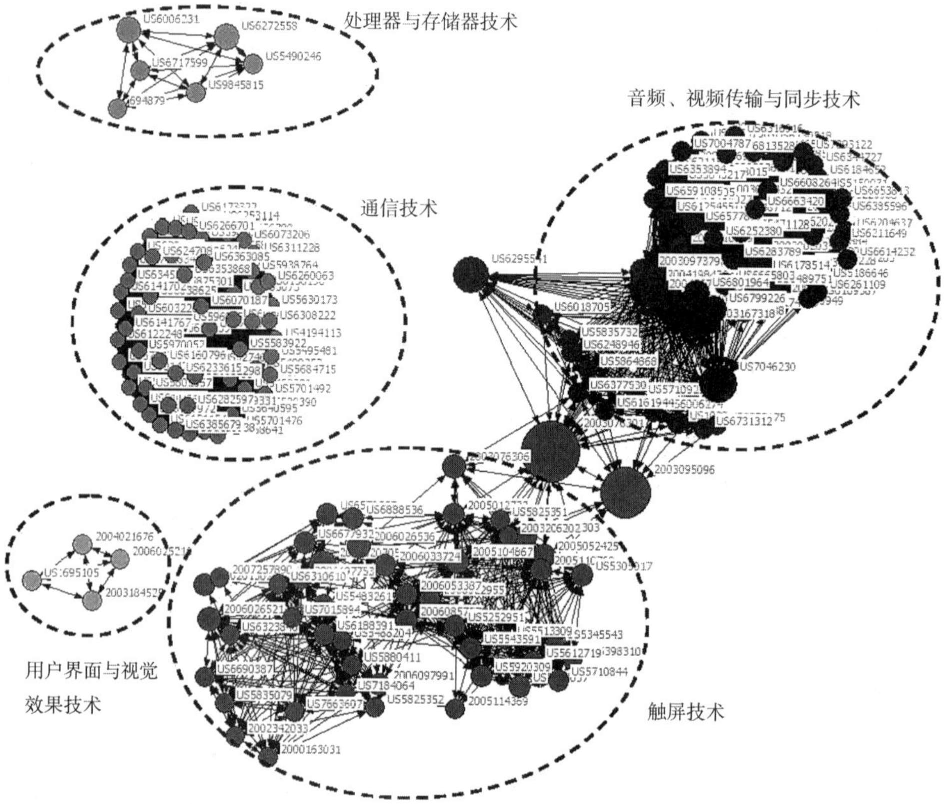

图 5-3　专利共被引聚类分析

在图 5-3 中，我们设置了较大的阈值，只有专利间共被引强度很大时才能产生连线，这时网络中连接的只有第一类（音频、视频传输与同步技术）和第二类（触屏技术）两个大类。我们可以发现第三类（用户界面与视觉效果技术）和第四类（处理器与存储器技术）没有和其他类发生联系。第一类（音频、视频传输与同步技术）和第二类（触屏技术）属于苹果公司的基本技术构成，苹果公司的产品，如 iPod（音乐播放器）和 iTunes（数字媒体播放应用程序）基本都是以这两项技术为基础的，因此，这两类在整个网络中结构比较稳定。随着基础技术的发展，人们对用户界面的友好性和视觉效果要求不断增加，因此，苹果公司在触屏技术的基础上不断完善第三类（用户界面与视觉效果技术）。在同步技术和音频、视频传输技术发展的同时，对处理器和存储器的要求也在提高，为了实现第一类（同步技术和音频、视频传输技术）的发展，必须以更强大的处理器与存储器技术（第四类）为支撑。因此，第三类和第四类专利作为主要技术的扩展和支撑连接强度不大。

通过上述专利共被引聚类分析，有效地梳理了苹果公司的技术和产品的发展方向和专利布局，并揭示了不同产品路线的相互关系。通过对不同年份的专利进行类似分析，甚至可以推导出苹果公司的技术路线的调整和演进过程。这对于分析其他大型公司的技术路线具有借鉴意义。通过对不同公司的技术进行共引证分析，可以进一步得出不同公司的技术发展和竞争态势的变化。

第三节　商业化专利分析工具中的聚类分析

本节将介绍目前全球主流的商业专利数据库的聚类分析工具，以及全球最新的专利聚类分析工具，为读者提供使用参考。在专利信息网站 PIUG（Patent Information User Group）❶ 的专利分析提供商列表中，全球有 30 多个较大的专利分析工具，其中大部分工具都具备了专利数据聚类分析的功能。

一、Derwent Innovation

Derwent Innovation（原 Thomson Innovation）是一款知名的专利检索和分析工具，可提供全面、综合的内容，包括全球专利信息、科技文献。凭借强大的分析和可视化工具，Derwent Innovation 允许用户快捷地识别与其工作相关的信息，提供信息资源来帮助用户在知识产权和业务战略方面作出更快更准确的决策。

在 Derwent Innovation 的检索结果页面，提供了分析（Analyze）功能。选中待分析的专利检索的结果，单击分析（Analyze）菜单，其提供了专利地图（ThemeScape）和直接的文本聚类（Text Clustering）功能。专利地图（ThemeScape）功能可以对选定的专利数据进行文本聚类分析，如图 5-4 所示。通过单击每一个聚类，可以进一步浏览该聚类下的专利文献。

Aurigin Systems 公司开发的 Aureka 工具，后来随着汤森路透公司对 Aurigin Systems 公司的收购，ThemeScape 专利地图分析模块被集成在 Derwent Innovation（原 Thomson Innovation）中，之后，汤森路透的知识产权与科技部门被 Clarivate（科睿唯安）收购。ThemeScape 专利地图模块，实际上是利用文本聚类方法，针对专利的标题和摘要生成专利地图。Derwent Innovation 的独特优势在于其数据基础：德温特世界专利索引（Derwent World Patents Index，DWPI）。DWPI 涵盖来自全球 50 多个专利授权机构及 2 个防御性公开的非专利文献，由专利深加工团队技术专家通过人工阅读对专利提供增值内容。技术专家将专利晦涩的语言表述转换为简单易读的技术表述，提供改写的 DWPI 标题和摘要，使专利变得更加易读，且增值信息内容更加丰富全面。德温特标题和摘要统一用英文表述，解决了各国专利原文存在多语种的问题，因此基于德温特标题和摘要进行 ThemeScape 专利地图分析更有价值。我们通过一个案例进行说明，如图 5-4 所示。

雨刮器涉及的技术主题包括清洗液、清洗喷嘴、传感器、机械臂、叶片、轴、齿轮等。而其中布局最多的申请主体包括 Bosch、Valeo、ASMO 等，图 5-4 中用不同颜色的点分别表示 Bosch、Valeo、ASMO 三家公司的主要专利技术主题，可以看出来在地图底部的雨刮器臂技术方面，是三家公司都进行大量布局专利的重点区域，而庭审的涉诉专利（关于雨刮器臂的连接件），就在这个技术领域。

---

❶ http://www.piug.org/vendors#AnalysisTool.

基于这张地图，还能看出三家公司布局的差异技术领域，例如，左上角的清洗液是ASMO的优势技术领域，右边的传感控制就是Bosch的优势领域，而下方的三个公司交叉最多的布局最密集的区域是雨刮器臂，也会是专利侵权诉讼频发的技术领域。

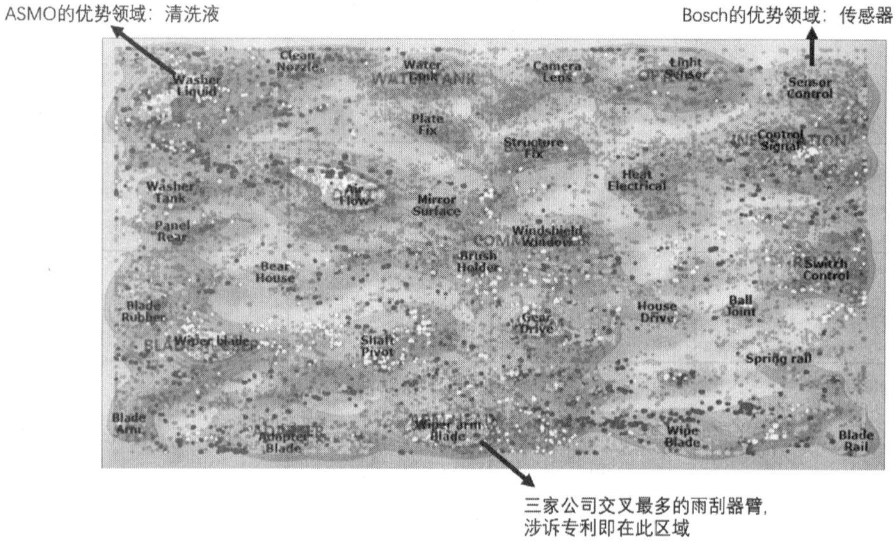

图5-4　Top专利申请主体雨刮器专利地图

在商业并购或市场竞争领域，如果要快速地对标几家公司的优劣势领域，同样可以使用Derwent Innovation的ThemeScape专利地图工具进行分析。如图5-5所示一特定领域的几家公司的专利布局重点，可以看出本公司的优势领域在于手势识别，竞争对手的优势领域在于信息处理，而两家公司的交叉领域在于移动终端。由此可以快速了解两家公司之间的互补性和强竞争领域，为后续的公司竞争或合作决策提供支撑。

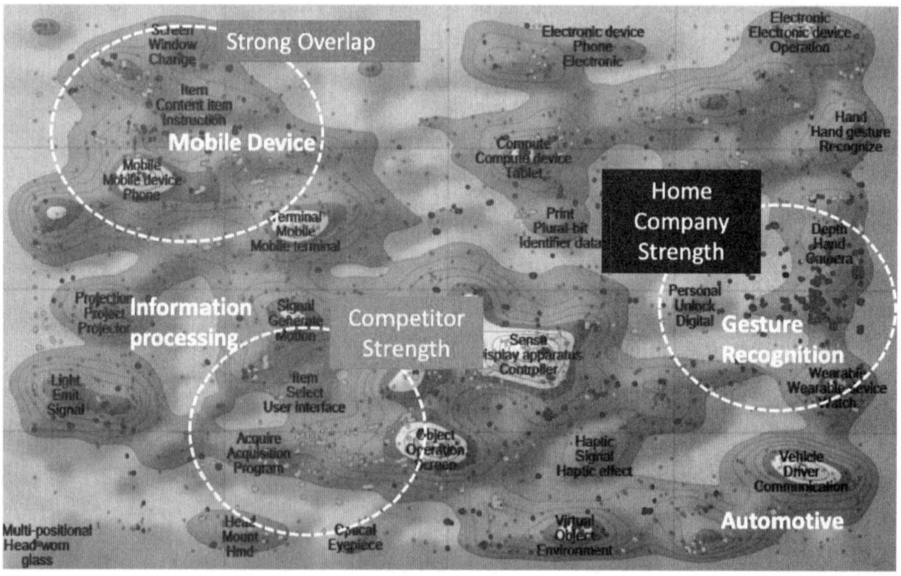

图5-5　基于专利地图的专利申请主体对标

同样地，可以把专利申请主体换成其他字段，例如图 5-6 是基于自动驾驶技术 2010～2020 年申请并公开的专利生成的 ThemeScape 专利地图，基于申请年把其中的专利分成两个时间段：2010～2015 年和 2016～2020 年，从专利地图上反映技术研发热点的变化方向。图 5-6 的 A4 区域的齿轮传动是前 5 年的研究热点，近 5 年的研究相对较少，图 5-6 左下方的 G2 区域的光检测是近 5 年的研究热点而前 5 年的研究相对较少。

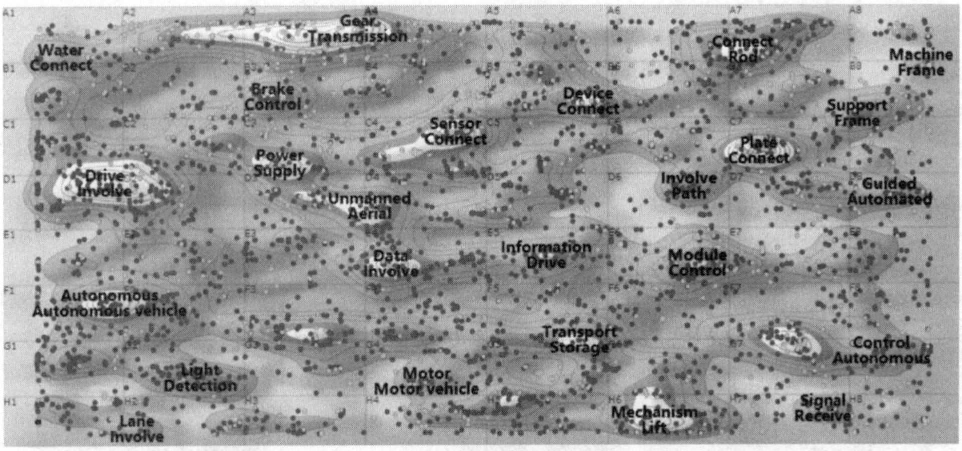

图 5-6　基于专利地图的自动驾驶技术发展趋势分析

总之，针对大量专利，能够通过 ThemeScape 专利地图快速地了解技术研究的热点，并且可以结合其他字段，例如结合申请人字段了解多个申请实体之间各自的优势领域和交叉领域，也可以结合国家/地区字段了解各个国家/地区的布局差异，同样也可以结合时间字段，掌握技术的变迁。

二、Innography

Innography 公司是美国的知识产权商业情报提供商，其提供的 Innography 专利检索和分析软件产品，采用数据挖掘、文本聚类等大数据分析方法，运用独特的关联与可视化技术，对专利、金融、诉讼、市场和其他关键商业信息进行综合分析，生成知识产权管理、保护和运用的解决方案，促使客户的知识产权获得最佳的商业回报。Innography 简化并完善了知识产权分析的流程，特别是 Innography 所推出的专利强度（Patent Strength）指标，可以方便有效地判定专利的价值，寻找核心专利，是全球专利交易认可度非常高的评估工具。

Innography 可以对检索结果进行文本聚类分析，用户可以选择是对标题、摘要，或者是对标题、摘要及权利要求书进行文本聚类分析。例如，对 1714 篇有关咖啡的专利进行文本聚类分析，得到图 5-7 所示的分析结果。通过文本聚类分析可以明确该专利组合的技术分布，通过单击还可以展开查看各个聚类下面的具体内容，也可以通过表格形式查看各个聚类下面的具体专利文献。利用 Innography 的文本聚类功能，可以对不同申请人的专利技术分布进行对比分析，或者对特定专利组合的技术分布进行分析。

因为聚类分析的主题较多，部分聚类分析的主题不能完全显示，可以单击图中的三角形箭头来展开显示剩余的聚类分析主题。上述剩余的主题可能不是目前专利组合中的重点方向，但极有可能是目前专利布局的空白点，同样需要引起关注。

图 5-7　Innography 中的文本聚类分析

此外，Innography 也提供了专利地图分析功能，其通过 PatentScape 工具来实现对专利组合的进一步聚类分析。例如，如图 5-8 所示，仍然是对上述咖啡相关的专利进行专利地图分析，其通过细胞图的形式展示了不同的聚类主题。图 5-8 中，用不同的颜色表明了该领域前 5 名的申请人在各个聚类主题下的专利布局情况。相关企业可以根据这一专利地图，调整自己的专利布局策略。

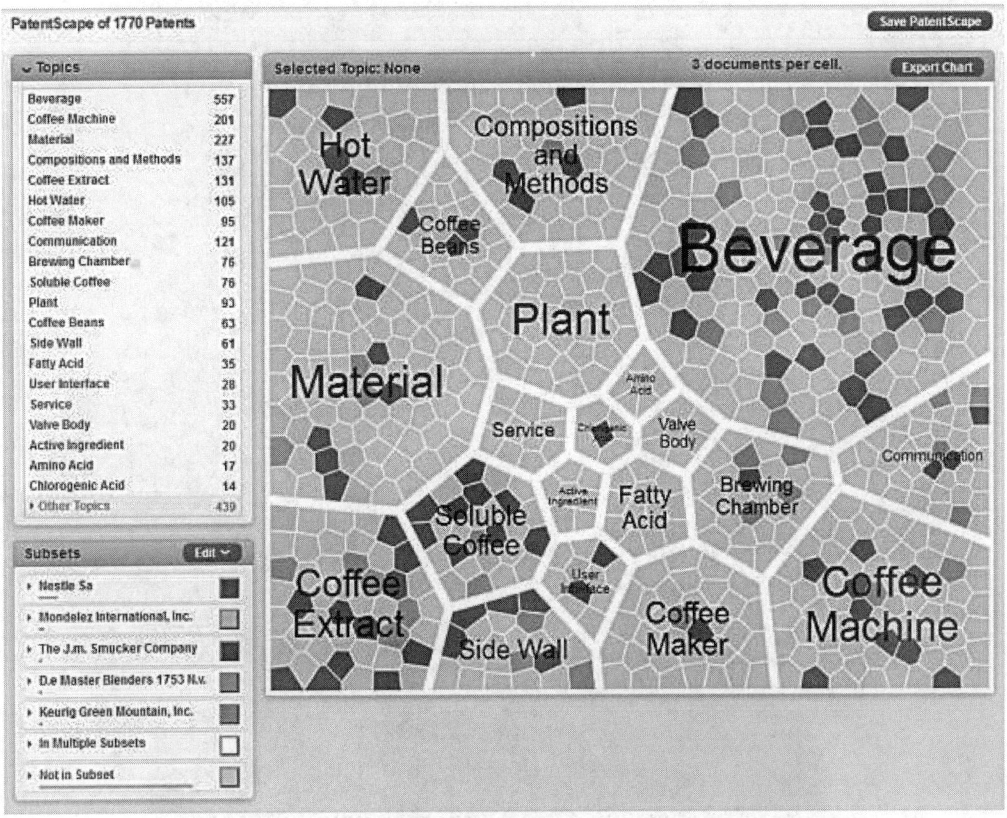

图 5-8 Innography PatentScape 工具中的专利组合聚类分析

该工具可以进一步显示不同聚类下的不同专利分类号、申请国家、申请时间或者申请和授权情况等的分布情况，从而对该领域的专利特点有更加深入的了解。例如，如果显示申请时间，可以由图 5-8 中看出不同年代申请的专利在各个技术领域的分布，从而发现技术演进进程。

此外，Innography 还支持在专利地图中增加自定义的子集进行分析，这样的话，用户就可以在专利地图中查看自己关注的申请人，以及具体的技术领域，或者特定时间、地域的专利申请在专利地图上的分布情况。例如，从图 5-8 中可以查看某家特定公司的特定技术在整个领域中的专利地图中的分布情况，从而为该公司的专利布局提供指导。

三、LexisNexis© PatentSight©技术聚类

LexisNexis© PatentSight©的技术聚类是一种无督导机器学习技术。图 5-9 是 LexisNexis© PatentSight©技术聚类树的一部分。该聚类树共有 4 个级别，第一级别包含 13 个聚类，第二级别包含 135 个聚类，第三级别包含约 6000 个聚类，第四级别包含约 73 000 个聚类。每个聚类均已标记，右边的数字则显示了所包含的专利族的数量。

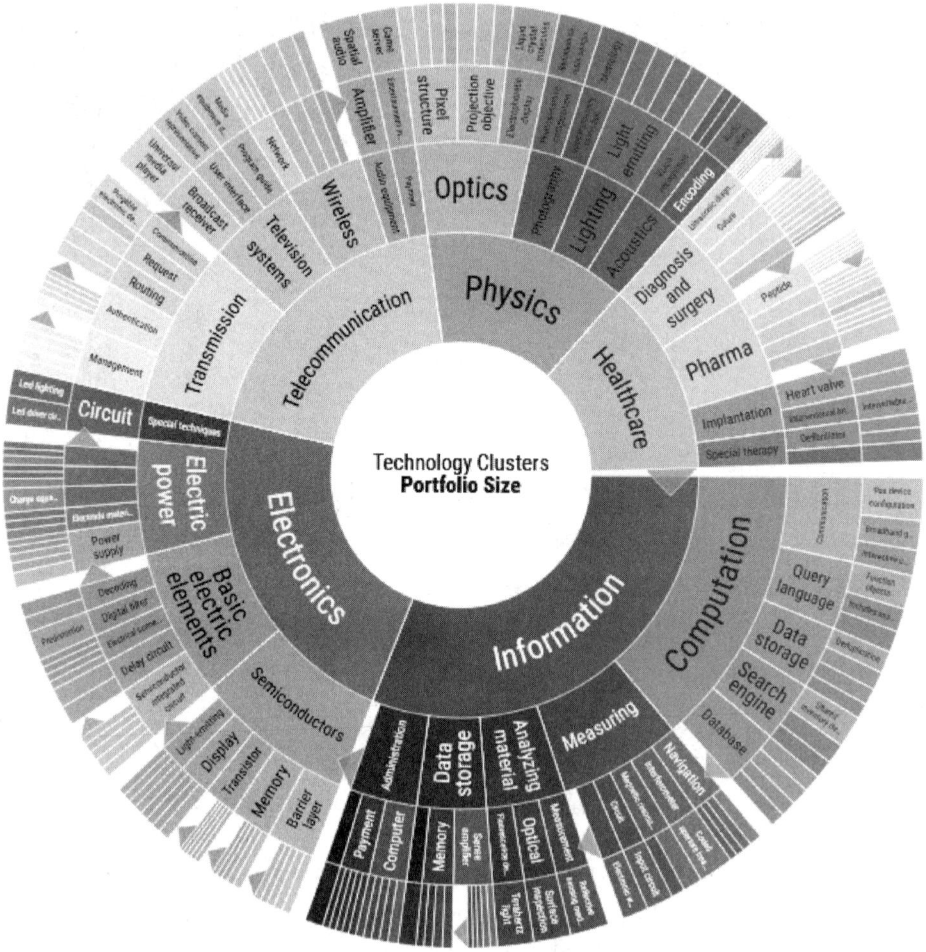

图 5-9　LexisNexis© PatentSight©技术聚类级别

过往的分类系统，例如 IPC、CPC 和 F-term 用以标记专利中描述的技术解决方案的不同方面。一组具有同一 IPC 类别的专利在应用或多个技术方面经常表现出很大的差异。如果不处理各个部分之间的大量重叠，就不可能将一组专利按照 IPC/CPC/F-term 类（例如，在技术分析的情况下）进一步进行技术细分，这将妨碍后续的分析。

传统聚类技术除了受限于高昂的成本和主观偏差外，还由于缺少数据，在与其他技术领域的交界点生成结果不足。例如，在对医疗设备进行筛选时，传统的聚类将为 X 光图像和超声波图像创建聚类，但不会将它们与作为计算机科学技术领域一部分的基本图像处理技术相关联。因此，形成的聚类可能以医学方面为主，如不同身体部位的图像，但不会显示与图像处理技术的关系。

传统聚类方法的另外一个问题是蝴蝶效应：即使数据出现很小的变化，也可能引起聚类结构的巨大变化。因此，很难将更新后的聚类映射到现有聚类。而且，对现有聚类上执行的所有搜索和分析都很难与更新后的聚类相关联，必须手动更新，很有可能失去对以前结果的参考。因此，数据科学家通常避免重新创建聚类，而只是将新数据映射到现有聚类。这样一来，他们的聚类结构不会更新，也不会显示新的聚类和即将出现的趋势。

LexisNexis© PatentSight©的聚类方法基于迭代训练，因此可以将新数据合并到现有的聚类结构中，而无须重新计算整个聚类结构。新数据与现有数据相关联，并且当新数据与现有数据之间的差异超过特定阈值时，聚类结构将进行更新。这样就提供了一个始终稳定且保持更新的聚类，每周更新时只需进行非常小的更改。因此，所有依赖于先前聚类的报告和筛选条件定义都将与更新后的聚类定义保持一致。借助该属性，分析人员可以重新利用以前的分析结果，长期跟踪技术聚类并观察其发展情况。

LexisNexis© PatentSight©注重提高文本相似度。专利文件使用特殊单词，例如“仪器”或“方法”等单词经常被从具体的应用和解决方案中抽象化。因此，LexisNexis© PatentSight©为预处理专利文本应用了一种特殊的加权方案，着重强调那些可能有助于定义专利技术方面的单词。

LexisNexis© PatentSight©通过衡量不同技术领域语境中的单词和短语的相似度来解决词语歧义的问题。例如，考虑“注射”这个词，它可以指药物注射，也可以是将塑料注射到模具或燃料注射等。对此，LexisNexis© PatentSight©在“医疗设备”“引擎”“汽车”和“塑料工程”的语义上下文中衡量单词的相似性，所以可以在其技术语境中找到相似的单词和短语。

LexisNexis© PatentSight©根据语义上下文，从专利标题和摘要中提取单词和短语，为每个技术领域训练一个神经网络，使用经过训练的神经元将单词映射到每个技术领域的向量。每个聚类名称选择那些既能最多描述聚类中专利的主要共同方面，也能区分邻近聚类差异的单词和短语。对于每个技术领域，我们将所有的专利向量聚合成最小的基础聚类，这些是层次结构第四级别中的聚类。同时忽略了所有小于 30 个专利向量的较小聚类来滤除杂项，并保持生成的子聚类的数量可控。

四、Relecura

Relecura 专利数据库是由印度的 INDUS TechInnovations 公司所开发的专利检索与分析工具。Relecura 可以将检索结果按关键词进行聚类分析，也可以按美国专利分类号（USPC）、国际专利分类号（IPC）和联合专利分类号（CPC）将检索结果进行分组，如图 5-10 所示。

另外，Relecura 还具有 Topic Maps 的聚类分析功能，可以对检索的结果，按照概念、分类号和技术进行聚类分析，用气泡图的形式表示，不同气泡之间的距离表示其联系紧密程度，如图 5-11 所示。

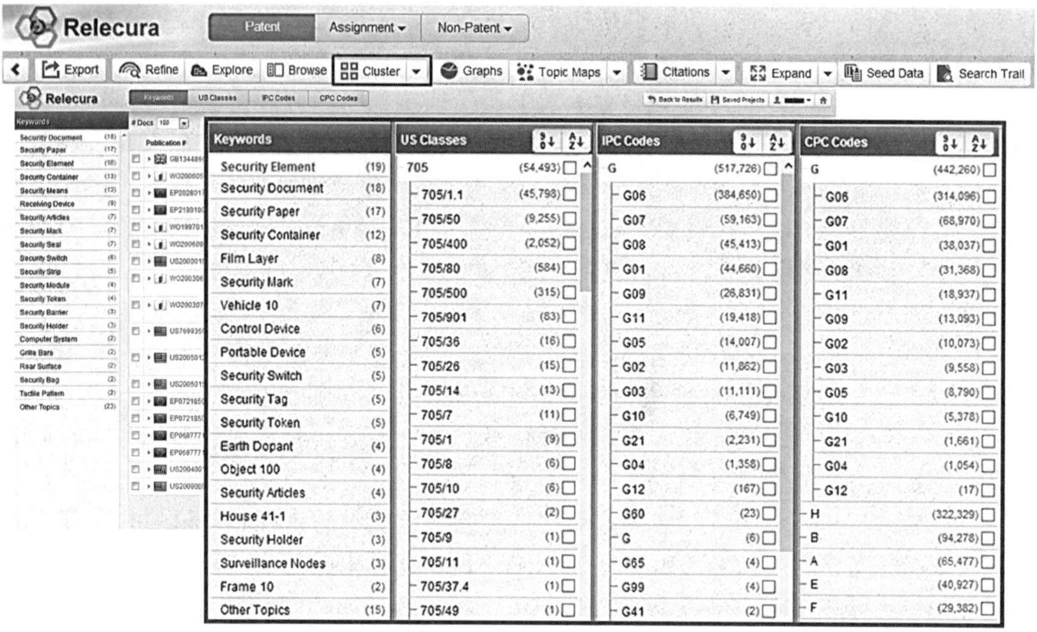

图 5-10　Relecura 关键词聚类分析

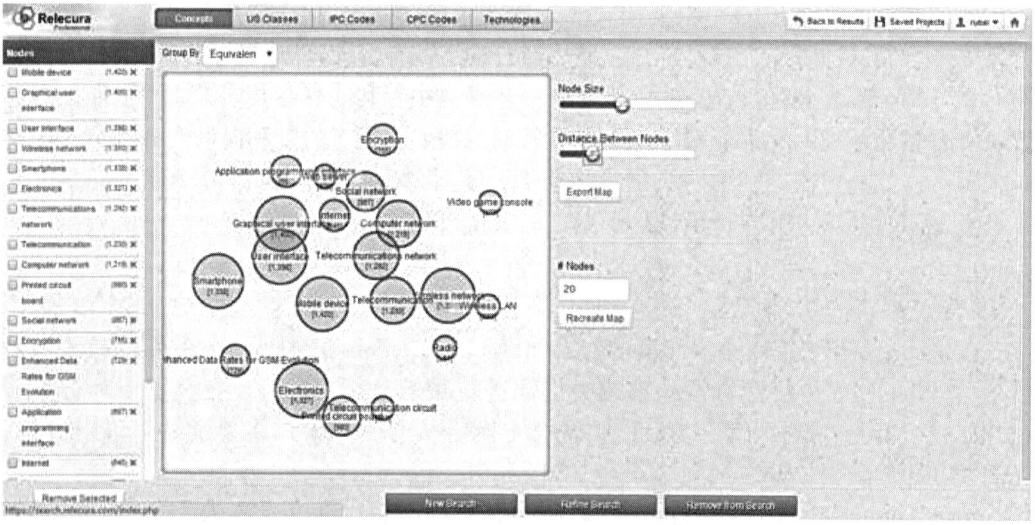

图 5-11　Relecura 的 Topic Maps 的聚类分析

同时，Topic Maps 也可以将不同的检索结果进行对比分析，如图 5-12 所示。

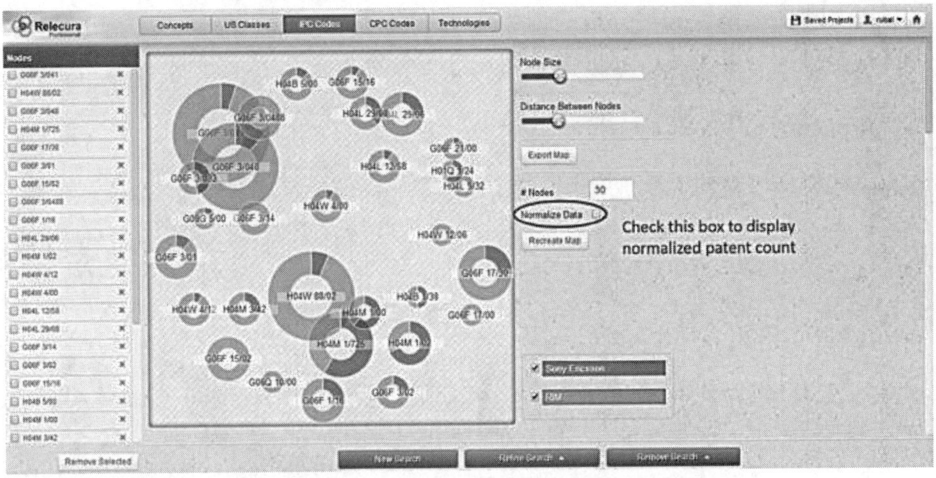

图 5-12　Relecura 的 Topic Maps 的聚类对比分析

五、Treparel

Treparel❶是荷兰一家文本分析和可视化解决方案的提供商，其开发的 KMX 工具，可以对网页、邮件、专利和研究文档等非结构化数据进行分析。KMX 工具的界面如图 5-13 所示，其中相关度高的专利用深色的点表示，相关度低的专利用浅色的点表示。

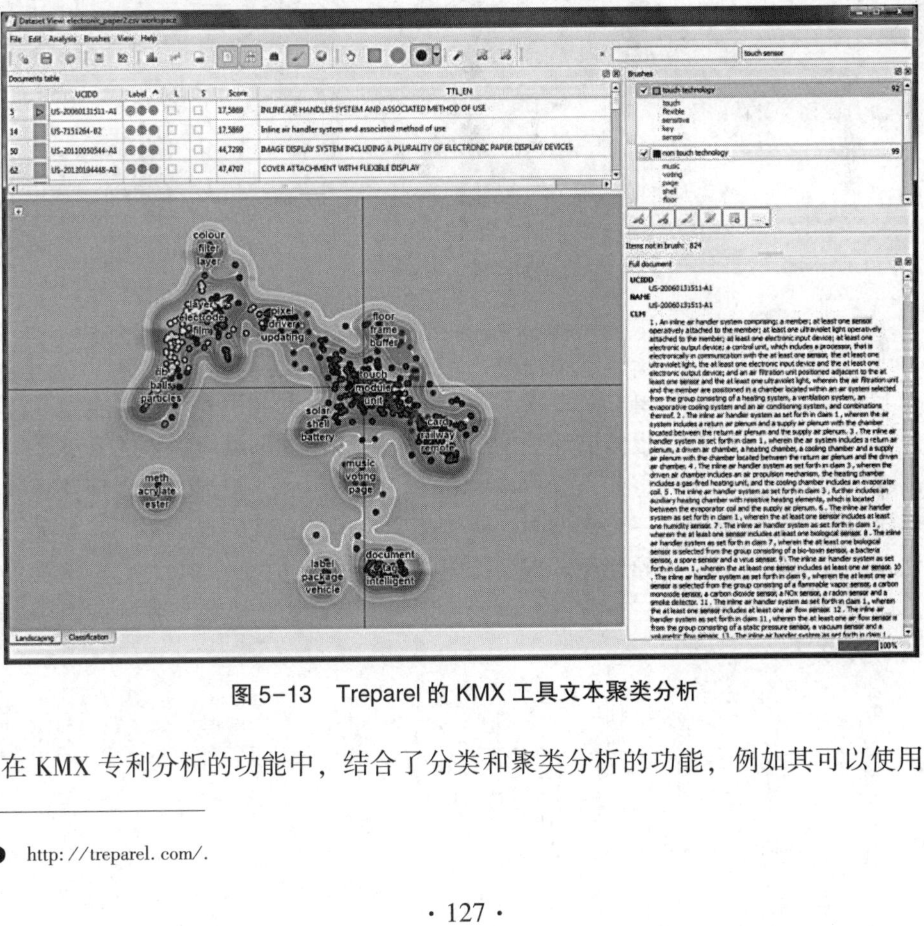

图 5-13　Treparel 的 KMX 工具文本聚类分析

在 KMX 专利分析的功能中，结合了分类和聚类分析的功能，例如其可以使用用户

❶ http://treparel.com/.

提供的一批专利文献作为分类分析的训练文档，获得分类分析得到的分类方式，再将聚类分析自动获得的分类方式，都提供给用户进行分析。

六、Ambercite

Ambercite❶是一家澳大利亚公司，其开发了一系列专利引证分析工具，其中，Network Patent Analysis 工具可以根据专利的引证关系进行聚类分析，如图5-14所示。

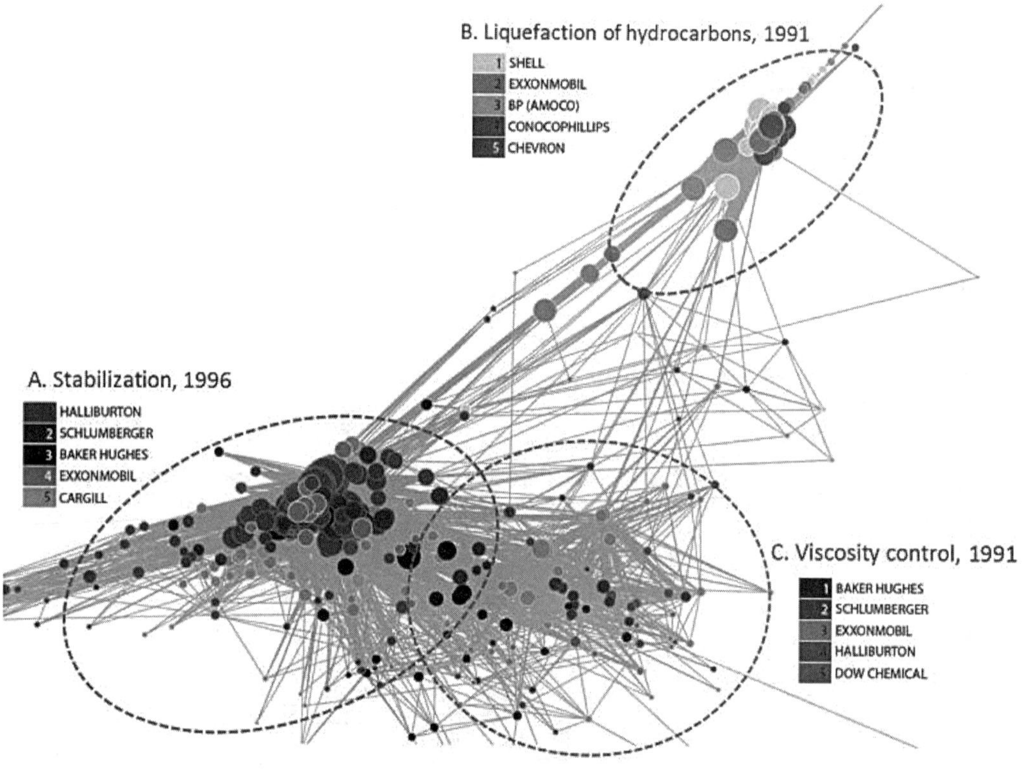

图5-14 Ambercite 的 Network Patent Analysis 工具的专利引证聚类分析

在上述聚类分析图中，每一个点表示一个专利，用不同颜色表示不同申请人。由于每一个专利与其他专利具有很多引证关系，越宽的线表示专利之间引证关系越多，而引证关系越多则表明该专利越重要，表示该专利的点也就越大。根据专利引证关系，可以形成不同的聚类。如果在某一个聚类中，代表某家公司的专利的点越多而且越大，表示该公司在该技术领域占据主导地位。例如，图5-14中就存在A、B、C三个聚类，分别表示三个技术方向，揭示了三个技术方向的技术关联程度以及在每个技术方向中各家公司的技术实力。

❶ http://www.ambercite.com/.

七、智慧芽 Patsnap

智慧芽英策（insights）分析系统基于智慧芽已有的多维度专利数据，能给用户提供深度可视化的分析图表，利用文本聚类、自然语言理解、引证关联等机器学习方法，挖掘隐含在海量数据中的趋势和模式等特征。

以下列举几张智慧芽英策（insights）分析系统中，关于聚类分析的图表。图 5-15 是以 5G 技术领域为例做出的聚类分析图表。通过该图，可以了解 5G 技术领域内最热门的技术主题词，帮助分析该技术领域内重点研发的主题。具体的算法简单介绍如下：该图运用文本聚类算法，提取了该技术领域中最近 5000 条专利中最常见的关键词，取前 300～500 个关键词显示出来。区别于统计分析，该图在没有明确假设的前提下，能揭示隐藏在数据背后的有价值的信息：聚类主题词的字体越大，代表该技术涉及的专利越多，即代表是专利申请的热点领域，也将是未来一段时间技术研究的热点方向；字体较小的技术关键词，也可能是最新出现的某些新技术，同样值得用户去研究背后的技术和专利，发现潜在的趋势。

图 5-15　智慧芽英策（insights）分析系统——创新词云图

图 5-16 是以新能源技术领域为例做出的聚类分析图表。该图内层关键词是从最近 5000 条专利中提取的。外层关键词是内层关键词的进一步分解。通过系统完成自动归类和关键词提取，帮助用户理解该技术领域内更详细的技术焦点。通过该图，可以明确技术领域中的一级和二级分类的技术分布和对应的专利组合，快速了解该领域的技术分布及热点。具体分析方法如下：

（1）多个主题词之间进行对比，分析该领域的技术热点和冷门领域。

（2）单击一级分类/二级分类关键词，展示对应的专利组合列表，放入工作空间进行二次分析，详细了解专利组合的内容。

（3）结合相关信息，得出结论。

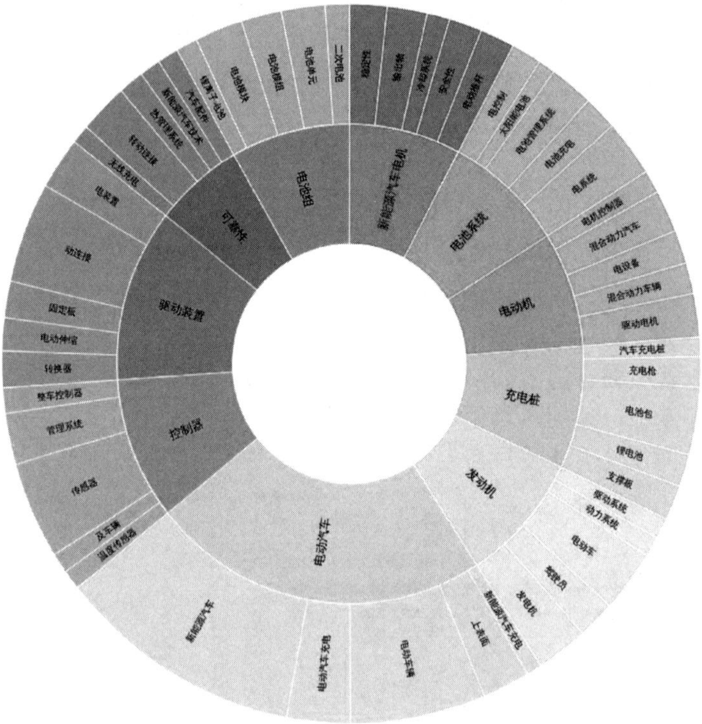

图 5-16　智慧芽英策（insights）分析系统——旭日图

图 5-17 是以新能源技术领域为例做出的技术地图分析图表。专利地图是该技术领域各公司布局的可视化表现形式，高峰代表了技术聚焦的领域，低谷则意味着技术盲点（潜在的机会或者待开拓的领域）。该图运用文本聚类算法，对该领域内专利按技术分布归类。每个技术领域用 5 个关键词描述。白色山峰代表技术热点领域，颜色深浅表示专利量大小，由深至浅依次递减。其中，不同颜色的柱子代表不同的申请人公司，柱子长短表示专利量多少。由此分析不同公司的研发侧重点及各自的技术优势，具体分析方法如下：

（1）对比不同技术分支，分析该领域的技术热点和冷门。

（2）对比同一技术分支下，不同企业的技术布局。

（3）结合时间序列分析，评估研发方向的先进性。

（4）结合在研技术，评估产品化侵权风险。

（5）结合其他信息，得出结论。

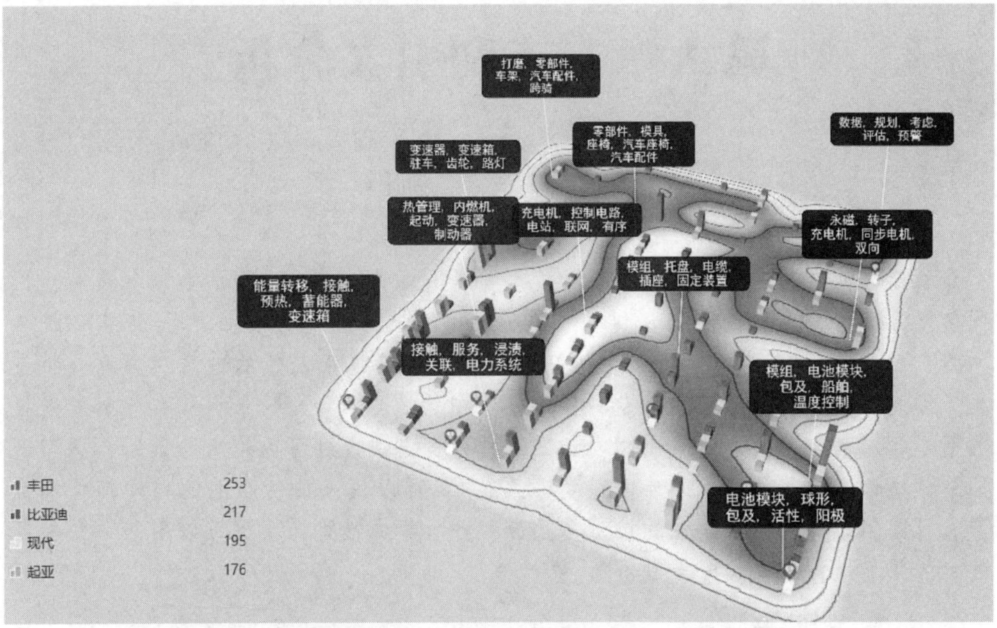

图 5-17　智慧芽英策（insights）分析系统——3D 专利地图

第六章　专利引文分析

专利对其他专利文献的引用体现了技术发展的规律、技术之间的继承和累积，以及不同技术领域的交叉和渗透。专利之间的引文关系实际上也是一种“引文链”或“引文网络”，它可以反映蕴含在专利中的知识流动及指导技术创新的信息流方向、特征和过程。因此专利引文分析已成为专利分析方法中的重要分支。❶ 专利引文分析就是揭示和利用专利技术相互联系的实质和内涵，这种分析方法大到可以用来评价一个国家的技术领先领域和该国某项技术对外依存度等，❷ 中到可以用来评价企业的技术地位和竞争情报，可以用来评价一个企业的技术多元性和技术集成性等，小到可以用来评价某项专利技术的重要性，或者称为专利价值。❸

第一节　专利引文分析理论基础

一、专利引文的引用动机

发明创造活动具有很强的继承性和关联性，几乎所有发明创造都是在前人研究成果的基础上发展起来的。专利引文文件或者体现在专利说明书正文中，用以详细描述发明创造的技术背景，突出发明创造的技术先进性和进步性，或者体现在专利说明书扉页或者检索报告中，用以分析和判断发明创造的新颖性和创造性。专利文献可以引用各类文献，也可以被各类文献所引用，于是专利文献与专利文献、专利文献与非专利文献之间形成了一种相互引用的关系，即“专利引文”（patent citation）。专利引文体现了科学和技术的继承性、连续性和积累性，能够反映专利的技术质量和影响力。

专利引用文献的引用动机与科技论文的引用动机不完全相同。首先，专利文献的引用存在诸多主体，如专利发明人、法律专家、专利申请人和专利审查员等。其次，在专利中，会有不同的主体出于不同目的施引，如专利发明人及其法律专家引用必要的先在专利或论文说明研究背景，专利审查员引用既有研究或其他成果来判定申请专利的可专

---

❶ MMS Karki. Patent Citation Analysis: A Policy Analysis Tool [J]. World Patent Information, 1997, 19 (4): 269-272.

❷ OECD Organisation for Economic Co-operation and Development. The Measurement of Scientific and Technological Activities Using Patent Data as Science and Technology Indicators [J]. Source OCDE Science et technologies de Linformation, 1994 (1).

❸ 彭爱东. 专利引文分析在企业竞争情报中的应用 [J]. 情报理论与实践, 2004, 27 (3): 276-278.

利性，并控制权利要求的范围。最后，在施引者与被引者之间，以及各引用主体之间的利益牵扯也各不相同。

申请者的引用动机概括为：阐述技术背景，指出技术现状，说明过去相关创新的问题，指出对在先研究成果思想的借鉴，突出自身专利对在先技术的补充或改进，为专利审查员提供参考文献以进行专利审查。申请者的引用信息通常嵌入在专利说明书原文中，较难提取（部分国家的数据库已经能够实现自动提取）。专利审查员的引用动机概括为：指出当前该技术领域的总体情况，说明专利的新颖性、创造性及实用性，确定该专利所能获得的权利要求范围大小。专利审查员的引用信息通常著录在专利说明书扉页上。

二、专利引文的类型

专利引文的类型可以分为专利引用（专利参考文献）和非专利引用（非专利参考文献）。专利参考文献是对在世界任何地点、任何时间、以任何语言已申请的其他专利中先前已经受保护或描述的相关技术的引用。非专利参考文献则是科学出版物、会议论文汇编、书籍、数据库（DNA 结构、基因序列、化合物等）、技术手册、标准描述等。[1]

专利引用的非专利文献的数量越多，说明该技术越接近基础研究。在专利分析中，人们经常用专利引用非专利文献的平均数来分析某项技术（通常包含多项专利）与基础科学研究的紧密程度。

专利引用非专利文献的数量具有非常明显的技术领域差别。中国国家知识产权局规划发展司 2014 年公开的研究表明，对 2008~2013 年中国发明专利按照世界知识产权组织确定的 35 个技术领域统计非专利文献引用情况，化工领域的科学研究与技术创新关联度较高。细分的 35 个技术领域中，生物技术领域的非专利文献引文量居所有技术领域首位；其次为有机精细化学领域、药品领域等。这些领域的技术创新来源于或受益于科学成就的程度要高于其他技术领域，科学与技术之间的知识传递强度高，技术与科学之间的互动更加频繁。[2] 国外 20 世纪 80 年代的研究也同样表明，非专利文献引用在有机化学、生物制药和药品领域的专利中比例也相对较高。[3]

三、专利引文的引文方向

以被观察和分析的专利（focal patent）为基点，专利引文有两个方向：引用（citing）和被引用（cited），或直接称为后引（backward citation）和前引（forward citation）（见图 6-1）。被观测的专利引用的参考文献称为目标专利，引用被观测专利的专利称为施引专利（citing patent）。专利引文指标有两个基本的数量指标：引文数量（number of backward citations/number of citations made）和被引次数（number of forward citations/number of citations received）。根据引文的类型，引文数量又细分为专利参考文献数量（pa-

[1] 经济合作与发展组织．专利统计手册［M］．北京：科学技术文献出版社，2013：87，96．

[2] 国家知识产权局规划发展司，中国专利技术开发公司．专利文献引证统计分析报告［R］．2014：11．

[3] Mark P Carpenter，Martin Cooper，Francis Narin．Linkage Between Basic Research Literature and Patents［J］．Research Management，1980，23（2）：30-35．

tent references）和非专利参考文献数量（non-patent references）。

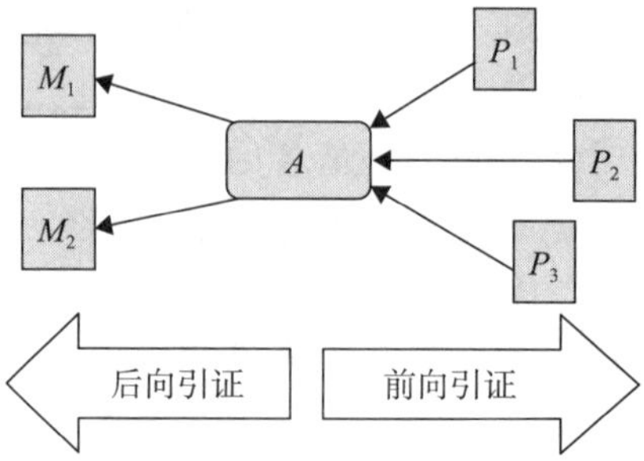

图6-1 专利引文方向示意

四、专利引文数据的来源

申请人的引文通常镶嵌在专利说明书正文之中，而审查员引文多著录在专利说明书的扉页或者以检索报告的形式体现。然而，各国专利制度有所不同，审查员检索现有技术的方式和能力不同，导致引文数据的解释效力也存在差异，专利文献数据库对专利引文的加工方式和加工程度更是千差万别。因此，在进行专利引文指标研究时最好选择一个专利引文信息比较全面的专利数据库。对于专利引文数据库已经有诸多现有资料的介绍，在这里只简单介绍两种比较常用的专利引文数据库。

一是欧洲专利局（EPO）开发的EPOQUE系统中的专利引文文献数据库REFI。[1]该数据库对引文的类型进行了细致的区分（见表6-1和表6-2），有利于根据引文类型的不同进行针对性的加工和分析。

表6-1 EPODOC数据库的引文信息字段

引文类型	含　义
CT	检索报告中引用的专利文献
CTNP	检索报告中引用的非专利文献
C2	国际初步审查报告中引用的专利文献
C2NP	国际初步审查报告中引用的非专利文献
EX	审查时引用的专利文献
EXNP	审查时引用的非专利文献
OP	异议程序中引用的专利文献
OPNP	异议程序中引用的非专利文献
RF	申请人引用的专利文献
RFNP	申请人引用的非专利文献

[1] 庞景安，黄迎燕．国内外专利引文数据库的研究与发展［J］．情报科学，2004，22（2）：182-187.

续表

引文类型	含　义
OC	其他引用的专利文献
OCNP	其他引用的非专利文献

表 6-2 EPODOC 数据库某专利文献的引文信息举例

© EPODOC / EPO

PN：EP2390899 A1 20111130

CT：WO2005114705A2［A］；US2006219888 A1［AD］；XP002595851 A［A］；XP002595852 A［A］

CTNP：［A］OSPELKAUS，LANGER，LEIBFRIED，WINELAND "Trapped-Ion Quantum Logic Gates Based on Oscillating Magnetic Fields" PHYSICAL REVIEW LETTERS，vol. 101，090502

EX：US5206506 A；XP055013489 A

EXNP：C. Pearson ET AL："Experimental investigation of planar ion traps"，Physical Review A，vol. 73，no. 3，1 March 2006

RF：US7217922 B2；US7180078 B2

RFNP：PRL vol. 96，2006，page 253003

JOURNAL OF APPLIED PHYSICS vol. 105，2009，page 013114

二是 Derwent Innovations Index（简称 DII）数据库，该数据库是基于 ISI Web of Knowledge（SCI）平台的专利信息数据库，这一数据库将德温特世界专利索引（Derwent World Patents Index，WPI）与专利引文索引（Derwent Patents Citation Index）加以整合，以每周更新的速度，提供全球专利信息。DII 是信息量最大、检索功能最强的专利引文数据库（其操作界面参见图 6-2）。德温特专利引文文献索引数据库提供 100 多万条同族专利及其引文文献的信息，每周新增约 6000 条记录。

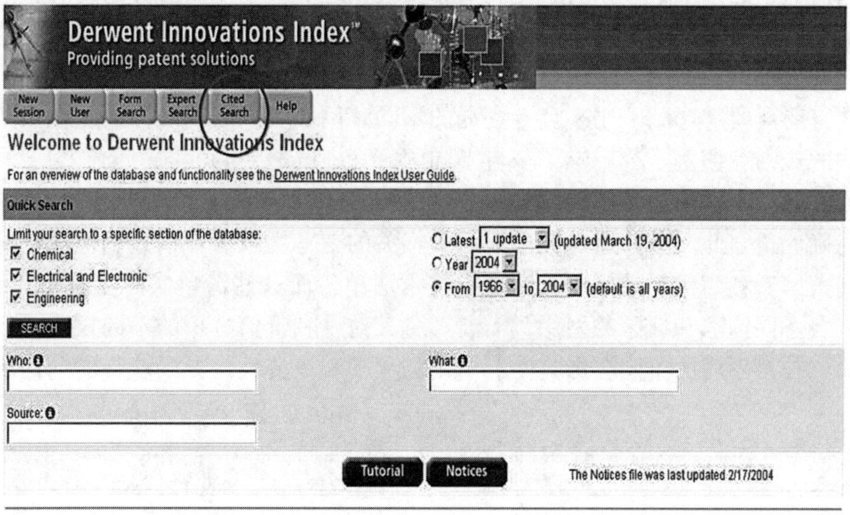

图 6-2 Derwent Innovations Index 数据库检索界面

第二节　专利引文分析类型

专利引文分析是通过对大规模专利引文文献的抽象、归纳、总结和比较，利用统计学、计量学、数学的方法，对专利之间的引用现象进行分析，以反映技术及企业之间的潜在关联和规律特征的专利计量分析方法。❶ 专利引文分析可以单纯地进行定量分析，如被引频次分析；也可以用两个或多个定量指标进行组合分析；也可以单纯地进行定性专利引证地图分析，如专利引文共引与耦合分析，探究专利挖掘和布局策略；也可以进行定量和定性相结合的分析（或称为拟定量分析），如基于专利引文树的技术路线图分析。

专利引文分析方法发展到现在可谓繁杂多样，为了便于学习应用，本书尝试从分析要素和维度、引文方向等将其进行归纳和分类。

一、引用频次分析

如果某项专利被某一技术领域的改进专利大量引用，就表明该项专利在该技术领域具有较强的先进性和明显的创新性。专利被引次数是体现专利价值的重要标准，被大量引用的专利对后来的发明创造具有重要的启示作用和极大的参考价值，在进行专利交叉许可谈判中的作用也比其他一般专利重要得多。如果某一申请人（或发明人）拥有占比数量多、维持有效的高被引的核心专利，则说明该申请人（或发明人）在行业中更具有技术竞争优势，在产业中处于技术强势地位，对行业的技术创新具有领导和带动作用。❷ 但同时，专利被引次数（前向引证次数）又受到专利公开的年限、引证来自的专利局以及技术领域的影响。简单统计专利被引次数不能准确地判断专利的价值。

专利被引用的频次不仅取决于专利的相关性，还取决于专利公开的时间长短。平均而言，最新公开的专利被引用往往比旧专利少。因此引用频次分析需要根据专利的公开时间，对频次进行量纲统一化调整。

其次，还需要考虑到引用来自专利局的不同。例如美国专利商标局，在引用方面有着更严格的规则和惯例。这影响了来自不同国家和地区的专利前向引证作为专利价值指标的重要性。专利申请人和他的律师有义务公开个人已知与可专利性有关的所有信息。但是，为确保遵守此义务并避免突出显示最相关的参考文献，申请人和他的律师可能会被激励向美国专利商标局披露更长的现有技术清单，而这些清单实际上并不重要。❸ 所以，对来自不同国家和地区的引用，需要考量其对专利价值分析的不同权重。

最后，技术领域的不同会影响专利引用的频率和重要性。专利获得的前向引证数量

❶ Seidel A. A Citation System for Patent Office [J]. Journal of the Patent Office Society, 1949 (31).

❷ 段异兵. 高影响力中国海外发明专利的引文分析 [J]. 科学学研究, 2009 (5): 678-681.

❸ Alcacer J, Gittelman M, Sampat B N. Applicant and examiner citations in US patents: an overview and analysis [J]. Res Policy, 2009, 38 (2): 415-27.

取决于专利所属的技术领域。在某些领域，技术交织在一起，进步是渐进的，或者每年都有许多专利申请。这导致对这些技术大量的平均被引次数，因此前向引证数量较多。在另外一些技术领域中，技术更加离散，技术发展跳跃性较大，或者每年申请的专利更少。这导致较低的平均被引次数，因此前向引证数量较少。❶ 因此，在进行引证频次分析时，需要与相对于同一技术的其他专利相比，计算相对引用次数。❷

专利的引用频次对于识别重要专利、探索技术发展路线以及评估专利价值等具有重要意义。但是，由于专利引用频次受到时间、领域等因素的影响，当开展不同领域、不同时间范围专利的分析时，需考虑对这些因素进行修正处理❸。

二、引证树分析

将专利文献的前后引证关系以引证链的形式完整地展现出来并加以分析就是引证树分析。引证树分析有助于厘清技术的发展脉络和发展方向，是制作和分析专利技术路线的必要分析手段。引证树分析还可以以专利申请人为视角分析竞争关系和技术源头以及传承情况❹（这方面的内容在技术分析篇中的技术路线分析部分也会有所阐述）。

三、引文指标组合分析

以专利引文分析指标为基础，辅以其他一些专利分析指标或手段，是当前专利分析方法的一个研究热点。如最为常见的专利价值分析指标体系，几乎都以专利被引频次作为一项主要或重要的参考指标。在评价一个企业的技术实力时，通常会利用即时影响指数、科学关联度、技术强度、技术循环周期等专利引文分析指标，辅以专利族规模、诉讼情况、权利要求数量等指标进行综合分析。

四、引文聚类地图分析

已知具有直接引证关系的两篇或多篇专利中一定存在某种技术联系，那么具有间接引证关系的两篇或多篇专利之间是否也存在某种技术联系？答案是肯定的。而且可以利用某一个或多个引文分析指标或某个领域的多个专利群之间的直接和间接引证关系进行聚类分析，❺ 例如可以将被引频次达到某一频次的专利进行聚类，以分析该领域的核心技术和基础技术，也可以利用专利与专利之间的共引关系进行聚类，用以分析研究方向、应用领域或者不同专利申请人之间的竞争关系等，还可以利用围绕某一核心专利外围引证情况探究某企业的专利挖掘和布局策略。

---

❶ Hall B H, Jaffe A B, Trajtenberg M. The NBER patent citations data file: lessons, insights and methodological tools [J]. NBER working paper series, 2001.

❷ Holger Ernst, Nils Omland. The Patent Asset Index: A new approach to benchmark patent portfolios [J]. World Patent Information, 2011, 33 (1): 34-41.

❸ 罗文馨，赵亚娟．专利被引频次的时间影响研究［J］．图书情报工作，2019，63（09）：47-60.

❹ Iwan von Warburga, Thorsten Teicherta, Katja Rostb. Inventive Progress Measured by Multi-Stage Patent Citation Analysis [J]. Research Policy, 2005, 34 (10): 1591-1607.

❺ 李运景，侯汉清．引文分析可视化研究［J］．情报学报，2007（2）.

五、引文时间维度分析

根据专利引用文献的授权时间顺序，将某一研究主体在某一技术领域申请专利所引用的一组专利文献进行排序，可以了解该研究主体在该技术领域的发展历史及随时间变化的情况。[❶] 通过评价某一国家或机构的在某一技术领域专利申请的技术生命周期，即在该技术领域申请的专利所引用的专利文献的时间序列分布，就可以分析该国家或研究机构在该领域的技术研发周期和技术创新速度，如目标专利引用专利技术或科技论文的公开日期的时间跨度越短，则该国家或机构在该技术领域的发明活动越活跃，技术和产品更新换代的速度越快，越容易在竞争中获得优势。把这一思想运用在评估公司技术创新能力和对技术变化作出反应的能力上，我们可以通过技术循环周期这一指标来达到目的。技术循环周期是指一个公司在某一技术领域内的所有专利与它们所引用专利之间的时间间隔的平均值。因为是平均值，它反映了该公司技术发展的总体速度，这个值越小，说明该公司能够运用最新的技术并在此基础上更快地进行技术革新；而值越大，则说明该公司对技术变化的反应越迟钝，很容易因失去技术创新的机会而落后。一个以技术制胜的公司或企业应该经常对自己和竞争公司的技术循环周期进行评估，以了解自己在该领域所处的地位并及时地作出调整。

六、技术输出国分析

根据某领域目标专利群所引用专利文献最早优先权的申请人国籍，可以发现技术发源国（技术输出国）；同理，根据某领域目标专利群的被引专利文献的最早优先权的申请人国籍，可以进一步进行技术溢出技术流向分析。[❷] 综合以上两个方面，还可以分析国家间的技术关联度、技术实力以及技术竞争情况等。如果同时考虑时间要素，则可以更为动态地展现不同国家在不同时期的技术侧重点以及某分支技术研发热点地域的变迁等。[❸]

七、专利权人分析

通过对某领域重点专利的他引和自引情况，可以分析某一研究主体在某一领域的技术先进性和独立性，还可以分析该研究主体的技术研发策略和保护布局策略。[❹] 如技术独立性越高，则说明该研究主体在该技术领域的研发工作具有一定的体系，注重自身技术的创新和延续；技术独立性越低，则说明该研究主体在该技术领域的研发工作是跟随其他研究主体的技术进行扩充和改进。[❺] 此外，根据专利引用文献所属的不同专利权人，将某一研究主体在某一研究领域申请专利的一组专利引用文献进行分类统计，可以了解该研究主体在该技术领域对其他研究主体的技术依赖程度，为技术合作或技术引进提供参考。

---

❶ 杨璧嘉，张旭．专利网络分析在技术路线图中的应用［J］．情报分析与研究，2008（5）：1271-1276.

❷ 黄鲁成，蔡爽．基于专利的技术跃迁实证研究［J］．科研管理，2009（2）：64-69.

❸ MMS Karki. Patent citation analysis：a policy analysis tool［J］. World Patent Information，1997，19（4）：269-272.

❹❺ 许玲玲．运用专利分析进行竞争对手跟踪［J］．情报科学，2005（8）.

八、高被引分析

高被引分析是以某领域或某地区的被引频次较高的一组专利进行分析的一种方法。有时在筛选高被引专利的时候会考虑累计引文次数，或者利用引用矩阵的形式将高频引用的专利突显出来，这些专利技术往往就是该领域关键的核心技术即重要专利❶（见图6-3）。这种分析方法以高被引的一组专利为视角，可以分析某领域的技术源头，也可以继续追踪前向引文特别是它们引用的科技文献，追溯基础研究的源头。也可以利用高被引分析得出主要技术来源国、主要申请人和核心发明人（团队）。还有人利用某领域的一项（一组）高被引专利被引频次随时间的变化趋势判定该技术的技术生命周期。对于高被引分析，最新的研究热点是找出与新兴产业发展密切相关的基础研究，帮助后发国家的企业利用好“机会窗口”，正确把握研究方向，积极主动进行专利布局，把握技术制高点。

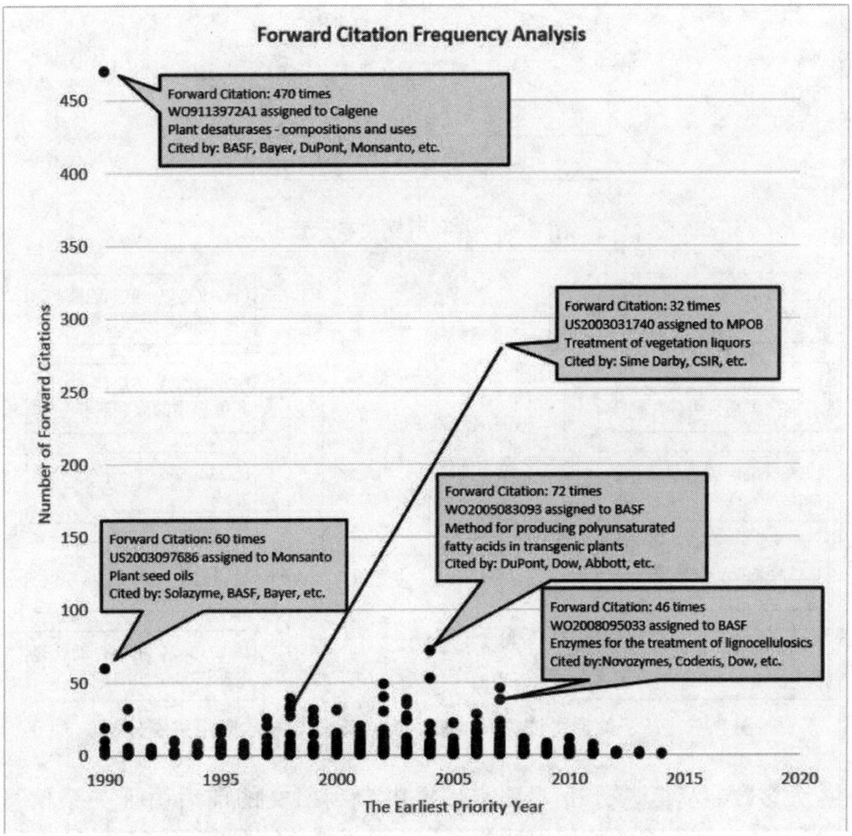

图6-3　棕榈油生产及其废物处理技术高被引专利分析

❶ 杨中楷，梁永霞，刘则渊. 美国专利商标局10个高被引专利的计量分析［J］. 科学学与科学技术管理，2008（11）：35-39.

九、前后向引文分析

专利引文分析方法主要有前向和后向引文分析。前向和后向引文指依据目标专利构建引用清单，直观化引用信息。

前向引文分析是对目标专利被在后专利申请所引用情况的分析，后向引文分析是对目标专利引用在先专利文献情况的分析（见图 6-4）。前向引文分析不仅能够判断目标专利被关注或重视的情况，还能够帮助分析目标专利的技术要点和技术分支；后向引文分析不仅能揭示一项新技术的技术基础和背景技术，还能够帮助分析目标专利的技术应用扩展研究情况（例如图 6-5）。

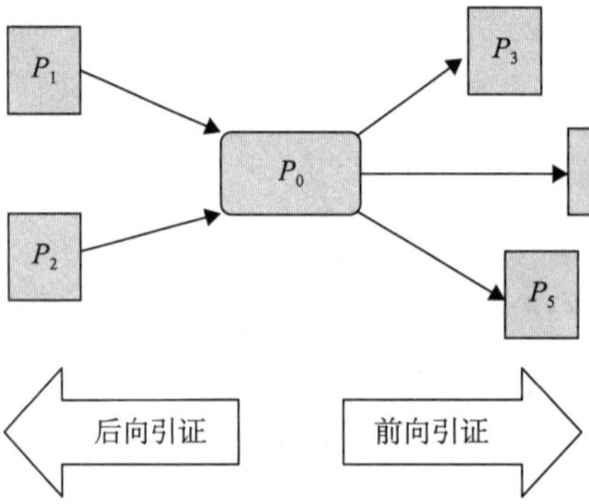

图 6-4　专利引文关系示意

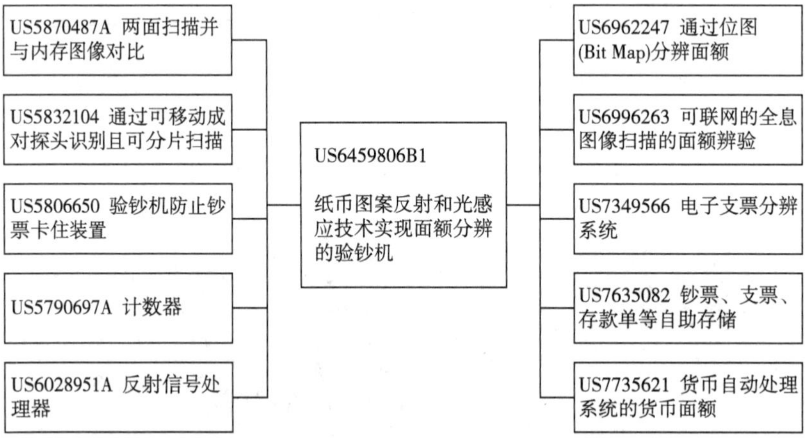

图 6-5　基于前后引证关系的技术要点细分与技术应用扩展分析

目前，大多数专利信息分析工具能够提供专利引文的前后引证关系信息（例如图 6-6）。可见，专利引文的前后引证关系分析已经成为一种常用的专利分析手段。

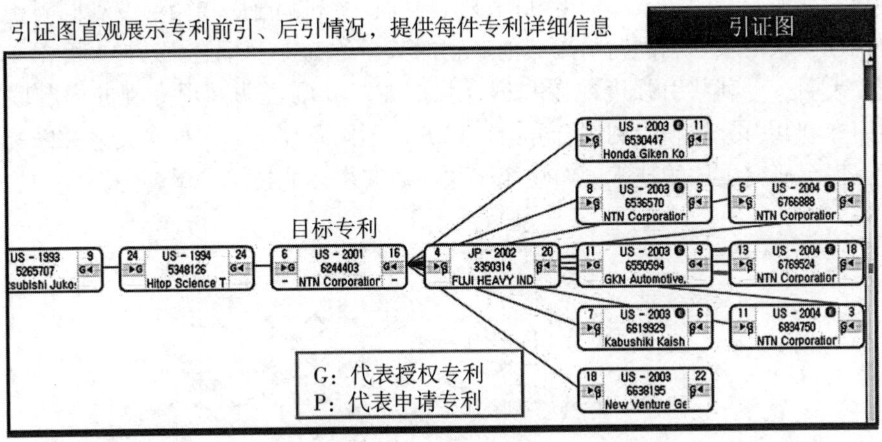

图 6-6　来自 WIPS❶ 工具的专利引文关系

十、旁系引文分析

对前向和后向引文的综合研究，可有效地寻找没有直接关联的平行专利，从而提高信息分析的质量和专利检索的查全率。例如专利引文旁系分析，用来识别那些与专利主题没有直接引用联系但却非常相关的专利文档（见图 6-7）。

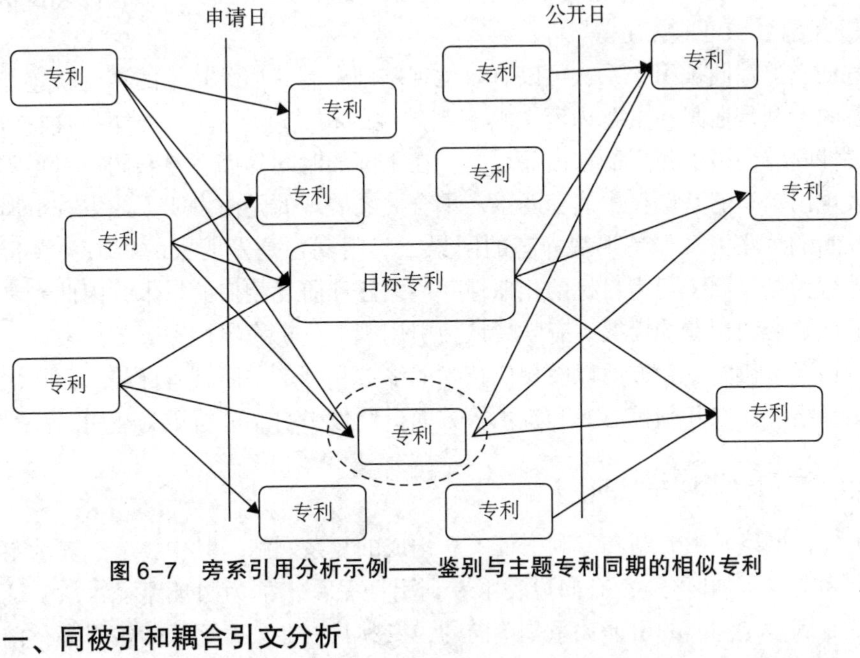

图 6-7　旁系引用分析示例——鉴别与主题专利同期的相似专利

十一、同被引和耦合引文分析

与其他科学文献一样，专利文献之间不只具有直接引用关系，也存在同被引和耦合的现象（见图 6-8）。专利同被引是指两项专利同时被其他专利引用的现象，同时引用

❶ WIPS 检索分析数据库是由韩国知识产权局授权指定的全球专利信息服务提供商。网址：www.wipsglobal.com。

两项专利的其他专利的数量称为专利同被引强度；专利耦合是指两项专利同时引用其他专利的现象，这两项专利同时引用其他专利的数量称为专利耦合强度❶。根据文献计量学的研究表明，专利共引强度或专利耦合强度越高，则说明两项专利的内容联系越紧密，利用专利共引分析和专利耦合分析可以分析不同研究主体的技术关联关系和技术关联强度，揭示研究主体的技术分布规律，预测研究主体的技术发展趋势。

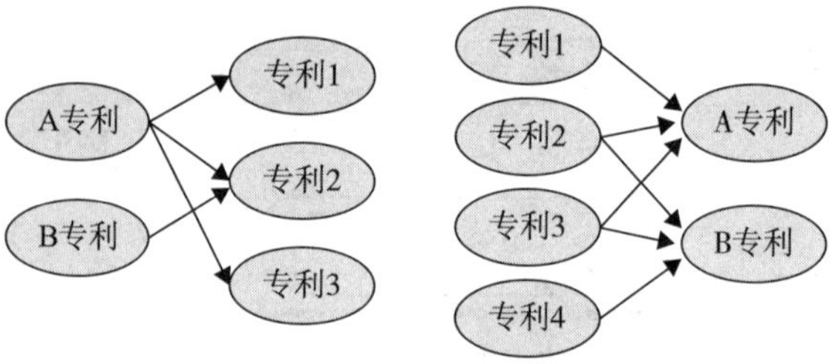

图6-8　专利同被引（左）和专利耦合（右）情况示例

“同被引”概念最早于1973年由美国情报学家Henry Small和苏联情报学家I. V. Marshakova提出。对文献同被引的分析是基于这样一个前提：具有同被引关系的文献A和B，在主题内容上具有某种程度的相关性，这种相关性随着文献对（A和B）同被引次数的提高而提高。所以，对专利文献同被引矩阵（n个基本专利文献基于同被引强度形成的$n \times n$矩阵）的分析可以在特定范围内发现专利文献之间的联系(技术发展脉络）和核心文献(核心技术）等。

通过动态追踪同被引关系，可以有效发现基础专利并描绘技术的演化轨迹。具有同被引关系的专利是在某一主题内容上具有基础性的相关专利群，在时间的推移过程中，这种相关性随着同被引频次的增高而增高。在不同的时间界面，专利同被引矩阵在不断变化，表现出动态的基础技术演变图景。耦合关系展现的是由发明人或审查员所决定的施引文献间的关联关系，是主观静态的图景。引用耦合是发明人的相似关注行为的结果，这种行为结果源于行为目标的相似性——关注和研发相似的技术，因此专利引文的耦合能够反映协同创新的情况。有学者认为引用耦合分析稳定性和实效性较好，在反映技术竞争情况、协同创新方面以及相似技术的筛选和判定方面具有优势，而在展现专利技术发展脉络、抓取基础核心专利技术等方面，同被引引文分析更为适用。

十二、专利引证网络分析

专利引证网络是由专利和专利引证关系构成的复杂网络。其中，节点表示专利（本文对专利和节点不加区分)，有向边表示专利引证关系，称为引证路径，从引证专利指向被引证专利。专利间的引证关系是单向的，专利只有在公开后才能被引证，前期专利不可能引证后期专利，因此专利引证网络是不可逆的，如图6-9所示。专利引证网络分析时，可以将专利或者专利申请人放入专利网中进行其技术地位、重要性、是否为关键技术节点、与其他专利（申请人）的关联关系的分析等。

---

❶ 李睿，张玲玲，郭世月．专利同被引聚类与专利引用耦合聚类的对比分析［J］．图书情报工作，2012（4）．

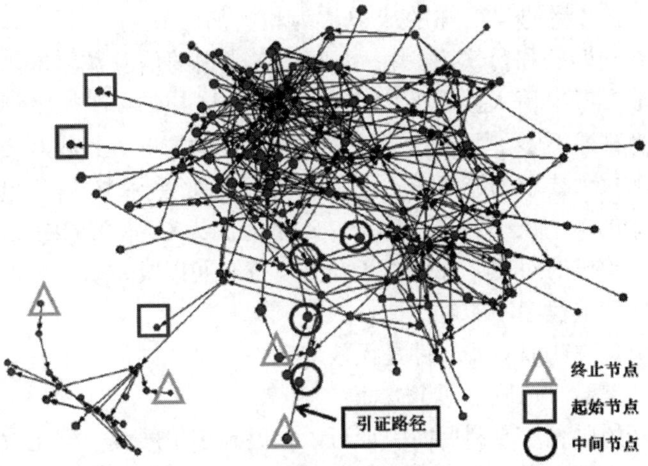

图 6-9　专利引证网络构成

十三、专利无效与引文分析

专利无效检索就是查找可用于否定被请求宣告无效专利的新颖性和创造性的对比文件过程。通过关键词、分类号以及其他条件来构建检索式，从数以亿计的专利和非专利文件中找出对比文件，去除检索噪声，并研读辨识。整个过程耗时较长，工作量巨大。专利无效检索（分析）与防侵权检索和专利全景分析不同，只要检索到足以否定被请求宣告无效的目标专利的对比文件，检索过程即可停止。

除去构建检索式的无效检索途径之外，对专利引证进行分析，也是实践中殊途同归的方法之一，有时甚至更加节省时间和人力。在实务操作中，有经验的专利检索人员会先从被请求宣告无效的目标专利或者其同族专利（申请）的引证信息出发，在排除了后向引证专利作为对比文件的前提下，再进行关键词的检索式检索；或者在引证信息中找到了部分对比文件后，再进行关键词检索。

依据情报学中的引文分析的基本假设之一是被引文献在内容上与引用文献相关❶。有效的对比文件必然需要与被请求宣告无效的目标专利具有相关性，从而否定目标专利技术方案的新颖性和创造性。Kimberly A. Moore 认为更多的引文有助于提高专利的稳定性❷。这种理论在逻辑上合理，但并不符合实际的情况。一方面，专利引文的数量在不同国家的专利申请和审查制度下有不同的表现。❸《中华人民共和国专利法实施细则》第十七条对背景技术的撰写规定“……有可能的，并引证反映这些背景技术的文件”。《专利审查指南》进一步的详细说明也仅要求“……检索、审查有用的背景技术，并且尽可能引证反映这些背景技术的文件”。❹ 欧洲专利局（EPO）也未对专利申请人的引证做出强制要求。而美国的制度则要求申请人履行“诚实义务”，向美国专利商标局

---

❶ 刘君玉. 引文分析的评价［J］. 情报理论与实践，1998，21（2）：87.

❷ Kimberly A. Moore. Xenophobia in American Courts［J］. Nw. U. L. REV，2003：1538.

❸ 隆瑾. 专利无效对比文件及其获取研究：以专利引文分析为视角［D］. 湘潭：湘潭大学，2012.

❹ 中华人民共和国国家知识产权局. 专利审查指南（2020）［M］. 北京：知识产权出版社，2020.

（USPTO）提交一个完整的“已知的或被认为相关的”现有技术清单。不履行这项义务，有可能面临专利诉讼和罚款。❶ 另一方面，在美国的信息披露制度下，实践中美国审查员很少使用或参考申请人披露的“现有技术”。❷ 审查员往往在每件专利申请上所花费的时间和精力都差不多。而所花费的总时间一定的情况下，权利要求书及专利引文越多，平均在每项权利要求书或每篇引文上的时间反而更少。❸ 因此很难得出这样的结论，即“授权专利的申请人引证经过审查，不可能成为专利无效中的对比文件”。即便是审查员在审查时给出的对比文件，由于受到审查时间以及主观认知的局限，也有可能成为专利无效宣告请求程序中的对比文件。

因此从专利引文中获取对比文件是无效专利检索实践中的一个有效途径。通过专利引文查找对比文件需要注意以下四个方面：

一是引文分析的层级。专利后向引证可以扩展到多个层级。但无效检索毕竟有时间和成本限制，不可能无限制地向后扩展引证文献。而且层级越深，相关度也会越低。实践中，可以根据项目的时间和成本要求以及被请求宣告无效的目标专利的创新程度设置适当的后向引证扩展层级。一般而言，引证扩展层级不宜超过3层。

二是以专利族而非专利文件进行引文分析。如前所述，各个国家或专利局的专利申请和审查制度不同，同一族中的不同国家专利申请的引证文献也会存在差异。无论是申请人还是审查员，受语言限制，会更多引证本国语言文献。专利无效宣告请求程序虽然有司法管辖地域的限制，但对比文献则是绝对性标准，不受地域限制。

三是引文的施引主体。被请求宣告无效的目标专利的后向引证中分为申请人引证和审查员引证。申请人出于获取授权的目的以及对自身技术的过度自信，在没有强制披露的规定下，有不引证高度相关专利或者过度夸大自身技术的优势和区别性。而在有强制披露的规定下，申请人则会出现披露过度的情况，将一些相关度较低的专利文件也列为“现有技术”。相对而言，审查员的引证则更加客观。一些专利检索和分析系统，对后向引证进行了索引，可以区分申请人和审查员引证。

四是引文的前向引证。面对数以亿计的专利和非专利文献，无效检索如同大海捞针。专利请求人一方面要控制检索数量，减少噪声；另一方面又要扩大检索范围，避免合适的对比文件遗漏。专利请求人不仅要检索被请求宣告无效的目标专利的后向引证，而且可以扩大到后向引证文献的前向引证文献（日期截止于被请求宣告无效的目标专利申请日或优先权日之前）。例如，被请求宣告无效的目标专利A的申请日为2018年2月1日。它的一篇后向引证专利文件B的公开日为2013年9月1日。2014年公开的专利文件C引证了专利文件B，即C是B的前向引证。那么C在某种程度上也与专利A相关，且公开日在专利A的申请日之前，所以也可以纳入查找对比文件的范围。

---

❶ OECD. The Use and Analysis of Citations in Patents [M]. Paris: OECD Publishing, 2009.

❷ Christopher A. Cotropia, Mark Lemley, Bhaven Sampat. Do Applicant Patent Citations Matter? [J]. Research Policy, 2013, 42 (4): 844-854.

❸ 隆瑾. 专利无效对比文件及其获取研究：以专利引文分析为视角 [D]. 湘潭：湘潭大学，2012.

第三节　专利引文分析指标

专利引文分析从20世纪中叶发展到现在，已经累积了数十个专利引文分析指标，可以对单个专利或者目标专利群进行专利价值、技术原创性、技术容量、技术应用广度、专利布局策略等多个维度的分析和解读（见表6-3）。

专利引文分析指标主要分为定量和定性两个类别。用于定量分析的有：反映专利技术重要程度的被引次数，反映某主体技术实力的自（他）引率，反映技术容量的吸收（扩散）指数，反映与基础研究密切程度的论文引证指标，反映科学与技术的转化速度的专利引论文时滞、论文引专利时滞等❶；用于定性分析的有：专利引用论文国家、专利引用论文类型等技术来源地域和质量的指标，反映专利权稳定性的审查员引证指标等。

CHI学派曾首次提出利用专利引文分析指标构建综合的分析体系，如用于综合评价某一公司的技术实力。这一思路在专利组合分析中得到了广泛的应用。

表6-3　专利引文分析指标

名称	定　义	属　性	评估对象	评价维度
被引次数	目标专利被后续施引专利引用的次数	定量	单个专利	被后续专利所借鉴关注的程度
平均被引次数	目标专利群被后续施引专利引用的平均次数	定量	专利群	被后续专利所借鉴关注的程度
相对被引次数	目标专利的绝对被引次数除以该专利所处技术领域同年公开的所有专利的平均被引次数	定量	单个专利	相对于同领域同期专利技术的重要性
被论文引用次数	目标专利转化为科学研究的次数	定量	单个专利	技术原创性
自引率	目标专利被该专利的权利人（或发明人）的在后专利所引用的次数与该目标专利所拥有的总被引次数的比值	定量	单个专利	专利布局策略、技术研发的延续性
他引率	目标专利拥有的在先专利被他人的在后专利所引用的次数（*OCI*，他引量）与该目标专利所拥有的总被引次数(*CI*)的比值	定量	单个专利	被他人所重视的程度、技术扩展的程度

❶ Narin F, Olivastro D. Linkage between patents and papers: An interim EPO/US comparison [J]. Scientometrics, 1998, 41 (1-2): 51-59.

续表

名称	定　　义	属　性	评估对象	评价维度
专利h指数	某单位专利被引次数大于或等于 h 次的 h 件专利数	定量	专利群	专利h指数将专利数量和专利被引次数相结合，更加客观反映了专利组合技术影响力的大小
直接引用系数	直接引用系数是指在生产经营过程中第 j 个企业的单位专利技术总产出所直接消耗（引用）的第 i 个企业专利数量。将各企业的直接引用系数用表的形式表现出来，就是直接引用系数矩阵，通常用字母 A 表示。其计算方法为：第 j 个企业引用第 i 个企业的专利数量 x_{ij} 与第 j 个企业的专利总授权量 X_j 之比，用公式表示为： $a_{ij}=x_{ij}/X_j$（i，j=1，2，…，n）	定量	专利群	利用直接引用系数矩阵进行列向结构分析可以判定各企业的直接后向关联企业以及某企业对其他企业的技术依赖程度
扩散指数	引用目标专利的后续专利技术的领域多样性，可用后续专利技术的IPC大类数量来表征	定量	单个专利	技术应用广度
相对扩散指数	目标专利在被引文的所有专利中，将其被引文专利所属的专利分类总数除以被引文专利总数	定量	单个专利	技术应用广度
论文引用次数	目标专利引用科技论文的数量	定量	单个专利	技术容量
平均论文引用次数	目标专利群引用科技论文的数量	定量	专利群	平均技术容量
自引自论文次数	目标专利引用申请人或发明人自己的科技论文数量	定量	单个专利	技术容量
吸收指数	目标专利引用专利或科学论文的领域多样性	定量	单个专利	技术领域跨度
专利引用时间跨度	目标专利引用专利技术公开日期的时间跨度	定量	单个专利	技术生命周期
论文参考时间跨度	目标专利引用科技论文的出版公开日期的时间跨度	定量	单个专利	基础研究跟踪借鉴情况
科学关联度	在一定时间范围内，分析对象各专利引用的科学类论文数量（S_n）之和与其所拥有的专利数量（N）的比值，即平均一件专利所引用的正式发表的科学类论文的数量	定量	分析对象的专利群	分析对象的专利群与科学技术关联的紧密程度
当前影响指数	分析对象统计年之前数年的每年授权专利被引次数与当年授权专利数量的比值	定量	分析对象的专利群	分析对象的专利群的技术影响力

续表

名称	定　义	属　性	评估对象	评价维度
技术强度	对分析对象授权专利数量进行当前影响指数的加权，由分析对象所拥有的专利授权量（*S*）乘以其当前影响指数（*CII*）得到	定量	分析对象的专利群	分析对象的专利群的技术重要程度
技术影响力指数	各国各年专利位居被引用次数前10%的最具影响力专利之件数占该国该年专利之比重，除以所有专利位居最具影响力专利区的专利比重得到的比值	定量	分析对象国的专利群	分析对象国的专利群的技术影响力
科学强度	对专利数量进行科学关联度的加权，由所分析对象拥有的专利数（*S*）乘以其科学关联度（*SL*）得到	定量	分析对象国的专利群	分析对象国对科学技术的关注程度
论文引用专利时滞	被论文引用的专利的平均公开年与论文发表年之间的时间差距	定量	单个专利、专利群	技术创新成果再次转化为基础研究的时间周期
专利引用论文时滞	被专利引用的论文的平均发表年与专利优先权申请年之间的时间差距	定量	单个专利、专利群	科学与技术的转化速度
专利引用论文国家	专利引用的论文主要是哪些国家的学者发表的	定性	单个专利、专利群	判断哪些国家的基础研究对于技术创新比较有参考价值，从空间上考察科学与技术的互动分布情况
专利引用论文种类	专利所引用的论文来源于哪些类型的期刊（单个领域还是跨学科，基础科学还是工程技术，核心期刊还是非核心期刊）	定性	单个专利、专利群	技术来源的质量
论文引用国家	论文主要引用了哪些国家的专利	定性	单个专利、专利群	判断哪些国家的专利对于基础研究比较有价值，技术再次转化为科学的效率
论文引用专利种类	论文所引用的专利的国际专利分类的多样性	定性	单个专利、专利群	哪些技术分类的专利技术容易转化为科学
审查员引文正面评价	审查员提供了能够证明本专利申请全部权利要求的新颖性和创造性的文献	定性	单个专利	专利权稳定性

续表

名称	定　　义	属　性	评估对象	评价维度
审查员引文部分负面评价	审查员提供了能够评价本专利申请部分权利要求的新颖性和创造性的文献	定性	单个专利	专利权稳定性
审查员引文完全负面评价	审查员提供了能够评价本专利申请全部权利要求的新颖性和创造性的文献	定性	单个专利	专利权稳定性

第四节　专利引文分析典型案例

专利引文分析方法有很多实际应用价值，现将比较典型的应用归纳如下。

一、筛选重点专利

国外学者的研究已经证明，专利的被引数量反映了该专利的重要程度，高被引的专利技术其重要性更是不容忽视。因为重要性往往与经济价值成正比，有一些学者还直接将某领域的高被引专利作为核心专利。CHI 学派的研究也发现被高频引用的专利进行专利许可贸易的机会比一般专利高得多。很多专利价值评估指标（体系）将专利被引频次作为一项重要参考指标❶。

【案例 6-1】核心专利筛选分析

案例设置目的：掌握利用专利被引频次来筛选核心专利的专利分析方法。

一般而言，如果某项专利与同期同领域专利的被引频次较高，则该项专利可能在产业链上所处的位置较为关键，为竞争对手所不能回避。因此，被引频次可以在一定程度上反映对象专利在某领域研发中的基础性、引导性作用。因此，利用专利被引频次来筛选核心或重点专利是专利引文分析方法中最典型的应用。下述两个案例改编自《产业专利分析报告（第 10 册）：功率半导体器件》❷。

某领域的高被引专利通常被认为是该领域的核心专利。COOLMOS 领域的 3 件专利（见表 6-4）的被引频次都超过了 200 次，远远超过了该领域专利文献的平均被引频次。而这 3 件专利（US4754310A、US5216275A、US5438215A）经过本领域技术专家判定确实是被国际上认可的 COOLMOS 的核心专利，它们从申请之日起就在业内受到了持续的关注，都维持了发明专利保护的最长期限，处于基础地位和核心地位。其中 US5216275A 还经历过 2 次权利变更。该项专利在 2000 年转让于动力莫斯非特技术有限

❶ 马天旗，刘欢．利用专利引证信息评价专利质量的改进研究［J］．中国发明与专利，2013（1）：58-61.

❷ 杨铁军．产业专利分析报告（第 10 册）：功率半导体器件［M］．北京：知识产权出版社，2013：149-157.

公司（POWER MOSFET TECHNOLOGIES），并于2002年再次转让于美国的三维半导体股份有限公司，2011年5月4日该专利因有效期届满而失效。

表6-4 利用被引频次筛选的COOLMOS领域核心专利

发明名称	同族专利号	申请人	引用频次	引用持续时间	摘要附图
高压半导体器件	US4754310A EP0053854A1 JP57124469A DE3173754DD1 GB2089119A	飞利浦	248	1986~2008年	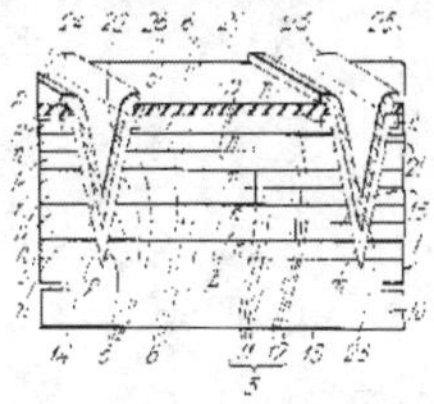
功率半导体器件	US5216275A CN1056018A	电子科技大学	334	1993~2009年	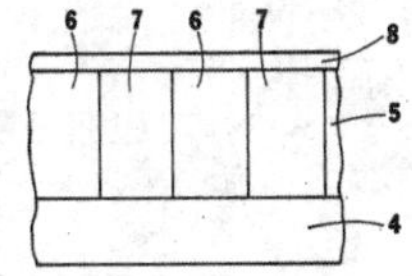
功率MOSFET	US5438215A JP7007154A DE4309764A1	西门子	228	1993~2010年	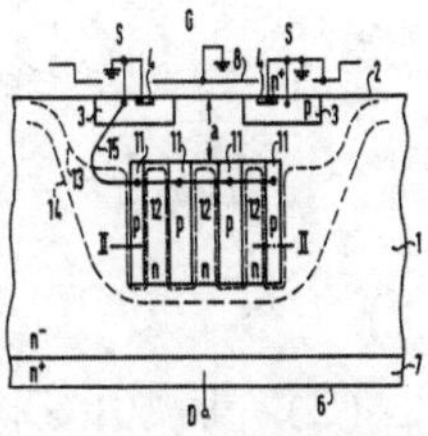

除被引频次之外，本领域技术专家的评判、维持年限、转让许可情况等也是评判是否为本领域核心专利的维度。

【案例6-2】高被引专利分析

案例设置目的：掌握高被引分析方法及其主要应用。

由于高被引专利的核心地位和基础地位，以高被引专利为着眼点和出发点进行研究，可以追溯分析技术源头、判定技术循环周期、确定重要的技术点及其竞争态势、拓展研发思路、分析专利布局策略等。

（1）高被引专利历年引文频次分析

图6-10显示了专利US5216275A的历年引文频次。由图中可以看出，从1997年开始，该专利被大量引用，并于2001年达到最大值51，其后随着技术的更新，其引用频次逐年降低，2009年之后，未出现引用该专利的申请。图中虚线显示了该领域主要申请人英飞凌公司历年引用该专利的次数。由图中可以看出，英飞凌从1996年开始引用该专利并逐年增加，1998年开始相对较多地引用该专利，并于2000年、2001年达到峰值（8次）。

该专利从1993~2009年连续17年被后续的专利技术所引用，受到了本领域专利申请人的持续关注，说明此项专利定然包含有开创性的技术贡献。经研究发现，此项专利技术打破了传统功率MOSFET理论的极限，采用新的耐压层结构，在几乎保持功率MOSFET所有优点的同时，又有着极低的导通损耗。所述耐压层结构为复合缓冲层

(CB）及异型岛结构，是一种耐压层上的结构创新，不仅可用于垂直功率MOSFET，还可用于功率IC的关键器件LDMOS等功率半导体器件中，可称为功率半导体器件发展史上的里程碑。长达17年被后续专利技术所引用在半导体领域并不多见，说明其技术生命周期较长。根据技术循环周期的算法，大约8年以后会有下一代技术的出现，而此专利直到约17年后，下一代技术才发展成熟，可见其重要性。

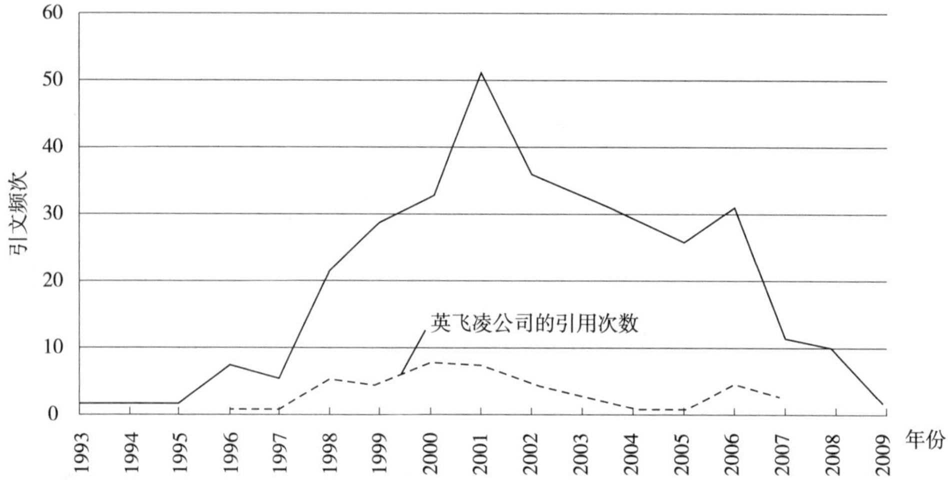

图6-10　专利US5216275A历年引文频次分析

（2）高被引专利引证对象分析

针对引文该高被引专利的申请人进行研究，能够发现已经进入或计划进入该行业的公司，从一个侧面反映该领域的市场竞争情况。对引用US5216275A的专利文献以申请人进行归类得到图6-11，其中专利公开号后括号内的数字表示该专利被引用的次数，公司名称下的数字表示该公司引用该专利的次数。可以看出，大量公司都在该核心专利周围实施专利布局，多次引用该专利，从而在该专利的基础上产生了大量外围专利，并且出现了许多被引次数较多、质量较高的专利申请。这些公司既包括已经进入市场的英飞凌、意法半导体、飞兆、威世、东芝，也包括将要进入市场的富士。

以英飞凌（共47次引用了该专利）为视角：

首先，可以评价自身后续的专利质量如何。经研究发现，英飞凌研发了多篇被引频次较高的后续专利申请，这些专利主要集中在明确COOLMOS器件的工艺方案、改善P型柱的特征等，专利质量较高。

其次，可以辨别主要竞争对手。飞兆公司65次引用了该专利，是英飞凌在该领域的主要竞争对手，其布局的专利是准备为与英飞凌的专利纠纷谈判做好准备。而富士（共32次引用了该专利）则先于市场开始专利布局，为即将进入该市场奠定了坚实的基础，因此，富士属于英飞凌的潜在竞争对手，需要给予一定的关注。

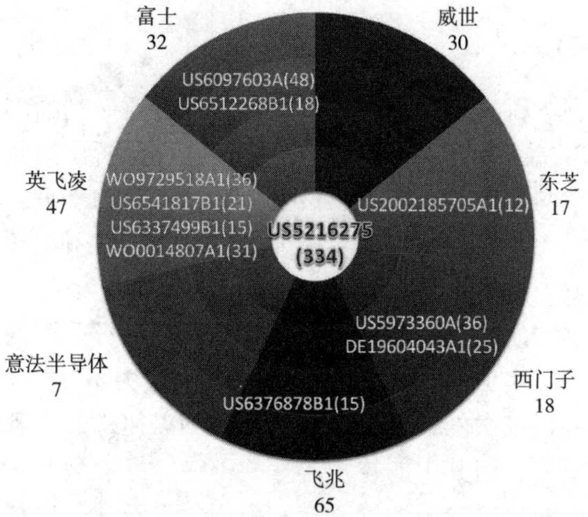

图 6-11 引用专利 US5216275A 的主要申请人分析（单位：次）

（3）后向引证分析

拓展研发思路：英飞凌的专利引用 US5216175A 的共有 20 项，如图 6-12 所示。英飞凌围绕该核心专利周围设置许多原理相同、技术方案不同的专利，形成一个庞大的外围专利网。这些专利申请主要从结构的改进以及工艺的完善两方面入手，结构改进的主要目的是在保证不影响其他性能参数的情况下，尽量降低导通压降，主要的结构改进包括超结形状、位置的变化，以及超结中掺杂浓度的变化，还包括在超结结构中引入电介质层；实现 COOLMOS 中超结结构的方法主要有多次不同深度离子注入、多层外延以及刻槽工艺。

分析专利布局策略：针对核心专利，英飞凌主要采取的是原理相同、技术方案不同的外围专利布局策略，这种缜密的外围专利布局进一步巩固了英飞凌在该领域的市场地位，并用来抵御他人对其专利的进攻并遏止竞争对手的技术扩张。事实证明，英飞凌利用对他人核心专利进行针对性外围布局的这一策略为自己赢得了市场和技术优势。

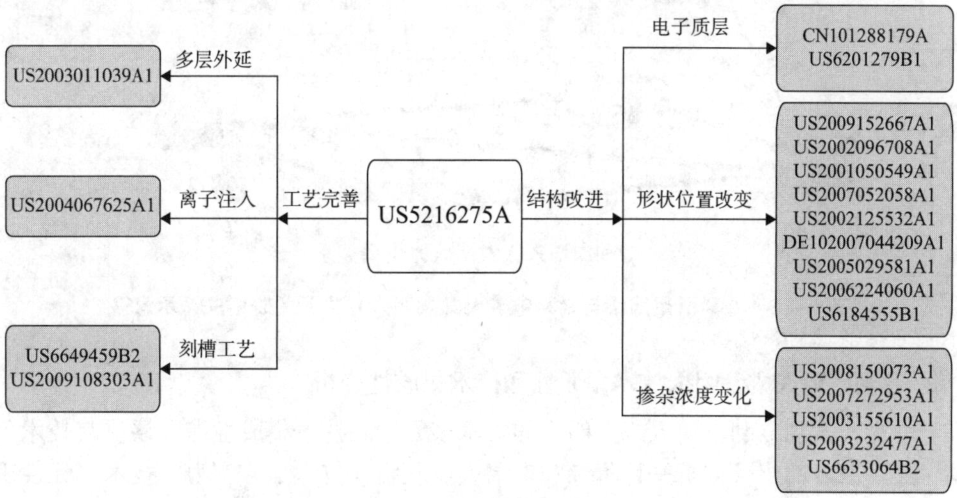

图 6-12 英飞凌针对 US5216275A 的相关外围专利分布

二、判断技术地位

当能够辨别出某领域哪些专利比较重要时，掌握重要专利的多寡应当被认为是本领域主要申请人的重要考量因素之一，顺藤摸瓜，很容易分析出该领域的主要发明人或核心发明团队。一个公司的专利总数反映了该公司的技术活动水平，但不一定能真实地反映该公司的技术实力。而某企业组织或者个人的专利平均被引用频率越高，则说明该企业组织或者个人在行业内的影响力越高。

判断是不是某个领域的主要专利申请人或发明人，通常采用的衡量指标是专利申请量。然而，越来越多的事实证明，专利申请量与技术实力不是完全正相关的线性关系。比如，日本公司习惯将很细微的技术改进都申请专利以便构筑专利保护网，因此日本公司的专利数量一般都很多，但其中的技术含量并不一定高。因此，越来越多的专利分析人员期望能从专利质量的角度给出评价。专利引用关系隐含了专利申请人或发明人之间的关联关系，因此，从专利引用关系出发，可以映射专利申请人或发明人之间的借鉴和参考关系。这种映射关系如图6-13所示。

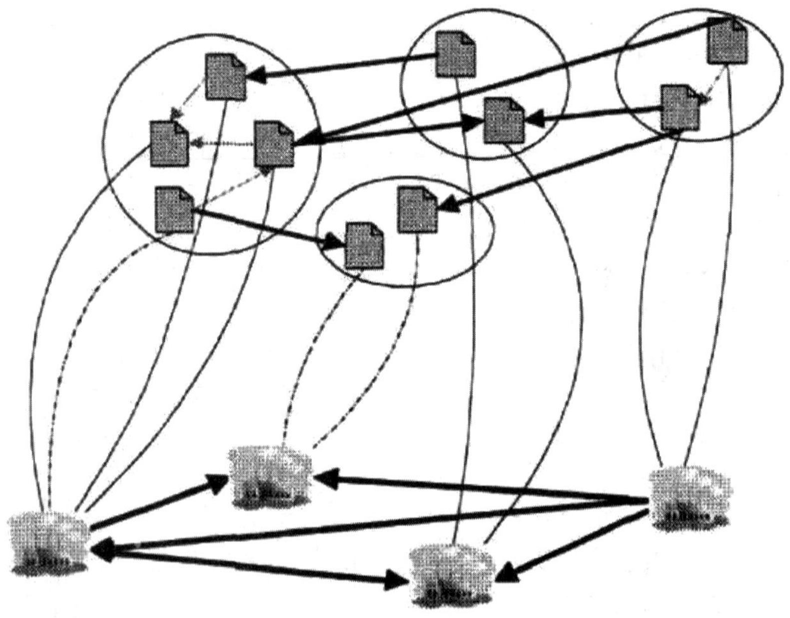

图6-13　专利引用网络与专利申请人（发明人）之间的映射关系示意❶

1. 专利申请人或发明人技术多元性和技术集成性分析

有学者尝试从专利申请人或发明人的技术多元性和技术集成性综合评价其技术创新策略，通过两者的组合分析来评价专利申请人或发明人技术综合实力。技术多元性表征

---

❶ 王舒. 基于专利引用的企业技术影响力及其创新战略分析［D］. 大连：大连理工大学，2011.

了技术广度，技术集成性表征了技术的专注度、技术整合能力和技术独立性。其中，技术集成性是利用专利申请人或发明人自身专利网络的关联紧密程度（前后引用的紧密程度）来表示（见图 6-14）。

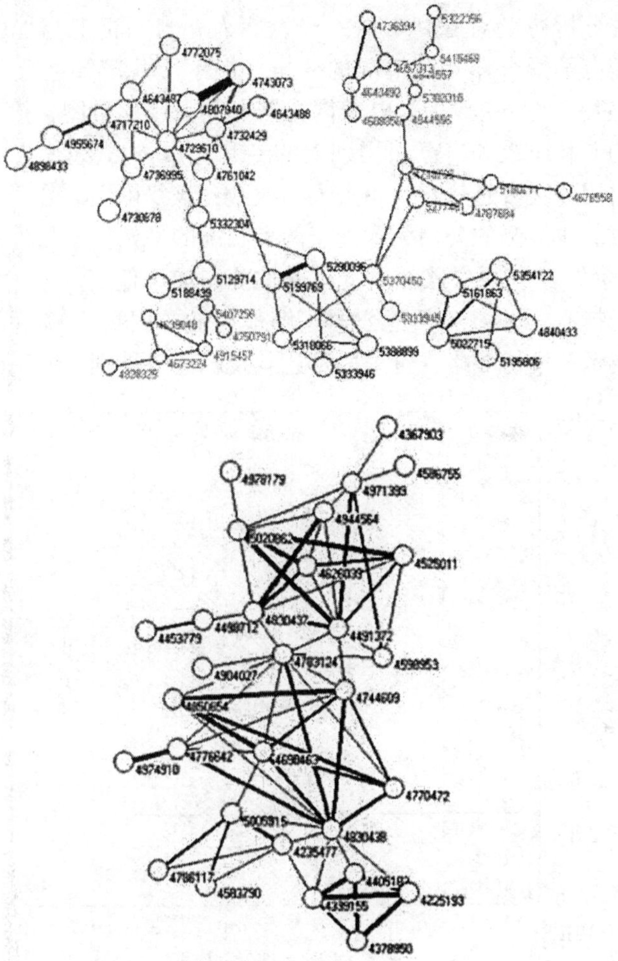

图 6-14　专利申请人技术集成性对比（上图为 A 企业，下图为 B 企业）❶

2. 专利申请人（发明人）平均专利被引数与当前影响力指数综合分析

还有学者通过比较各专利申请人（发明人）的“平均专利被引数”（Cites Per Patent）和“当前影响力指数”（Current Impact Indicator，CII）这两个指标来评价其技术实力。

“平均专利被引数”事实上是专利被引频次的平均数，它不关注某一个被高频引用的专利，而是从整体出发来评估一个公司某年所发表专利的重要性和受到关注的程度，平均值高说明该公司所申请专利的整体水平高，影响力大，该公司的技术实力也相对更强。“当前影响力指数”是将一个公司最近 5 年内发表的专利的被引情况与近 5 年内世界所有专利的被引情况做比较，所得到的比值为 CII 值。上述两个指标都能体现技术实

❶ 王舒. 基于专利引用的企业技术影响力及其创新战略分析 [D]. 大连：大连理工大学，2011.

力，排除了由某些偶然因素引起的歧义，如不会因为某公司有一两个被高频引用的专利就使结果改变，人们关注的是整体水平，对评价公司的技术实力较为客观准确。

3. 专利申请人（发明人）自引率与他引率矩阵分析

美国莫格研究分析协会对专利申请人（发明人）自引情况与他引情况做过深入的研究。如其根据光电子耦合器专利情况的分析，揭示了几家知名公司的技术地位特征（如开拓者和模仿者）。图 6-15 为光电子耦合器专利引用比重图，横、纵坐标轴分别代表别人引用自己的专利比重和自己引用别人的专利比重，45°线代表引用平衡线，在该线以下，公司被引用的次数超过它引用别人的次数；该线以上，公司被引用的次数低于它引用别人的次数。线两侧的公司大致处于两种状况的平衡上。另外还有一条划分“传授”和“保护”的线，“传授”类公司允许其他公司使用他们的技术，“保护”类的公司努力将技术自己持有，并避免其他公司了解他们的东西[1]。分析可知：日立和三菱，既采取其他公司技术的模仿战略，也采取不让其技术优势被别人使用的保护战略。

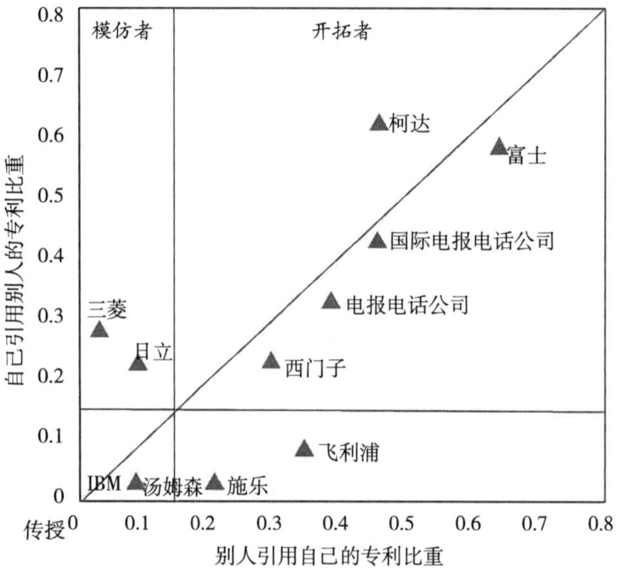

图 6-15　光电子耦合器领域主要企业自引与他引情况对比分析图[2]

【案例 6-3】基于引证矩阵的专利申请人技术角色分析[3]

案例设置目的：掌握利用专利引证矩阵分析申请人的技术实力。

分析过程主要针对切削加工刀具涂层领域专利申请量世界排名第一的日本三菱材料和三局/五局申请量、在华申请量均第一的瑞典山特维克两者进行比较。

---

❶ 彭爱东. 专利引文分析在企业竞争情报中的应用 [J]. 情报理论与实践，2004，27（3）：276-278.

❷ 许玲玲. 运用专利分析进行竞争对手跟踪 [J]. 情报科学，2005（8）.

❸ 改编自：杨铁军. 产业专利分析报告（第 3 册）：切削加工刀具 [M]. 北京：知识产权出版社，2012：53-55.

（1）一维数据比较（见表 6-5）

表 6-5　申请人山特维克和三菱材料的专利被引/自引次数

申请人	国籍	总申请量（件）	五局申请量（件）	被引用 5 次以上专利数（件）	平均被引次数	平均自引次数	被引总次数	自引总次数
山特维克	瑞典	54	21	27	20.6	12.4	556.2	334.8
三菱材料	日本	756	28	8	8.1	6	64.8	48

总申请量和五局申请量分析：山特维克的总申请量远低于三菱材料，但五局申请量却相差无几，说明山特维克的市场更为全球化，三菱材料的市场以日本本土为主。

被引用 5 次以上专利数量分析：山特维克有 50% 的专利申请都被引用 5 次以上，说明这些专利很多都是具有重大意义的，该申请人的专利技术更值得深入研究；而日本仅有 8 件被引用 5 次以上，说明该申请人的绝大部分专利可能是出于专利布局或专利防卫等因素进行的申请。

平均被引次数分析：平均被引次数为他人引用总次数除以被引用专利件数。山特维克的平均被引次数高于三菱材料，直接反映出山特维克的专利在质量和影响上均大于三菱材料。

平均自引次数分析：平均自引次数为自己引用总次数除以被引用专利件数。山特维克的平均自引次数高于三菱材料，说明山特维克的技术传承性更好一些。

（2）二维数据比较

从专利被引总次数和自引总次数来看，山特维克在数值上均远大于三菱材料，说明山特维克在刀具领域的专利质量远优于三菱材料。

（3）专利引证矩阵分析

通过构建专利引证率矩阵（见图 6-16）可以看出，山特维克在刀具行业中扮演着技术先驱者的角色，而三菱材料则处于技术模仿者的位置，专利数量的高低并不等同于其在该领域的优劣。

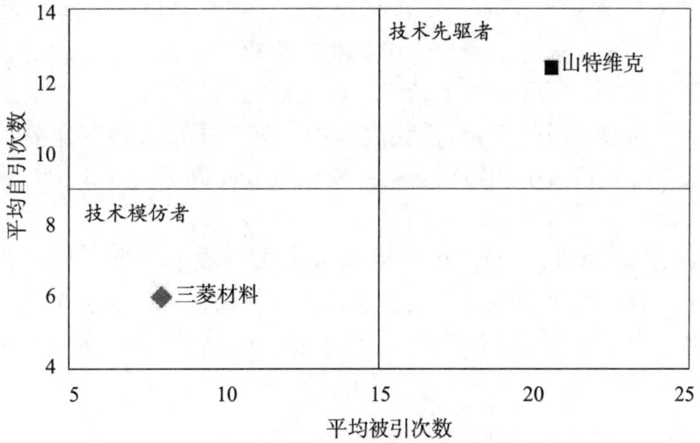

图 6-16　切削加工刀具涂层领域专利引证率矩阵

在使用专利引证矩阵分析时，还需要注意专利申请的时间因素、专利的法律状态以及专利权利的转移情况。

【案例6-4】微藻相关技术专利申请人之间引用网络分析❶

由图6-17可以看出，在微藻相关技术领域，荷兰帝斯曼集团（DSM）、美国Solazyme公司的专利技术被多个申请人引用，表明这两家公司的专利技术在本行业引起了广泛的兴趣，具有较高的技术价值。而我国中科院虽然专利数量比较多，但只被少数几个申请人所引用，在本领域中并没有处于引用网络的核心位置。对于中科院而言，需要审视自身的专利布局方向是否科学合理、海外专利布局是否薄弱等。

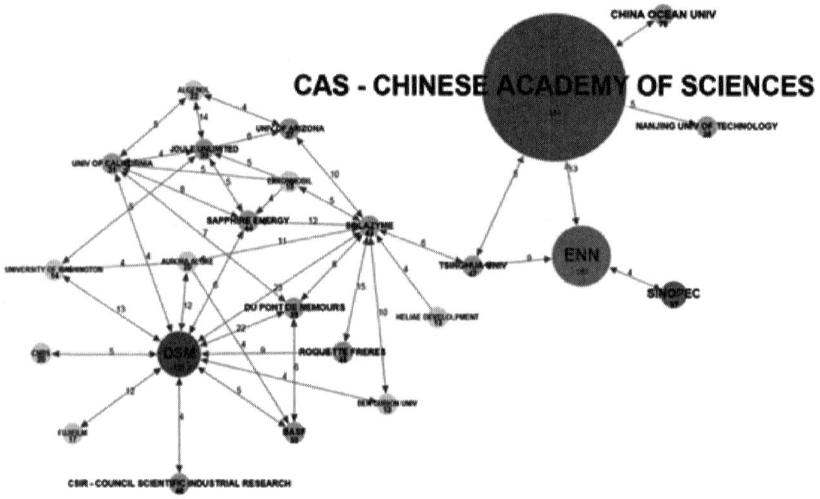

图6-17 微藻相关技术专利申请人之间的引用网络（图中圆点的大小代表专利申请量的多少）

【案例6-5】全球5G通信企业专利引证网络分析❷

专利权人引用网络的测度可采用社会网络分析方法中的中心度指标对专利权人之间的关系进行度量。在厘清专利权人之间的专利引用关系时，侧重于对社会网络内节点的个体研究，中心度是个体权重的量化分析。

提取5G技术专利数据中的专利权人引用关系，构建专利权人引用网络图谱，如图6-18所示。可以清晰地看到高通、爱立信、华为、中兴、LG、三星、诺基亚这7个企业处在网络的核心位置，三星、华为、诺基亚、高通、中兴5家企业的独立性较高，能够对其他企业施加影响。高通公司更趋于专利引证网络的中心，说明高通公司是高被引专利权人，反映了高通公司的5G标准化过程中专利技术地位极其重要。我国华为公司和中兴公司是众多专利权人引用路径上的主要控制者，许多其他企业都通过他们直接或间接地进行专利活动。

从引用网络图谱中可以看到，25个专利权人被分成了3类：第一类包含以美国高通、美国英特尔、美国阿尔卡特朗讯以及瑞典爱立信为核心的欧美企业，第二类主要包含以华为、中兴、中国电信技术研究院为代表的中国企业，第三类主要包括三星、LG、

❶ www. wipo. int/patentscope/en/programs/patent_landscapes.

❷ 肖翔，赵辉．基于专利计量的5G通信企业竞争态势分析［J］．电信工程技术与标准化，2017（10）．

韩国电信公司以及韩国电子通信研究院 4 家韩国企业。

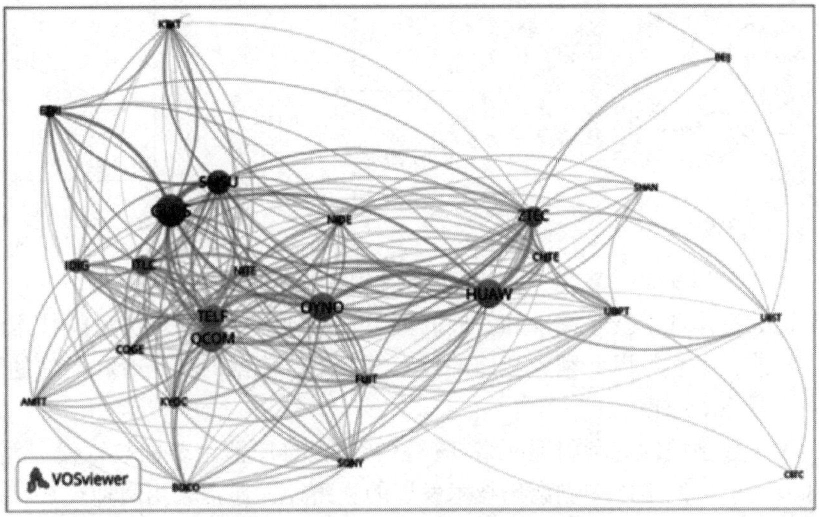

图 6-18 5G 技术专利权人引用网络图谱

三、揭示技术路径

将专利文献的前后引证关系的引证链完整地展现出来就是一个技术发展链（见图 6-19）。因此，基于对专利引证树的分析，能够沿着引用路径揭示某一行业的技术发展轨迹，为绘制专利技术路线地图提供重要依据。

专利作为创新成果的核心内容，包含了解决某个具体问题的技术，而且一个新的专利通常引证了若干早期专利，换句话说，在后施引专利继承和发展了早期专利中全部或部分技术。

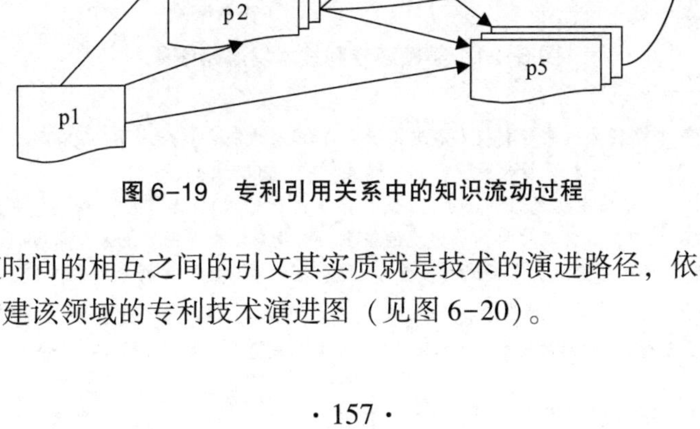

图 6-19 专利引用关系中的知识流动过程

专利技术随时间的相互之间的引文其实质就是技术的演进路径，依据这一思想，根据其引文路径构建该领域的专利技术演进图（见图 6-20）。

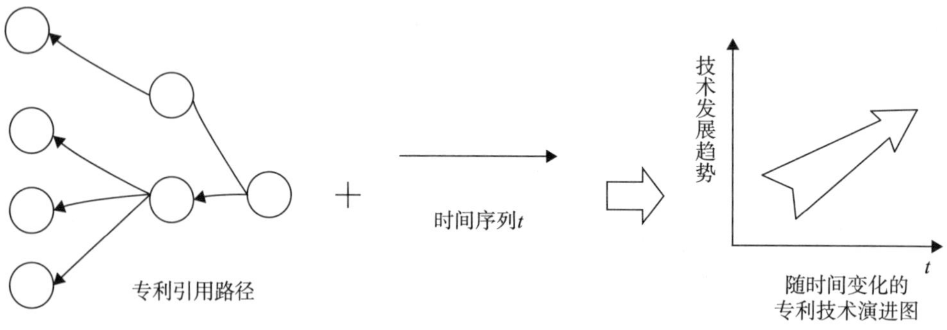

图 6-20　基于专利引用网络的专利技术演进图形成原理❶

专利引证关系体现了技术继承和发展的关系，专利引证网络能够反映技术的聚合和扩散情况。目前，大多数以专利为载体的技术发展路线依据的都是专利之间的引证关系和引证脉络（见图 6-21）。

然而，大多数领域的专利引证网络都很复杂，很难厘清主要的技术发展路径❷。为了从复杂的专利引证网络之中剥离出技术发展的主路径，通常采用两种算法：一是搜索路径连接统计值算法（Search Path Link Count，SPLC）❸，二是搜索路径节点对统计值算法（Search Path Node Pair，SPNP）❹。

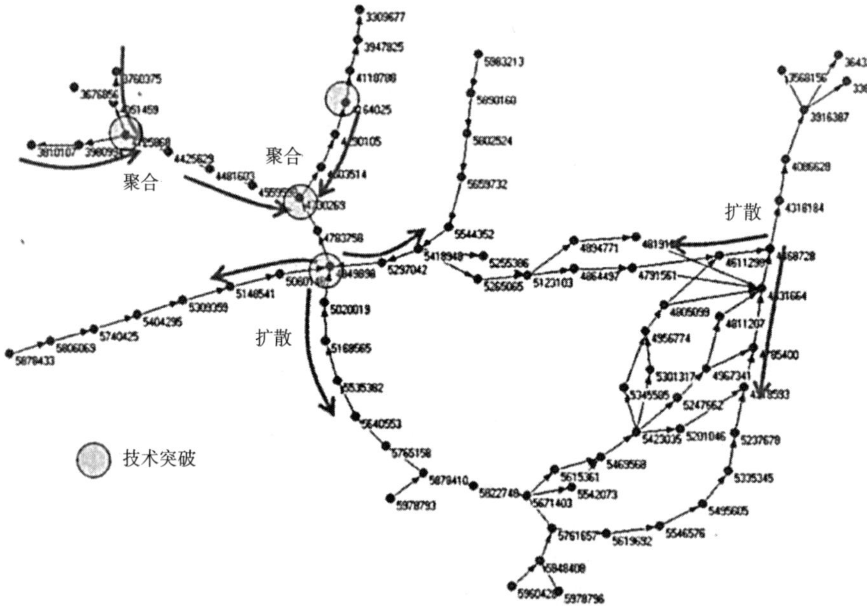

图 6-21　某领域专利技术发展路线❺

❶ 侯筱蓉. 基于引文路径分析的专利技术演进图研究［D］. 重庆：重庆大学，2008.

❷ 李运景，侯汉清. 引文分析可视化研究［J］. 情报学报，2007（4）.

❸ SPLC 首先分析引证网络中从起始节点专利 i 到终止节点专利 j 的任意路径，称为搜索路径（Search Path）。然后在所有可能的搜索路径中，统计某一有向边出现的频率，以此来作为选择技术进化路线的评价指标。

❹ SPNP 首先统计引证网络中所有直接或间接被专利 i 引证的节点数，包括专利 i 本身，记为 n_j，然后统计所有直接或间接引证专利 j 的节点数，包括专利 j 本身，记为 m_j。那么 c_{ji} 的 $SPNP$ 为 $n_i \cdot m_j$。

❺ 许琦，等. 基于专利引证网络的技术进化路线分析：以数据挖掘领域为例［J］. 科研管理，2013（2）：27-35.

然而这些算法比较复杂，需要借助计算机来实现。目前，比较适用的人工分析方法是先选取一件或多件核心专利，然后以这些核心专利为出发点，将引证网络中被引频次较高的专利作为关键技术节点，然后以时间的序列展开进行分析。

【案例 6-6】燃料电池领域专利引证网络分析❶

由图 6-22 可见，引证网络共包含 211 项专利和 210 条引证路径，以专利（5776625）为界分为左右两部分。左半部分由 13 个起始节点出发，沿着 4 条技术发展轨迹，汇集至专利（5776625）；右半部分由 69 个起始节点出发，沿着 7 条技术发展轨迹，汇集至专利（4233369），再由专利（4233369）沿着 2 条技术发展轨迹分别向上方 5 个终止节点和向左方 3 个终止节点发展。从起始节点和终止节点数量看，82 个起始节点最终演化为 8 个终止节点，体现技术发展的聚合效果。各条技术发展轨迹在若干个节点上交汇，交汇点在形式上代表技术发展轨迹的关键节点。

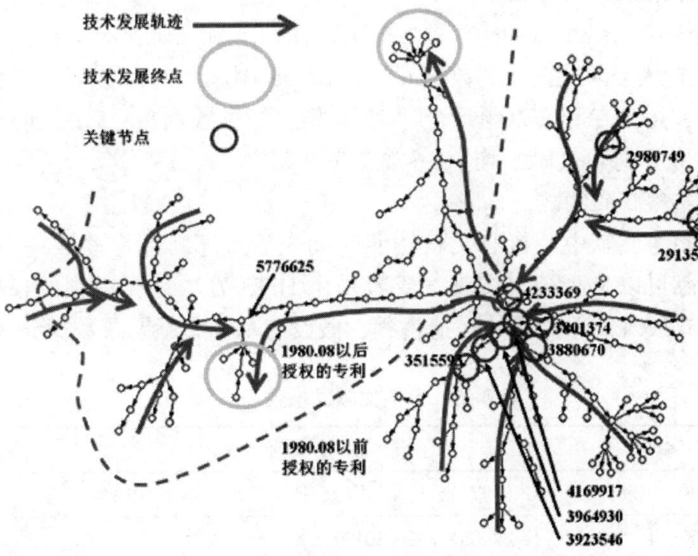

图 6-22　燃料电池领域专利引证网络

例如，专利（2913511）的发明人为通用电气化学研究员 Grubb，其以磺化聚苯乙烯离子交换膜作为电解质，改进原始燃料电池。这种离子交换树脂膜是一种非常优良的电解质（电子传导性极弱、电解传导性强），允许渗透聚苯乙烯离子，可防止燃料气体的渗透和离子的逆向渗透。专利（2980749）发明人 Broers，其改进熔融碳酸盐燃料电池电极制造方法，提出以粉末的形式将电极层黏附在电解质两侧，降低电极对燃料气体的流体阻力，提高电极表面单位面积的电力输出，并获得较长寿命。此外，1952 年英国剑桥大学工程师 Bacon 成功研制出一种利用碱性氢氧化钾水溶液作为电解质的钾燃料电池，并为这种技术申请专利，1959 年，这种电池的输出功率为 5kW，成为真正意义上的实用级燃料电池。Grubb、Broers 以及 Bacon 等的研究工作开创了燃料电池领域技术

❶ 许琦，林晗．基于专利引证网络的专利产业化评价方法研究：以燃料电池领域为例［J］．数字图书馆论坛，2016（9）：49-56.

发展的新纪元。此外，专利（3515593）发明一种层压式连接方法，以利于散发燃料电池堆栈中的热量；专利（3923546）提出在冷却液中添加可溶性铁盐以抑制冷却液中并联电流的腐蚀作用。专利（3801374）提出以石墨粉和偏二氟乙烯为材料使用模塑法制造隔板，可抵抗电解质腐蚀；专利（4233369）在石墨隔板中间嵌入一层纤维状冷却导管夹层，专用于传输冷却液，可提高冷却效果，减少石墨隔板的厚度。这些专利运用各种方法提高燃料电池系统的冷却效果，解决冷却液传输及腐蚀问题，促使燃料电池由单个燃料电池向燃料电池堆栈发展，以获得更高的电压和电流，在技术发展轨迹中具有重要的里程碑意义。

【案例6-7】基于专利引文路径叠加网络的超导材料领域发展轨迹分析❶

案例设置目的：利用引文路径叠加网络的主路径分析方法分析超导材料领域的发展轨迹。

第一步：数据采集及预处理。

选取超导材料（superconductor）领域的美国授权专利文献进行分析。采用“Superconduct *”检索词从美国授权专利数据库（1976.01.01至2018.05.08）“关键词”“标题”中进行检索，得到专利文献题录合计7286条，经过数据预处理得到完整数据6914条，引文73 537条，每篇文献平均10.6篇参考文献。

第二步：简单路径的构建。

将一篇文献参考文献中的核心文献按照时间先后次序排列串联成一条有向单链路径。其中核心文献可以是高被引文献，或者采用HITS方法计算得到的权威文献节点。以下用示例的方式展现简单路径的构造过程，假设有示例文献题录数据集，见表6-6。

表6-6 示例文献题录数据集

文献	参考文献
1	A（1961），E（1983），C（1972），G（1994），H（2005），K（2012）
2	F（1985），D（1973），H（2005），K（2012）
3	B（1962），C（1972），K（2012），H（2005），Q（1984）
4	A（1961），H（2005），E（1983），C（1972），G（1994），K（2012）
5	B（1962），D（1973），I（1996），L（2013），R（1986）
6	D（1973），F（1985），I（1996），L（2013），S（2015）
7	B（1962），J（1974），M（2006），N（2014），U（2016）
8	F（1985），L（2013），I（1996）
9	J（1974），M（2006），N（2014），T（1987）
10	B（1962），D（1973），F（1985），H（2005）
11	F（1985），M（2006），I（1996）

❶ 改编自：刘向，万小萍，闫肖婷，汪锦霞．基于引文路径叠加网络的主路径分析［J］．情报学报，2019，38（08）：807-814.

续表

文献	参考文献
12	B（1962），D（1973），F（1985），H（2005），P（1995）
13	G（1994），H（2005）

假设被引频次大于或等于 2 次的参考文献确定为高被引文献，文献 P、Q、R、S、T、U 由于被引频次小于 2 而被过滤掉，由以上数据集得到简单路径，见表 6-7。

表 6-7　由示例数据集构造的简单路径

文献	参考文献
1	A（1961）→C（1972）→E（1983）→G（1994）→H（2005）→K（2012）
2	D（1973）→F（1985）→H（2005）→K（2012）
3	B（1962）→C（1972）→H（2005）→K（2012）
4	A（1961）→C（1972）→E（1983）→G（1994）→H（2005）→K（2012）
5	B（1962）→D（1973）→I（1996）→L（2013）
6	D（1973）→F（1985）→I（1996）→L（2013）
7	B（1962）→J（1974）→M（2006）→N（2014）
8	F（1985）→I（1996）→L（2013）
9	J（1974）→T（1987）→M（2006）→N（2014）
10	B（1962）→D（1973）→F（1985）→H（2005）
11	F（1985）→I（1996）→M（2006）
12	B（1962）→D（1973）→F（1985）→H（2005）
13	G（1994）→H（2005）

第三步：路径网络的构建以及主路径搜索。

将文献集合中所有文献生成的简单路径组合在一个有向加权网络中，其中边权为路径被叠加的次数。采用表 6-7 示例，组合简单路径得到路径网络，如图 6-23 所示。

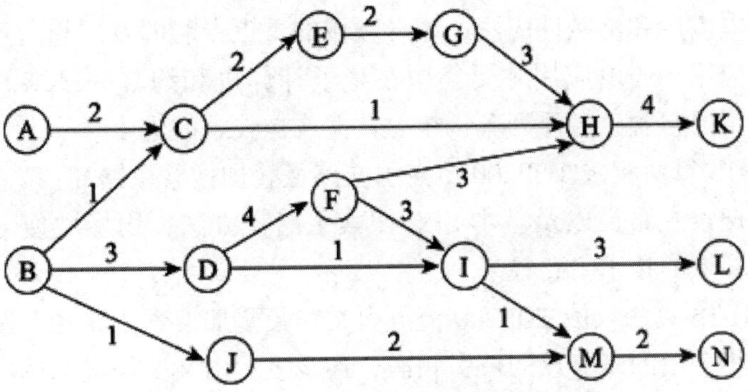

图 6-23　普通路径叠加而成的路径网络

然后通过局域、全局和关键路线搜索方法探测和简化主路径，如图 6-24 所示。其中，局域搜索是从源（source）到汇（sink）的深度优先搜索方法，在每一步中均选择出边权重最大边加入主路径，如图 6-24（a）所示，A、B 为源节点，K、L、N 为汇节点。全局搜索方法则是从所有从源到汇的简单路径中选择权值之和最大的路径。如图 6-24（b）所示，主路径 B→D→F→H→K 权值和为 14，在所有简单路径中具有最大权值和。

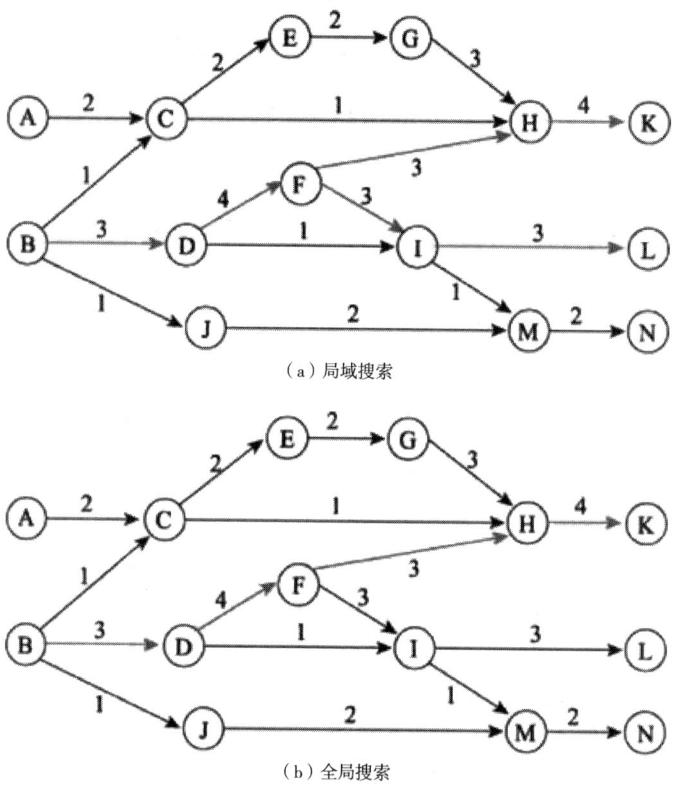

图 6-24　局域搜索和全局搜索

第四步：超导领域的技术主路径分析。

超导领域可以划分为超导材料及制备工艺和超导材料的应用两大类，其应用又可分为强电应用、弱电应用和抗磁性应用。超导领域的重点专利的发展趋向于超导材料的弱电应用和抗磁性应用。弱电应用主要集中在量子计算机和约瑟夫逊结的超导器件的发展，抗磁性应用主要包含磁悬浮列车、核磁共振成像技术的进步。

分别采用 HITS 算法权威 TOP200 节点引文路径叠加搜索主路径、高被引 TOP200 节点引文路径叠加搜索主路径以及基本 SPC 搜索主路径方法，用局域搜索和全局搜索两种方法提取超导领域的技术主路径。

图 6-25 是 HITS 算法权威 TOP200 节点引文路径叠加搜索主路径。图中，节点代表专利，节点的大小表示的是节点的被引频次，连线表示引文路径叠加的次数。对比两幅图，局域搜索和全局搜索所得主路径一定程度上均收敛到全局搜索主路径，路径在 1998~2012 年的节点大致相同。通过节点内容考察两条主路径上的专利多集中于弱电应

用领域，更具体集中在弱电应用的量子计算机领域和约瑟夫逊结的超导器件。

图 6-26 为高被引 TOP200 节点引文路径叠加搜索主路径。通过对节点解读，发现局域搜索的路径主要反映超导材料的强电应用和抗磁性应用，全局搜索路径主要集中于超导材料及制备工艺领域。

图 6-27 为基本 SPC 搜索主路径。局域搜索主路径主要反映超导材料的抗磁性应用，全局搜索主路径主要集中于超导材料的弱电应用技术，更具体地涉及量子计算机和约瑟夫逊结的超导器件。

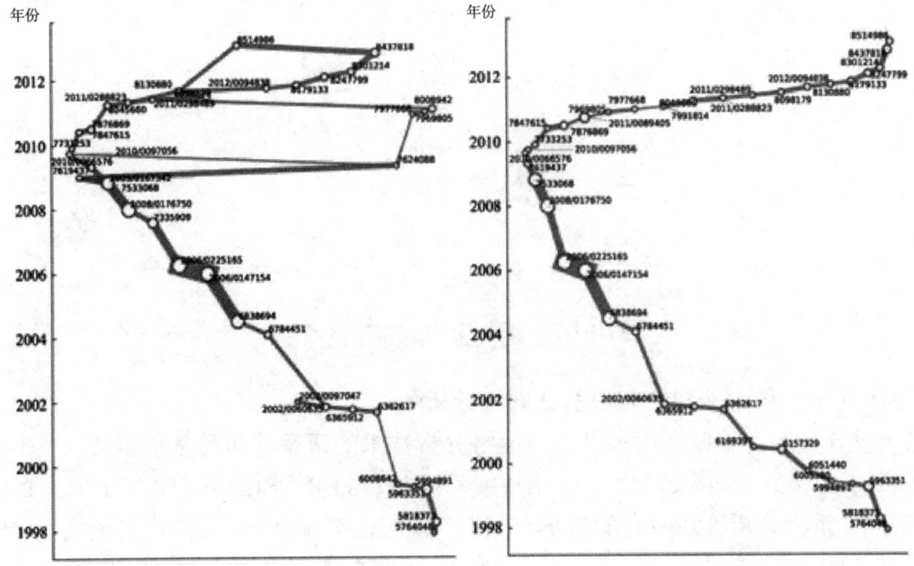

（a）局部搜索　　　　（b）全局搜索

图 6-25　HITS 算法权威 TOP200 节点引文路径叠加搜索主路径

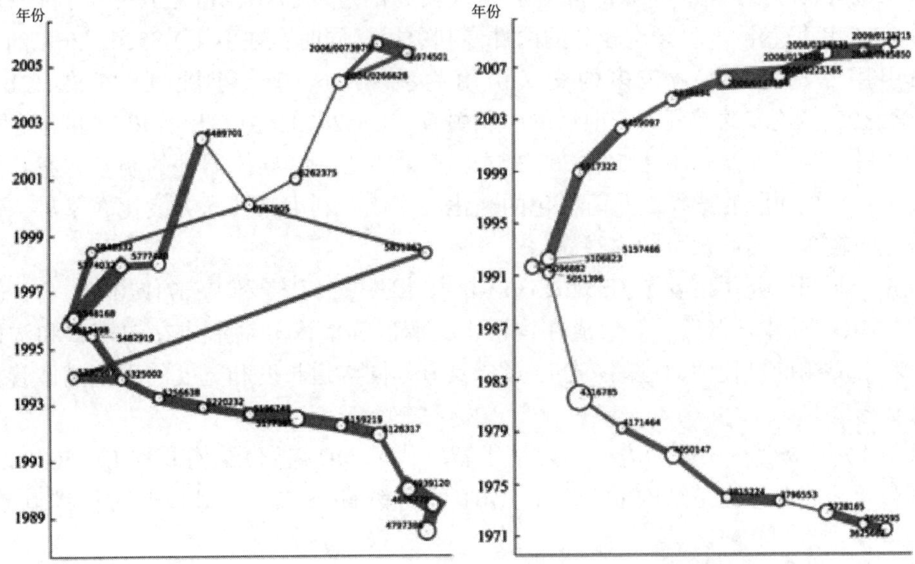

（a）局部搜索　　　　（b）全局搜索

图 6-26　高被引 TOP200 节点引文路径叠加搜索主路径

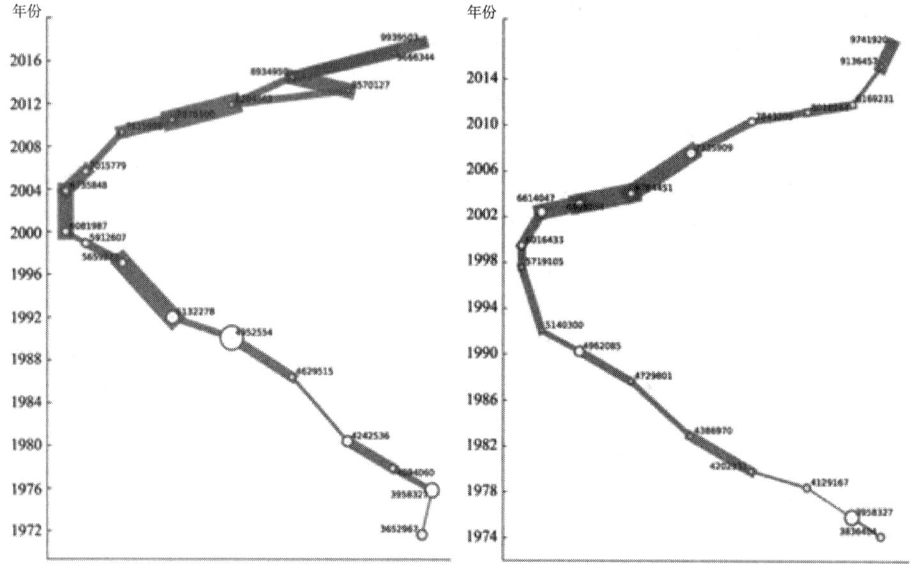

（a）局部搜索　　（b）全局搜索

图 6-27　基本 SPC 搜索主路径

【案例 6-8】核心专利的多级引证网络分析❶

案例设置目的：掌握利用多级引证网络分析技术的研发动向和竞争态势。

本案例选取了先进动力公司（ADVANCED POWER TECHNOLOGY INC）的专利 US5262336A 进行分析，该专利的最早申请日为 1986 年 3 月 21 日，被引频次为 75 次。在引用 US5262336A 的专利中，有一些专利本身的被引频次也非常高，将这些专利与 US5262336A 的专利之间的相互关系以及随年代的变化情况在图 6-28 中展现。

US5262336A 在不同的年代都被被引频次较高的专利引用，可见其受关注的程度，并且在 2008 年仍然被被引频次较高的两件专利引用。同时，在引用 US5262336A 的专利中，其引用专利之间有着较多的交叉引用关系，在这些专利中，US76388412B2 和 US6710403B2 与较多的专利有着前后的引用关系。US5262336A 公开了 IGBT 的制备方案及性能改进，主要涉及：耐压 500V 的 3 层或者 4 层功率半导体器件的制备方案；寿命控制技术；N 缓冲层的选择以及防极化的钝化层。该专利由于技术方案比较基础，涉及的改进方面较多，因此被引频次很高。

首先，西门子公司借鉴了 US5262336A 的技术思想，其专利 US6717200B1 公开了垂直结构的 MOS 晶体管器件，栅形成在沟槽中，源区和漏区分别形成在沟槽壁和沟槽的底部，在形成栅的过程中通过间接掺杂形成具有不同沟道长度和宽度的垂直晶体管，以提高集成密度。

大约 10 年以后，先进动力公司申请了新一代的 MOS 器件结构专利 US6503786B2，该专利公开了非对称沟道结构可以用于 IGBT 的功率 MOS 器件，其以非对称沟道形成，

---

❶ 改编自：杨铁军. 产业专利分析报告（第 10 册）：功率半导体器件［M］. 北京：知识产权出版社，2013：153-155.

在器件的不同部分产生不同的栅压阈特性，以减小器件的零温度系数点和提供线性运作的安全工作区域（US6503786B2 的被引频次并不是很高，为 17 次，但它被 3 篇被引频次较高的专利引用，说明 US6503786B2 较为新颖的构思也受到了很大的关注）。

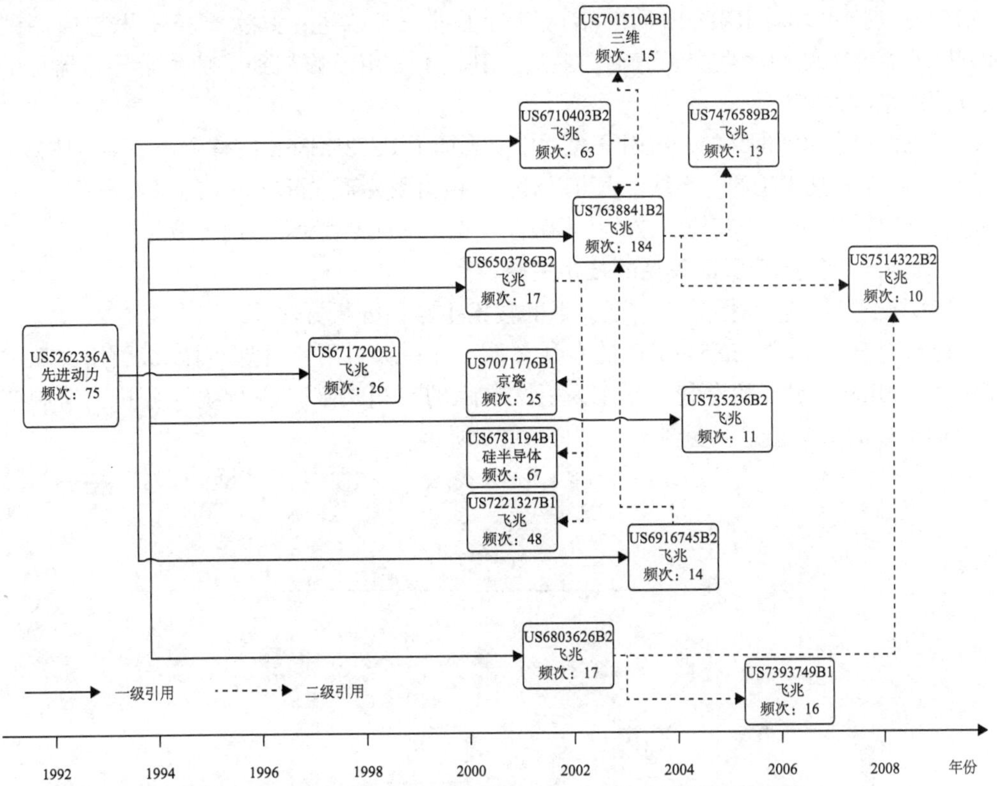

图 6-28　IGBT 的制备方案及性能改进的专利技术发展路线

随后，飞兆公司将专利 US5262336A 的技术思想应用到了 MOSFET 结构器件，申请了两件代表性的沟槽型功率 MOSFET 结构器件的专利 US6710403B2 和 US6803626B2，前者设置沟槽栅以降低导通压降，又在沟槽栅之间设置源区沟槽以提高击穿电压。US6710403B2 被 63 件专利所引用，这其中包括了重要专利 US7638841B2。后者公开了 MOSFET 器件具有至少两个绝缘物填充的沟槽区被第一半导体区间隔开以形成漂移区，调节沟槽和漂移区的宽度以最小化 MOSFET 器件的输出电容。此外，飞兆公司还申请了沟槽型功率 MOSFET 器件的制作工艺的专利技术 US6916745B2 和 US7638841B2。US6916745B2 在能去除硅的位置形成硅层的外露表面区，去除硅层的一部分形成沟槽的中间部分，沟槽从硅层的外露表面区域延伸到硅层，形成另外的硅层的外露表面区，将其去除以形成沟槽的外部部分，在不增加工艺复杂性的情况下减小元胞间距。飞兆公司还围绕 US5262336A 对功率半导体器件的其他方面的结构进行改进，如 US7352036B2 公开了使用沉陷沟槽的具有顶部漏极接触的功率半导体器件，沉陷沟槽延伸于外延层内直至基板，在沉陷沟槽中填充导电材料，实现与基板以及互连层的导电接触。US7638841B2 公开了功率半导体器件的终端结构，该专利涵盖内容广泛，除提供了用于低、中和高压器件的改进，还提供了功率半导体器件制造的改进方法如沟槽的形成、沟槽内介电层的形成、台面结构的形成、用于减小基板厚度的工艺等。

从以上的分析可以看出，以 US5262336A 为基础作为关键技术节点的 7 件专利主要从以下几个方面进行了技术创新：首先是开发了垂直结构和非对称沟道结构的 MOS 器件结构专利技术，对 IGBT 内部的结构进行了进一步改进；其次将技术思想应用到了 MOSFET 器件的结构和生产工艺上；最后，其技术思想还影响到了功率半导体器件的其他方面的结构改进。

可见，这个引证网络的一级引证关系主要表征了 US5262336A 在整个功率半导体器件领域的技术扩散、技术延伸。当然，也可以对其二级引用关系进行进一步的深入分析，可以更好地展现 US5262336A 与其他领域的技术融合以及未来的技术发展方向等情况。

【案例 6-9】基于引证关系的技术主路径❶

案例设置目的：掌握基于引证关系的技术主路径分析方法。

通过对直接引用 DE854157C 的专利文献（即一级引用），以及对二级引用文献（即以引用了 DE854157C 的专利文献作为引文文献的专利文献）进行统计分析，绘制获得 DE854157C 的引文信息双鱼骨图，如图 6-29 所示。

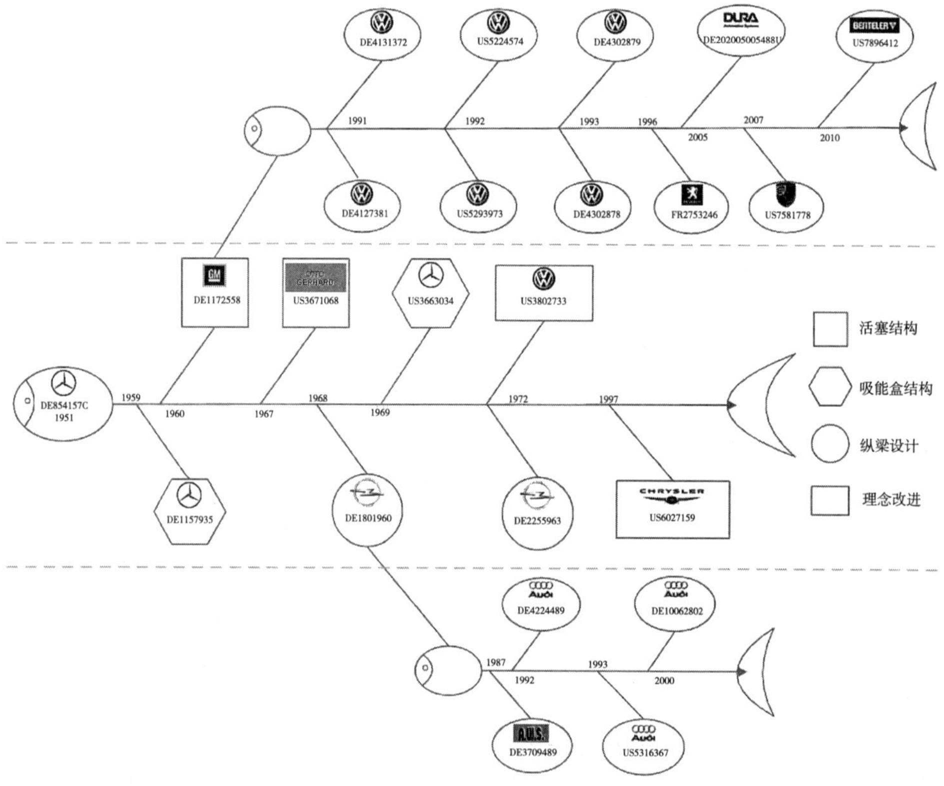

图 6-29　DE854157C 的引文信息双鱼骨图

通过对 DE854157C 的主要两级引文信息进行分析，可以得出这样的技术演进历程：

主要技术路径分析：DE854157C 提出了一个大的安全车身理念，之后，包括奔驰公

❶ 改编自：杨铁军．产业专利分析报告（第 9 册）：汽车碰撞安全［M］．北京：知识产权出版社，2013：69-71.

司在内的诸多车企开始在其基础上进行后续改进，这些改进可以分为两大方面：①对于具体实现 DE854157C 所提出的吸能溃缩的具体技术手段的改进，主要包括利用活塞结构、吸能盒结构、纵梁设计来实现，例如文献 DE1801960（申请人 OPEL）就是通过车身前、后梁的多级溃缩，实现吸能缓冲，保护车内乘员，具体的是在梁上设置挖槽、开槽、孔径往车身方向逐渐缩小的开孔，从而当发生碰撞时，能够在碰撞点，即远离乘员仓的地方，使梁发生溃缩吸能，减小碰撞对于乘员仓的不利影响；②理念的改进，即在 DE854157C 安全车身理念基础上，进一步提出新的安全车身理念，例如，文献 US6027159（申请人为戴姆勒-克莱斯勒公司），其在车身设置前后溃缩区的基础上，进一步提出应当设置车身中部的溃缩区，如此可以更好地实现发生前后碰撞时的吸能缓冲作用，保护车内乘员。

二级引用分析：通过对二级引用的分析可以获知，二级引用的技术演进，往往更注重对于具体技术手段的改进，例如，对于 DE1801960 的二级引用，进一步的改进主要在于新材料的选用（轻质金属、合成纤维等）和新的制作工艺（挤出成型）。

申请人竞争情况分析：借助于引文分析，不论是一级引用还是二级引用的分析，从中可以系统地获知在相应技术领域中，都有哪些申请人是比较活跃的、谁是技术的领导者、谁又是追随者或者赶超者，以及谁的反应速度较快。例如，从 DE854157C 的一、二级被引分析情况，可以明确地看出，奔驰公司是安全车身技术领域的开拓者、领导者，其在提出安全车身技术理念之后，会同时从具体的技术手段和新的理念两个方面同时着手继续开展后续研发，力图保持其领先地位；通用、欧宝等企业反应最为迅速；而大众、奥迪等企业的改进则更为深入、细致，提出后续改进申请数量较多。

综合分析：综合两级引用的申请人情况看，自 20 世纪 60 年代开始，不论是在各国或地区的法律规定下，还是消费者对于车身安全的需求所致，安全车身技术日益得到汽车行业相关企业的高度重视，大量的重量级汽车企业和相关企业逐渐进入该领域当中，并从具体的技术手段上提出新的方案，也有一些企业进一步提出了新的安全车身理念（例如大众汽车公司在 1972 年提出了车身四面溃缩的理念，见 US3802733A）。

可见，当发现一项重要专利之后，通过以其为基础展开引文分析，不仅可以挖掘出其技术的发展和转移情况，同时还能够发现该技术领域中的主要的、活跃的申请人，对于确定追踪或学习的目标，能够起到非常重要的作用。

四、透视专利战略

通过引证和被引证技术之间的联系，能够勾画出竞争者之间的关系。围绕核心专利及外围专利的专利引证关系网络，结合专利申请人的身份，可以探求各专利申请人之间的专利保护和布局策略。对于技术实力较强的企业，通过对其核心专利的引文分析探究其主要技术发展路径，不仅有助于企业自身准确把握研究方向，还有助于企业学习技术研发思路和技术挖掘保护策略，进而有针对性地制定自身的技术研发和保护策略。

正如图 6-20 专利引用网络与专利申请人或发明人之间的映射关系示意图所示，通过专利引用网络可以映射专利申请人之间的关联关系，那么，反过来以专利申请人为视角反观其专利引用网络，则可以了解重点申请人或者竞争对手的技术策略，其基本思想就是对重点申请人或竞争对手专利的引用专利进行分析。

如果竞争对手所引用的专利大部分是其自己的专利技术，说明竞争对手的技术策略是以自我为中心并注重自身技术的延续和创新；如果这些专利也被同行的企业进行了大量的引用，则该竞争对手有可能是行业的技术领先者（综合技术实力的判断还需结合专利申请总量、同族规模等参数）；如果竞争对手所引用的专利大部分是其他公司的，说明他的策略是技术跟随策略，即在他人专利技术基础上进行发展和改进，自己很少进行基础性的研究。如果进一步对其所引用专利的专利权人以及内容进行分析，可以了解其跟随对象和跟随的技术重点，有利于分析其未来可能进行的技术活动。可以针对某个技术领域进行检索，然后将检索结果按专利权人进行统计，得出专利引文按专利权人的分布情况，准确掌握竞争对手的技术研发和布局策略。根据实际需要还可以将专利引文信息按产品、申请人、发明人等绘制专利引文地图，从而分析围绕产品进行专利布局的策略、不同申请人之间的技术借鉴关系等。

【案例 6-10】自动分辨钱币金额专利技术的后期保护策略分析[1]

案例设置目的：掌握利用专利后向引证关系分析专利技术的后期保护策略。

某专利是涉及利用纸币遥感反射特性的光学传感技术以便区别不同的货币面额的技术。其优势在于高速度、高准确度地计数货币面额，属于本领域的核心专利技术。

该项专利技术的专利权人曾以该专利技术起诉其他企业侵权并获得巨额赔偿，获得了丰厚的利润。因此，针对此项技术，申请人会尽可能地研发结构改进型专利和其他领域的应用专利，以最大限度地获得利润回报。为了更为清晰地了解申请人围绕此项专利技术的后续保护策略，可以分析申请人自身对此项专利技术的后向引证。

经过分析发现，申请人不仅对此项专利技术进行了大量的结构性改进，还将其技术思想应用到了多个相关技术领域（见图 6-30）。可见，对专利进行大量自引不断扩大技术应用的保护范围是申请人的一项重要专利布局策略。

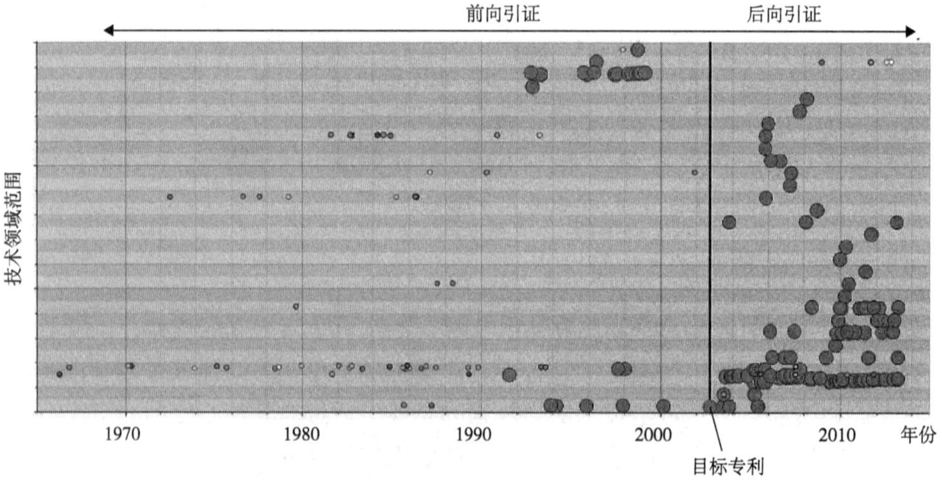

图 6-30 目标专利前向与后向引证分析

数据来源：Innography 软件，大圈点为申请人自身的专利申请，小圈点为他人的专利申请。

---

[1] 来自广州奥凯信息咨询有限公司某专利分析项目。

【案例 6-11】围绕核心专利的布局策略分析❶

案例设置目的：掌握利用引证关系分析围绕核心专利的布局策略。

JP2004215225A 是短距离通信 NFC 技术的一项核心专利，申请人为索尼公司。图 6-31 给出了该项专利申请的被引情况。从图中可以看到，该项专利申请被引用了 30 次，其中索尼公司在该专利申请外围布局了 11 项相关专利申请，这表明索尼公司已经围绕该篇专利进行专利组合的布局，说明该专利的技术定位，其重要性对于索尼公司不言而喻。此外，其他企业对于该专利申请也进行了引用，共计在外围布局 19 项专利申请。可以看到，该项专利对于其他企业而言也是非常重要的。

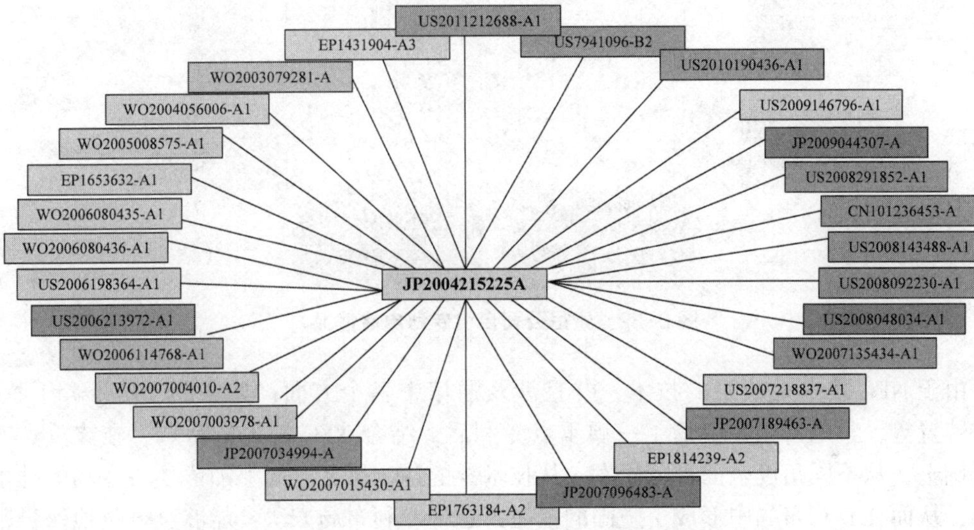

图 6-31　JP2004215225A 直接引文关系

图 6-32 显示了索尼公司的自引专利申请示意图，该公司在 2002 年申请了 JP2004215225A，提出了使用主动模式和被动模式这两种模式来进行数据传输，取得了传输模式上的突破性进展。在 JP2004215225A 的基础上，索尼公司提出了多项申请，从技术链的各个研究方向申请专利，包括数据发送、干扰避免、通信接口、数据封装、信号调制、信令帧、工作周期、模式指示、通信部件、天线等，涵盖了可能创新的多个方面，进行了全面的专利布局。2002~2007 年，索尼公司通过不断地进行深入研究，形成了特有的专利保护范围的包围圈。

❶ 改编自：杨铁军. 产业专利分析报告（第 11 册）：短距离无线通信［M］. 北京：知识产权出版社，2013：57-62.

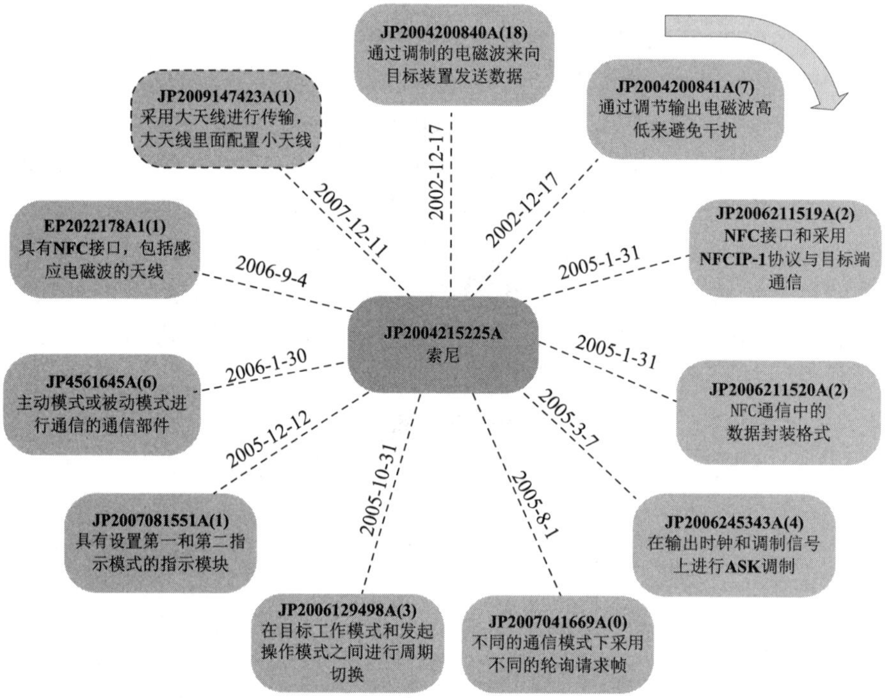

图6-32　索尼公司自引专利申请情况

由于NFC技术是新兴的技术，并且涉及通信中各个方面，如调制、信令、干扰、硬件装置等，索尼公司在申请了一项重点专利后，结合NFC技术的特点，在该重点专利基础上，从不同角度全面进行研发，从技术链的各个研究方向上加强核心专利的外围布局，从而在专利布局中形成了坚固的壁垒，这种专利布局方法，能够全方位地保护其重点专利免受其他竞争者的攻击，具有一定借鉴意义。

第七章　专利分析模型

为了较为准确地利用专利信息进行定量分析，可根据具体分析目的构建相应分析模型。前几章主要是从专利文献本身出发进行分析，其结论一般用于提供给技术研发或技术管理人员进行参考，但对于企业的管理者或者外部投资者而言，仅凭专利技术或数量信息来作出决策是不可靠的，还需要综合考虑市场、经营等多种外部因素。为此，本章从专利价值入手，着重介绍专利价值评估模型，并且结合相关数学模型和 TRIZ 理论，构建专利申请量增长趋势预测模型，最后在投资组合管理模型的基础上，给出了基于专利信息的企业投资价值评估模型。

第一节　专利价值评估模型

一、专利价值概述

专利价值是无形资产评估中的一项重要内容，而无形资产又是企业的重要资产之一。一般企业在股份制改造资产评估中无形资产比例可以占 20%，高技术产业企业其无形资产比例可达 30%。目前，我国专利资产的评估工作尚处于探索阶段，由于专利价值的计算方法有多种，并各有特色，应根据企业的类型、产品的性质等具体情况有选择地使用。

相对于侧重对单件专利的权利稳定性和技术先进性的专利质量评价，专利价值评估更侧重于对专利现有和潜在的市场价值进行评估。前者所采用的指标与专利本身有着非常紧密的联系，而后者所采用的指标与市场和企业经营绩效的关系更密切。另外，需要注意的是，无论是专利质量评价还是专利价值评估其结果都具有显著的时效性。尽管不同技术领域的专利时效性差别很大，但一般情况下评估结果的时效性不超过 1 年，这也是银行所提供的专利质押贷款的期限一般不超过 1 年的原因。

专利交易不仅包括专利转让，还包括专利许可和质押。尽管目前已经有很多模型可供专利价值评估使用，但专利价值评估依然面临一些困难，主要包括：

首先，尽管专利文献具有公开性，但专利交易却具有隐蔽性。具体而言，办理备案的专利交易的通常是企业集团内部公司之间或关联公司之间发生的行为，而竞争对手或合作方之间的专利交易一般不对外公开。换言之，在进行专利价值评估时很难找到已经成交的可参考案例或者参考价格。

其次，决定专利价值的因素包括内部因素和外部因素。内部因素也称专利强度、专利权稳定性、专利权质量等，主要是由专利本身的撰写和申请环节决定的，影响因素包括权利要求数量、被引用次数、同族专利数、无效诉讼情况、专利年龄等。外部因素比内部因素更为复杂，不仅包括行业发展情况和交易意愿，还包括专利权人的市场影响力，也包括技术先进性、盈利能力、行业发展趋势等因素。

最后，评估对象范围的不确定性。这种范围的不确定性体现在单件专利评估和专利群评估之间，专利价值评估模型一般是针对单件专利而构建的，而单件专利的价值往往受到其他相关专利的影响，技术拥有者一般会采用专利组合或专利群的方式对目标对象采取保护，其专利组合策略不予公开，从而导致在评估专利组合价值时难以确定该专利组合的范围。

为了解决上述问题，相关机构和学者们给出了一些模型方案，但这些模型的可操作性有待改进，评估结果差异较大。由于我国当前的专利价值评估报告大多用于银行质押贷款，评估人员主要从无形资产评估法则和会计法则出发进行评估，忽略了专利本身的特点，从而导致评估结果的信度较差。

本节从评估目的出发，将评估目的分为重点专利筛选、一般专利交易、银行质押贷款、企业价值评估，从这几个方面介绍不同模型的构建和应用。其中，用于重点专利筛选的评估模型主要从内部因素出发来确定评估指标；用于一般专利交易的评估模型采用成本收益法来确定评估指标，即考虑研发该项专利技术所投入的综合开发成本和未来的预期收益；而用于银行贷款的评估模型还要考虑其他资产的价值，这是因为专利通常是与企业的其他资产如商标、著作权，甚至和固定资产一起打包质押的，因此在评估其质押价值的时候要考虑其他资产价值的因素。用于企业价值评估的模型是从专利数量和质量角度出发，将企业所拥有的专利进行打包评价，从而确定企业在众多竞争对手中的专利竞争力地位。

二、专利价值评估基本方法

专利的价值一般受到宏观经济因素、行业因素、市场因素、企业自身因素4个方面的影响。具体而言，宏观经济因素包括产业政策、金融和税收政策等；行业因素是指不同行业的知识产权资产的评估参数可能存在差异，这种差异表现为折现率的不同上；市场因素是指市场供求与竞争关系，以及企业所处的市场阶段和市场地位；企业因素主要是指企业领导团队的管理能力、科研团队的研发能力、市场团队的开拓和谈判能力、知识产权部门的决策和维权能力等。

此外，专利价值还受到法律、技术、交易3个因素的影响。具体而言，法律因素是指当地的法制环境、专利年龄、诉讼记录等；技术因素是指该专利技术的规避难度；交易因素是指交易目的和交易风险，其中，交易风险包括法律风险、汇率风险、政治风险、通胀风险等。

1. 专利价值评估的 3 种基本方法[1]

考虑到以上影响专利价值的诸多因素，目前评估专利价值的方法主要有收益法、成本法、市场法 3 种，这 3 种方法均为会计方法，回避了影响专利价值的法律因素和技术因素等。收益法根据专利未来可能带来的收益来确定其价值，成本法根据专利技术的开发成本来确定其价值，收益法所得到的评估价值一般大于成本法，但由于收益法是一种忽略了风险的面向未来的方法，因此其评估结果一般不被广泛接受。上述 3 种基本方法的主要思路和计算公式见表 7-1。

表 7-1　专利价值评估的基本方法

名称	主要思路	计算公式	参数含义
收益法	分析专利相关产品的收益及其变化来确定专利价值	$V=(A-B)\times Q$ (7.1)	V— 专利价值(下同) A— 使用专利的产品价格 B— 未使用专利的产品价格 Q— 产品销售量
		$V=\sum_{i=1}^{n}\frac{\alpha R_i}{(1+r)^i}$ (7.2)	α —分成率 R_i—第 i 年预期收益 n—专利剩余寿命 r—折现率
成本法	从专利技术的原始成本出发，综合考虑其他成本，得出该专利技术的综合成本	$V=C_R-D_P-D_F-D_E$ (7.3)	C_R —专利资产重置成本 D_P —资产折旧（实体性贬值） D_F —技术进步引起的贬值 D_E —不可预期贬值
市场法	通过比对类似产品的市场交易价格，模糊地估计出待评估专利的价值	$V=\sum P_1\beta_1+P_2\beta_2+\cdots+P_n\beta_n$ (7.4)	P_n —第 n 个可参考价格 β_n —第 n 个价格的权重

对于收益法，有两种计算方式，第一种如式（7.1）所示，其中 A 和 B 也可以分别表示未使用专利产品的成本和使用专利产品的成本，或者采用式（7.5）所述的计算方法求得 V，其中，Q_1 和 Q_2 分别表示使用专利之前和之后相关产品的销量，P 表示产品的价格，C 表示产品的单位成本 。

$$V=(Q_2-Q_1)\times(P-C) \tag{7.5}$$

此时，V 为税前超额收益，如果考虑到税收问题，应在上述公式所得出的 V 后面乘以$(1-T)$，T 为所得税税率 15%。下面具体说明收益法的应用。首先，根据各个环节的成本计算出使用传统技术适配一款机型所耗费的成本费用 C_1 和使用专利技术 Y 适配一

[1] 刘伍堂. 专利资产评估［M］. 北京：知识产权出版社，2011：45-88.

款机型的成本费用 C_2。具体而言，可以将人工成本、办公成本、租机成本、其他费用相加，并且考虑使用新技术前后适配机型数量的变化等因素。尽管收益法简单直观，并且评估参数易于确定，但是此方法建立在专利产品盈利高于未采用专利的产品这一假设之上，忽略了其他因素对产品盈利能力的影响，当专利产品因其他因素而导致亏损销售时，专利资产的价值为负值。

2. 基本评估方法的问题和改进

前述3种评估模型是忽略了一些影响因素之后得到的基本模型，仅为说明基本评估原理而加以介绍。这3种评估方法存在的主要问题见表7-2。

表7-2 3种评估方法存在的主要问题

方法名称	主要问题
成本法	专利价值与研发成本之间并没有必然联系，这一点显著区别于有形资产的评估。一项投入巨大的专利技术可能并没有多大的经济价值，或者，一项价值惊人的专利，可能是某个科研项目的副产品
收益法	根据其不确定的未来收益来倒推，而一件专利的价值不仅取决于其持有人生产的产品价值，还与该类产品的市场总值，以及附加在该产品上的其他专利数量有密切的关系
市场法	忽略了专利价值与专利权人地位的联系。比如，美国加州圣何塞法院判决三星公司赔偿苹果公司6件专利10亿美元，然而，如果这6件专利的持有人不是苹果公司，它们还值这么多钱吗？因此，专利的价值与该专利的持有人有着非常重要的关系，正因为如此，专利贸易才更具有商业价值和意义

鉴于上述3种基本方法存在的问题，下面介绍另一种专利价值评估基本方法——产业法❶。

假设一：附加在某一种产品上的所有专利价值总和不会超过该产品的市场总价值。

例如，我们知道一台手机上有超过20万件有效专利，我们可以认为这20万件专利的价值总和应当不会大于该手机的市场总值。我们可以用 N 表示该产品上附加的所有有效专利数量，用 $\sum P_n$ 代表该产品上所有专利的价值总和，用 Q 代表该产品的市场总价值。另外，用 P_m 表示附加在该产品上所有专利价值的平均值，即

$$P_m = \sum P_n / N \tag{7.6}$$

同时，如果在一段时间内，专利制度能够更好地施行，以及专利保护能够得到有效实施，则专利价值就能够得到更好的体现，因此做出如下推论：

推论一：每一件专利的价值评估与现实社会中专利保护的情况密切相关，称为专利价值回报期望系数。

用 ω 表示专利价值回报期望系数，其取值范围 $\in(0,1)$，当 $\omega \to 0$ 时，表示现实中

❶ 王虎．一种新的专利权价值评估数学模型及算法［EB/OL］．［2015-04-14］．http://www.mysipo.com/portal.php?mod=view&aid=2463.

专利制度完全失效，专利不能得到有效保护；当 $\omega \to 1$ 时，则表示现实中专利制度施行非常有效，专利能够得到完全保护。现今的商业社会并不存在这两种极端的情形，专利价值回报期望系数在 0~1 之间，则：

$$P_0 \times N < \omega \times Q \tag{7.7}$$

考虑到专利产生的价值在宏观上实质表现为该行业所有专利对其所属行业的贡献，因此做出如下推论：

推论二：每一类产业对于专利制度的敏感度决定了该行业专利的贡献及价值。

不同行业的专利敏感度是不同的，甚至有极大的差异。用 θ 表示产业专利敏感系数，其取值范围 $\in (0,1)$，当 $\theta \to 0$ 时，表示该产业对于专利制度完全不敏感，也就是说专利对该产业的贡献为 0；当 $\theta \to 1$ 时，则表示该产业的发展完全依赖专利制度的建立而产生发展，该行业的价值几乎全部由专利贡献产生。这两种极端情况一般并不存在，产业专利敏感系数在 0~1 之间。所以，产业专利敏感系数在一定程度上反映了专利对该产业的贡献率，也就是该产业的专利价值。

结合假设一和推论一、二，进一步得到：

$$P_m = \theta \times \omega \times Q/N \tag{7.8}$$

至此，我们就可以得到一个专利均值 P_m。

假设二：附加在该产品上所有专利的价值成等差排列，且价值最小的专利价值趋于 0。

于是，获得一个简化的线性计算模型。将该产品上的所有专利按照价值高低进行排列，价值最低的专利就是 $P_1 \to 0$，而价值最高的专利则是 $P_n = 2P_m$。由于假设二的存在，可以认为 P_m 正好处于所有专利估值的中值，如图 7-1 所示。

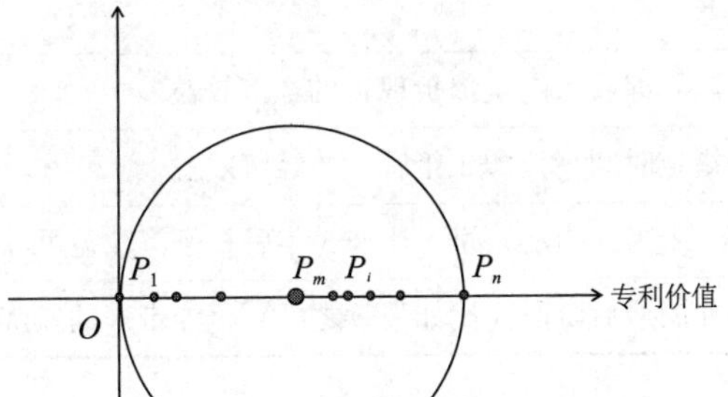

图 7-1　专利价值排列分布示意

现在，问题已经归结为讨论一件产品的几件相关专利之间的价值差异了，而且这个差异的范围我们已基本确定。用 P' 来表示待估专利特征系数，其取值范围在 0~2 之间。当 $P'=0$ 时，则表示待评估专利的价值为 0，当 $P'=1$ 时，则表示待评估专利 P 正好等于专利均值 P_m，当 $P'=2$ 时，则表示待评估专利是该产品上价值最高的专利，则待估值专利 P 的价值为：

$$P = P_m \times P' \tag{7.9}$$

结合式（7.8）、式（7.9），可以得到：

$$P = (\omega \times \theta \times Q/N) \times P' \tag{7.10}$$

接下来需要计算 P'。附加在产品上的专利价值差异主要是由该专利的专利性以及该专利持有人的市场影响力所决定的。用 $t \in (0, 1)$ 表示该专利的专利性指数，当 $t \to 0$ 时，表示该专利仅仅达到专利法对专利授权的要求，其专利保护范围几乎为 0；当 $t \to 1$ 时，则表示该专利不仅具有极强的专利性，还可获得最大的专利保护范围。同时，用 $c \in (0, 1)$ 表示该专利持有人的市场影响力，当 $c \to 0$ 时，表示该专利持有人几乎不具备市场影响力，完全是市场价格的接受者；当 $c \to 1$ 时，则表示该专利持有人具有完全的市场影响力，居于垄断地位，掌握市场定价权。于是可以得到：

$$P' = t + c \tag{7.11}$$

综合式（7.1）~式（7.11），可以得到一种新的专利价值评估算法：

$$P = P_m \times P' = (\omega \times \theta \times Q/N) \times (t + c) \tag{7.12}$$

3. 基于收益法评估模型的优化

无论企业买入、卖出还是作出其他有关专利权的决定，其背后都是由经济利益驱动的，而专利价值分析的目的也在于评价企业对专利的买卖或其他决定带来的净经济效益。与其他的“收益法”一样，未来经济效益折现模型❶（Discounted Future Economic Benefits Analysis，DFEB）也是用于对企业资产（专利权是企业资产的一种）进行分析的数学模型，其主要参数见表 7-3。

表 7-3　DFEB 价值评估模型主要参数含义

参数符号	含　义
PV	当前价值，即计算结果，目前阶段被分析专利的价值
EB	经济效益
EB_0	当前可以立即收入（全部折现）的经济效益
EB_i	未来一指定时间（比如 3 年后）的经济效益
r_i	折现率，未来一指定时间（比如 3 年后）经济效益可以折合的现金比率
EB_n	专利存在的最后阶段（比如失效之后）仍能带来的经济效益

（1）运算公式

$$PV = EB + \sum_{i=1}^{n-1} \frac{EB_i}{(1+r)^i} + EB_n \tag{7.13}$$

（2）模型的建立思路与运行过程

该模型焦点在于未来能产生的能折现的经济效益。所谓折现，是把产生这些效益所必须花费的开支除去之后得到的。DFEB 分析的最终目的是算出对专利的持有、实施或者卖出的决定是不是经济上有最大收益，而如果只算经济效益，那么产生这些经济效益

❶ William J Murphy，John L Orcutt，Paul C Remus. Patent Valuation：Improving Decision Making Through Analysis [M]. London：Wiley，2012.

的开支就被遗漏了，就是漏了“折现率”。如果产生这些经济效益的开支也非常大，而不计算在内，那么仍无法对企业的专利决策作出指导。

终结价值：DFEB 是用于计算某个特定的专利未来所有的效益。有些情况下，这个专利的有效时间是固定的，分析者也可以确定地知道这个专利的经济效益，比如某企业想买入某个专利权 3 年内的使用授权，那么评估可以只对这 3 年展开。

然而在很多其他情况下，分析者无法自信地预测一项专利在整个生命周期中的经济效益。这个结论初看可能有些奇怪，因为专利的有效期是有限的，但又有两方面因素，造成长期经济效益分析的困难。具体而言，当专利有效期还较长的时候，因为市场因素，可能造成一项专利的实施结果效益的波动；应当考虑非直接经济效益带来的收益，专利有效期内带来的经济效益是总经济效益的大部分。但专利失效后，仍有可能给持有人带来经济效益，如图 7-2 所示。比如，持有人通过专利的实施占据了市场支配地位。杜比（DOLBY）公司的情况就是非常好的一个例子，在杜比公司有关音效的专利失效之后，杜比公司仍能通过在产品上打上 DOLBY 的商标来把消费者对其技术的信任延续到其品牌上，其音响专利技术就有了生命周期之外的效益。

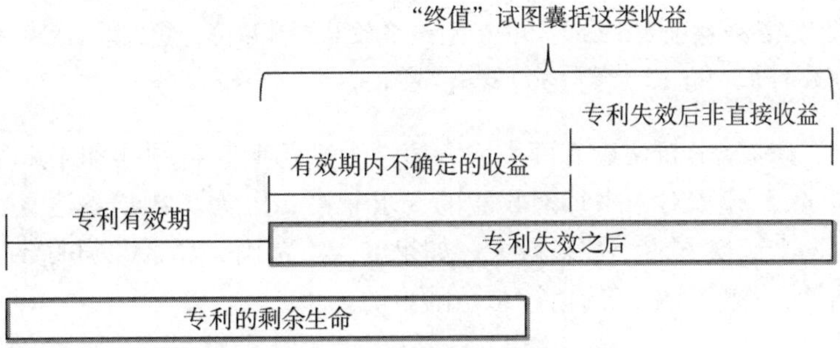

图 7-2　专利现值及预期收益示意

两种情况都需要分析者引入一个专利经济效益的“终值”（terminal value），即在专利的最后一个阶段，当分析员确定此阶段之后专利将不再产生任何经济效益时，则该阶段的经济效益称为“终值”，并把上述公式改写为：

$$PV = EB + \sum_{i=1}^{n-1} \frac{EB_i}{(1+r)^i} + EB_n + \frac{\text{terminal value}}{(1+r)^n} \tag{7.14}$$

终值的计算也是较为复杂的一项工作，可以采用“功效预期法”来计算。相比于传统的用一堆复杂的数学公式来计算终值的方法——那些方法非常依赖输入数据的准确——功效预期法是用一组图表来预测终值，把专利过期后的可能经济效益分成 5 种，如图 7-3 所示。

分析者需先判断出该专利后期将进入哪种模式，然后相应进行估计。比如分析者认为情况 3 是专利失效的收益情况，那么他就可以把最后一期（比如 1 年）的专利实施带来的经济效益作为“终值”。

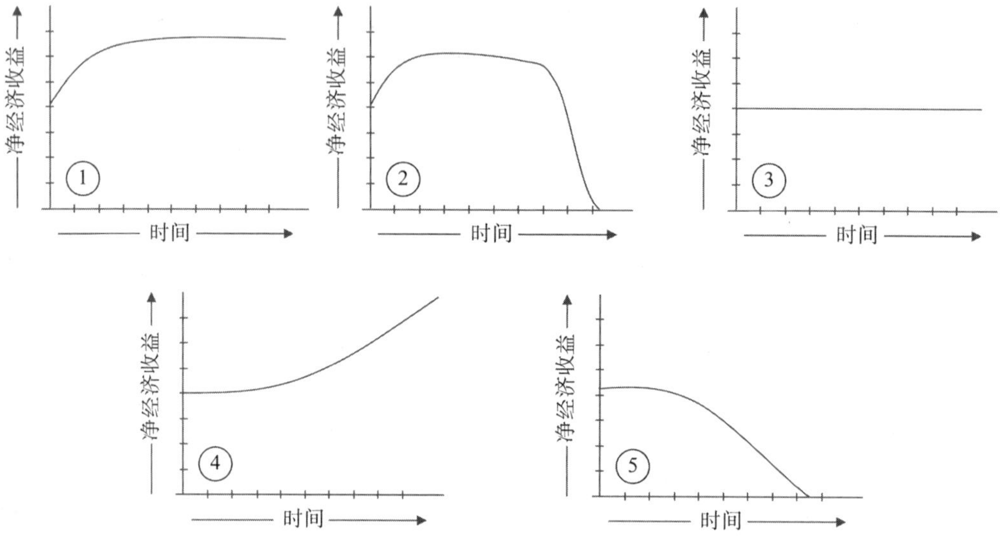

图 7-3　专利过期后的经济效益趋势

注：①失效后经济效益进入平台；②失效后经济效益先升后降；③失效后经济效益趋向稳定；④失效后经济效益不断上升；⑤失效后经济效益下降。

可以看到，DFEB 分析法中有两类输入值：未来每期收益预测和未来每期收益的折现率（见表 7-4）。模型对未来每期收益的要求较高，因为从数学表达上看，分子对最终值的影响比一个高次方的小数来得大。如果输入不精确，那么准确的数学模型也会得到不精确的估计，并且对未来的估计总是困难的。

表 7-4　根据预期收益和折现率计算专利价值示例

参　数	第一年	第二年	第三年	第四年	第五年
预期自由现金流（万元）	2000	3000	4000	3000	2000
折现率	20%	20%	20%	20%	20%
现值（万元）	1670	2080	2310	1450	800

如果预期的现金流（也即每期收益 *EB*，分子）每年少 10%，那么最后的计算结果是 7480 万元；如果每年少 20%，则为 6650 万元；少 30%时为 5820 万元。而如果折现率由 20%升为 22%，那么计算结果仅下降 4.4%到 7950 万元，升到 26%（误差 30%）也有 7300 万元。

其中，第一类输入量是预期收益的计算，预期每期的收益是 DFEB 法的起点，当一个企业或个人持有一项专利时，他会想很多办法来获得利益，产生预期效益，常见的包括：实施专利，用此市场上独有的产品获利；授权他人生产，收取授权费；起诉侵犯本公司专利的人，如果胜诉，收到授权费及赔偿金；将专利权质押，收到金融收益。此外，还有一些间接的收益：通过专利权在交叉授权中获得更大的股本；通过购买先进专利保持公司的领先地位；向股东发出健康良好的信号、信息；在专利权结束后仍保持市场支配地位，及其他方式。

接下来，按产生预期效益的类型来计算实际收入，常用的方法是“收入中心法”，见表 7-5 中的示例。这种方法即把每年的收入（如授权费）列出，然后扣除产生这些授权费的开支（一般为授权费的相应比例），再代入上述公式，得到最终的收益结果。此外，还有“成本中心法”等方法，也可以用于预期效益的计算。

表 7-5　收入中心法计算税前收入的示例

参　数	第一年	第二年	第三年	第四年	第五年
收益					
销量（件）	0	1000	5000	10000	50000
单价（元）	0	300	240	180	150
总收益（万元）	0	30	120	180	750
制造成本					
销售占比	0	90%	75%	65%	55%
估计成本（万元）	0	27	90	117	750
毛利（万元）	0	3	30	63	337.5
标准间接费用					
综合行政管理费用占总收益 10%（万元）	0	3	12	18	75
销售费用占总收益 12%（万元）	0	3.6	14.4	21.6	90
市场费用占总收益 3%（万元）	0	0.9	3.6	5.4	22.5
总标准间接费用（万元）	0	7.5	30	45	187.5
初始开销费用					
研发经费（万元）	10	10	0	0	0
制造工程（万元）	5	5	0	0	0
管理成本（万元）	5	0	0	0	0
初始促销（万元）	2.5	0	0	0	0
销售培训（万元）	1	0	0	0	0
总初始开销费用（万元）	23.5	15	0	0	0
税前利润（万元）	(23.5)	(19.5)	0	18	150

（3）计算折现率

当未来的经济效益被估计出来之后，它们需要被折算成现在的收入，一般的方法是通过应用一个折现率来换算，用到以下公式：

$$PV = \frac{FV}{(1+r)^t} \tag{7.15}$$

其中，PV = 当前价值；FV = 未来价值；r = 折现率；t = 未来到现在的时间长度。折现率的 5 个要素是：收账延迟、机会成本、通货膨胀、风险、流动性损失。折现率的计算就是分别算出这 5 个部分，然后进行合并。例如，分别确定了收账延迟率为 1%，机会成本为 2%，通货膨胀为 4%，风险为 18%，流动性损失为 2%，那么折现率为它们的和，即 27%。

然而，实际应用中，还需要注意一些问题：折现率的计算时间间隔，在开发初期，“风险”是较大的折现率因素，而到了产品成熟期，风险则较小；可以用固定的折现率，计算一次，全部使用，也可以分年份分别使用。另外，在年中计算收益，与在年底计算收益也有不同，计算时都应注意。

三、常用的专利价值评估模型

1. 基于现金流的专利价值评估模型

该模型❶的思路是：估计出一组专利在本公司应用和商业授权应用的情况下能产生的未来预期的现金流，可以用于对机构的评价，或是在企业的证券化、资产抵押等活动中提供参考。模型构建思路如图 7-4 所示，图中第一种为待分析的企业输入的数据，第二种为分析机构根据经验表格查表得出的数据，第三种为中间计算值和最后结果值，第四种为模型参考的已经有的经济学理论公式。可以看出，只要第一种数据提供了，就可以算出一组专利的价值。

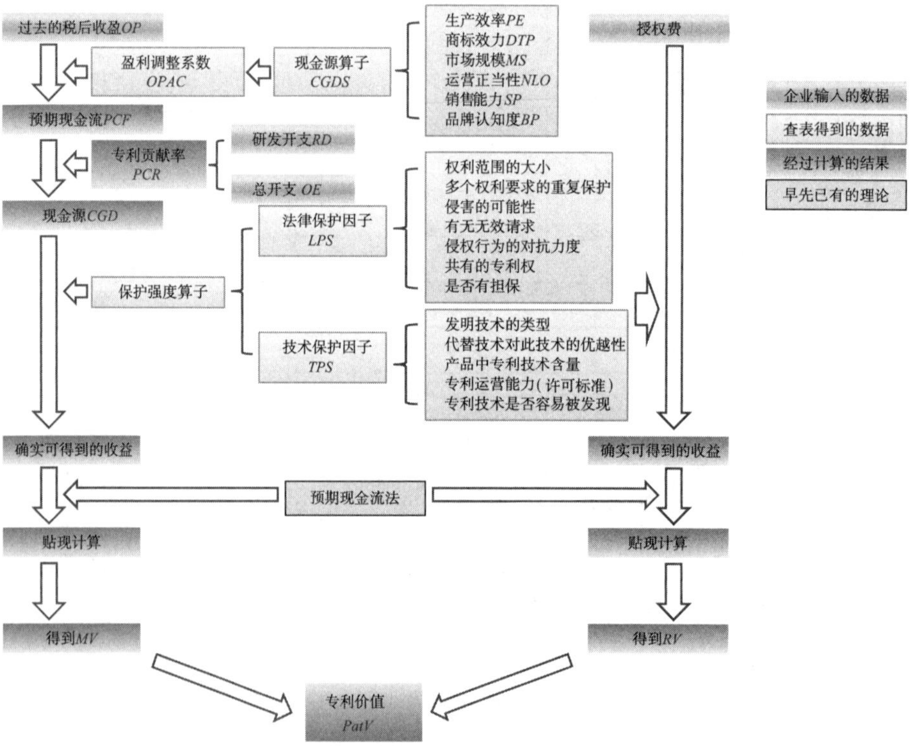

图 7-4　PatVM 专利价值评估模型思路示意

❶ 広瀬祐州，等．特惴権価値斟価モデル（PatVM）［M］．东京：東洋英済新報社，2006：v-ix.

（1）模型计算公式

$$
\begin{aligned}
PatV &= MV + RV \\
&= MV(CGD,\ PD,\ r) + RV(R,\ PD,\ r) \\
&= OP \times OPAC(CGDS) \times \frac{\sum_{t=-4}^{0} R\&D_t}{\sum_{t=-4}^{0} OE_t} \times \frac{1}{n} \times \sum_{T=1}^{PD(PDS)} \frac{1}{(1+r)^T} + \\
&\quad \sum_{i=1}^{I} \sum_{j=1}^{J} \left(R_{ij} \times \frac{RDS_{ij}}{15}\right) \times \sum_{T=1}^{PD(PDS)} \frac{1}{(1+r)^T}
\end{aligned}
\tag{7.16}
$$

（2）模型的构建思路和运行过程

本模型基于“预期现金流法”（Expected Cash Flow Approach）。预期现金流法是一种估算未来持续有现金收入的财产“当前”的价值的模型，其基本公式为：

$$
DCF = \sum_{i=1}^{n} \frac{CF_i}{(1+r)^i} \tag{7.17}
$$

其中，*DCF* 为估算得出的当前的价值，*CF* 为未来 i 年时可以产生的现金，r 为贴现率。

首先，计算本企业对某项专利的垄断使用收益 *MV*，使用产品收益来估算，而产品收益又是通过之前几年的税后营收来计算的，如果把前几年的产品收益记为 *OP*，那如何估计未来某年的产品收益呢？用 *OP* 乘以“盈利调整系数 *OPAC*”，而这个系数是由“现金源算子 *CGDS*”中提取的，现金源算子 *CGDS* 受6个参数影响：生产效率 *PE*、商标效力 *DTP*、市场规模 *MS*、运营正当性 *NLO*、销售能力 *SP*、品牌认知度 *BP*。

如上所述，*OP* × *OPAC* 即为产品方面未来的收益，但这里面有多少是因为持有专利而带来的呢？为了算出专利对产品收益的贡献，还要再乘以一个“专利贡献率”，即“过去 5 年的研发成本与运营总支出的比”，再除以一个产品中包括的专利件数，就得到了 *CGD* ——现金源的值。

接下来，就是测算这样得到的现金源可以持续多长时间（*T*）。这里面引入一个“保护强度 *PD*”来表征这个持续时间的最长值（其单位可以是一段时间，如：年），保护强度也是我们构建的“保护强度算子 *PDS*”的函数，而保护强度算子又与两方面的因素有关：法律保护因子 *LPS*；技术保护因子 *TPS*。

最后，再把上面计算得出的各函数代入最开始提过的“预期现金流法”的公式（7.16）中，即可得到本企业独占时专利的价值，注意考虑贴现率 r。

专利价值评估里面的 *RV* 就相对简单一些，因为授权方式产生的收益可以直接用收取授权费的方式计算出来，在合约签订之后，容易算出一件专利未来能产生多少专利价值，只需把一组专利中所有授权的专利在被授权的公司处取得的授权费加和即可。在加和之前还要对各公司的授权费因子 *RDS* 进行调整，这个因子与 *MV* 相关。

算出每年可收的专利费之后，仍按“预期现金流法”对未来每年的收效进行贴现。最后，将 *MV* 与 *RV* 相加，即得到一组专利的价值。

（3）未来经验效益折现模型（DFEB）与专利权价值模型（PatVM）的比较

总体而言，两者都是从商业角度对专利的价值进行分析，并且都基于“预期现金流法”。但是，DFEB 侧重于整体，全盘考虑，把无形资产也计入了专利的价值；而 PatVM 只计算专利权有效期内的经济价值。

计算过程中，DFEB 用一种“模式计算”的方式，在过往的案例中寻找可以参考的同类模型，进而对新的案例进行估计，计算较快，但结果粗略，不过因为是以实际案例为参考，所以数值可靠。PatVM 以几十个经验数值的表为核心，列出所有影响专利价值的参数，进行精细的计算，数值较精确，但可靠程度依赖于经验表的数值，也有一定风险。

2. 专利质押融资的价值评估模型

前面介绍的专利价值评估模型主要服务于那些需要收购（出售）专利资产给企业的目的。然而，专利变现很多情况下是以银行质押贷款形式出现的，其中的价值评估方法与前述方法有所区别，这是因为银行除了要考虑专利的前述经济收益外，还要考虑专利的内在价值（专利强度），并且从企业的贷款历史、资产总额、信用等级等方面来考量企业的还款能力。实质上，用于银行质押贷款的专利价值评估模型是一种将专利筛选模型、专利价值评估模型与企业信贷评估模型相结合的综合模型。实际操作中，银行目前通常先单独考虑企业的信贷级别评估结果，再考虑评估机构从技术和经济角度所得出的评估结论，而非使用一个整体的模型。即便如此，本节所介绍的模型对于企业认识自身专利的质押价值、促进专利质押融资业务的发展，还是具有一定的参考价值。

（1）影响专利质押融资评估的因素

影响因素是：专利质押融资客体具有非物质性；专利质押融资具有明显的期限性；专利质押融资中的专利使用权的非转移性（专利的质押融资中，专利权人将其专利出质，并不失去专利的占有权和使用权）。

需要合理选择基础模型。专利作为无形资产，其价值与其投入成本本身具有弱对应性的特点，市场法的适用条件较为苛刻，且专利在受保护期限内垄断性较强、受保护程度较高，基本上不存在较为完善的交易市场，适用性也较差。收益折现法强调资产未来获得的超额收益，适用于连续性生产且具有较强获利能力的专利。虽然针对专利质押价值的确定，收益折现法面临收益分层率、折现率及获利年限等因素估计困难等问题，但是，相对于成本法和市场法，其更加适用于专利质押价值评估，因此可以将前面提到的收益法及其优化的 DFEB 方法所得出的评估结果作为专利质押价值评估的基础。

在基础模型之上，资产评估实务中关注专利的其他特征还有：专利的权属关系及其法律状态、专利本身及其所属产品的行业周期状况、企业自身状况和技术特点、企业的现金流量、专利所处的寿命周期、专利在实施过程中是否处于核心地位、不同企业所属行业的风险系数、企业的管理水平、研发能力、研发投入等关键指标。

（2）政策背景

就目前而言，专利质押价值评估工作的推进一般依赖于地方政府、国家知识产权局、银行三者的共同推动，质押融资金额往往受到地方规定上限的限制。即使同样的专利，在不同地区所能获得的融资规模和融资期限可能有很大差别，因此，在专利质押价值评估时，需要考虑政策的影响。下面就目前在国内比较具有代表性的 4 种专利质押方式（见表 7-6）进行介绍，以便于质押贷款评估模型的构建。

表 7-6　国内专利质押贷款的典型模式[1]

地　区	模式概述	特　点
北京	银行+知识产权担保	市场化程度较高，政府负责搭建平台，不直接参与，银行和担保公司风险大，贷款目标多为中型企业
上海	银行+政府基金担保+知识产权反担保	政府在担保、评估、贴息等方面全方位参与，便于短期快速推广，但长期而言会使政府面临较大风险
湖北	银行+科技担保公司+知识产权反担保	引入企业作为担保主体，降低了中小企业的反担保门槛，与股权、应收账款等质押相结合，担保公司不愿承担风险，贷款发放效率低
江苏	银行+无抵押担保知识产权	关系型贷款，银行面临风险较大，中小企业贷款难

从上述 4 种模式不难看出，银行对于专利质押贷款目前还是非常谨慎的，一方面是因为当企业无法偿还贷款时，专利资产的处置具有一定困难；另一方面，无形资产的价值变动较有形资产更大，未来的风险也更大。由表 7-6 可见，对于那些缺少政府担保的地区而言，银行更倾向于向规模较大的企业发放专利质押贷款。为了使模型更加清晰，借鉴了华中科技大学刘璘琳[2]和上海理工大学方厚政[3]的研究结论，以下模型中仅包括以下 5 个自变量：专利类型 $type$ 、剩余年限 $time$ 、同族专利数量 fn 、企业信用评级 cl 、政策激励强度 sp 。

$$loan = (E_c/E_p/\frac{E_c + E_p}{2}) \times (\beta_1 \cdot sp + \beta_2 \cdot cl + \beta_3 \cdot fn + \beta_4 \cdot time + \beta_5 \cdot type) \quad (7.18)$$

其中，E_c 为通过成本法及类似方法所评估得出的专利（组合）价值，E_p 为通过预期收益法所得出的专利（组合）价值，可以根据实际专利类型等情况确定所采用的值，或者采用二者的平均值；上述公式的后半部分为贷款系数，其中 5 种变量及其权重系数 β_n 的值可根据实际情况而设定。例如，对于已经实施多年、销售稳定、市场份额相对稳定的药品类专利，可以确定使用收益法所评估得出的结论作为初值，并且忽略专利类型的影响因素（药物的同类专利通常为发明专利），并根据竞争对手技术的发展情况来设定其他参数及其变化范围。另一种方案是，将上述 5 种变量的变化范围设定为（0，2），并根据专利的类型来设定 5 个权重系数，或者直接将 5 个权重系数都设置为 0.2，或者利用层次分析法来进行计算。例如对于 2014 年上海地区的中小企业而言，可以设定 $type = 2, \beta_5 = 0.4$。总之，贷款系数的构成较为灵活，但对质押贷款评估值有直接影响，其计算需要考虑到专利及企业的具体情况。

[1] 刘璐，郭静，等. 国内知识产权质押融资典型模式比较与存在问题分析［J］. 现代商业，2014（35）.
[2] 刘璘琳. 专利质押贷款模型及实证研究［D］. 武汉：华中科技大学，2012.
[3] 方厚政. 专利质押贷款模式影响因素的实证研究［J］. 上海经济研究，2014（8）：50-56.

3. 基于期权理论的专利定价模型

（1）金融期权的定义

金融期权（option）是指一种选择权合约，它是指持有者在未来一段时间内以一定的价格购买或出售某项金融资产（股票、汇率、利率等）的权利。根据执行时间的不同，期权可以划分为欧式期权和美式期权。欧式期权是指期权持有者在未来某一固定时间购买或出售某项资产的权利；美式期权是指期权持有者在未来时间段内的任意时间购买或出售某项资产的权利。另外，期权根据持有者的权利可以划分为看涨期权和看跌期权。其中，看涨期权是指期权持有者在未来一定时间内以某一确定的价格购买某项资产，看跌期权是指持有者在未来一定时间内以某一确定的价格出售某项资产。

1973 年两位美国著名金融学家 Black 和 Scholes 合作创立了关于不付红利股票的欧式看涨期权定价公式❶❷❸，他们的这一开创性工作已被应用到其他金融领域和某些实物资产的价值评估。为应用方便，具体给出 Black 和 Scholes 合作创立的期权定价模型：

$$dS = \mu S dt + \sigma S dz \tag{7.19}$$

式中，μ、σ 为常数，参数 μ 为单位时间内（通常假定为 1 年）股票的预期收益率，参数 σ 为股票价格的波动率，dz 是一个 Wiener 过程，$dz = \varepsilon\sqrt{dt}$，$\varepsilon$ 为标准正态分布（期望为 0，标准差为 1.0 的正态分布），上述几何布朗运动模型的离散形式为：

$$\Delta S = \mu S \Delta t + \sigma \varepsilon \sqrt{\Delta t} \tag{7.20}$$

式中，Δt 为时间的变化量，ΔS 为短时间 Δt 后股票价格 S 的增量。由于股票和相应衍生证券都受同一金融市场不确定因素的影响，所以 Black 和 Scholes 首先利用不付红利股票和以不付红利股票为标的资产的衍生证券构造了一个无风险证券组合，然后再利用假设条件 4 推导出了基于不付红利股票的任意一种衍生证券的价格必须满足以下微分方程：

$$\frac{\partial g}{\partial t} + rS\frac{\partial g}{\partial t} + \frac{1}{2}\sigma^2 S^2 \frac{\partial g^2}{\partial S^2} = rg \tag{7.21}$$

上述方程式（7.21）即是非常著名的 BS 微分方程，利用风险中性定价理论，Black 和 Scholes 得出了以下相应欧式看涨期权的定价模型：

$$g = e^{-r(T-t)}\overline{E}[\max(S_T - X,\ 0)] \tag{7.22}$$

式中，$\overline{E}$ 表示风险中性定价中的期望值，X 表示期权的执行价格，T 表示期权的到期日，利用几何布朗运动和对数正态分布的一些特性，可以得出上述方程的解析解：

$$g = SN(d_1) - Xe^{-rT}N(d_2) \tag{7.23}$$

---

❶ Black F, Scholes M. The pricing of options and corporate liabilities [J]. Journal of Political Economy, 1973, 81(3): 637-659.

❷ Hull J C. Options, Futures, and Other Derivatives [M]. NJ: Prentice-Hall, 1997.

❸ Merton R C. Continuous-Time Finance [M]. Oxford: Wiley-Blackwell, 1990.

式中：

$$N(d_1)=\frac{\ln\left(\frac{S}{X}\right)+(r+\sigma^2/2)T}{\sigma\sqrt{T}}$$

$$N(d_2)=N(d_1)-\sigma\sqrt{T}$$

式中，$N(x)$ 为标准正态分布的累计概率分布函数（即随机变量小于 x 的概率）。

实物期权与金融期权的主要区别在于，金融期权是处理金融市场上交易的金融资产的一类金融衍生工具，而实物期权是处理一些具有不确定投资结果的非金融资产的一种投资决策工具。实物期权可以分别存在于投资者手中、投资项目之中和投资合约之中。一般情况下，实物期权可以分为以下 6 种情形：推迟投资权（the option to defer）；分解段投资权（the option for staged investments）；扩张投资权（the option for change scale）；放弃权（the option to abandon）；开关权（the option to switch）；增长权（the option to growth）。并且，不同投资项目含有不同的实物期权，有的一个投资项目同时包含几种实物期权。所以，实物期权相对于金融期权来讲比较复杂。

实物期权的定价模型与金融期权的定价模型类似，下面我们通过比较金融（以股票为例）期权和实物期权的输入变量区别（见表 7-7）来给出实物期权的定价模型[1]。

表 7-7　金融期权与实物期权的输入变量的对应关系比较

金融期权		实物期权
股票现在价格 S	⟶	项目现金流收益的现值 P
执行价格 X	⟶	项目的投资费用 V
期权的有效期限 T	⟶	项目投资机会的持续时间 T
股票价格的不确定性 e	⟶	项目价值的不确定性 θ
无风险利率 r	⟶	无风险利率 r

因此，由公式（7.23）可以得出相应金融期权的定价公式：

$$C=PN(k_1)-Ve^{-rT}N(k_2) \tag{7.24}$$

式中：

$$N(k_1)=\frac{\ln(P/V)+(r+\theta^2/2)T}{\theta\sqrt{T}}$$

$$N(k_2)=N(k_1)-\theta\sqrt{T}$$

（2）基于实物期权定价理论的专利价值评估

投资者购买专利权可以看成投资者在将来的某一段时间内实施专利权并生产专利产品的一种扩张权。因为投资者在购买专利权后，经过一段时间的具体实施准备工作后，如果到时候专利产品的市场条件较好，则投资者会花费一定的费用进行专利产品的具体生产，

[1] 杨春鹏，伍海华. 实物期权在专利权价值评估中的应用［J］. 系统工程理论与实践，2002（6）：101-104.

并将产品投放市场；反之，如果到时候专利产品的市场条件较差，则投资者会放弃进行专利产品的具体生产。因此，可以运用实物期权的定价公式来评估专利权的价值。

为了方便起见，这里给出如下符号的代表意义：记 T（年）为投资者购买专利权到具体实施专利权、生产专利产品的时间年限，F_i 为投资者准备生产专利产品每年的费用，V 为投资者生产专利产品时投资者的投资费用，P_T 为 T 时刻投资者生产专利产品所产生现金流的价值，P 为投资者生产专利产品所产生总现金流的现值，θ 为相应的标准差，μ 为现金流的折现率，r 为无风险利率。直观上，我们可以用图 7-5 表示投资者购买专利权到具体实施专利权并生产专利产品的过程。

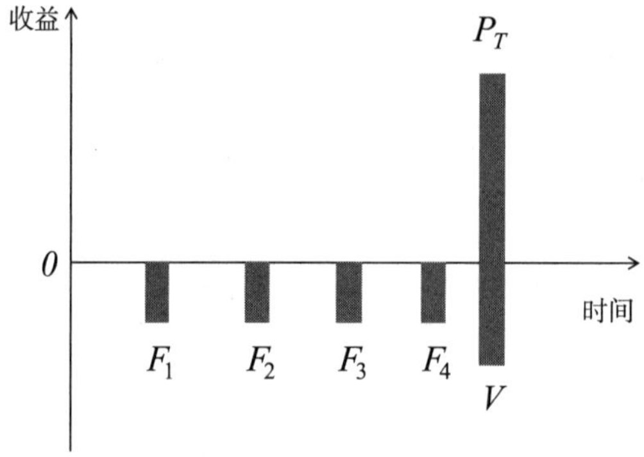

图 7-5　根据实物期权理论的专利投资收益示意

由实物期权的定价公式（7.23）可得，该专利权的价值为：

$$C = [PN(k_1) - Ve^{-rT}N(k_2)] - \sum_{i=1}^{T} \sum \frac{F_i}{(1+\mu)^i} \tag{7.25}$$

式中：

$$N(k_1) = \frac{\ln(P/V) + (r + \theta^2/2)T}{\theta\sqrt{T}}$$

$$N(k_2) = N(k_1) - \theta\sqrt{T}$$

（3）存在的问题与不足

需要注意的是，本节介绍的根据实物期权定价理论评估专利价值的方法的前提假设是，专利资产的利润流按照几何布朗运动变化。那么依照 B-S 定价方法可以弥补传统方法的不足，为复杂多变的专利交易市场提供一个较为客观灵活的价值评估手段。但是，未来的现金流遵从布朗运动这个前提颇为苛刻，对于专利资产的现值只能通过预测与估算获得，且对于专利现金流是否服从正态分布也未可知，因此在应用时需要依照实际情况作出颇多调整❶。

关于 B-S 模型假设价格的波动率稳定，在专利交易数据很少公开的情况下，正确估计专利价值的波动率有着不小的困难，而且由于波动率是 B-S 公式中最为重要的一个参数，其偏差会明显影响评估的结果。另外，模型中一些参数的设计也存在一定问

❶ 唐锐. 专利的期权定价方法研究［D］. 湘潭：湘潭大学，2012.

题，专利的寿命很长，风险会随时间变化而变化，如果将风险设为定值则会带来误差；作为标的资产的利润流与金融资产不同，对其运动规律还未得到证实。

4. 计算机利用专利大数据评估专利资产价值模型

价值，通常可以基于某些指标进行评估，例如评估一处房产，会基于一些如地理位置、占地面积、使用年限、房间数、设备性能等指标，然后赋予各个指标不同的权重从而评估出其市场价值。当然，评估的价值和最终的成交价可能有所不同，且典型的情况下卖方都比买方期望一个更高的成交价，所以交易价格本身也存在一个协商过程。

随着人工智能技术的推广运用，通过海量的数据计算和算法模型，一些软件可以通过专利相关的定量和定性指标，对专利价值进行评估，甚至给出明确的参考价格。虽然评估结论的准确性受到多方的争议，但是，交易双方至少可以借助类似评估工具在参考价格的基础上，对最终交易价格进行磋商。某些专利价值评估系统利用改进的市场法，与传统的市场法相比，融入了专利价值计算模型，整合了多个不同维度的专利指标，通过大数据计算，对一件发明或者实用新型专利进行打分。同时，由于建立了一套基于多种专利运营活动的成交价格数据库，利用机器学习算法对历史成交数据进行处理，并结合改进的市场法，计算出专利的价值区间。

常见的专利价值评估模型也是基于多种定量和定性指标的计算，并归纳到以下几个维度中，如图 7-6 所示，便于交易双方理解和达成共识：

1）技术价值维度：技术价值主要对专利的技术领先程度等方面进行评估，包括技术的独一无二性，技术优于其他替代技术，技术是否有营销价值，发明是否经过测试，在商用前需要多长时间，侵权产品的辨识难易程度，技术实施是否依赖其他技术许可，是否需要新的技术资格或生产设备；具体指标如体现先进程度的引用文献、申请人数量、发明人数量，体现技术成熟度的自引用专利情况，体现技术应用宽度的分类号等。

2）法律价值维度：法律价值主要对专利的权利稳定性、权利保护范围、保护地域以及有效期方面进行评估，如专利所处的阶段，专利的有效期，专利覆盖的市场范围，专利权的保护范围，专利的广度和全面度，是否有专利侵权，专利技术的可实施性，诉讼侵权的可监测性；具体指标如权利要求数量、说明书页数、布局国家数量、存活期等。

3）市场价值维度：市场价值主要关注市场当前应用以及未来预期的情况，包括商业领域中的市场增长率，市场中专利技术平均寿命，用户愿意支付的价格，商业领域中应用技术获得的额外营业额，公司是否具备知识应用潜能，替代产品在市场上的活跃程度，专利技术能否从许可协议中获得潜在收入，商业活动中是否需要特殊许可；具体指标如市场规模、布局国家的经济发展程度、是否多方专利、剩余有效期等。

4）战略价值维度：战略价值主要通过专利的攻防能力以及时间和空间上的影响力进行评估，包括专利是否确保其在现有市场中的地位，专利是否能帮助新产品在市场中胜出，专利目的是短期的防御型武器还是长期的进攻型武器，专利是只与一个产品还是一个产品线相关，使用该专利以获得许可证或者销售协议；具体指标如独立权利要求数量、无效情况、异议情况、许可频次等。

5）经济价值维度：经济价值主要通过专利权在商业环境中运用进行体现，包括专利技术对现有财务结构的影响力，实施技术时生产成本变化，专利技术对公司的利润贡献率，公司是否有财务能力在相关市场支付专利的更新费用，生产设备的投资，未来必要的开发成本；具体指标如许可、质押、转让等情况。

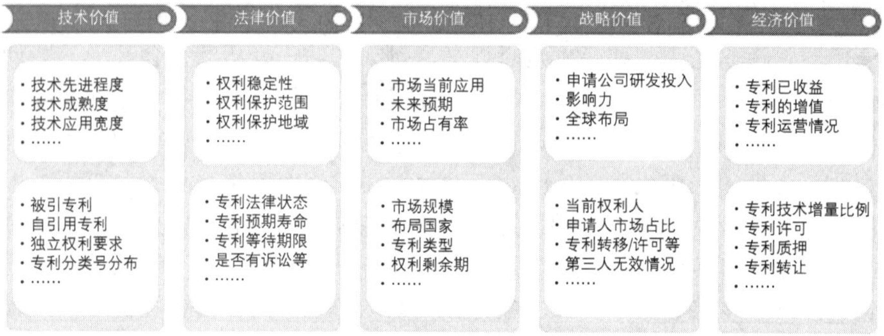

图 7-6　专利价值评估体系的维度、含义和指标

专利价值评估体系的应用很广泛，除了能在技术交易时给予价值参考，还可以用来分析可视化展示和记录专利或者专利相关研究项目的技术强度和不足之处；不仅可以评估单个专利及专利组合的价值，还可以分析复杂的专利技术族。

欧菲科技是国内光学光电领域的领军企业，在 2018 年 10 月，收购了富士胶片镜头相关专利及富士天津全部股权。在欧菲科技发布的关于此次收购的公告中，详细介绍了收购情况和收购价格。此次交易标的情况为：富士胶片的手机、车载镜头及摄像头相关专利权和申请权共计 985 件，富士中国在手机、车载镜头及摄像头等领域的专利许可共计 55 件。本次交易中专利转让费用为 1500 万美元，专利许可费为 100 万美元。

在公告中，欧菲科技披露了此次交易的定价依据：富士胶片及富士中国的核心专利、专利许可共计 1040 件，经第三方专利数据库价值系统评估，结合行业专利价值标准及未来 3 年的行业市场预测产值来测算，软件评估出的专利权及专利申请权价值高于交易对价。

将欧菲科技的总专利资产进行评估后，从图 7-7 可以发现，在摄像头领域（IPC 分类号 G02B13）欧菲科技的专利价值平均值已经远超全球范围内行业内平均价值。

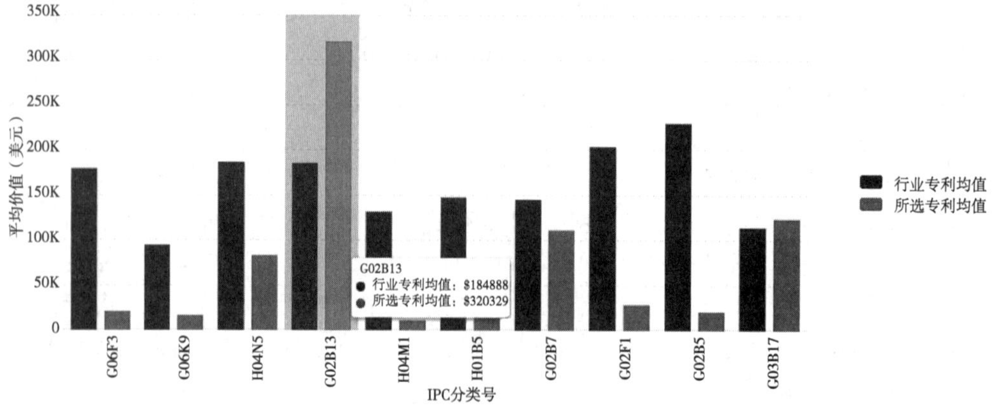

图 7-7　欧菲科技在多个技术领域的专利均值与行业均值比对

2014 年，联想公司以 1 亿美元购买美国专利授权公司 Unwired Planet 的 21 项专利组合，包括 3G 和 LTE 移动技术及其他重要的移动专利。同时，联想将获得 Unwired Planet 知识产权组合的多年授权，涵盖移动设备标准、安装启用和应用层面技术等多个领域。

用某价值评估系统对 Unwired Planet 公司的所有专利进行评估，如图 7-8 所示，得到其专利的平均总价值约 1.2 亿美元，最高与最小估值范围在 0.84 亿~1.5 亿美元，这是系统在 2016 年做出的评估值，专利有效年限、专利的被引用数量等核心指标都已发生变化，而且联想公司真实受让的专利清单并没有披露出来。当时的价值范围与真实的转让价格还是比较接近的。

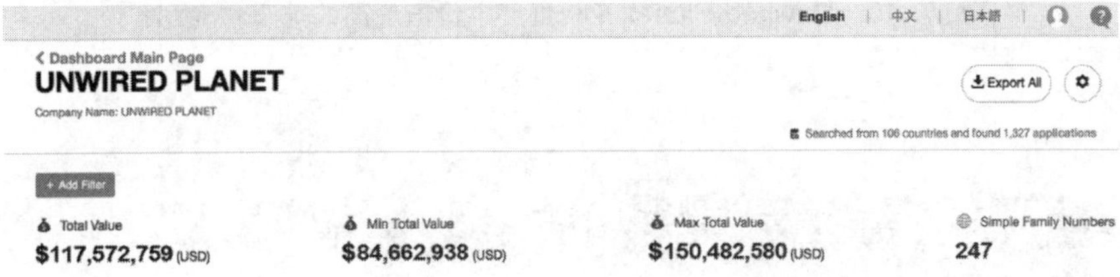

图 7-8　Unwired Planet 专利资产在 2016 年的估值

除了能快速获得专利包的总价值，价值评估系统还可以对专利的价值分布进行分析，如图 7-9 所示，Unwired Planet 公司的高价值专利区域（不低于 $600K）的专利族数量占比超过 61%，展现出 Unwired Planet 公司的专利布局策略，专利数量和专利质量维持在较均衡的水平。

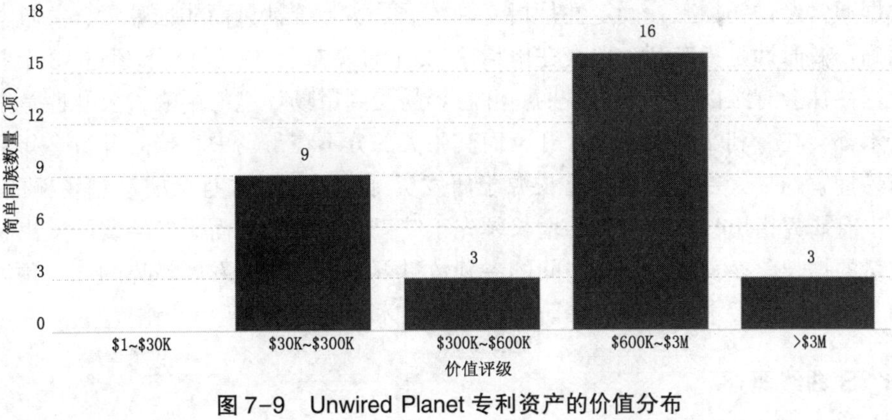

图 7-9　Unwired Planet 专利资产的价值分布

通过专利价值评估系统还可以快速锁定领域或企业的高价值专利，如图 7-10 所示，通过对 Unwired Planet 公司价值最高的 TOP 10/20/50 的专利族进行研究，可以详细分析这些专利的技术方案和其他维度的指标，包括单件专利的当前申请人、同族数量、技术宽度和专利期预估等，从而总结归纳出高价值专利的特征。

专利/名称	[标]当前申请(专利权)人	简单同族	技术宽度	价值 (美元)	专利期预估
US9332542B2 Apparatus and method for allocating resources in a single carrier-frequency division multiple access system	UNWIRED PLANET INT	24	5	$5,780,000	6年 申请 过期日
CA2675053C Apparatus and method for allocating resources in a single carrier-frequency division multiple access system	UNWIRED PLANET INT	29	1	$3,660,000	13年 申请 过期日
CN102625472B 向小区专用信道的直接转变	联想(北京)有限公司	24	5	$3,610,000	16年 申请 过期日

图 7-10　Unwired Planet 专利资产中价值最高的前三件专利

第二节　专利申请趋势分析模型

技术发展趋势分析预测对于企业经营决策和科研管理具有重要参考价值。尽管可以采用研发投入或产品销售额等数据来进行技术发展趋势分析与预测，但针对某项技术的研发总支出数据和销售总额数据不易确定且不易获得，由此给相关分析预测工作造成了极大困难。相比于研发和销售数据，专利数据具有便捷性、确定性、及时性、公开性等其他数据难以比拟的优势。具体而言，专利数据的便捷性是指专利数据容易获得，并且这些数据通常经过初加工；确定性是指专利数据是实际统计量而非估算量，并且其统计规则明确；及时性是指专利一般会在申请后 12 个月左右公开，一般不超过 18 个月，而销售数据往往会有难以确定的迟滞期，并且容易受到市场环境的影响；公开性是指 95% 的新技术都会在专利文献中提前公开，而其中大部分不在市场中直接公开或多年后才公开。容易理解的是，专利数量的增长源于研发资源的投入，并且会驱动销售额的增长。同时，也有研究指出，专利数量的增长领先于销售额的增长，而研发经费的支出领先于专利数量的增长。换言之，居于中间的专利数量可以用于技术发展趋势的分析预测，也可以用于确定当前技术所处的发展阶段、预测技术发展趋势和生命极限。

一、S 曲线概述

S 曲线（S-shaped Curve）是形如 S 的一类曲线的总称，包括珀尔曲线（Pearl Curve）、甘培兹曲线（Gomperz Curve）、巴氏曲线（Bass Curve）等。由于这种曲线的增长率变化趋势与人类的一些行为和生物发展具有相似性，因此被人们用于相关的分析研究，并且也被称为生命周期曲线（Life Cycle Curve）或者成长曲线（Growth Curve）。技术的发展依据客观的科学定律，TRIZ 理论之父 G. S. Altshuler 认为任何产品都是由核心技术支撑的不断进化的技术系统，该系统的进化过程类似于生物的生长过程❶。由于

❶ 龚益鸣，丁明芳. 应用 TRIZ 进行技术预测［J］. 研究与发展管理，2004，16（5）：77-81.

S 曲线的变化趋势和技术系统的进化趋势都具有生物发展相似性，符合自然发展的客观定律，因此，可以将 S 曲线用于技术发展的预测。根据不同的使用场景，可将 S 曲线分为技术生命周期曲线和产品生命周期曲线。

运用 S 曲线进行技术生命周期分析预测时，通过将历史数据代入曲线方程中，再利用最小平方法的回归分析与外插法确定相关系数（实际操作中，可使用 SPSS 软件、Matlab 软件或 Loglet Lab 软件进行模拟拟合），从而得到曲线表达式，并进一步估算出某个时间点的对应值。

如图 7-11 所示，技术生命周期 S 曲线一般通过研发投入数据或专利申请数据来拟合，会经历萌芽期、成长期、成熟期、衰退期 4 个阶段[1]。

萌芽期：技术发展缓慢，没有明确市场，专利申请人少，专利数量少；

成长期：技术快速发展，专利申请人急剧增加，专利数量急剧增加；

成熟期：市场趋于饱和，专利数量增长速度减缓，专利申请人趋于集中；

衰退期：专利数量出现负增长，专利申请人数量出现负增长，但有时会表现为处于衰退期的技术升级进入新的萌芽期，例如 LCD 相关技术应用到 LED 和 OLED 中。

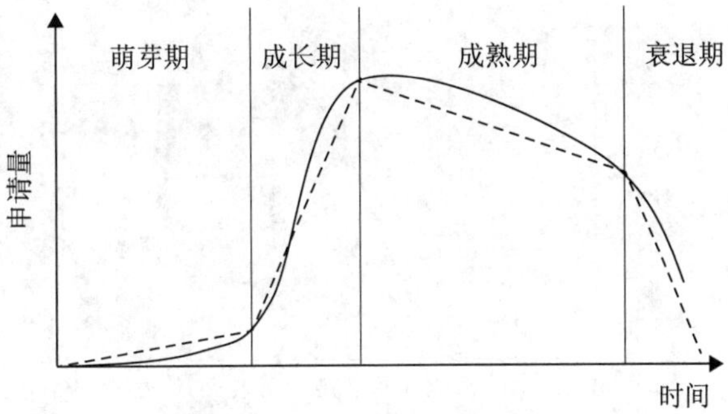

图 7-11　技术生命周期 S 曲线

二、S 曲线数学模型

常用的 S 曲线数学模型主要有 Logistic 模型[2]和 Gompertz 模型两种。Logistic 模型又称为 Verhulst-Pearl 模型（即珀尔曲线模型），由比利时数学家 P. F. Verhulst 于 1838 年在研究人口增殖规律时提出。R. Pearl 和 L. J. Reed 于 20 世纪 20 年代发现，该模型能较好地描述生物体成长规律，反映事物发生、发展、成熟并趋于饱和的过程，并随之在预测学、信息科学、生物学等领域得到广泛应用，其表达式如式（7. 26）所示。英国数学家 B. Gompertz 于 1968 年提出了 Gompertz[3] 模型，该模型在形态上呈现 S 形分布特征，与 Logistic 模型具有相似性，其表达式如式（7. 27）所示。

$$y = \frac{l}{1 + \alpha e^{-\beta T}} \tag{7.26}$$

❶ 肖沪卫，顾震宇. 专利地图方法与应用［M］. 上海：上海交通大学出版社，2011：137-147.

❷ Ernst H. The Use of Patent Data for Technological Forecasting：The Diffusion of CNC - Technology in the Machine Tool Industry［J］. Small Bussiness Economics，1997（9）：361-381.

❸ Virene E P. Reliability Growth and Its Upper Limit［C］. Proc. Ann. of Symposium on Reliability，1968：265-270.

$$y = \frac{l}{e^{\alpha e^{-\beta T}}} \tag{7.27}$$

在上述两种模型的表达式中，y 为预测值，T 为时间变量，α 、β 、l 均为模型待估参数，l 为自然极限饱和值，即 $y(SymboleB@)=l$ ，β 为增长速度因子，α 为无因次参数，上述两种 S 曲线的图形分别如图 7-12 和图 7-13 所示。其中，α 控制 S 曲线在 x 轴的水平位置，但不改变曲线的形态，β 控制曲线的胖瘦形状，但不影响其整体位置。

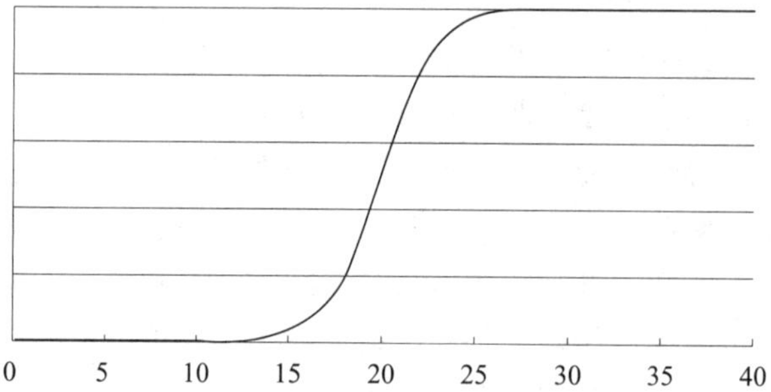

图 7-12　Logistic 模型 S 曲线

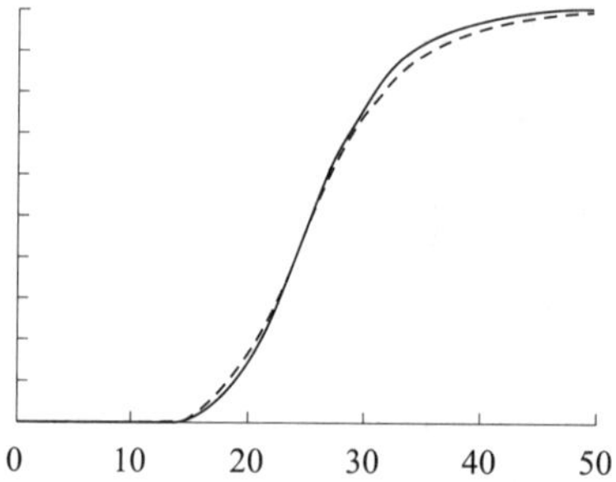

图 7-13　Gompertz 模型 S 曲线

三、分析案例

【案例 7-1】半导体照明技术专利申请量的生命周期 S 曲线分析

随着半导体照明技术的迅猛发展，白光 LED 凭借其光谱丰富、色温柔和、寿命长、节能等特点受到了市场的青睐，并成为各大企业的研发热点。在 2000 年以前该技术的发展相对缓慢，相关专利的申请量并未呈现出明显增长态势。自 2000 年开始，白光 LED 照明技术得到快速发展，该领域的专利申请也放量上涨❶。

考虑到专利公开的滞后性，本例仅采用 2013 年以前的全球专利申请数据来说明 S 曲线分析的操作方法。通过 2000~2009 年该领域的全球专利申请数据，利用 SPSS 19.0 软件进行非线性回归分析❷，得到 Logistic 模型的两个参数 α 和 β ，并根据该参数进一步求出 2010~2013 年该领域的全球专利申请量。

鉴于 Logistic 曲线在第一象限和第三象限具有对称性，对时间变量 t 求一阶导数可

❶ 郭凯，王晓东，等．白光 LED 领域专利申请状况分析［J］．中国发明与专利，2014（12）：32-35.

❷ 董江水．应用 SPSS 软件拟合 Logistic 曲线研究［J］．金陵科技学院学报，2007，23（1）：21-24.

知，曲线在 $y=\frac{l}{2}$ 处发生反转，即在该点当年的专利申请量增长率为0。另外，如果萌芽期和成长期数据较为丰富，也可以进一步对式（7.27）中的时间变量 t 求二阶导数，进而通过式（7.28）和式（7.29）求出其他两个关键时间节点，即萌芽期与成长期之间的分界点和成长期与成熟期之间的分界点，本例中，$t_1 \approx 7$（2006 年），$t_2 \approx 14$（2013 年），根据 Logistic 曲线图形的基本性质容易知道，反转点 S_r 应该位于 t_1 和 t_2 之间。此外，对于 Gompertz 曲线，亦可采用这样的方法进行分析。

$$t_1 = \frac{\ln\alpha - 1.317}{\beta} \tag{7.28}$$

$$t_2 = \frac{\ln\alpha + 1.317}{\beta} \tag{7.29}$$

根据 Logistic 和 Gompertz 模型分析，反转点分别出现在 2010 年和 2011 年，而根据实际申请量（见表 7-8 中灰色数据部分），反转点很可能出现在 2014 年或 2015 年，而考虑到检索数据的查全率和查准率问题，以及本例中萌芽期数据采样时间跨度较短的因素，可推知白光 LED 专利技术的反转点约在 2012 年或 2013 年前后出现。考虑到市场销售额相对于专利技术通常有一定的滞后期，该滞后期因不同行业而异，在白光 LED 这样技术发展迅速、市场快速增长的市场中，如果假设“专利—市场”滞后期为 5 年，则可预知，白光 LED 市场会在 2018 年前后进入成熟期。

表 7-8　白光 LED 全球专利累计申请量实际值与 Logistic 预测值

年　份	2000	2001	2002	2003	2004	2005	2006	2007	2008	2009	2010	2011	2012	2013
当年全球申请量（件）	278	483	565	975	1407	1965	2189	2516	2837	3210	3675	4190	4610	5020
全球累计申请量（件）	711	1194	1759	2734	4141	6106	8295	10 811	13 648	16 858	20 533	24 723	29 333	34 353
G1=60 000 预测量（件）	225	539	1126	2097	3543	5514	8008	10 971	14 309	17 903	21 629	25 370	29 024	32 514
L5=40 000 预测量（件）	807	1198	1770	2597	3771	5399	7584	10 388	13 787	17 635	21 670	25 573	29 064	31 975
L5 年度申请量增长率	—	41%	46%	45%	42%	39%	34%	28%	21%	13%	5%	-3%	-11%	-17%
G1 年度申请量增长率	—	40%	87%	65%	49%	36%	27%	19%	13%	8%	4%	0%	-2%	-4%
实际申请量增长率	—	74%	17%	73%	44%	40%	11%	15%	13%	13%	14%	14%	10%	9%

关于如何设定 α 和 β 这两个参数的初值，章元明等给出了 10 余种方法，主要包括三点法、差分法、灰色建模法等，但实践表明，在利用 SPSS 19.0 进行非线性回归拟合时，尚未发现 α 和 β 的初值对最后的拟合值有显著影响，本例中将这两个参数的初值分别设为 50 和 0.5。

在通过回归分析求得 α 和 β 时，首先面临的问题是如何设定成长极限 l 的值，另一个问题是在回归分析中如何设定 α 和 β 的值。关于成长极限的问题，车慧中博士做过深入研究❶，上面也给出过迭代试错的方法，但经验表明在设定成长极限时，可先预估该领域所处的发展期，并据此设定第一成长极限。例如，本例中，通过检索发现，白光 LED 的相关专利已经最早出现在 20 世纪 70 年代的专利中，并在 90 年代末期有明显增长趋势，因此可以假设该技术当前处于成长期后段或成熟期。鉴于 2013 年该领域的累计申请量已超过 34 000 件，因此，可先假设该领域的成长极限 $l=40\ 000$。为了表明所设定的成长极限对预测结果的影响，本例中首先将成长极限值 L1 设定为 80 000，并且据此借助 Logistic 模型计算出该领域 2000~2013 年的累计专利申请量估算值，并以此类推计算出成长极限 L2 = 70 000、L3 = 60 000、L4 = 50 000、L5 = 40 000 时的累计申请量估算值与实际申请量之间的误差率，如图 7-14 所示，当成长极限为 40 000 时误差率除 2000 年外，大体上控制在 10% 以内，显著好于其他成长极限的预测值。

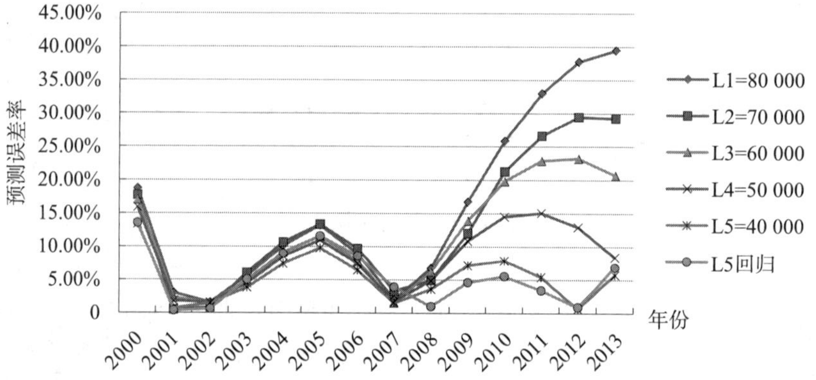

图 7-14 根据不同成长极限值所估算出的专利累计申请量与实际申请量的误差率

鉴于 2000 年以前该领域的专利申请量少而且不稳定，并且考虑到实际申请量、Logistic 模型和 Gompertz 模型的预测申请量，该领域全球专利累计申请量在 2000 年以后呈现出迅速增长势头。综上，可以将 2000 年确定为萌芽期与成熟期的分界点，即 2000 年之前为白光 LED 专利技术的萌芽期，2000 年以后为该领域的专利技术成长期，成长期的时间跨度约为 12 年。根据 Logistic 模型的反转点对称性可推知，白光 LED 专利技术的成熟期会从反转点区向后延伸约 12 年，大概持续到 2024 年，随后便进入衰退期，如图 7-15 所示。

❶ 车慧中．预测专利数量趋势的方法及计算机系统［P］．中国专利：201310222214.9，2013-06-05.

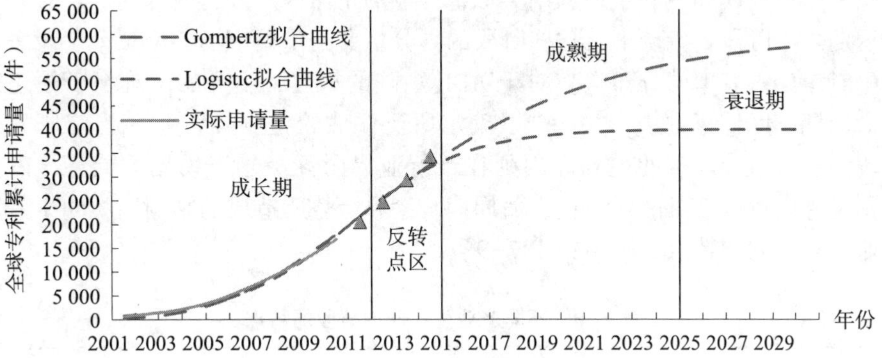

图 7-15 两种拟合曲线的对比分析

第三节 企业竞争力评价模型

正如证券中的市盈率更适于考察一个行业或者整个市场而非单只股票的估值水平一样，专利价值评估模型更适用于评估专利群或专利组合的整体价值，主要是因为单件专利的价值更多地受到交易方短期突发性需求的影响，从根本上而言，单件专利无法形成有效的保护体系，并且缺乏公认有效且普遍适用的单件专利价值评估体系。

通过专利群或专利组合价值评估可以判断企业的竞争力，进而分析企业的投资价值的高低，但困难在于，尽管有些企业拥有庞大的专利组合，该企业所处的行业已经处于成熟期或者衰退期，这些专利给企业带来的负担可能抵消了所带来的收益。换言之，企业的盈利能力和发展前景不仅受到专利布局的影响，还受到其他多种因素的影响。本节利用前面所讲到的专利价值评估模型和专利申请趋势预测模型，结合 ADL 投资管理矩阵（ADL Matrix）等其他分析模型来分析科技公司的投资价值。需要说明的是，企业的短期经营效益受到政策、市场、竞争对手等多重外部因素影响，鉴于本节所提供的评估模型是基于专利申请数量所构建的，而专利技术演变为产品并最终转化为持续利润，需要一段时期发展，因此，严格地说，本节所提供的模型仅适用于对技术型企业若干年的发展潜力进行排名。

一、ADL 矩阵概述

ADL 矩阵是著名的咨询管理公司阿瑟 · D. 利特尔（Arthur D. Little）公司 20 世纪 70 年代提出的，它把组织自身在市场上的优势与劣势同该市场的生命周期阶段相结合以确定企业的竞争地位[1]。ADL 矩阵其中一个维度是产业的生命周期阶段，另一个维度是企业的竞争地位。

---

[1] http://baike. baidu. com/link? url = Ep9rvNC0Y2GkMj4OniKmXhLBos39Ad38XuRNn2tGzPMT_2XiX4Q9kDE7Q_bsEvr2LPm00mE5f0dhbq_0NHLP7K.

与技术生命周期和专利生命周期类似，产业的生命周期分为萌芽期、增长期、成熟期和衰退期4个阶段。传统上，这些阶段的划分主要是依据市场的增长率、竞争者的数量、竞争者市场占有率的分布等。对于ADL矩阵的构建，主要的困难在于缺乏标准的行业生命周期长度计算方法，并且难以确定所要评估的企业（行业）当前所处的生命周期阶段。造成这个困难的主要原因则在于行业界限逐渐趋于模糊的趋势，以及竞争者，特别是外来竞争者可能对行业生命周期长度和趋势所造成的影响。不同生命周期阶段的产业具有不同的特点，具体见表7-9。

表7-9　不同产业生命周期阶段的特点

萌芽期	市场增长率高，市场占有率分布分散而且变动较快，市场中几乎没有顾客的忠诚度，进入障碍低
增长期	高速增长，用户、市场占有率的技术渐趋明朗和稳定，进入障碍提升
成熟期	增长率降低，但仍以较稳定的速度增长，技术、市场稳定，产品线宽度增加，进入障碍高
衰退期	产品需求降低、停止增长，甚至出现负增长，竞争者数目和产品品种减少

企业的竞争地位从强到弱可分为以下5类，具体见表7-10。

表7-10　企业竞争地位的分类比较

统治地位	处于统治地位的企业能够控制竞争者的行为，其战略的制定不受竞争者的影响
强势地位	处于强势地位的企业能够遵循自己所选择的战略而不必过多关注竞争对手的行为
有利地位	处于有利地位的企业虽不处于主导地位，但都是居于良好的竞争地位及拥有各自的竞争优势
维持地位	处于维持地位的企业具有较好的业绩，能与主要的竞争对手相抗衡，有能够维持其地位的机会
软弱地位	处于软弱地位的企业竞争地位弱，优势少，很难长久地与竞争者相抗衡

根据企业所处的产业生命周期及相应的企业竞争地位的不同，形成ADL矩阵，见表7-11。

根据ADL矩阵，当企业和市场条件不同时，相同的战略可以有不同的形式，如一个占统治地位的企业可以主动引导消费，刺激需求量增加，从而达到市场发展的战略目标。而在一个成熟的市场上实力弱小的企业没有能力使市场需求扩大，只能瞄准一个新的市场区段进行开发或及时转向另一个有利的发展方向上去，这样才能达到发展的目的。

利用这种方法分析企业战略的适宜性，关键一点是首先确定企业当前在矩阵上处于什么位置。在横轴位置的确定，可以从市场增长率、产业发展潜力、产品线宽度、竞争对手数量、市场份额在各竞争对手之间的分布、客户忠诚程度、产业进入障碍和技术水平几方面考虑。在纵轴位置的确定，可以从分析各类实力的特点获得。竞争力较强的企业一般具有市场领先地位，可以按照自己制定的战略目标发展，其他竞争对手对它的威胁不大。有利地位是指行业中没有一个特别突出的企业占据主导地位，多个领先者地位均等。在尚可维持的状态下，企业可以通过差异化战略或集中一点战略固守阵地。而较弱的企业由于缺乏实力，很难长期独立地生存下去。一般来讲，在市场增长的情况下，实力较强的企业可以遵循正常发展的道路，即可以通过各种不同的途径来实现发展的目的。具有统治地位的企业在行业的整个生命周期过程中，都可以保持很强的竞争实力，关键要看这个企业能否适时调整其战略方向。与此相反，实力弱小的企业如果不能找到一个避风地，即开发出一块自己的市场空间，将难以生存下去。

表 7-11　ADL 矩阵

	萌芽期	成长期	成熟期	衰退期
主导	迅速增长、开创 A	迅速增长、获得成本领先地位、更新 B	防御、获得成本领先地位、更新、迅速、增长 C	防御、集中一点、更新、随行业增长而发展 D
企业较强	开创、差异化、迅速增长 E	迅速增长、赶超、获得成本领先地位、差异化 F	获得成本领先地位、更新、集中一点、差异化、随行业发展增长 G	寻找市场、固守旧市场、随行业发展而增长、收获 H
竞争有力	开创、差异化、集中一点 I	差异化、集中一点、赶超、随行业发展而发展 J	收获、寻找新市场、固守旧市场、更新、转变方针、差异化、集中一点、随行业发展增长 K	紧缩、转变市场方针 L
实力维持	开创、随行业发展而增长、集中一点 M	收获、赶超、固守阵地、寻找避风地、转变方针集中一点、随行业发展自然增长 N	收获、转变方针、寻找避风地、紧缩 O	放弃、紧缩 P
脆弱	寻找避风地、迎头赶上、随行业发展自然增长 Q	转变策略、紧缩 R	撤退、放弃 S	撤退 T

二、企业技术竞争力分析

在 ADL 矩阵的应用过程中，最大的问题并不在于企业经营管理数据的获取，而是在于技术生命周期的确定，以及确定当前所处的生命周期位置。尽管竞争者或技术革命可能会影响技术生命周期的变化，但总体而言，如上节所述，技术的发展是符合一定规律的。在技术分析预测领域，专利信息的最大优势就是其公开性，因此通过专利信息预测技术生命周期所得出的结论可信度较高。例如，根据上一节所述的白光 LED 的分析案例可知，当前该项技术正在或者已经进入成熟期。

另一方面，可以通过某个企业的主要产品所涉及的重点专利的价值来评估技术型企业当前所处的竞争地位。下面提供一种对企业价值度计算的模型，以供排名使用。

$$E_p = (N_p - N_o) \times (1 + \frac{N_f}{N_p})\beta_1\beta_2 \tag{7.30}$$

式中，N_p 为企业申请发明和实用新型专利的总数量，N_o 为该企业申请专利中已失效的专利数量，N_f 为该企业所拥有专利的海外同族数量。$\beta_1 \in (0, 2)$ 为该企业所处的生命周期系数，若该企业的核心技术恰好处于S曲线中反转点的位置，则可取 $\beta_1 = 1$；$\beta_2 \in (0, 2)$ 为技术风险系数，其取决于竞争对手的经营规模和专利申请情况，如果紧随其后的竞争对手的总体竞争实力远小于评估目标企业，则可以取 $\beta_2 = 2$。需要注意的是，由于技术生命周期和技术风险通常是定性确定的，而专利申请量等输入量是具体可查的，因此本节所提供的模型中生命周期系数和技术风险系数的取值范围可以调整，但取值范围不宜过大。

三、分析案例

通过专利检索可知，深圳市海洋王照明工程有限公司在该领域申请的相关专利将近700余件，远高于国内其他相关企业的数量。另外，考虑到该行业所处的生命周期位置，可以认为该行业出现新的竞争者的可能性较小，该企业容易获得相对的垄断地位，竞争压力较小。进一步地，可以通过分析该领域的其他主要申请人的专利同族情况、诉讼情况、产品销量等，对企业的投资价值进行排名，从而筛选出投资标的。

第四节　基于失效/有效专利聚类的产业技术主题分析

近些年，由于失效专利的不断积累，数据挖掘技术的普及，以及知识产权重要性被不断强调，实务界和学术界都越来越关注失效专利的信息利用，从而帮助企业在没有法律风险的前提下，去发现合适的技术机会，客观全面地判定竞争对手对技术功效的重视程度，推测技术功效的发展趋势，为我国企业研发决策提供参考。[1]

发明专利的失效原因主要包括：①保护期限届满；②该项技术先进，甚至有超前性，未来市场前景广阔，但是当前尚不具备实施条件；③高昂的年费，让一些专利权人决定放弃该专利；④技术迭代更新，专利权人拥有了更加领先的技术而放弃了原来的

---

❶ 杭捷．基于失效专利分析的企业技术开发战略研究［D］．大连：大连理工大学，2019.

技术。[1]

针对失效发明专利，由于不能直接得到该专利权人放弃该专利的潜在原因，所以需要通过数据挖掘的分析手段，对该专利的研究价值和意义做出判断，具体流程如图 7-16 所示。

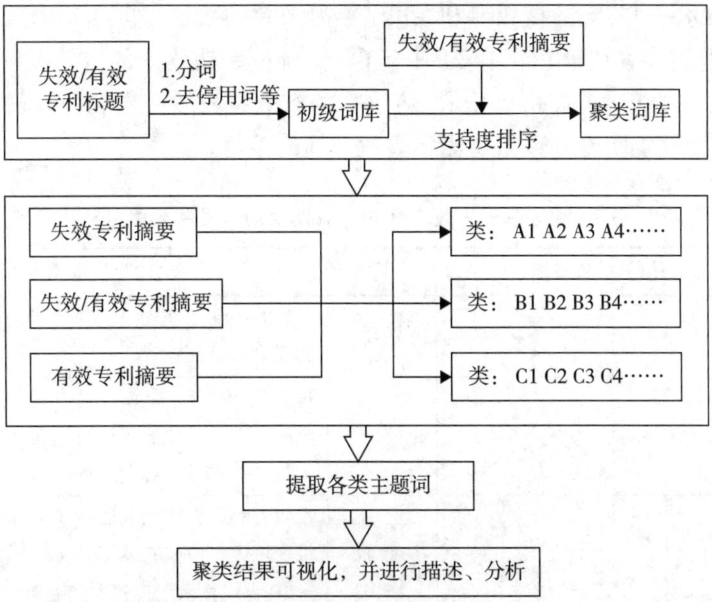

图 7-16　基于失效/有效发明专利聚类的产业技术主题研究过程

一、基于生命周期理论的企业技术功效发展分析

根据企业的失效发明专利及有效授权发明专利绘制技术功效图，对比可知企业研发的技术热点以及对该领域不同功效的关注程度。同时，考虑到技术特征及重点功效的发展是一个随时间动态变化的过程，而失效专利又具有其特殊性，即在研究的时候已经失效，针对失效专利失效时间不同的这一特性，在对各技术功效分析时考虑时间因素是具有实践意义和价值的。

目前，将生命周期理论运用于专利技术研究已经十分普遍，可以确定当前技术所处的发展阶段，亦可用于预测技术发展的极限。本节从生命周期理论出发，通过分别绘制含有各“技术-功效”的有效授权发明专利随时间变化的趋势图，判断在该企业中，各“技术-功效”所处的发展阶段。将有效授权发明专利数量记为 V_t，通过观察 V_t 曲线随时间的变化趋势，可知各“技术-功效”所处的发展阶段；观察各 V_t 曲线间的关系，可知在不同时间点，企业在各技术功效上的侧重情况，以及为实现某功效而做的技术方案调整等内容。

由于有效授权发明专利数量 V_t 的变化，取决于专利授权量和失效量，所以在专利技术生命周期的基础上，再考虑授权量和失效量，可以更清楚地知道包含某“技术-功效”的相关专利数量变化的原因，具体见表 7-12。其中，有效发明专利数量、授权发

[1] 霍中祥. 公知公用技术信息的挖掘［M］. 北京：知识产权出版社，2014.

明专利数量及失效发明专利数量关系如式（7.31）所示。

$$V_t - V_{t-1} = E_t - N_t \tag{7.31}$$

式中，t 代表年份；E_t 代表在该年获得授权的含某“技术-功效”的发明专利数量；N_t 指含该“技术-功效”的授权专利在第 t 年内失效的数量，即当年失效发明专利的数量；V_t、V_{t-1} 分别代表在第 t 年、第 $t-1$ 年含此“技术-功效”的有效授权发明专利的数量；$V_t - V_{t-1}$ 代表在第 t 年含此“技术-功效”的有效授权发明专利数量的变化情况，即当年新增有效授权发明专利数量与当年失效专利的差值。

表 7-12　基于失效专利的企业技术功效发展阶段分析

阶段	E_t	N_t	$V_t - V_{t-1} = E_t - N_t$	V_t	“技术-功效”发展情况及原因分析
萌芽期	>0	≈0	>0	平缓增大	“技术-功效”开始出现，企业对包含该技术功效的专利进行探索
成长期	>0	$\leqslant E_t$	⩾0	迅速增大	包含该“技术-功效”的专利数量持续上升，部分原有专利被放弃，该技术功效领域受到持续的关注，技术方案有新的进展
成熟期	⩾0	$\approx E_t$	≈0	几乎不变	授权专利和失效专利数量旗鼓相当。或技术更新难度增大，该“技术-功效”研究进入瓶颈（$N_t \approx 0$）；或技术出现较大的变革，原有技术被新技术取代（$N_t > 0$）
衰退期	$< N_t$	>0	<0	持续减小	该技术功效涉及的技术方案被取代而失去商业价值，包含该“技术-功效”的专利逐渐失效

二、企业技术功效研发方向识别方法

由表 7-12 可知有效授权发明专利数量变化的直接原因，但是，如何判断企业对不同“技术-功效”的重视程度，仍需要更加量化的指标。在现有研究成果中，有国内学者研究竞争对手研发方向时，构建了授权相关度和失效相关度的测度模型❶，本节将这套测度指标运用在企业“技术-功效”的研究上，判断企业对不同“技术-功效”的重视程度。

1. 授权相关度（AR）

$$AR_i = (TA_i - TA_{MIN}) / (TA_{MAX} - TA_{MIN}) \tag{7.32}$$

式中，TA_i 为授权专利技术功效图中包含第 i 个“技术-功效”的专利数量；TA_{MIN} 代表授权专利所有“技术-功效”中，对应专利数量的最小值；TA_{MAX} 代表授权专利所有“技术-功效”中，对应专利数量的最大值。

由式（7.32）可知，涉及授权专利数量最多的“技术-功效”，授权相关度为1；涉

❶ 韩晓彤，刘燕新，任智军，等. 基于专利挖掘的技术竞争对手研发方向识别［J］. 科学学与科学技术管理，2018（2）：23-32.

及授权专利数量最少的“技术-功效”，授权相关度为0；其他“技术-功效”的授权相关度在0~1之间。授权相关度越大，则表明包含该“技术-功效”的专利在此阶段获得授权较多，能在一定程度上反映企业对该技术功效的重视程度较深，反之则是重视程度相对较弱的“技术-功效”。

2. 失效相关度（*NR*）

$$NR_i=(TN_i-TN_{\mathrm{MIN}})/(TN_{\mathrm{MAX}}-TN_{\mathrm{MIN}}) \tag{7.33}$$

式中，TN_i 为失效专利技术功效图中包含第 i 个“技术-功效”的专利数量；TN_{MIN} 代表失效专利所有“技术-功效”中，对应专利数量的最小值；TN_{MAX} 代表失效专利所有“技术-功效”中，对应专利数量的最大值。

由式（7.33）可知，涉及失效专利数量最多的“技术-功效”，失效度为1；涉及失效专利数量最少的“技术-功效”，失效度为0；其他“技术-功效”的失效相关度在0~1之间。数值越大，则表明包含该“技术-功效”的专利失效程度越高，反之则是失效程度越低。

3. 技术功效研发方向识别

各“技术-功效”均对应不同的授权相关度和失效相关度，以失效相关度和授权相关度分别作为横、纵轴，绘制散点图，“技术-功效”以各个点的形式散布于二维坐标系中。根据失效度和授权度的高低，可划分为4个区域，如图7-17所示。

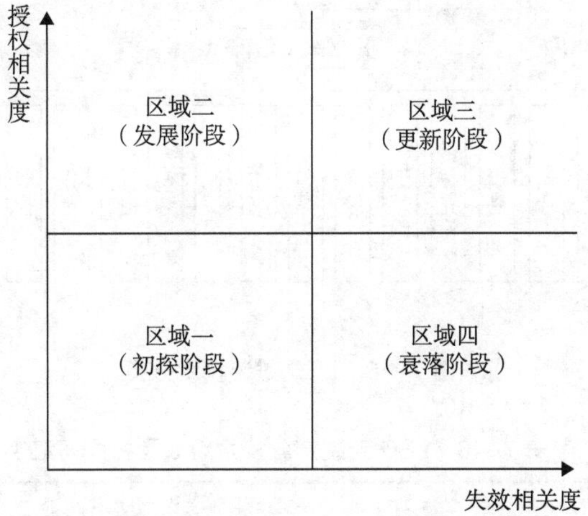

图7-17　授权相关度和失效相关度坐标系

区域一：“初探阶段”，授权相关度和失效相关度均较低，代表授权和失效的专利数量均很少，说明针对该技术功效的研究尚未形成规模，该“技术-功效”可能是一个较新的研究内容，由于技术、资金等的限制未大量研发，也可能商业价值较低，不是企业的研发重点。

区域二：“发展阶段”，授权相关度高而失效相关度低，授权专利数量大于失效专利数量，说明该“技术-功效”是企业在这段时期重点关注、大力研发的方向，发展前景好。

区域三：“更新阶段”，授权相关度和失效相关度均高，授权专利和失效专利数量都较多，说明该“技术-功效”研究处于更新换代的阶段，可促进该“技术-功效”的技术方案发生新的变革，该技术功效仍具有生命力，是企业研发的重要方向。

区域四：“衰落阶段”，授权相关度低而失效相关度高，失效专利数量大于授权专利数量，该技术功效方向不再是企业重点研究方向，可能被新的技术功效所代替，不再具有研发和维护价值，或者该技术功效的升级更新遇到困难，难以突破。

根据授权相关度和失效相关度将二维坐标系划分为 4 个区域，可帮助企业更直观地识别竞争企业的技术功效研发方向，为企业选择和制定技术开发战略服务。

三、分析案例

以 1985~2015 年的 LED 封装产业发明授权专利为研究对象，分析 LED 封装产业重点公司的技术功效研发方向。

运用企业技术功效研发方向识别方法，绘制技术功效图二维坐标系，明确各“技术-功效”所处的相关度阶段，以及企业的重点研发方向。图 7-18 代表了 LED 封装产业的技术分类，表 7-13 是利用专利文献的摘要信息综合整理出的 LED 封装产业主要涉及的技术功效词汇。

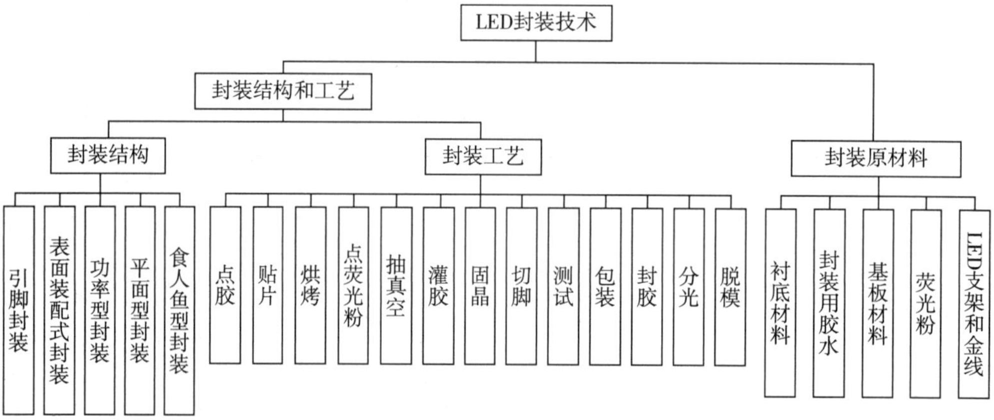

图 7-18　LED 封装技术分类

表 7-13　LED 封装产业技术功效及相关词汇

技术功效	相　关　词　汇
散热	散热、耐热、抗热、隔热、恒温、冷却、导热、热导率
成本	成本、价格、费用
微型化	小型、薄型、轻薄、重量、尺寸、厚度、规格
模块化	模块、一体成型、一致性
寿命	寿命
光学性质	发光效率、光效、光强、光照强度、出光率、出光效率、光色质量、光散射、高辉度、亮度、透光率、连续性、均匀、闪烁

续表

技术功效	相 关 词 汇
规模生产	规模化、通用性、简单化、兼容、生产率、标准化、批量生产、工业生产、生产效率、大规模
可靠性	可靠、稳定、防震、绝缘性、水溶性、弹性、韧性、热塑性、柔性、密封性、无毒、抗裂性、故障率、耐久性、耐高压、耐老化、抗静电
能耗	功率、能耗、利用率、耗电、环保、光能、热效率、电能、节能、循环
合格率	合格率、良品率、成品率、重复性、不良率、出错率

2015 年中国市场 LED 封装产业营收情况前 10 大企业中，荷兰公司 LumiLEDs 及中国台湾公司亿光电子是拥有失效专利数量最多的两家企业，比较这两家企业的授权专利和失效专利，分析两家企业在技术功效研发上的特点。

由表 7-14 和图 7-19 可知，LumiLEDs 处于“初探阶段”和“发展阶段”的技术功效较多，没有技术功效处于更新阶段，而“工艺-光学性质”“材料-规模生产”这两个“技术-功效”具有低授权相关度、高失效相关度，属于衰落阶段，不再是企业重点发展对象，可能在研发上遇到了困境或者这些方向不具有继续开发、维护的价值。亿光电子近几年的研究主要关注在图 7-19（b）所示的 5 个技术功效，其中，“材料-光学性质”“结构-光学性质”授权相关度和失效相关度均较低，属于初探阶段，企业在这两个技术功效方向上有一定投入，但不属于企业的研发重点；“材料-规模生产”具有低授权相关度、高失效相关度，属于衰落阶段，不再是这些年企业重点发展的技术功效；“材料-散热”和“结构-光学性质”属于更新阶段，说明原本涉及这两个“技术-功效”的专利大量被淘汰，同时也有大量的相关专利获得发明授权，可见这两个技术功效方向的专利推陈出新，仍具有活力，是近些年亿光电子的重点研发方向。

总的来说，LED 封装产业的其他企业，可以通过分析这两家企业的技术功效研发上的特点，对相同技术方向或者拟进入的技术方向予以研究，寻找突破口，获得企业在这些方向上的一席之地。

表 7-14　LumiLEDs 技术功效研发情况统计

阶　段	技术功效编号	技术功效方向	授权相关度	失效相关度
初探阶段	3	工艺-可靠性	0	0.333
	4	结构-规模生产	0	0.333
	5	工艺-规模生产	0.167	0.333
	6	材料-成本	0.167	0.333
	7	结构-微型化	0.167	0
	8	材料-散热	0.333	0.333
	9	材料-微型化	0.333	0
	10	结构-成本	0.333	0

续表

阶　段	技术功效编号	技术功效方向	授权相关度	失效相关度
发展阶段	11	材料-可靠性	0.5	0.333
	12	结构-可靠性	0.5	0.333
	13	结构-散热	0.667	0.333
	14	材料-光学性质	0.833	0
	15	结构-光学性质	0.333	—
衰落阶段	1	材料-规模生产	0.333	—
	2	工艺-光学性质	0	0.667

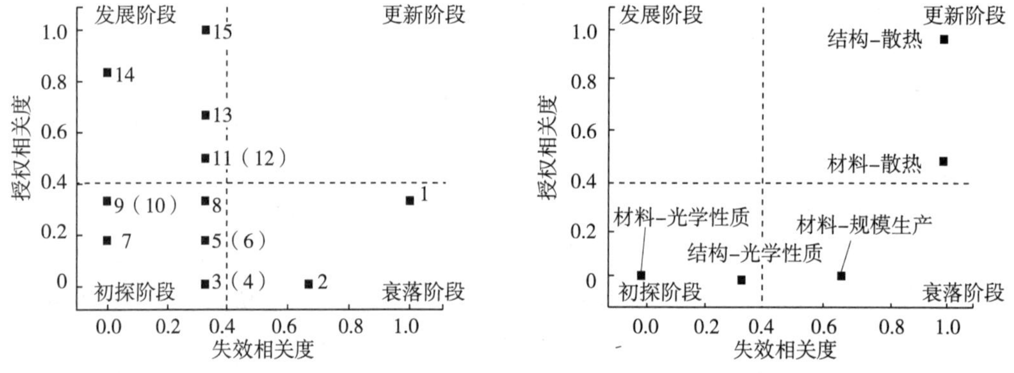

（a）LumiLEDs　　（b）亿光电子

图 7-19　LED 封装产业技术功效研发方向分析——LumiLEDs & 亿光电子

第五节　企业/机构创新战略分析模型

通过专利指标来评价企业/机构的创新能力已经成为一种常规手段，在此介绍一种专利指标记分卡体系。

确定基于专利的相关指标，以形成专利指标记分卡，如图 7-20 所示。

a）专利数量，简单的专利数量的计数。

b）专利组合增长，以平均年增长率衡量。

c）前向引用的平均数量，用来衡量专利的质量，具体取决于专利被后续专利引用为现有技术的次数。该指标是在引用专利的授权日期后的 5 年内计算的。

d）技术影响指数（TII），是企业专利在高引用专利池中的份额相对于其在全部专利中的份额。被高度引用的专利是指同类别专利中被引用次数最多的前 5% 的部分。同类别是按专利授权年度和技术类别定义的。

e）技术周期时间，表示公共研究机构将领先技术转化为知识产权的速度。它定义为参考专利引用为现有技术的专利的中位年龄。

f）当前影响指数（CII），通过检查在过去的 5 年中公共研究机构的专利在本年度的全球专利批次中被引用为现有技术的频率来衡量。CII 是一种相对度量，其中 1 代表全球平均值。

g）书目引用比率（BCR），是指反映专利现有技术的非专利参考文献与后向引文总量之比。这是专利中科学内容的一种替代性衡量。

h）基于科学的专利份额，是衡量科学含量的又一指标，是 BCR 值高于 50%的专利份额。

i）技术专业化程度，是使用赫芬达尔指数来衡量的，该指数量化了投资组合在少数技术领域中相对于多种技术的专业化程度或集中程度。

j）复杂的多技术领域专利份额，是开发的原始指标，用于评估专利组合中技术复杂性的程度。“复杂专利”是指跨 IPC 在多个技术领域分类的专利。

k）共同申请，指量化了企业参与外部合作以共同创建和拥有知识产权的程度。

l）国际共同发明，确定了企业发明人与本国经济体以外的发明人进行合作研发的程度。

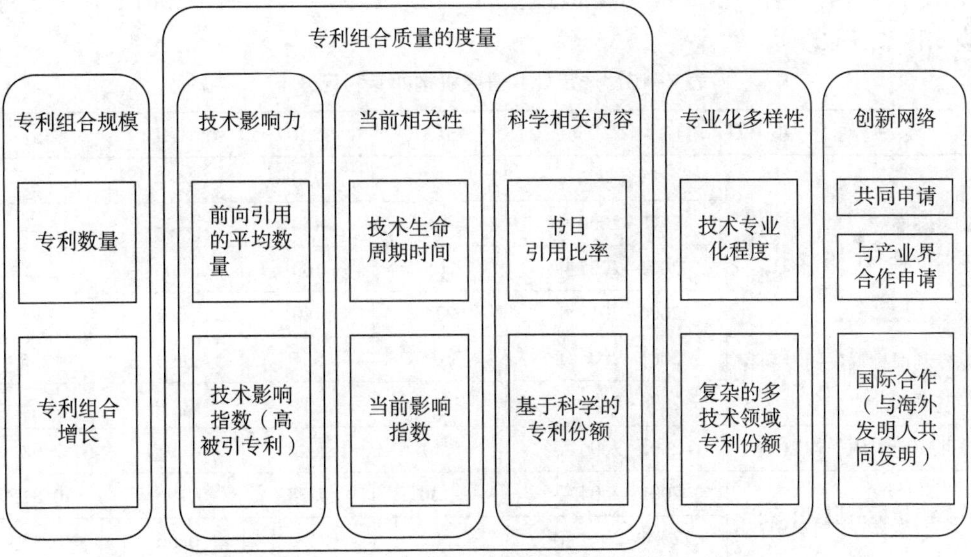

图 7-20 专利指标记分卡

【案例 7-2】4 家知名技术研究机构的创新战略比较分析❶

本例收集了 4 个公共研究机构的专利数据，其中 3 个来自东亚新兴工业化经济体，1 个来自发达经济体，见表 7-15。

❶ Yuen-Ping Ho，Poh-Kam Wong. Using Patent Indicators to Evaluate the Strategic Priorities of Public Research Institutions：An exploratory study［J］.

表 7-15　公共研究机构数据

公共研究机构	成立年份	USPTO 专利（件）1978~2011 年	科学出版物（种）1978~2011 年（SSCI & SCI-E）	研发经费 2011 年 12 月
ASTAR（新加坡科技研究局）	1991（前身为 NSTB）	497	3832	976000000 SGD
ITRI（中国台湾工业技术研究院）	1973	4484	5521	—
KIST（韩国科学技术研究院）	1966	730	14 476	—
CSIRO（澳大利亚联邦科学与工业研究组织）	1926	750	51 142	1130400000 AUD

分别计算 4 个公共研究机构的专利指标，并将这些数据编制成一个记分卡，见表 7-16。从前几行我们注意到，ASTAR 几乎所有的专利都是在过去 10 年内授权的，而 CSIRO 的 60%的专利是在 2000 年之前授权的。在过去 30 年中，ITRI 和 KIST 的专利生产模式比较一致。

表 7-16　选定公共研究机构的专利记分卡

项　目		ASTAR	CSIRO	ITRI	KIST
美国专利商标局累计发明专利存量（件）	合计	497	750	4484	730
	1978~2000 年	18	450	1427	272
	2001~2005 年	205	160	1006	222
	2006~2011 年	274	140	2051	236
美国专利商标局发明专利存量增长率（%）	2001~2005 年	36.5	5.7	10.3	12.5
	2006~2011 年	13.5	3	10.9	6.2
近 5 年前向引用平均数	2002~2006 年	5.61	1.42	3.91	2.98
技术影响指标-高被引专利	2001~2005 年	1.36	0.38	0.96	0.81
	2006~2011 年	1.02	2	0.56	0.53
技术周期时间（年）	2001~2005 年	6.1	12.2	7.1	9.4
	2006~2011 年	9	13.5	8.4	11.2
当前影响指标（2011 年）		1.24	0.15	0.71	0.83
书目引用率（%）	2001~2005 年	16.15	37.94	5.15	18.43
	2006~2011 年	35.51	48.95	9.35	13.50
基于科学的专利份额（%）	2001~2005 年	11.11	41.40	4.00	15.02
	2006~2011 年	31.97	53.24	5.50	8.04
技术专业化程度（赫芬达尔指数）	2001~2005 年	0.35	0.29	0.23	0.24
	2006~2011 年	0.23	0.24	0.28	0.25

续表

项　目		ASTAR	CSIRO	ITRI	KIST
复杂的多技术领域专利份额（%）	2001~2005 年	23.56	30.22	22.21	35.75
	2006~2011 年	27.01	33.13	14.54	22.03
与海外发明者的共同发明占比（%）	2001~2005 年	31.4	16.9	1.7	8.6
	2006~2011 年	25.3	16.4	1.6	5.7
与其他组织的共同申请占比（%）	2001~2005 年	22.51	31.88	3.38	9.91
	2006~2011 年	12.64	22.14	4.44	4.24
与其他行业伙伴的共同申请占比（%）	2001~2005 年	13.61	21.88	3.08	8.11
	2006~2011 年	5.78	17.14	2.97	2.12

首先将数字进行 0~1 的标准化，对原始数据进行线性变换，使结果落到[0,1]区间，每个指标的平均值为 0，标准差为 1。图 7-21、图 7-22 中的虚线表示平均值为 0，将各个指标与均值进行比较，用实线来绘制。

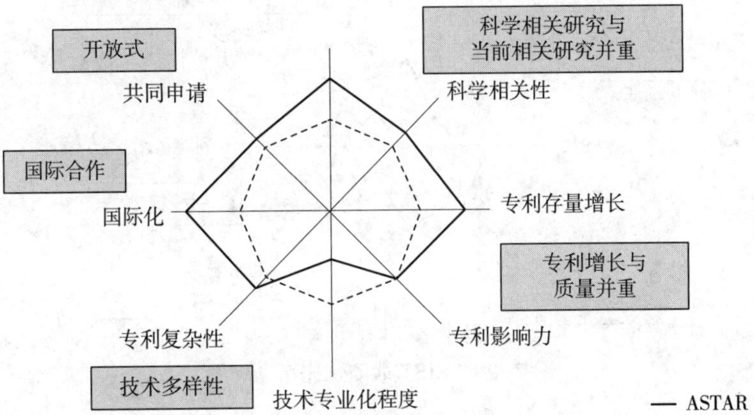

图 7-21　ASTAR 战略优先事项地图

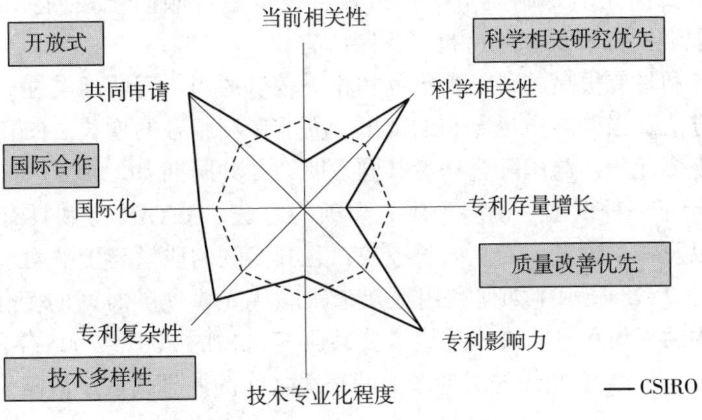

图 7-22　CSIRO 战略优先事项地图

图7-23、图7-24利用2006~2011年授予的专利组合总结了框架范围内所有4个公共研究机构的战略重点。其中，虚线代表4个公共研究机构的平均水平。

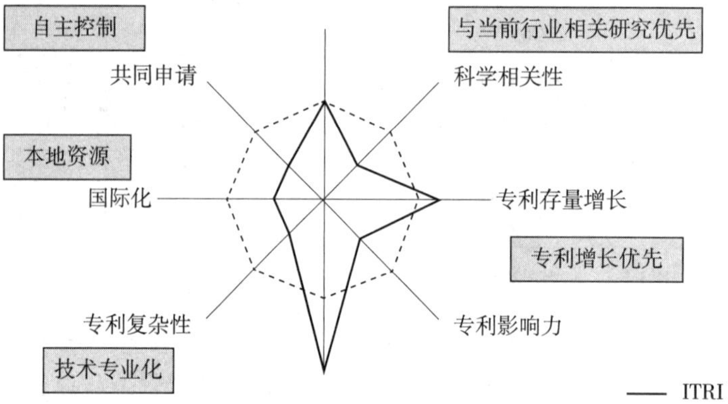

图7-23 ITRI战略优先事项地图

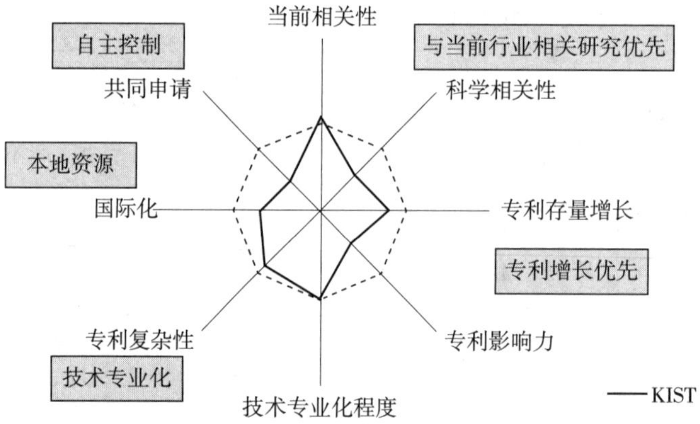

图7-24 KIST战略优先事项地图

ITRI优先考虑具有较高行业相关性、较低科学含量的研发，这表明其采取了行业拉动战略。专利增长优先于专利质量提高，并且投资组合倾向于专门化而不是多元化。ITRI的方法也强调内部资源和坚持自主控制所有权。

CSIRO的专利具有很高的科学密集度和相对较低的当前行业相关性，这表明其采取了技术推动的方法。强调高质量专利的产出，而非专利组合的增长。CSIRO专利倾向于在多个领域实现多元化，与国际合作者共同发明，并共同拥有。

ASTAR显示了一种试图平衡多个优先事项的方法。ASTAR专利具有相对较高的当前行业相关性以及科学含量。专利增长较快，且其专利的质量高于平均水平。

图7-25~图7-28显示了如何利用框架来跟踪优先事项随时间的变化。虚线代表4个公共研究机构的平均水平，细线描绘了公共研究机构的2001~2005年的优先级地图，粗线描绘了2006~2011年的优先级地图。两条线之间的差异代表了战略重点的变化。

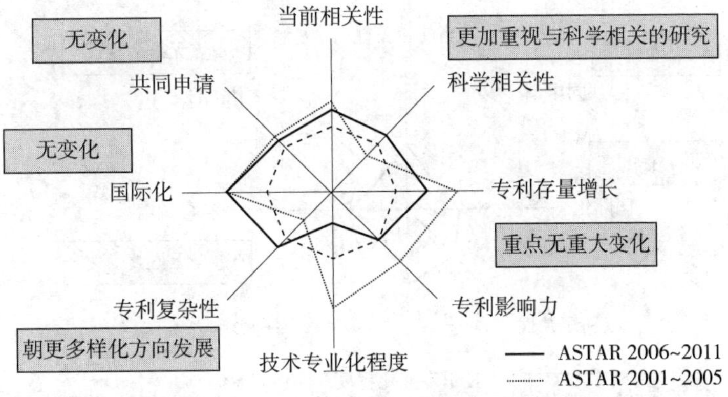

图 7-25　ASTAR 战略优先事项随时间的变化

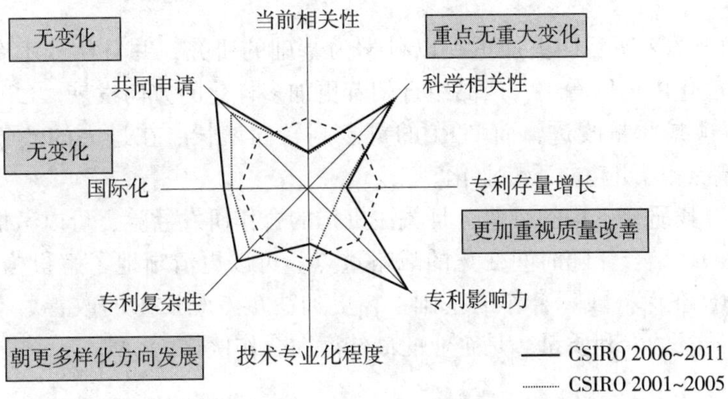

图 7-26　CSIRO 战略优先事项随时间的变化

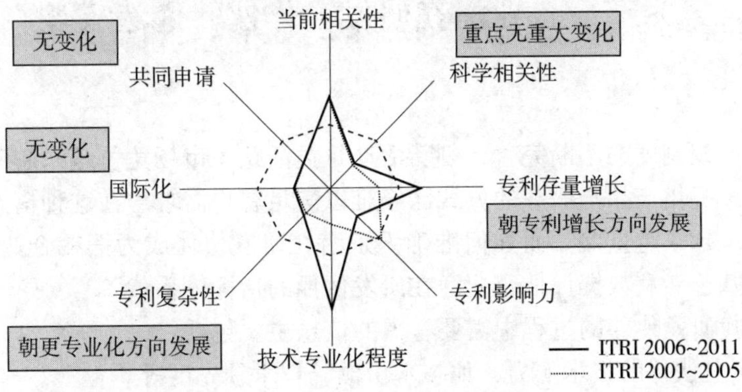

图 7-27　ITRI 战略优先事项随时间的变化

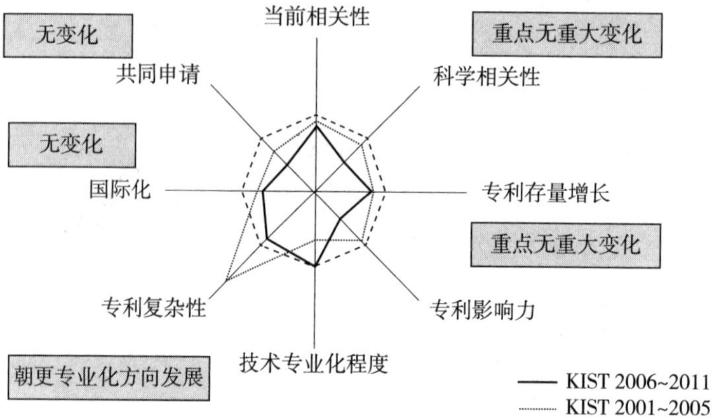

图 7-28 KIST 战略优先事项随时间的变化

ASTAR 的地图表明后期更加重视以科学为基础的研究，并且从技术专业化和专利复杂性轴线的变化中可以看出，产品组合朝着更加多样化的方向发展。CSIRO 的地图显示了其优先事项是质量改进，而 ITRI 的重点则转向增长。在过去的 5 年中，ITRI 和 KIST 的专利产品组合更趋向于专业化。

如果需要寻找研究机构的企业，且关注机构的合作研发经验，可以考虑国际合作发明较多的 CSIRO。结合伴随时间变化的战略重点，可以更清晰地了解机构的战略调整，可以看出 CSIRO 在保持国际合作的基础上，更加注重专利质量的改善。丰富的合作研发经验结合高质量的专利质量，是企业的最佳潜在合作伙伴。

第六节 企业潜在研发合作伙伴遴选模型

伴随知识产权制度的不断完善，创新活动日益活跃，市场竞争越来越激烈，企业只凭借自身的力量提供产品与服务的方式已经难以满足客户需求。在这种情形下，合作研发对于企业来说越来越重要。而如何准确识别潜在研发伙伴成为摆在企业面前的难题，在此介绍一种基于专利数据评估企业潜在研发伙伴的指标体系。

企业在寻找研发伙伴的过程中需要考虑的信息主要包括：

1）潜在研发伙伴的技术实力，如技术份额、技术领先度等。

2）潜在研发伙伴的研发开放性，如组织开放性、与需求企业合作程度等。

3）潜在研发伙伴的合作研发效果，包括历史研发合作研发效果的评价。

具体指标体系构建如图 7-29 所示。

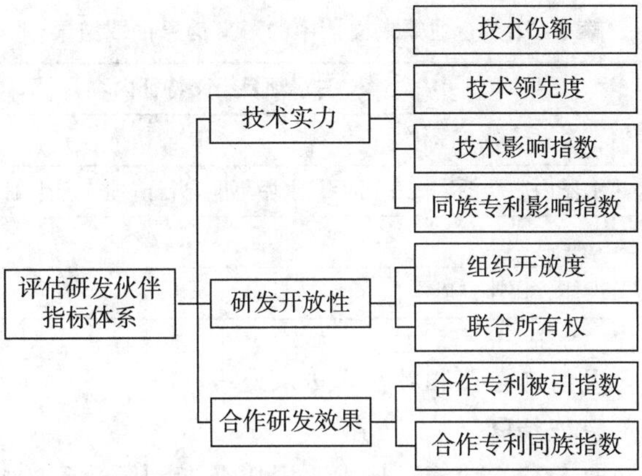

图 7-29　评估潜在研发伙伴的指标体系

技术实力和研发开放性着眼于研发伙伴的特点。技术实力代表潜在研发伙伴在合作领域的技术能力，包括技术、操作的知识和经验。潜在研发伙伴的技术实力根据 4 个子标准进行评估：技术份额、技术领先度、技术影响指数和同族专利影响指数。研发开放性通过组织开放度和联合所有权两项子指标测量得到。预期合作研发效果，包括合作专利被引指数和合作专利同族指数两个子标准。各子指标的计算方法见表 7-17。

表 7-17　识别潜在研发伙伴子指标计算方法一览

指　标	计　算　方　法
技术份额	潜在研发伙伴在某一技术领域的专利申请量/该技术领域所有企业专利申请量
技术领先度	潜在研发伙伴某一技术领域专利平均被引数/该领域所有专利平均被引数
技术影响指数	某一技术领域专利被引次数前 10% 的专利中，潜在研发伙伴（机构、企业）专利所占的比例
同族专利影响指数	潜在研发伙伴在某一技术领域内平均专利同族数/该技术领域内平均专利同族数
组织开放度	某一技术领域潜在研发伙伴具有共享所有权专利数/该技术领域内潜在研发伙伴的专利总数
联合所有权	某一技术领域需求企业与潜在研发伙伴共享所有权的专利数/该技术领域内需求企业所有具有共享所有权性质的专利数
合作专利被引指数	某一技术领域潜在研发伙伴共享所有权专利的平均被引数/该技术领域内潜在研发伙伴所有专利的平均被引数
合作专利同族指数	某一技术领域潜在研发伙伴共享所有权专利的平均同族数/该技术领域内潜在研发伙伴所有专利的平均同族数

【案例 7-3】热水器防水垢技术领域潜在合作伙伴分析

第一步：需求关键信息的抽取。

假设 A 公司作为需求企业，对企业需求进行语义抽取，企业需求文档的语义特征汇总见表 7-18。

表 7-18　企业需求文档中的语义信息抽取结果

需求语义特征	需求项目语义特征内容
技术领域	热水器，个人健康，净化
技术问题	减轻热水器内胆结垢，沉积污垢，水垢不能自行清理，滋生细菌
技术手段	超声波，磁方法
技术效果	方便，性能，快速，成本

第二步：通过检索式圈定企业相关技术专利集合。

第三步：专利主要特征抽取。

从专利中标注和抽取专利的功能、技术手段以及专利所达到的技术效果这 3 种语义特征，抽取结果见表 7-19。

表 7-19　专利语义特征抽取举例

专利号	功　能	技术手段	技术效果
JP2015021723A	不形成水垢；水加热	电磁感应	达到节能效果；安全的方式
CN105402894A	避免形成水垢	电热转换	电热转换效率；延长热水器使用寿命
CN105241095A	消除水垢沉积	弹簧和针的动作（伸缩振动）	确保安全，节约能源
WO2016006225A1	防垢	抑垢剂	延长使用寿命，简单，经济
KR2015057208A	抑制水垢的产生	磁力	净水器的安全性得到提高
JP2014238200A	防止水垢附着	温度控制	可节能，可进行高效的热交换，维护操作简单

第四步：专利技术树构建。

以专利为索引，根据各项语义特征在专利中的共现关系以及上下文语境关系来完成各项语义特征之间的连接关系。汇总热水器防水垢领域专利抽取的语义特征，对其语义特征进行同义合并，实现该技术领域专利技术树的构建。其中，该领域技术树的部分内容如图 7-30 所示。

在构建领域技术树后，还需将专利相关的著录项目信息（专利权人、公开日期、专利号码等）添加到技术树中，形成完整的专利维度。添加专利著录项目后技术树的部分如图 7-31 所示。

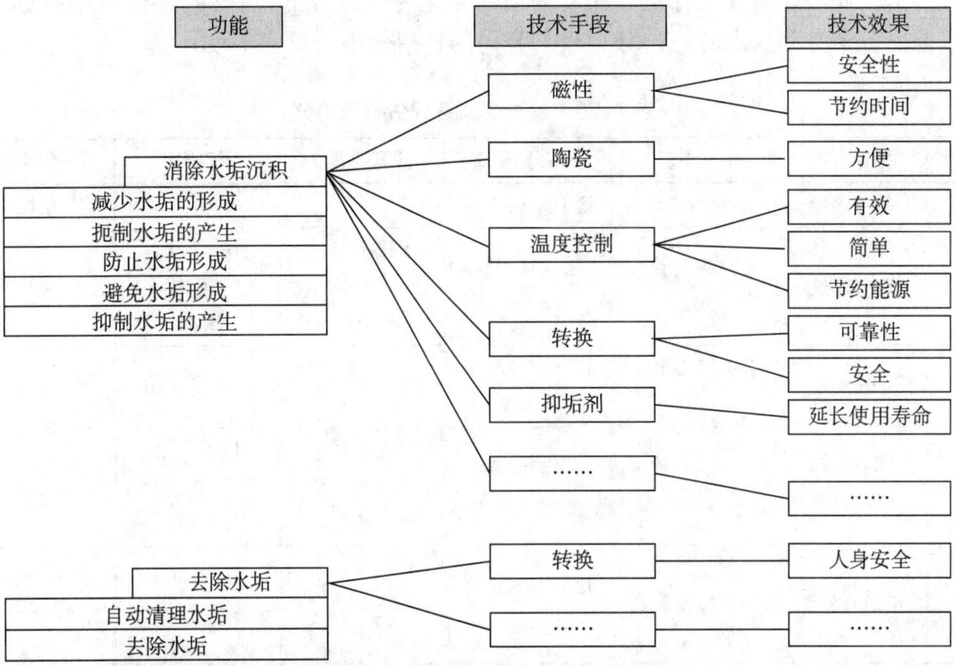

图 7-30　热水器防水垢领域技术树举例

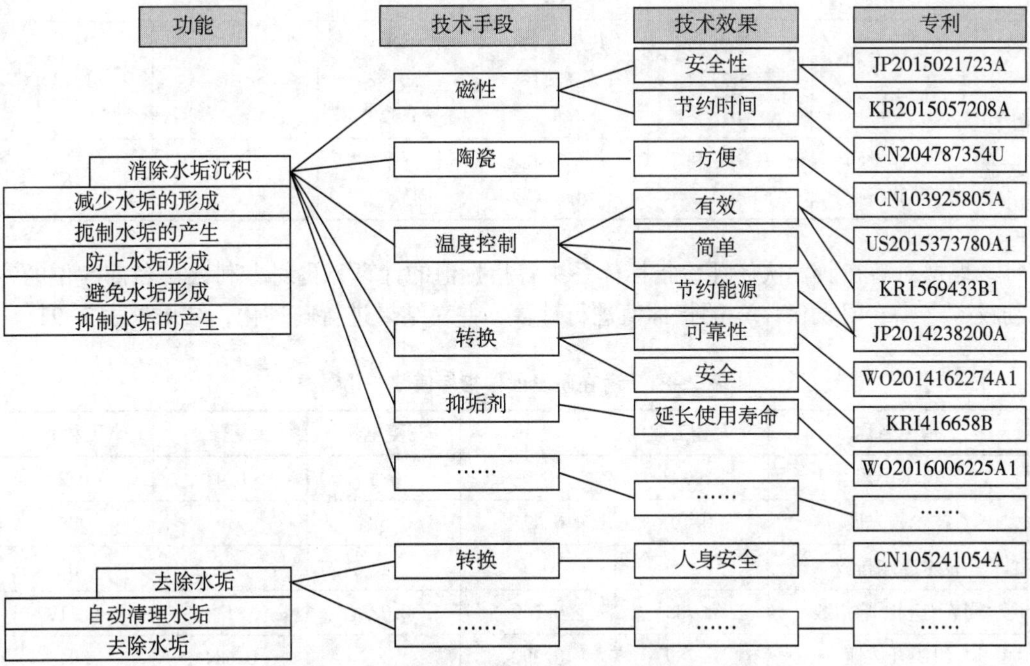

图 7-31　热水器防水垢领域技术树添加专利号举例

第五步：潜在研发合作伙伴的识别及评估。

通过匹配算法，结合本实证中构建的领域专利技术树与企业需求文档中抽取的语义特征，实现热水器防水垢技术领域需求专利的匹配。

根据企业潜在研发伙伴的评估指标体系，分别对主要专利权人进行各个指标的打分，得出各个专利权人的总得分，松下公司的各指标得分见表7-20。

表7-20 松下公司各评估指标得分

编号	指标名称	计算要素1	计算要素2	计算要素3	计算要素4	结果
1	技术份额	总专利数612	松下专利数19			0.03
2	技术领先度	总被引数2987	平均被引数4.88	松下总被引数103	松下平均被引数5.42	1.11
3	技术影响指数	前10%专利数61	松下占专利数9			0.14
4	同族专利影响指数	总同族数1774	平均同族数2.89	松下总同族数60	松下平均同族数3.15	1.04
5	组织开放性	松下共享所有权专利数10	松下专利总数19			0.52
6	联合所有权	共享专利数0	总共享专利数9			0
7	合作专利被引指数	共享专利被引总数61	共享专利平均被引数6.1	松下平均被引数5.42		1.13
8	合作专利同族指数	共享专利同族总数	共享专利平均同族数	松下平均同族数		1.87

根据对潜在研发伙伴评价指标体系中各指标值的计算，再对专利数排名前5位的专利权人（潜在研发伙伴）的指标值进行计算，并对结果进行归一化，结果见表7-21。

表7-21 潜在研发伙伴指标值归一化结果

指标名称	大金工业	松下	三菱电机	夏普	飞利浦
技术份额	1	0.9	0.8	0.4	0.2
技术领先度	0.19	0.475	0.584	1	0
技术影响指数	0.25	0.5	1	0.5	0
同族专利影响指数	0.783	0.569	0.738	1	0.719
组织开放性	0.789	0.292	1	0.684	0
联合所有权	0	0	0	0	0
合作专利被引指数	1	0.787	0.322	0.189	0
合作专利同族指数	0.752	0.135	0.519	0	

将各潜在研发伙伴指标值归一化的结果求和，计算出各潜在研发伙伴的综合评价值，对其潜在研发伙伴的综合评价值进行排序，得出潜在研发伙伴的排序，见表7-22，企业可以直接基于综合评价值来选择研发合作伙伴，也可以结合表7-21的重点关注指标来选择研发合作伙伴。比如，A公司比较关注技术领先度以及同族专利影响指数，那么，夏普可能是它的最佳选择。

表7-22　潜在研发伙伴综合评价值排序结果

公司名称	综合评价值
三菱电机	4.963
大金工业	4.764
夏普	3.773
松下	3.658
飞利浦	0.919

技术分析方法篇

专利技术分析通常是专利数据分析的拓展和延伸。首先，专利技术分析能得出更为精确的信息和情报。如在分析某行业的专利技术布局热点和空白点时，技术功效矩阵分析是最为理想的分析方法之一，其分析的精确度是其他分析方法无法比拟的；再如，在筛选重点专利时，通常也需要从技术层面对专利的价值进行深入分析；技术路线分析、权利要求保护范围分析、规避设计分析等都是以技术层面的分析为主要内容的。其次，专利技术分析能解决更为具体的问题。如在梳理某领域技术发展脉络和判断未来技术发展方向时，专利技术路线分析能够最为清晰地展现出此类信息；在遇到专利壁垒无法直接逾越时，专利规避设计分析最有可能帮助研发人员找到“柳暗花明又一村”的方向。最后，在一份完整的专利分析报告中，专利技术分析往往紧随着专利数据分析，两种分析方法往往水乳交融、相辅相成。

但是，专利技术分析需要分析技术方面的内容，往往需要专利分析人员在查阅大量技术资料、咨询资深技术专家并最终掌握足够的技术知识之后才能进行准确的分析，因此，专利技术分析是最难掌握的专利分析方法之一。

专利技术分析的手段有很多，本篇围绕用途较广、理论性较强的5种进行展开，即技术功效矩阵分析、重点专利分析、专利技术路线分析、权利要求分析、专利技术规避设计分析。每章基本遵循了“理论—方法—案例”三位一体、先知后行的写作思路。

第八章　技术功效矩阵分析

技术功效矩阵分析可用于寻找解决具体技术问题的专利技术，也可以对具体的技术效果给出实现方式的启发，还可以用于寻找技术空白点、技术研发热点和突破点。研发人员可结合自身的技术优势，使用技术功效矩阵（以下简称功效矩阵）这一专利分析方法指导技术研发。本章对功效矩阵的分析对象和维度、功效矩阵的构建步骤进行了详细介绍，同时对功效矩阵在专利挖掘和辨别某领域技术热点和空白点的应用方法进行了阐述，并给出了典型的功效矩阵应用和图表解读的案例。

第一节　功效矩阵的分析内容

专利技术功效矩阵分析属于专利定性分析的一种，其通过对专利文献反映的技术主题内容和主要技术功能效果之间的特征研究，揭示它们之间的相互关系。[1] 该分析适用于特定的专利组合或集群，便于相关技术人员掌握该专利组合或集群的技术布局情况，用于寻找技术空白点、技术研发热点和突破点，以规避技术雷区，发现潜在研发方向。[2]

通常由技术方案和功能效果构建的技术功效矩阵来分析专利技术行业发展的整体情况，一方面可以了解实现某一种功能效果可以选择哪些技术以及该技术的有效程度；另一方面，可以了解一种技术可以达到多少功能效果以及主要的功能效果是什么。

一、功效矩阵图表中的展示对象

1. 专利数量

以专利数量作为展示对象，是功效矩阵中最常见的一种构成形式。通过不同技术功效图表中的专利申请量的分布，可以得到某领域技术或需求发展的整体情况，以及专利保护范围的集中区和空白区，如图 8-1 所示。

---

[1] 陈燕，方建国. 专利信息分析方法与流程［J］. 中国发明与专利，2005（12）.

[2] 陈颖，张晓林. 专利技术功效矩阵构建词汇模型研究［J］. 情报科学，2012（11）.

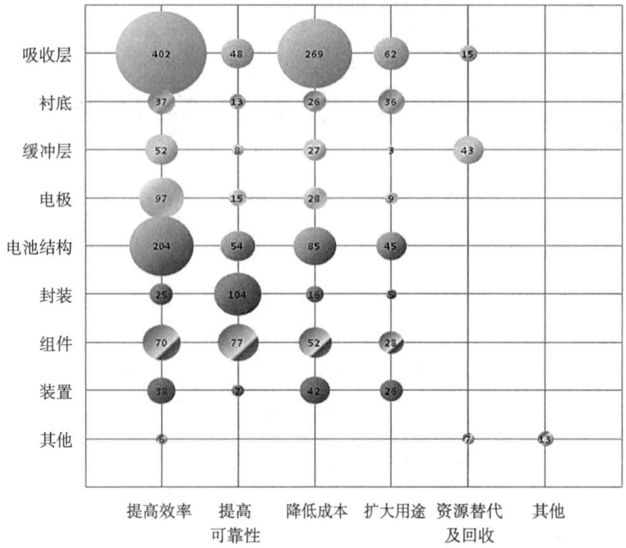

图 8-1　以专利数量作为主要展示对象的功效矩阵分析示例

2. 专利号

直接以专利号作为展示对象构建功效矩阵，是技术研发人员常用的辅助研发手段。从功效矩阵图或功效矩阵表中可以得到解决某些技术问题的专利、为达到某一个或多个技术需求通常采用的技术方案，以及某几个技术方案之间的内在联系等，再结合 TRIZ 理论得到的技术演变趋势，可以指导未来的技术研发方向。[1]

以表 8-1 为例，专利号为 4001094、4082638、4148699 等的专利覆盖了多个技术-功效交联点，凸显了这些专利的重要性和基础性。此外，如果几个技术-功效交联点上涉及多个共同的专利，也说明这些技术-功效交联点技术关联度较高。

表 8-1　以专利号作为主要展示对象的功效矩阵分析示例

技术功效 \ 技术类别		电极设计	机构设计	密封设计	制程参数	电解液配方	电控技术	夹具设计
		1	2	3	4	5	6	7
减少电解液使用	1	4001094 4082638 4156637 4190513 4330381 4431501 4634511 4772367 5135632	4001094 4082638 4156637 4190531 4330381	4001094 4082638 4127459 4156637 4634511 5135632 6099715	3864238 4148699	4127459 4256637 5378331 3864238 4148699 4224123		

[1] 运用 TRIZ 的趋势来解析捆包机的设计［EB/OL］. http://www.docin.com/p-851847932.html.

续表

技术功效 \ 技术类别		电极设计	机构设计	密封设计	制程参数	电解液配方	电控技术	夹具设计
		1	2	3	4	5	6	7
降低成本	2	4001094 4082638 4148699 4406459	4001094 4082638	4001094 4082638	4001094 4082638 4634511 5135632	4406759 5911867 5935411	4148699 4406759 5565084	4148699 5911867 5935411
操作安全	3	4001094 4082638 4634511 4645581	4001094 4082638 4224123 4645581	4001094 4082638 4634511	4001094 4082638 4148699	4156637	4224123	5082745

3. 专利权人

以专利权人为展示对象，可从功效矩阵中分析出某技术领域主要创新主体的专利布局策略、研发方向、技术优劣势，以及公司之间的竞争和合作关系等，可对各公司的研发方向以及专利合作策略等提供依据。

如表 8-2 所示，可以看到美光公司的专利技术涉及电机结构、配向结构、无线传输、信号辨识这 4 个技术分支。同时，对于电机结构这项技术，美光公司的技术所达到的功效是降低能耗、降低成本和防止短路。对于信号接收这项技术，Indala 公司则一枝独秀，其专利技术涉及了降低能耗、提升可靠度、降低成本这 3 项功效。Micron Communications 公司很多技术主题都与美光具有竞争关系，但在电机结构-提升可靠度，以及信号辨识-简化制程等方面具有技术优势；在与美光具有竞争关系的重叠技术上，应考虑回避设计，或进行交叉许可。通过对该表的分析，对本领域重点关注的几个申请人的技术分布情况进行了解，从中可以直观地看到本领域不同公司的技术侧重的对比，进一步深入挖掘还可以得出不同公司的技术策略。

表 8-2　以专利权人作为主要展示对象的功效矩阵分析示例

	简化制程	降低能耗	提升可靠度	降低成本	防止短路
电机结构	Micron Communications 公司 Datalogic 公司	美光科技股份有限公司	Micron Communications 公司	美光科技股份有限公司	美光科技股份有限公司

续表

	简化制程	降低能耗	提升可靠度	降低成本	防止短路
配向结构			美光科技股份有限公司 Indala 公司		
无线传输	美光科技股份有限公司 Micron Communications 公司 Datalogic 公司	美光科技股份有限公司 Micron Communications 公司 Datalogic 公司	美光科技股份有限公司 Micron Communications 公司	美光科技股份有限公司	
信号接收		Indala 公司	Indala 公司	Indala 公司	
信号辨识	Micron Communications 公司		美光科技股份有限公司 Micron Communications 公司		美光科技股份有限公司 Micron Communications 公司

4. 专利分类号

以专利分类号作为展示对象，可从功效矩阵中分析出每个专利技术点上都有哪些专利分类号，以及每一个功能效果对应的专利分类号信息❶，进而可以分析该技术-功效交联点的技术广度和核心技术要素。

表8-3是洁具领域中直热式加热器专利技术的功效矩阵IPC分布情况，从该表可看出，通过分层加热导电的技术手段实现过热保护的专利IPC分类，是E03D009/08（抽水马桶内向上直接喷水的设备；带有这类设备的改进型抽水马桶）和A47K003/22（浴缸；淋浴器；其辅助设备）。

表8-3 以IPC分类号作为主要展示对象的功效矩阵分析示例

	过热保护	即时加热	降低能耗	提高舒适性	消除水垢
分层加热导电	E03D009/08 A47K003/22	A47K003/22 E03D009/08 F24H001/20 H05B003/06 H05B003/16 H05B003/48	E03D009/08		

❶ 专利分类号可包括国际专利分类号（IPC）、欧洲专利分类号（ECIA）、美国专利分类号（CCL）、日本的分类法（F1/F-term）等。

续表

	过热保护	即时加热	降低能耗	提高舒适性	消除水垢
加热器迷宫结构	A47K003/22	A47K003/22 E03D009/08 F24H001/10	E03D009/08		
加热器整体结构		E03D009/08 F24H001/10	E03D009/08		

二、功效矩阵的分析层次

1. 宏观分析层次

依据专利技术研发目的的相似性，通常情况下宏观层所用技术和功效词汇可用于任何技术主题专利的分析❶。

宏观技术维度的词汇可来源于 PEST 的技术角度、MPEST 技术角度图、TEMPOS 地图；宏观功效维度的词汇可来源于 TRIZ 中的矛盾矩阵。如下述一系列宏观层的技术词和功效词：

技术词：处理 Treatment、结构（组件）Structure（Component）、材料 Material、原理 Principle、动力 Energy、产品 Product 等。

功效词：制程简化 Simplify flow、操作方便 Easy operation、结构优化 Simply structure、成本降低 Reduce cost、性能提高 Improve performance、节省能源 Saving energy、用途（应用场合）Use（application）、节省时间 Saving time。

2. 中观分析层次

中观功效矩阵分析是对某一具体事物的分析，其技术分类主要从专利产品（专利组件）构成角度入手，能够明确划分出主要构成的技术领域多采用这种矩阵结构，如机械类、化工类领域。技术分类通常用专利组件来表示，功效有时可依据专利组件推导得出。

3. 微观分析层次

微观功效矩阵分析是某技术主题领域中特定技术专题的分析，涉及很具体的技术主题和技术功效体系结构，要求领域专家对特定的技术主题有详尽、准确的了解，分析难度较大。

例如图 8-2，从技术维度上看，分为单层涂层、双层涂层、多层涂层、梯度涂层、软硬涂层以及纳米涂层，这些都是针对切削刀具领域中非常具体的技术点；从功效维度来看，分为提高硬度、耐磨、耐热、润滑、粘接、韧性等，也都是针对切削刀具的使用特性来构建的功效维度。

---

❶ 陈颖，张晓林. 专利技术功效矩阵构建词汇模型研究 [J]. 情报科学，2012 (11).

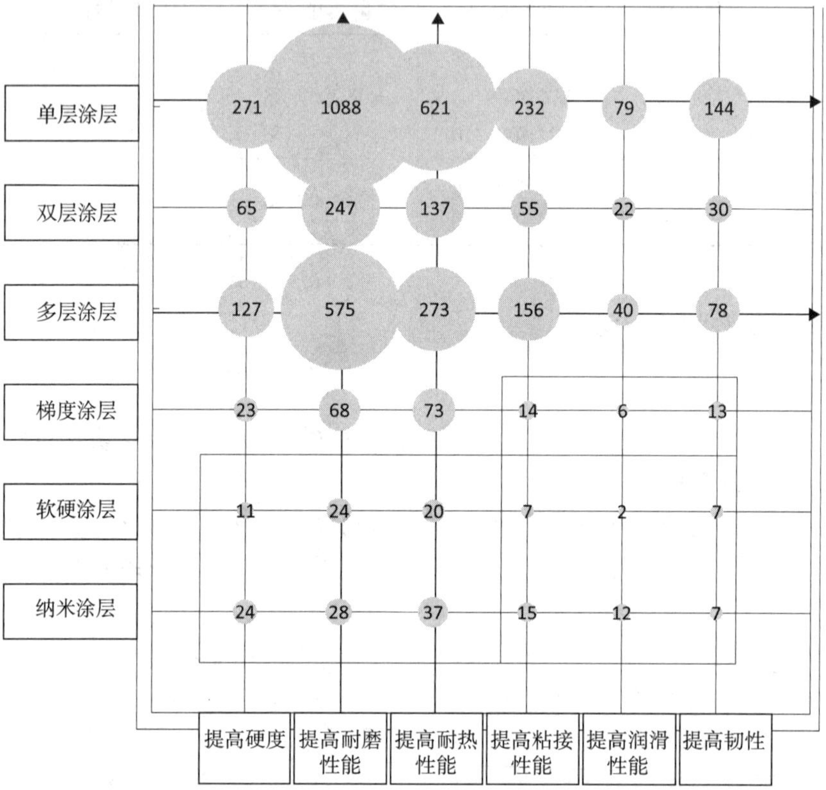

图 8-2　微观分析层次的专利功效矩阵分析示例

4. 多维度分析

加入时间、申请人、区域等分析维度，可以得到技术或需求的发展趋势、不同申请人或区域之间的对比信息。

在表 8-4 中，圆点的数量表示专利的数量，其在一般仅包含技术和功效二维变量的技术功效图基础上，加入了时间要素作为第三维的变量。

表 8-4　结合时间要素的多维度专利功效矩阵分析示例

目的	二噁英分解物					降低成本					维修改进					种类和数量不断波动的垃圾防止					热回收和其他				
申请年份 技术指标	1984~1986	1987~1989	1990~1992	1993~1995	1996~1998	1984~1986	1987~1989	1990~1992	1993~1995	1996~1998	1984~1986	1987~1989	1990~1992	1993~1995	1996~1998	1984~1986	1987~1989	1990~1992	1993~1995	1996~1998	1984~1986	1987~1989	1990~1992	1993~1995	1996~1998
液体燃料的燃烧特征		••••••	•••	••••••						•			•			•			•••	••				•	•
二次燃烧的温度控制		•••	•••	•	••			•										•	•					•	
二次燃烧的混合控制		••••	••••	••				•					•						•						
二次燃烧的保留时间		••	••	•																					

图 8-3 是结合专利申请人比较信息的机器人点焊技术的功效矩阵。作为整车厂商，本田公司和日产公司的机器人点焊钳的申请量在所有申请中排名第一和第三。从技术手段上看，除控制装置与方法外，本田更关注焊臂和电极系统，而日产相比较而言更关注整体结构技术手段。从技术需求上，本田最关注点焊质量，焊接效率次之，定位精度最后；而日产最关注焊接效率，其次是定位精度，点焊质量最后。

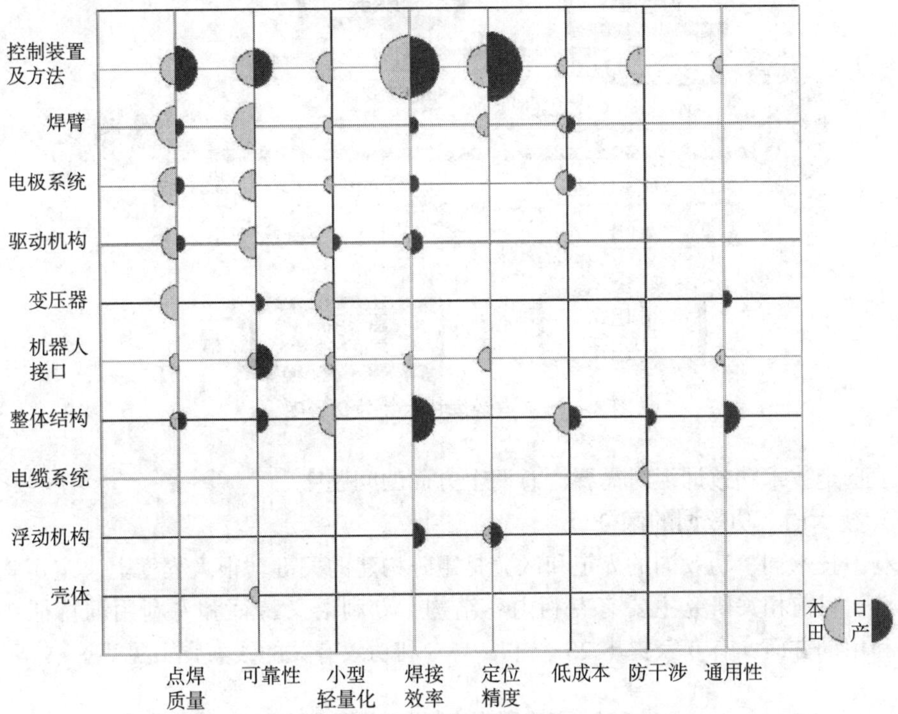

图 8-3　结合厂商类型的多维度专利功效矩阵分析示例

第二节　功效矩阵的构建步骤

功效矩阵的构建总体上分为以下 3 个步骤：第一是选定技术及功效分类架构；第二是专利文献解读与分类标引；第三是制作技术功效矩阵图表。

一、选定技术及功效分类架构

技术及功效分类架构是功效矩阵分析的前提和关键。技术及功效分类架构的方式主要有 3 种，即人工选定架构、使用文本挖掘工具架构、利用专利分类体系架构。

1. 人工选定架构

人工选定架构是根据本领域技术专家的意见和建议，结合专利文献的技术信息，由专利分析人员形成专利技术分类和功效分类，并形成专利技术分类和功效分类的鱼骨图（见图 8-4），再根据鱼骨图阅读专利说明书，完成技术、功效分类勾选清单。其思路实质上是人工定义专利技术、功效分类，将其作为系统资料库；在此基础上建立本体论分类架构，实现本体语义分析，并利用本体知识层级关系来建立专利技术、功效词间的对应模式。❶

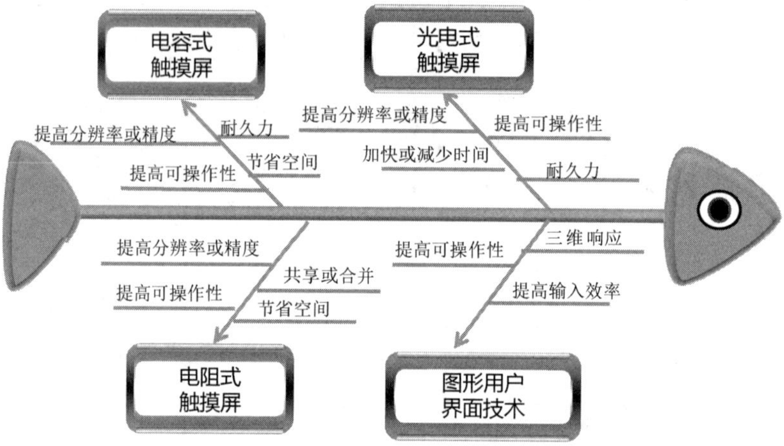

图 8-4　多点触屏技术功效鱼骨图

人工选定技术功效词汇时需要注意两个方面的问题❷：

（1）技术词、功效词的区分

专利中技术词、功效词的界定和区分是矩阵构建的关键，很大程度上决定矩阵结构的合理性。目前相关研究主要有专利内容结构、专利语义特征和专利用词特征3个方面。专利用词方面，有专家提出25个主要与专利功效有关的线索词，见表8-5。

表 8-5　与专利功效有关的线索词列表

Advantage	Difficult	Improved	Overhead	Shorten
Avoid	Effectiveness	Increase	Performance	Simplity
Cost	Efficiency	Issue	Problem	Suffer
Costly	Goal	Limit	Reduced	Superior
Decrease	Important	Needed	Resolve	Weakness

这些线索词有利于生成专利摘要，可较好地提取出专利背景、目的和功效信息。同时，可依据“a，an”等冠词来判断专利组件所在位置，依据“for”来判断专利的用途等。

（2）技术词、功效词的抽取

识别出专利中技术词、功效词后，要利用相应算法和规则将其从专利信息中抽取出来，包括发明名称等结构化信息以及说明书摘要、权利要求书等非结构化信息。然而，

❶ 王圣顺. 专利文件之专利技术特性及功能知识分析法 [D]. 台北：台湾科技大学，2006.

❷ 陈颖，张晓林. 专利技术功效矩阵构建研究进展 [J]. 现代图书情报技术，2011（11）：1-8.

正是这些非结构化信息记录了大量关键的技术、功效信息和创新点。主要有以下几种抽取方法：①基于统计方法的专利术语抽取；②基于本领域技术知识的专利中重要概念抽取；③基于专利撰写规则的抽取；④基于专利语法结构的抽取。

2. 使用文本挖掘工具架构

基于文本挖掘的技术主题、功能效果分析方法主要有术语词频统计、共词分析、文本聚类分析等方法。此类方法在分析过程需要利用多种分析工具，包括一些通用的文本挖掘软件、社会网络分析软件和专门的工具。

目前，技术术语抽取和文本聚类有很多软件可供选择，共词网络分析中常用软件有Ucinet和Pajek，一些专门的专利分析工具，比如Innography、CiteSpaceII、Aureka也常被用来进行技术主题分析。基于文本挖掘的技术分类架构构建流程如图8-5所示❶。Invention Machine's Knowledgist❷利用语义技术阅读分析专利文献，从中抽取出技术知识，并将其以“问题—解决方案”索引的形式呈现出来。KeyPat❸可从专利中抽取名词关键词和名词短语，主要面向专利翻译中的资源重用，此工具主要由术语抽取模块和调整过滤模块构成，不依赖术语库，而只依靠单一文本中的统计信息进行抽取。上述工具侧重对专利中术语及名词类关键词的抽取，与表达技术点、功效点的词汇抽取不完全相同。

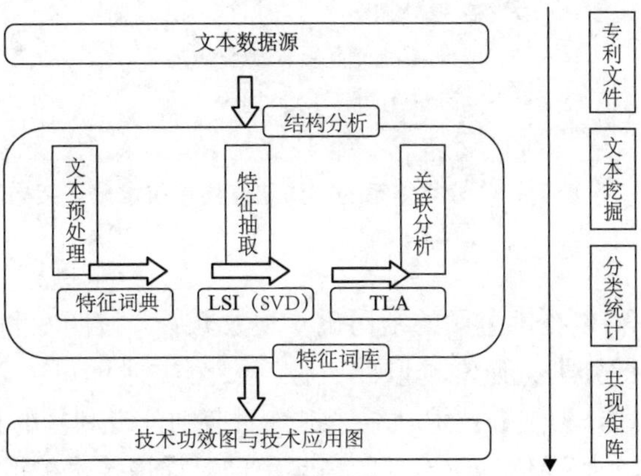

图8-5　基于文本挖掘的技术分类架构构建流程

3. 利用专利分类体系架构

（1）基于IPC分类体系的技术分类架构构建

发明的技术主题与某物的本质属性、功能相关，或者是与使用、应用某物的方法有关，其中，“物”指任何技术事物，不论其有形或无形，例如，方法、产品或设备，此思想正是体现在IPC设计中，IPC遵循“功能分类”和“应用分类”规则。因此，如

---

❶ 瞿东升，陈展，等. 专利信息的技术功效与应用图挖掘研究［J］. 现代图书情报技术，2012（7）：96-102.

❷ Invention Machine's Knowledgist［EB/OL］. http://www.invention-machine.com.

❸ Sheremetyeva S. An Efficient Patent Keyword Extractor As Translation Resource［EB/OL］. http://www.mt-archive.info/MTS-2009-Sheremetyeva.pdf.

果技术功效分析所选定的技术主题较大，并不是特别细分的技术，就可以采用基于 IPC 分类体系的方法快速构建技术分类架构。该架构流程如图 8-6 所示。

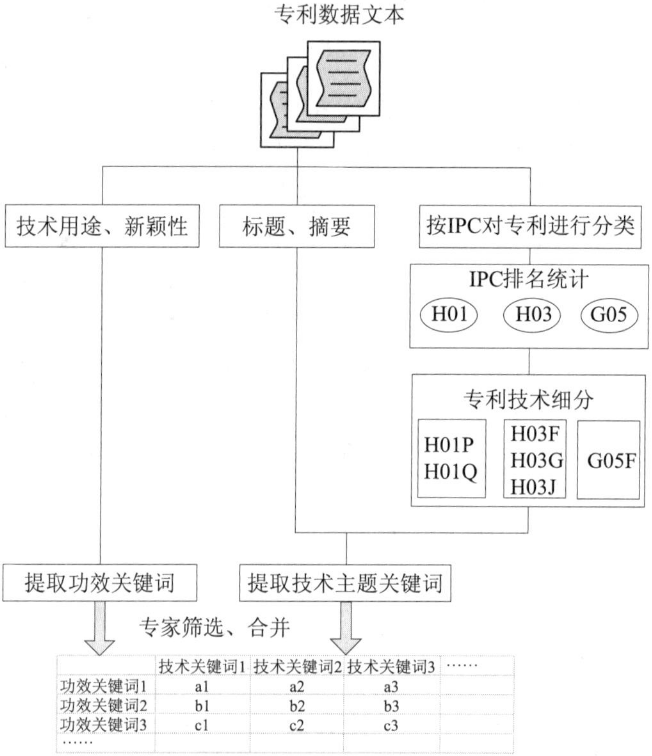

图 8-6　基于 IPC 分类体系的方法快速构建技术分类架构流程

具体流程如下：

· 在已获取某一特定技术主题的结构化专利数据后，按照专利数量排名前几位 IPC 分类号对专利技术进行分类，通常选取前三位 IPC 分类号即可，以前三位分类号为标准，对分类号进一步划分为细分技术领域，提炼对应细分专利号的技术关键词；

· 统计分析标题、摘要信息中出现的高频率词，提炼技术关键词；

· 统计分析技术用途、技术新颖性信息中出现的高频率词，提炼技术功效关键词；

· 专家对技术关键词、技术功效关键词进行筛选、合并，形成技术分类架构列表。

（2）基于 FI/F-term 分类体系的技术分类架构构建

由于 IPC 强调整体性分类，较少考虑物的构成细分，其功能性分类和应用性分类中所用的词汇较为概括和宽泛，难以体现具体的技术点。因此，可采用将 IPC 细分和扩展得到的日本 FI（File Index）分类法。FI 分类号由细分号、文档细分号和方面分类号构成。其中，方面分类号是从技术主题的不同技术特征，在 IPC 下以不同角度细分的类号，但是其覆盖类别不全面，也没有进一步的细分，不适于直接构建矩阵结构。

日本 F-term 分类法是在 IPC 和 FI 基础上的再分类或细分类，适于多角度检索。F-term 从多角度技术主题（也称为技术视点）对专利进行分类。技术主题下又可细分为若干个子主题，从多方面展现专利技术特征，如目的、用途、结构、材料、制造方法、使用或运行方法、控制装置等。例如，将 FI/F-term 分类体系引入专利技术/功效矩阵的制作流程中，形成基于特定技术领域的专利技术/功效矩阵图的应用流程如图 8-7 所示❶。

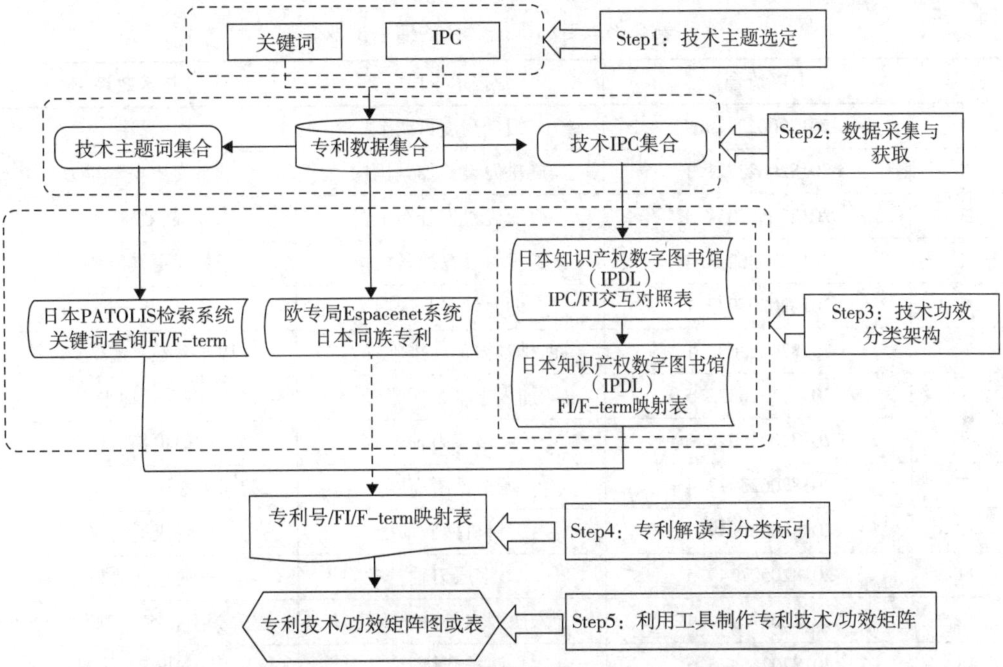

图 8-7 基于 FI/F-term 分类构建专利技术/功效矩阵的应用流程

二、专利文献解读与分类标引

在确定专利分析范围和技术及功效分类架构的基础上，专利文献解读与分类索引环节的任务是将专利数据与对应的技术-功效列表进行关联映射。针对人工构建的技术功效分类架构，可以通过人工阅读每篇专利文献，进行手工分类标引；针对文本挖掘方法构建的技术功效分类架构，可以将专利数据与构建的技术、应用、功效词库进行匹配，即可统计出每个特征词所对应的专利文献数量；针对基于专利分类体系进行的技术功效分类架构，可直接根据文献的分类信息进行分类和标引。

由于专利文献中的技术和功效表达并非结构化数据，某一范围内的技术或功效表达方式上是多种多样的，因此技术和功效的标引过程中，需要进行必要的上位的归纳。以下通过案例介绍技术词汇和功效词汇的归纳。

【案例 8-1】农机领域技术词汇及功效词汇的概括归纳❷

案例设置目的：掌握绘制功效矩阵之前进行技术词汇和功效词汇概括归纳的方法。

具体步骤如下：

第一步：对信息摘要表中每个专利的申请号（专利号）、使用的技术手段与达成的

❶ 霍翠婷，等. 日本 FI/F-term 分类体系在专利技术/功效矩阵中的应用研究［J］. 情报杂志，2013，32（11）：140-144.

❷ 改编自：张阳. 技术（发明原理）功效矩阵在产品创新设计中的应用［D］. 济南：齐鲁工业大学，2019.

技术效果进行信息的总结提取，其中部分标引结果见表 8-6。通过对具体专利信息的总结提取，方便后续工作进行功效词汇归纳及技术词汇归纳。

表 8-6　专利数据集合的信息提取

序号	申请号	技术手段	技术效果
1	201820623773. 9	刀轴高度可调节	深耕
2	201820623721. 1	旋耕刀设置加紧机构	方便更换旋耕刀
3	201820552357. 4	改变旋耕刀分布位置	高效碎土
4	201820536223. 3	旋耕刀设置加紧机构	方便更换旋耕刀
5	201820297948. 1	侧面设置开沟器	起垄开沟
6	201820253680. 1	前排割刀加两排旋耕刀	碎土灭茬、高效碎土
7	201721526322. 5	加入土壤整平装置	耕后土地平整
8	201720956678. 6	多层刀轴	方便更换旋耕刀
9	201820623772. 4	调节挡板高度	防止土壤飞溅、土地平整
10	201820623639. 9	旋耕机两侧加固	旋耕机运行稳定
11	201820507249. 5	多层刀轴	方便更换旋耕刀
12	201820373474. 4	加入压力水泵冲洗旋耕刀	提升碎土效率、刀保持清洁
13	201820215475. 6	两排旋耕刀	提升碎土效率
14	201721792546. 0	两排旋耕刀、耕深监测	高效碎土
15	201820065334. 0	旋耕刀附加切草刀	减小旋耕刀磨损
16	200820035012. 8	加入驱草杆	防缠草
17	201621050917. 3	旋耕刀间距可调	方便种植
18	201620811457. 5	两排刀轴及旋耕刀	高效碎土

第二步：功效词汇的归纳处理。根据信息摘要表提供的信息，统计技术效果的类目，并转化成功效词类目，对于表述上的不同但实际意义相同的，需要对相似性功效词进行归纳处理，表 8-7 所示为进行统一化处理的功效词类目，以此 11 项功效词作为功效矩阵的横坐标。

表 8-7　功效词汇归纳

统一化后的功效词	统一化前的功效词
1. 深耕	1-1　加深旋耕
	1-2　旋耕刀可下沉
	1-3　深松

续表

统一化后的功效词	统一化前的功效词
2. 方便拆装维修	2-1　方便更换旋耕刀
	2-2　维修方便
	2-3　降低维修成本
3. 高效碎土	3-1　提升碎土效率
	3-2　适应地形
	3-3　均匀疏松土壤
	3-4　旋耕效率高
	3-5　不漏耕
	3-6　碎土效果好
4. 开沟起垄	4-1　可开沟
	4-2　可起垄
5. 灭茬	5-1　灭茬
	5-2　粉碎秸秆
6. 土地平整	6-1　耕后地面平整
7. 减少机内土堆积	7-1　防止泥土飞溅
	7-2　方便刮除泥土
	7-3　及时清理附着泥土
8. 旋耕机稳定	8-1　传动稳定
	8-2　旋耕机保持平衡
9. 减少旋耕刀磨损	9-1　延长刀的寿命
	9-2　刀不易损坏
	9-3　耐用
	9-4　避免旋耕刀断裂
10. 防缠草	10-1　刀不易缠草
	10-2　刀轴不易缠草
11. 保护刀轴	11-1　延长刀轴寿命
	11-2　防止刀轴断裂
	11-3　刀轴受力均匀

第三步：技术词汇的归纳处理。通过对目标专利库中专利的技术手段的总结，并转化为技术词汇，归纳得到发明原理 12 项，见表 8-8。

表 8-8　技术词汇归纳

技术归纳	技术手段（技术词）
动态法（将非运动的物体变为动态的，增加其运动性）	挡板的高度可调
	旋耕刀刀轴高度可调
	旋耕刀刀片可移动
	使用夹紧机构连接刀与刀轴
	旋耕机可沿轴转动
	旋耕机弹簧配平
预补偿法（预先准备好措施补偿物体相对较低的可靠性）	旋耕机前端加入犁刀
	旋耕机前端加入石头分拣机构
	旋耕刀底部加入弹性装置
	旋耕机前端设置杂草切割刀
	旋耕机前端加入挡草杆
	旋耕机内部加入防泥垫
多维法（将一维空间内运动或静止的物体变为二维空间内运动或静止的物体；物体用多层代替单层排列；使物体倾斜或改变其方向）	两排或多排旋耕刀
	改变旋耕刀的形状
	两次齿轮箱传动
	两侧加固旋耕机
	加入多组过度齿轮传动
	旋耕机双臂悬挂
套叠法（一个物体套在另一个物体内）	旋耕刀刀轴可伸缩
	旋耕机可折叠
非对称法（用非对称性代替对称性）	改变旋耕刀的角度
	改变旋耕刀在刀轴上的分布
分离法（将一个物体分为互相独立的部分；将一个物体分成几部分）	多层刀轴
	多段刀轴
	旋耕刀间距可调
	旋耕刀与刀轴的连接方式
曲面法（将直线变成曲线，平面变成曲面，方形变成球形；利用滚筒、球体或螺旋体）	旋耕机后端设置镇压辊
	圆弧形顶板
	后端加入蒲辊
	挡板底部加入圆弧状
	旋耕机前端加入压草轮

续表

技术归纳	技术手段（技术词）
组合法（在时间或空间上将有共性的物体和需要连续操作的物体组合起来）	旋耕刀间加入切草刀
	挡板两侧加入导土板
	刀轴加入清理刷
	压力水泵冲洗旋耕刀
	加入热风机或冲洗机
	加入开沟打垄机
反向法（将一个物体的位置颠倒；将规定的操作改为相反的）	旋耕刀反转
	旋耕刀置于动力装置前方
预操作法（预先对物体进行特殊安排）	加大刀轴直径
	旋耕机加入支撑杆
快速法（以最快的速度完成有害操作）	转速可控
机械振动法（使物体处于振动状态）	挡板可振动

通过发明原理将类目较多的技术手段进行归纳总结，可以将类目数调整到可控范围内，不至于使技术（发明原理）功效矩阵中气泡过于分散而造成挖掘问题的模糊化及不能直观地寻找技术热点与技术薄弱点，同样可有效展示出解决问题所使用的相应发明原理，根据发明原理也可获得相应的专利技术手段。

第四步：绘制功效矩阵，以功效词汇为横坐标，以技术词汇为纵坐标，将相对应的专利数量填入对应横纵坐标中，构建功效矩阵，如图 8-8 所示。

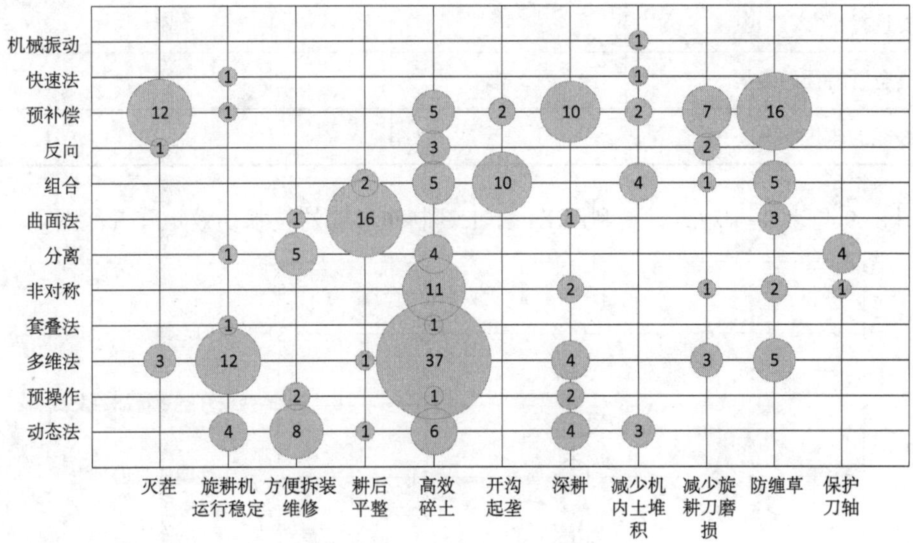

图 8-8 农机领域功效矩阵

从上述技术功效词汇的归纳过程可以看出，词汇归纳的过程基于人工对专利文献的阅读、对专利文献中所述技术的深入理解，甚至基于对行业技术的广泛认知。因此，准确的技术功效分析对于人工实现来说有以下两个挑战：第一，海量数据的人工技术功效标引无法满足效率上的要求；第二，数据标引的准确度以及对技术功效的归纳概括的准确度对专利分析人员在技术上的认知要求很高。因此，如何对更大量级的专利数据进行准确的技术功效归纳、标引，越发依赖于机器化智能化的实现。

三、制作技术功效矩阵图表

基于形成特定技术主题的专利号码/技术功效矩阵映射表，利用一些工具软件完成最终矩阵表或图的制作，比如 Excel、PatentTech、Thomson 公司的 TDA、开源程序或者自行编写的可视化图形生成工具等。技术-功效矩阵表是包含技术-功效两个要素的二维表格，横轴为功效，纵轴为技术，表中展示专利数量、专利号码、专利权人等对象；技术功效矩阵的展现形式主要有气泡图，气泡图中横轴为功效，纵轴为技术，气泡的大小代表专利数量。

表 8-9 为近 20 年半导体激光器技术功效矩阵。横向来看，可以了解为实现一种效果可以选用哪些技术，以及技术的有效程度。纵向来看，可以了解一种技术可以达到多少效果，主要效果是什么。综合来看，可以了解该领域专利技术的研发热点和整体布局情况——近 20 年的半导体激光器技术发展，主要在于通过层状结构来进行两极真空管特征的发展这一性能方面。

表 8-9　近 20 年半导体激光器技术功效矩阵

专利功效	技术方案		
	材料技术	层状结构	加工技术
波长的选择	1	4	2
两极真空管特征的发展	1	26	0
光学性能的改进	1	7	1

图 8-9 与表 8-9 对应，是利用 Excel 工具制作形成的技术功效矩阵气泡图。

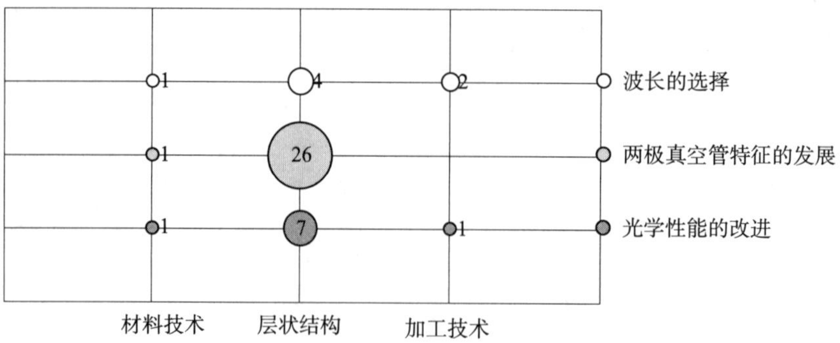

图 8-9　近 20 年半导体激光器技术功效矩阵气泡图

利用 Excel 来绘制技术功效矩阵气泡图的方法如下[1]：

经过统计分析，可以获得关于技术功效和技术手段的一些数据，记录在 Excel 中；同时根据原始数据表，可以构造一个辅助数据列，人为定义 X 值、Y 值。选择数据区域，然后在“插入图表”中选择“气泡图”类型，插入默认生成的气泡图（见图 8-10）。

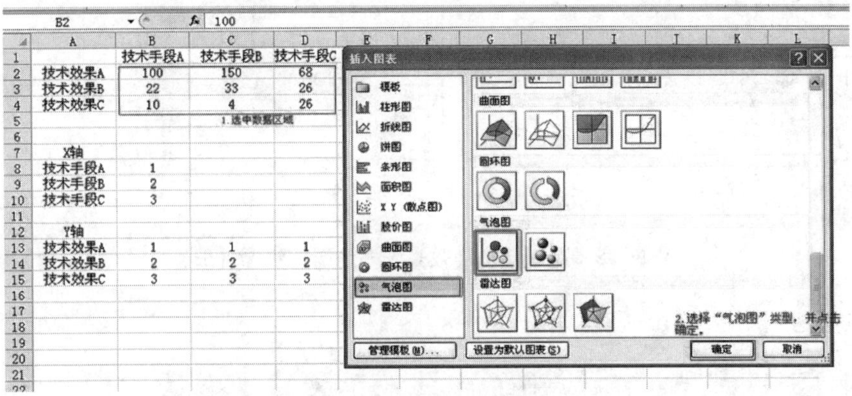

图 8-10　绘制技术功效矩阵气泡图的步骤（一）

如图 8-11 所示，新增数据系列，在图表中单击右键“选择数据”，然后单击“添加”开始添加数据系列，选择数据系列的对应数据源（系列名称可以不用管）。

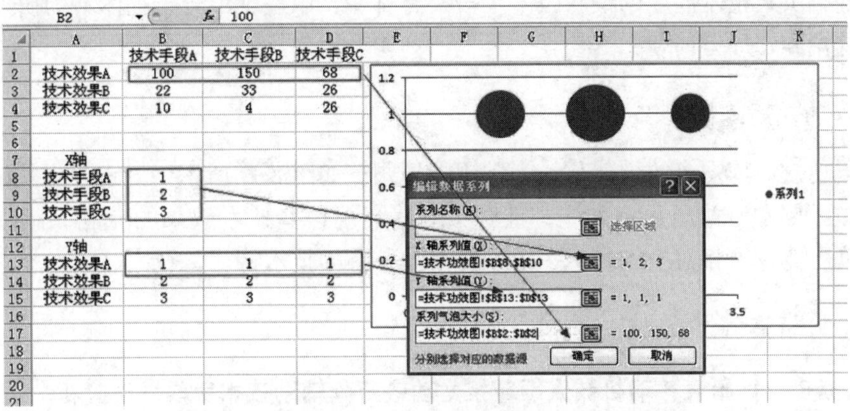

图 8-11　绘制技术功效矩阵气泡图的步骤（二）

如图 8-12 所示，增加纵向网格线，并添加数据标签，对网格的长宽进行调整，即可获得漂亮的矩阵气泡图了。技术手段和技术效果标签可以通过文本框的形式添加到图中的 X 轴和 Y 轴上，以进一步完善。

[1] https://x.zhihuiya.com/wenzhang/469.

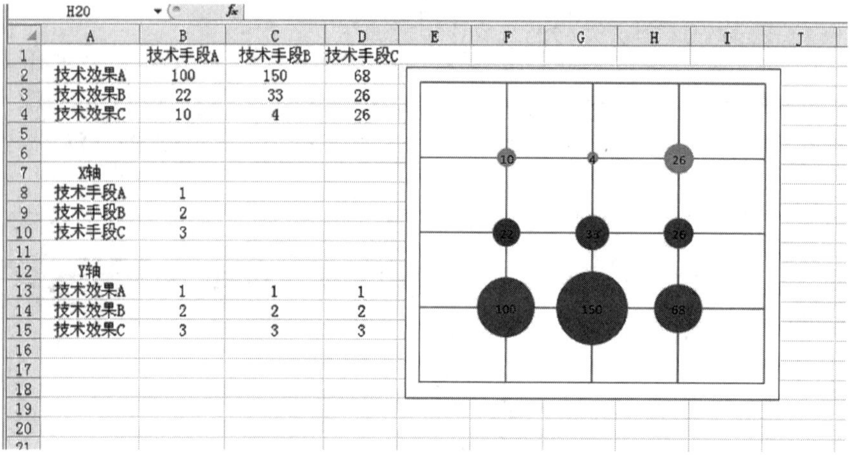

图 8-12　绘制技术功效矩阵气泡图的步骤（三）

第三节　功效矩阵在技术手段发现上的应用

在一些战略新兴产业中，需要及时掌握技术发展新的趋势，尤其是解决重要技术问题的新的技术手段。通过对专利文献中的技术效果进行归纳和技术手段的标引，可以方便地发现解决某技术问题的最新技术手段都有哪些，以呈现给分析主体新的研发思路以及专利挖掘和布局方向。

一、功效矩阵构建

此类功效矩阵图表的构建是最为常规的样式，如图 8-9 所示。对于较为关注的技术效果（技术问题）进行重点关注，且对于能够实现这些技术效果的专利文献进行深入分析解读，能找出相对应的技术手段，甚至是核心的技术特征。

二、分析案例

【案例 8-2】星表移动机器人领域技术功效矩阵辅助技术手段发现分析

星表移动机器人主要包括轮式移动机器人、腿式行走机器人和轮腿组合式移动机器人等类型，它们各有相应的特点和适用范围。进入 21 世纪后，将轮式移动机构的高速高效性能和腿式移动机构的地形适应能力相结合的轮腿组合式移动机器人越来越受到业内的重视，全球范围的相关研究如火如荼地开展，但由于轮腿机器人结构和控制更为复杂，还有大量的科学问题、内蕴机理和基本特性的认识尚需突破。

在星表移动机器人中，轮式移动机器人（也叫星球车）因技术相对成熟而得以广泛应用，是目前成功登陆月球和火星的表面探测器采用的结构形式。对于星球车，车辆整体的结构设计、悬架机构、车轮机构和移动控制是决定机器人能否顺利通过行星表面和完成指定任务的关键技术和重要因素。

通过对轮式机器人移动系统开展技术功效矩阵分析可知（见图8-13），用于增强地形适应和通过性、提高稳定性、提高空间可运输性，以及提高定姿定位能力的专利技术较多，用于实现空间实验支持（包括零重力实验、便于采样和样品收集等）、降低能耗、提高转向性能的相关专利文献较少。增强地形适应和通过性与4种技术手段都相关，其中通过车轮和整体结构设计来实现的专利文献最多；而提高稳定性和空间可运输性与悬架设计、车轮设计和整体结构设计3种技术手段相关，其中提高稳定性最相关的技术手段是悬架设计，而提高空间可运输性最主要是通过对车辆进行轻量化、模块化、小型化等整体结构设计来实现。此外，定姿定位能力、可操控性、驱动性能和转向性能主要由移动控制技术来提高和改进。而载人适应性设计主要是在整体结构设计中对供氧、照明、安全保障和乘坐舒适性等方面进行功能增设和优化。

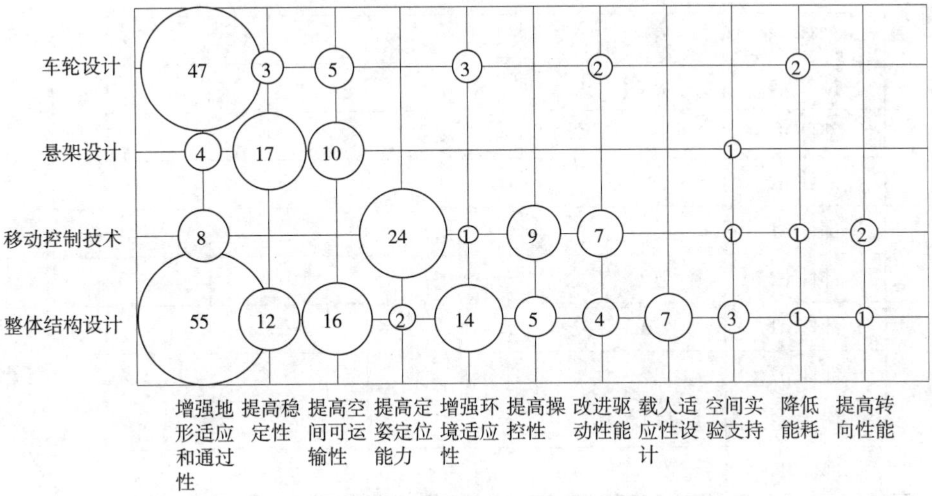

图8-13　轮式机器人移动系统技术功效矩阵分析

第四节　功效矩阵在专利挖掘中的应用

在专利挖掘过程中，需要对专利技术方案的技术特征和技术效果之间的复杂关系进行详细剖析和确定，而技术功效矩阵图是清晰体现专利的技术特征和技术效果之间的复杂关系的最好表达方式之一，可以作为专利挖掘和完善专利组合的辅助工具❶。

一、功效矩阵模型构建

在使用技术功效矩阵图辅助专利挖掘时，可以采用下述表格形式：表格横向为各种功效，表格纵向为技术方案分解出来的主要技术特征。对于机械领域的专利，这些技术特征还包括部件/元件及其相对位置关系、连接关系等。由于一个专利至少解决一个技

❶ 冯志云. 试论技术功效矩阵图在专利挖掘和完善专利组合中的应用［C］. 中华全国专利代理人协会年会知识产权论坛，2014.

术问题，在不考虑创造性的情况下，技术功效矩阵图中所列的功效列数，就是可以考虑申请的专利数量。

专利挖掘的技术功效矩阵模型示例❶见表 8-10。

表 8-10　技术功效矩阵模型示例

<table>
<tr><th colspan="2">部件/元件名称</th><th>位置关系
连接关系</th><th>功效 A</th><th>功效 B</th><th>功效 C</th><th>可否有其他未知功效</th></tr>
<tr><td rowspan="4">部件 a</td><td>部件 a1</td><td></td><td>※</td><td>⊙</td><td></td><td rowspan="12">所列特征是否有其他组合可以产生其他技术效果</td></tr>
<tr><td>部件 a2</td><td>与 d2、d4 有关</td><td></td><td></td><td>◇</td></tr>
<tr><td>部件 a3</td><td>与 d2 有关</td><td></td><td></td><td>◇</td></tr>
<tr><td>部件 a4</td><td>与 d4 有关</td><td></td><td></td><td>◇</td></tr>
<tr><td rowspan="2">部件 b</td><td>部件 b1</td><td>与 a1 有关</td><td>※</td><td></td><td></td></tr>
<tr><td>部件 b2</td><td></td><td></td><td>⊙</td><td></td></tr>
<tr><td rowspan="2">部件 c</td><td>部件 c1</td><td></td><td>※</td><td>⊙</td><td></td></tr>
<tr><td>部件 c2</td><td>与 a1 有关</td><td>※</td><td>⊙</td><td></td></tr>
<tr><td rowspan="4">部件 d</td><td>部件 d1</td><td>与 b2 有关</td><td></td><td>⊙</td><td></td></tr>
<tr><td>部件 d2</td><td></td><td></td><td></td><td>◇</td></tr>
<tr><td>部件 d3</td><td>与 b2 有关</td><td></td><td>⊙</td><td></td></tr>
<tr><td>部件 d4</td><td></td><td></td><td></td><td>◇</td></tr>
</table>

注：※⊙◇均表示具有某种功效，下同。

通过对表 8-10 中技术功效之间的关联关系分析发现，部件 a1、部件 b1、部件 c 组合的技术方案 1 可以解决功效 A；部件 a1、部件 b2、部件 c、部件 d1、部件 d3 组合的技术方案 2 可以解决功效 B；部件 a2、部件 a3、部件 a4、部件 d2、部件 d4 组合的技术方案 3 可以解决功效 C。因此，可以考虑申请 3 个专利。

进一步分析可知，这 3 个申请中，技术方案 1 和 2 之间有技术特征重叠，技术方案 3 与技术方案 1 的技术特征完全不重叠，技术方案 3 与技术方案 2 的技术特征也完全不重叠。因此，技术方案 3 可完全独立申请。而技术方案 1 和 2 需要做成关联的同日申请，或考虑技术重要性以及经费等因素，确定技术方案 1 和 2 是否合并在一件申请中。

二、分析案例

【案例 8-3】洗衣机领域技术功效矩阵辅助专利挖掘分析

案例设置目的：掌握利用技术功效矩阵辅助专利挖掘的方法。

❶ 冯志云. 试论技术功效矩阵图在专利挖掘和完善专利组合中的应用［C］. 中华全国专利代理人协会年会知识产权论坛，2014.

本例涉及某企业开发出的一款具有灵动显示和人性化操作的洗衣机触控面板专利挖掘❶，具体步骤如下：

第一步：通过对发明人提供的实际产品进行剖解，初步检索现有技术，并与发明人进行细致的技术交流后，对该款产品的整体技术方案形成技术功效矩阵，见表8-11。

表8-11　洗衣机触控面板技术功效矩阵

<table>
<tr><th colspan="2">部件/元件名称</th><th>位置关系
连接关系</th><th>功效A
减少电磁干扰产生的错误信号，提高可靠性</th><th>功效B
提高亮度、改善视觉效果和节能环保</th><th>功效C
实现灵动人性化操作界面、提升用户体验</th><th>可否有其他未知功效</th></tr>
<tr><td rowspan="4">第一电路板21</td><td>触控传感器214/216</td><td></td><td>※</td><td></td><td>◇</td><td rowspan="5">所列特征是否有其他组合可以产生其他技术效果</td></tr>
<tr><td>发光装置215</td><td>在子显示单元118下方</td><td></td><td>⊙</td><td>◇</td></tr>
<tr><td>发光装置212、217</td><td></td><td></td><td>⊙</td><td></td></tr>
<tr><td>多个导光件23</td><td>分别在发光装置的侧缘</td><td></td><td>⊙</td><td></td></tr>
<tr><td>反光件22</td><td></td><td>对应在导光件23下方</td><td></td><td>⊙</td><td></td></tr>
<tr><td rowspan="2">第二电路板31</td><td>触控控制电路25</td><td>与第一电路板21间隔开</td><td>※</td><td></td><td></td><td rowspan="6">所列特征是否有其他组合可以产生其他技术效果</td></tr>
<tr><td>功率元件</td><td></td><td>※</td><td></td><td></td></tr>
<tr><td rowspan="4">主面板1</td><td>第一触控显示区域111</td><td></td><td></td><td>⊙</td><td></td></tr>
<tr><td>组合触控区域114</td><td>对应于触控传感器214下方</td><td></td><td></td><td>◇</td></tr>
<tr><td>组合显示区域115（多个子显示单元118）</td><td>位于组合触控区域114的周边</td><td></td><td>⊙</td><td>◇</td></tr>
<tr><td>功能执行用触控显示区116</td><td>位于组合触控区域114</td><td></td><td>⊙</td><td></td></tr>
</table>

❶ 冯志云. 试论技术功效矩阵图在专利挖掘和完善专利组合中的应用［C］. 中华全国专利代理人协会年会知识产权论坛，2014.

表 8-11 中的特征可参见图 8-14。

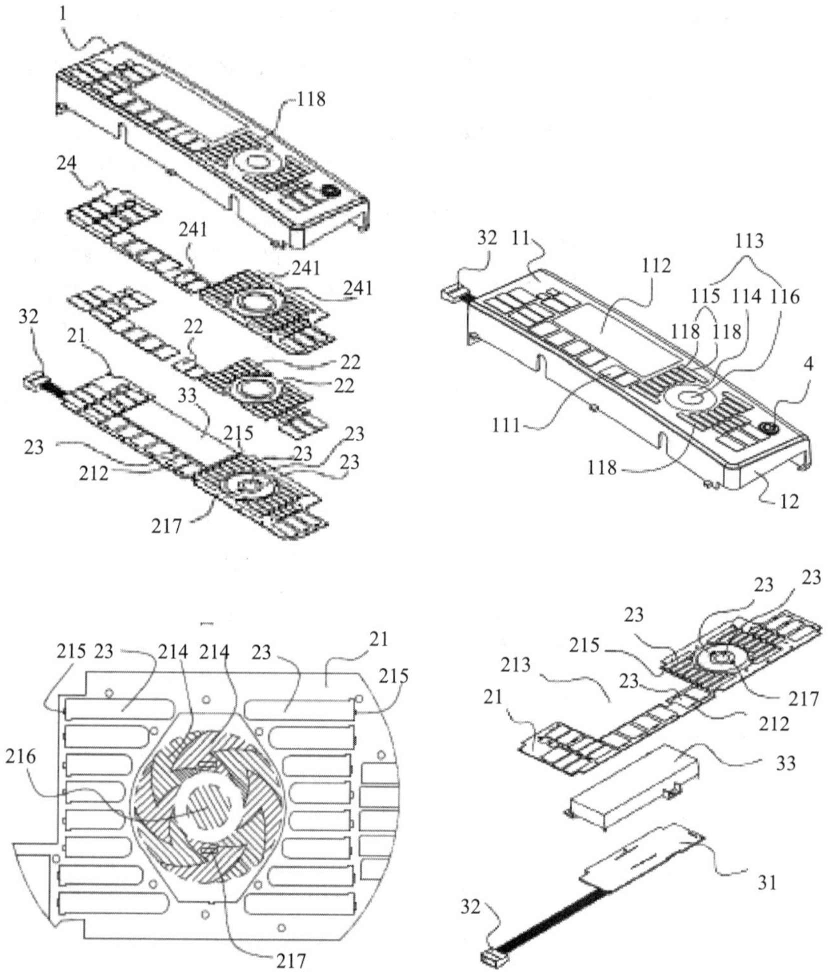

图 8-14　洗衣机触控面板技术特征附图

第二步：根据上述表格的分析结果，可初步确立 3 个拟撰写的专利申请。

申请 1（对应功效 A）：通过将触控传感器 214/216 设置在第一电路板 21 上，触控控制电路 25 设置在另外一块相对独立的第二电路板 31 上，可以在空间上将触控传感器与触控控制电路间隔开一段距离，从而可减少第二电路板 31 上的触控控制电路 25 以及其他功率元件对第一电路板 21 上的触控传感器 214/216 造成的电磁干扰，防止触控传感器产生错误的感应信号，用较低的成本来提高触控面板的工作可靠性。

申请 2（对应功效 B）：通过在导光件 23 的下方设置反光件 22，可以将发光装置 212、215、217 向下散射出导光件 23 底面的光线重新反射回导光件 23，再进一步从主面板 1 上的显示图样向上射出，从而能够在不增加发光装置 212、215、217 功耗的前提下，提高第一触控显示区域 111、组合显示区域 115 以及功能执行用触控显示区域 116 的显示图样的亮度，有利于改善触控面板的视觉效果和节能环保。

申请 3（对应功效 C）：通过在主面板 1 上设置组合触控区域 114 和在该组合触控区域 114 的周边设置对应的组合显示区域 115，该组合显示区域 115 包括多个子显示单元 118；同时在该组合触控区域 114 的下方对应设置有多个连续排列的触控传感器 214，并在该组合显示区域 115 的子显示单元 118 下方对应设置有发光装置 215；这样操作者就可以通过使用手指在组合触控区域 114 旋转移动的操作方式来对应选中位于组合显示区域 115 内的子显示单元 118，从而可以实现灵动的、更为人性化的操作界面，以提升用户体验从而提升机电产品的档次。

第三步：分析各申请之间的特征关联关系。

对于申请 2，其技术特征完全独立于申请 1 的技术特征，但与申请 3 的技术特征有部分重叠。申请 1 与申请 3 之间有技术特征部分重叠。

第四步：考虑到申请 2 的创新度，企业最终决定放弃独立申请 2。

由于产品可靠性是长期重视的性能之一，并且经检索认可申请 1 也具有一定的创新性，因此，申请 1 值得单独申请。

第五步：确定核心技术专利。

结合本产品所在行业的重要发展趋势之一是强化灵动人性化操作，该企业将申请 3 确定为此产品的核心技术专利，并且也将申请 1、申请 2 的技术特征布局在申请 3 的不同从属权利要求中，这样既加强了申请 3 的专利技术强度，又与申请 1 共同构成针对此产品较为完善的专利篱笆。

第六步：审视各专利的权利要求布局。

针对同一产品的一套专利申请 1 和申请 3 进行撰写时，除了字斟句酌地撰写好每一篇专利的同时，最好能上升到专利组合的层面，从上而下审视各专利的权利要求布局是否合理，是否由各申请的独立权利要求及其从属权利要求共同形成一张包含上述技术功效矩阵图中所有特征的大网，是否有明显漏洞。

由专利挖掘形成专利组合的过程实质是对技术方案的“先分后合”的过程，需要先通过技术功效矩阵图将产品技术特征和功效进行尽可能的分解，分解得越细致，越有利于功效的划分。分解完成后，就要在技术功效矩阵图中明确特征与功效的关联关系。随后，再综合考虑各功效单独对应一个申请时的创新高度、公司经费、市场价值等多重因素，形成这个专利组合中的多个独立的申请，这些独立的申请之间又通过从属权利要求的布局彼此紧密关联。

在构建专利组合时，需注意一个专利组合中的单个专利申请的强度和专利申请的数量之间要选取适当的平衡点。组合内的每个专利申请不是孤立的申请，各个申请之间不仅要很好地互补，形成对产品的完整保护圈，而且各个申请之间要有适度关联才能加强专利组合的强度，真正形成有效的篱笆保护网。

第五节　功效矩阵在分析技术热点和空白点中的应用

技术布局的重点是指申请量所占份额较大、历来为申请人比较关注的技术分支。技术发展的热点是逐渐为申请人所关注、近几年申请量增幅较大并占据一定份额的技术分支。技术布局的重点一定也是技术发展的热点。技术空白点是指不属于技术布局重点和技术发展热点的技术分支。

一、功效矩阵模型构建

通常的技术功效矩阵图没有时间轴的维度（见图 8-15）。而根据上述概念的假定，需要考虑时间的维度，因此需要技术分支的申请量趋势图（见图 8-16）和技术功效的申请量趋势图（见图 8-17）来配合解读。

二、分析案例

【案例 8-4】切削加工刀具涂层领域技术热点和技术空白点分析❶

案例设置目的：掌握利用技术功效矩阵分析技术热点和技术空白点。

参照图 8-15、图 8-16、图 8-17，分析内容如下：

1. 技术布局重点判定

单层涂层和多层涂层的申请量所占份额较大，涂层材料的耐磨性一直也是申请人布局的重点领域。因此，综合考虑上述信息，切削加工刀具涂层技术的技术布局重点为如何提高单层涂层和多层涂层的耐磨性。

2. 技术发展热点判定

技术布局的重点一定也是技术发展的热点，因此如何提高单层涂层和多层涂层的耐磨性也是本领域的技术发展热点。此外，近几年发展比较迅速的技术点还有提高单层涂层和多层涂层的耐热性。由于梯度涂层近几年发展十分迅速，提高梯度涂层的耐磨性和耐热性也是本领域的技术发展热点。

3. 技术空白点判定

除了上述技术布局重点和发展热点，其余技术点均是本领域的技术空白点。

其中，提高纳米涂层的耐热性是比较有发展潜力的技术突破点，因为纳米涂层技术研发的连续性好且申请量逐渐增加，纳米材料在耐磨性能方面比较具有优势，而耐热性是阻碍其技术广泛应用的主要阻力，最近纳米材料的申请量大都布局到该技术点上，体现了科研人员的研发思路较多，可能取得了一些突破。

---

❶ 改编自：杨铁军．产业专利分析报告（第 3 册）：切削加工刀具［M］．北京：知识产权出版社，2012：101-126.

软硬涂层领域，技术研发的连续性不好，在各技术需求方面的申请量布局都不突出，反映出该技术分支的市场前景尚不明朗，基础研究应当是研发重点。

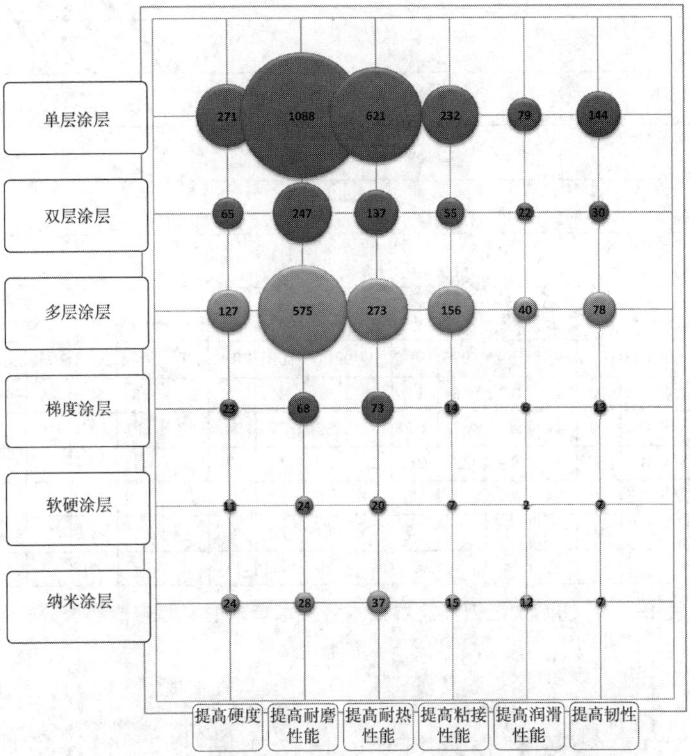

图 8-15　切削加工刀具涂层技术功效矩阵分析

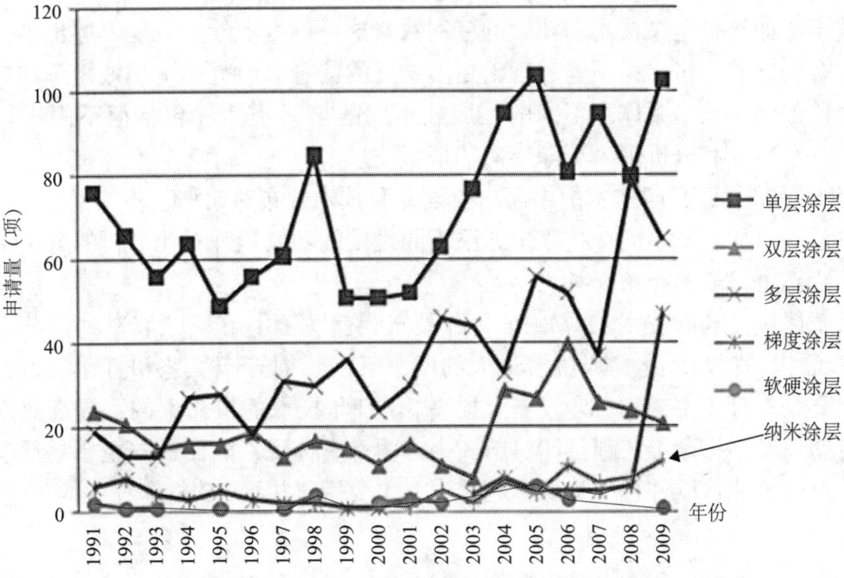

图 8-16　切削加工刀具涂层技术各技术分支的专利申请趋势分析

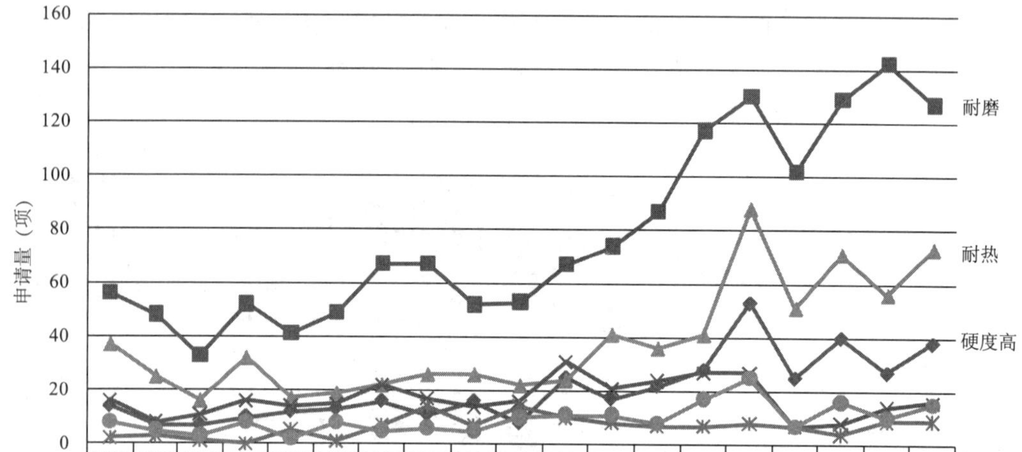

	1991	1992	1993	1994	1995	1996	1997	1998	1999	2000	2001	2002	2003	2004	2005	2006	2007	2008	2009 年份
硬度高	14	7	7	10	12	13	16	11	16	8	25	17	22	28	53	25	40	27	38
耐磨	56	48	33	52	41	49	67	67	52	53	67	74	87	117	130	102	129	142	127
耐热	37	25	16	32	17	19	22	26	26	22	24	41	36	41	88	51	71	56	73
粘接牢	16	8	11	16	14	15	22	17	14	16	31	21	24	27	27	7	8	14	16
润滑	2	3	1	0	5	1	7	14	7	14	10	8	7	7	8	7	4	9	9
韧性	8	5	3	8	2	8	5	6	5	10	11	11	8	17	25	7	16	10	15

图 8-17　切削加工刀具涂层技术各技术需求的专利申请趋势分析

第六节　功效矩阵在区域或创新主体技术对比分析中的应用

功效矩阵如果只是在技术和功效的专利数量这一维度上看，只能表述出某一个特定的专利集合的技术分布，并不能表现出更多维度的信息，但是多个功效矩阵在一起对比使用时，比如同一技术主体下不同的区域或不同的创新主体（包括但不限于）的功效矩阵对比，会给专利分析带来更深层次的情报信息。

【案例 8-5】3D 打印技术的中国与美国专利技术分布对比[1]

案例设置目的：掌握同一技术主题下不同维度的功效矩阵对比分析的方法。

第一步：中国专利功效分析。

对每个区域专利的技术功效矩阵单独做分析有助于了解该区域专利的分布。从图 8-18 可以看出，提高可靠性对应着最大的两个气泡，即打印工艺和打印设备，表明中国专利主要是从打印工艺和打印设备上提高 3D 打印技术的可靠性的；提高效率的主要手段在打印设备、打印工艺和打印材料 3 个方面都有体现；降低成本主要是通过改进打印设备和打印工艺；软件程序类的专利较少，主要用于扩展 3D 打印技术的用途。

---

[1] 袁梦．3D 打印技术中美专利申请状况对比分析［J］．中国发明与专利，2016（6）．

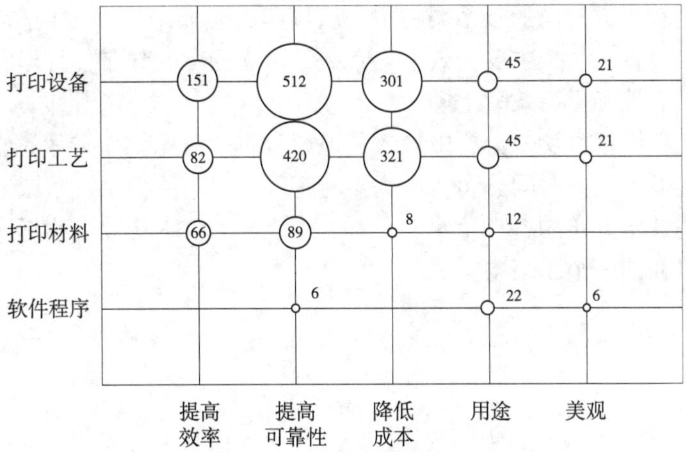

图 8-18　中国专利功效矩阵

第二步：美国专利功效分析。

从图 8-19 可以看出，美国专利在打印工艺的优势非常明显，其在提高可靠性方面发挥了最重要的作用，这是因为 3D 打印技术起源于美国，美国在 3D 打印工艺革新方面发挥了重要的作用，很多基础性专利都来源于美国；打印材料在提高效率和提高可靠性两方面分布均匀；打印设备在提高效率、提高可靠性、降低成本和用途 4 个方面均有涉及，其中，涉及降低成本的专利最多，为 106 件，涉及提高效率的次之，提高可靠性和用途的专利数量持平；软件程序类专利主要集中于用途方面，这类专利在三维建模、数据处理等方面发挥了重要作用，为 3D 打印技术应用领域的扩展和打印工艺的实现提供了数据支持。

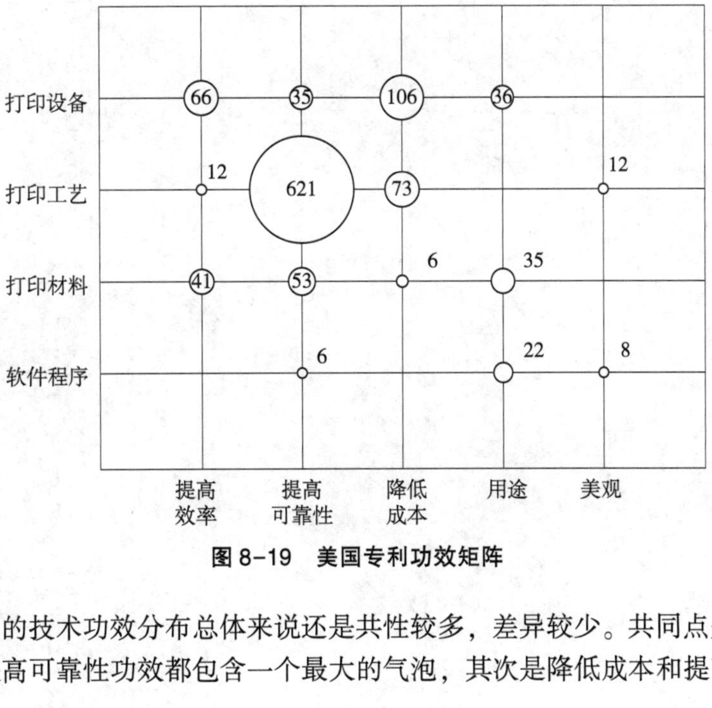

图 8-19　美国专利功效矩阵

中美两国的技术功效分布总体来说还是共性较多，差异较少。共同点是：纵向的功效类别中，提高可靠性功效都包含一个最大的气泡，其次是降低成本和提高效率，用途和美化包含专利较少；横向的技术类别中，从打印工艺上来提高 3D 打印技术可靠性的专利最多，打印设备在 3 个主要功效上均有数量可观的专利分布，打印材料类的专利大多分布在提高可靠性和提高效率上。

以上案例仅仅在技术功效分析中加入了地域分布的对比，在实际的应用场景中，还可以增加其他维度，比如时间分布、市场参与者等，从而使得某一领域内的专利集合能更加清晰地描述技术分布的特点。此外，对于多维度的技术功效表达形式，可以为多图表对比，也可以在同一个图表中呈现。

第九章　重点专利分析

本章所指的重点专利是一个相对的概念，相对于一般专利而言，是属于取得技术突破或重大改进的关键技术节点的专利，或者是为行业内重点关注、涉及技术标准以及诉讼的专利。重点专利对于借鉴创新思路、修正产品方案、梳理所属技术领域的技术发展路线和发展方向、规避诉讼风险，甚至是制定专利交易谈判策略、许可费率计算等方面都具有重要意义。因此，如何在大量的专利数据中获取重点专利，并对重点专利进行分析，制定对应的策略已经成为专利分析中的重要一环。本章介绍了重点专利的衡量指标、筛选方法，以及重点专利的分析步骤和典型案例。

第一节　重点专利衡量指标

一、专利内部衡量指标

专利内部衡量指标是指可直接通过著录项目或者大数据分析获得的专利各类自身特征指标，通过阅读专利内容获得的各类专利技术指标不包括在本书讨论范围内。常用的专利内部衡量指标及其指标特征包括：

（1）权利要求数量。权利要求是专利保护范围的设定，在大多数国家，专利申请人需要为超过规定数量的权利要求支付额外的费用。因此，通常一件专利的权利要求数量不仅在一定程度上能反映该专利所保护的技术方案应用广度，而且在某种程度上也表征了申请人构建的技术方案保护梯度和保护层级，在被无效过程中对于维持专利有效具有较大意义。

（2）引用的先前技术文献。通常一件专利引用的前案（Prior Art）所分布的技术领域越宽，表明这件专利组合了更加多样化的知识，即其更具有原创性；前案申请日的时间跨度也可以在一定程度上用来衡量该专利参考现有技术的广度；一件专利引用了目标公司所申请的多件专利，则表明该专利和目标公司的技术关联度较高；一件专利所引用的先前技术文献大量引用学术文献，则表明该专利的科学关联性较强。

（3）专利被引用次数。如果一件专利被引用次数越多，则在一定程度上可说明该专利对后来的技术发展影响越大；如果一件专利其后引用专利的技术领域较宽，则代表该专利的一般性较高；此外，如果一件专利被目标公司所申请的多件专利引用，则表明该专利与分析目标公司的技术关联度较高。

（4）专利家族情况。专利家族不仅可以反映专利权人针对该专利的地域布局情况，亦可反映专利权人对该专利的后续改进情况，以及对后续改进专利的地域布局情况。对于特定申请人来说，同族专利数量可以作为该专利家族市场期许参考值的重要专利指标。此外，还可以对专利同族中各所属国家进行进一步的分析，根据专利同族中在目标区域是否存在同族专利计算关联市场期许参考值，例如针对中国企业，可根据专利同族中在美国、欧洲、日本是否存在同族专利计算三方重要市场参考值；根据专利同族中在中国是否存在同族专利分别计算本地市场参考值。

（5）专利申请时程。指专利从申请日起至公开日或授权日的时间跨度。由于高关注度专利通常会遭遇到竞争对手公司通过公众意见等手段，阻止该专利获得授权，而专利申请人也会更加严谨地处理每次审查意见的答复，因此专利申请时程是专利关注度的重要参考指标。有研究表明，大样本数据中的专利申请时程与专利权的稳定性具有一定的正相关性。

（6）申请人信息。通过分析专利的申请人信息可以获得专利和分析目标公司的关系，比如分析人员可以根据并购、合作等信息，确定申请人关联值。

（7）发明人信息。通常根据发明人是否为该领域的著名技术人员、发明人在申请公司的职务情况、发明人其他专利情况以及发明人的职业发展情况进行综合评估，获得发明人参考值。

（8）专利代理机构。由于各专利申请人会根据各家代理机构在价格和专长上的差异委托不同的专利代理机构提交专利申请，分析人员可以根据各申请人的委托代理机构的情况，评估专利申请的内部价值。

（9）专利年龄。指专利授权后至今已消耗的保护时间，通常专利年龄为 1~11 年的专利涉案率较高。因此，通过统计专利年龄是否处于上述区间作为专利涉案概率正向指标之一。专利年龄也表征了专利的维持年限，一般情况下，专利维持年限越长，说明专利权人越重视该专利。

（10）异议、无效及诉讼。由于发生过异议、无效及诉讼的专利再次发生诉讼的概率很高，因此，是否发生过异议、无效及诉讼可以作为专利涉案概率正向指标之一。

（11）其他。包括但不限于专利分类号数量、技术公开程度、专利说明书页数、专利续费情况、优先权数量等。

二、专利外部衡量指标

专利外部衡量指标是指可获得的专利与各类外部事件的相关性的指标。常用的专利外部衡量指标及其指标特征包括：

（1）技术生命曲线位置。一般根据一项专利在整个技术生命曲线中的位置，可以判定该专利是属于技术萌芽期、成长期、成熟期还是衰退期，即可确定该项专利在该技术中的技术趋势参考值。

（2）行业标准相关性。包括是否属于基础专利、引证关系中是否存在基础专利、专利权人和发明人是否和基础专利存在重合等。根据一项专利和行业标准的相关性确定该专利的标准属性参考值。

(3) 竞争对手相关性。包括专利权人是否为竞争对手公司、是否为针对竞争对手的规避专利、是否涉及竞争对手相关的诉讼、发明人是否在竞争对手公司供职、是否引证或者被引证竞争对手专利、是否被竞争对手异议或者无效等。根据一项专利和竞争对手公司的相关性确定该专利的竞争属性参考值。

(4) 技术领导者相关性。包括专利权人是否为技术领导者、是否为针对技术领导者的规避专利、是否涉及技术领导者相关的诉讼、发明人是否在技术领导者公司供职、是否引证或者被引证技术领导者专利、是否被技术领导者异议或者无效等。根据一项专利和技术领导者公司的相关性确定该专利的技术领导者属性参考值。

(5) 产品供货及销售情况。专利所涉及产品的上游供货商以及下游销售商都是重要的专利外部指标，根据其是否和分析目标公司存在重合确定专利的供应参考值。

(6) 权利人变更。专利权利人的变更一般都伴随着专利的转让或者企业的并购，通过分析专利权人的变更，结合专利的转让或者企业的并购信息，可以评估专利的研发重要性。

(7) 合作行为相关性。如果至少两家公司存在某一技术领域（或者某一特定产品）的合作，则需要评估根据该技术领域（或者该特定产品）所涉及的专利的合作相关性。

(8) 许可行为相关性。通常专利权人通过主张自己的权利收取过权利金的专利，权利人再次通过主张自己的权利收取权利金的概率大大增加。因此，专利涉及的许可行为可以作为专利涉案概率正向指标之一。

(9) 热卖产品相关性。与热卖产品相关的专利，往往容易通过经济利益的驱使而发生诉讼或者许可。而市场销售量不高的产品，考虑到诉讼成本的因素，权利人则通常不再主张自己的权利。因此，专利是否和热卖产品相关也可以作为专利涉案概率正向指标之一。

(10) 其他相关性。包括金融信息、国家政策、典型判例等。例如，特斯拉公司宣布开放其专利技术就会对电动汽车其他相关专利的部分外部衡量指标产生影响。

第二节　重点专利的筛选方法及案例

由于专利检索结果中会包含一定数量的噪声和重要度一般的专利，因此为获得重点专利需要对检索结果进行筛选。筛选的方法通常包括手工筛选和模型筛选两种，其中手工筛选是通过逐件阅读全部检索结果，根据分析目的筛选出重要专利；模型筛选是根据分析目的利用专利指标建立筛选模型，从而使用筛选模型筛选出重要专利。

手工筛选通常适用于检索结果较少的情况，模型筛选通常适用于检索结果较多的情况。由于模型筛选方法可提高专利筛选的效率，因此本书重点对模型筛选方法进行介绍。

一、筛选模型的建立

筛选模型是根据专利衡量指标及其特征、专利分析的目的来建立，从而保证将满足专利分析目的的重点专利通过筛选模型筛选出来。

筛选模型的建立步骤包括：

第一步，根据检索所获得专利的各专利衡量指标，获得专利衡量指标的指标特征；

第二步，根据专利分析的目的，列出分析目的相关的重点专利特征要件；

第三步，建立专利衡量指标的指标特征和重点专利特征要件的对应关系；

第四步，保留存在对应关系的指标特征并计算各指标特征的权重；

第五步，根据保留的各指标特征及其权重建立筛选模型。

二、分析案例

【案例 9-1】某公司重点专利的筛选分析

案例设置目的：掌握利用筛选模型筛选出某公司重点专利的方法。

第一步，根据检索所获得专利的各专利衡量指标，获得专利衡量指标的指标特征。

检索人员共检索到 A 公司专利 26 478 件，根据检索结果可获得这些专利的专利内部衡量指标和专利外部衡量指标。参见第一节论述，进一步根据各项专利内部衡量指标和专利外部衡量指标，获得各专利衡量指标的指标特征。

具体参见图 9-1，A 公司的相关专利可通过检索获得 10 项专利内部衡量指标，共具有 15 个指标特征；获得 9 项专利外部衡量指标，共具有 7 个指标特征。

由于受限于专利检索工具，并非所有专利衡量指标均可以通过检索获得，本案例仅以获得上述专利衡量指标为例进行阐述。专利分析人员亦可根据实际获得的专利衡量指标，获得专利衡量指标的指标特征。

第二步：根据专利分析的目的，列出分析目的相关的重点专利的特征要件。

本案例是为了获得 A 公司的技术研发重点，由此获取 A 公司的重要产品研发方向，进行技术跟随性研发。因此，同分析目的相关的重点专利特征要件包括以下几点（参见图 9-2 中间列）：

A：技术方案应用范围广、技术研发难度大且研发投入大、研发时程长的专利；

B：市场期望值高、同本公司目标市场重合度高的专利；

C：更多地被研发领域及专利领域所关注、涉及专利诉讼概率高的专利；

D：和热卖产品、技术领导者技术相关联的专利；

E：和公司并购、合作行为相关联的专利；

F：和本公司产品相关联的专利。

第三步：建立专利衡量指标的指标特征和重点专利特征要件的对应关系。

参见图 9-2，根据各专利衡量指标的指标特征和重点专利特征要件的关联，建立两者的对应关系。

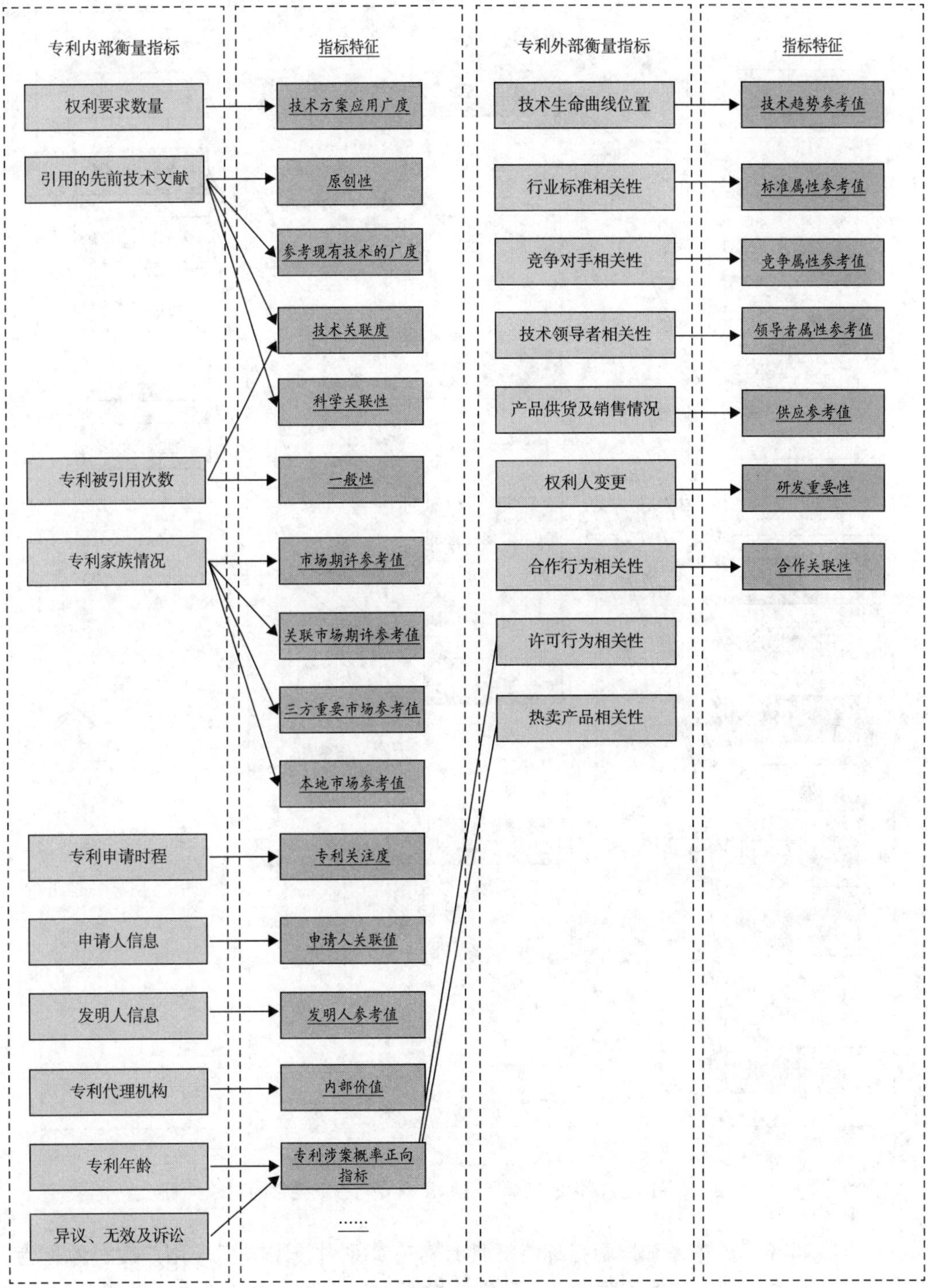

图 9-1　专利衡量指标及其指标特征关联

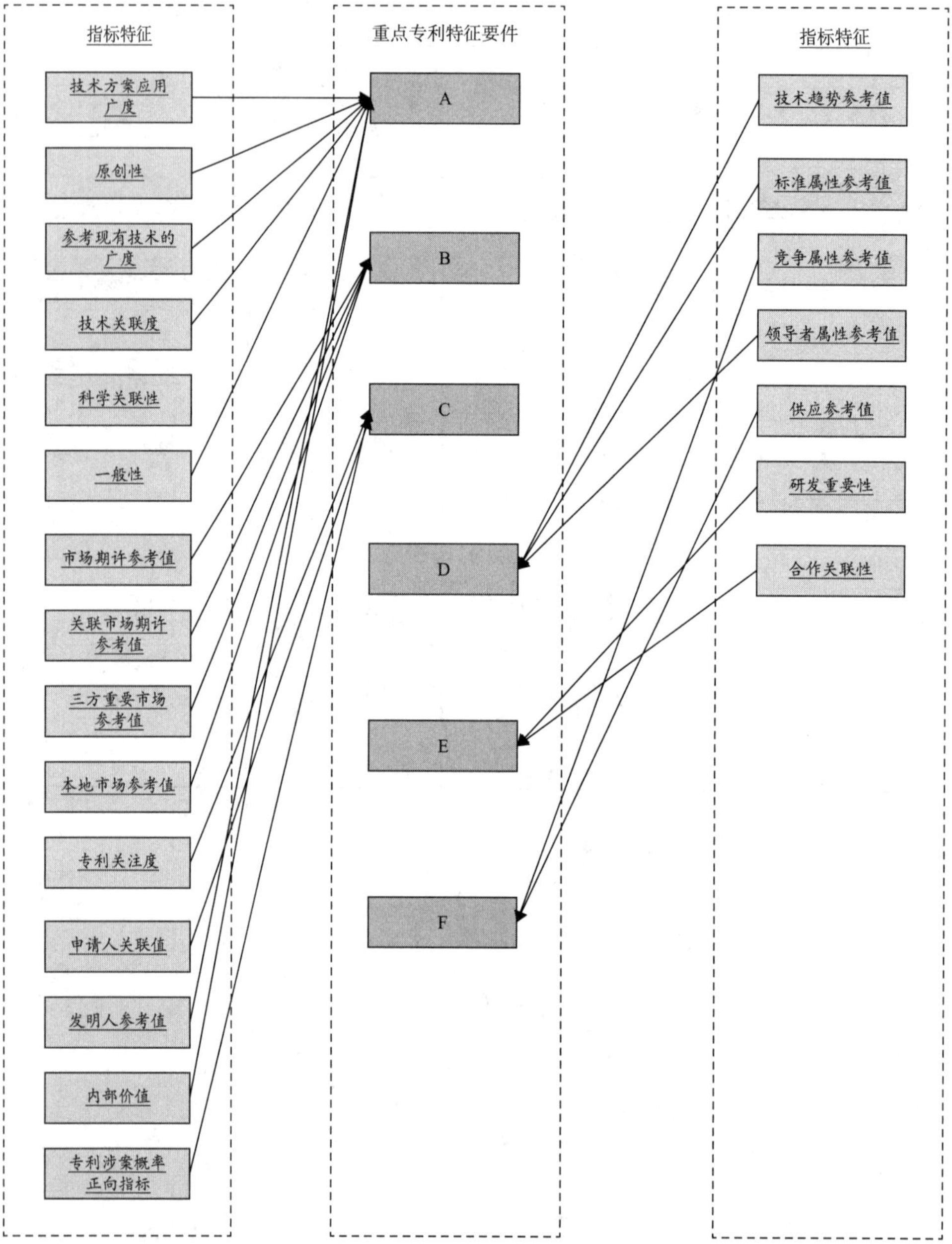

图9-2　专利衡量指标的指标特征和重点专利特征要件的对应关系

重点专利特征要件A和以下指标特征具有对应关系：技术方案应用广度、原创性、参考现有技术的广度、技术关联度、一般性、发明人参考值、内部价值。例如，技术方案应用广度高的专利满足重点专利特征要件A的概率亦高。

重点专利特征要件B和以下指标特征具有对应关系：市场期许参考值、关联市场期许参考值、三方重要市场参考值、本地市场参考值。例如，市场期许参考值高的专利满足重点专利特征要件 B 的概率亦高。

重点专利特征要件 C 和以下指标特征具有对应关系：专利关注度、申请人关联值、专利涉案概率正向指标。例如，专利关注度高的专利满足重点专利特征要件 C 的概率亦高。

重点专利特征要件 D 和以下指标特征具有对应关系：技术趋势参考值、标准属性参考值、领导者属性参考值。例如，技术趋势参考值高的专利满足重点专利特征要件 D 的概率亦高。

重点专利特征要件 E 和以下指标特征具有对应关系：研发重要性、合作关联性。例如，研发重要性高的专利满足重点专利特征要件 E 的概率亦高。

重点专利特征要件 F 和以下指标特征具有对应关系：竞争属性参考值、供应参考值。例如，竞争属性参考值高的专利满足重点专利特征要件 F 的概率亦高。

第四步：保留存在对应关系的指标特征并计算各指标特征的权重。

将图 9-2 中和重点专利特征要件具有对应关系的指标特征进行保留，即保留除“科学关联性”外的 21 个指标特征；删除和重点专利特征要件不具有对应关系的指标特征，即“科学关联性”。

为计算指标权重，可以在检索获得的 26 478 件 A 公司专利中，随机选取 300 件专利作为权重比例参照专利。然后，从 300 件权重比例参照专利中手工筛选出符合重点专利特征要件的专利 89 件（重点专利）。将 89 件重点专利的各项指标特征与其余 211 件非重点专利的各项指标特征进行比较，根据重点专利和非重点专利指标特征的差异，计算各指标特征的权重，具体计算方法包括递归计算法等。

第五步：根据保留的各指标特征及其权重建立筛选模型。

在本案例中，建立的筛选模型如下：

$$P = \sum_{i=1}^{N} (A_i \cdot C_i)$$

其中，A_i 表示指标特征的权重，C_i 表示指标特征，N 为指标特征的个数（21）。P 为专利评估数值，如果专利评估数值大于设定的边界阈值，则表示该专利为重点专利，否则该专利为非重点专利。

第六步：利用筛选模型筛选出重点专利，并对重点专利进行分析。

通过上述公式，从 26 478 件专利中筛选出 234 件重点专利，这些专利满足特征要件 A～F。对这些专利进行分析，即可获得 A 公司的可能技术研发重点。例如，通过筛选模型筛选出的美国专利 US5146×××，为 A 公司并购 B 公司后，由 B 公司转让给 A 公司的专利，该专利的技术方案亦为 A 公司可能的技术研发重点。

【案例 9-2】多点触控技术领域美国专利分析

案例设置目的：掌握筛选某国在某领域的重点专利方法。

第一步：与案例 9-1 的第一步相同，在此不再赘述。

第二步：根据专利分析的目的，列出分析目的相关的重点专利的特征要件。

本案例是为了获得多点触控技术在美国的重点专利，了解多点触控技术的发展方向以及未来技术重点。因此，同分析目的相关的重点专利的特征要件包括：

G：技术方案应用范围广、技术研发难度大，且研发投入大、研发时程长的专利；

H：更多地被研发领域及专利领域所关注、涉及专利诉讼概率高的专利；

I：和热卖产品、技术领导者技术相关联的专利；

J：主要供应商、销售商所涉及部件的关联专利；

K：和本公司产品相关联的专利。

第三步：建立专利衡量指标的指标特征和重点专利特征要件的对应关系。

参见图 9-3，根据各专利衡量指标的指标特征和重点专利特征要件的关联，建立两者的对应关系。

重点专利特征要件 G 和以下指标特征具有对应关系：技术方案应用广度、原创性、参考现有技术的广度、技术关联度、一般性、发明人参考值、内部价值。例如，技术方案应用广度高的专利满足重点专利特征要件 G 的概率亦高。

重点专利特征要件 H 和以下指标特征具有对应关系：专利关注度、申请人关联值、专利涉案概率正向指标。例如，专利关注度高的专利满足重点专利特征要件 H 的概率亦高。

重点专利特征要件 I 和以下指标特征具有对应关系：技术趋势参考值、标准属性参考值、领导者属性参考值。例如，技术趋势参考值高的专利满足重点专利特征要件 I 的概率亦高。

重点专利特征要件 J 和以下指标特征具有对应关系：供应参考值、研发重要性。例如，供应参考值高的专利满足重点专利特征要件 J 的概率亦高。

重点专利特征要件 K 和以下指标特征具有对应关系：竞争属性参考值。例如，竞争属性参考值高的专利满足重点专利特征要件 K 的概率亦高。

第四步：保留存在对应关系的指标特征并计算各指标特征的权重。

首先将图 9-3 中与重点专利特征要件具有对应关系的指标特征进行保留，即保留 16 个指标特征；删除和重点专利特征要件不具有对应关系的指标特征，即删除 6 个指标特征。

指标权重，可以在检索获得的该技术相关专利中随机选取 300 件专利作为权重比例参照专利。然后从 300 件权重比例参照专利中手工筛选出符合重点专利特征要件的专利 123 件（重点专利）。将 123 件重点专利的各项指标特征与 177 件非重点专利的各项指标特征进行比较，根据重点专利和非重点专利指标特征的差异，计算各指标特征的权重。

第五步：根据保留的各指标特征及其权重建立筛选模型。

在本案例中，建立的筛选模型如下：

$$P = \sum_{i=1}^{N} (A_i \cdot C_i)$$

其中，A_i 表示指标特征的权重，C_i 表示指标特征，N 为指标特征的个数（16）。P 为专利评估数值，如果专利评估数值大于设定的边界阈值，则表示该专利为重点专利，否则该专利为非重点专利。

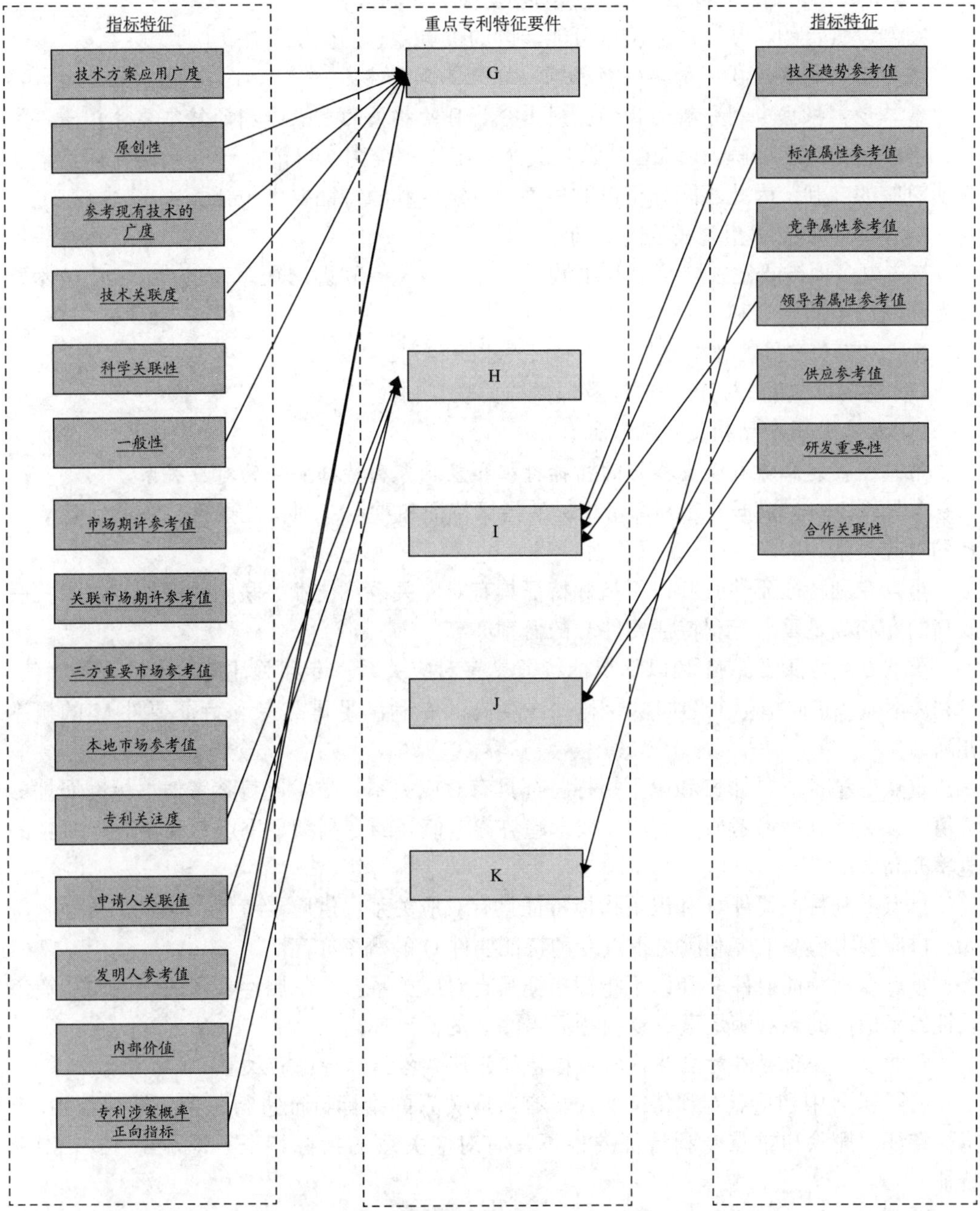

图 9-3　专利衡量指标的指标特征和重点专利特征要件的对应关系

通过上述公式，从多点触控技术的相关专利中筛选出重点专利，这些专利对特征要件 G～K。对这些专利进行分析，即可获得多点触控技术在美国的重点专利。例如，通过筛选模型筛选出的美国专利 US6256×××为 C 公司持有，C 公司同时为 A 公司和 H 公司的供货商。且该专利是涉及上述两家公司主要产品的 IC 及 Sensor 相关技术的专利。因此，US6256×××属于多点触控技术在美国的重点专利。

【案例 9-3】ME/MC 技术相关产品在美被诉专利分析

案例设置目的：掌握产品出口可能涉诉的重点专利的分析方法。

第一步：与案例 9-1 的第一步相同，在此不再赘述。

第二步：根据专利分析的目的，列出分析目的相关的重点专利的特征要件。

本案例是为了了解 ME/MC 技术相关产品出口到美国，可能由于专利侵权而遭遇诉讼所对应的专利。因此，同分析目的相关的重点专利的特征要件包括：

L：ME/MC 技术相关联美国专利；

M：更多地被研发领域及专利领域所关注、涉及专利诉讼概率高的 ME/MC 技术相关专利的美国同族专利；

N：和热卖产品、技术领导者技术相关联的专利；

O：主要供应商、销售商所涉及部件的关联专利；

P：和本公司产品相关联的专利。

第三步：建立专利衡量指标的指标特征和重点专利特征要件的对应关系。

参见图 9-4，根据各专利衡量指标的指标特征和重点专利特征要件的关联，建立两者的对应关系。

重点专利特征要件 L 和以下指标特征具有对应关系：技术关联度。例如，技术关联度高的专利满足重点专利特征要件 L 的概率亦高。

重点专利特征要件 M 和以下指标特征具有对应关系：专利关注度、申请人关联值、专利涉案概率正向指标。例如，专利关注度高的专利满足重点专利特征要件 M 的概率亦高。

重点专利特征要件 N 和以下指标特征具有对应关系：技术趋势参考值、标准属性参考值、领导者属性参考值。例如，技术趋势参考值高的专利满足重点专利特征要件 N 的概率亦高。

重点专利特征要件 O 和以下指标特征具有对应关系：供应参考值、研发重要性。例如，供应参考值高的专利满足重点专利特征要件 O 的概率亦高。

重点专利特征要件 P 和以下指标指征具有对应关系：竞争属性参考值。例如，竞争属性参考值高的专利满足重点专利特征要件 P 的概率亦高。

第四步：保留存在对应关系的指标特征并计算各指标特征的权重。

将图 9-4 中和重点专利特征要件具有对应关系的指标特征进行保留，即保留 10 个指标特征；删除和重点专利特征要件不具有对应关系的指标特征，即删除 12 个指标特征。

在检索获得的该技术相关专利中随机选取 100 件专利，手工筛选出符合重点专利特征要件的专利 47 件（重点专利）。根据 100 件专利的专利衡量指标，获得其指标特征。将 47 件重点专利的各项指标特征和 53 件非重点专利的各项指标特征进行比较，计算从 100 件专利中筛选出 47 件重点专利的各指标特征的权重。

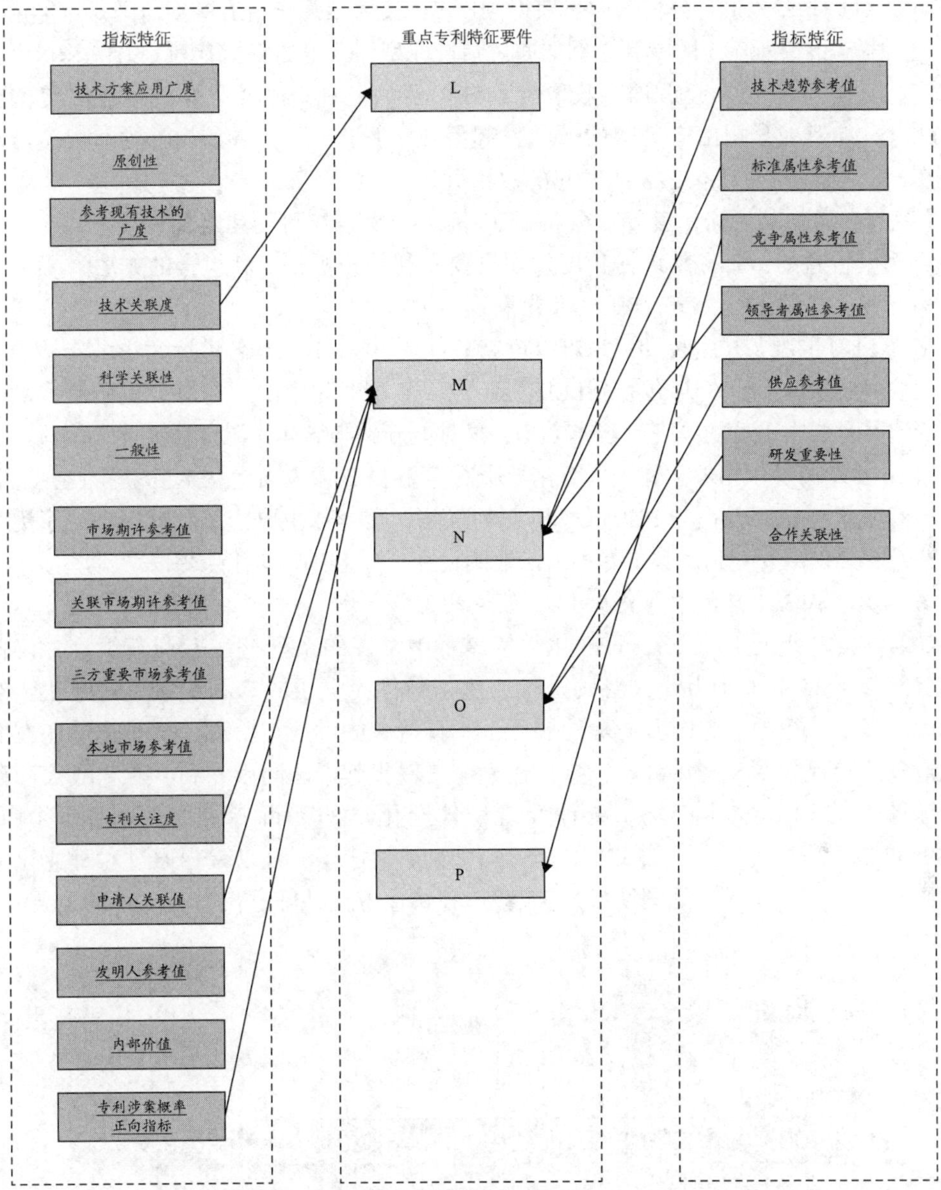

图 9-4　专利衡量指标的指标特征和重点专利特征要件的对应关系

第五步：根据保留的各指标特征及其权重建立筛选模型。

在本案例中，建立的筛选模型如下：

$$P = \sum_{i=1}^{N} (A_i \cdot C_i)$$

式中，A_i 表示指标特征的权重，C_i 表示指标特征，N 为指标特征的个数（10）。P 为专利评估数值，如果专利评估数值大于设定的边界阈值，则表示该专利为重点专利，否则该专利为非重点专利。

通过上述公式，从 ME/MC 技术的美国专利中筛选出重点专利，这些专利满足特征要件 L~P。对这些专利进行分析，即可获得 ME/MC 技术相关产品出口到美国，可能由于专利侵权而遭遇诉讼所对应的专利。例如通过筛选模型筛选出的美国专利 US6532×××为 P 公司持有，且向 M 公司发起诉讼，收取专利许可费的专利。P 公司亦极可能因美国专利 US6532×××向其他公司出口美国的产品发起侵权诉讼。因此，ME/MC 技术相关产品出口到美国，可能遭遇 US6532×××发起的侵权诉讼。

【案例 9-4】从诉讼角度筛选分析 LED 领域的重要专利及其组合

案例设置目的：掌握从诉讼角度发现重要专利并分析其专利组合的方法。

第一步：了解 LED 领域产业技术背景。

蓝光 LED 的制备技术长期以来难以攻克，直到 1989 年日本名古屋大学的赤崎勇和天野浩两位科学家首次研发成功蓝光 LED，到 1993 年日亚化学的中村修二也研制成功了技术更简单并且成本更低的高亮度蓝光 LED，这种全新的半导体光源也让上述 3 位科学家共同获得 2014 年诺贝尔物理学奖。日亚化学研发蓝光 LED 激发黄色荧光粉获得白光的技术后，凭借在蓝光 LED 及白光 LED 技术方面的优势，在全球主要国家和地区布局了大量专利，并依靠几件重要专利掀起了专利诉讼浪潮，在全球 LED 市场持续引发震动。

第二步：从法律事件中筛选出 LED 领域的重要专利。

2004~2013 年的 10 年间，日亚化学依靠手中掌握的系列核心专利及组合，仅仅在美国就发起了 15 起专利诉讼，特别是日亚化学与亿光电子的专利纠纷跌宕起伏，双方在美国、日本、德国、中国台湾等地展开了旷日持久的诉讼与反诉。日亚化学还在北京知识产权法院提起专利侵权诉讼，指控亿光电子侵犯其中国同族专利，专利战火蔓延到了全球最大的 LED 照明市场。统计发现，日亚化学的涉诉专利主要包括美国专利 US5998925A、中国专利 CN1133218C 和 CN100424901C 等。可以说，通过对日亚化学专利诉讼案件的统计分析（见图 9-5），能够比较快速方便地筛选出日亚化学的重要专利。

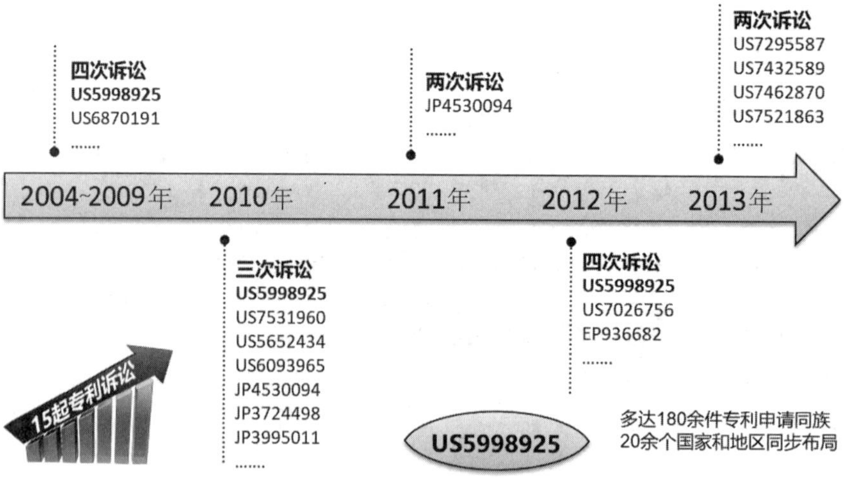

图 9-5 日亚化学 LED 领域诉讼专利

第三步：基于重要专利分析其专利组合特征。

通过进一步梳理与日亚化学涉诉重要专利相关的外围专利组合（见图 9-6）发现，

日亚化学围绕重要专利 US5998925A 和 CN1133218C，对白光 LED 的发光波长、荧光粉的光谱、浓度、种类以及白光 LED 的制造方法等技术进行了全方位的创新和改进，形成覆盖全球 20 多个国家和地区包含 180 多件同族专利的组合布局，构成了针对蓝光 LED 激发黄色荧光粉产生白光技术的严密专利保护网，专利布局结构、规模和质量都体现了较高水平。

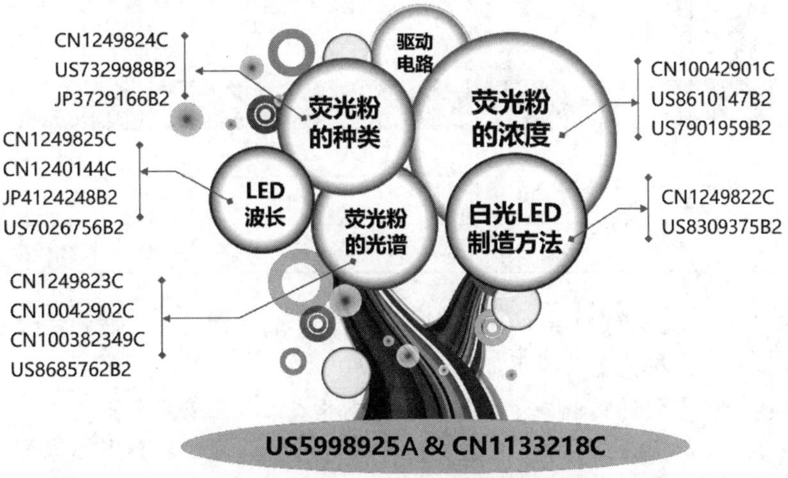

图 9-6　日亚化学 LED 领域专利组合

第三节　重点专利的分析方法及案例

对专利筛选后获得的重点专利进行分析，根据分析结果可最终实现重点专利分析的目的。重点专利分析主要包括：

（1）重点专利解读。对重点专利所保护的技术方案进行分析、对主要发明点进行分析、对专利的技术特点进行评析。

（2）专利布局解析。对重点专利所涉及的专利权人以及对应的技术方案进行布局分析，分析各专利权人技术方案的可替代性和规避路径。

一、重点专利解读

重点专利解读分析通常是在产品研发初期，提供给研发工程师进行规避设计以及作为研发背景资料使用，包括对重点专利所保护的技术方案和主要发明点进行分析，以及对专利的技术特点进行评析。

第一步：拆分权利要求技术特征，并标示出各项权利要求所包含的技术特征。

参见表 9-1，首先可将权利要求所保护的技术方案拆分为 A、B 等多个技术特征，根据分析需求还可进行进一步拆分，例如将技术特征 A 拆分为子技术特征 A1 和 A2，将技术特征 B 拆分为 B1 和 B2，然后，标示出各项权利要求是否包含所拆分的技术特征，例如选择采用◎表示 Claim1 包含子技术特征 A1 和 A2。

表 9-1 重点专利 Claim Chart 范例

元素说明/权利要求		Claim1	Claim2	Claim3	……
A					……
	A1	◎	◎	◎	……
	A2	◎	◎		……
B					……
	B1		◎		……
	B2			◎	……
……		……	……	……	……

通过该步骤，可以获知专利的各权利要求所包含的技术特征、彼此技术特征的重叠情况，对于专利的保护范围获得更加直观的理解。

第二步：分析专利说明书公开情况，解析技术方案以及应用范围。

参见表 9-2，首先对说明书所公开的技术内容进行拆分，拆分出技术领域、背景说明、技术方案以及实施例中所公开的应用范围。

然后，根据各类产品是否包含上述内容进行标示，从而推断应用于相关产品的技术方案是否可能落入专利的保护范围。例如，选择采用◎表示产品 A 包含技术领域、背景说明以及实施例 1 中所公开的应用范围，应用于产品 A 的技术方案有可能落入该专利的保护范围，而产品 C 由于仅包含技术领域中所公开的应用范围，很可能未落入该专利的保护范围。

表 9-2 技术方案应用范例

公开内容	产品 A	产品 B	产品 C	……
技术领域	◎	◎	◎	……
背景说明	◎	◎		……
技术方案		◎		……
实施例 1	◎	◎		……
实施例 2		◎		……
实施例 3				……
……	……	……	……	……

通过该步骤，可以了解专利所涵盖涉嫌侵权产品的情况，例如在通信领域，是否涵盖了终端侧或者基站侧产品。

第三步：对技术方案进行分析，获得专利的主要发明点。

参见表 9-3，首先获取专利所保护的技术方案所能够达到的技术效果。

然后，根据专利所能够达到的技术效果，标示出各技术特征对于达到技术效果是否做出了贡献。例如选择采用◎表示技术特征 A 对于达到技术效果 1 做出了贡献。

表 9-3　发明点论述范例

技术效果	技术特征 A	技术特征 B	技术特征 C	……
1	◎			……
2	◎	◎	◎	……
3	◎	◎		……
4				……
5		◎		……
6			◎	……
……	……	……	……	……

通过该步骤，可以了解专利的技术特征对技术效果的贡献，为后续可能进行的稳定性评估以及规避设计提供参考。

第四步：根据审查历史档案，增加附加限制条件和论述。

参见表 9-4，由于审查意见通知书中会指出申请文件存在的缺陷，申请人在意见陈述书中会对所保护技术方案进行说明或者指出区别于对比文件，因此通过查看专利的各次审查意见通知书以及申请人的意见陈述书，可以找出专利保护所增加的限制条件。

表 9-4　审查历史解析范例

审查意见通知书（OA）	限制条件及描述
第一次 OA	增加技术特征 A
第二次 OA	技术特征 A 接收的信号不同于对比文件 1
……	……

通过该步骤，可以了解申请人在专利审查过程中对专利各技术特征的解释，这些解释在后续可能发生的专利侵权诉讼中可以作为专利的限制条件，用以限缩专利的保护范围。

第五步：根据同族专利的保护范围以及审查历史档案，增加限制条件和论述。

具体表格示例可参见表 9-5。

表 9-5　同族及其审查历史解析范例

同族专利	差　异	审查意见	论述（存在差异原因）
同族专利 1	增加技术特征 B		为不同国家申请版本差异
同族专利 2	增加技术特征 C	说明书公开不充分	
……			……

通过该步骤，可以了解专利的同族以及其审查历史中是否存在新增加的限制条件，限制条件的增加是否由于前案差异等，为后续可能进行的专利无效等程序提供参考。

第六步：根据专利引用情况，增加限制条件和论述。

具体表格示例可参见表 9-6。

表 9-6　引用情况解析范例

专　利	引用数量	被引用数量	他人引用数量	是否自引用	审查员引用记录
专利 1	5	23	45	是	3
专利 2	44	0	0	否	0
……				……	

通过该步骤，可以了解一定的专利数据集合中特定专利的引用情况对比，引用数量的对比一定程度上可以反映出专利价值的高低，此外，通过引用情况的分析，还可以一定程度上描绘出技术发展的脉络。

需要说明的是，上述步骤仅为重点专利解读的一般步骤，专利分析人员可以根据解读的目的以及专利的实际情况，选择全部或者部分步骤进行专利解读。

【案例 9-5】某公司地质建模技术专利分析中的重点专利分析

案例设置目的：掌握重点专利分析方法（示例）。

具体包括以下步骤：

第一步：表格化呈现重点专利的基本信息（见表 9-7）。

表 9-7　专利 1 US8150669B2 基本信息

标　题	通过盆地建模在地质复杂盆地中寻找碳氢化合物的方法
申请人	×××××××
申请日	2009-4-17
被引用次数	18
引用数量	27
权利要求数量	41（权利要求数）-2（独立权利要求数）
法律状态	授权有效
说明书摘要	公开了一种用于绘制复杂沉积盆地的图的方法。构造了代表流域当前结构的网格。在三个维度上应用机械结构修复，以重建从当前时间到地质时间 t 的盆地过去的结构。然后，直接在从恢复时间获得的网格中（从地质时间 t 到当前时间），对控制石油储层形成的地质和地球化学过程进行了模拟。此后，此模拟用于绘制沉积盆地图，以识别盆地中可能聚集有碳氢化合物的区域
摘要附图	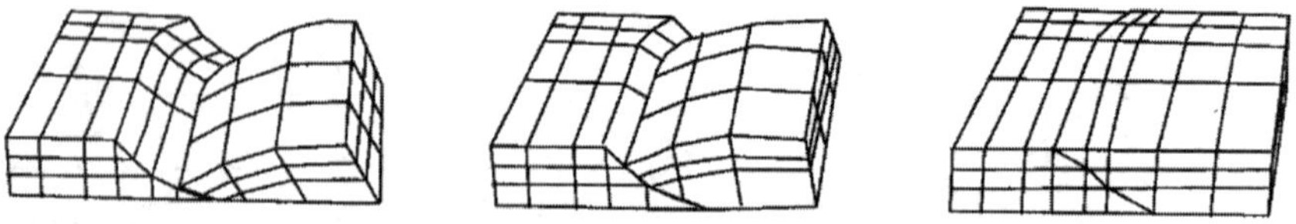

第二步：同族及同族状态信息（见图 9-7）。

图 9-7　同族及同族专利状态

第三步：权利要求分布信息，独立权利要求分别从一种××制图方法和一种石油勘测方法进行保护，从属权利从网格节点、网格校正、网格结构恢复、滑动界面网格等进行保护（见图 9-8）。

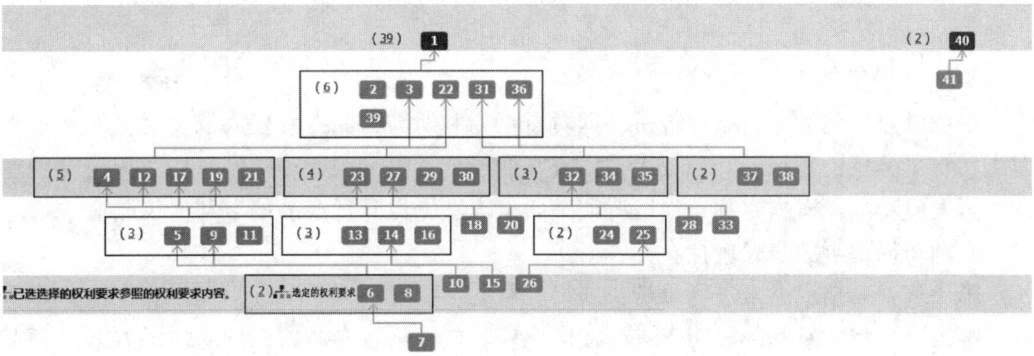

图 9-8　权利要求分布

第四步：专利引用分析，包括引用、被引用、自引用、他人引用、审查员引用、引用或被引用专利的申请人、引用或被引用专利的 CPC 分布等信息（见图 9-9）。

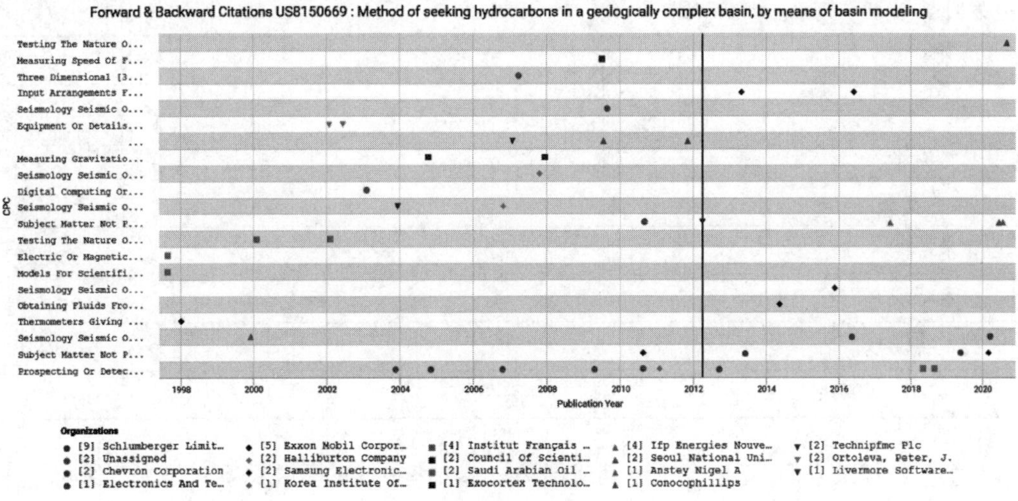

图 9-9　专利引用分析

第五步：综合分析。从技术上来讲，本发明是在利用已有反驳演示法解释盆地的变形，而所有变形都用垂直运动来表示。该种方法不适合复杂的构造，所以提出一种适合经历裂缝盆地的勘探方法，用机械结构恢复的结果进行石油系统模拟。该专利引用了美孚（用于高效孔布置优化的系统和方法）、斯伦贝谢（对地层中断裂对象进行建模）、哈里伯顿（3D 地震数据）以及自身专利（模拟分层与断裂模型）。技术走向：用于对流体动力学和泥沙输送耦合系统进行建模的系统和方法，在具有电子书阅读器功能的终端中显示电子书的方法和装置，使用有机碳含量和氢指数图开发沉积盆地的方法（自身技术），具有根据相对于井眼轨迹定义的缓冲区生成的工作区的地层几何引擎。

以上案例仅为重点专利分析的一种形式，采用了特定的角度进行分析，主要从宏观的地域布局、微观的权利要求上分析，并通过专利引用分析了解技术脉络和竞争情报。在实际进行重点专利分析时，还应该考虑创新主体客观的市场竞争中的战略，抽丝剥茧，力求在细微之处获得最有价值的技术情报和商业情报。

二、围绕重点专利的专利布局解析

围绕重点专利的专利布局解析，即对重点专利所涉及的专利权人以及对应的技术方案进行布局分析，了解各专利权人技术方案的可替代性。因此，专利布局解析通常是在产品研发过程中，根据专利布局情况调整研发方案，以降低产品的专利侵权风险。

专利布局解析的步骤包括：

第一步：对技术方案进行分析，获得专利的主要发明点。

第二步：将各专利的发明点进行横向比较，以了解各专利所保护的技术方案是否存在重叠。例如，表 9-8 采用◎标示出专利 Patent1 实现了技术效果 2，且具有技术特征 A 和 C。

表 9-8　各专利发明点比较

发明点/专利	Patent1	Patent2	Patent3	……
技术效果 1		◎		……
技术效果 2	◎		◎	……
技术效果 3		◎	◎	……
技术方案				……
技术特征 A	◎	◎	◎	……
技术特征 B		◎	◎	……
技术特征 C	◎		◎	……
……	……	……	……	……

通过该步骤，可以了解各项专利所保护技术方案彼此的重叠关系，作为后续可能进行的规避设计或者侵权分析依据。

第三步：标示出本公司产品覆盖的技术效果和技术特征，确定本公司产品和各项专利的重叠情况。例如，表 9-9 中的●表示本公司产品覆盖了技术效果 2 以及技术特征 A、技术特征 B、技术特征 C，通过该表即可获得本公司产品同各专利的重叠情况。

表 9-9　产品覆盖

发明点/专利	Patent1	Patent2	Patent3	……
技术效果 1		◎		……
技术效果 2	●		●	……
技术效果 3		◎		……
技术特征 A	●	●	●	……
技术特征 B		●		……
技术特征 C	●		●	……
……	……	……	……	……

第四步：根据各公司的诉讼策略协同研发部门进行规避设计，并选择最佳的产品研发方案，降低专利侵权风险。

三、分析案例

【案例 9-6】多件专利组合保护范围解析

案例设置目的：掌握多件重点专利组合保护范围的分析方法。

本案例中，专利布局解析的目的是判断本公司产品是否落入某一竞争对手的多项专利的联合保护范围，以及未来产品设计的规避方向。为便于说明，仅以权利要求 1 为例。表 9-10 采用◎表示专利中具有的技术特征，采用●表示本公司产品覆盖的技术特征。

表 9-10　'633 号和'770 号专利布局解析

技术特征/专利	'633 号	'770 号
图像指针	●	●
图像单元	●	●
主要信息	●	●
状态区域	●	●
表头状态区域	◎	◎
L 形表头状态区域	◎	
内容状态区域群	●	●
重叠	●	●
吸收红外光油墨	◎	
不吸收红外光油墨	◎	

续表

技术特征/专利	′633 号	′770 号
图像单元选择性位于均分状态区域所形成的多个虚拟区域的其中之一		◎

通过表 9-10 可知，′633 号专利和′770 号专利的布局差异在于：′633 号专利具有 L 形表头状态区以及采用不同油墨印制；′770 号专利则是图像单元选择性位于均分状态区域所形成的多个虚拟区域的其中之一。

而本公司产品并不具有表头状态区域，也不具有 L 形表头状态区域，同时不具有图像单元选择性位于均分状态区域所形成的多个虚拟区域的其中之一。因此本公司产品并未落入这两项专利布局范围，且本公司在之后的产品设计中应当规避上述技术特征。

综上，我们从专利诉讼的角度比较容易筛选发现相关创新主体的重点专利，并以这些重点专利为切入点继续进行跟踪研究，也可以梳理出其相应的专利组合布局状况，对于掌握竞争对手的重要专利及其专利布局都有很大帮助。

第十章　专利技术路线图分析

本章所指的技术路线图分析是基于专利文献信息分析描绘某技术领域的主要技术发展路径和关键技术节点。无论对于国家层面、行业层面、企业和研究机构层面，还是对于一个技术领域的主流专利技术发展状况来说，技术路线图分析都具有很好的认知功能；技术路线图分析能够从技术链的完整视野提供较为全面的决策信息，具有不可替代的决策功能；技术路线图可以清晰直观地展现技术发展路径和关键技术节点，具备良好的沟通功能。本章重点阐述了技术路线分析图的绘制方法，并利用典型案例详细说明了技术路线图的解读方法。

第一节　专利技术路线图的概念

一、专利技术路线图的定义

技术路线图是一项重要的战略规划和决策工具。它最早出现在美国汽车行业，摩托罗拉公司首先采用绘制技术路线图的管理方法对产品开发进行规划。该公司的前 CEO Robert Galvin 将技术路线图定义为，对某一特定区域的未来延伸的看法，它集中了集体的智慧和最显著的技术变化的驾驭者的看法。从技术路线图面向的对象来看，可以分为国家层面、产业层面和企业层面的技术路线图（见图 10-1 和图 10-2）。企业技术路线图是在时间序列上系统地描述“技术—产品—市场”发展的规划图[1]。

最早使用专利文献信息绘制技术路线的是日本特许厅（见图 10-3）。因此严格来说，基于专利文献信息的技术路线图属于技术路线图的下位概念或者一部分内容。比如在进行技术预见时，基于专利文献信息的技术路线分析方法是整个技术路线图分析方法的有机组成部分（见图 10-4）。

---

[1] 王霞，等. 企业制定战略规划的有效方法：技术路线图 [J]. 哈尔滨职业技术学院学报，2011 (1)：30-31.

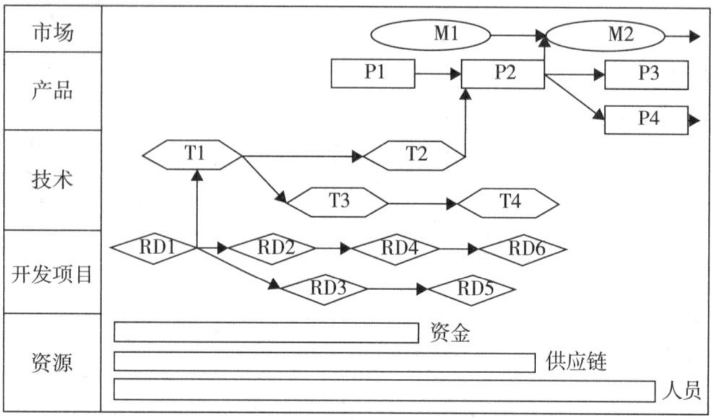

图 10-1　企业层面的技术路线图

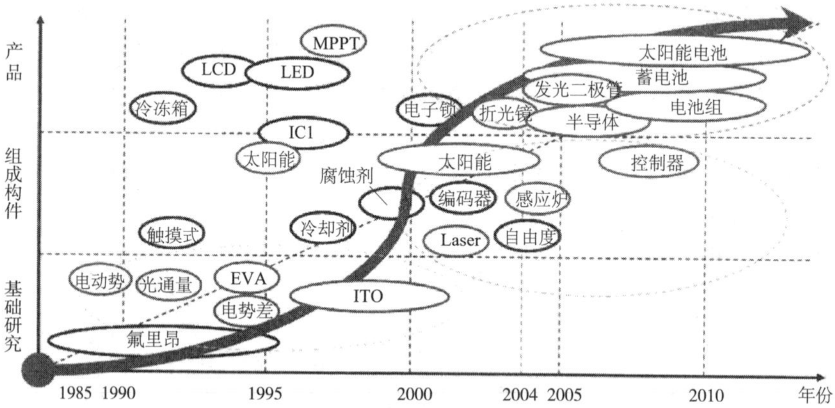

图 10-2　我国太阳能电池行业的技术路线图示例

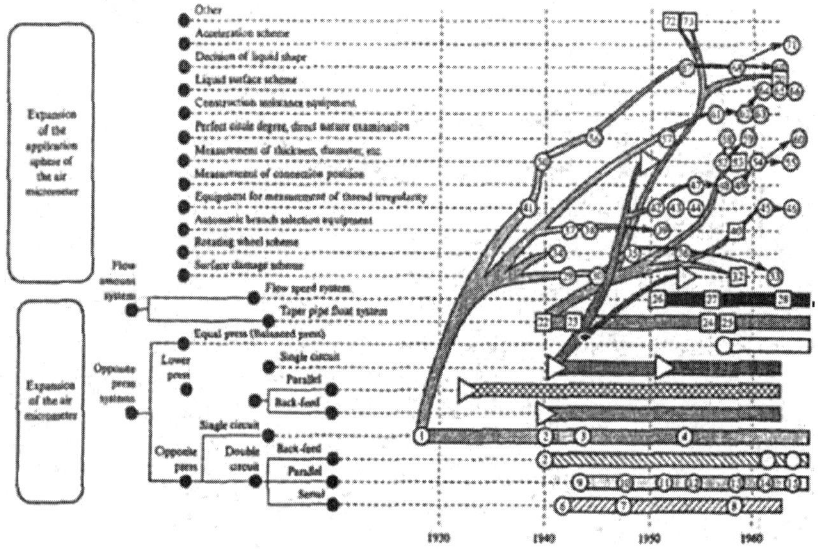

图 10-3　最早基于专利文献信息的技术发展线路图❶

---

❶　源自日本特许厅网站。

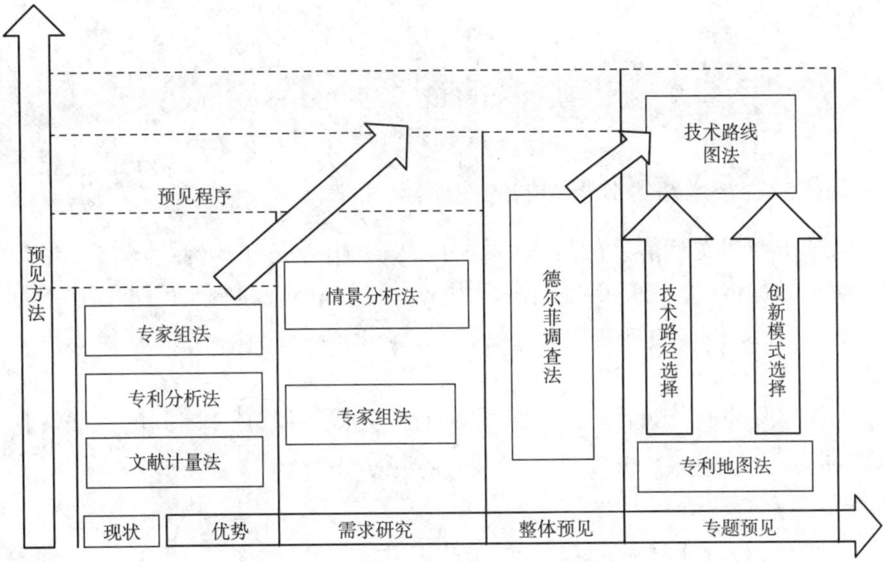

图 10-4　技术预见综合方法体系❶

二、专利技术路线图分析的作用

下面仅从企业层面进一步阐述专利技术路线分析的具体作用。

1. 帮助企业厘清技术的发展主流

专利技术路线分析可以将技术发展的主要路径和关键技术节点可视化地展现出来，相当于一个巨大的“透视镜”，因此可以帮助企业抓住技术发展的主要矛盾，认清自身所处的实际位置，优化研发资源配置，以便迅速进入技术发展的主要路径这一“快车道”，加之对关键技术节点的研究分析，使得实现“弯道超车”成为可能。

2. 帮助企业获取更多的竞争情报

专利技术路线图相当于“作战地图”，一个技术领域的技术发展主要路径和关键技术节点就像是主要交通线和战略要地。通过对主要技术发展路径和关键技术节点的专利布局情况的掌握，可以更为准确地了解竞争对手的技术实力和研发动向，进而判断竞争对手的技术研发思路和专利布局策略，最终制定适合自身发展的研发策略。

3. 帮助企业把握技术未来发展方向

专利技术路线图能够帮助企业发现自身技术相对于先进技术的真实差距，把握技术研发方向，就像航海时指南针的作用一样。同时，专利技术路线分析还可以进行短期的技术预见，企业可以使用这一“望远镜”进行超前布局，实现自身技术的超越式发展。

❶ 叶继涛．基于路线图的技术预见方法探讨［J］．科技与经济，2008（2）：3-6.

第二节　专利技术路线分析图的绘制方法

一、常规专利技术路线分析图的绘图思路

早期的基于专利文献信息的技术路线分析图纵坐标是技术构成（技术要素）和技术功效，横坐标是年代，对应的空格内标识出专利数量或专利号（见图 10-5 和图 10-6）❶。但各个专利之间少有联系，不能勾勒出技术的发展路径，也很难辨识出哪些专利是关键的技术节点。

正是因为这些缺点，随后的技术路线分析图考虑了专利技术之间的关联性，大致有 3 种绘制思路。

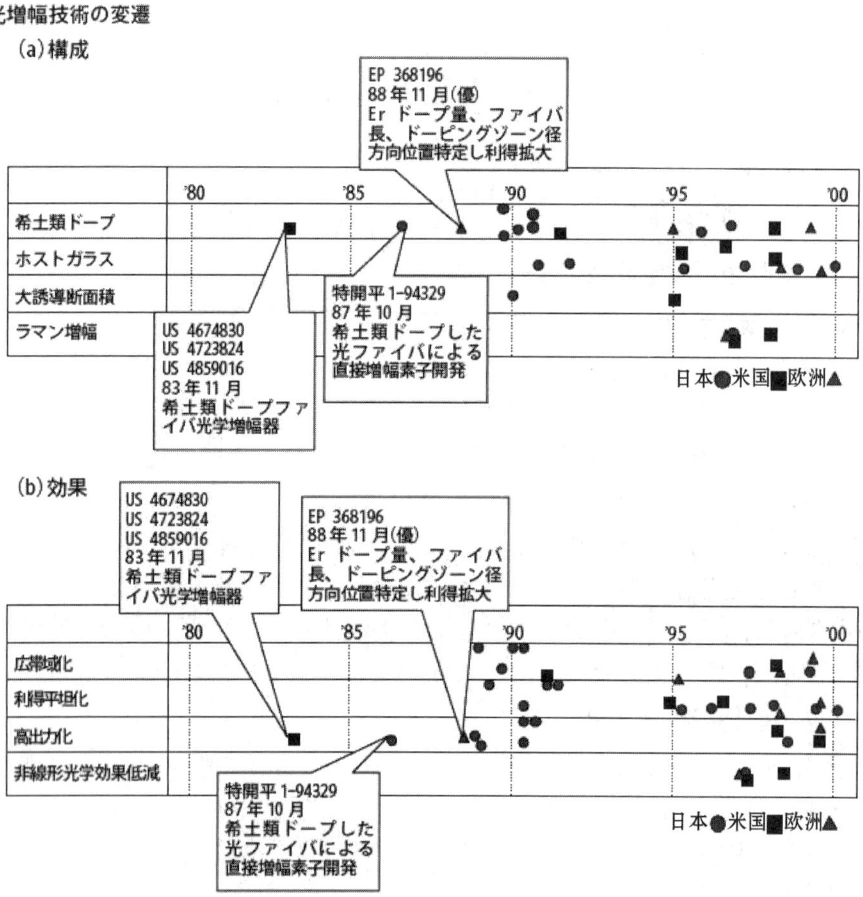

图 10-5　国外早期的专利技术路线分析图❷

---

❶ 高自省．技术路线图基本功能探析［J］．技术经济与管理研究，2013（10）．

❷ 源自日本特许厅网站。

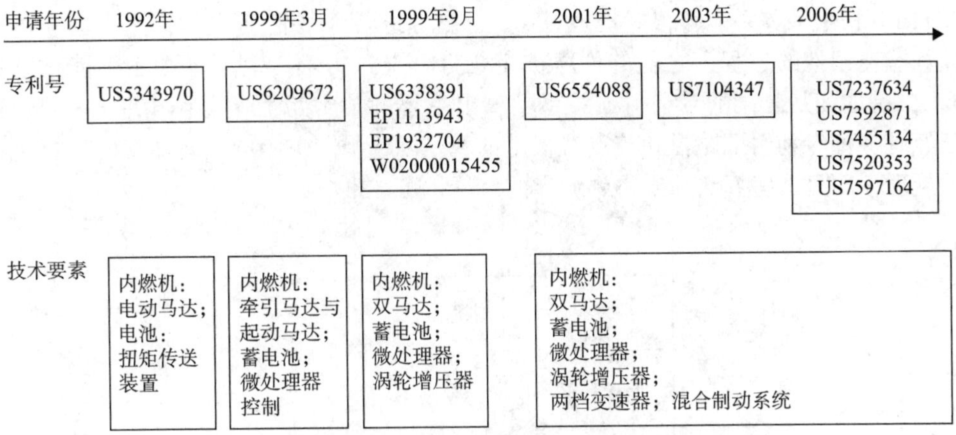

图 10-6　国内早期的混合动力汽车专利技术路线分析图❶

第一种绘制思路是利用专利引证关系表示出专利技术之间的关联性，研究对象可以是某具体的产品（见图 10-7），也可以是某项核心专利技术（参见第 6 章案例 6-10）。

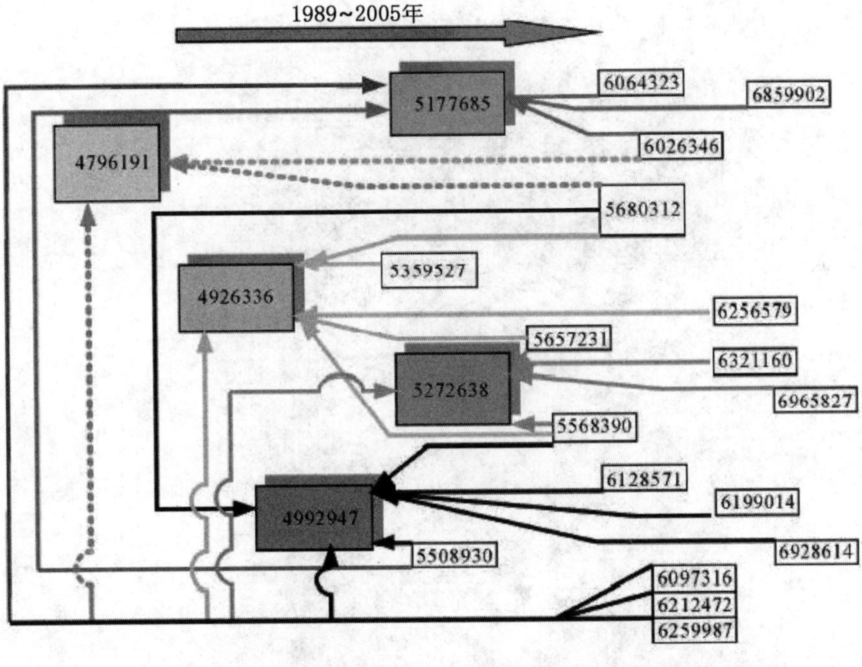

图 10-7　某电子产品基于引证关系的专利技术路线分析图❷

这种绘制思路存在两个较难解决的问题。一是技术的发展呈非线性演进，在出现跳跃式发展时，专利引证关系可能会“断开”（见图 10-8）。当技术进行线性演进时，技术创新体现为积累和渐进的过程，尚未出现实质的技术跃迁，技术演进体现出秩序性

❶ 李伟．基于专利分析的国外混合动力汽车竞争情报研究［J］．图书情报研究，2012（2）．
❷ 张娴，等．专利地图分析方法及应用研究［J］．情报杂志，2007（11）：22-25．

（这方面专利引证关系能够很好地表征）。当技术进行非线性演进时，技术创新体现为突变和非连续性的过程，之前的秩序被完全打破（这方面专利引证关系不能很好地表征）。二是如何从复杂的专利引证关系剥离出主要的技术路径（见图 10-9）[1]。虽然目前已经有多种专利引证路径和节点对权重的算法（见图 10-10），但都需要计算机进行数据处理，而且这些算法并未得到业界的广泛认可。

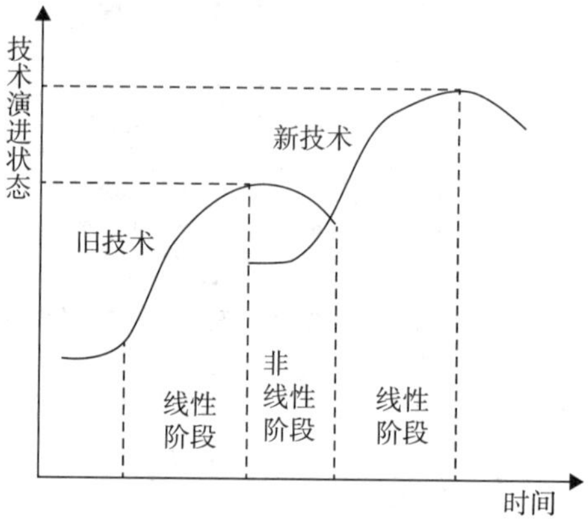

图 10-8　技术演进的线性和非线性过程[2]

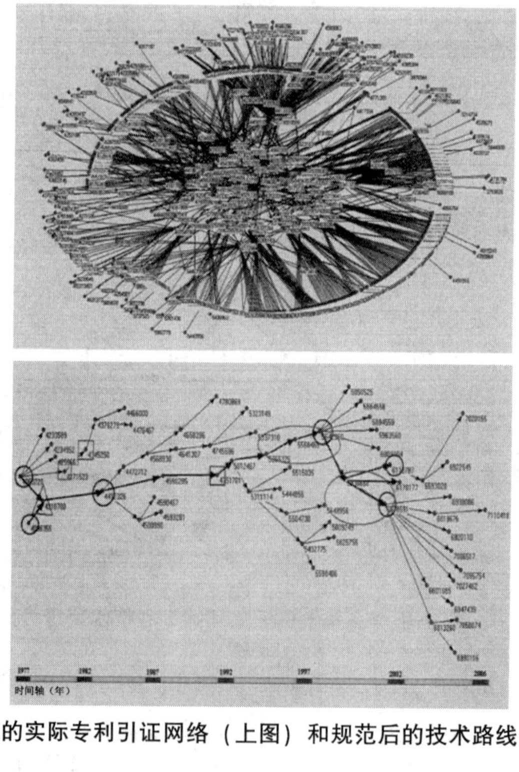

图 10-9　某领域的实际专利引证网络（上图）和规范后的技术路线分析图（下图）[3]

---

[1] 许琦，等. 基于专利引证网络的技术进化路线分析：以数据挖掘领域为例［J］. 科研管理，2013（2）：27-35.

[2] 吴晓波，李正卫. 技术演进行为中的混沌分析［J］. 科学学研究，2002（5）.

[3] 刘倩楠. 基于专利引文网络的技术演进路径识别研究［D］. 大连：大连理工大学，2010：39-41.

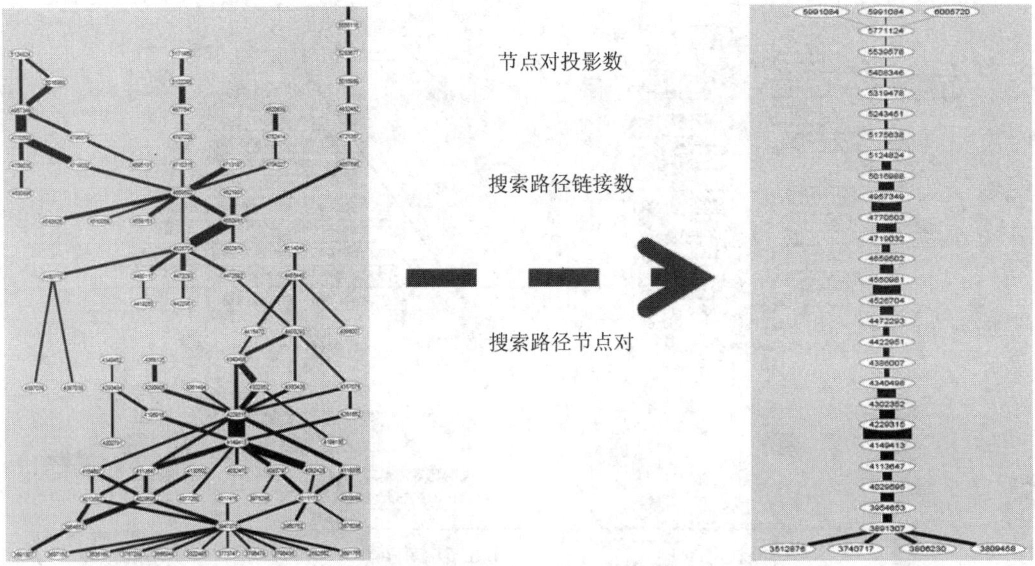

图 10-10　专利引证路径和节点对权重的常见算法❶

第二种绘制思路是利用技术发展中需要解决的功能或效果（或者称之为技术改进的动力）作为修剪专利引证关系的工具（见图 10-11、图 10-12）。

第三种绘制思路是以技术发展需求为主线，专利引证关系、主要申请人/发明人为分线，通过非专利文献信息、行业专家、专利被引频次等途径筛选代表关键技术节点的重要专利（见图 10-13、图 10-21）。这种思路是综合考虑多种信息，以技术进化的主要推动力——技术需求作为主线，通过多种因素筛选关键技术节点，避免了单纯使用专利引证关系带来的缺陷，使得技术路线更接近实际。

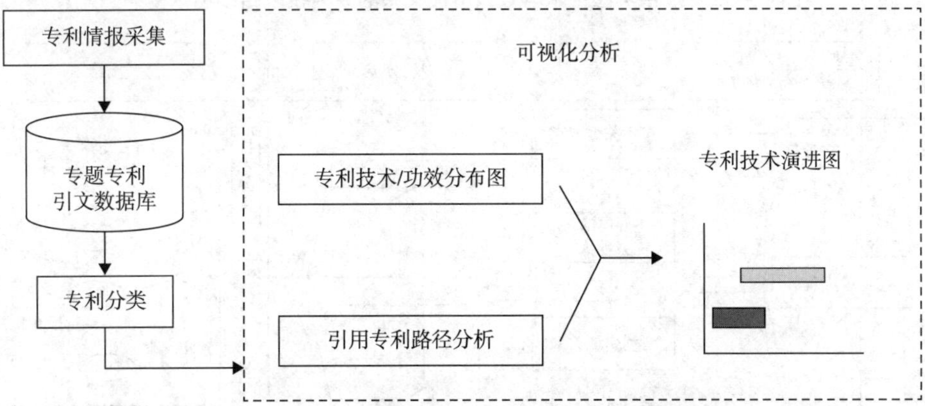

图 10-11　综合考虑技术功效和引证关系的专利技术路线图绘制思路❷

❶ Hall B H, Jaffe A B, Trajtenberg M. The NBER Patent Citations Data File: Lessons, Insights and Methodological Tools [R]. NBER Working Paper (2001): 84-98.

❷ 侯筱蓉. 基于引文路径分析的专利技术演进图研究 [D]. 重庆: 重庆大学, 2008.

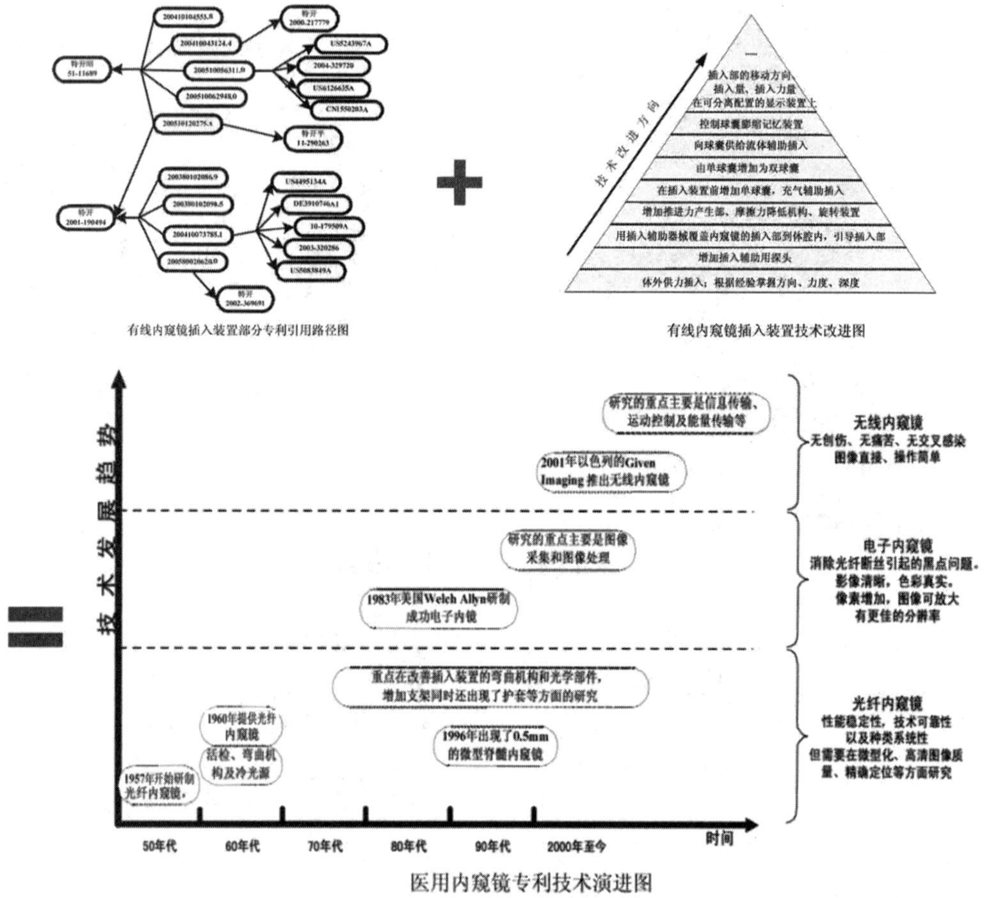

图 10-12　综合考虑技术功效和引证关系的专利技术路线图示例❶

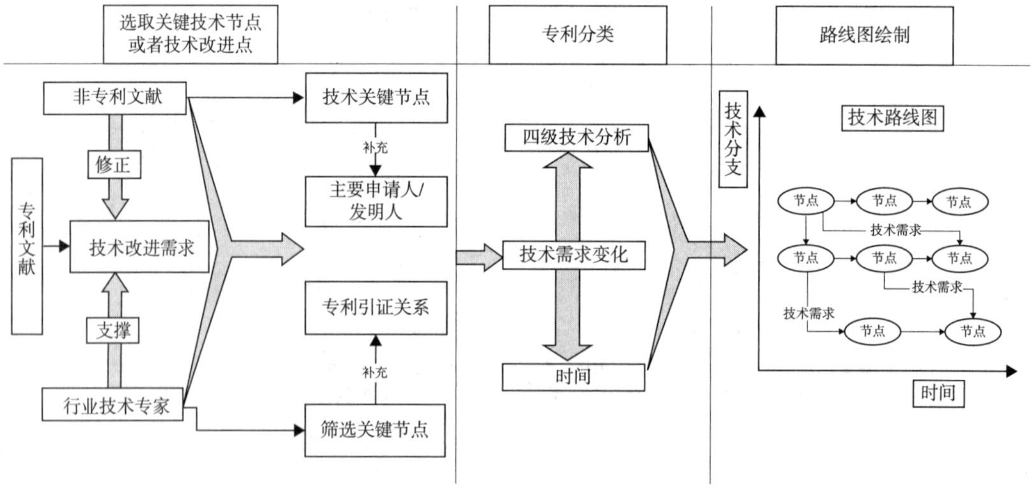

图 10-13　综合考虑多种因素的专利技术路线图绘制思路

❶ 侯筱蓉．基于引文路径分析的专利技术演进图研究［D］．重庆：重庆大学，2008.

在实际技术路线分析图的绘制和分析过程中，除了专利申请的技术分支和功效、申请人信息等维度，也有研究人员从非专利文献信息、专利等级等方面考虑，更加全面和深入地解读专利技术路线分析图。

二、适用于技术预测的 TEMPEST 专利技术路线图制作

首先，根据现有的技术主题和各技术分支构建技术特征，然后从专利数据库中检索专利。其次，根据提取的关键词向量，将检索到的专利按相似度进行分组，并根据 TEMPEST 对分组结果进行分类。E（能量）代表工作原理装置或技术，动力驱动装置；M（材料）包括原材料、成分等；P（个性）代表用途、功能、特性、产品或技术的属性等；S（空间）代表结构、部分成分、部分等；T（时间）代表制造方法、控制方法、过程等。最后，确定每一个专利组的专利发展模式，并将其分为两类：结构模式和时间模式。提取出的模式作为专利规划的依据，由技术路线图和各组所映射的专利层组成的技术层绘制专利路线图。

如图 10-14 所示，专利技术按 TEMPEST 专利技术路线图预测法，对透明 AMOLED 显示器进行专利技术预测。AMOLED（有源矩阵有机发光二极体面板）技术主要用于智能手机屏。与 LCD 技术的模式相比，透明 AMOLED 的“E”组专利中没有针对 LCD 技

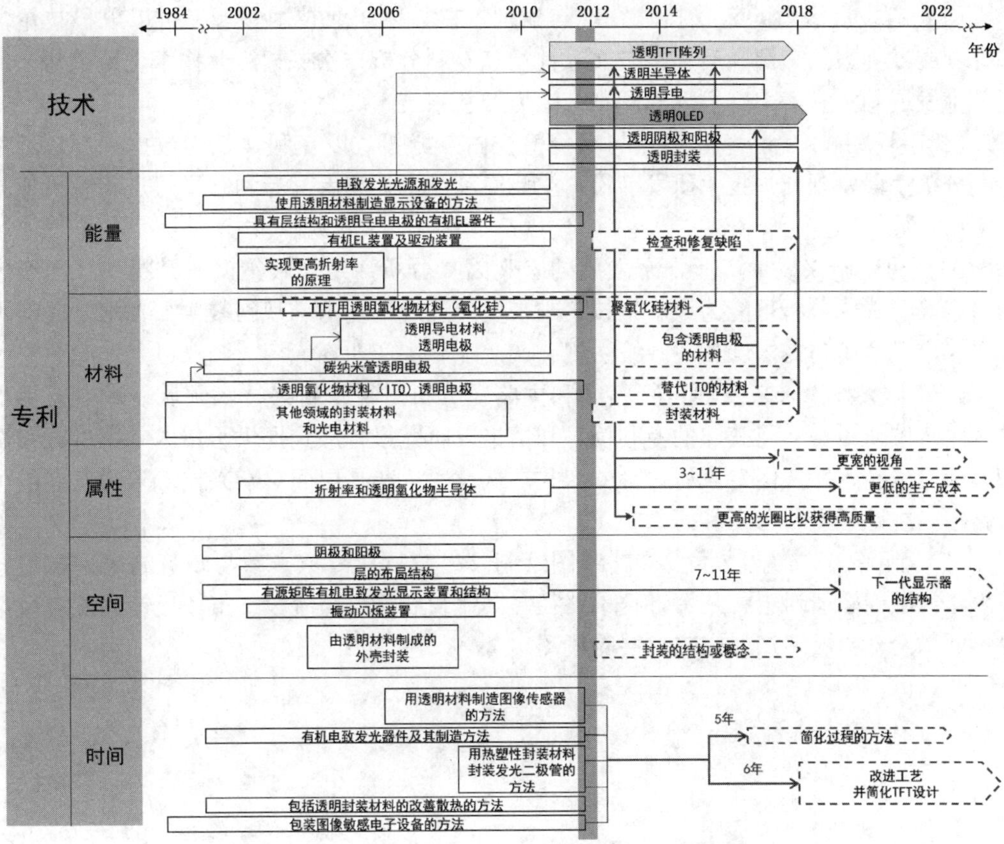

图 10-14　透明 AMOLED 显示器专利技术路线预测

术所出现的缺陷检测和修复的发明。因此，对于透明 AMOLED 的“E”组专利，有必要申请与缺陷检查和修复相关的专利。在“M”组中，透明 AMOLED 相关的专利与 LCD 技术在使用氧化硅材料方面有类似的趋势。包含 AMOLED 材料的发明已经在用于生产透明 TFT 的非晶硅氧化物材料，因此，这些发明需要将现有的原材料替换为多晶硅氧化硅材料。特别是液晶显示技术中，从非晶硅材料到多晶硅材料，用了 10 年时间。因此，透明 TFT 技术的材料相关专利也可能需要 10 年时间。此外，还有许多与透明电极相关的专利，包括 ITO（铟锡氧化物）、碳纳米管和 AMOLED 技术中的封装材料等。

三、基于专利分析的新兴产业技术路线图的未来发展分析

专利文献信息具有全面、准确和及时的数据优势，运用专利分析手段可以分析出某一新兴技术或产业领域的技术发展前沿、技术研发和专利布局机会等。将这些客观的专利文献信息和数据引入传统的技术路线图中，可以减少制作技术路线图时对专家个人主观经验的过度依赖。同时，这些客观数据分析结果又能为专家决策提供参考，进而提高技术路线图的可靠性。

基于专利分析的新兴产业技术路线图的未来发展的分析步骤如下（见图 10-15）：

（1）有发展潜力的新兴技术发现与甄别。在具体产业技术领域，可以以科技论文和专利文献为数据来源，运用科技文献计量和专利分析方法探索产业技术发展趋势，判断技术发展趋势和潜力，发现和甄别有潜力的新兴技术。

（2）新兴技术专利布局热点与有价值空白点分析。以专利文献为数据来源，运用专利分析手段发现新兴技术研发前沿、主要专利技术拥有者、专利布局热点和有价值技术空白点等。

（3）决定新兴技术产业未来发展的宏观因素分析。结合政策调研结果，采用专家研讨会等形式，分析可能为该新兴技术未来发展造成影响的宏观因素，如技术发展演进方向、市场竞争与需求、相关政策法规、产业配套和产业环境等。

（4）新兴技术未来发展可行路径和主路径分析。组织新兴技术领域技术专家参加技术路线图研讨会，将获知的专利信息和情报以研究报告形式提供给技术专家进行参考和判断，以技术路线图专家研讨会的形式，从技术、产品层面对新兴技术未来发展的可行路径和主路径进行分析和研判。

（5）新兴技术产业技术发展路线图绘制。组织行业专家、参与政策制定人员召开技术路线图专家研讨会，从关键技术路径、产业发展趋势与阶段、市场反馈和配套政策等层面描绘新兴技术产业未来发展路线图。

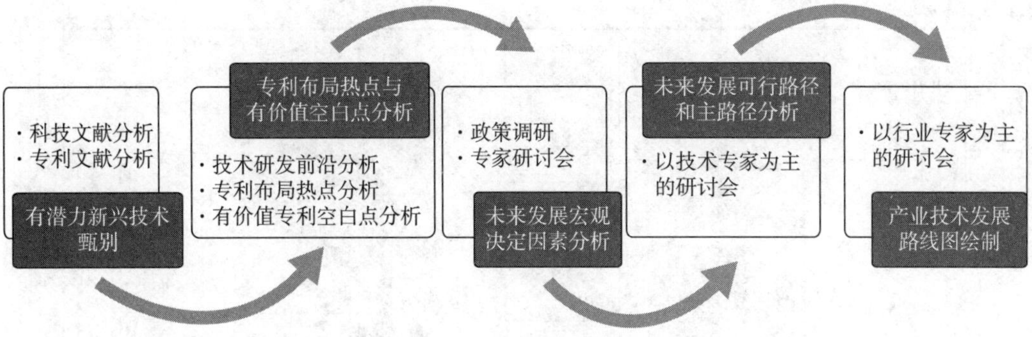

图 10-15　基于专利分析的新兴产业技术路线图的未来发展分析步骤

具体图例样式可参见本章图 10-48。

四、专利技术路线分析图的其他展现形式

技术路线分析图的绘制需要考虑研究的技术领域、研究对象的大小、研究方式等因素。如针对技术领域因素，在化学医药领域，可以采用化学结构式直观地展现技术演进（见图 10-16）；在机械领域可以采取机械结构、零部件或产品进行展现（见图 10-17）。如针对研究对象的大小因素，可以围绕某一项核心专利不同申请人的技术改进情况展现不同的技术研发思路和技术竞争情况（见图 10-18）；可以围绕某一具体的技术需求进行展现（见图 10-19）；也可以围绕具体产品进行展现（见图 10-20）。针对研究方式因素，可以采用专利引证主路径图进行年代切分，以分析不同阶段的技术沿革情况（见图 10-21）；也可以利用文本聚类后的技术主题词分析技术主题的变化和关联情况（见图 10-22）。

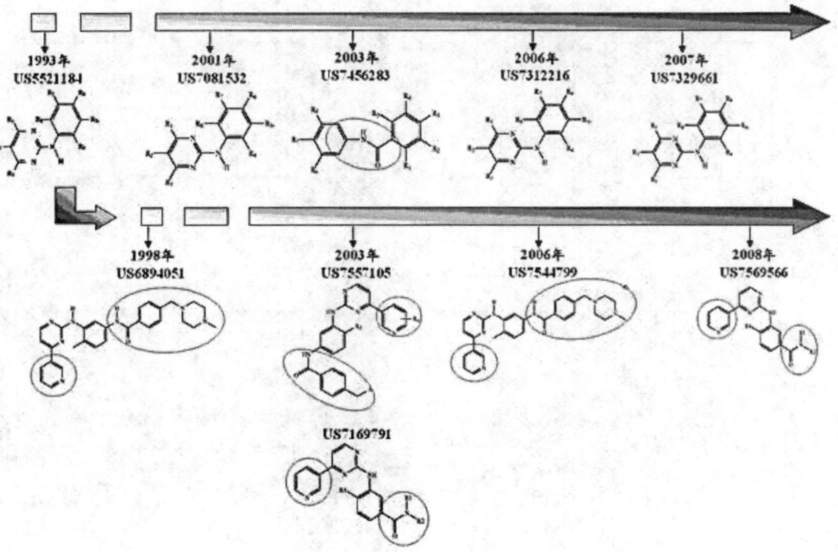

图 10-16　某化学领域技术路线分析❶

❶ http://www.ipama-age.org/.

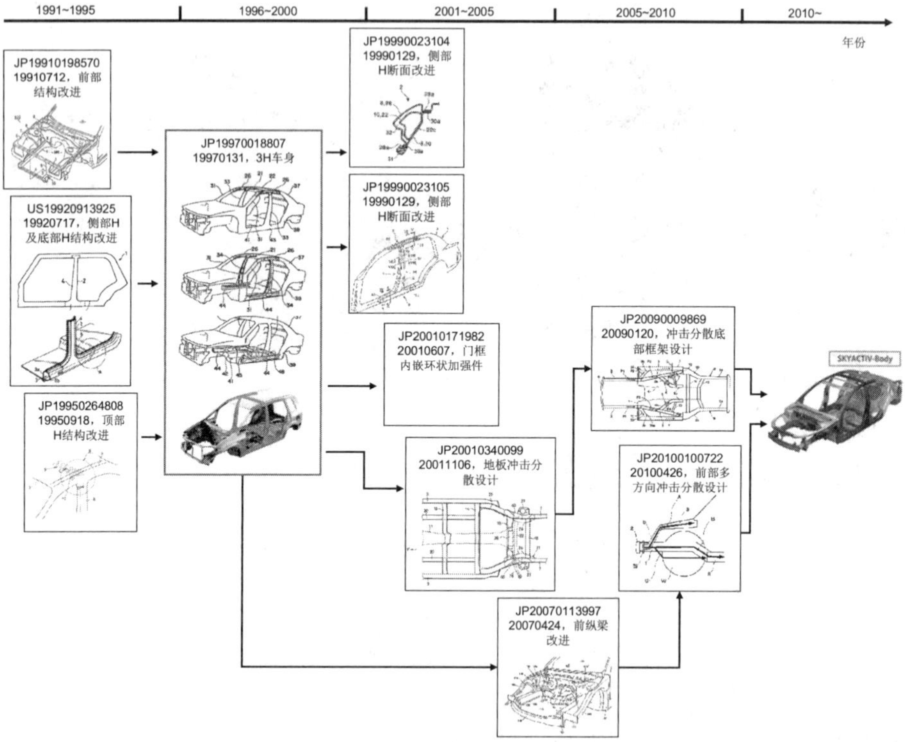

图 10-17　某机械领域专利技术路线分析❶

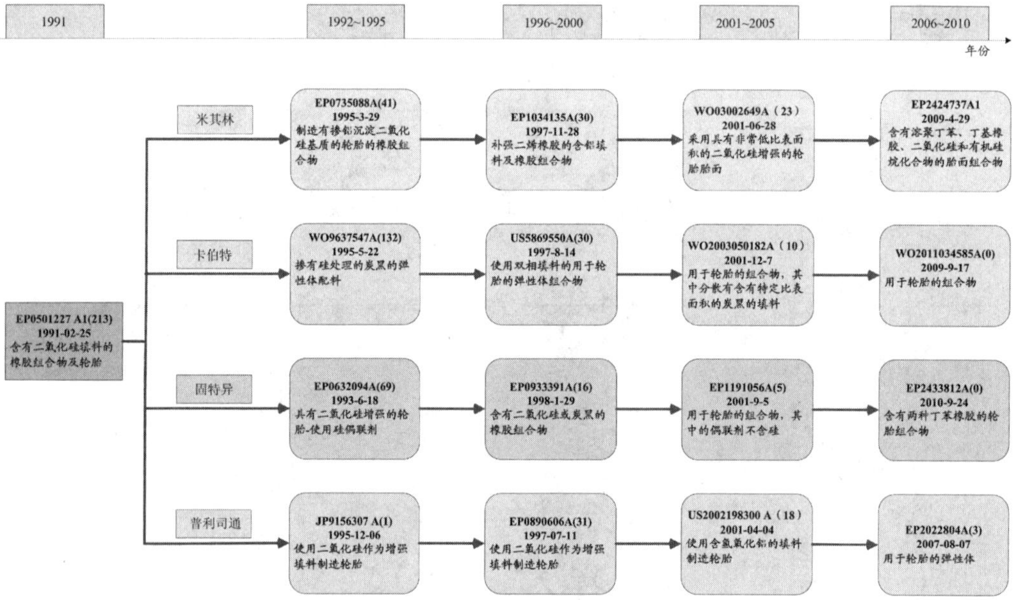

图 10-18　某核心专利的技术路线分析❷

❶ 杨铁军. 产业专利分析报告（第 9 册）：汽车碰撞安全［M］. 北京：知识产权出版社，2013：44.
❷ 杨铁军. 产业专利分析报告（第 15 册）：高性能橡胶［M］. 北京：知识产权出版社，2013：95.

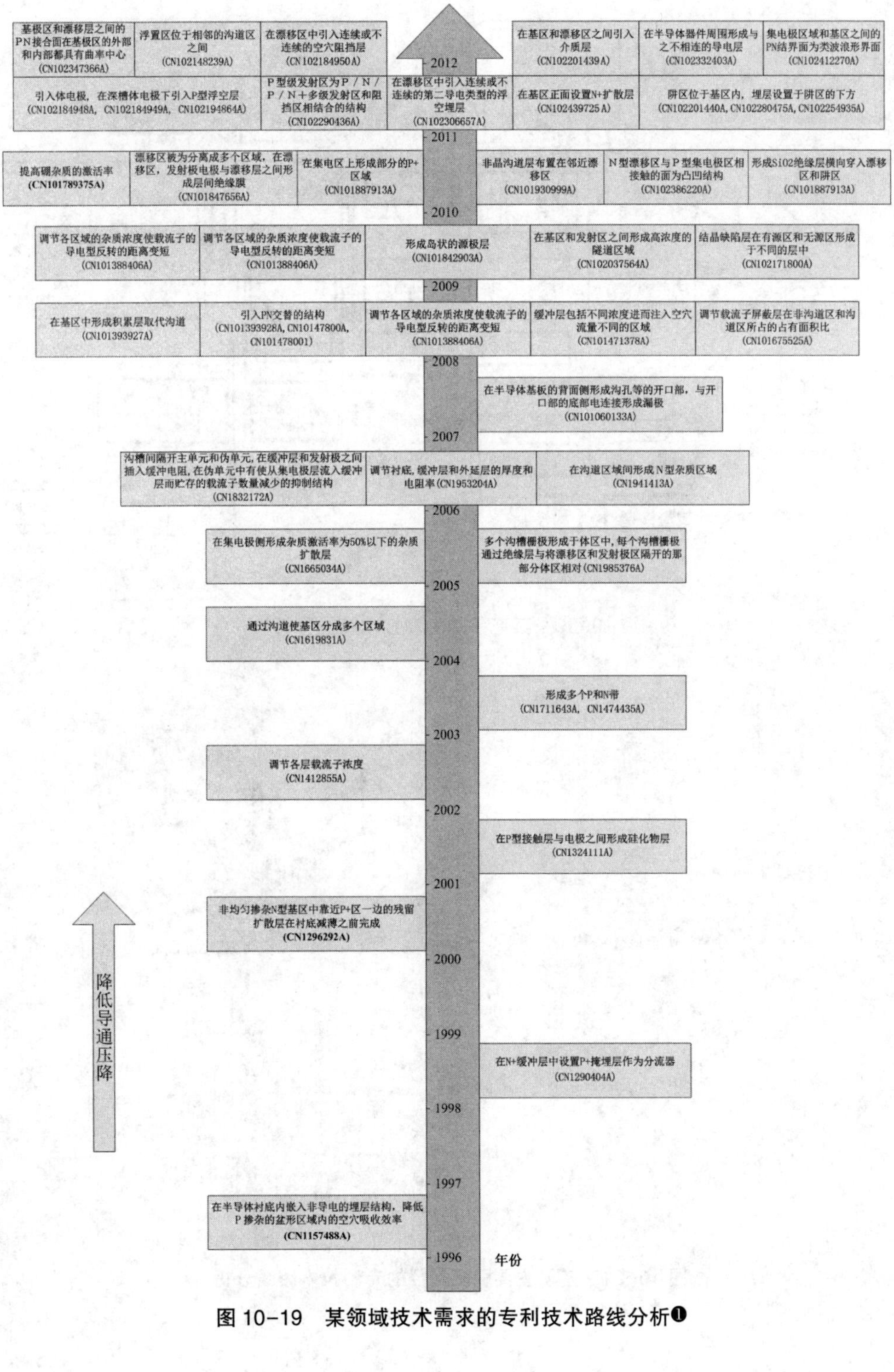

图 10-19 某领域技术需求的专利技术路线分析❶

❶ 改编自：杨铁军．产业专利分析报告（第10册）：功率半导体器件［M］．北京：知识产权出版社，2013：62.

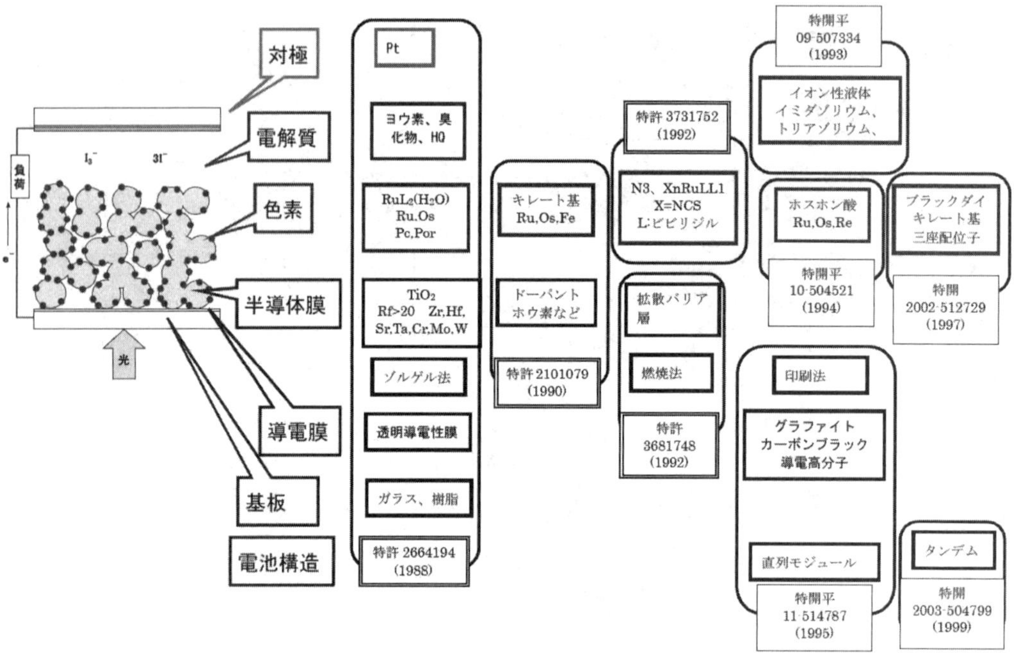

图 10-20　某产品的专利技术路线分析❶

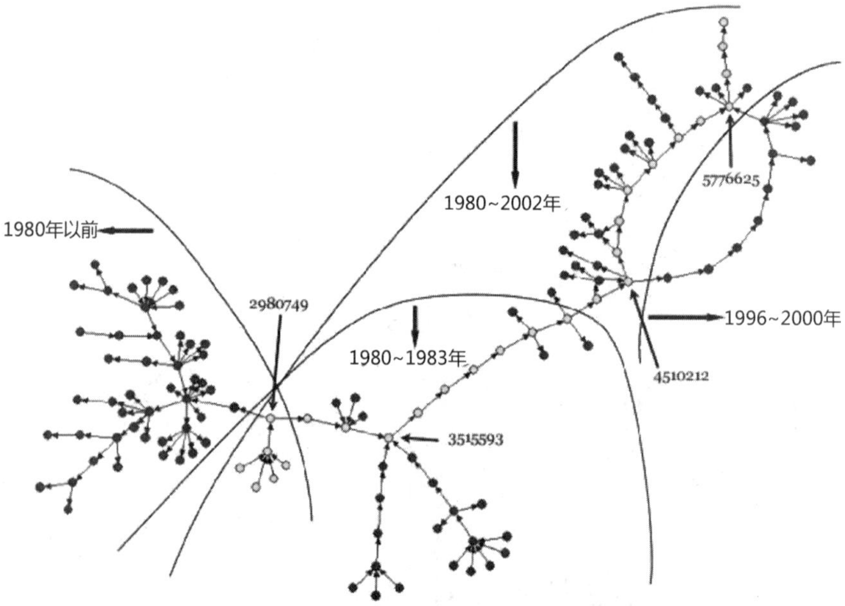

图 10-21　基于主要引证路径的专利技术路线分析

❶ 源于日本特许厅网站。

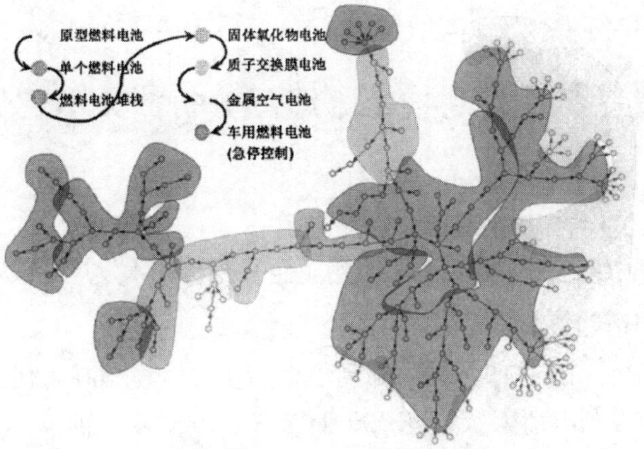

图 10-21　基于主要引证路径的专利技术路线分析（续）❶❷

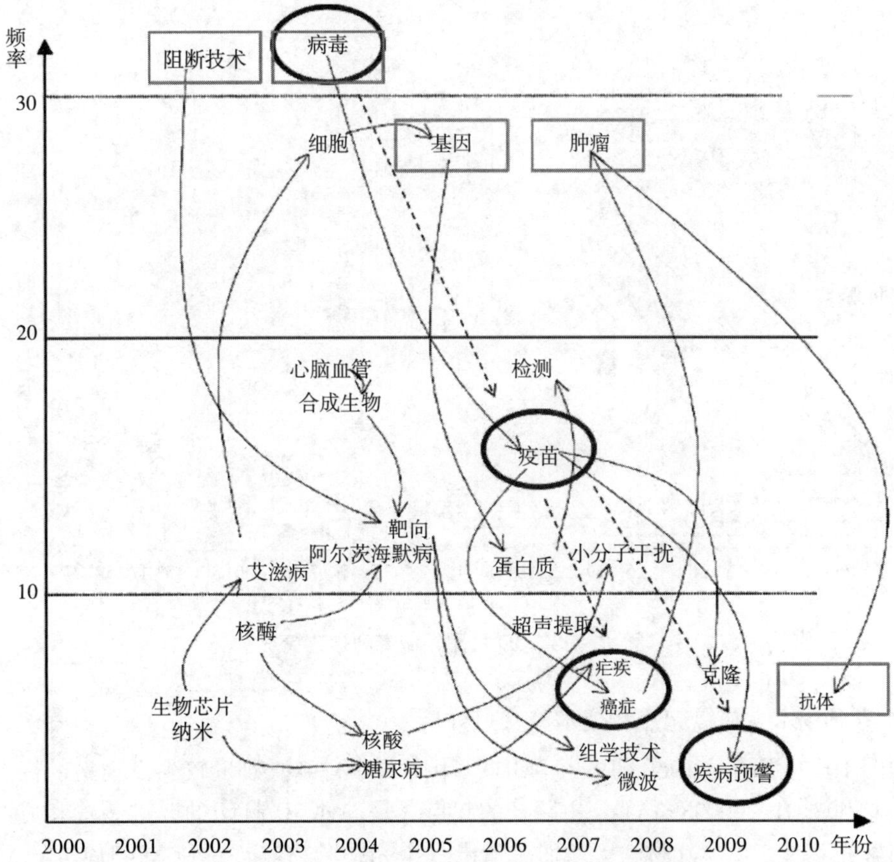

图 10-22　基于技术主题的专利技术路线分析❸

❶ Iwan von Warburga, Thorsten Teicherta, Katja Rostb. Inventive Progress Measured by Multi-Stage Patent Citation Analysis [J]. Research Policy, 2005, 34 (10): 1591-1607.

❷ 许琦. 基于专利引证分析的专利池组建与管理 [D]. 杭州：浙江大学，2017.

❸ 贺正楚，等. 生物医药产业共性技术路线图研究 [J]. 中国软科学，2012 (7): 49-60.

第三节　专利技术路线图分析的典型案例

【案例 10-1】3D 打印专利技术演进路径❶

案例设置目的：掌握如何利用专利引用主路径分析技术发展路线和发展趋势。

1. 总体专利申请趋势分析

由图 10-23 可知，3D 打印领域的专利申请始于 20 世纪 60 年代，按照申请人数量来看，1999 年以前专利申请人数量在 300 个以内，2006 年以前专利申请人数量在 500 个以内，2006~2013 年，尤其是 2010 年以后，专利申请人数量和专利申请量均出现了大幅增长。

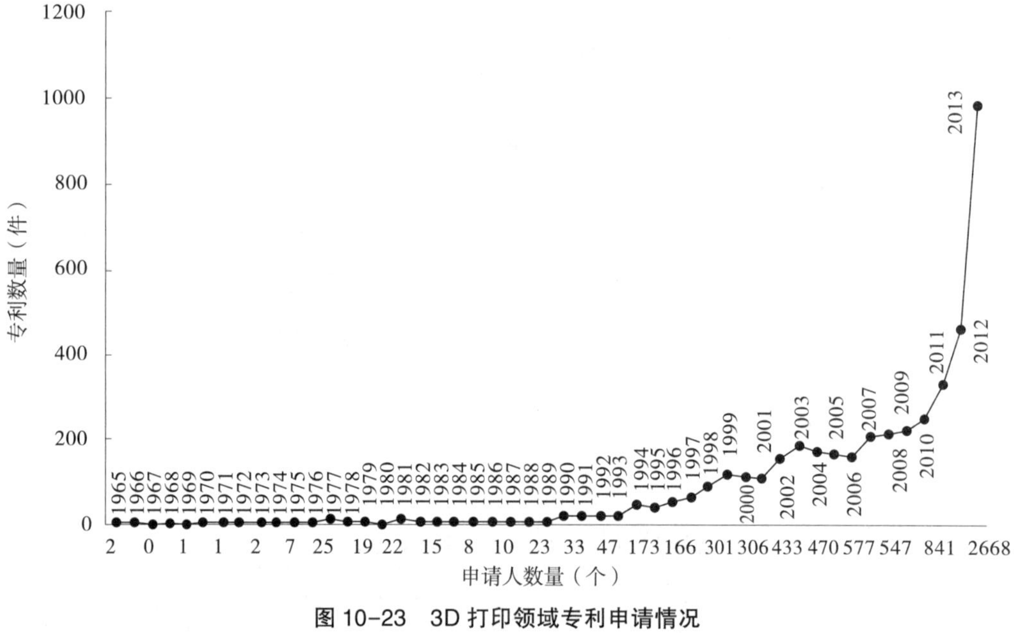

图 10-23　3D 打印领域专利申请情况

2. 专利技术主路径起点和技术分支点分析

如图 10-24 所示，1960~1999 年 3D 打印技术专利申请数量较少，主路径构成较为简单。专利 WO1990003893A1 是主路径的起点，是一种 3D 打印的改进装置和方法，主要利用激光束来产生薄片材料，从而制造出一个完整的物体。专利 EP431924A2 主要介绍了 3D 打印的原理，即通过选择性地向平台上堆放的粉末喷洒黏结剂来制造模型和原型。专利 US5943235A 介绍了在热光固化系统中数据处理和控制方法的应用。专利 US6136252A 提出了使用热退火方式的电化学沉积方法，该发明提高物体的产生速度和

❶ 许冠男，等. 3D 打印产业技术的演变与预测研究［J］. 北京邮电大学学报（社会科学版），2016（4）.

降低设置和文件准备的次数，保持或降低设备成本。在专利 US6136252A 之后，主路径形成了 4 条分支。处于分支上的专利 US20020011693A1 介绍了快速成型装置，包括：分发器，可控地分配可流动材料，该材料在被分配后固化；平台，用来支撑三维物体的截面；控制器，使材料按所选样式分发在工作台。专利 US20020079601A1 介绍了一个包括多个喷头的三维打印机设备，这些喷头主要是将黏合剂或着色剂喷射到生成材料中。专利 US20040075196A1 和 US20020008335A1 描述了快速原型和制造系统中使用的各种支持结构和构建样式，尤其是热光固化系统、熔融沉积成型系统、选择性沉积模型系统，并提出了一个 3D 建模系统。经主路径分析可以看出，此阶段技术发展的重点在于 3D 打印技术的基础性原理、技术和设备方面的研究。

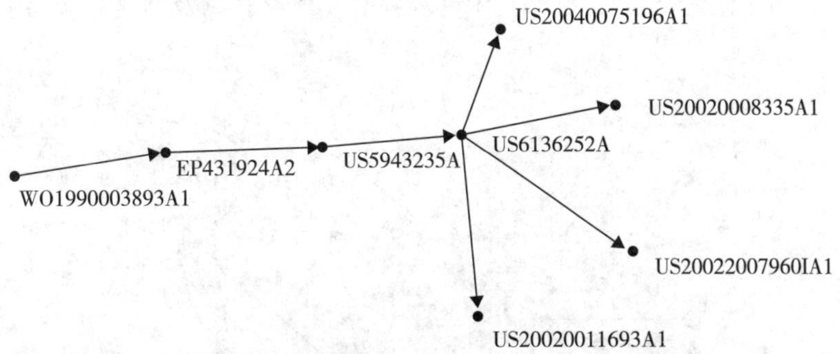

图 10-24　3D 打印领域专利技术主路径（1960~1999 年）

3. 专利技术发展主路径分析

由图 10-25 可知，1960~2006 年的主路径图是在第一阶段的基础上沿着 US6136252A、US20020011693A1 这两个节点发展出了两条分支。分支一包括专利 US20030151167A1、US20030043360A1、US20060197235A1 和 EP1769902A2。该分支上的专利重点在于提高 3D 打印技术的精度和质量方面的研究。US20030151167A1 是 Objet Geometries 公司于 2003 年公开的一项关于精确打印三维物体的设备、系统和方法的专利，其通过设置调整参数来修改物体数据，从而实现了 3D 打印的高精度和高质量。US20030043360A1 是美光科技公司于 2003 年公开的一项用于促进多个电子元件组装的设备的专利，该设备为采用光固化成型技术制造和集成电子元件和零件提供了定位、定向、操作和保护的方法。专利 US20060197235A1 介绍了使用光固化立体成型技术在半导体基质（半导体模具或晶片，或合成的其他结构）上快速形成精确的由固化聚合物、热塑性材料和黏合剂组成的防护层的电子元器件。EP1769902A2 是由 3D Systems 公司于 2007 年公开的一项利用光固化成型技术打印三维物体的装置的专利，该装置在叶片间隙传感部分添加用来检测底座到液体树脂表面距离的传感器，从而改善原有激光系统，可以更有效地利用激光获得更精确的成像，提高快速成型和制造系统的生产能力和效率。分支二包括专利 US20030107158A1、US20040187714A1、US20050104241A1、US20060206227A1、US20070032563A1、US20070173967A1 和 US20080121130A1。US20030107158A1 和 US20070032563A1 是 Objet Geometries 公司公开的两个具有反向热凝胶性质的合成材料的专利。US20030107158A1 公开介绍的新型支撑材料是由温敏性聚合物和表面活性剂合成的。US20070032563A1 公开的合成材料是由温敏性聚合物、降低表面张力的添加剂、光固化活性成分、光敏引发剂和稳定剂组成的。这两个合成材料均具有反向热凝胶性质，当温度高于凝胶温度时，该材料会凝固，因而有足够的韧性和空间稳定性来支撑模型层。当降低温度后，其会形成低黏度液体，易于清理。US20040187714A1 介绍了三维实体（如酒杯）的打印方法，以及两部分材料的存储。US20050104241A1 是 Objet Geometries 公司于 2005 年公开的关于 3D 打印设备的专利，该项发明增加了滚轴装置，从而可以按照预设值来改变打印材料的厚度。US20060206227A1 和 US20070173967A1 与分支一的专利 US20030151167A1 一样，均是介绍通过设置调整参数来修改物体数据，从而实现 3D 打印的高精度和高质量的系统和方法。经主路径分析可以看出，此阶段技术发展的重点在于 3D 打印技术在支撑和实体材料以及精度和质量上的改进。

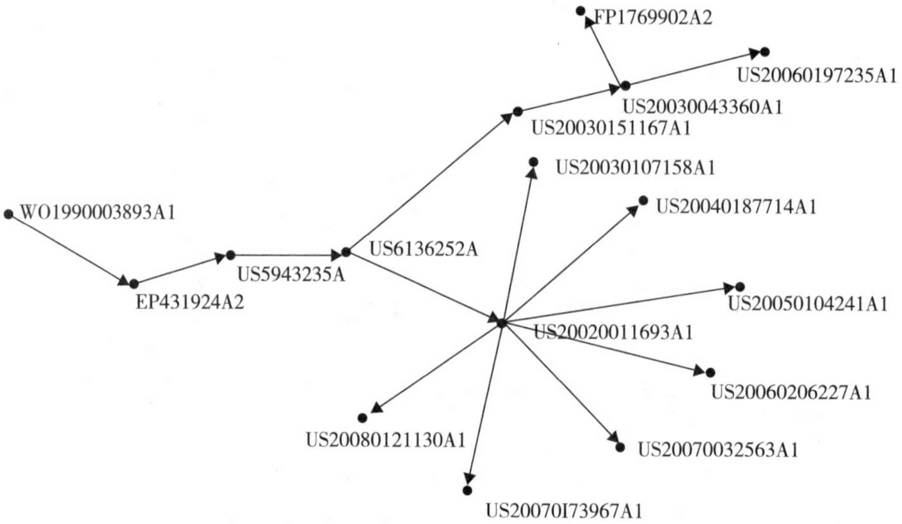

图 10-25　3D 打印领域专利技术主路径（1960~2006 年）

由图 10-26 可知，第三阶段在第二阶段的专利 US20040187714A1 基础上形成了 4 条主路径分支，包括专利 WO2009013751A2、US20130124151A1、WO2014174090A2 和 US20140025190A1。WO2009013751A2 为固体成型技术系统在设计相关领域的应用。US20130124151A1 提出了提高 3D 模型适应性的计算机实施方法。WO2014174090A2 提出了一个混合支持系统，该方法是用来固化使用 3D 打印技术打印的物体。US20140025190A1 提出了打印病人解剖模型的方法，如根据核磁共振数据集打印骨头。在此阶段，技术发展的重点除了工艺和流程方面的持续改进，已开始与 3D 打印的具体应用领域融合发展。

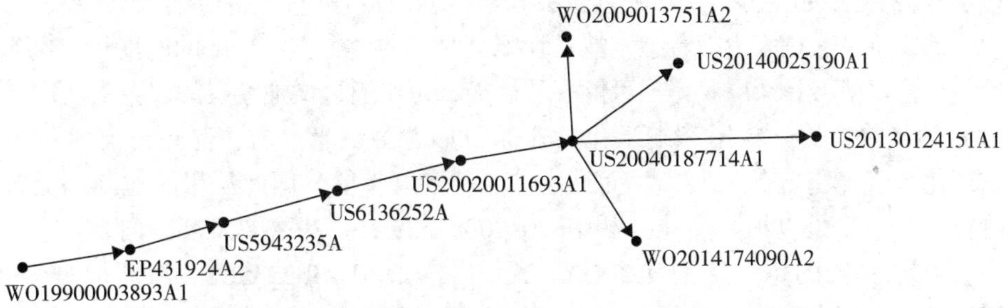

图 10-26　3D 打印领域专利技术主路径（1960~2013 年）

4. 专利技术演化路径特点归纳

根据 3D 打印技术演化路径分析可知，在第一阶段，3D 打印技术积累了基础性原理、技术和设备方面的研究基础；在第二阶段，3D 打印在支撑和实体材料以及精度和质量上均有明显改进，其基本方法、设备和工艺、流程相关技术已趋于成熟；在第三阶段中，3D 打印的技术发展侧重于结合具体应用领域的纵深发展，且在其诸多应用与技术分支中，设计领域以及生物组织工程方面的应用成为新的技术重点。

【案例 10-2】刀具涂层结构领域专利技术路线分析❶

案例设置目的：掌握专利技术路线图的诸多用途。

首先，可以详细描述各技术需求路线的技术路径和关键技术节点（见图 10-27）。从时间上看，刀具涂层结构中早期出现的为单层涂层（如 DE2142601A，1970-11-25，山特维克），随后出现了双层涂层（如 DE2253745A，1971-11-12，山特维克）、多层涂层（如 EP006354A，1978-6-22，斯特拉姆）、梯度涂层（如 JP4615279A，1979-11-12，东芝图格莱株式会社，涂层中氮元素呈梯度分布）、软硬涂层（如 JP15168281A，1981-9-25，三菱金属）、纳米涂层（如 SE0202632A，2002-9-4，山高刀具，PVD 涂敷 AlN 纳米涂层）。但是单层涂层是所有涂层结构的基础，每当有新的涂层材料或者新的工艺方法在单层涂层上得到应用，就会在其他涂层结构上得到应用。例如，在单层涂层结构上首先出现 k-Al_2O_3 涂层（如 SE7706706A，1977-6-26，山特维克），在此基础上多层涂层结构开发出了 α-Al_2O_3 涂层（如 EP659903A1，1993-12-23，山特维克），纳米涂层结构（如 EP07117460A，2006-10-18，山特维克）中的氧化物涂层则以多层涂层结构的 α-Al_2O_3 涂层为基础。

其次，该案例的绘图思路采用的是本章第二节中的第三种思路，因此分析可以按照技术需求这条线进行。如以单层涂层技术为例，提高涂层的硬度是其主要技术需求之一，最先得到应用的是碳化钛涂层，然后出现了 Al_2O_3 涂层，接着金刚石、类金刚石得到应用，其后还出现了超硬材料氮化碳涂层。

最后，可以根据技术路线分析图进行短期的技术发展方向预测（见图 10-28）。如纳米涂层将是未来重点发展方向之一，具体为：

---

❶ 改编自：杨铁军．产业专利分析报告（第 3 册）：切削加工刀具［M］．北京：知识产权出版社，2012：115-117.

（1）纳米涂层的层数将会出现超多层（US20110171444A1，多层纳米涂层），层厚以纳米为计量单位，这是因为随着纳米技术在刀具涂层的应用，每一层的厚度可以纳米级来衡量检测，为了使刀具涂层获得尽可能多的性能，可以通过增加涂层的层数来实现。

（2）纳米涂层的晶粒形态纳米化，即晶粒形态为纳米晶粒，晶粒形态越细，越能获得物理化学性能稳定的涂层，从而提高涂层的耐磨性能。因此从粗晶粒到细晶粒再到超细晶粒，下一步是以纳米晶粒（如 US20100081539A1）为主要发展方向。

（3）纳米涂层的每一层的元素成分多元化，如 RU2362835C1。涂层成分多元化，有利于提高每一层的综合性能，在纳米层级上可以较为精准地控制每一种元素的比例，进而得到所需要的每一层所具有的各项特殊性能。

（4）纳米涂层的排列规律多样化，既有对称多层结构（如 EP0709483A），也有非周期性的叠层多层结构（如 US6103357），还有可能出现多层涂层结构中部分为对称多层结构、部分为非周期多层结构。如就材料而言，单层涂层材料从 TiC，到 Al_2O_3，到金刚石、类金刚石、立方氮化硼，再到超硬材料（如氮化碳，C_xN_y），每一次新的材料的应用都是因为硬度的提高。而在最近的超硬材料研究中，石墨烯（Graphene）是目前理论研究的热点。根据已经研究的成果可知，石墨烯具有超高的硬度并同时具有良好的韧性，随着研究的深入，石墨烯很有可能成为新的超硬材料的代表，并在刀具涂层领域得到广泛应用。

就技术需求而言，提高单层涂层的耐磨性能是近期的技术需求，结合这方面最新出现的专利技术，例如晶体取向变化的专利技术，或者混合晶相方式的专利技术，那么通过改变晶体取向和混合晶向方式就可能是单层涂层材料未来一段时间的技术发展方向之一。

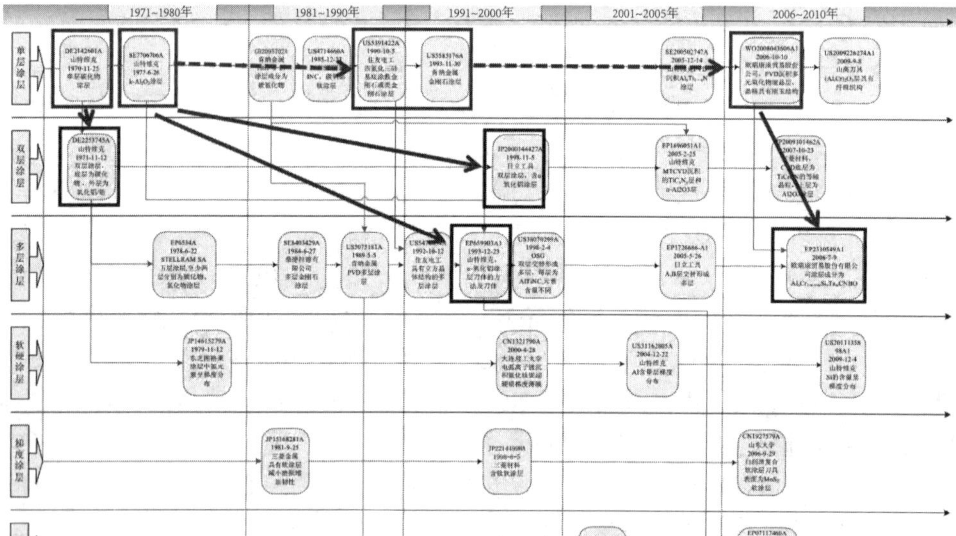

图 10-27　刀具涂层结构专利技术路线分析图技术主路径和关键技术节点分析

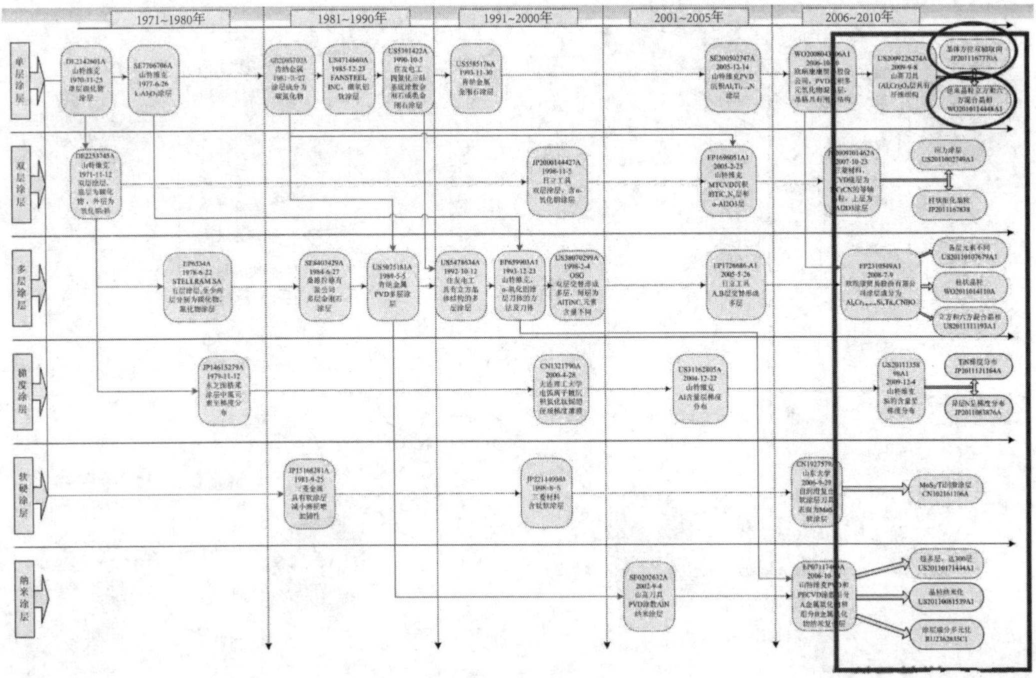

图 10-28　刀具涂层结构专利技术路线分析图技术发展方向分析

【案例 10-3】微带天线领域专利技术路线分析

案例设置目的：掌握利用技术路线分析图分析主要技术手段。

近年来，针对微带天线的实际应用需求（见图 10-29），许多学者已经进行了深入的研究，取得了大量的突破和创新。其性能发展的方向主要为小型化、双频带、宽频带、圆极化以及宽波束。

下面仅以小型化为例，梳理其主要技术手段及重点专利❶。微带天线的基板厚度与工作波长相比非常小，这保证了它本身就实现了一维小型化，因而微带天线属于电小天线的一种。传统微带天线是半波长结构，而在实际应用中要求天线具有更小的尺寸。同时，在现阶段随着微波集成技术的发展以及各种高性能材料的出现，也使得微带天线的小型化技术成为近几年热门的研究课题之一。目前国内外实现微带天线小型化设计的主要手段有：采用特殊材料基片（高介电常数材料）、天线加载技术（电阻加载、短路探针加载、有源加载）、附加有源网络、曲流技术、采用特殊形式、分形结构、使用新材料［如光电子带隙（PBG）、高温超导（HTS）及有机磁性材料等］。根据该领域的专利申请情况以及论文发表情况，从以下技术手段进行技术主路径和关键技术节点分析（见图 10-30）。

❶ 石蕊，施蕾. 卫星导航专利分析报告之一：接收机微带天线［J］. 数字通信世界，2014（2）.

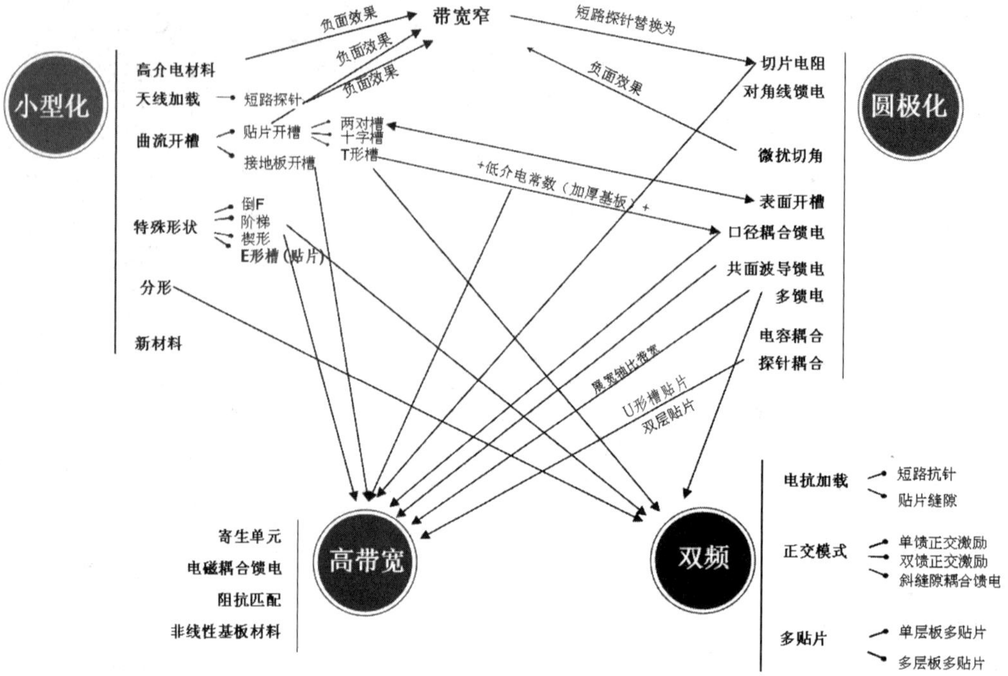

图10-29　微带天线主要技术需求及主要技术手段

1. 采用特殊材料基片（高介电材料）

由于谐振频率与介质参数成反比，因此采用高介电常数（如陶瓷材料）或高磁导率（如磁性材料）的基片可降低谐振频率，从而减小天线尺寸。从1982年首次使用陶瓷材料开始，1987年将高介电材料用于微带天线以实现天线小型化，1992年松下电器使用氧化铝（Alumina）陶瓷制作GPS天线。至今，使用高介电材料如陶瓷的天线仍是小型化微带天线的主流，并经常与其他小型化技术结合使用。

2. 天线加载

天线加载技术，20世纪50年代中期开始研究，70年代在微带贴片天线上应用。最初采用短路面、短路柱和短路针等形式，在微带天线上加载短路探针（shorting post），通过与馈点接近的短路探针在谐振空腔中引入耦合电容以实现小型化。它能够很好地减小天线的尺寸，但同时会带来带宽过窄的问题。1955年，索莫斯（D. J. Sommers）提出了一种微带线缝隙短路针。1977年，美国空军（US AIR FORCE）申请的专利US4053895A，使用了中心短路元件。90年代有研发人员对短路柱的数量对频率的影响进行了研究，例如1994年桑纳德（M. SANAD）提出的多短路柱结构，以及1995年沃特豪斯（Waterhouse）提出的小型圆形贴片微带贴片天线，其采用了单个短路柱+单馈电针的结构。90年代中期开始使用切片电阻或切片电容替代短路针以提高带宽或降低谐振频率。1999年，C-Y Huang提出了2个正交切片电阻+对角线馈电结构以实现圆极化。后期加载技术的发展主要是通过调整短路针与馈电针之间的位置关系以实现多频带，通过短路探针与表面开槽相结合、与倒F形天线等天线结构相结合以实现圆极化或高带宽等。例如，麦克唐纳·道格拉斯公司提出的专利申请 US4827271A 中要求保护 GPS 多频带提高带宽微带天线。2001 年，美国天线公司提出的专利申请 WO0131739A1，该天线具有多短路柱、一个馈点和一个电抗窗口，使用了曲流开槽和矩形贴片切角技术，实现了小型化和圆极化。2006 年，韩国泛泰株式会社提出的专利申请 KR20060073093A，采用了倒 F 形天线、单点馈电、单短路针，支持 3 个频段。2012 年，我国的研究机构也提出了能够兼容北斗和 GPS 的天线专利申请。

3. 曲流开槽

曲流技术主要有贴片曲流技术和接地板曲流技术两种。贴片曲流技术就是要在贴片上的适当位置开槽或是改变天线的具体形状，使得电流的传输路径等效增加，从而使电流的共振波长等效增加，谐振频率降低，实现天线形式小型化，但会导致天线的带宽降低。接地板曲流技术则保持天线贴片的形状不变，在接地板上开槽，天线的 Q 值相应降低从而使带宽有所增加，但是实现难度比较大。早在 1955 年就有研究关注微带线上的缝隙阵列，如索莫斯提出的微带线缝隙短路针。20 世纪 80 年代中期则对贴片开槽和接地板开槽进行了相应研究，并发展出了各种形状的槽与单点馈电相结合实现圆极化、以口径耦合的方式实现圆极化、以特定形状的槽实现多频带等。

4. 特殊形状

采用特殊形状是通过改变天线形式，使天线的等效长度大于真实长度，从而实现天线的小型化。在现阶段，实现天线小型化的具体天线形式主要包括：天线贴片形式采用蝶形、双 C 形、Y 形、倒 F 形、E 形、L 形等，天线结构采用层叠短路贴片等。以倒 F 形天线为例，1982 年倒 F 形天线问世以来，很快就有了平面倒 F 形天线。平面倒 F 形天线 PIFA 具有小型、高频带、高效率等特点，是采用厚基片、低介电常数、短路加载的典型天线，可以实现天线的小型化。倒 F 形天线通常采用与其他结构相结合的方式，例如与曲流开槽技术、加载技术等相结合以进一步小型化、多频化，或者是使用倒 F 形天线的一些变形如反 F 形天线、双 PIFA 天线等，以用于具有 GPS 应用的便携机。1996 年香港中文大学提出的专利申请 WO9627219A1，使用贴片表面曲流开槽和倒 F 形天线以及接地柱技术，实现了小型化。2003 年 4 月，昆特罗（QUINTERO L. R.）提交的专利申请 WO03034544A1，使用贴片表面曲流开槽和倒 F 形天线，具有两个接地柱、两个容性加载，以实现多频带。2004 年，摩托罗拉向美国专利商标局申请并获得授权的专利 US6762723B2，要求保护一种 FICA 天线（Folded Inverted Conformal Antenna，折叠倒置共形天线）。2007 年，飞利浦提交的专利申请 US2007205947A1 使用带有曲流开槽的双 MEMS 切换的 PIFA，实现了多频带。

5. 分形

“分形”这一概念是由法国科学家曼德尔布罗（B. B. Mandelbrot）于 1975 年首次提出的，其具有两大主要特征：自相似性和空间填充型。有 3 种分形方式：Koch 分形、Minkowski 分形结构的迭代生成、Sierpinski 地毯天线。微带天线通过加载分形结构，在第一谐振频率点天线尺寸比原先的微带天线的尺寸要小，并可加宽微带天线的带宽。由此可实现多频天线，并逐步将分形技术应用于 GPS 天线和北斗天线。2006 年格洛斯纳

（GLOSSNER J.）提出的专利申请 US2006208956A1 中为倒 F 形分形 GPS 天线。2012 年，国内研究机构申请了北斗导航系统的小型化分形鱼鳍阵列天线专利。

6. 使用新材料

光电子带隙（Photonic Band Gap，PBG）：自 1990 年 K. M. Ho 和 C. T. Chan 发现光电子带隙材料后，这种新型材料很快就应用于平板天线的制作上，所使用的方式也多种多样，可以整体地或局部地使用 PBG 材料。1993 年，布朗（E. R. Brown）使用光电子带隙材料制作平板天线。1996 年，休斯飞机公司（HUGHES AIRCRAFT CO）提出的专利申请 US5541614A 中使用带有 Micro Electro Mechanical（MEM）传输线的 PBG 材料天线。2007 年，诺瓦泰公司提出的专利申请 US20070018899A1 中，使用 PBG 材料形成 GPS 天线中置于导体金属层的表面波抑制区域。

左手材料、超材料：2004 年，Tatsuo Itoh 提出了 CRLH 超材料及其在天线中的应用。2009 年，理查德·W. 科夫斯基（ZIOLKOWSKI RICHARD W.）在专利申请 US2009140946A1 中提出了一种高效超材料产生的 GPS 电小天线。2010 年，雷斯潘公司在专利申请 CN102057536A 中提出了一种单馈送多单元的 GPS 超材料天线装置。经初步分析，涉及超材料制成的天线有 331 篇，但涉及超材料制成的 GPS 天线仅有 14 篇，如图 10-30 所示。2008～2009 年公开居多，可以看出超材料有向 GPS 天线领域逐渐渗透的趋势。

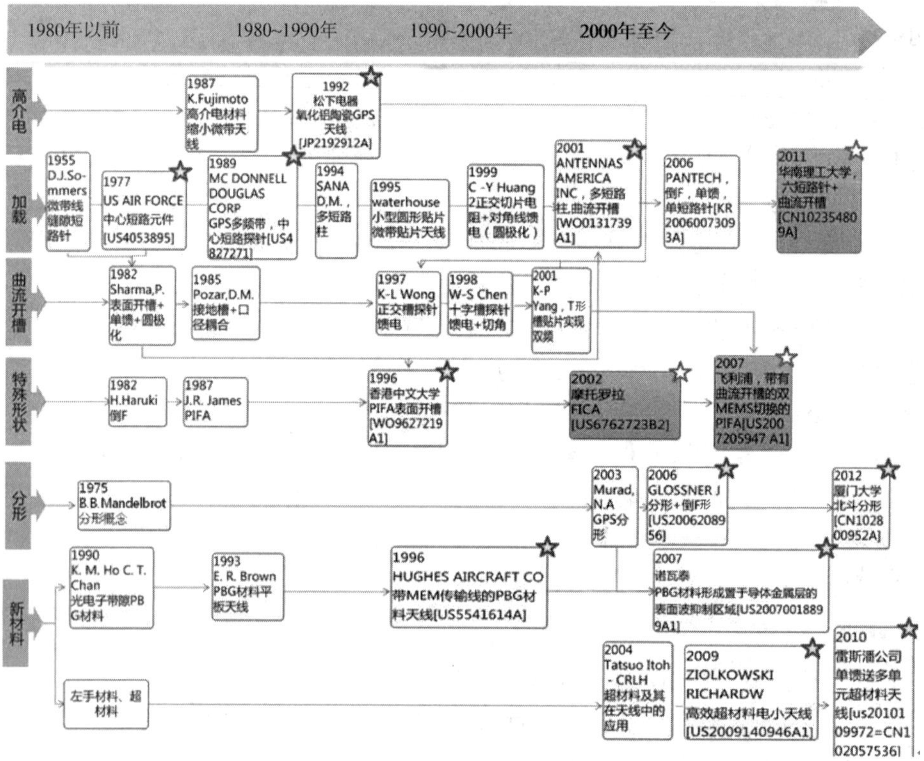

图 10-30 微带贴片天线领域专利技术路线分析

【案例 10-4】车用儿童安全座椅的靠头调节领域专利技术路线分析[1]

案例设置目的：掌握专利技术路线分析图与 TRIZ 理论中的动态性进化法则联合分析方法。

从图 10-31 中可以看出，靠头调节技术整体上符合 TRIZ 理论中的动态性进化法则。所谓动态性进化法则指的是技术系统的进化应该沿着结构柔性、可移动性、可控性增加的方向发展，以适应环境状况或执行方式的变化。而通过研究靠头调节技术的具体方式，纵向地看该技术适合于动态性进化法则下的可移动性进化路线，即靠头调节从最初的高度调节向宽度调节和角度调节的方向发展，可调节的范围不断扩大，并且从 2005 年开始出现了二维的联动调节，即靠头的调节会带动座椅其他元件的同步调节，系统向着整体可移动性增强的方向不断发展。因此，可以预测，未来的靠头调节技术将会进一步朝着系统整体可动的方向发展，可能出现靠头的旋转调节或进一步增大连动调节的范围和参与连动调节的元件数量。

从专利技术路线分析图中某一种调节方式水平方向上看，又能发现动态性进化法则下的其他适合的进化路线，例如图 10-31 中所示的柔性进化路线和可控性进化路线。结合专利内容分析这两条进化路线，可以判断出目前在靠头角度调节技术的柔性方面，已从整体的刚性系统发展到了靠头与靠背单铰接的阶段，未来可能出现靠头与靠背双铰接或多铰接的结构，甚至出现二者通过场来连接的技术，以不断提高系统的柔性。

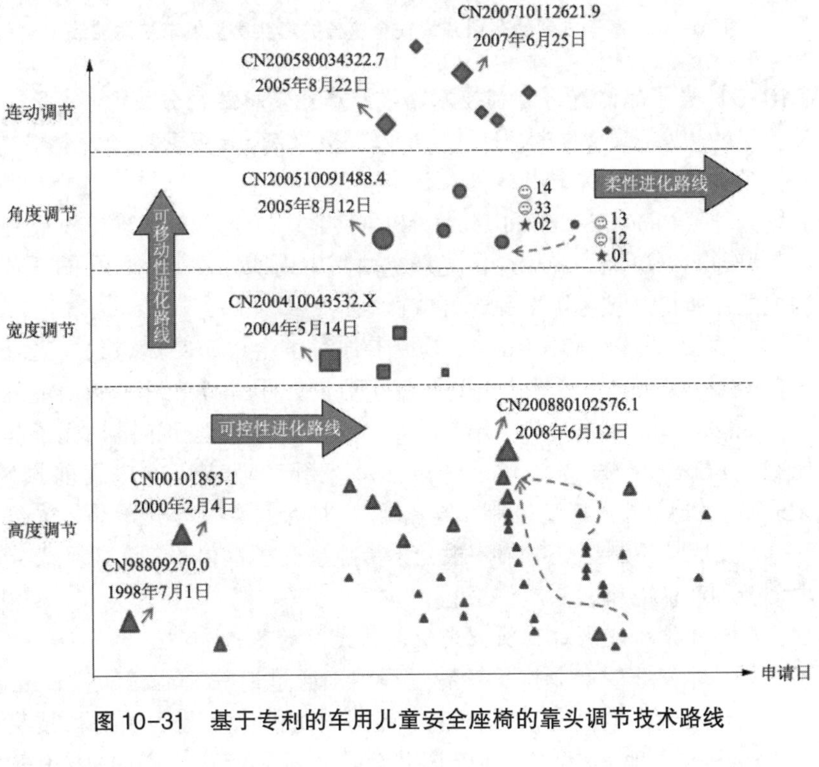

图 10-31　基于专利的车用儿童安全座椅的靠头调节技术路线

[1] http://articles.e-works.net.cn/CAI/Article115446_3.htm.

在靠头高度调节技术的可控性方面，如图 10-32 所示，目前还主要处于直接手动掰动靠头来调节的直接控制或用按钮、连杆、扳手等来调节的间接控制阶段，未来可能像车用成人座椅一样出现电动调节的技术，甚至存在通过传感器感测儿童在座椅上的坐姿来自动调节靠头的可能性。

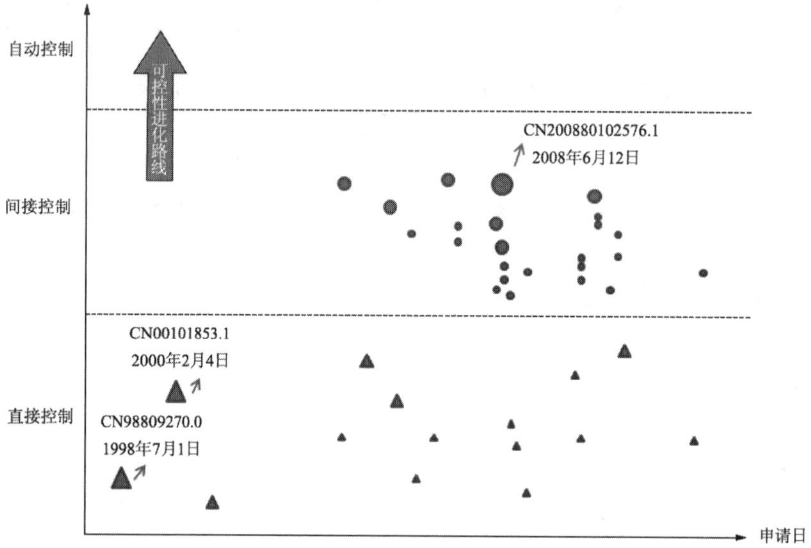

图 10-32　基于专利的车用儿童安全座椅的靠头高度调节技术路线

【案例 10-5】光子晶体光纤专利技术路线及产业转移路径分析❶

案例设置目的：掌握专利技术发展与产业转移的综合分析思路。

第一步：了解光子晶体光纤领域产业技术背景。

光子晶体光纤（Photonic Crystal Fiber，PCF）是基于光子带隙理论发展起来的一种新型光纤，与普通光纤不同，光子晶体光纤是由其中周期性排列空气孔的石英材料或聚合物材料构成的，所以又被称为多孔光纤或微结构光纤。

1991 年，英国南安普顿大学 Russell 教授参加科学会议时突然想到在光纤结构中利用 2D 光子晶体结构实现空芯传导，由此开创了业内光子晶体光纤基础研究的先河。随后，Russell、Knight、Birks 等人继续开展研究，并前瞻性地创立了推动光子晶体光纤产业化的布拉兹（Blaze）公司，打开了光子晶体光纤产业应用的广阔前景。1996 年，Russell 与 Knight、Birks 等人成功拉制出全球第一根折射率引导光子晶体光纤。随后两年，Knight 等人又成功拉制出全球第一根光子带隙型光子晶体光纤，由此奠定了光子晶体光纤技术创新和产业应用领头羊的根基。

第二步：从产业技术发展过程梳理光子晶体光纤的基础专利。

在研究光子晶体光纤的产业技术发展过程中，通过追踪 Russell 与 Knight、Birks 三位教授的技术创新发现，他们分别或一起与英国国防部以及英国国防科技集团共同申请，在全球很多国家和地区提出专利申请并获得授权，其中 GB2341457B（中文同族

❶ 国家知识产权局知识产权发展研究中心．光通信专利分析和预警项目研究报告［R］．2013.

CN1143147C）和 GB2350904B（中文同族 CN1192261C）分别对折射率引导型光子晶体光纤和光子带隙型光子晶体光纤的结构（见图 10-33）、材料、工艺和应用等进行全方位布局，成为光子晶体光纤领域较为重要的基础专利。

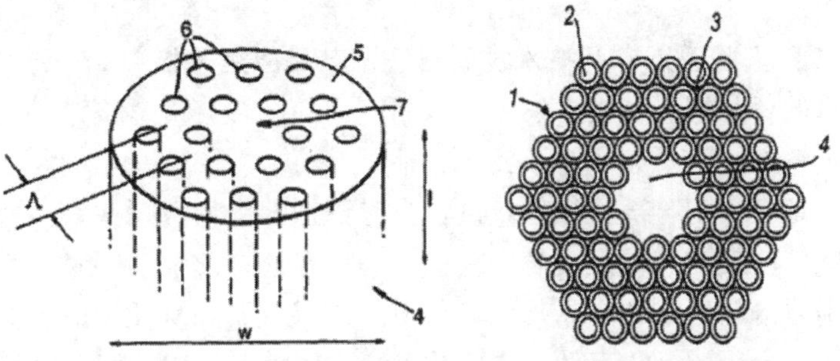

图 10-33　CN1143147C 和 CN1192261C 的光纤结构

第三步：追踪光子晶体光纤的专利技术路线和产业转移路径（见图 10-34）。

在光子晶体光纤基础专利的基础上，Russell 等人在不同国家和地区以巴斯大学、布拉兹公司等作为申请人陆续提出专利申请，围绕光子晶体光纤的热处理、微结构光纤制造、折射率改进、光通信介质应用等技术形成强大的专利组合，专利布局日趋完善，为光子晶体光纤的产业转移提供了充分有效保障。

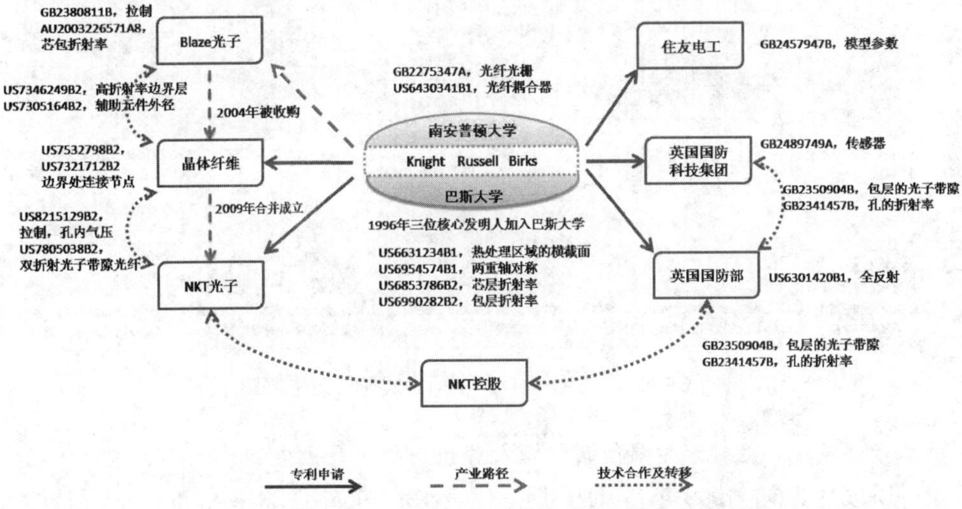

图 10-34　光子晶体光纤专利技术路线及产业转移路径

结合产业并购和专利转移转让事件可以发现，2004 年布拉兹公司被丹麦晶体纤维公司收购，同时其专利权全部转移到晶体纤维公司。2009 年晶体纤维公司与激光光源制造商 Koheras 公司宣布合并成立 NKT 光子公司，隶属于丹麦工业巨头 NKT 控股集团，原 Blaze 光子公司、晶体纤维公司以及 NKT 光子公司的专利基本全部转移到 NKT 控股集团手中。在此期间，英国国防部和英国国防科技集团将所获得的多项专利也转让给 NKT 控股集团，进一步强化了 NKT 控股集团的专利竞争力。

通过对光子晶体光纤专利技术创新和转移路线的梳理，我们一方面可以比较清晰地掌握光子晶体光纤的技术创新、专利布局及其产业转移路线的特点，另一方面更重要的是可以为相关政府、企业和科研机构提供比较好的经验借鉴，从而为各方决策提供综合性的参考。

【案例10-6】人脸识别专利技术发展路线及产品应用分析[1]

案例设置目的：掌握专利技术发展与产品应用的综合分析思路。

第一步：了解人脸识别领域产业技术背景。

人脸识别是基于人的脸部特征信息进行身份识别的生物识别技术，已广泛应用于金融、司法、军队、公安、边检、政府、教育、医疗等众多领域，许多企业、研究机构加快了对人脸识别技术的研究和产品落地。图10-35是人脸识别技术的演进路线，展示了人脸识别几个发展阶段的标志事件、主要技术、应用情况、相关标准以及代表专利，综合性地分析了人脸识别的技术发展状况。

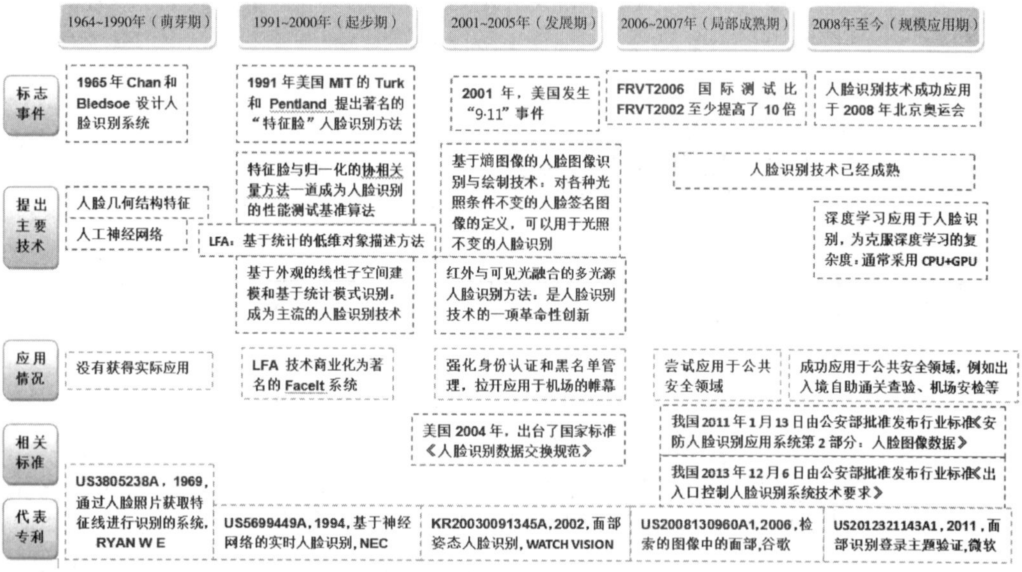

图10-35 人脸识别技术不同发展阶段演进路线

第二步：结合产业技术发展阶段梳理人脸识别的代表性专利。

第一阶段（1964~1990年）：萌芽期。代表作是1965年Chan和Bledsoe设计的人脸识别系统；这一阶段人脸识别通常只是作为一个一般性的模式识别问题来研究，所采用的主要技术方案是基于人脸几何结构特征（Geometric feature based）的方法。这集中体现在人们对于剪影（Profile）的研究上，人们对面部剪影曲线的结构特征提取与分析方面进行了大量研究。人工神经网络也一度曾经被研究人员用于人脸识别问题中。总体而言，这一阶段是人脸识别研究的初级阶段，非常重要的成果不是很多，也基本没有获得实际应用。在这一时期专利数量较少，仅有60余项，人脸识别最早的是1969年RYAN

[1] 国家知识产权局知识产权发展研究中心．机器视觉专利分析和预警项目研究报告［R］．2017.

W E 申请的 US3805238A 提出了通过人脸照片获取特征线进行识别的系统。

第二阶段（1991~2000 年）：起步期。代表作是 1991 年美国 MIT 的 Turk 和 Pentland 提出的著名的“特征脸”人脸识别方法，其后的很多人脸识别技术都或多或少与特征脸有关系，现在特征脸已经与归一化的协相关量（Normalized Correlation）方法一道成为人脸识别的性能测试基准算法。这一时期的专利数量逐渐增多，将近 900 项，其中日本电气 1994 年申请的 US5699449A 提出了基于神经网络的实时人脸识别技术、1999 年申请的 JP2001005977A 提出了数码相机的自动人脸图像处理器；微软 2000 年申请的 US2002012454A1 提出了生成三维运动人脸模型的图像处理方法等，都是比较重要的人脸识别专利技术。

第三阶段（2001~2005 年）：发展期。沙苏哈（Shashua）等于 2001 年提出了一种基于熵图像的人脸图像识别与绘制技术。该技术是一种基于特定对象类图像集合学习的绘制技术，能够根据训练集合中的少量不同光照的图像，合成任意输入人脸图像在各种光照条件下的合成图像。这一时期，基于红外与可见光融合的多光源人脸识别方法是人脸识别技术的一项革命性创新，目的在于消除可见光变化对人脸识别的影响。该时期的标志事件是 2001 年美国发生的“9·11”事件，华盛顿考虑在机场出入境使用生物识别技术强化身份认证和黑名单管理，拉开了生物识别技术在机场应用的帷幕。这一时期的专利申请量大幅增长，将近 3000 项，代表专利有：2002 年 WATCH VISION 申请的 KR1020030091345A 提出了面部姿态人脸识别技术，通过面部表情、嘴巴说话、眨眼等姿态进行活体验证，增大人脸识别的欺骗难度；2003 年，微软申请的 US20030452783A 提出了头部姿势估算方法，按照关键面部点和/或姿势估计器的置信度输出；2004 年 HOFFMANN ANDRE 申请的 DE102004039937A1 提出了采用对面部、牙齿等特征的三维判断技术，通过三维深度信息有效对人脸识别进行验证。

第四阶段（2006~2007 年）：局部成熟期。美国标准与技术研究院（NIST）举办的 FRVT2006 国际测试表明，当今世界上人脸识别方法的识别精度比 2002 年的 FRVT2002 至少提高了一个数量级（10 倍），而对于高清晰、高质量人脸图像识别，机器的识别精度几乎达到 100%。2006 年，清华大学电子工程系的苏光大教授便开始尝试将人脸识别技术应用在公安、机场等领域。短短两年时间有超过 3000 项专利申请，其中不乏代表性的专利，例如，2006 年 ADOBE SYSTEMS 申请的 US7716157B1 提出了基于人脸识别的图像搜索方法，2006 年谷歌申请的 US2008130960A1 提出了检索与该命名实体相关联的图像，使用面部检测算法对检索的图像执行面部检测以检测所检索的图像中的面部，2006 年三星申请的 KR20080041931A 提出了用于人脸识别和认证的人脸描述符生成方法。

第五阶段（2008 年至今）：规模应用期。人脸识别技术成功应用于 2008 年北京奥运会，同年英国希思罗机场也宣布将采用人脸识别技术。美国联邦调查局（FBI）于 2010 年投资 10 亿美元启动了“下一代身份识别系统”项目，旨在利用生物特征识别技术在全球范围内有效打击国际恐怖主义和显著提高防范打击犯罪活动的效率。2010 年，人脸识别技术成功应用于上海世博会、深圳罗湖口岸等查验安检等领域。2011 年，人脸识别技术成功应用于我国户籍查看。印度 2012 年完成的“国民身份证项目”建设了当时全球最大规模的生物特征识别数据库。这一时期，以深度学习为代表的人工智能技术获得突破性进展，进一步提升了人脸识别的精确度，加快了人脸识别技术应用。这一阶段的专利申请量达到2万项以上，特别是2012年以来呈现爆发式增长，其中2010年谷歌US2013247652A提出的基于面部识别登录计算机，2011年微软US2012321143A1提出的通过面部识别登录主题验证，2015年谷歌US2016321671A1提出的根据面部识别用户等是代表性的重要专利技术。

第三步：梳理人脸识别重要应用场景及代表性专利（见图10-36）。

人脸识别技术的一个重要特征是与应用领域和场景密切相关，围绕不同的应用领域其技术创新和产品落地也存在差异，因此相关企业在不同应用方面的专利布局也各有侧重，都在各自擅长的领域进行深度布局。比如旷视科技侧重金融、安防、零售、出行等领域，商汤科技侧重金融、安防、移动互联网和手机领域，依图科技侧重金融、安防、医疗和交通领域，云从科技侧重金融、安防、酒店以及其他创新领域，广州像素数据侧重安防、交通等领域，科大讯飞侧重教育、移动互联、智能汽车等领域。

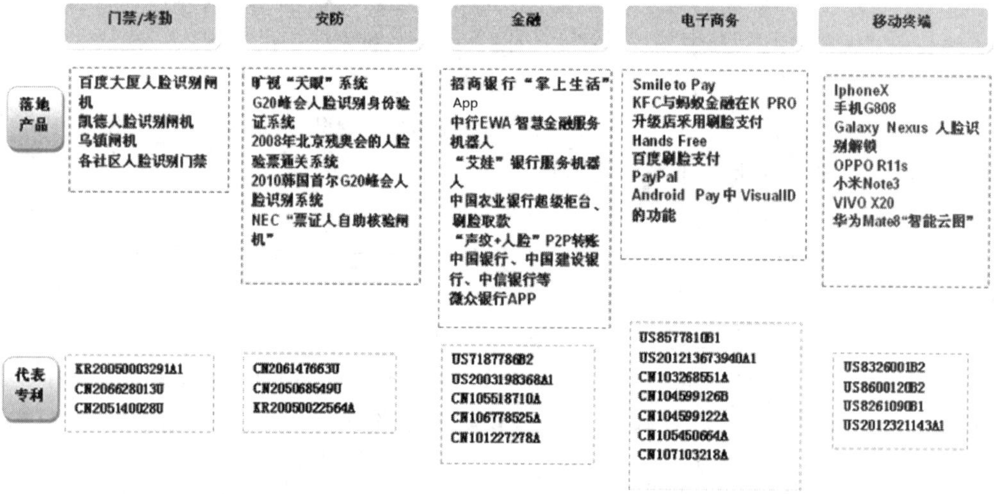

图10-36　人脸识别重要应用领域的落地产品及代表性专利

从时间维度上分析发现，人脸识别技术在产业应用中发生巨大变化，逐渐从安全性和可靠性较低的行业如安防、社区等上升到金融、设备、证券、银行、互联网金融等安全性和可靠性要求较高的行业，刷脸支付、人脸识别ATM机、银行远程开户等人脸识别技术在金融领域的应用，推动人脸识别技术快速发展。以刷脸支付为例，美国Intuit软件公司的代表性专利US8577810B1涉及基于面部识别来进行移动支付，微软曾多次收购Intuit公司失败，现两家公司成为合作伙伴。谷歌2012年提交了涉及刷脸支付的专利申请US201213673940A1，不过由于通过放置照片骗过了认证，安全问题使得该技术未能得到应用。

近年来，以手机为代表的智能终端纷纷配置面部解锁功能，其背后都有人脸识别的众多专利加持。比如苹果公司2013年获得授权的人脸识别解锁专利US8600120B2，并在其产品中加入了该人脸识别技术。谷歌2011年发布的新一代Android 4.0系统中也搭载了人脸识别解锁功能，而实际上在此之前谷歌就已经提出了专利申请，并于 2012 年获得专利权 US8261090B1，该专利通过摄像头对用户的面部特征进行识别，以允许或禁止进入智能手机系统。

通过对人脸识别产业技术事件、应用领域、落地产品及代表性专利的综合性分析，同样可以比较清晰地梳理出人脸识别领域的专利技术演进路线，也为相关部门和企事业单位掌握产业技术发展状况和作出创新发展决策提供全方位的信息支撑。

【案例 10-7】汽车生产与制造相关技术主题演化分析❶

案例设置目的：掌握利用非负矩阵分解模型、TextRank、词向量等方法分析技术主题演化轨迹的方法。

第一步：主题抽取。

以五方专利作为数据基础，利用德温特专利数据检索 5 个时间窗口的五方专利，利用改进的动态非负矩阵分解（Dynamic NMF）模型分别对每个时间窗口的专利文本进行主题建模，得到窗口主题模型，然后基于窗口主题模型再次利用 NMF 进行主题建模，得到动态主题模型，最终反映动态主题在不同时间窗口的演变情况，从语义的角度揭示技术主题融合的动态演变特征。利用 TextRank 算法对 NMF 生成的主题进行短语标注（见表 10-1）。

表 10-1　“汽车生产与制造相关技术”动态主题内容

动态主题	主题内容	
汽车生产与制造相关技术	NMF	magnetic; vehicle; motor; shaft; drive; coil; rotor; magnet; wheel; electric; gear; core; field; stator; bearing; speed; permanent; rotation; engine; machine
	TextRank	vehicle vision; magnet unit; magnetic radial bearings surround; cathode layer comprises; outer surface portion; vertical seal device; motor car; use hybrid operating; drive connector; includes variable-pitch; monomeric forms; controls displacement range; rotatory shaft; provides makeup; second vehicle; vehicle; aramid fiber material; hydrodynamic elements; unit

第二步：技术主题演化分析与可视化。

利用 Word2Vec 计算相邻时间窗口主题之间的相似度，相似度计算用余弦相似度表示。对应到图形可视化上，如果两个相邻时间窗口的主题满足一定的相似度阈值，则认为这两个主题之间存在一定的演化关系，相似度越高，则这种关系就越强，在图形上的表现就是二者之间的连线越粗。

针对“汽车生产与制造相关技术”相关技术方向，设定相似度阈值为 0.5，并通过 Graphviz 实现可视化，以清晰展示主题之间的演化路径（见图 10-37）。每个窗口主题用一个圆圈表示，同一列的窗口主题属于同一个时间窗口，图中圆圈的大小通过与该主题关联的文档数量来计算，圆圈越大表明该技术主题越热门、越重要。

❶ 改编自：王园园，赵亚娟. 基于非负矩阵分解的技术主题演化分析［J］. 图书情报工作，2018，62（10）：94-105.

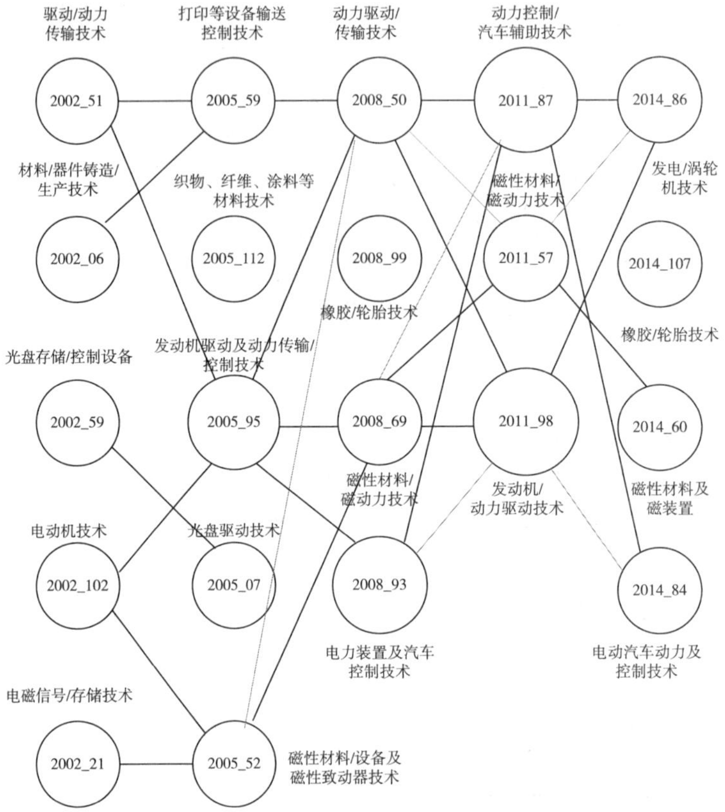

图 10-37 “汽车生产与制造相关技术”演化轨迹

第三步：核心演化路径抽取。

根据图 10-37 所示的演化轨迹，抽取出“汽车生产与制造相关技术”的核心演化路径：①“电动汽车动力及控制相关技术”，演化路径如图 10-38（a）所示，“电磁技术”和“电动机技术”通过融合模式演化为“电磁致动器技术”，“电动机技术”与“驱动/动力传输技术”通过融合模式演化为“发动机驱动及动力传输、控制技术”。到了 2008 年，“发动机驱动及动力传输、控制技术”又通过扩展模式演化为“动力驱动/传输技术”和“电力装置及汽车控制技术”，“磁性材料/设备及磁性致动器技术”则通过连续模式演化为“磁材料/动力技术”。之后，“磁材料/动力技术”和“动力驱动/传输技术”以及“动力驱动/传输技术”和“电力装置及汽车控制技术”分别通过融合模式演化为“发动机/动力驱动技术”以及“动力控制/汽车辅助技术”。最后这两个技术通过融合模式演化为“电动汽车动力及控制相关技术”。②“磁性材料及磁装置相关技术”演化路径如图 10-38（b）所示，“电磁技术”和“电动机技术”通过融合模式演化为“电磁致动器技术”，然后一直通过连续模式演化为“磁性材料及磁装置技术”。③“发电/涡轮机相关技术”，演化路径如图 10-38（c）所示，“电磁技术”和“电动机技术”通过融合模式演化为“电磁致动器技术”。之后通过连续模式演化为“磁材料/动力技术”，“驱动/动力传输技术”通过连续模式演化为“动力驱动/传输技术”。之后与“磁材料/动力技术”通过融合模式演化为“发动机/动力驱动技术”。最后通过连续模式演化为“发电/涡轮机技术”。同时三者的演化轨迹存在着很多交叉重叠的现象，表明这 3 个核心技术之间仍然存在着紧密的联系。在这 3 个核心技术演化轨迹之外的其他技术则较为孤立，如 2014_107 和 2008_99 表示的橡胶技术（汽车轮胎的橡胶材料），2005_112 表示的织物、涂料等功能材料技术等(见图 10-38)。这些技术在汽车动力与制造相关技术中处于非核心的位置，而且很少与其他技术产生联系，演化轨迹不明显。

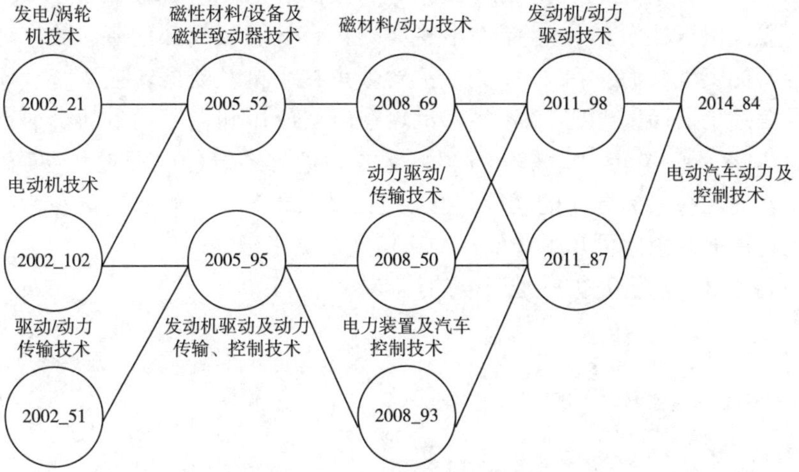

（a）电动汽车动力及控制相关技术演化路径

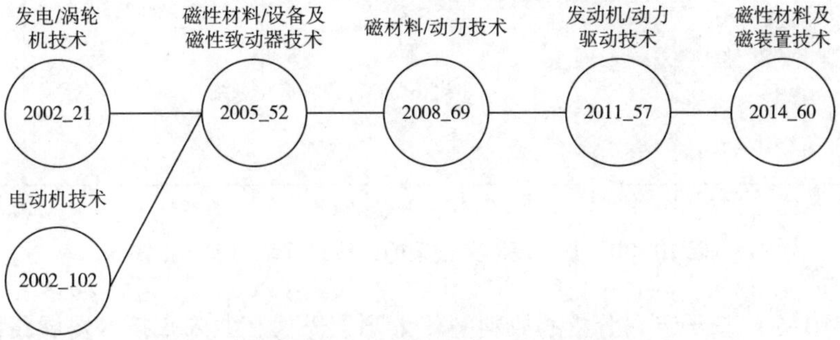

（b）磁性材料及磁装置相关技术演化路径

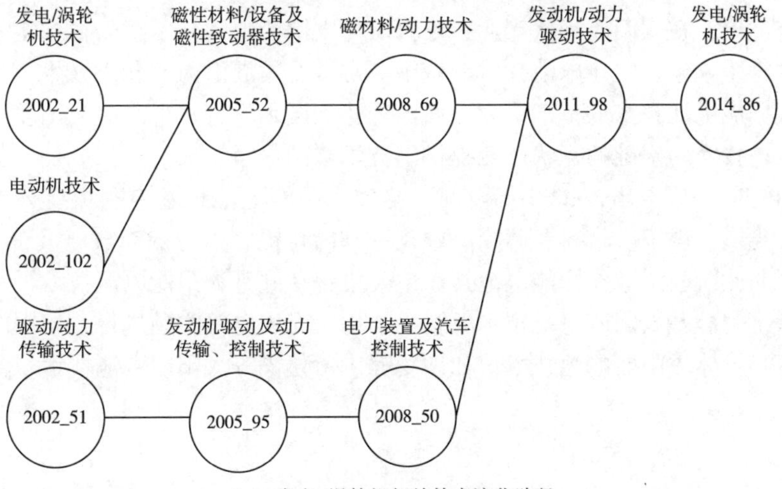

（c）发电/涡轮机相关技术演化路径

图 10-38 "汽车生产与制造相关技术" 3 个核心技术的演化路径

【案例 10-8】基于高频关键词的无线鼠标专利技术路线图

可根据关键词聚类分析结果，将不同时间阶段出现的高频关键词进行时间序列上的串联和关联分析，解读某领域技术布局的重点和热点变化情况。

由图 10-39 可以直观地看出无线鼠标专利技术在 1998～2017 年的发展演变过程，由图可知：无线鼠标技术在 1998 年左右主要聚焦在计算机外部设备、数字计算机和电化学储能等功能实现层面，到 2000 年，主要聚焦在手机及数据转换系统、印制电路及连接器的通信效果层面，再到 2004 年，聚焦在电器应用和电子设备的全面市场化应用层面，到了 2008 年，又转向了非化石燃料能源和进化系统的电源进化层面，2011 年，则研发重心转向无线鼠标灯光的功能优化层面，从 2017 年开始研发重心为无线鼠标材料的材料优化层面。由此可知无线鼠标的通信连接技术已经趋于成熟，而无线鼠标外部辅助功能和制备材料的研究仍然是当今的热点。

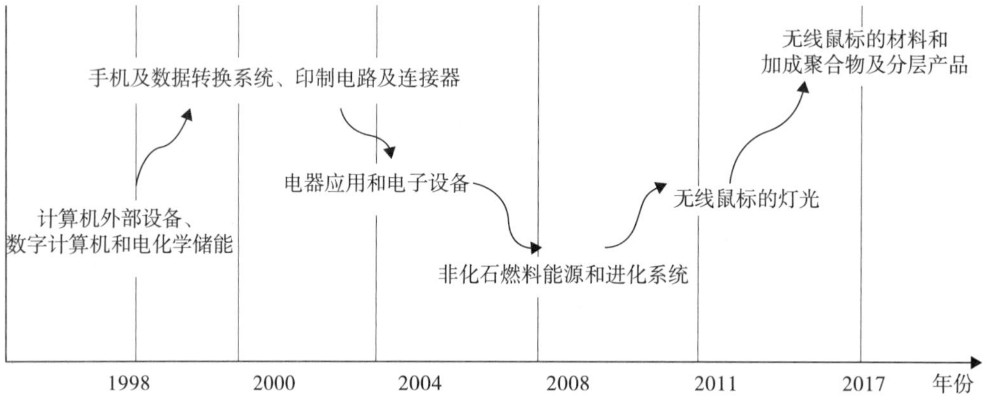

图 10-39　基于高频关键词的无线鼠标专利技术路线

【案例 10-9】基于专利分析的染料敏化太阳能光伏产业未来技术发展路线图❶

第一步：太阳能光伏产业有潜力新兴技术发现。

经研究发现，在太阳能光伏产业，染料敏化太阳能电池技术正处在技术发展的快速成长期，并将是未来太阳能电池技术领域中非常具有发展潜力的新兴技术。而且我国在染料敏化太阳能电池技术的基础研究方面已经达到国际先进水平，为我国发展以染料敏化太阳能电池技术为基础的光伏产业提供了技术基础保障。

从图 10-40 可以看出，2000 年以前，全球太阳能电池技术专利主要分布在硅基太阳能电池、光电、电子、材料、薄膜、砷化镓、碲化镉、电池的充放电及 PN 结构等技术领域，说明此阶段全球太阳能电池技术主要集中在硅基太阳能电池技术领域，技术研发也主要围绕着硅基太阳能电池技术材料、结构、充放电等主题进行，但同时也出现了化合物薄膜半导体太阳能电池技术，如砷化镓、碲化镉等太阳能电池技术。

---

❶ 李欣，黄鲁成．技术路线图方法探索与实践应用研究——基于文献计量和专利分析视角［J］．科技进步与对策，2016（5）．

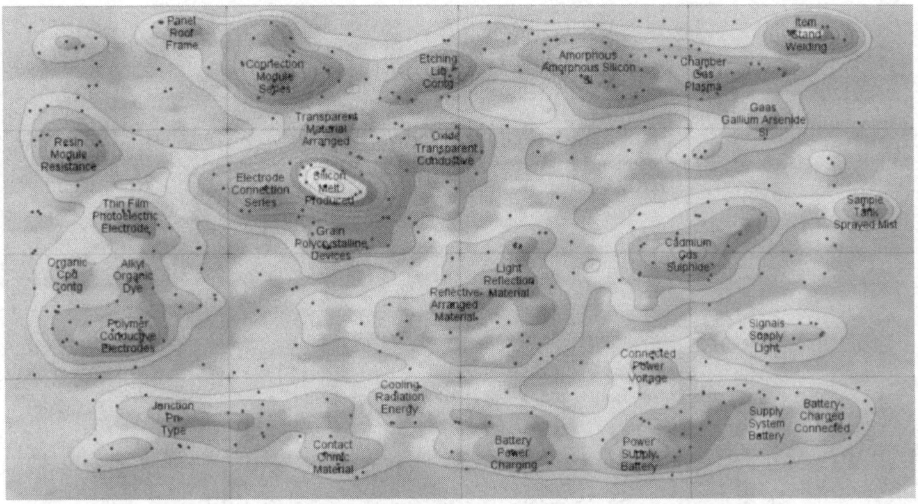

图 10-40　太阳能电池技术全球专利地图（1967~2000 年）

从图 10-41 可以看出，2010 年以前，全球太阳能电池技术专利主要分布在硅基太阳能电池模块、结构、链接、安装，光电子、钛氧化物、锌氧化物，电池装置充放电，有机光伏电池等技术领域，说明此阶段，有机太阳能光伏电池技术开始涌现，如染料敏化太阳能光伏技术。

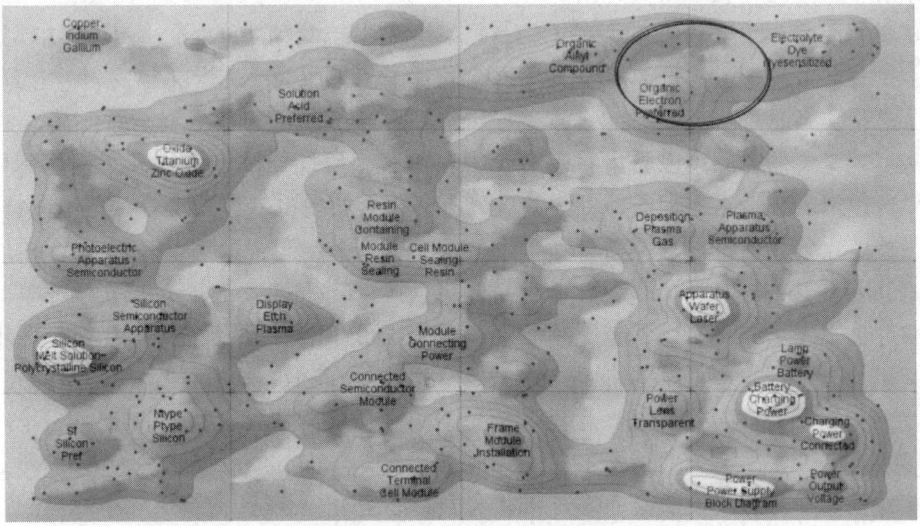

图 10-41　太阳能电池技术全球专利地图（1967~2010 年）

从图 10-42 可以看出，截至 2013 年，全球太阳能电池技术专利主要包括三大块，集中在硅基太阳能电池领域内的电池模块、转化效率、组件链接和安装等，化合物半导体太阳能电池（如铜、铟、镓、砷等化合物电池等），有机太阳能电池（如染敏太阳能电池等）等技术领域，技术研发也主要围绕太阳能电池技术材料、结构、模块、组件转化效率等主题进行。

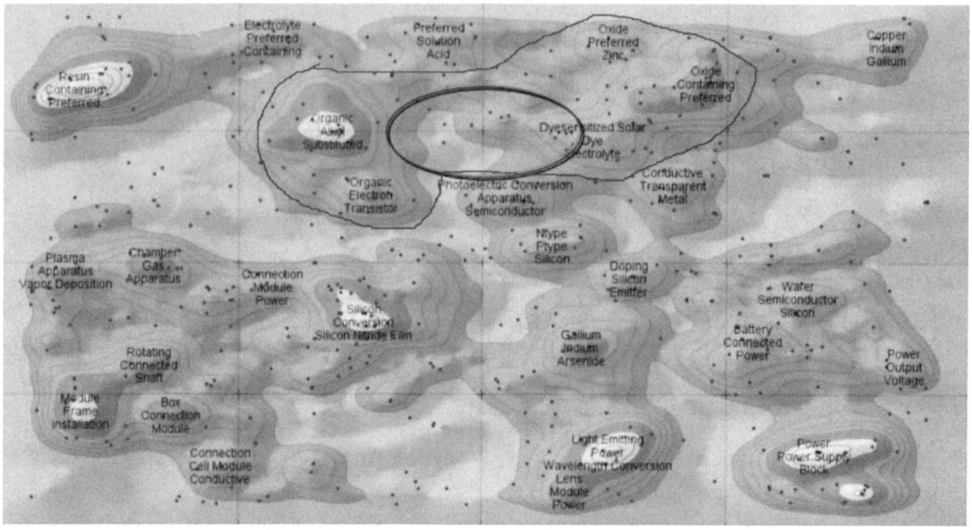

图 10-42　太阳能电池技术全球专利地图（1967~2013 年）

综上可以看出，自 2010 年以后，全球太阳能电池技术领域中涌现出大量有机太阳能光伏技术专利，其中染料敏化太阳能光伏技术专利最多。这表明，全球太阳能光伏技术领域出现了新兴太阳能光伏技术——有机太阳能光伏技术，以染料敏化太阳能光伏技术为代表，且近几年发展较为迅猛。

从图 10-43 可以看出，我国关于染料敏化太阳能电池的 SCI 论文自 2007 年以来，年发表论文数量已超过美国、日本和韩国等发达国家，成为 SCI 论文年发表数量最多的国家，总论文数量已经达到 793 篇，超过日本的 712 篇，美国的 436 篇，韩国的 490 篇。从发表论文的时间可以看出我国关于染料敏化太阳能电池的研究几乎与国际同步。而且，通过对 SCI 学术文献选择机构共现分析，结果如图 10-44 所示。从图 10-44 可以看出，节点比较大的机构是“Chinese Academy of Sciences（中国科学院）”“Swiss Federal Institute of Technology（瑞士联邦理工学院）”“Ecole Polytech Fed Lausanne（瑞士洛桑联合理工大学）”，表明这 3 所研究机构发表的论文数量最多，同时也表明这 3 所研究机构处于染料敏化太阳能电池技术研究的国际前沿；而且从节点之间的连线来看，我国的中科院在开展关于染料敏化太阳能电池技术的研究时间上几乎与国际同步。❶

第二步：染料敏化太阳能电池光伏技术专利布局趋势分析。

2004~2013 年，全球染料敏化太阳能电池技术专利申请总体趋势向上，日本在该领域专利布局较早。截至 2013 年，目前全球染料敏化太阳能电池技术专利主要分布在日本、韩国、中国、美国等国家（见图 10-45）。其中日本是全球申请染料敏化太阳能电池技术专利最多的国家，约占全球专利申请量的 49.2%；韩国约占 23.5%；中国约占 18.5%，排在第三位（见图 10-46）。

---

❶ 李欣，黄鲁成. 基于文献计量的染料敏化太阳能光伏技术可视化分析［J］. 情报杂志，2013（12）.

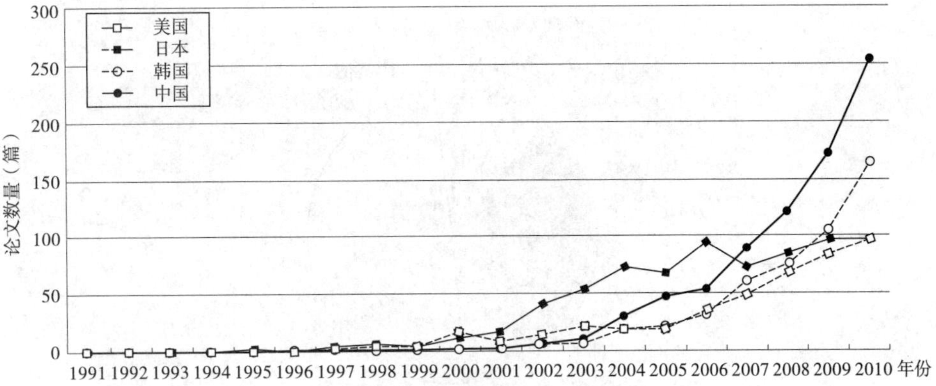

图 10-43　美国、日本、韩国及中国染料敏化太阳能电池 SCI 论文情况

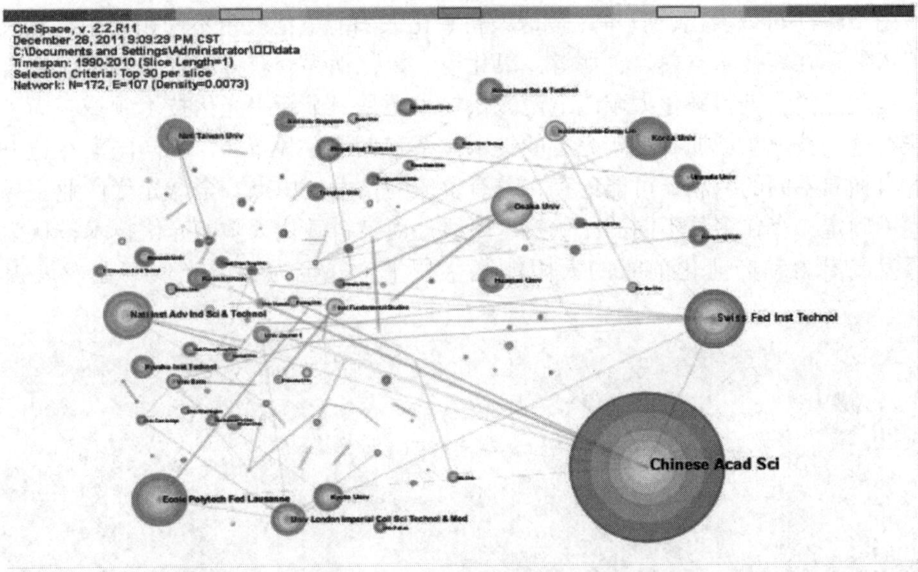

图 10-44　染料敏化太阳能电池研究机构共现的知识图谱

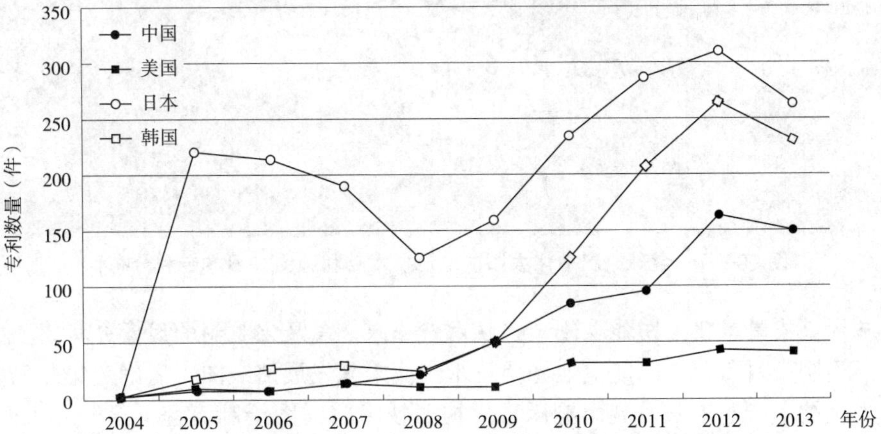

图 10-45　中、美、日、韩 4 国染料敏化太阳能光伏技术专利情况

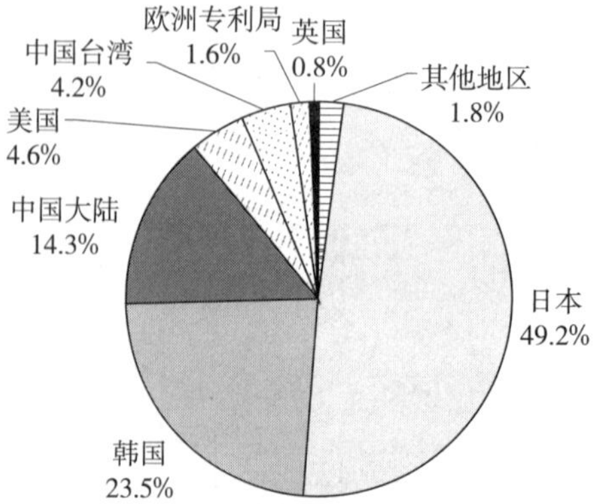

图 10-46　全球染料敏化太阳能电池技术专利分布情况

从图 10-47 可以看出，日本在全球染料敏化太阳能电池技术不同领域中拥有大量专利，但依然存在着技术空白点，如锌、氧化锡、氧化铟锡、获得制剂、溶剂、聚合物等领域。也就是说，染料敏化太阳能电池光伏技术还是一个新兴光伏技术领域，尚未有哪个国家在这一技术领域拥有比较完备的技术体系和大量专利布局，不同国家在这一技术领域各自拥有不同的专利，可能还存在着有价值的技术空白点。全球光伏产业主导技术路线尚不确定，存在多种不同的光伏技术路线。而染料敏化太阳能光伏技术被认为是未来最具发展潜力和产业化前景的太阳能光伏技术，这也为我国光伏产业发展提供了机遇。

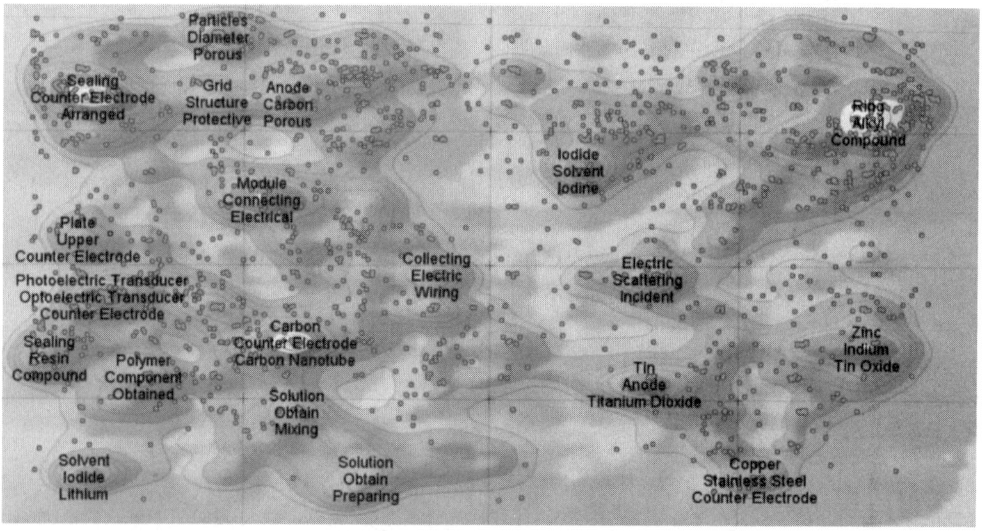

图 10-47　全球染料敏化太阳能电池技术专利地图（日本专利分布）

第三步：染料敏化太阳能电池光伏技术产业未来发展宏观影响因素分析。

为了绘制染料敏化太阳能电池光伏技术产业未来发展路线图，需确定染料敏化太阳能电池光伏技术产业未来发展影响因素。按照技术路线图绘制流程，召开专家研讨会，通过专家讨论来确定影响因素，讨论结果见表 10-2。

表 10-2　染料敏化太阳能光伏技术产业未来发展影响因素及其时间节点

维度	影 响 因 素	时间
政策	可再生能源扶持政策	2016~2020 年
政策	碳税和碳贸易市场的扩大	2016~2020 年
政策	煤炭使用限制和其他高耗能行业的严格控制	2016~2030 年
政策	能源价格波动	2020~2030 年
市场	能源需求持续增长	2016~2030 年
市场	大规模光伏组件的应用（如 BIPV、BAPV）	2016~2030 年
产业系统	其他可再生能源的应用（如更便宜的风能、生物质能等）	2016~2030 年
产业系统	页岩气大规模的应用	2016~2025 年
产业系统	智能电网发展和配置：更优化的发电系统和分布式发电网络	2020~2030 年
产业系统	现有光伏技术的局限和新兴光伏技术突破	2020~2030 年

第四步：染料敏化太阳能电池光伏技术未来发展路径分析。

为了绘制染料敏化太阳能光伏技术产业未来发展路线图，在确定染料敏化太阳能光伏技术产业未来发展影响因素之后，需确定染料敏化太阳能光伏技术和产品未来开发路径。在此阶段，通过技术专家讨论来确定技术和产品未来开发路径，结果见表 10-3。

表 10-3　染料敏化太阳能光伏技术未来开发路径及时间节点

维度	开 发 路 径	时间
产品	开发与试验	2015~2016 年
产品	大规模应用示范	2016~2020 年
产品	商业化发展	2020~2025 年
产品	大规模商业化	2025~2030 年
产品	产品性能的不断提升	2016~2030 年
技术	效率达到 15%~20%	2016~2020 年
技术	效率大于 20%	2020~2030 年
技术	新型材料的开发与应用	2016~2030 年

第五步：染料敏化太阳能电池光伏技术产业未来发展路线图绘制。

图 10-48 展示了染料敏化太阳能光伏技术产业未来发展路线图。从中可以看出，当前染料敏化太阳能光伏技术正处于开发与试验阶段，2016 年以后将会进行大规模的应用示范，在 2020 年左右有可能进行商业化生产，并在 2025 年以后实现大规模商业化。此外，图 10-48 展示了一个重要信息，即染料敏化太阳能光伏技术转化效率将在 2020 年左右可能达到 20%（技术专家讨论后给出的估计值）。而这一转化效率与硅基太阳能

光伏技术、化合物薄膜太阳能光伏技术等相比具有一定的竞争优势，因此也必将会对现有光伏技术和光伏产业产生重要冲击和影响。而这些结果将会对政府光伏产业政策制定、光伏企业研发战略提供重要的决策参考。

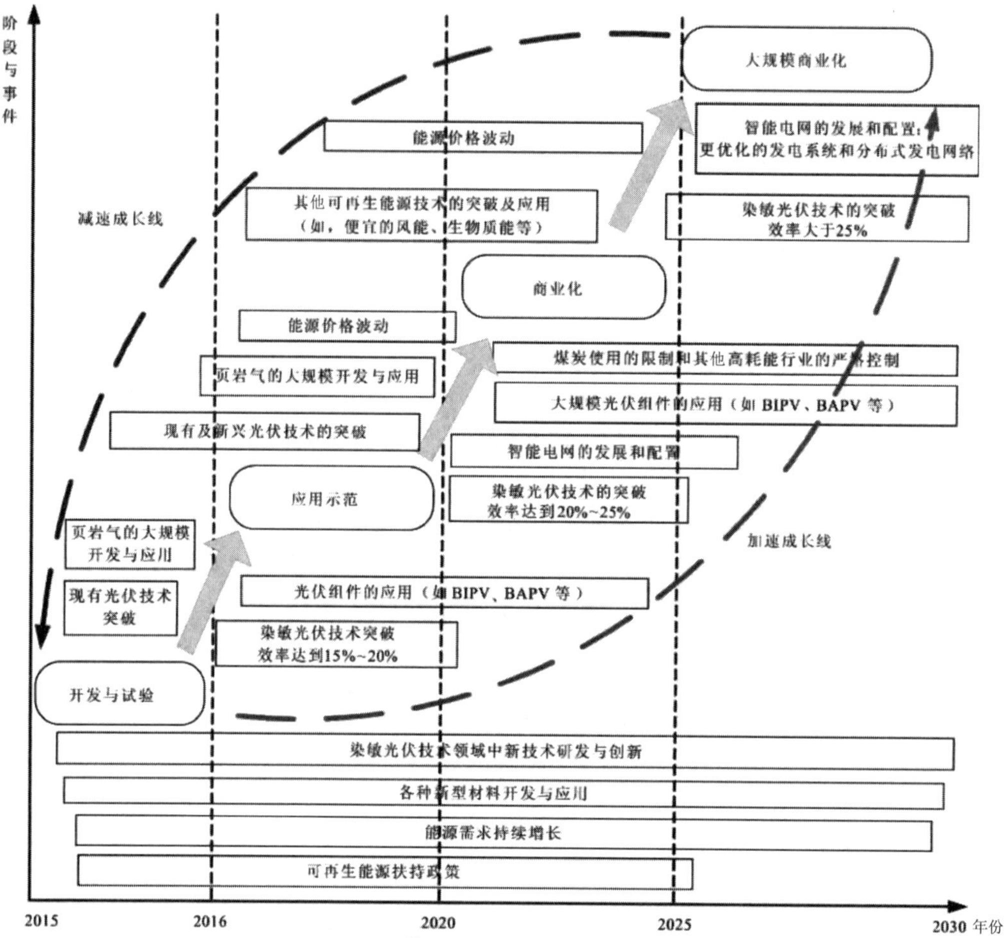

图 10-48　染料敏化太阳能光伏技术产业未来发展路线

第十一章　权利要求分析

权利要求书通常作为确定专利权保护范围的主要依据，是专利申请文件中最核心的部分。根据需求的不同，对权利要求的分析包括保护范围分析、侵权比对分析、撰写缺陷分析、稳定性分析等多种。本章将主要对权利要求保护范围分析、侵权比对分析、撰写缺陷分析、稳定性分析进行介绍。

第一节　权利要求保护范围分析

从分析对象来看，权利要求的保护范围分析包括“单件专利的保护范围分析”和“多件专利的保护范围分析”两种。根据申请人的不同，“多件专利的保护范围分析”包括同一申请人的多件专利保护范围分析，以及不同申请人的多件专利保护范围分析。

从分析内容来看，权利要求的保护范围分析包括“权利要求书的结构分析”，以及“权利要求书保护范围影响因素分析”。其中：“权利要求书的结构分析”是分析权利所包含的技术特征以及多项权利要求之间的关系，确定整个专利权利要求书所覆盖的直接范围；“权利要求书保护范围影响因素分析”是分析说明书中的技术方案如何在权利要求书中体现，以及专利（及其同族专利）审查过程中的相关文件是否对权利要求保护范围进行限缩。

通过权利要求的保护范围分析，有助于找出权利和技术的空白点，不但可以了解技术自由实施度，设计专利侵权风险的合理规避方案，而且可以为新技术专利申请规划权利空间，以保证顺利获得授权并得到最大的经济利益。此外，分析权利要求书保护范围的影响因素，有助于评估专利权的稳定性，为后续可能发生的无效申请或侵权诉讼提供参考。

一、分析方法

1. 单件专利权利要求书的结构分析

首先，分析权利要求的结构。例如，权利要求书中含有几项权利要求，权利要求的特征数量，权利要求分为几组，每组权利要求之间的关系，每组权利要求分别保护的主题等。

其次，借助图表展现权利要求的结构。通常采用权利要求要件图展示权利要求组及组间引用关系部分，以及权利要求技术特征部分。其中，权利要求技术特征部分是解决所提出技术问题的技术要点及取得技术效果的技术要点。

2. 单件专利权利要求书保护范围影响因素分析

首先，应通过阅读专利说明书及专利（及其同族专利）审查过程中的相关文件，了解专利所披露的技术方案实质内容，即解决了什么技术问题，采用了什么技术手段，技术创新点为何，针对前案进行了何种解释与增加的技术特征等。

其次，分析专利说明书及专利（及其同族专利）审查过程中的相关文件中的技术方案与权利要求所保护技术方案的差异，获得其对专利的保护范围起到了什么样的作用，如扩大、等同，还是缩小。如果最初的申请文件说明书记载的技术方案范围明显大于权利要求书所保护的范围，则需要关注申请人是否申请了其他相同或相近主题的专利。

3. 多件专利的保护范围分析

如需分析某一项技术或产品的多件专利联合保护范围，可通过关键词及引证信息等检索手段找出相同、相近主题的所有专利申请，然后综合考量每件专利权利要求书的结构和保护范围影响因素，最终确定多件专利申请的保护范围覆盖情况。

二、分析案例

【案例 11-1】某专利权利要求结构及要件分析

案例设置目的：掌握单件专利的权利要求结构及要件分析方法。

如图 11-1、图 11-2 所示，该件申请共有两组权利要求，其中权利要求（Claim）1～10 为方法权利要求，11～17 为相应的产品权利要求。

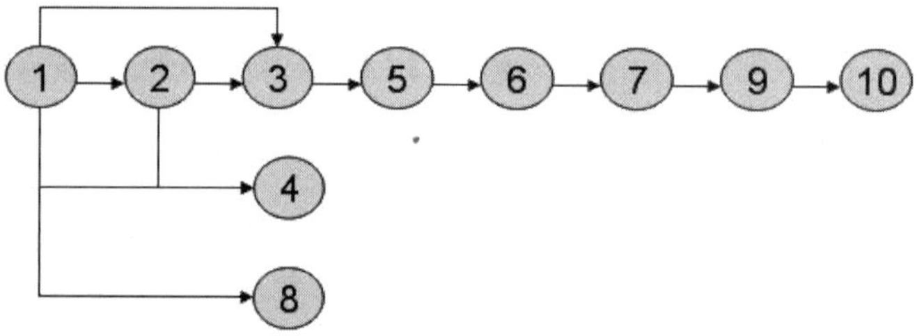

图 11-1　某专利中方法权利要求引用关系

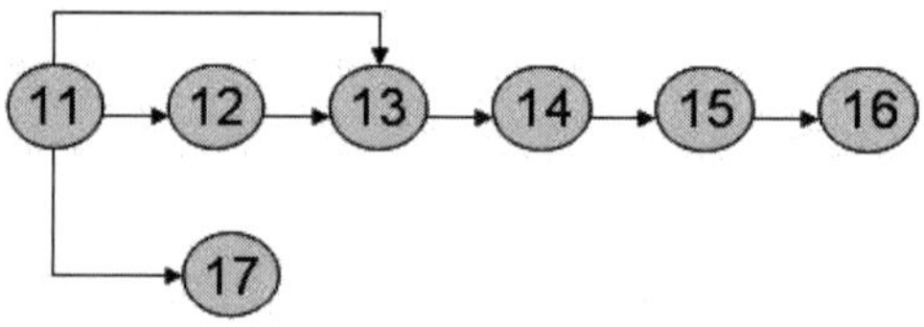

图 11-2　某专利中产品权利要求引用关系

分析方法权利要求 1～10 的主要技术特征后，得到权利要求要件如图 11-3 所示。

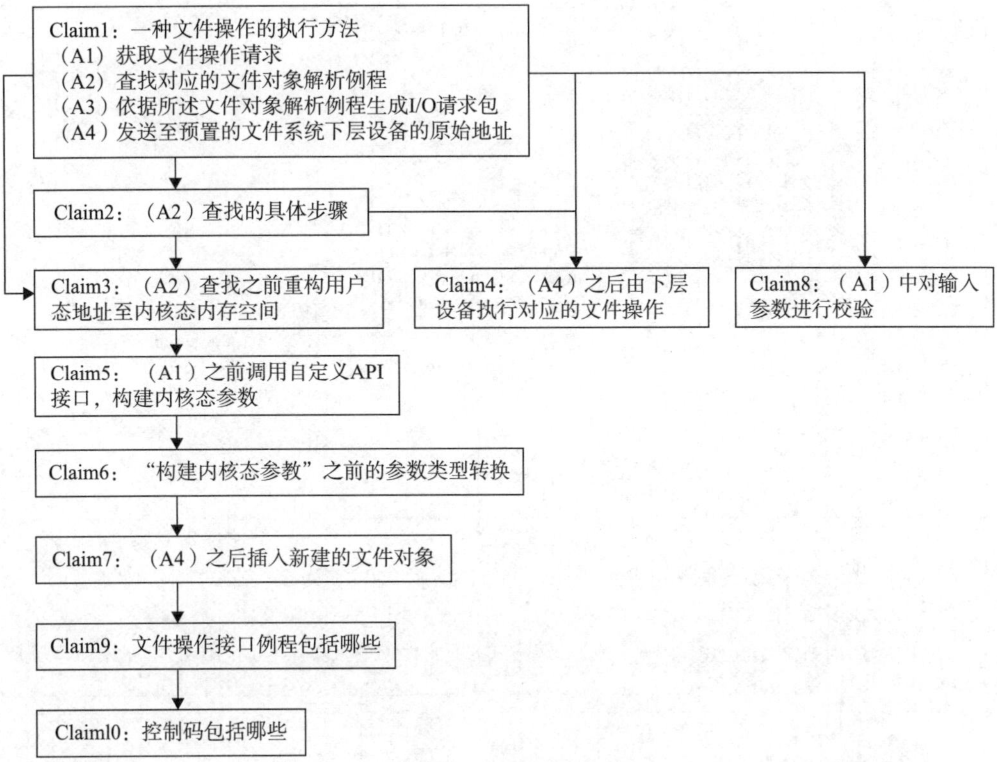

图 11-3　某专利中方法权利要求要件

方法权利要求主要分为 3 个分支：

权利要求 3、5~7、9~10：权利要求 3 在（A2）查找之前重构用户态地址至内核态内存空间，从而使得能够在内核态控制来自用户态的请求，在此基础上，权利要求 5、6、7、9、10 分别对前述权利要求进行了优化，该分支主要是从用户态、内核态之间的转换，参数的构建以及其文件操作接口流程、控制码的具体内容方面对"文件穿透"进行的进一步限定，属于原理性过程限定。

权利要求 4：进一步限定了在（A4）之后由下层设备执行对应的文件操作，属于对过程完整性以及过程正确性的补充性限定。

权利要求 8：进一步限定了在（A1）中对输入参数进行校验的过程，属于对过程完整性以及过程正确性的补充性限定。通过上述分析，可清晰看出该专利的权利要求间的关系，为后期可能进行的专利侵权比对分析或者无效检索提供参考。

【案例 11-2】某专利权利要求保护范围影响因素分析

案例设置目的：掌握分析单件专利的权利要求保护范围的其他影响因素。

图 11-4 是某专利权利要求 1 的限制条件。该专利权利要求保护范围影响因素的分析步骤如下。

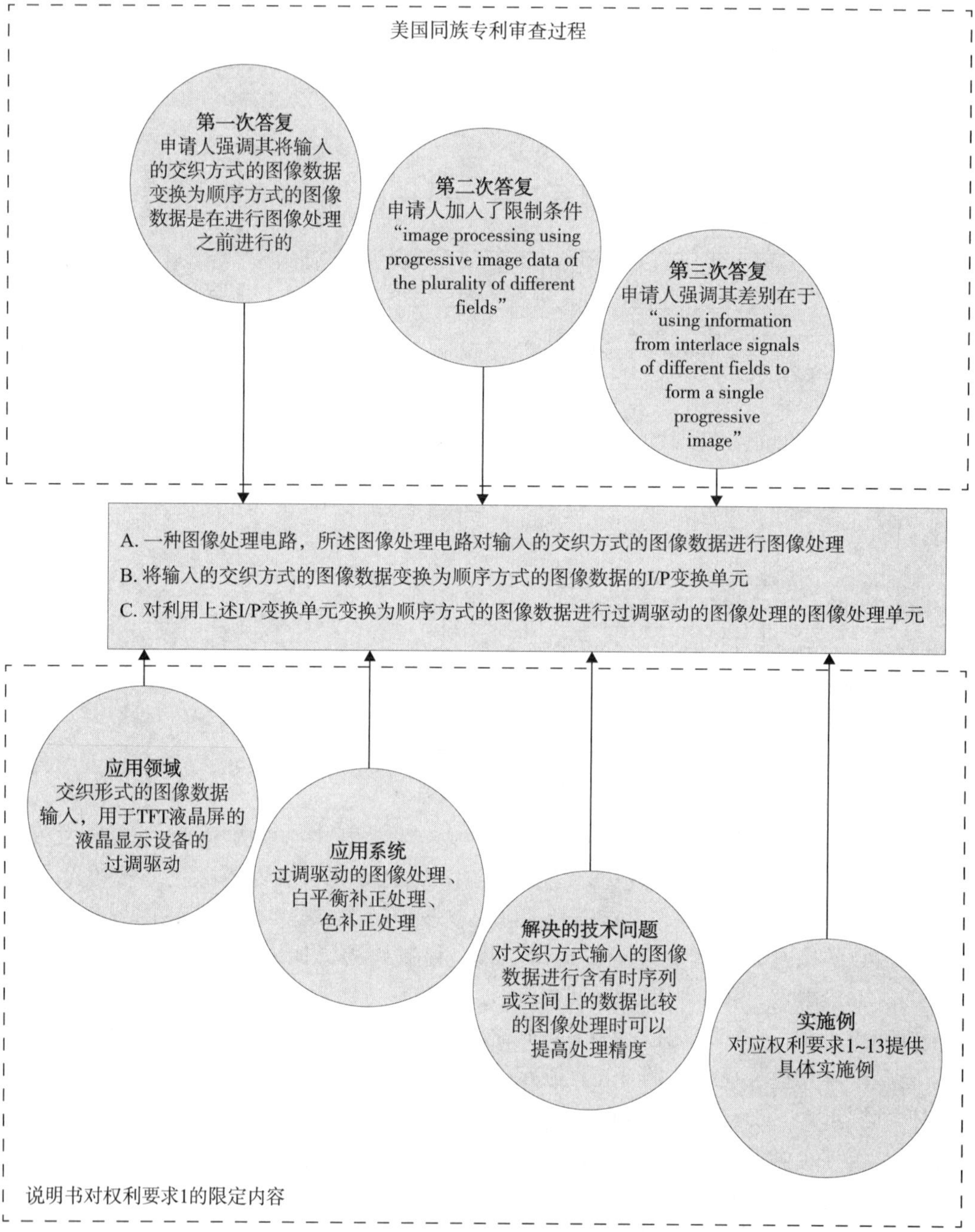

图 11-4　某专利中权利要求 1 限制条件

第一步：考虑说明书对专利权利要求的保护范围起到的作用。

该专利的权利要求 1 包括 3 个技术特征 A、B、C，其说明书分别就应用领域、应用系统、解决的技术问题以及实施例对该权利要求 1 所保护的技术方案进行了限定：将输入的交织方式的图像数据变换为顺序方式的图像数据，并对利用上述变换为顺序方式的图像数据进行过调驱动，从而对交织方式输入的图像数据进行含有时序列或空间上的数据比较时可以提高处理的精度。

第二步：考虑同族专利相关文件对专利权利要求保护范围起到的作用。

其美国同族专利在审查过程中对自身保护范围进行了限定：B 必然发生在 C 之前；image processing using progressive image data of the plurality of different fields；using information from interlace signals of different fields to form a single progressive image。通过上述分析，如申请人利用该中国专利发起专利诉讼，被诉人可综合分析结果提出无效申请，或者抗辩。

【案例 11-3】多件专利组合保护范围分析

案例设置目的：掌握同一申请人的多件专利保护范围分析方法。

奇智软件（北京）有限公司于 2011 年 6 月 27 日提了 6 件技术内容相似的专利申请，通过对权利要求和说明书进行分析了解到，这 6 件申请实质上都是在其 2011 年 5 月 11 日提出的 CN102779244A 基础上进行改进的，如图 11-5 所示。

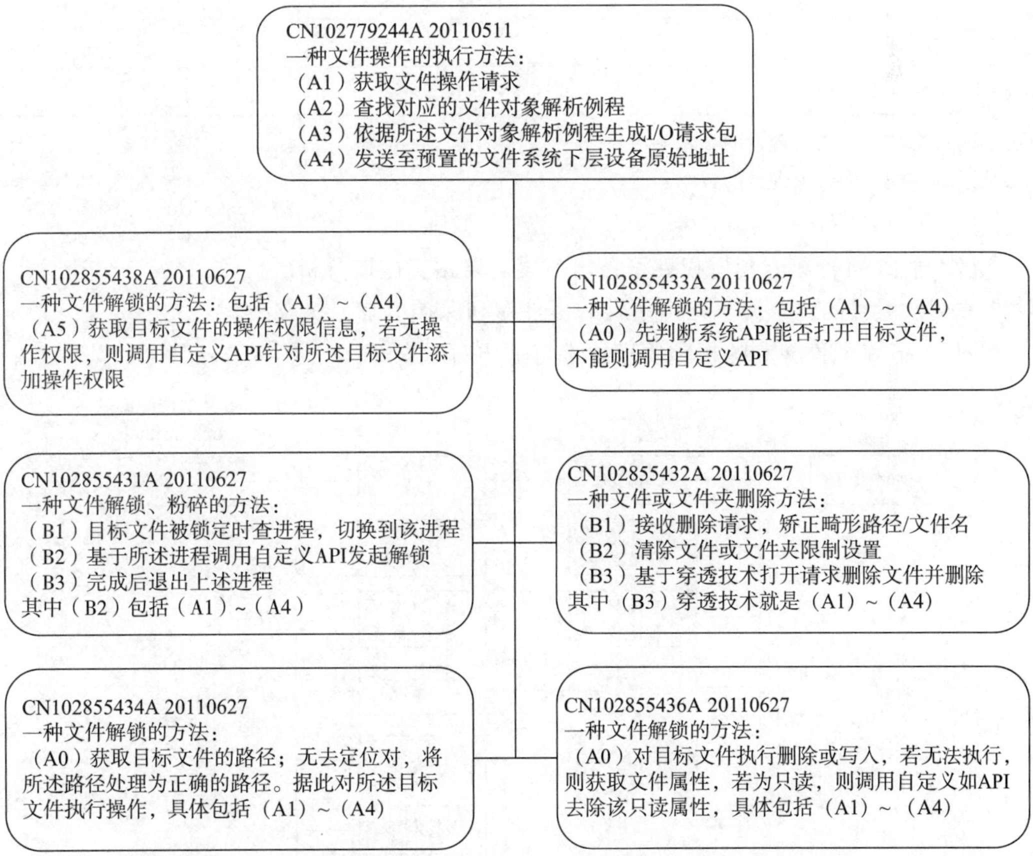

图 11-5　CN102779244A 与其他 6 个相关申请之间所包含技术内容

如表 11-1 所示，这 7 件申请所共有的特征为 CN102779244A 权利要求 1 中的特征（A1）~（A4），即文件操作执行方法，而后续 6 件申请又具有各种具体的对顽固文件的解锁、删除手段。通过上述分析，可以了解这 7 件专利联合的保护范围，为后续可能进行的技术规避设计提供参考。

表 11-1 技术手段分析

专利号	技术问题一的解决 如何进行文件穿透	技术问题二的解决 如何处理顽固文件			
	手段 （A1）~（A4）	手段 A 增加或 修改权限	手段 B 校正路径 或文件名	手段 C 切换到被锁文 件的进程处理	其他
CN102779244A	△				
CN102855438A	△	○			
CN102855433A	△				○
CN102855431A	△			○	
CN102855432A	△		△		
CN102855434A	△		○		
CN102855436A	△	○			

△表示现有技术中未出现过的技术手段；
○表示现有技术中已出现过的技术手段。

【案例 11-4】某专利授权许可技术方案之自由实施度分析

案例设置目的：掌握不同申请人的多件专利保护范围分析方法。

图 11-6 是两件专利的权利要求技术特征比对示意。

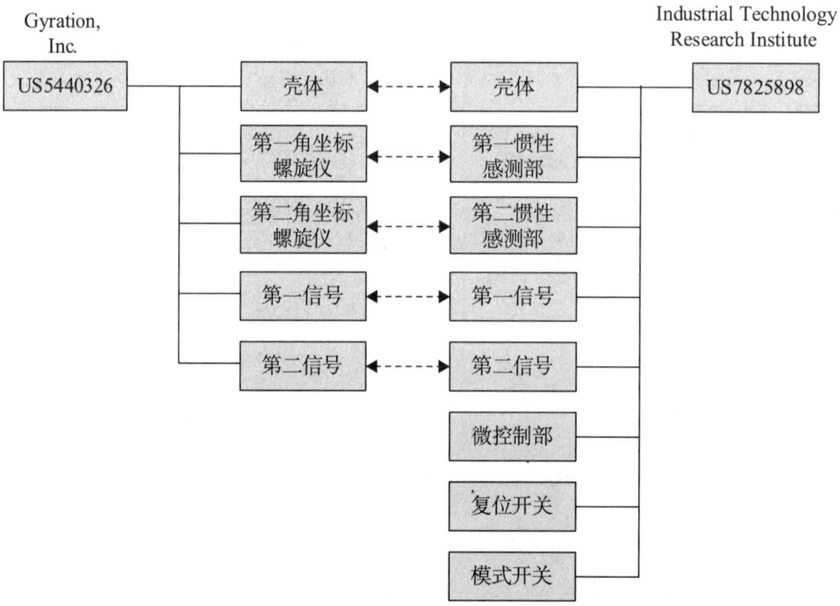

图 11-6 US7825898 与 US5440326 权利要求技术特征比对示意

如图11-6所示，对两件专利的独立权利要求的技术特征比对可知，US7825898的权利要求保护范围落入了US5440326专利的权利要求保护范围之内。因此，为避免实施US7825898的技术方案时侵犯US5440326的专利权：

（1）US7825898的专利权人需要得到US5440326的专利权人许可；

（2）其他企业或个人需得到US7825898和US5440326的专利权人共同许可。

第二节　侵权比对分析

专利侵权行为包括直接侵权、间接侵权和假冒他人专利几种。[1] 本节的侵权比对分析主要涉及直接侵权行为，即判断被控侵权产品或方法是否落入专利权的权利要求所记载的范围。

一、分析方法

总体而言，专利侵权比对分析包含3个步骤。

第一步：确定比对双方的实际范围。

即确定涉嫌侵权物（涉嫌侵权方法）所体现的整体技术方案，以及引用专利权利要求的解释。

在引用专利权利要求的解释方面，有3个原则需要遵守，分别是专利权推定有效原则、折中原则以及整体（全部技术特征）原则[2]：

（1）在解释权利要求的时候，如无证据证明该专利权为失效状态，则应当承认专利权的有效性。

（2）在对权利要求进行解释时，应当以权利要求记载的技术内容为准，根据说明书及附图、现有技术、专利对现有技术所做的贡献等因素合理确定专利权保护范围。

（3）将权利要求中记载的全部技术特征所表达的技术内容作为一个整体技术方案对待，记载在前序部分的技术特征和记载在特征部分的技术特征，对于限定保护范围具有相同作用。

第二步：划分比对双方的技术特征。

专利权利要求中记载的所有技术特征共同限定了该权利要求的保护范围。我国各级人民法院在判断被诉侵权技术方案是否落入专利权的保护范围时，是将权利要求记载的全部技术特征与被诉侵权技术方案所对应的全部技术特征逐一进行对比，从而确定被诉侵权技术方案是否包含了该权利要求记载的全部技术特征或与这些技术特征等同的技术特征。

技术特征一般是指在权利要求所限定的技术方案中，能够相对独立地执行一定的技术功能，并能产生相对独立的技术效果的最小技术单元或者单元组合。

---

[1] 郝志国. 浅谈专利权保护客体的认定及专利侵权行为［J］. 纺织器材，2004（6）.

[2] 北京市高级人民法院知识产权审判庭. 北京市高级人民法院《专利侵权判定指南》理解与适用［M］. 北京：中国法制出版社，2014：13-23.

由于整体技术方案的对比难度很大，不易操作，实际操作时通常需要将引用专利和涉嫌侵权物的技术方案分别划分技术特征，形成多个独立的必要技术特征。

第三步：比对双方的技术特征，得出分析结论。

在司法审判时，专利侵权判定涉及“全面覆盖原则”“等同原则”“禁止反悔原则”“多余指定原则”“先用权原则”“捐献原则”等多个原则。在专利侵权比对分析时，主要是根据“全面覆盖原则”和“等同原则”，比对涉嫌侵权物的技术方案划分的技术特征是否包含引用专利权利要求所划分的技术特征，得出是否侵权的结论：

（1）如果涉嫌侵权物（涉嫌侵权方法）的技术特征包含了引用专利权利要求中记载的全部必要技术特征，则可认定涉嫌侵权物（涉嫌侵权方法）落入了引用专利的保护范围，构成相同侵权或字面侵权。

（2）如果涉嫌侵权物（涉嫌侵权方法）的技术特征虽与引用专利权利要求所记载的全部必要技术特征有所不同，但若是非实质性的不同，前者只不过是以与后者基本相同的手段，实现基本相同的功能，达到基本相同的效果，并且本领域的普通技术人员无须经过创造性劳动就能够联想到的特征，即等同特征，则构成等同侵权。

（3）如果涉嫌侵权物（涉嫌侵权方法）的技术特征未与引用专利的全部技术特征一一对应相同，并且不相同的技术特征也不构成等同，则可认定涉嫌侵权物（涉嫌侵权方法）未落入引用专利的保护范围，不构成专利侵权。

二、分析案例

【案例 11-5】输送管专利侵权比对分析

案例设置目的：掌握相同侵权判定的基本方法。

1. 技术特征完全相同的侵权分析

已授权专利的独立权利要求 1 为：一种输送管，由内层和外层同心设置而组成。

涉嫌侵权物的方案为：一种市售的送料管，产品结构如图 11-7 所示。其中附图标记 1 为该产品的内层，附图标记 2 为该产品的外层。

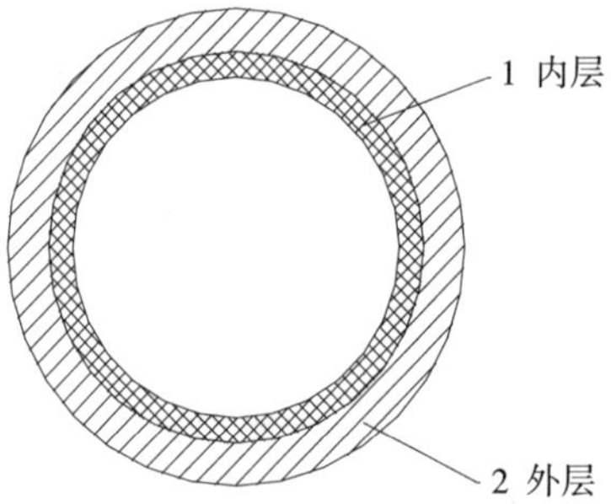

图 11-7　被控侵权管道

通过对两个方案的对比，可知两者在结构上相同，不同之处仅在于两层管的名称。实际上，市售的这种送料管也是用于输送物料，且两层管的材质和布置方式都是相同的。由此可以判断，两者技术特征完全相同，涉嫌侵权物构成专利侵权。

2. 下位概念侵权分析

已授权专利的独立权利要求 1 为：一种输送管，由内层和外层组成，外层与内层同心设置，且外层为树脂层，内层由塑料制成。

涉嫌侵权物的方案为：一种市售的送料管，产品结构如图 11-8 所示。其中附图标记 1 为该产品的 PVC 层，附图标记 2 为该产品的树脂材料层。

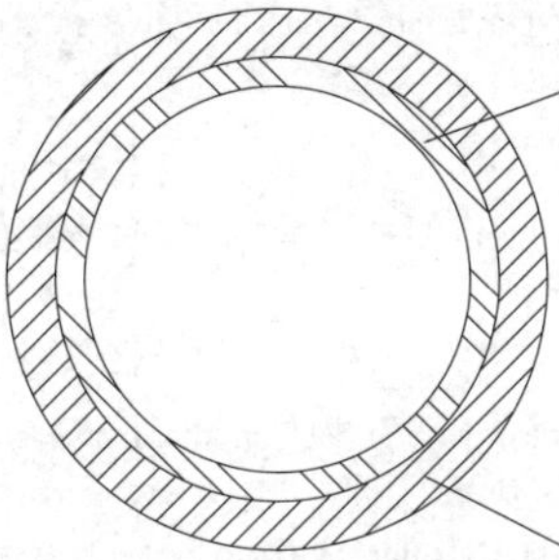

图 11-8　被控侵权管道

通过对两个方案的对比，可知两者的不同之处在于已授权专利的内层为塑料，而涉嫌侵权物为 PVC。众所周知，PVC 是塑料的一种，也即塑料为上位概念，而 PVC 是下位概念，因此下位概念落入上位概念的保护范围内，构成专利侵权。

3. 增加技术特征的侵权分析

已授权专利的独立权利要求 1 为：一种输送管，由内层和外层同心设置而组成。

涉嫌侵权物的方案为：一种市售的送料管，其结构如图 11-9 所示，包含了内层、外层和保护层，这 3 层也是同心设置而成。

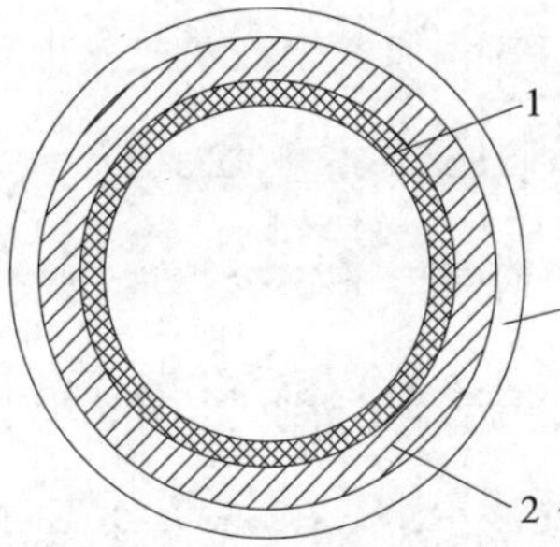

图 11-9　被控侵权管道

通过对两个方案的对比，可知涉嫌侵权物的内层和中心层对应于授权专利的内层和外层，并且涉嫌侵权物还多设置了保护层，但是由于涉嫌侵权物包含了授权专利的所有技术特征，因此也构成了专利侵权。

【案例 11-6】A 芯片的专利侵权分析

案例设置目的：掌握侵权比对分析操作的方法。

A 芯片为某公司计划推出的一款产品，前期通过专利检索及初步分析发现，可能美国专利 US5734862 会给 A 芯片带来专利侵权风险，因此需要进行准确的侵权比对分析。

第一步：确定比对双方的实际范围。

US5734862 的独立权利要求如图 11-10 所示，相关文字为所要求保护的客体。

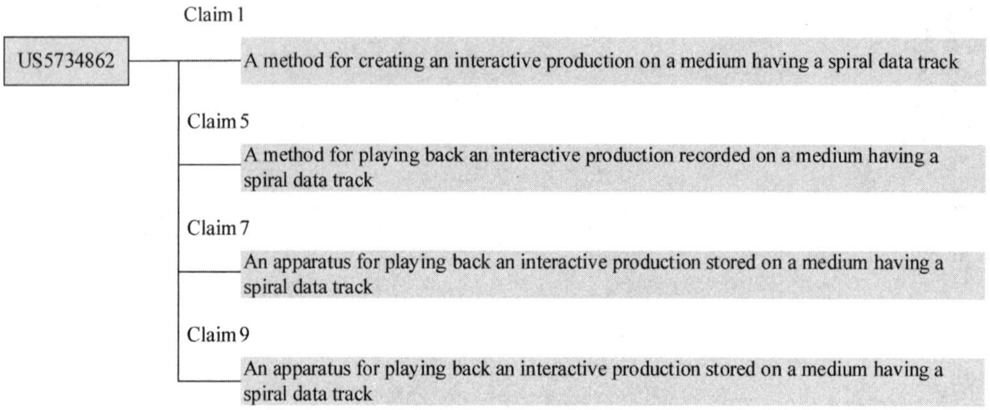

图 11-10 US5734862 的独立权利要求

A 芯片的技术特征：

首先采用跳着读（seek and jump）的方式读取数据，其用以抓取欲读取的数据存于读取缓存（read buffer）中；然后再将读取缓存中的数据存入视频缓存中，进而组合成一完整的数据后进行显示。

A 芯片所设定的读取缓存小于每个数据包的大小，所设定的碟机读取倍速较高，故碟机动作会读取所需的数据进入读取缓存后，停止等待。读取缓存数据清空之后，再读取下一段数据。

第二步：划分比对技术特征。

US5734862 的独立权利要求主要切分技术特征如图 11-11 所示。

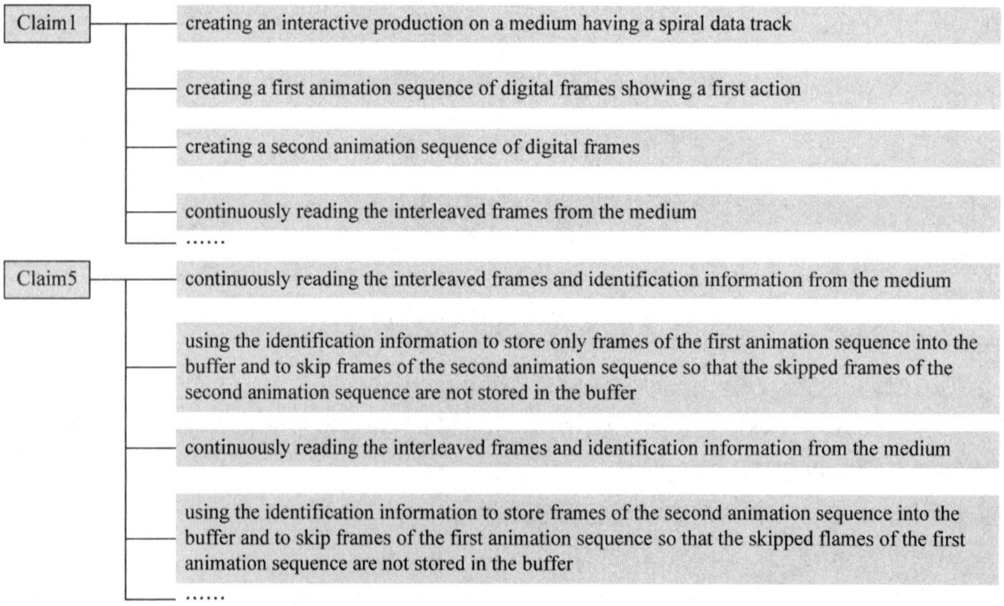

图 11-11 US5734862 独立权利要求主要切分技术特征

第三步：比对双方的技术特征，得出分析结论。

US5734862 主要技术特征在于：从光驱中连续地读取由不同序列组成之插入帧（interleaved frames）数据，从而可以实现让光驱之光学读取头不需要重新定位，进而减少访问时间。

与 US5734862 相比，A 芯片缺少技术特征：连续地从读取缓存中读取插入帧的动作，没有选取欲选定的序列（sequence）数据储存于缓存中，而是将不欲选取的序列数据丢弃。

可见，US5734862 的权利要求 1、权利要求 5、权利要求 7、权利要求 9 所列出的部分技术特征在 A 芯片中并不包含，且权利要求 7、权利要求 9 为系统（apparatus），A 芯片为芯片，保护客体存在差异。

因此，A 芯片并未落入 US5734862 权利要求的保护范围内，不构成侵权。

第三节　专利撰写缺陷分析

专利文件主要包括说明书和权利要求书。说明书和权利要求书是记载发明创造内容及专利权保护范围的法律文件。说明书及其附图主要用于清楚、完整地描述发明或者实用新型，使所属技术领域的技术人员能够理解和实施该发明或者实用新型。权利要求书则应当以说明书为依据，清楚、简要地限定要求专利保护的范围。

由于主观或客观的原因，以文字表达的专利文件常常带有因撰写导致的缺陷。本节所关注的专利撰写缺陷，特指因撰写导致的缺陷，不包括技术方案内在的固有缺陷，例如新颖性、创造性、实用性等方面的缺陷。对专利撰写缺陷进行分析在专利争议解决、专利稳定性评价、针对目标专利做规避设计等工作中相当重要。

专利撰写分析的对象主要包括权利要求撰写缺陷分析、说明书撰写缺陷分析和确权授权程序中专利权人意见陈述缺陷分析 3 种。

在使用专利分析方法对专利进行分析时，应当重点关注两个方面：①要求保护的客体是否明显不符合专利法的规定，修改是否超范围，是否缺少必要技术特征，保护范围是否清楚；②说明书的撰写缺陷分析主要包括对技术术语是否准确、所记载的发明创造内容是否清楚、是否能够支持权利要求的分析，专利授权确权程序中的意见陈述缺陷分析主要包括是否存在删除和错误的修改技术方案。

专利撰写缺陷分析实务中，要重点关注对专利的保护范围乃至专利权的稳定性可能产生影响的撰写缺陷。

一、分析方法

无论是做权利要求撰写缺陷分析、说明书撰写缺陷分析和确权授权程序中专利权人意见陈述缺陷分析，都要遵循具有共性的分析方法。由于专利分析侧重信息分析和情报挖掘，所以首先要在专利分析前针对目标专利进行充分的检索、调查和信息收集；其次，针对前期收集的专利信息，围绕特定分析项目的分析要点，针对信息进行梳理、分析，形成初步的结论；最后，围绕初步结论进行第二轮的信息收集、验证和情报挖掘，进一步提高专利分析成果的价值。

1. 说明书撰写缺陷分析

（1）检索专利授权文本、专利无效决定书，最终确认分析文本。

（2）阅读专利文本，了解背景技术、发明创造内容以及理解权利要求的字面含义。

（3）如果对背景技术和发明创造内容不能准确理解，可以在专利文本之外检索背景技术信息、在先专利、专利之外的其他公开出版物，或者针对专利产品利用实物对发明创造的内容进行理解。

（4）根据前三步获得的信息，围绕说明书撰写缺陷分析的要点进行分析：

分析说明书用于描述发明创造的术语是否清楚准确？对术语的不必要的自定义可能导致保护范围被限缩，对术语的不清楚的自定义以及对技术术语应当定义而未定义的情形可能导致专利因保护范围不清楚而无效？

分析说明书描述的发明创造整体是否清楚、全面？

分析说明书公开的技术内容是否支持权利要求？说明书是否披露了足够的实施例以支持权利要求的保护范围？特别是技术效果可预测性差的技术领域，缺少足够的实施例易导致权利要求得不到说明书支持。

2. 权利要求撰写缺陷分析

权利要求撰写缺陷分析流程如图 11-12 所示。

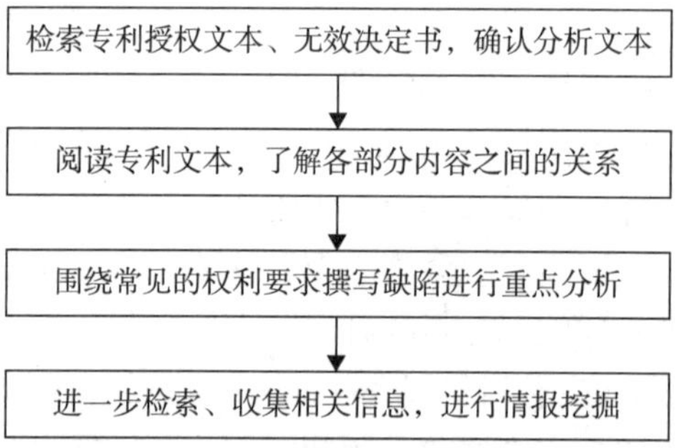

图 11-12　权利要求撰写缺陷分析流程

（1）检索专利授权文本、专利无效决定书，最终确认分析文本。

（2）阅读专利文本，了解背景技术、发明创造内容、权利要求保护范围、权利要求之间的关系、权利要求和说明书中公开的发明创造内容之间的关系。

（3）根据此前获得的信息，围绕常见的权利要求撰写缺陷进行重点分析。分析重点可以根据本专利的特点进行选定。

一般按照权利要求保护客体是否适格、修改是否超范围、独立权利要求是否缺少必要技术特征、保护范围是否清楚、保护范围是否大小适当的顺序对权利要求逐一进行深入分析。因撰写导致的保护客体不适格的常见情形主要包括不符合发明定义、属于疾病的诊断和治疗方法。修改超范围则是在专利授权确权程序中对权利要求书和/或说明书的修改导致的。独立权利要求缺少必要技术特征通常是撰写时对技术问题和解决技术问题的技术手段之间的关系认识有误导致的。保护范围是否清楚的分析主要包括3个方面，每项权利要求的保护类型、每项权利要求的用语以及权利要求之间的引用关系，尤其要对权利要求所使用技术术语在其具体技术方案中的含义是否清楚进行深入分析。保护范围大小是否适当则需要关注权利要求保护范围是否过大和过小两个方面，前者可能导致专利因权利要求得不到说明书支持而无效，后者则可能遗漏有实施价值的技术方案而导致专利易被规避。

(4) 根据分析的初步结论，进一步检索、收集相关信息，进行情报挖掘，进一步提升分析结果的价值。

3. 专利授权确权程序中的意见陈述缺陷分析

专利申请人、专利权人在专利授权或者确权程序中，常常为了获得授权、维持专利权有效而对权利要求、说明书进行修改和/或意见陈述，应当注意分析其是否通过修改和/或意见陈述放弃了某些技术方案。在阅读理解审查过程文档的基础上，结合修改和/或意见陈述，对比授权文本和原始申请文件公开的全部技术内容，识别是否存在放弃的技术方案。

二、分析案例

【案例11-7】权利要求撰写缺陷分析

案例设置目的：掌握权利要求撰写缺陷的分析方法[1]。

(1) 首先确定待分析的专利文本。

已授权专利的独立权利要求1为：一种防电磁污染服装，它包括上装和下装，其特征在于所述服装在面料里设有由导磁率高而无剩磁的金属细丝或者金属粉末构成的起屏蔽保护作用的金属网或膜。

(2) 理解涉案专利发明创造的内容：一种防辐射服，在服装的面料里设置有由不锈钢金属纤维制成的、起屏蔽作用的防护网。

(3) 针对本专利的特点和案件的具体情况，确定权利要求缺陷分析的重点是“权利要求保护范围不清楚”；判断是否“清楚”的关键点是用以界定技术方案的技术特征中的技术术语是否清楚。

考察本专利申请文件公开的技术内容以及该技术领域的相关现有技术可知：①“导磁率”这一技术术语不是规范术语，规范术语“磁导率”有时被称为导磁率，但磁导率有绝对磁导率与相对磁导率之分，根据具体条件的不同还涉及起始磁导率、最大磁导率等概念，不同概念的含义不同，计算方式也不尽相同；②磁导率并非常数，磁场强度发生变化时，磁导率也会变化；③虽然有些现有技术中采用了高磁导率、高导磁率等表

---

[1] 案例改编自（2012）民申字第1544号民事裁定书。争议焦点为“不锈钢金属纤维是否属于导磁率高而无剩磁的金属细丝”。判断争议焦点需要对权利要求保护范围进行解释；如果权利要求存在撰写缺陷，则无法准确界定权利要求保护的范围，进而无法对是否构成侵权做出准确的判断。

述，但根据技术领域以及磁场强度的不同，所谓高导磁率的含义十分宽泛，没有证据证明在本领域技术人员对术语“导磁率高”的含义或者数值范围有相对统一的认识；④说明书中没有记载导磁率是指哪一具体概念，也没有记载导磁率高的具体数值范围，更没有记载计算导磁率的客观条件。

（4）确定分析结果：本领域技术人员难以确定“导磁率高”的具体范围或者具体含义，不能准确确定权利要求的保护范围。

（5）针对分析结果进一步检索、收集信息，为有效利用分析结果做准备。具体而言，根据进一步检索的公知常识、双方当事人庭审中的解释可以判断，权利要求保护范围不清楚。

（6）进一步利用专利权利要求缺陷分析的成果：因为权利要求保护范围不清楚，无法将被诉侵权产品与之进行有意义的侵权对比，故法院判令不支持专利权人的诉讼请求。

综上，法院的裁判过程，采用了专利权利要求撰写缺陷的分析方法和分析成果，本案例对于其他专利分析人员具有重要的参考价值。

【案例11-8】说明书撰写缺陷分析

案例设置目的：掌握说明书不能支持权利要求的缺陷分析的基本方法❶。

（1）确认涉案专利作准文本。

确权程序中修改的权利要求1为：一种含有核壳纳米粒子的光学涂层组合物，其中，所述纳米粒子包含（a）含有阳离子聚合物的核材料，所述阳离子聚合物具有在聚合过程中包含在所述聚合物中的阳离子基团；和（b）含有金属氧化物的壳材料，并且其中所述纳米粒子具有10~200nm的平均尺寸。

（2）通过阅读说明书理解发明创造。实施例1~3记载了采用PDPA23-PDMA68二嵌段共聚物形成胶束制备核壳纳米粒子的方式，在通过DLS测定胶束尺寸的数据中，测定的平均胶束因测量条件不同直径最小为26nm，最大为45nm。实施例6记载了采用NeoCrylXK-30乳胶粒子制备核壳纳米粒子的方式，但没有给出其尺寸数据。

（3）围绕本案的特点，确定最主要的说明书撰写缺陷是“权利要求得不到说明书支持”。

根据说明书记载发明创造内容，所制备的核壳纳米粒子的尺寸范围仅在26~45nm，与权利要求1所限定的10~200nm的范围差别很大。在高分子领域中，粒径小于20nm的高分子球形颗粒已经属于超小粒径聚合物纳米粒子，通过两亲性嵌段共聚物形成胶束或通过微乳液聚合获得的乳胶粒子通常难以制出直径小至10nm的粒子，在没有任何实验数据支持的情况下，本领域技术人员难以确定根据本专利说明书所披露的两种技术路线能否制备出平均尺寸为10nm的核壳纳米粒子，也难以获知如何制备出直径为10nm和200nm的核壳纳米粒子。

（4）确定分析结果：权利要求1得不到说明书支持。

❶ 案例改编自国家知识产权局4W104000号无效宣告请求审查决定。如果涉案专利说明书存在撰写缺陷，会影响专利权利要求的稳定性，给专利权人造成不利影响。

(5) 进一步检索、收集信息和证据，包括口审中各方针对该分析结果进行进一步的说明，无法改变权利要求1得不到说明书支持的结论。

(6) 根据分析结果，判断涉案专利存在权利要求得不到说明书支持的缺陷。进而根据该分析结果做出对专利权人不利的决定。

综上，国家知识产权局的审理过程，采用了说明书撰写缺陷的分析方法和分析成果，本案例对于其他专利分析人员，具有重要的参考价值。

【案例11-9】专利授权确权程序中的意见陈述缺陷分析

案例设置目的：掌握专利授权程序中的意见陈述缺陷分析的方法[1]。

具体的分析过程如下：

(1) 确定专利文本和意见陈述文本。

已授权专利的权利要求1为：一种防治钙质缺损的药物，其特征在于：它是由下述重量配比的原料制成的药剂：活性钙4~8份，葡萄糖酸锌0.1~0.4份，谷氨酰胺或谷氨酸0.8~1.2份。

原始专利申请的权利要求1为：一种防治钙质缺损的药物，其特征在于：它是由下述重量配比的原料制成的药剂：可溶性钙剂4~8份，葡萄糖酸锌或硫酸锌0.1~0.4份，谷氨酰胺或谷氨酸0.8~1.2份。

(2) 确定涉案专利公开的发明创造的具体内容。

(3) 围绕"意见陈述"缺陷的重点，即在专利授权程序中专利权人的"意见陈述"是否"删除"或"放弃"了要求保护的技术方案。

在授权程序中，审查意见认为原始专利申请的权利要求1使用的上位概念"可溶性钙剂"包括各种可溶性的含钙物质，概括了较宽的保护范围，权利要求实质上得不到说明书的支持。申请人根据审查员的要求，对权利要求书进行了修改，将"可溶性钙剂"修改为"活性钙"。

(4) 确定初步的分析结果：意见陈述放弃了包含"葡萄糖酸钙"的技术方案。

在专利申请公开文本中，葡萄糖酸钙与活性钙是并列的两种可溶性钙剂，葡萄糖酸钙并非活性钙的一种；在授权程序中，针对审查意见进行了修改，在修改时的意见陈述中，并未说明活性钙包括葡萄糖酸钙。因此，专利权人在专利授权程序中对权利要求1所进行的修改放弃了包含"葡萄糖酸钙"技术特征的技术方案；根据禁止反悔原则，在专利侵权纠纷中不能再将其纳入专利权的保护范围。

(5) 根据分析结果，法院认为专利权人在专利授权程序中提交的意见陈述中做了对其不利的"放弃特定技术方案"，根据禁止反悔原则，不支持专利权人的诉讼请求。

综上，法院的裁判过程，采用了针对专利授权程序中意见陈述缺陷的分析方法和分析成果，本案例对于其他专利分析人员在专利授权乃至确权程序中的意见陈述缺陷分析，也具有重要的参考价值。

---

[1] 案例来源：(2009) 民提字第20号民事判决书。争议焦点是：专利权人是否在意见陈述中出现了对其不利的"删除"或"放弃"技术方案的错误。

第四节 专利稳定性分析

专利稳定性分析的实质是分析评价已经授权的专利被国家知识产权局宣告专利权无效的可能性。

专利稳定性分析的应用场景包括专利权人在维权前自我评估欲主张的专利权是否稳定、应对侵权诉讼时评估涉案专利的稳定性、技术类交易中与核心技术对应的专利权的稳定性以及知识产权交易中标的专利权的稳定性等。在上述应用场景中，专利稳定性分析的结果非常重要，将影响决策或者交易价格。

影响专利稳定性的理由是法定的，主要体现在现行有效的《专利法实施细则》（2010）第六十五条第二款之内。[1]

专利稳定性分析的对象是专利权利要求；说明书对于分析权利要求的稳定性具有重要意义。

一、分析方法

在做专利稳定性分析时，无论对涉及新颖性、创造性的稳定性缺陷，还是对“非新颖性、创造性”稳定性缺陷进行分析时，都要遵循具有共性的分析方法。由于专利分析侧重信息分析和情报挖掘，所以首先要在专利分析前针对目标专利进行充分的检索、调查和相关信息收集；其次，针对前期收集的专利信息，围绕特定分析项目的分析要点，对信息进行梳理、分析，形成初步的结论；最后，围绕初步结论进行第二轮的信息收集、验证和情报挖掘，进一步提高专利分析成果的价值。

针对影响专利稳定性的“非新颖性、创造性理由”，本领域分析人员通常归纳如下分析要点，在分析过程中根据涉案专利的具体情况重点选择或逐一排除：《专利法》第二条的无效理由，简称“客体不适格”；《专利法》第五条的无效理由，简称“不合法”；《专利法》第九条的无效理由，简称“重复授权”；《专利法》第二十条第一款的无效理由，简称“违反保密审查规定”；《专利法》第二十五条的无效理由，简称“排除客体”；《专利法》第二十六条第三款的无效理由，简称“公开不充分”；《专利法》第二十六条第四款的无效理由，简称“不清楚、不支持”；《专利法》第三十三条的无效理由，简称“修改超范围”；《专利法实施细则》第二十条第二款的无效理由，简称“缺少必要技术特征”；《专利法实施细则》第四十三条第一款的无效理由，简称“分案超范围”。

针对影响专利稳定性的“新颖性”分析要点，主要是分析涉案专利权利要求与现

[1] 《专利法实施细则》（2010）第六十五条第二款规定：“前款所称无效宣告请求的理由，是指被授予专利的发明创造不符合专利法第二条、第二十条第一款、第二十二条、第二十三条、第二十六条第三款、第四款、第二十七条第二款、第三十三条或者本细则第二十条第二款、第四十三条第一款的规定，或者属于专利法第五条、第二十五条的规定，或者依照专利法第九条规定不能取得专利权。”

有技术或抵触申请相比，其技术领域、技术问题、技术手段或技术效果是否相同或实质性相同。判断相同或实质相同的具体方法详见《专利审查指南》，在分析过程中可以参考，本书中不再赘述。

针对影响专利稳定性的“创造性”分析要点，主要是分析涉案专利权利要求与现有技术相比，是否“显而易见”。判断显而易见的具体方法详见《专利审查指南》，在分析过程中可以参考，本书中不再赘述。

本书主要介绍针对发明和实用新型专利稳定性的分析方法，不具体涉及外观设计专利稳定性的分析方法，但是针对发明和实用新型稳定性的分析方法，可以在外观设计专利稳定性分析时参考、借鉴。专利稳定性分析流程如图 11-13 所示。

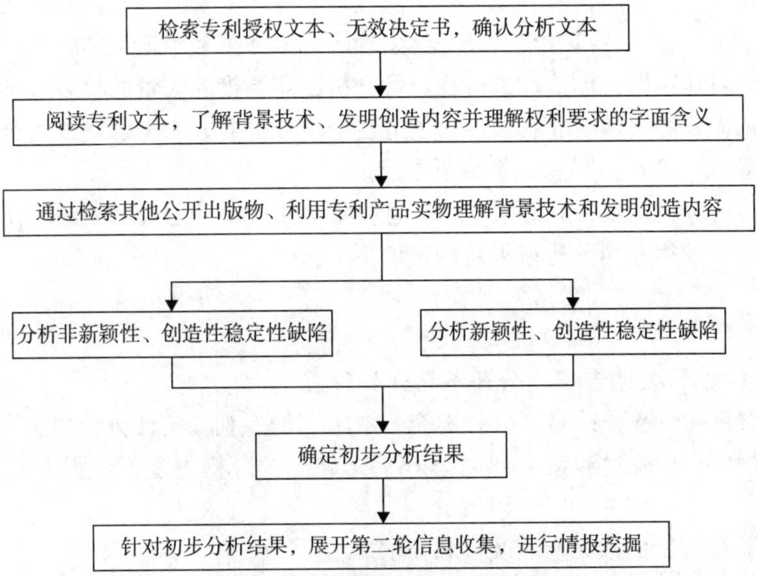

图 11-13 专利稳定性分析流程

围绕专利稳定性缺陷的特点，将分析工作分为两个维度：

第一个维度：先针对非新颖性、创造性稳定性缺陷进行分析。分析方法包括两种，即全面分析和重点分析。所谓全面分析，是指针对“客体不适格”“不合法”“重复授权”“违反保密审查规定”“排除客体”“公开不充分”“不清楚”“不支持”“修改超范围”“缺少必要技术特征”“分案超范围”等所有影响专利稳定性的理由逐一进行分析；所谓重点分析，是指结合本专利的具体情况，在前述影响专利稳定性的理由中挑选可能性最大的进行分析。

在进行非新颖性、创造性稳定性分析时，通常要遵循如下的次序：先分析专利权利要求是否属于《专利法》第二十六条第四款规定的不清楚；在确定清楚的情况下进一步分析目标专利保护的主题是否属于《专利法》第二条第二款规定的客体不适格的情形；是否属于《专利法》第五条规定的不合法的情形；是否属于第二十五条规定的排除客体；目标专利是否存在《专利法》第二十条第一款规定的违反保密审查规定的情形；说明书是否属于《专利法》第二十六条第三款规定的公开不充分的情形；修改是否属于《专利法》第三十三条规定的修改超范围的情形；分案是否属于《专利法实施细则》第四十三条第一款规定的分案超范围的情形；是否属于《专利法实施细则》第二十条第二款规定的缺少必要技术特征的情形；是否属于《专利法》第二十六条第四款规定的不支持的情形。最后，分析是否属于《专利法》第九条规定的重复授权的情形。

需要说明的是，上述步骤仅仅是一般的分析顺序，并不表示必须按照该顺序进行，需要根据实际情况具体分析，另外，上述分析方法中，未列入确定适用法律的步骤，由于《专利法》在不断修订，需注意目标专利所适用的《专利法》《专利法实施细则》和《专利审查指南》的版本。

第二个维度：针对新颖性、创造性稳定性缺陷进行分析。针对该类分析，首先要围绕专利权利要求保护的技术方案，充分检索现有技术和抵触申请，结合检索成果分析专利稳定性。针对新颖性、创造性进行稳定性分析，需要投入大量的检索成本，且是否具备分析条件依赖或需要借助非新颖性、创造性稳定分析的成果，因此该类分析工作应当放在“非新颖性、创造性”稳定性分析之后。

针对初步的分析结果，展开第二轮信息收集工作，以期通过后期的工作取得“情报挖掘”的效果，使得应用分析成果时的价值更大。

二、分析案例

【案例11-10】发明专利“公开不充分”分析

案例设置目的：掌握针对“公开不充分缺陷”的专利稳定性分析方法❶。

在本案例中，法院对涉案专利“公开不充分”的分析方法，值得专利分析人员参考借鉴。

（1）确认待分析的涉案专利及权利要求文本。

（2）通过阅读专利文本，了解背景技术、发明创造内容以及理解权利要求的字面含义。

（3）如果对背景技术和发明创造内容不能准确理解，借助技术调查官、双方当事人或其专家辅助人对涉案专利的权利要求和发明创造，以及现有技术进行充分的理解。

（4）围绕“公开不充分”作为争议焦点进行分析。

在本案中，四环公司是涉案专利的专利权人，齐鲁公司是专利无效的申请人。申请人主张涉案专利“公开不充分”而向国家知识产权局（以下简称“国知局”）申请宣告涉案专利无效。国知局驳回申请人的申请，维持专利有效。申请人不服无效决定提起行政诉讼。一审法院撤销被诉决定；专利权人不服，提出上诉，北京市高级人民法院二审认定涉案专利“公开不充分”，因此判决撤销一审判决、撤销被诉决定，判令国知局重新做出决定。

二审法院认定涉案专利不符合专利法“公开不充分”规定的主要观点是：不能认可本专利说明书实施例5中记载的相关实验数据的真实性，即，本专利说明书中的实验

❶ 案情详见北京市高级人民法院行政判决书（2018）京行终2962号。

数据不足以证明本专利权利要求 1 要求保护的化合物具有杀虫活性。具体而言："上述试验中粘虫的死亡头数不是整数，但是根据常识判断死亡头数一定为整数，因此不可能出现非整数的死亡头数。且在试虫总数为 30 头的情况下，按本专利说明书中的死亡率计算方法，得出的结果小数点后只能为 00、33 或 67。"因此，本专利说明书实施例 5 中的死亡率数据不真实。

（5）法院确认分析结果：涉案专利"公开不充分"。由于涉案当事人均已就该焦点做了深入举证和辩论，所以没有进行第二轮的信息收集和"情报挖掘"。

（6）法院应用分析结果，判定国知局和一审法院对"公开不充分"决定和一审判决不正确，并在此基础上做出二审判决。

【案例 11-11】发明专利不具备新颖性分析[1]

案例设置目的：掌握针对"新颖性缺陷"的专利稳定性分析方法。

在本案例中，国知局对涉案专利存在"新颖性缺陷"的分析方法，值得专利分析人员参考借鉴。通过案例，读者可以看到国知局的分析包括如下步骤：

（1）确定分析的专利授权文本。

（2）通过阅读专利文本，了解背景技术、发明创造内容以及理解权利要求的字面含义。

（3）如果对背景技术和发明创造内容不能准确理解，借助技术调查官、双方当事人或其专家辅助人对涉案专利的权利要求和发明创造，以及现有技术进行充分的理解。

（4）将涉案专利是否存在"新颖性缺陷"作为争议焦点进行分析。

如前所述，在做新颖性分析时，需要将涉案专利的特定权利要求中要求保护的技术方案与检索到的现有技术或抵触申请中包含的技术方案进行比对分析。

具体做法是将各项权利要求分别与每一项现有技术或申请在先公布或公告在后的发明或实用新型的相关技术内容单独地进行比较，首先判断目标专利的权利要求与对比文件的技术方案是否实质上相同，如果专利申请与对比文件公开的内容相比，其权利要求所限定的技术方案与对比文件公开的技术方案实质上相同，所属技术领域的技术人员根据两者的技术方案可以确定两者能够适用于相同的技术领域，解决相同的技术问题，并具有相同的预期效果（以上四个方面相同简称为"四相同"），则可得出目标专利不具有新颖性的结论。

在本案例中，无效申请人检索到涉案专利的专利权人在申请日前公开的 PCT 申请文件，以该 PCT 文件作为评价涉案专利新颖性的现有技术。在国家知识产权局审理该无效宣告请求时，专利权人将涉案专利的 15 个权利要求修改后变为 12 个权利要求。本书只示例性地对权利要求 1 进行新颖性分析。在确认分析文本并深入理解专利的基础上，具体的分析方法如下：

首先，确认对比文件是否构成涉案专利的现有技术或抵触申请。通过比对涉案专利与对比文件的著录项目（见表 11-2）可知，对比文件的公开日早于涉案专利的申请日，可以用于分析评价涉案专利的新颖性。

---

[1] 详见国家知识产权局专利复审委员会第 35020 号专利无效宣告审查决定书。

表 11-2　涉案专利与对比文件的著录项目的比对

著录项目	涉案专利	对比文件
专利号	ZL200710141661.6	WO2006030289A1
申请日	20070817	20050914
公开日	20080220	20060323

其次，通过列权利要求对照表（见表 11-3）的方式，首先分析权利要求 1 与对比文件的技术方案是否实质上相同，然后确定二者在技术领域、技术问题和技术效果方面是否相同。

表 11-3　权利要求对照

序号	权利要求 1	对比文件	对比分析
1	一种用于对音频信号进行解码的方法，包括：（a）获得包括多个帧的比特流，每个帧包括与该帧有关的处理信息以及表示该帧中音频数据的熵编码量化标号	多路解复用器从比特流解包不同的码字，必然需要获得包括多个帧的比特流，对应于权利要求 1 中获得包括多个帧的比特流；熵解码器从比特流中解码量化标号，其中量化标号对应于权利要求 1 中的该帧中音频数据的熵编码量化标号；比特流结构中包括的窗口类型、瞬态位置、码本标号和应用范围等信息对应于权利要求 1 中比特流所包含帧中与帧有关的处理信息	相同
2	所述处理信息包括：（i）多个码本标号，每个码本标号识别一个码本，（ii）码本应用信息，用于指定要应用码本的熵编码量化标号范围，以及（iii）窗信息	码本标号和应用范围传递关于用于量化标号的熵码本及其各自的应用范围的所有信息，包括以下部分：应用范围 102：按照量化标号或区组来传递每个熵码本的应用范围，码本标号 103：把标号传递到熵码本，其中码本标号 103 对应于权利要求 1 中的多个码本标号，每个码本标号识别一个码本，应用范围 102 对应于权利要求 1 中的码本应用信息，用于指定要应用码本的熵编码量化标号范围；窗口类型 90 指示哪个窗口被用于编码器以便解码器能够使用相同的窗口；瞬态位置 91 指示每个瞬态段的位置，对瞬态段位置应用特定的窗函数，其中窗口类型 90 和瞬态位置 91 均为与窗相关的信息，因此窗口类型 90 和瞬态位置 91 对应于权利要求 1 中的窗信息	相同
3	（b）通过将由码本标号所识别的码本应用到由码本应用信息所指定的熵编码量化标号范围，对熵编码量化标号进行解码	熵解码器 43 基于由量化标号码本解码器 42 提供的熵码本及其各自的应用范围从比特流中解码量化标号	相同
4	（c）通过对所解码的量化标号进行反量化，生成子带采样	逆量化 45 利用每个量化单元各自的量化步长从量化标号中重构子带样本	相同

续表

序号	权利要求 1	对比文件	对比分析
5	(d) 基于窗信息，识别出在单个音频数据帧中所应用的一序列多个不同窗函数	编码器需要向解码器传送被用于每一帧的窗口类型，以便相同的窗口被用来重构 PCM 样本，窗口类型 90：指示哪一个窗口用于编码器以便于解码器能够使用相同的窗口，且公开了对于具有瞬态的帧来说，这个窗口类型只涉及帧中最后一个窗口，因为其余的窗口能够从这个窗口类型、瞬态位置以及上一帧中使用的最后窗口来推断，即公开了基于窗信息，识别一序列不同的窗函数；此外还公开了窗口序列的一些例子，162~166 说明了向瞬态段分配精密的时间分辨率 168（短窗口）、向同一帧内的静态段分配中时间分辨率 169（中窗口），即公开了解码器必然会基于窗信息来获得应用于该帧的多个不同窗函数，使得解码器应用与编码器所使用的窗序列相同的窗序列	相同
6	(e) 通过对子带采样进行逆变换，并且在所述单个音频数据帧中使用由窗信息所指示的所述多个不同窗函数，来获得时域音频数据	可变分辨率的分析滤波器组，用于把输入的 PCM 样本变换成子带样本，合成滤波器组分别是分析滤波器组的逆装置，它们的结构与操作过程由分析滤波器组来唯一确定，编码器需要向解码器传送被用于每一帧的窗口类型，以便相同的窗口被用来重构 PCM 样本，如果三模式可切换分辨率的分析滤波器组被用于编码器，则其对应的合成滤波器组的操作被唯一确定并要求相同的窗口序列用于合成过程，由此可见，其公开了解码器必然会基于窗信息来获得应用于该帧的多个不同窗函数，使得解码器应用与编码器所使用的窗序列相同的窗序列来重构 PCM 音频数据。此外还公开了编码器端执行变换，并且解码器端是编码器端的逆过程，因此其实际上公开了执行逆变换来获得音频数据	相同
7	其中，窗信息指示在帧中瞬变的位置，并且其中，在步骤（d）基于与瞬变的位置有关的预定规则，识别出所述一序列多个不同窗函数，而且其中，所述预定规则还符合完全重构要求	与窗有关的瞬态位置 91 指示瞬态位置，对应于权利要求 1 中窗信息指示在帧中瞬变的位置；如前所述，还公开了权利要求 1 中在步骤（d）基于与瞬变的位置有关的预定规则，识别出一序列多个不同窗函数；窗口函数在每半个窗口中必须是功率对称的，以便保证完全重构，当 MDCT 在高、低频率模式弧长、短窗口之间切换时能保持完全重构，长、短窗口的重叠部分必须有相同的形状，对应于权利要求 1 中预定规则符合完全重构要求	相同

最后，根据上述分析可知，二者均使用窗信息指示帧中的瞬变位置，并基于与瞬变位置有关的规则识别不同的窗函数，完全重构出音频数据。

（5）确认分析结果：涉案专利的权利要求 1 与现有技术中包含的技术方案实质相同，且两者均属于音频编解码技术领域，本领域技术人员能够确定二者能够解决相同的技术问题，并实现相同的技术效果。因此涉案专利权利要求1不具有新颖性。

（6）应用分析成果，宣告权利要求1因存在新颖性缺陷而将其宣告无效。

【案例11-12】发明专利不具有创造性分析

案例设置目的：掌握针对“创造性缺陷”的专利稳定性分析方法❶。

在本案例中，国知局针对涉案专利存在“创造性缺陷”的分析方法，具有参考价值。解读国知局的具体分析方法，有如下步骤：

（1）确认涉案专利的授权文本作为分析对象。

（2）通过阅读专利文本，了解背景技术、发明创造内容以及理解权利要求的字面含义。

（3）如果对背景技术和发明创造内容不能准确理解，借助技术调查官、双方当事人或其专家辅助人对涉案专利的权利要求和发明创造，以及现有技术进行充分的理解。

（4）将涉案专利是否存在“创造性缺陷”作为争议焦点进行分析。

在进行创造性缺陷分析时，国知局按照《专利审查指南》中规定的“三步法”进行分析：

首先，确定最接近的现有技术。中国实用新型专利文献CN203784250U的技术领域与涉案专利相同，均属于内置滚道回转驱动装置，通过列权利要求对照表的方式，可知该文献公开了较多的技术特征，可以作为最接近的现有技术。

其次，确定发明的区别特征和发明实际解决的技术问题。先根据权利要求对照表确定区别特征，再根据区别特征所能达到的技术效果确定发明实际解决的技术问题。经对比可知，涉案专利与对比文件1的区别技术特征实质上在于：①是否设置端盖：本专利具有端盖设置在基座底部的两端，用于将蜗杆腔体内的部件进行封闭，而证据1未明确记载有关端盖的技术内容；②是否设置圆锥辊子轴承：本专利蜗杆的两端与基座之间分别设置有圆锥滚子轴承，而证据1未明确记载有关采用圆锥滚子轴承的技术内容。通过对涉案专利的整体技术方案进行分析后可获知，区别技术特征①的作用是防止粉尘污染腔体内部件，区别技术特征②的作用是减少蜗杆和基座之间的磨损。由此可见，这两个区别技术特征相互独立而无相互关联和作用，因此应当基于这两个区别技术特征分别确定所要解决的技术问题，并分别在现有技术中寻求技术启示。其中，基于上述区别技术特征①，本专利实际要解决的技术问题是如何防止粉尘污染腔体内部件；基于上述区别技术特征②，本专利实际解决的技术问题是如何减少蜗杆和基座之间的磨损。区别技术特征详见表11-4。

表11-4　权利要求对照

序号	权利要求1	对比文件1	对比分析
1	一种内置滚道回转驱动装置	回转驱动装置	相同
2	包括基座	支承机座12	相同

❶ 详见国家知识产权局第29943号专利无效宣告审查决定。

续表

序号	权利要求 1	对比文件 1	对比分析
3	端盖	(无)	未公开
4	齿块	顶板齿轮 6	相同
5	蜗杆	蜗杆 7	相同
6	圆锥滚子轴承	(无)	未公开
7	顶板	顶板 2	相同
8	所述蜗杆设置在基座内开设的蜗杆腔体内	所述蜗杆设置在基座内开设的蜗杆腔体内	相同
9	所示齿块安装在基座内	所示齿块安装在基座内	相同
10	并位于蜗杆腔体的上方，所述蜗杆与齿块相啮合	并位于蜗杆腔体的上方，所述蜗杆与齿块相啮合	相同
11	蜗杆的两端与基座之间分别设置有圆锥滚子轴承	(无)	未公开圆锥滚子轴承
12	所述端盖设置在基座底部的两端，用于将蜗杆腔体内的部件进行封闭	(无)	未公开端盖
13	所述顶板设置在基座的上方，所述基座的内圆面上开设有内滚道，所述顶板的外圆面上开设有外滚道，所述外滚道、内滚道和齿块相互同心	为了确保回转驱动装置中回转体正常工作并起到预期的作用、实现预期的功能，同时结合附图，本领域技术人员能够确定对比文件 1 中顶板外圈辊道 4、机座内圈辊道 5 和顶板齿轮 6 相互同心	相同

最后，判断权利要求 1 中的技术方案相对于对比文件 1 和对比文件 2 的组合来说是否显而易见。主要的做法是分析前步识别的区别技术特征是否在对比文件 2 中都能找到，且该等区别技术特征在对比文件 2 中所起的作用，与其在本专利中所起的作用相同。如果区别技术特征都能在对比文件 2 中找到且其所起的作用相同，即可判断本领域技术人员有动机将对比文件 1 与对比文件 2 相结合构成权利要求 1 的技术方案，进而判断权利要求 1 的技术方案对本领域技术人员而言显而易见。

对比文件 2 公开了一种双向输出的多功能回转支承结构的蜗轮蜗杆减速器，所属领域技术人员根据对比文件 2 明确公开的技术内容，同时结合附图可获知：对比文件 2 中，在基座 1 用于容纳蜗杆 4 的腔体的两端设置了端盖，蜗杆 4 的两端和基座 1 之间设有圆锥滚子轴承，因此，上述区别技术特征①、②均已被证据 2 公开，且该证据 2 中的端盖同样能够起到防止粉尘污染腔体内部件的作用，而该圆锥滚子轴承同样能够起到减少蜗杆和基座之间的磨损的作用，这与上述区别技术特征①、②在本专利中的作用相同，故证据 2 给出了将上述技术特征应用于证据 1 中以解决相关技术问题的技术启示，本领域技术人员基于证据 1 公开的技术内容及证据 2 给出的技术启示有理由和动机将证据 2 公开的上述技术手段应用于证据 1 中，而无须付出创造性的劳动，且该区别技术特征的引入并未给本专利带来预料不到的技术效果，故区别技术特征①、②不能使本专利具备实质性特点和进步。

（5）确认分析结果：本专利权利要求1相对于对比文件1和对比文件2的组合是显而易见的，因此权利要求1不具有创造性。

（6）应用分析结果：由于涉案专利权利要求1相对于对比文件1和对比文件2的组合不具有创造性，故宣告涉案专利权利要求1无效。

第十二章　专利技术规避设计分析

在专利越来越得到重视、专利申请数量持续增长的情况下，可以预见，专利侵权纠纷也会呈急速增长态势。专利技术规避设计作为应对专利侵权指控的主要措施之一，也必将引起更多注意。本章从规避设计的概念和主要应用场景出发，讨论了常见的规避设计流程与策略，指出应该注意的问题，并列举案例，阐述不同应用场景下的规避设计做法。

规避设计，既是专利技术挖掘的重要手段之一❶，也是在专利侵权诉讼或预防专利侵权实践中极为重要的应对手段。现实中到底是出于何种目的进行规避设计，形式上并不重要，重要的是，是否能够找到行之有效的规避技术方案，从而或者能够在现有技术基础上进一步创新，或者能够有效规避当前面对的或潜在的专利侵权指控风险。

第一节　专利技术规避概述

一、专利技术规避概念

不同的应用场景，专利规避设计（Design Around）的概念会有所差异。应用场景通常有两种：第一种是为了避免落入当前仍然有效的某一专利（或可能会被授予专利权的专利申请，以下统称“专利或专利权”）的权利要求保护范围（Claims），从而做出的创新设计；第二种则并不聚焦于专利是否仍然有效，而是基于“专利公开技术内容”这一专利制度的初衷，在现有专利文献所记载技术的基础上，进行的持续性创新或设计活动，从而与现有的“专利技术”差异化。

本章主要基于以上两种应用场景考虑，就是面对竞争对手专利壁垒时，找出其在保护地域、保护内容等方面的漏洞，平移或改造相关方案，实现不侵权的技术“借用”❷，或者绕过竞争对手的技术方案。专利规避设计是面对专利侵权指控时为自己进行不侵权争辩的重要理由，例如在三星与苹果之间的世纪专利大战中，三星就因为其部分成功采用规避设计，从而躲过了被控侵犯专利权的指控❸。此外，即使规避设计的争辩理由不

---

❶　专利以公开换保护，专利制度设计者的初衷就是希望专利技术公开之后，人们能够在这些公开技术的基础上进行进一步的改进，而这些改进，如果能够做到和在先专利技术差异化，并且达到不被其权利要求所覆盖的程度，那么就是典型的专利规避设计做法。

❷　http://news.k8008.com/html/201111/news_191691_1.html.

❸　三星设计规避苹果专利［EB/OL］. http://tech.163.com/12/0505/15/80OKAMO4000915BE.html.

被法院认可，“努力进行了规避设计”也能够帮助提高被控侵权人避免被指控恶意侵权的可能性❶。

此外，从某个角度讲，规避设计本身也是一种发明创新过程，只是这种创新过程是在解决某种技术问题的同时，考虑的是如何与一种现有的已经被专利保护的技术方案差异化，并且要做到这种差异化是实质性的，至少要能够“逃避掉”专利侵权诉讼中的等同侵权原则❷的指控。

既然专利规避设计也是一种创新过程，那么在理论层面上，大家就能够自然地想到创新设计的理论并用于指导专利规避设计的过程。例如常见的创新设计理论之TRIZ理论、技术功效矩阵理论等，同样可以作为规避设计的“技术创新”理论，只是创新设计的出发点略有不同❸。实际上，随着规避设计作为一种可能的侵权规避途径❹被人们深入认识，许多公司的研发人员已经掌握了使用技术功效矩阵和TRIZ理论（尤其常见的是该理论下的“矛盾矩阵”和“功能的物质-场理论”）等分析方法来对竞争对手的核心专利进行规避设计。❺

二、专利技术规避流程

通常情况下，应对专利侵权的规避设计基本步骤如下❻。

（1）确认需要规避的专利。检查需要规避专利的法律状态（包括缴费状态）；检查该专利同族的法律状态、无效和诉讼情况以及地域布局情况。

（2）解构独立权利要求的构成。分析哪些是必要技术特征、哪些是非必要技术特征以及哪些技术特征为公知技术，厘清各项技术特征（技术手段）对应的技术效果。根据所有技术特征及其等同技术特征划定独立权利要求的保护范围。

（3）拟定规避设计策略。

（4）可能的情况下针对规避设计申请专利。

实际上，上述4个步骤的专利规避设计流程，往往是在已经被指控侵权的情况下作出被动应对的规避设计流程，而对于主动预防式的规避设计，在步骤（1）之前，还隐含了另外一个步骤，即针对企业要推出的产品或服务，首先进行专利的检索和分析，找出相关专利，并对这些相关专利进行判断，确定是否存在可能侵权的专利（这个时候，全面覆盖原则、等同原则、禁止反悔原则等专利侵权判定原则都应该非常熟练地运用）

---

❶ State Indus., Inc. v. A. O. Smith Corp, 751 F. 2d 1226, 1236 (Fed. Cir. 1985).

❷ 等同侵权原则几乎就是针对不成功的规避设计而专门提出的，等同侵权原则就是要“抓住那些希望通过仅仅作出细微的改动就逃脱专利侵权指控的不法抄袭者”。Cotropia, Christopher A, Mark A Lemley. Copying in Patent Law [J]. NCL Rev, 2008 (87): 1421.

❸ 通常的创新设计是基于面对要解决的工程技术问题而提出的。

❹ 现实中，一旦被控专利侵权，在权衡各种应对方案的成本之下，规避设计可能是优选的应对方案，甚至优于对涉案专利进行无效（例如在规避设计的成本远远低于无效专利所需要付出的成本和/或资源的情况下）。

❺ 一些专利咨询公司甚至还专门开发了专利规避设计的分析工具（例如参见：Yeh-Liang Hsu, Po-Er Hsu, Yung-Chieh Hung, et al. Development and Application of a Patent-Based Design Around Process [C] //ASME 2010 International Design Engineering Technical Conferences and Computers and Information in Engineering Conference. Volume 1: 36th Design Automation Conference, Parts A and B).

❻ N Paul Katz, R Riddle Robert. Designing around a United States Patent [J]. S. Tex. L. Rev, 2003-2004: 647.

以及侵权的可能性大小，并据此判断是否要作出规避设计[1]以及如何进行设计。

三、专利技术规避策略

在确认一件专利权利稳定、很难被无效且有被诉侵权之虞时，规避策略与手段见表12-1，利用全面覆盖原则的规避设计方法见表12-2。

表12-1　专利技术规避策略与手段

规避设计策略	策略内容	适用的（专利分析）手段
适用禁止反悔原则	禁止反悔原则防止专利权人将他在申请过程中放弃保护的技术内容纳入权利要求的保护范围之中	检索分析审查过程和审查卷宗，本专利申请有无禁止反悔的情况。还需核实确认，该专利权人没有就他之前放弃的内容重新申请专利，特别是在系列申请当中
是否适用捐献原则	法院认为，说明书中公开却没有在权利要求中要求的内容视为被贡献给了公众，如采用说明书及附图中记载但未反映在权利要求书中的技术方案不落入权利要求的保护范围	通过对权利要求书的解读分析（该方法参见技术分析方法篇第十一章的内容），弄清说明书中（尤其特别关注实施例部分）是否具有没有纳入权利要求的技术方案
利用现有技术	利用本专利文件中的背景技术、引证文件进行规避设计； 利用本专利解决的主要技术问题检索现有技术，利用本领域的其他现有技术实现等效替换	旁系引文分析、同被引和耦合引文分析（参见数据分析方法篇第六章第二节的内容）； 功效矩阵分析（参见技术分析方法篇第八章的内容）
利用全面覆盖原则	如果一个权利要求中的一个要素及其功能在被控装置中没有出现，则该装置没有侵犯该权利要求。 减少（必要）技术特征（参见表12-2的方法1）； 替换（必要）技术特征，这里注意考虑所做的替换是否构成“等同”替换（参见表12-2的方法2、方法3）	功效矩阵分析（参见技术分析方法篇第八章的内容）； 旁系引文分析、同被引和耦合引文分析（参见数据分析方法篇第六章第二节的内容）； TRIZ理论（参见本章的案例部分）

[1] 注意，进行规避设计通常一定是具有经济效益性的，简单地说，就是规避设计所带来的额外成本不会导致产品或服务亏本，如果规避设计的成本过高，就要考虑放弃目前的技术路线而寻找一条全新的与风险专利技术完全不同的解决方案。

表 12-2　利用全面覆盖原则的规避设计方法

<table>
<tr><th>规避设计的思路</th><th>权利要求中的技术特征</th><th colspan="3">规避设计后的技术方案中的技术特征</th></tr>
<tr><td>（1）缺少一个以上的技术特征</td><td>A
B
C</td><td>A
B</td><td>B
C</td><td>A
C</td></tr>
<tr><td>（2）至少改变一个技术特征（技术特征 C、D 不等同）</td><td>A
B
C</td><td colspan="3">A
B
D</td></tr>
<tr><td>（3）以不同技术特征来置换某一技术特征（技术特征 B、C 与技术特征 E、F、G 能解决相同的技术问题）</td><td>A
B
C</td><td colspan="3">A
E
F
G</td></tr>
</table>

成功的专利规避设计至少满足如下两个条件：一是在专利侵权判定中不会被判侵权，这是专利规避设计最下限的要求，也是法律层面最基本的要求；二是确保规避设计的成果具备商业竞争力、满足获利要求，不是为了规避而规避，必须考虑避免因成本过高而导致产品失去竞争力和利润空间之问题，这个是商业层面上的要求。[1]

专利规避设计在思路和方法上，还应当充分考虑技术领域的不同。例如，机械领域的专利规避设计通常可以借鉴 TRIZ 理论中的技术矛盾矩阵的思想，而医药和化学、计算机软件等领域则很难适用，需要充分考虑这些技术领域中权利要求的撰写方式、技术特征的关联性、特殊的功能和效果层面，从而采用不同的专利规避设计思路[2]。此外，针对不同地区的专利法特别是专利侵权判定原则的不同，规避设计的思路和操作也应当适当调整。

第二节　专利技术规避分析案例

规避核心专利的根本目的是使企业选用的技术方案避开竞争对手核心专利的法律保护范围，不受约束地行使自身的技术方案，或者找到新的替代性技术方案，从而可以确保自身的自由生产（FTO），或者将新的技术方案申请专利保护，增强自身的专利实力。

【案例 12-1】基于技术特征比较的技术规避设计分析

案例设置目的：掌握通过分析竞争对手专利技术特征来获得产品规避设计地图的方法。

---

[1] http://blog.sina.com.cn/s/blog_608e169a0100upbd.html.

[2] J E Cohen，M A Lemley. Patent scope and innovation in the software industry [J]. California Law Review，2001 (1).

A 公司拟生产的产品中，计划使用“利用 Light Bar（with 3×2 IR leds）来作为 TV game 的光标坐标侦测”的技术方案。通过检索并分析发现，原相公司和科乐美公司存在相关专利申请，其中原相公司为任天堂 Wii 游戏机的元件供应商，科乐美公司为电视游戏的领导厂商。对上述两家公司的光标坐标侦测技术相关专利技术特征比对如图 12-1 所示。

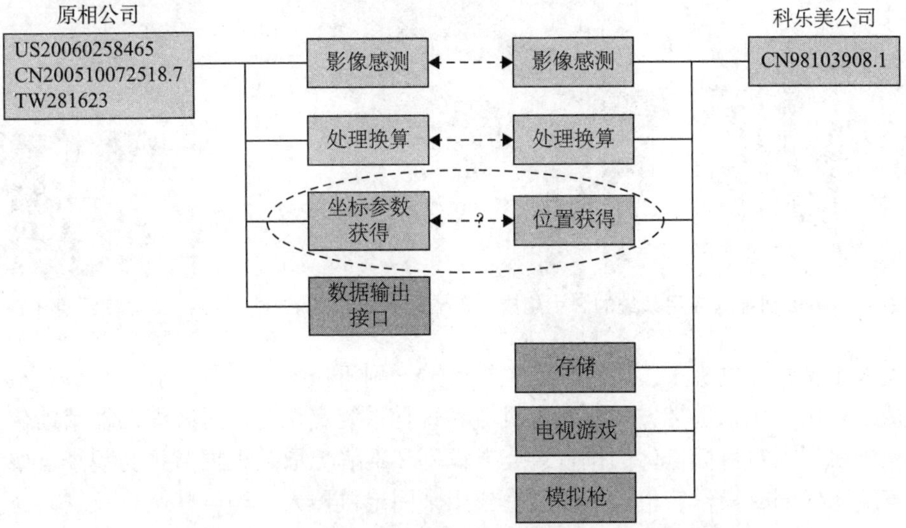

图 12-1 光标坐标侦测技术相关专利技术特征比对示意

通过比对原相公司和科乐美公司的相关专利技术特征可知：

（1）“影像感测”和“处理换算”为两家公司专利的重叠技术特征。

（2）“坐标参数获得”与“位置获得”为存在较细微差别且为两家公司专利主要发明点所在的技术特征。

（3）“参数输出接口”为原相公司专利中的独有技术特征，而“存储”“电视游戏”和“模拟枪”为科乐美公司专利中的独有技术特征。

因此，建议 A 公司的规避设计首选在两个竞争对手存在较细微差别，且为主要发明点的技术特征中进行，其次为两家公司独有的技术特征。

【案例 12-2】发那科 Delta 并联机器人的专利规避设计策略分析❶

1. 发那科 Delta 并联机器人的背景

Delta 机器人属于高速、轻载的并联机器人，一般通过示教编程或视觉系统捕捉目标物体，由 3 个并联的伺服轴确定抓具中心（TCP）的空间位置，实现目标物体的运输、加工等操作。Delta 机器人主要应用于食品、药品和电子产品等加工、装配。Delta 机器人以其重量轻、体积小、运动速度快、定位精确、成本低、效率高等特点，在市场上被广泛应用。

Delta 机器人是典型的空间三自由度并联机构，整体结构精密、紧凑，驱动部分均

❶ 改编自：杨铁军. 产业专利分析报告（第 19 册）：工业机器人［M］. 北京：知识产权出版社，2014：309-314.

布于固定平台，这些特点使它具有如下特性：①承载能力强、刚度大、自重负荷比小、动态性能好；②并行三自由度机械臂结构，重复定位精度高；③超高速拾取物品，一秒钟多个节拍。Delta 机器人应用系统主要由机器人、输送线及机器人安装框架 3 个部分组成，其布局如图 12-2 所示。

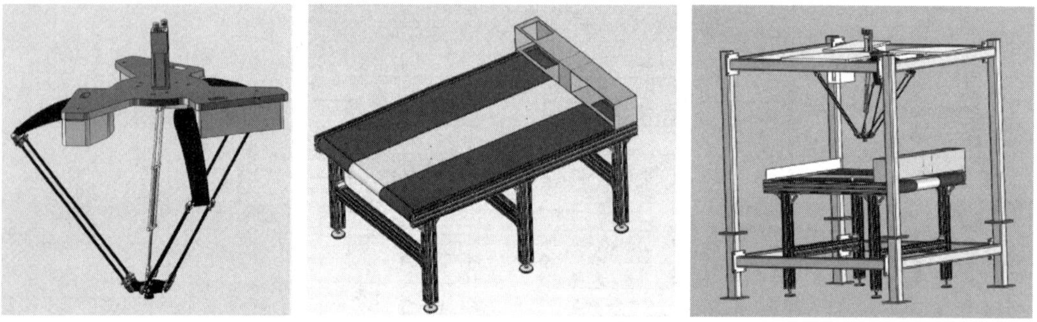

图 12-2　Delta 机器人应用系统的 3 大组成：机器人（左）、输送线（中）及安装框架（右）

机器人由基板、电机罩、旋转轴、主机械臂、副机械臂、抓具中心等组成。机器人配套输送线采用电机输送带方式，通过机器人视觉系统定位与输送线编码器反馈位置的方式，实现机器人对目标工件的位置、姿态识别和准确抓取。根据节拍与现场需要，可并行多条输送线同时操作。机器人安装框架用来固定机器人机构，其结构及安装方式根据现场应用进行定制。

Delta 机器人的工作空间由主机械臂及副机械臂的长度、动平台与静平台半径，以及主动臂活动角度范围这几个参数来确定。

2. 发那科 Delta 并联机器人的规避设计方案

发那科公司涉足 Delta 并联机器人开发时间较晚，在它之前，ABB 公司、博世公司等早已研发出各自成熟的系列产品并形成相应的专利保护池。在进行 Delta 并联机器人开发前，发那科首先对现有专利技术进行了充分摸底，通过检索现有专利技术找出最具代表性的专利作为规避设计的基础，进而分析并利用该专利的发明构思。

博世公司于 2005 年获得授权的美国专利 US6896473B2（同族 JP4109062B）（以下简称博世专利），多次被发那科公司的专利申请所引用。发那科与博世公司 Delta 并联机器人的专利技术对比如图 12-3 所示。以发那科公司的专利（以下简称发那科规避方案）（美国授权公告号 US8307732B2，中国同族授权公告号 CN102049766B）为例，通过对比看一看发那科是如何对博世专利进行规避设计的。

（1）博世专利的独立权利要求分析

博世专利通过设置在动平台和定平台之间的移动副以及球铰或万向节，将驱动装置的动力传递到动平台上的末端执行器。其发明点在于通过两根由线性轴承实现相对移动的平行杆组成的移动副增加一个自由度。

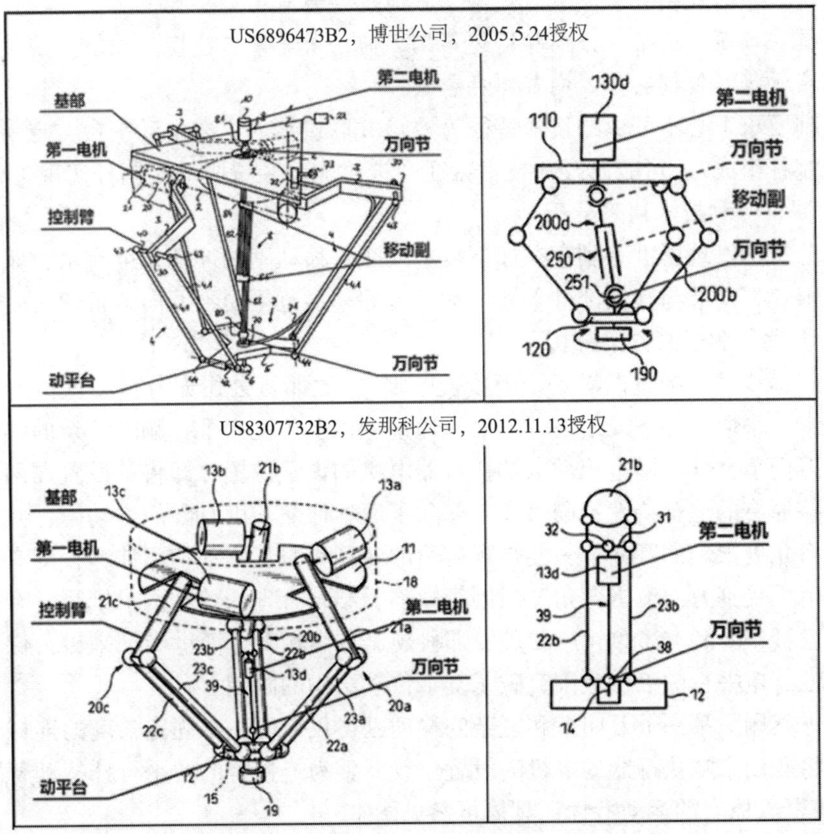

图 12-3　发那科与博世公司 Delta 并联机器人的专利技术对比

该专利的权利要求 1 如下：

一种实现物体三维移动的 Delta 并联机器人，包括：

一个基部；

一个移动承载平台；

第一电机；

控制臂，由于所述第一电机驱动，每个控制臂包括连接于所属基本部的第一端部和连接到所属移动承载平台的第二端部；

设置在所属移动承载平台的夹紧元件；

具有轴的第二电机；

一个长度可变的轴，所述轴形成为一将扭矩从所述第二电机传递至所属夹紧元件的装置，所述装置包括：

一第一杆；

一第二杆；

一滑动轴承，其将所述第一杆和所述第二杆滑动连接在一起以使第一杆在第一方向上延伸，第二杆在第二方向上延伸，其中，所述第一方向平行且偏离所述第二方向。

一第一铰接接头，其在所述第一方向上连接在所述第一杆一端，并连接到所述第二电机的轴，一第二铰接头，其在所述第二方向上连接所述第二杆一端，并连接到所属夹紧元件，其中参照所述第一方向和所述第二方向，所述第二铰接头、第一铰接头，并且第一铰接头和第二铰接头为万向节组件。

其权利要求1必不可少的技术特征为“该并联机器人主要由动平台、定平台、驱动装置和控制杆组成”；可能修改的技术特征“通过驱动装置驱动控制杆实现工作过程”。

（2）博世专利技术缺陷分析

通过分析，发现博世专利存在如下技术问题：移动副的伸缩长度有限，驱动轴可伸缩长度有限；万向节与其他部件干涉；动平台的移动范围受到万向节折弯角度限制。

（3）发那科的规避方案分析

根据“减少组件数量以满足全面覆盖原则”，发那科公司充分借鉴博世专利文献中的背景技术，采取了如下规避设计方法：通过从以上角度入手，删除复杂的移动副结构和第一个万向节，同时调整驱动末端执行器电机的设置位置，即将其设置在两平行的从动杆以保持原有的运动特性；同时由于删除了原本伸缩长度有限的移动副，并省略了一个受到折弯角度限制的万向节，使得规避后的专利克服了驱动轴可伸缩长度有限、动平台的移动范围受到万向节折弯角度限制等缺陷，结合合理的权利要求撰写，有效规避了博世公司已授权专利US6896473B2。发那科规避方案相对于博世专利来讲，保留了原有的运动特性，定平台的工作范围突破了复杂传动结构的限制。

规避方案删除第一个万向节和复杂的移动副，仅保留一个固定长度的连杆和一个万向节，并将驱动末端执行器的电机的设置位置调整为连接臂的两平行杆从动臂之间以保持Delta机器人原有的运动特性，具体可参见图12-4。

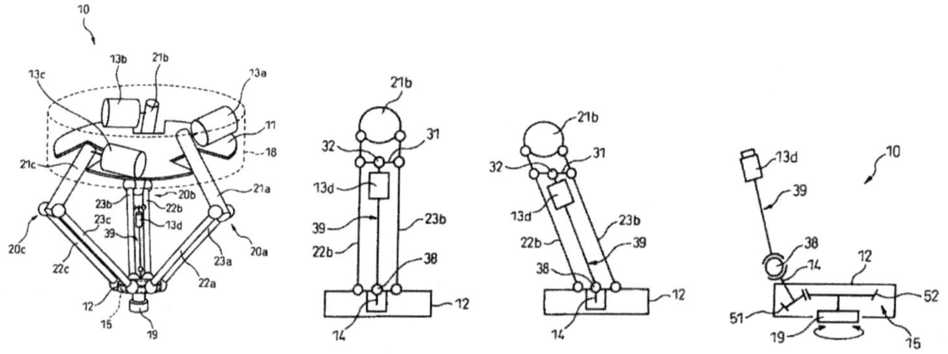

图12-4 发那科Delta并联机器人的规避设计方案

（4）发那科公司专利规避设计后形成新的专利技术

发那科公司对博世专利进行规避设计后，将形成的新的技术方案进行了专利保护。该专利的权利要求1如下：

一种并联连杆机器人（10），具备：

基础部（11），可动部（12），连接上述基础部（11）与上述可动部（12）并对上述基础部（11）分别具有一个自由度的三个连杆部（20a-20c），以及分别驱动该连杆部（20a-20c）的三个驱动器（13a-13c）；

各个上述连杆部（20a-20c）包括与上述基础部（11）连接的驱动连杆（21a-21c），以及连接该驱动连杆（21a-21c）与上述可动部（12）并彼此平行的两根从动连杆（22a-22c、23a-23c）；

该并联连杆机器人（10）的特征在于，具备：

变更附属于上述可动部（12）的部件（19）的姿势变更机构部（15），至少在一个上述连杆部（20a-20c）的上述两根从动连杆（22a-22c、23a-23c）之间与这些从动连杆平行地配置的追加驱动器（13d-13f），以及从上述追加驱动器（13d-13f）同轴地延伸并将该追加驱动器（13d-13f）的旋转驱动力传递给上述姿势变更机构部（15）的动力传递轴部（39）。

【案例 12-3】京东方触控技术要素省略的专利规避设计分析❶

案例设置目的：掌握通过省略技术特征的方式实现专利规避设计的思路。

1. 触控屏产业技术背景

触控屏（touch screen）是一种可接受触控式输入信号的感应显示装置，当接触了屏幕上的图形按钮时，屏幕上的触觉反馈系统可根据预先编程的程式驱动各种装置，并借由显示画面制造出生动的影音效果。目前触控屏已广泛应用于智能手机、平板电脑、笔记本电脑、游戏机、ATM 等领域。

早期的触控屏结构为框贴类型，利用双面胶将触控屏与显示屏的四边固定，其缺点是显示屏与触控屏间存在着空气层，在光线折射后导致显示效果大打折扣。随后出现了全贴合技术，以黏合剂将触控屏与显示屏以无缝隙的方式完全粘贴在一起，陆续出现了 G+G、OGS、ONCELL、INCELL 等多种方案，其中 INCELL 技术的 Full incell（FIC）应用前景业内相对更加看好，代表厂家就包括美国的苹果公司。

2. 苹果公司重要专利方案的核心技术特征

美国苹果公司很早就注意到 FIC 相比其他技术的优点和未来市场，并且一直对 FIC 结构进行专利布局。为提高 FIC 结构触控屏的开口率，苹果公司以 US12/315869 为优先权提出系列同族专利申请并获得多项授权，该族专利将触摸感测相关的不透明元件（如公共线）与显示相关的不透明元件（如栅极线）设置为大体重叠，从而确保了即使触摸感测元件增加也不会显著地减小开口率。其中中国授权专利 CN102239462B 的权利要求 1 如下：

一种具有触摸传感器面板和显示设备的触摸屏，所述触摸屏被配置为执行显示功能和触摸感测功能，包括：

多个像素，每个像素包括具有第一电极和第二电极的存储电容器；

连接到执行触摸屏的显示功能的显示电路的一个或多个不透明的显示元件；和由不透明导体制成的多个公共线，每个公共线连接到所述多个像素中的一个或更多个像素的第一电极，并且被定位在触摸屏内与不透明的显示元件不同的层内，以使得不透明的显示元件与公共线相互重叠；

❶ 国家知识产权局知识产权发展研究中心. 触控屏专利分析和预警项目研究报告［R］. 2015.

其中，所述不透明的显示元件对所述显示设备的孔径比做贡献，并且所述多个公共线大体保持所述显示设备的孔径比，其中在触摸屏的触摸感测功能期间，第一电极通过公共线连接到触摸感测电路，并且在显示功能期间，第一电极连接到显示电路。

该权利要求必不可少的核心技术特征可概括为“不透明导体制成的公共线被定位在触摸屏内与不透明显示元件不同的层内，其中不透明的显示元件与公共线相互重叠”，通过上述技术特征所描述的技术手段，一定程度上避免了不透明部件对显示像素的遮挡，有助于保持显示屏开口率基本不会降低。

3. 京东方通过省略技术要素实现规避设计

国内企业京东方公司提出了类似专利申请并获得授权CN102183853B，其中权利要求1的技术方案如下：

一种触摸液晶显示屏，包括：阵列基板和彩膜基板，所述阵列基板包括由栅线和数据线限定的数个像素单元，每个像素单元内形成有薄膜晶体管和像素电极，其特征在于，所述阵列基板还包括：用于触摸定位的触控电路单元，所述触控电路单元包括彼此交叉的触控发射线和触控感应线，所述触控发射线为所述栅线；所述触控电路单元设置在至少一个像素单元上；

所述触控电路单元的总数目小于所述像素单元的总数目，其中每多个列的像素单元设置一条触控感应线；

所述触控电路单元还包括：第一触点和第二触点，所述第一触点与所述栅线直接连接，所述第二触点与所述触控感应线直接连接。

该权利要求通过“所述触控发射线为所述栅线”这一关键技术特征，将用于显示功能的栅线和用于触控功能的发射线合二为一，采用共用的方案有效减少了显示像素内部触控感测线路的布置密度，增加了显示屏的开口率。

可以看出，京东方在提高显示像素开口率的问题上，并没有像苹果公司那样将显示相关元件与触控相关元件相互重叠，而是通过直接利用显示阵列基板中的栅极线作为触控面板中的触控驱动线的方式，省略了苹果公司的核心技术特征，巧妙地直接减少了像素内部的部分元件，并将剩余的共用元件进行重新设计，既保留了原有的全部电路功能，同时也增加了显示屏的开口率，属于典型的要素省略发明，这种专利规避策略取得了很好效果。

策略分析方法篇

专利分析不仅能为企业或相关部门提供情报，更能为其参与市场竞争提供决策依据。企业等创新主体的研发、生产、市场拓展等经营的多个环节都与知识产权有直接关系，专利活动是高质量发展的重要组成部分，专利信息更能真实反映创新主体的市场行为，因此，透过专利分析能够洞悉创新主体的发展态势和竞争策略，对于找准自身定位、识别市场利基、防范市场风险，具有重要的决策参考作用。

根据不同的运用场景和需求，专利分析更多情况下由基础的专利数据分析转变为专利战略分析，分析方法、过程更加灵活，内容更加多样，分析结果更加贴合实际问题和解决方案。本篇针对常见的策略分析场景介绍如何开展专利分析，包括：技术追踪策略的专利分析、专利挖掘策略的专利分析、研发合作策略的专利分析、专利布局策略的专利分析、专利无效诉讼策略的专利分析、专利运营策略的专利分析，以及专利预警和应对的专利分析等。

第十三章　技术追踪策略的专利分析

跟踪创新是发展中国家或新兴经济体引进发达国家先进技术、消化吸收再创新实现快速发展的重要模式。对于创新者来说，通过技术追踪不仅能够把握技术发展趋势、聚焦先进技术方向，而且能够识别跟踪主要竞争对手、研判竞争对手的研发策略，有利于发挥后发优势。因此，借助专利分析方法研究技术追踪策略对于企业或创新具有重要的决策参考作用。本章介绍了通过专利分析进行技术追踪策略分析的一般方法和流程，并结合案例进行了详细说明。

第一节　技术追踪策略的专利分析方法和流程

从技术追踪目标的广泛程度和精细程度来看，专利技术追踪分析可分为两个层面：一是基于行业或区域层面的宏观分析，主要目的是追踪技术源头，识别主流或热点技术领域，比如针对产业集群的重点技术问题的技术追踪；二是从企业层面出发的微观技术追踪，比如竞争对手、重点专利技术的识别和跟踪等。

一、行业或区域层面的技术追踪

1. 追踪技术领先国家或区域

对于某一类技术或产品来说，一般存在技术的扩散与接力创新，为了追踪领先技术，首先要分析技术的源头，然后了解技术的发展和变迁趋势，常见的专利分析模块如下：

（1）各个国家或区域在该领域的专利申请总量对比。

（2）各个国家或区域在该技术领域的专利申请趋势和活跃度对比。

（3）各个国家或区域在该技术领域的专利原创和布局区域对比。

（4）各个国家或区域在该技术领域的主要专利申请人专利实力对比。

2. 追踪技术领域的技术发展趋势

技术发展趋势主要涉及技术研发热点分支和主流技术路径，追踪方法通常包括以下几个方面：

（1）各个国家或区域在该技术领域的专利申请技术分支构成对比。

（2）各个国家或区域在该技术领域各个技术分支最近几年的申请变化趋势对比。

（3）各个国家或区域在该技术领域各个技术分支的重点专利分布对比。

二、技术微观层面追踪分析

1. 重点技术分支追踪分析

根据技术发展情况，将技术领域划分为若干分支，在此基础上，分析各分支的专利分布情况，通过对比总量和趋势，进一步确定重点技术分支，对这些重点技术分支进行深入的追踪研究，主要包括：

（1）重点技术分支的专利申请趋势和活跃度。

（2）重点技术分支专利布局路线图。

（3）重点技术分支核心专利及引证关系分析。

（4）重点技术分支专利转让、许可、诉讼情况分析。

2. 重点申请人追踪分析

对竞争对手的新技术、新产品动态追踪是企业新产品开发思路收集、知识产权风险管理、竞争对手市场策略分析最直接有效的方法之一。首先要分析重点专利申请人，并准确识别主要竞争对手，然后了解重点申请人的技术特点及实力。通常包括以下几方面的分析内容：

（1）相关专利申请人排名分析。

（2）主要竞争对手专利申请总和和有效专利分析。

（3）主要竞争对手的专利申请趋势和保护期限分析。

（4）主要竞争对手的专利地域布局情况分析。

（5）主要竞争对手的专利技术分布情况分析。

（6）主要竞争对手的专利引用和被引用情况分析。

（7）主要竞争对手的专利转让、许可、诉讼情况分析。

3. 重点发明人/团队追踪分析

对于一项技术或产品来说，一般都有领军人物及其研发团队引领着该技术或产品的创新方向。从重点申请人、重点专利、合作申请等角度开展分析能够锁定重点发明人及其团队。针对重点发明人/团队的追踪分析内容包括：

（1）重点发明人/团队的专利技术演变趋势。

（2）重点发明人/团队的专利引证与被引证情况分析。

（3）重点发明人/团队的变动或人员更替情况分析。

4. 基础专利/核心专利的追踪分析

基础专利一般是指在一项技术产生的初期最早申请的具有代表性的专利，通过专利追踪分析能够确定基础专利，从而梳理出技术源头。核心专利是涉及一项技术关键控制环节的专利，对于核心专利的分析有助于抓住关键技术难题和“卡脖子”环节。关于基础专利和核心专利追踪分析的内容主要包括：

（1）基础专利的引证和被引证分析。

（2）基础专利的技术方案和保护范围解读。

（3）核心专利的引证和被引证分析。

（4）核心专利的技术方案和保护范围解读。

第二节　技术追踪策略专利分析的典型案例

【案例 13-1】切削加工刀具行业的技术追踪策略专利分析❶

案例设置目的：掌握某领域先进专利技术的 3 种主要追踪途径。

1. 追踪技术领先国

切削加工刀具行业是传统机械加工行业的一个分支，技术主要来自工业强国，因此通过以下分析过程能够追踪具体的技术领先国。

第一步：专利申请量排序分析。

如图 13-1 所示，通过在德温特世界专利索引（DWPI）数据库检索并分析了解到，1953~2011 年，日本、俄罗斯、德国、美国、中国、韩国和瑞典是切削加工刀具行业全球专利技术的主要来源国。

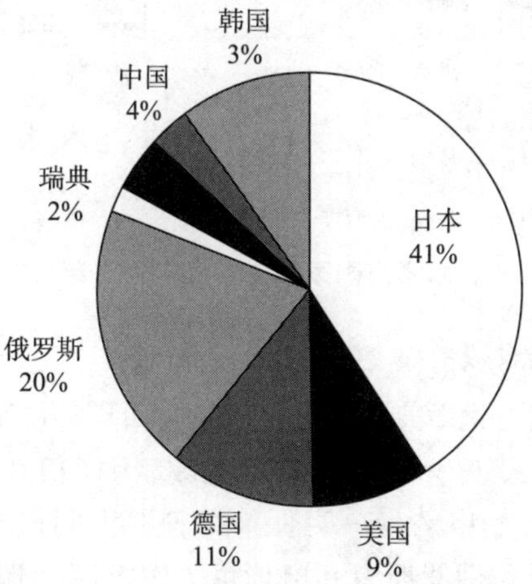

图 13-1　切削加工刀具行业专利技术主要来源国专利申请量占比

第二步：技术分支构成分析。

如图 13-2 所示，从技术领先国在各技术分支的专利申请量来看：日本几乎在所有的技术分支上都占有优势，在各技术分支都有申请，说明该国企业技术广度比较高，其中在涂层、铣刀、硬质合金、孔加工刀具、陶瓷和立方氮化硼方面的申请量均超过了分支总申请量的 50%，也说明该国企业在这些分支上表现活跃；瑞典的专利申请主要集中在铣刀、涂层、硬质合金刀具基体材料领域；美国和德国的专利申请主要集中在孔加工刀具、铣刀、涂层技术领域；俄罗斯的专利申请主要集中在涂层、铣刀、车刀技术领域。

❶ 改编自：杨铁军. 产业专利分析报告（第 3 册）：切削加工刀具［M］. 北京：知识产权出版社，2014：37-88.

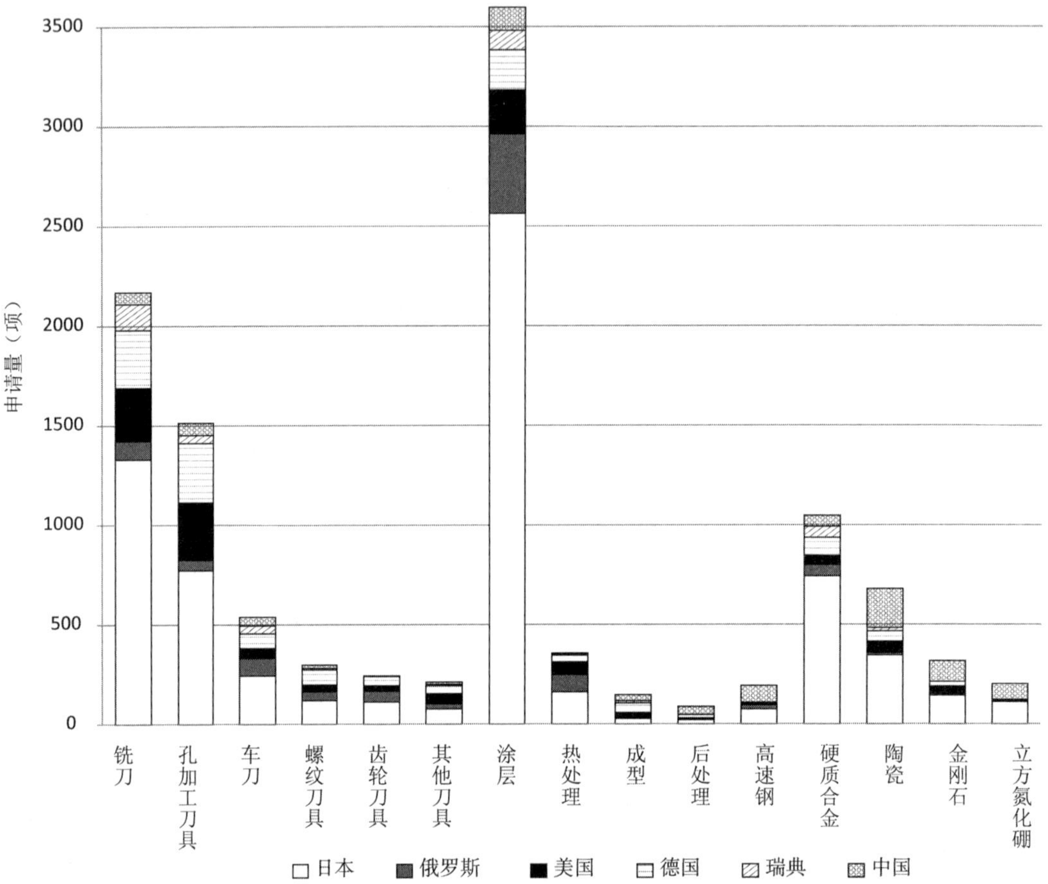

图 13-2　技术领先国家的主要技术分支专利申请情况

第三步：专利申请趋势分析。

如图 13-3 所示，瑞典、俄罗斯、美国、德国、日本从 20 世纪 60 年代开始申请刀具专利，而中韩两国进入较晚，都是在 20 世纪 80 年代初开始申请。日本专利增长快速，从 20 世纪 90 年代初开始申请量一直保持第一，说明该国刀具领域创新非常活跃；20 世纪 90 年代苏联解体后，俄罗斯专利申请量大幅下降；瑞典、德国和美国的专利申请量一直非常平稳，说明其专利技术的延续性较好；中国于 20 世纪 80 年代末才开始刀具专利申请，与中国建立专利制度的时间较晚有关，2001 年以后才出现较大增长，这可能与中国加入 WTO 以及行业蓬勃发展有关。

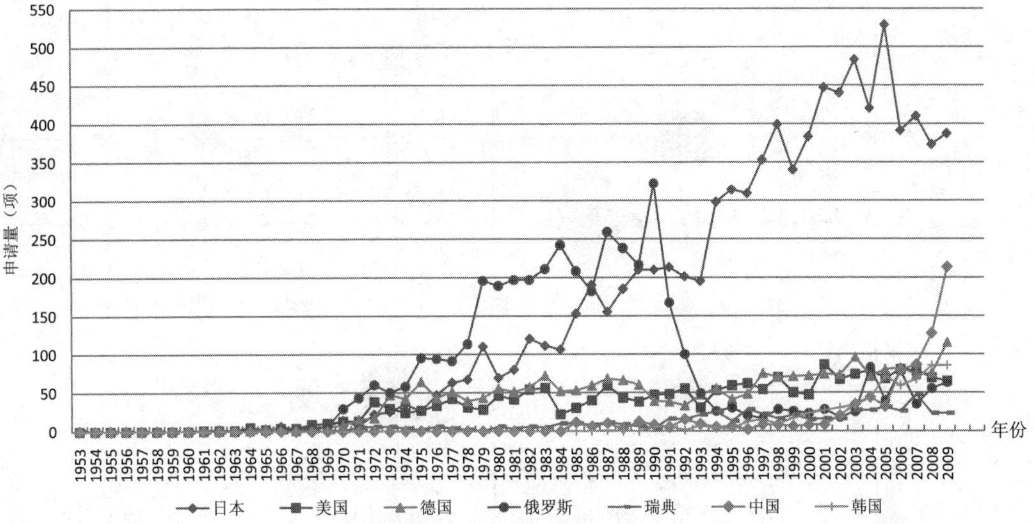

图 13-3　专利申请趋势分析

第四步：专利申请输出输入情况分析。

如图 13-4 所示，日本申请人除在本国申请了大量的专利外，还在美国、欧专局和德国申请了一定量的专利，说明日本非常重视本国以及美国和欧洲（特别是德国）市场；俄罗斯申请人主要在国内申请专利，在国外申请刀具专利的数量非常之少，说明俄罗斯的市场主要在国内；其他国家在俄罗斯的申请也非常少，说明俄罗斯的刀具市场比较封闭；瑞典申请人在各国的专利申请最均匀，其中除俄罗斯外，其他国家的专利申请都超过 200 件，从一定程度上说明瑞典对自身的刀具技术比较自信；其他国家在瑞典的申请相对较少，说明瑞典在刀具技术方面具有较强竞争优势；美国申请人非常重视本国、日本和欧洲（特别是德国）市场；德国申请人非常重视欧洲、美国和日本市场；中国申请人专利申请主要集中在国内，在美国、欧专局和日本的专利申请量相对较小，在进入这些国家和地区市场时，应考虑其遭遇专利侵权风险的可能。

如表 13-1 所示，从总输出量/总申请量来看：瑞典远高于其他国家，说明瑞典申请人非常重视国际市场的发展；俄罗斯和中国相对较低，这反映出两国申请人更倾向于本土市场。

从申请量/总申请量来看：日本申请人有超过 80% 的专利没有进行海外申请，俄罗斯和中国申请人更是超过 90%，说明这些国家主要依赖国内市场；其他国家申请人在俄罗斯的申请量基本为 0，说明国外申请人未在俄罗斯进行专利布局；除俄罗斯外，其他国家申请人在美国和欧专局的申请量比率较高，说明美国和欧洲是刀具领域的重点市场。

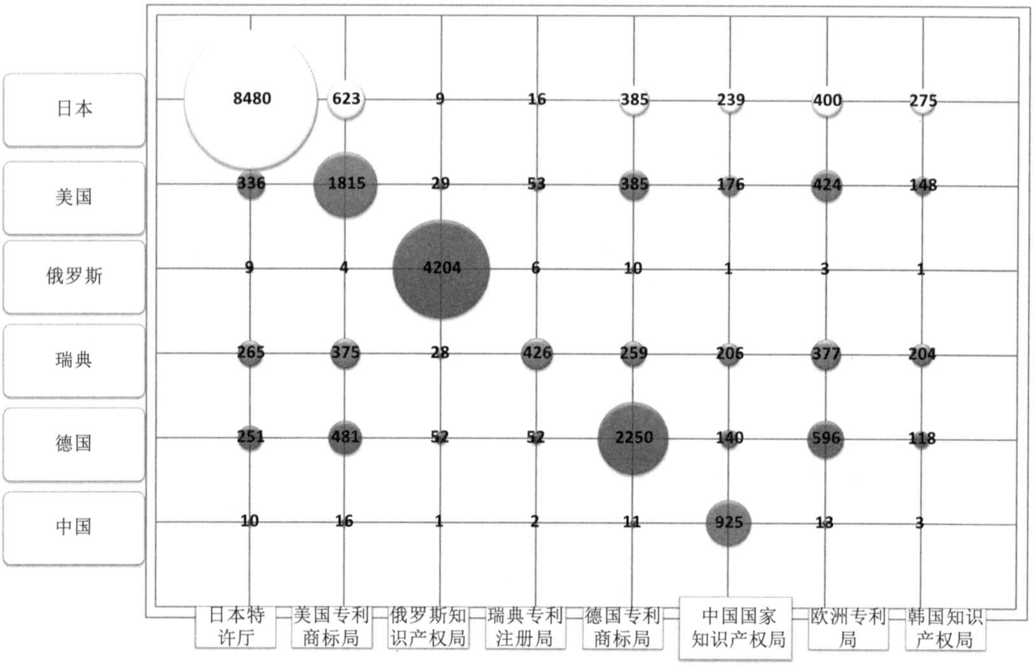

图 13-4 技术领先国家的技术流向分析（单位：项）

表 13-1 技术领先国家的技术流向比分析

单位:%

国家	申请量/总申请量								总输出量/总申请量
	日本	美国	俄罗斯	瑞典	德国	中国	欧专局	韩国	
日本	81.3	6.0	—	—	3.7	2. 2	3.8	2.6	18.7
美国	10.0	53.9	0.8	1.6	11.4	5.2	12.6	4.4	46.1
俄罗斯	0.2	—	99.2	0.1	0.2	—	—	—	0.8
瑞典	12.4	17.5	1.3	19.9	12.1	9.6	17.6	9.5	80.1
德国	6.4	12.2	1.3	1.3	57.1	3.6	15.1	3.0	42.3
中国	1.0	1.6	0.1	0.2	1.1	93.8	1.8	0.3	6.2

2. 追踪重点申请人

切削加工刀具行业的专利申请主要集中在一些跨国公司手中，这些跨国公司拥有各自的技术特长，因此追踪重点申请人是专利技术追踪的另一种可行途径。

第一步：专利申请量排序分析。

如表 13-2 所示，结合专利申请总量、申请人国别、在华申请量，以及同一专利申请同时向美国专利商标局、欧洲专利局、中国国家知识产权局、日本特许厅、韩国知识产权局中的任意 3 个以上专利审批机构提交的专利申请量（下称 3/5 局申请量），可以看出，山特维克、肯纳、山高、伊斯卡属于专利布局相对“全球化”一些，而日本的三菱材料、住友电工、京瓷等虽然总的申请量较大，但专利“走出去”的比重相对上述几家企业较少。综合考虑，可将山特维克、肯纳、山高、伊斯卡、三菱材料、住友电工、京瓷作为重点申请人。

表 13-2　切削加工刀具行业重点申请人专利申请情况

序号	申请人	国别	申请量（项）	3/5 局申请量（项）	在华申请量（项）
1	三菱材料	日本	2132	98	84
2	住友电工	日本	790	137	64
3	日立	日本	677	16	9
4	东芝图格莱	日本	554	15	5
5	京瓷	日本	547	30	28
6	山特维克	瑞典	467	293	255
7	三菱金属	日本	341	6	0
8	神户钢铁	日本	426	8	5
9	肯纳	美国	274	135	113
10	乌里扬诺夫国立大学	俄罗斯	213	0	0
11	不二越	日本	211	21	3
12	伊斯卡	以色列	164	103	86
13	那智	日本	176	3	2
14	山高	瑞典	156	92	114

第二步：重点申请人的专利技术分布。

通过比较专利申请量，得到各重点申请人的专利布局重点、研发方向侧重点、申请量绝对和相对优势的技术分支，见表 13-3。

表 13-3　重点申请人专利技术分布

申请人	布局重点			研发方向			申请量绝对优势	申请量相对优势
	1	2	3	1	2	3		
山特维克	可转位铣刀片	单层涂层	普通硬质合金	多层涂层	梯度硬质合金	孔加工	可转位铣刀片	单层涂层和普通硬质合金
山高	可转位铣刀体	梯度涂层	车刀	可转位铣刀刀片	双层涂层	普通硬质合金	可转位铣刀体	梯度涂层和金属陶瓷
肯纳	可转位铣刀夹固	多层涂层	孔加工	可转位铣刀体	多层涂层	金属陶瓷	可转位铣刀夹固	整体铣刀和梯度硬质合金

续表

申请人	布局重点			研发方向			申请量绝对优势	申请量相对优势
	1	2	3	1	2	3		
伊斯卡	可转位铣刀体	车刀	孔加工	可转位铣刀夹固	孔加工	车刀	可转位铣刀体	可转位铣刀片和普通硬质合金
三菱材料	单层涂层	可转位铣刀刀片	梯度硬质合金	多层涂层	可转位铣刀体	普通硬质合金	铣刀、硬质合金	多层涂层和金属陶瓷
住友电工	单层涂层	硬质合金	可转位铣刀夹固	涂层	铣刀	立方氮化硼	车刀	多层涂层和普通硬质合金
京瓷	梯度涂层	可转位铣刀柄	普通硬质合金	可转位铣刀片	单层涂层	梯度硬质合金	梯度涂层	可转位铣刀柄和多层涂层

第三步：重点申请人的专利质量分析。

对重点申请人的专利质量进行分析时，可利用企业专利技术的被引用情况和自引用情况来评判该企业的技术地位。例如，如果企业专利技术的被引次数和自引次数都很高，则该企业被视为该领域的技术领先者；相反，如果企业专利技术的被引次数和自引次数都很低，则该企业被视为该领域的技术模仿者。

如图 13-5 所示，以涂层领域专利申请量最多的三菱材料和 3/5 局申请量最多的山特维克为例进行引用情况对比分析，可以看出山特维克的涂层专利质量比三菱材料更高。

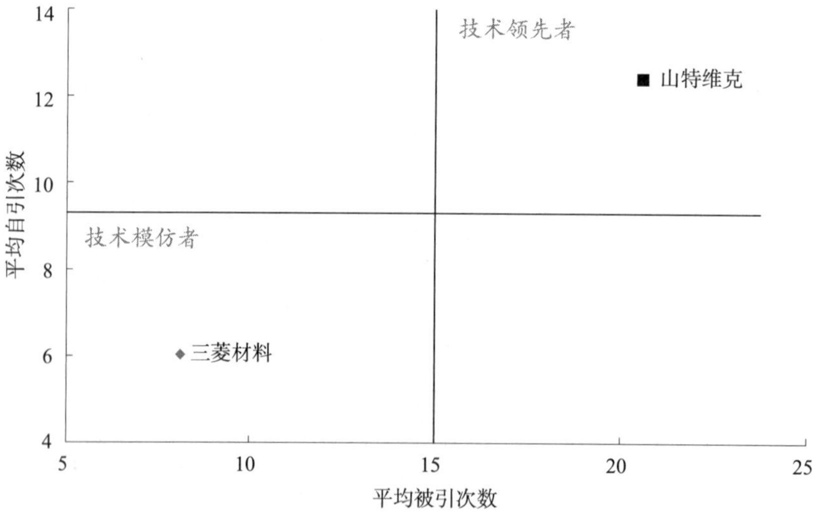

图 13-5　涂层领域重点申请人的专利引证率矩阵

3. 追踪重点发明人

切削加工刀具行业发展历史悠久，必定存在多个领军人物，领军人物的专利申请一定程度上代表着前沿技术的发展情况，因此追踪重点发明人也是专利技术追踪的一种可行途径。

通过分析专利发明人的全球专利申请总量、专利被引用情况和平均被引频次，可以看出这些发明人的专利产出情况及被重视程度、主要从事的研发领域等（见表 13-4），进而判别切削加工刀具行业的重点发明人。

表 13-4 切削加工刀具行业重点发明人技术实力分析

全球排名	发明人	相关申请人	专利总量（项）	被引用专利数	平均被引频次	主要研发领域
1	OSADA A	MITSUBISHI MATERIALS CORP	255	16	1.1	单层涂层和涂层涂覆技术
2	NAKAMU RA K	MITSUBISHI MATERIALS CORP	244	48	0.5	普通、梯度硬质合金
3	TABAKOV V P	UNIV ULYAN TECH	209	42	0.8	单层、梯度涂层
4	TAKIGUC HI M	MITSUBISHI MATERIALS CORP	184	18	0.2	孔加工刀具和可转位铣刀体
5	TSIRKIN A V	UNIV ULYAN TECH	157	38	0.9	梯度涂层和涂层涂覆技术
6	CHIKHRA NOV A V	UNIV ULYAN TECH	146	39	1	多层涂层和涂层涂覆技术
7	ISHIKAWA T	HITACHI TOOL KK	120	64	2.5	多层涂层和普通硬质合金
8	SMIRNOV M YU	UNIV ULYAN TECH	105	19	0.4	双层、梯度涂层
9	HOMMA H	MITSUBISHI MATERIALS CORP	88	5	0.1	涂层涂覆技术和金属陶瓷硬质合金
10	CHERNAV SKI F G	BEARING IND DES	80	6	0.1	车刀和可转位铣刀片

【案例 13-2】兰伯西与梯瓦的技术追踪策略专利分析❶

案例设置目的：掌握某企业的主要技术追踪对象及再创新思路的分析方法。

一些大型仿制药生产商如梯瓦（Teva）和兰伯西（Ranbaxy）等，大都选择跟踪一些技术实力较强的制药厂商的专利技术，并择机进行仿制药的研发和外围专利布局。因此，分析仿制药生产商的专利引证关系，可以追踪到这些厂商通常以哪些申请人的专利

❶ 改编自：张辉，刘桂英. 仿制药企业的专利策略探析 [J]. 中国新药杂志，2014 (1).

作为重点参考对象，以及之后如何进行专利技术开发。

第一步：找出主要技术跟踪对象。

如图 13-6 所示，在兰伯西与梯瓦的专利申请当中，在前引用的主要是默克、辉瑞、诺华、礼来、阿斯利康、百时美施贵宝等专利制药公司的专利技术，这些公司为兰伯西、梯瓦的主要技术跟踪对象。

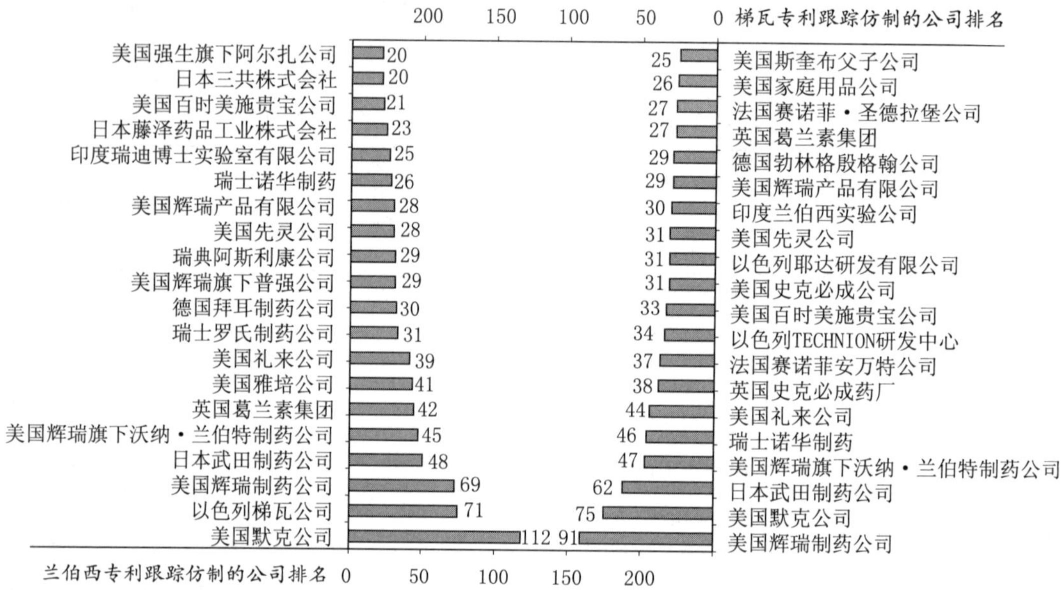

图 13-6　兰伯西与梯瓦的主要技术跟踪对象

第二步：追踪二次技术开发方向。

如图 13-7 所示，选择被兰伯西和梯瓦共同参考引用的辉瑞公司 13 件核心专利作为代表专利，可分析兰伯西和梯瓦在这些核心专利技术基础上的技术改进方向和研发思路。

【案例 13-3】对某公司的专利技术追踪策略分析

案例设置目的：利用专利技术追踪掌握竞争对手的技术研发状况。

第一步：通过专利申请量排序找出某公司的重点技术分支。

A 公司是美国一家移动支付初创公司，于 2009 年成立，2010 年开创性地推出了一种移动终端刷卡器，由于硬件成本和手续费低廉，很快在移动支付市场占领了一席之地，并获得了巨额投资。

如图 13-8 所示，截至检索日（2014 年 1 月），A 公司的专利申请几乎都集中在移动支付领域，其中“移动终端刷卡器”是绝对重心，在“电子商务交易方法”“语音支付”“NFC 支付”和“二维码支付”等领域也有一定的技术研发。可见在技术更新换代极快的移动支付领域，A 公司为稳固其市场地位，对多种先进支付技术均开展了技术研发。

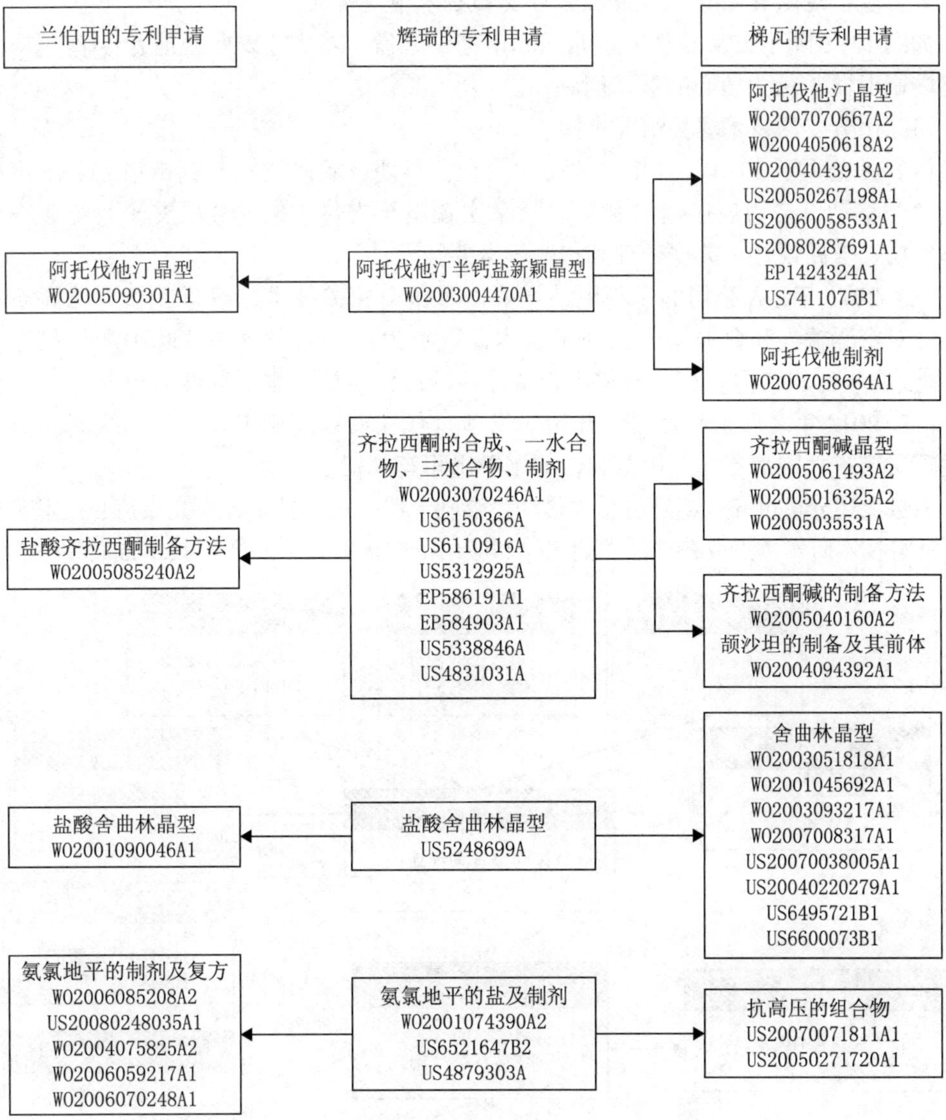

图 13-7　兰伯西与梯瓦的专利技术开发脉络

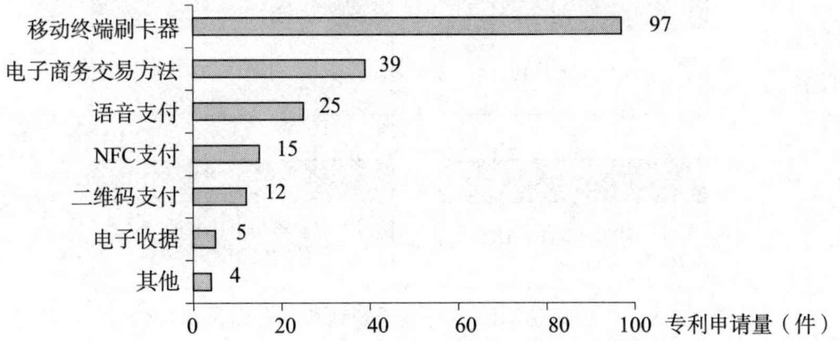

图 13-8　A 公司专利技术分支分布情况

第二步：追踪 A 公司在重点技术分支的技术演变情况。

如图 13-9 所示，从专利申请时间和申请量来看，“交易数据处理和传输”是“移动终端刷卡器”最为核心的技术问题。

追踪该分支的技术演变情况可知：

（1）A 公司于 2010 年开始申请相关专利，早期技术研发及专利申请主要围绕如何利用“与移动设备物理连接的刷卡器”来实现电子支付，包含金融交易系统、刷卡器整体结构、电路设计、数据处理和传输等必要技术。

（2）2011 年，A 公司的专利申请主要侧重于对相关技术的改进，如为提高支付安全性，对密码输入和数据安全加强了技术研发；为提高刷卡效果及减小产品尺寸，对“卡片读取部件的结构”和“与移动设备连接的部件”两个重要部件结构进行了改进。

（3）2012 年之后，A 公司已开始研发新一代移动终端刷卡器——无线刷卡器，并且注重研究扩大刷卡器的应用范围，如用于出租车收费。

通过上述分析可知，A 公司在“移动终端刷卡器”这一技术分支完成核心技术布局不久，就将技术研发重点放在产品性能优化和应用范围扩展等“外围”技术方面。

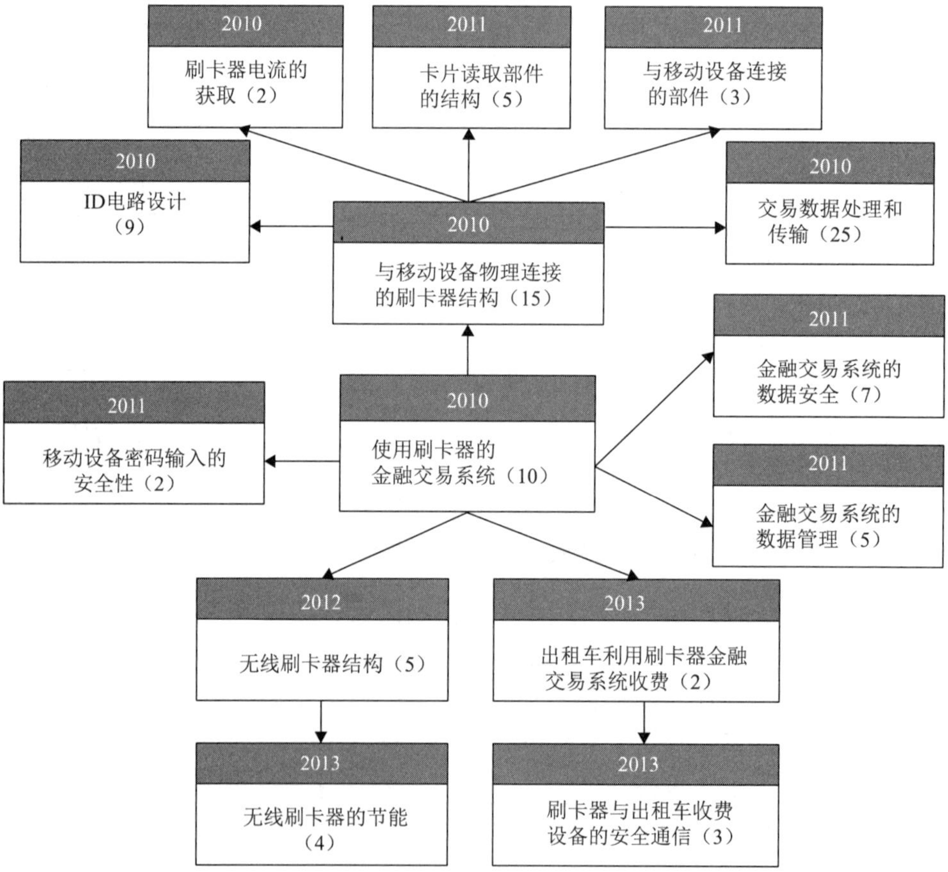

图 13-9　A 公司移动终端刷卡器专利技术分布及演变情况

注：图中年份为相关技术点第一件专利申请的年份，括号内数字为申请件数。

第三步：追踪A公司在核心技术问题的技术发展脉络。

如图13-10所示，进一步追踪A公司在核心技术问题“交易数据处理和传输”的技术发展脉络可知：

（1）早期（2011年6月之前），其技术研发及专利申请主要集中在交易信息的提取和传输方面，如接收和初始化刷卡信号、刷卡信号的传输及解析、交易信息的传输。

（2）中期（2011年6月~2012年5月），其技术研发及专利申请主要集中在交易信息的安全性方面，如耦合加密系统、提高密码输入安全性。

（3）后期（2012年5月之后），其技术研发及专利申请主要集中在提高用户体验方面，如发送交易回执、交易系统可与社交网络通信。

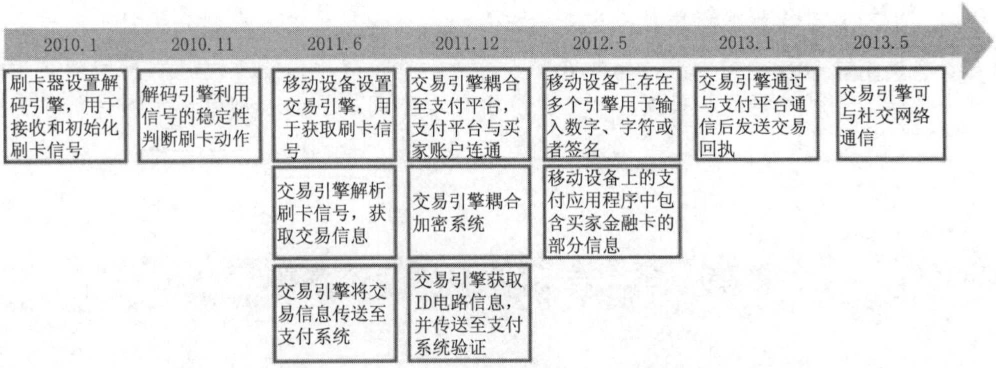

图13-10　A公司在交易数据和处理技术方面的专利技术发展脉络

第十四章　专利挖掘策略的专利分析

专利挖掘的目的在于将研发创新成果转化为一项或多项高质量的具有可专利性的技术方案，进而为后续获得高质量授权专利或专利组合奠定基础。专利分析对于制定合理的专利挖掘策略具有直接作用，在开展专利挖掘工作过程中必不可少。本章归纳了借助专利分析开展专利挖掘的一般原则和方法，并结合不同场景的专利挖掘案例进行了详细说明。

第一节　专利挖掘的理论基础

专利挖掘，是指在技术研发或产品开发中，对所取得的技术成果从技术和法律层面进行剖析、整理、拆分和筛选，从而确定用以申请专利的技术创新点和方案。专利挖掘工作是一项极富技巧的创造性活动，要建立在对技术创新的把握基础之上，是对技术创新的后续工作，能够充分体现企业或者科研单位的创新能力。[1]

（1）通过专利挖掘，可以更加准确地抓住企业技术创新成果的主要发明点，对专利申请文件中的权利要求及其组合进行精巧设计，既确保相关专利权利要求保护范围尽可能大，又确保权利要求的法律稳定性，提升专利申请的综合质量。

（2）通过专利挖掘，对技术创新成果进行全面、充分、有效的保护，全面梳理并掌握可能具有专利申请价值的各主要技术点及其外围的关联技术，避免出现专利保护的漏洞。

（3）通过专利挖掘，站在专利整体布局的高度，利用核心专利和外围专利相互结合进行组合、卡位，形成严密的专利网，一方面培育巩固企业自身的核心竞争力，另一方面与竞争对手形成有效对抗甚至在相关技术要点上构成反制。

（4）通过专利挖掘，可以尽早发现竞争对手有威胁的重要专利，便于企业进行规避设计以规避专利风险。

一、专利挖掘的原则

专利挖掘工作要站在创新主体发展战略的层面上，要用全局视野来观察并准确

[1] 杨铁军．企业专利工作实务手册［M］．北京：知识产权出版社，2013.

切入。

（1）从剖析现有技术的基础出发。在进行专利挖掘时，往往离不开现有专利技术作为研发基础，只有立足于现有技术，找出创新的技术方案与现有技术的差异，并聚焦此差异，确定技术创新方案对于现有技术的真正贡献，同时借鉴现有技术的研发思路和研发手段（参见本章第二节的案例）。

（2）从产业链和技术链的高度出发。专利挖掘的技术性、专业性很强，只有从技术创新项目所属产业、所属技术领域进行相对宏观的整体观察，才能明显提升专利挖掘的整体层次，既考虑技术创新点本身，又考虑技术创新点在产业链和技术链中的地位、作用以及价值。比如企业在完善自身技术链时，通常会将一些技术创新点放在针对一些具有较强技术需求的技术空白点进行专利挖掘（参见本章第三节的案例）。

（3）从培育完善专利组合的方向出发。专利挖掘并不仅是对散落整体技术解决方案之中、具有实质性技术贡献的孤立技术点的挖掘，更重要的是通过全面充分的挖掘、培育建立起相互支持、相互补充的专利组合，比如基于标准制定进行的专利挖掘（参见本章第四节的案例）。对于其技术创新点，应当区分主次层次，要分清楚哪些技术创新点是核心技术、哪些技术创新点是基础性技术、哪些技术创新点是外围技术，进而确定每一件专利的作用及其重要性，分清核心专利、基础专利和外围专利，以便在后续的专利维护和管理中制定不同策略进行有效管理，甚至作为重要的专利资产进行管理。

（4）从尽早识别专利风险的角度出发。在专利挖掘过程中应注重专利风险的早期识别，这样做非常重要的好处是，企业可以及早调整技术方案、改变技术方向或者采取替代技术手段，既能减少技术研发的成本，又能节省技术研发的宝贵时间，还能对企业无法规避的专利风险及早采取措施，抓住一切可能的机遇窗口适时进行妥善应对。当某企业研发出一核心专利技术时，该企业为避免被竞争对手进行包绕式外围布局，需要及时围绕这一核心专利的“栅栏式”专利进行挖掘和布局；而其竞争对手为避免该企业占领技术制高点，也需要围绕这一核心专利的“栅栏式”专利进行挖掘和布局，以便将来能够取得交叉许可的后发优势（参见本章第五节的案例）。

二、专利挖掘的基本过程

专利挖掘的驱动事件主要包括研发项目、技术需求、标准制定、对核心专利的包绕、对核心专利的规避等，不同驱动事件下的专利挖掘虽然各具特点，但在操作思路方面具备一致性。专利挖掘过程一般可分为 3 个阶段，即整体谋划阶段、挖掘执行阶段和方案评估阶段[1]。

1. 整体谋划阶段

以研发项目作为驱动事件为例，创新主体在执行专利技术方案挖掘之前，需要对技术层面的发展战略进行把握，需要对发明构思的汇集机制进行部署，最重要的是，需要对研发项目进行技术分解。在此基础上，后续的挖掘执行阶段可以具有较高的实操起点

[1] 杨铁军. 企业专利工作实务手册［M］. 北京：知识产权出版社，2013：54-67.

和明确的工作目标。

从研发项目出发进行专利挖掘的步骤如图 14-1 所示。

步骤 A：分解完成任务的构成因素；

步骤 B：分解各构成因素的技术要素；

步骤 C：挖掘各技术要素的创新点，并完善技术方案。

其中，从步骤 B 至步骤 C 的过程涉及下文即将阐述的挖掘执行阶段。

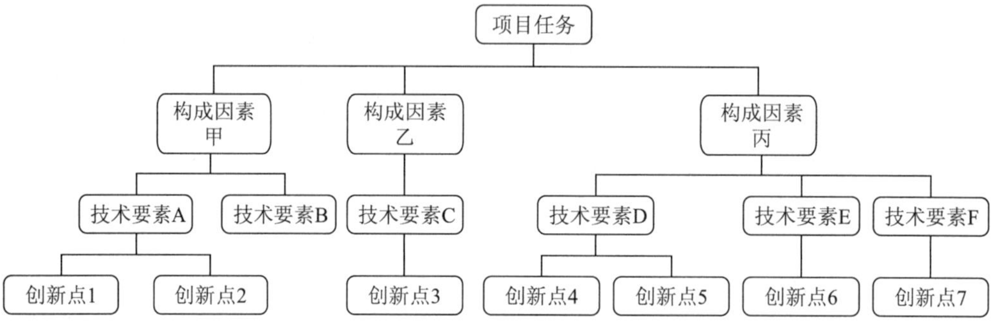

图 14-1　从研发项目出发的专利挖掘过程

从技术领域出发的技术分解在专利挖掘实际操作过程中具有最为广泛的应用，如技术需求驱动或标准制定等事件驱动的专利挖掘等，它与从研发项目出发的技术分解相比有诸多近似之处，区别点在于它是以某一项涉及创新的具体技术作为出发点，如图 14-2 所示。

图 14-2　从技术研发项目出发的技术分解

2. 挖掘执行阶段

专利挖掘的一般操作思路包括：

步骤 A：确定专利申请的保护主题；

步骤 B：分析技术冲突/技术缺陷；

步骤 C：基于技术冲突/技术缺陷开展创新点挖掘；

步骤 D：形成技术方案，撰写技术交底书。

基于技术冲突/技术缺陷开展创新点挖掘（步骤 C）是整个专利挖掘过程的核心，最常见的手段是凭借研发人员的研究积累或者进行头脑风暴来完成。同时，根据专利分析的理论和实践，步骤 C 还可以借助 TRIZ 理论、技术功效矩阵、技术发展路线等手段来进行专利挖掘。

3. 方案评估阶段

经过专利挖掘的技术方案最终是以技术交底书的形式展现的，可以说技术交底书是专利挖掘过程中最为重要的输出成果。对于技术交底书，创新主体还需要根据专利授权的要求对其进行查新检索和提案评审。查新检索，目的是对所挖掘的技术方案进行新颖性和创造性评估，根据查新检索的结果，参与专利挖掘的成员通过对现有技术进行解读和分析，可以对技术方案进行修改或调整。提案评审，主要是对所挖掘技术方案的保密性、合理性和技术高度进行评估，为创新主体构建有价值的专利组合打好基础。

第二节　基于研发项目的专利挖掘策略的专利分析案例

基于研发项目进行专利技术挖掘具有先天的优势，因为通过这种方式挖掘出的一系列专利技术具备专利组合的特征，各专利技术相互之间具有关联性和互补性。本节借由“谷歌公司移动视频业务专利分析”❶ 案例，分析基于研发项目进行专利挖掘时的细节和关键点。

【案例 14-1】谷歌公司移动视频业务专利挖掘策略分析

案例设置目的：掌握基于研发项目的专利挖掘策略的专利分析方法。

第一步：谷歌公司专利保护主题分析。

谷歌在移动视频应用方面的专利申请主要包括 7 个方面，即移动视频搜索、移动视频推荐、移动视频呈现、移动视频广告、移动视频源管理、移动视频会话和多屏互动（见图 14-3）。

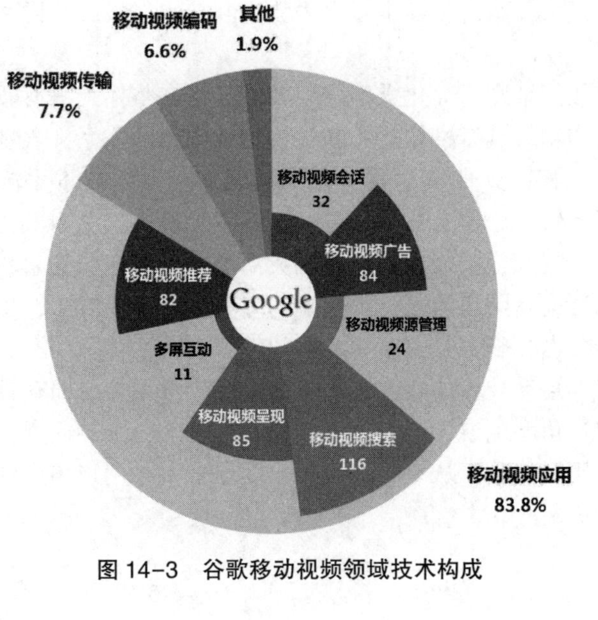

图 14-3　谷歌移动视频领域技术构成

❶ 杨铁军．产业专利分析报告（第 31 册）：移动互联网［M］．北京：知识产权出版社，2015：246-261.

谷歌一直致力于提供各种互联网服务和应用，在移动视频领域的业务重点也集中于移动视频搜索与推荐、移动视频广告，较少涉及无线网络传输和视频编解码等基础技术。在移动视频应用中，移动视频搜索以 116 项专利申请稳居第一；移动视频推荐、移动视频呈现和移动视频广告紧随其后，申请量都达到了 80 多项。搜索、推荐和广告属于视频行业最重要的导流方式和赢利手段，必然也是谷歌研发投入的重要方向。而移动视频呈现直接关系到用户体验，也是移动视频搜索、移动视频推荐和移动视频广告的最终表现形式，因此也成为谷歌的关注重点。

第二步：谷歌公司移动视频业务的专利挖掘思路分析。

根据专利挖掘的一般操作思路，专利申请在确定好保护主题后，就要去寻找现有技术中的技术冲突或者技术缺陷。在此以移动视频应用中的“多屏互动”技术为例，结合全行业“多屏互动”技术的技术发展路线，梳理谷歌公司对其专利挖掘的过程。

（1）紧密结合用户需求，抓住技术主流。

随着越来越多的互联网公司致力于打造行业完整生态圈，改善人机交互方式成为这个进程中的重要路径。多屏互动领域的技术发展正日益显现出这种趋势，其关键技术在广泛发展的基础上正在逐渐向人机交互方面集中，谷歌公司在该领域进行技术研发及开展专利挖掘顺应了消费市场的选择（见图 14-4）。

（2）深入分析技术热点和技术空白点。

首先横向考察技术维度，数据源处理、网络传输和人机交互是专利申请的主要覆盖领域。结合时间维度来看，数据源处理、网络传输、界面交互起步较早；而手势交互、显示与应用在 2011 年后申请量增长迅速。这意味着多屏互动的热点逐渐从前期的基础研究转向了以应用和用户体验为主导的方向。仅看人机交互这一分支，界面交互相比手势交互起步早、体量大，结合目前市场上手势交互技术发展的热度来看，后者是当前专利申请的热点（见表 14-1）。

然后纵向考察效能维度，简化操作这一效能分支在整体上具有较高的集中度，人机交互技术与简化操作功效具有密切的关联性，这种紧密的联系，表现在人机交互技术在实现简化操作效能上相比其他技术具有很大的优势。再以技术手段——推荐与共享为例，其在效能维度上较为分散，10 个效能分支均有涉及，说明其并非是一项“专用”技术，它在提高播放效果、智能体验、更加灵活上的专利申请数量较多，简化操作上的专利申请数量居中，提高同步与减少干扰上的专利申请数量较少，也就是说提高同步性与减少干扰上进行技术突破和专利布局的空间较大（见表 14-1）。

综合分析，多屏互动技术的效能主要集中于用户角度上，而在设备和网络这种技术角度上却很少，用户角度也就代表着用户体验，这也从一个侧面说明了多屏互动技术最关键的着眼点就是用户体验，从专利挖掘的角度上来讲，用户角度的需求给出了技术冲突的明确指向。

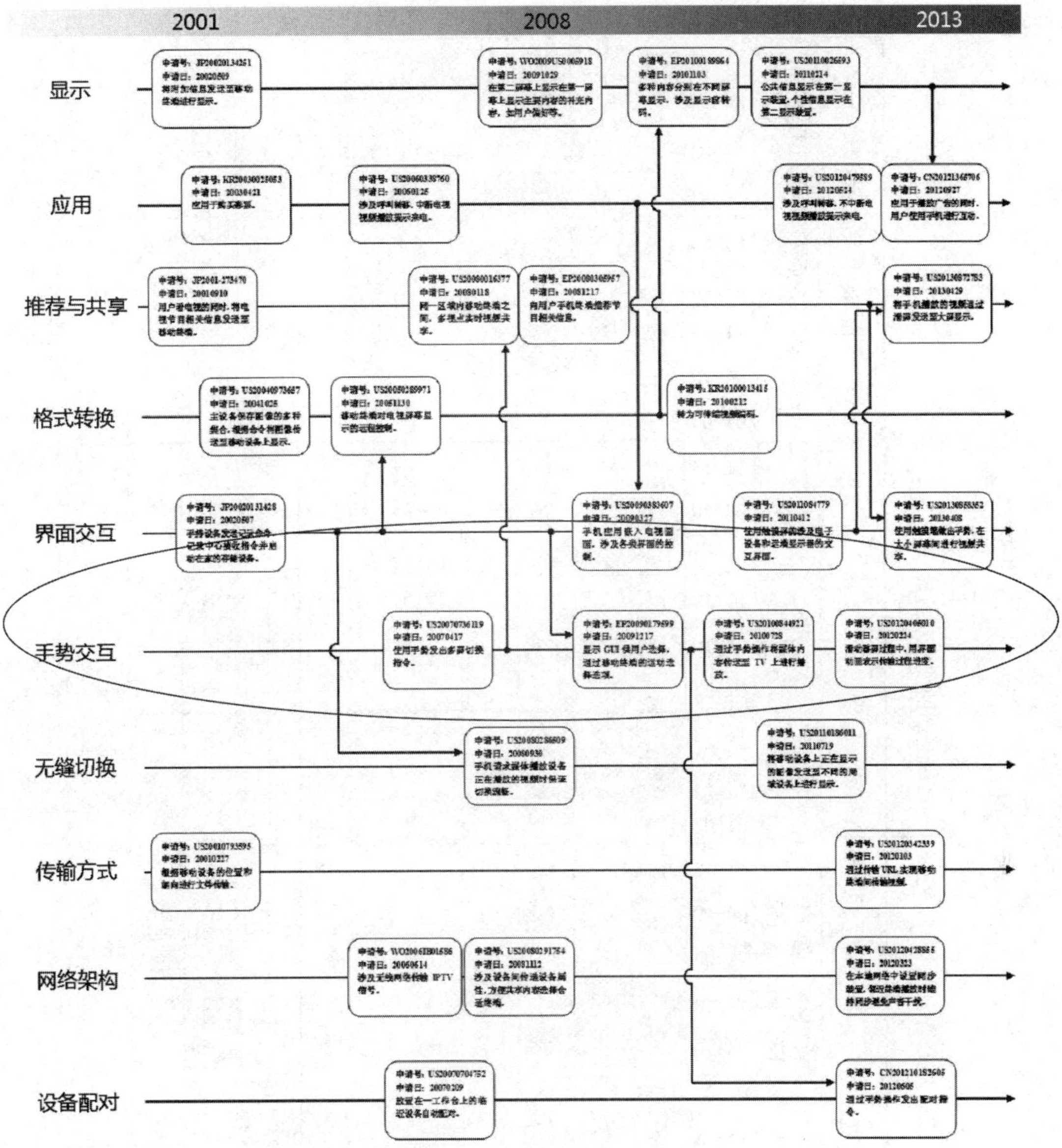

图 14-4　多屏互动技术专利技术发展路线

(3) 找准技术需求的切入点进行专利挖掘，填补技术空白。

通过一件申请来看看谷歌是如何从用户角度的需求切入，进而挖掘出专利申请技术方案的。例如，“电视广告可以提示用户访问与广告的产品相关联的网站来获取关于该产品的优惠券或附加信息。在播放电视节目或电影期间，可以显现消息，提示观看者访问网站来查看更多与该电视节目或电影中的人、场所或事物有关的信息。通常情况下，用户需要在观看视频内容的同时操作计算设备，以获取与正观看的内容有关的附加信息，这可能导致用户错过或忽略正在播放的视频内容”。

表14-1 多屏互动的技术功效表

手段 \ 功效 / 年份		用户角度(348)																		设备和网络角度(63)								
		简化操作(86)			播放效果(86)			智能体验(60)			更加灵活(65)			减少干扰(37)			提高同步(14)			提高实时性(21)			降低网络带宽(25)			节约成本(17)		
		01-03	04-10	11-13	01-03	04-10	11-13	01-03	04-10	11-13	01-03	04-10	11-13	01-03	04-10	11-13	01-03	04-10	11-13	01-03	04-10	11-13	01-03	04-10	11-13	01-03	04-10	11-13
数据源处理(139)	推荐与共享(108)		9	3	1	10	18	3	12	12	2	14	17		2	1		1	3		4	1		1				1
	格式转换(31)			2		12	8					1	2		1				1			1		1	1			3
网络传输(116)	传输方式(71)	1	4	5	1	8	1		3	1		5	5		3			2	5		4	8	1	1	10		2	4
	无缝切换(8)					3	5					1													1			
	设备配对(16)		2	5		1	2						1			2		1										2
	网络架构(21)			3									3						1		2	1	1	4	3	1		3
人机交互(68)	界面交互(43)	3	10	15		4	2		2	2	2	4	1			1												
	手势交互(25)		6	15			2		1	1					1													
显示(41)				1		1	10		3	4		1	3	1	9	14						1		1				
应用(32)		1		4			3	1	4	11		2	3			2												1

为了解决上述问题，谷歌于 2012 年 12 月 6 日公开了一篇专利申请 US2012311074A（见图 14-5），旨在使用移动设备呈现与正在电视上播放的媒体内容有关的信息。该技术根据指令集执行相关应用，并在时间上与正由客户端显示的视频流协调地、在移动设备的显示屏上显示一个或多个内容文件。以这种方式，当用户正在电视上观看主媒体内容时，诸如广告主、广播商或内容原创者能够指定在移动终端上向用户显示辅助内容和/或执行应用。例如，移动终端可以显示与电视节目中正播放的比赛双方球队相关的信息、提示用户将电视上正播放的特定歌曲添加到移动终端的播放列表中、显示与电视节目相关的网页浏览器和网页，以及显示与电视节目中正播放的披萨广告相关的优惠券。

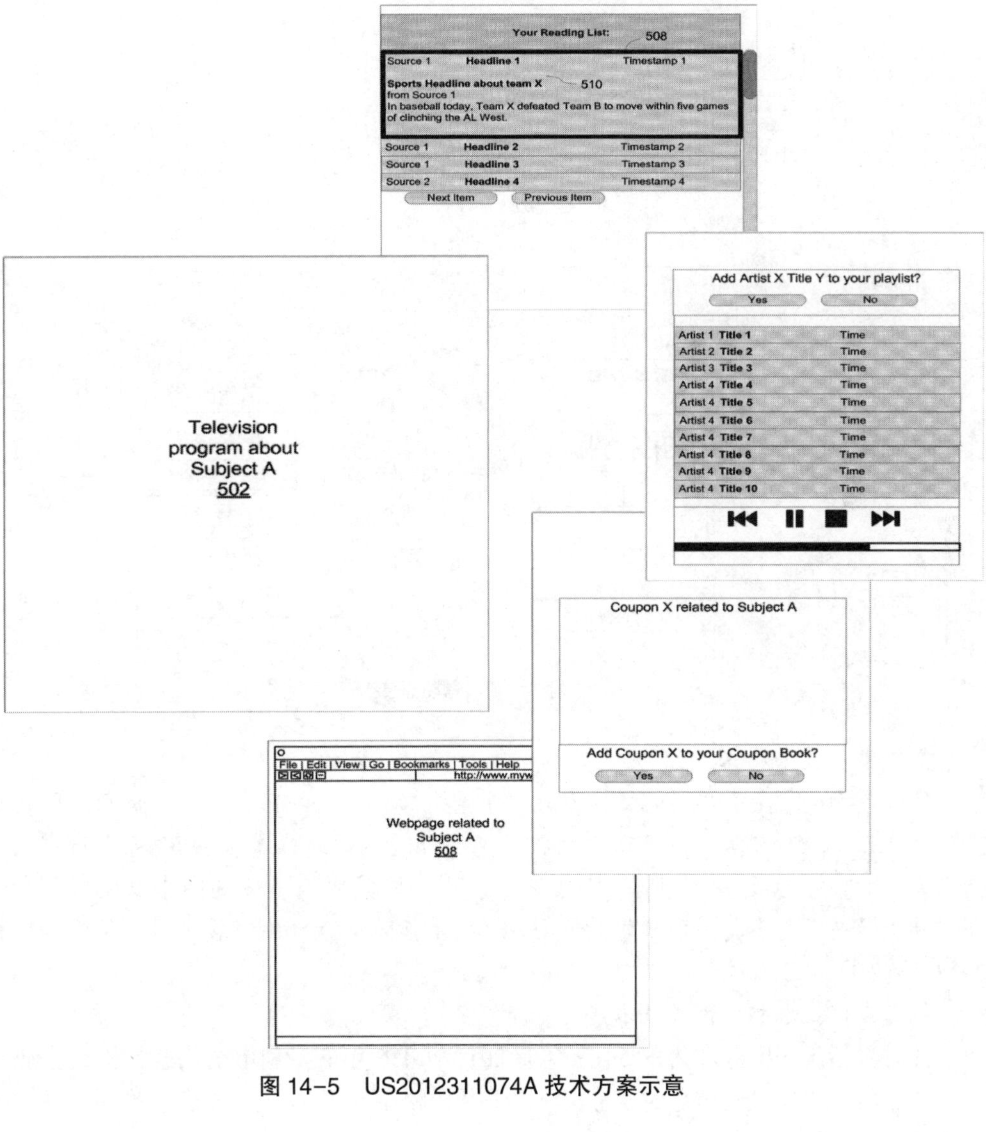

图 14-5　US2012311074A 技术方案示意

【案例 14-2】中药企业技术机会识别❶

案例设置目的：我国中药企业数目众多，但多为中小型企业，其可用于研发的资源有限，基于其现有技术能力识别技术机会能有效减少其投资风险，实现中药企业的创新发展。

第一步：思路设计。

利用余弦相似性分析和专利指标分析从原始数据库中遴选出与目标企业技术相似性高、技术能力强的企业作为研究样本，然后构建技术评估指标体系并采用 AHP-CRITIC 法进行综合评价，最后基于 k-means 和文本挖掘识别技术机会，如图 14-6 所示。

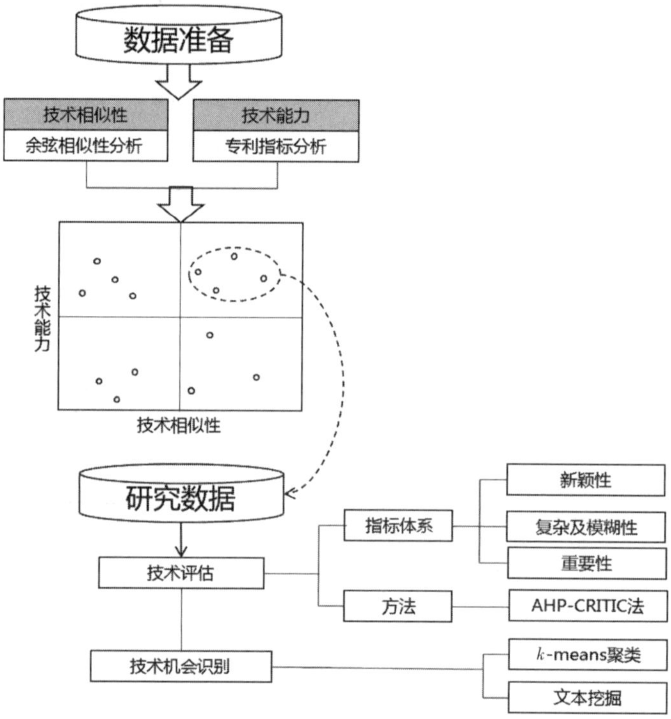

图 14-6 思路框架

第二步：数据获取。

从同花顺网站上获取 68 家中药上市企业名单，从 incoPat 专利数据库截取各企业 2012~2016 年的专利信息，剔除专利数少于 5 件的企业后样本量为 53 家，选择沃华医药作为目标企业。沃华医药是一家集研发、生产、销售为一体的中小型中成药生产企业，其主导技术为中药有效含量的检测和治疗心脑血管疾病的药物开发。检索时间截至 2018 年 12 月 24 日。

第三步：技术相似性及技术能力分析。

针对包括沃华医药在内的 53 家企业 2012~2016 年的专利申请信息，构建企业-IPC 矩阵，然后基于模糊逻辑理论将企业-IPC 出现频率转换为五点量表，最后利用 Python

❶ 改编自：寇翠翠，金金，吴亚坤，等. 基于技术相似性和技术能力分析的中小型企业技术机会识别［J］. 情报理论与实践，2019，42（8）：104-109.

软件对转换后的企业-IPC 数据进行余弦相似度计算，得到沃华医药与其他企业间的技术相似性。针对技术能力，基于企业技术能力评价指标分别计算 52 家企业的技术价值（公司 A 拥有专利的平均专利族/所有专利的平均专利族）、技术质量（公司 A 专利的平均被引次数/所有专利的平均被引次数）、技术竞争力（（（公司 A 增长率-Min 增长率）/（Max 增长率-Min 增长率）+1）×（公司 A 专利数/专利总数）），并采用熵权 TOPSIS 法进行综合处理得到各企业的技术能力。根据平均值分为四象限（见图 14-7），其中，第一象限有 12 家企业，这些企业与沃华医药具有高技术相似性，且技术实力强，因此将这 12 家企业作为新的研究样本进行后续研究。

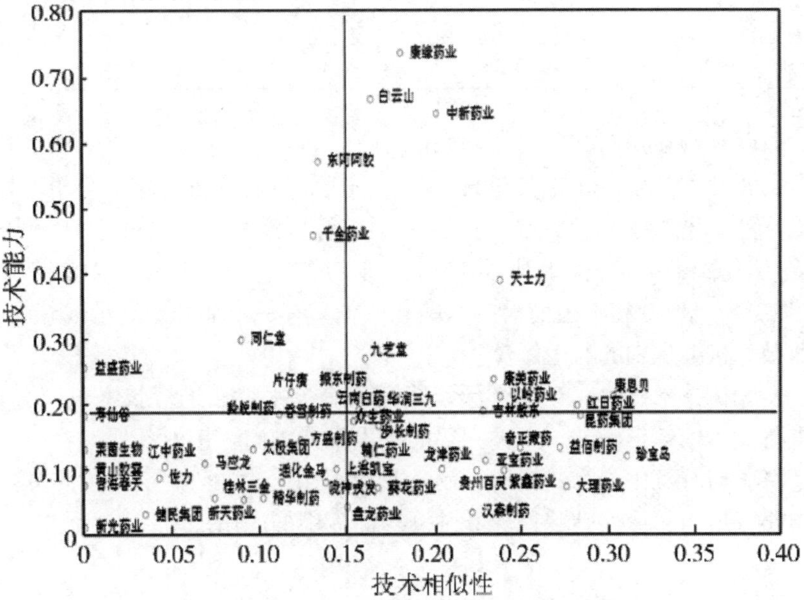

图 14-7　技术相似性及技术能力象限图

第四步：技术评估。

结合专家意见，依据 AHP 算法得到准则层新颖性、复杂及模糊性、重要性的权重系数，然后对各指标层利用 CRITIC 法赋予客观权重，最后将各权重与标准化后的指标值相乘得到以专利为载体的各技术的发展潜力。技术发展潜力评估指标体系见表 14-2，表 14-3 展示了部分评分结果。

表 14-2　技术发展潜力评估指标体系

	指　标	指　标　解　释
新颖性	技术原创性	专利的后向引证总数
	技术前沿性	目标专利与引证专利公开年差的和/引证专利总数
复杂及模糊性	领域交叉度	各引证专利 IPC 分类数的和/引证专利 IPC 分类数的不重复项的和
	科学关联度	专利引证非专利参考文献的数量
重要性	覆盖范围	简单同族数量
	保护范围	专利权利要求总数

表 14-3　部分技术发展潜力评分

公　开　号	新颖性	复杂及模糊性	重要性	综合潜力
CN107998007A	0.34	0.89	0	0.45
CN107801984A	0.34	0.89	0	0.45
CN107801985A	0.34	0.22	0.01	0.28
CN107801992A	0.34	0.22	0	0.28
CN107802695A	0.34	0.22	0	0.28
……	……	……	……	……
CN102600061A	0.34	0	0	0.22

第五步：技术机会识别。

将技术发展潜力综合评分导入 SPSS19.0，利用 k-means 进行聚类分析，最终聚类结果分为3类，综合潜力大小排名依次为：第一类（综合潜力 0.58318113，专利数 40）>第三类（综合潜力 0.3765732，专利数 128）>第二类（综合潜力 0.21836881，专利数 1310）。可见，大多数专利不是前沿技术的载体，只有一小部分专利承载着前瞻性技术，可作为企业技术机会识别的有效载体。

为进一步分析技术机会，对基于沃华医药现有技术组合进行技术机会分析的 40 件专利文献进行文本挖掘，确定了 4 种主要的技术发展方向：①中药保健食品、中药保健品组合物；②中药有机化合物的提取、制备及新用途；③中药制剂的检测方法；④在保护肾脏、防止肾损伤，治疗肺腺癌、肝肿瘤等癌症中的应用。

第三节　基于技术需求专利挖掘策略的专利分析案例

技术需求是专利挖掘的主要驱动事件，本节以“机器人伺服电机点焊钳小型轻量化”❶ 的专利分析案例为例，探讨借助技术功效矩阵和 TRIZ 理论的专利挖掘思路。

【案例 14-3】机器人伺服电机点焊钳小型轻量化技术专利挖掘策略分析

案例设置目的：掌握基于技术需求的专利挖掘策略的专利分析方法。

第一步：机器人伺服点焊钳的小型轻量化需求分析。

通过机器人点焊钳领域的全球专利申请趋势以及申请人的专利申请量排序，发现该领域的专利申请人主要分为上游的焊钳供应商和下游的焊钳使用者，其中焊钳供应商以小原株式会社为代表，下游焊钳使用者以整车厂商本田及日产为代表。针对这 3 个主要申请人的点焊钳专利申请进行归类标引，根据分解技术手段和功能效果获得技术功效矩阵图，从而得到关键技术需求。

❶ 改编自：杨铁军．产业专利分析报告（第 19 册）：工业机器人［M］．北京：知识产权出版社，2014：129-149.

根据分析可知，无论是上游的供应商还是下游的使用商，都很关注焊点质量、焊接效率、小型轻量化以及可靠性这 4 种技术效果。对于机器人点焊钳而言，实现点焊钳的小型轻量化能伴随实现或有助于实现降低成本、提高焊接质量、定位精度、效率以及可靠性，因此针对点焊钳的小型轻量化的技术需求是 3 个申请人都比较注重的。

由于目前机器人点焊钳多采用伺服电机点焊钳，本部分内容主要针对伺服点焊钳小型轻量化的专利申请进行分析得到的体现轻量化需求与技术手段之间关系的专利申请分布图进行探讨，然后以 TRIZ 理论为手段，探索满足小型轻量化技术需求的创新思路。

第二步：机器人伺服点焊钳小型轻量化技术需求—技术手段分析。

机器人伺服点焊钳小型轻量化表现为焊钳长度、宽度更短，体积更小、重量更轻、结构更简单，其能够使得机器人在运行过程中点焊钳的惯量变小，从而容易实现速度和精度控制，机械研磨也相应减少，同时驱动电机功率相应下降，也就是说，小型轻量化的实现，对点焊质量、精度和效率的提高以及成本的降低都有促进作用。

机器人伺服点焊钳小型轻量化采用的技术手段主要分为元件省略、元件替换、元件位置改变和元件改进 4 大类型。元件省略，即将点焊钳中的某个部件省去，包括将联轴器和丝杠螺母省去，或者将某个部件从焊钳中分离出去，包括备用电源、电机和定电极的分离。元件替换，即将点焊钳中的某个或某些部件用另外的机械结构替换，主要涉及传动机构的替换。元件位置的改变，即改变点焊钳中原有部件的位置，点焊钳在某个或某些方面的尺寸缩小，主要涉及电机、丝杠和电极等的布置方式的改变。元件的改进，即针对点焊钳各部件自身的改进以及小型轻量化实现点焊钳整体的小型轻量化，涉及多种部件。其中各技术手段的专利申请分布量如图14-8 所示。

从图14-8 中可见，涉及元件改进的细分技术手段最多，其中电机中空旋转轴的专利申请量最高。另外涉及元件位置改变的技术手段也较受关注，尤其是电机轴—丝杠—电机同轴设置的细分技术手段专利申请量很大。元件的替换虽然能有效实现轻量化，但是同时也会带来防干涉、精确传动等方面性能的下降，因此制约了这类专利的申请。元件的替换主要集中在传动系统的替换上，但是由于没有更好的传动方式能代替滚珠丝杠的精确微调，因此，目前难以成为主流的方式。

在实际改进过程中，如果交叉应用多个上述技术手段会取得更好的轻量化效果，例如对于元件位置改进而言，一个维度的尺寸的改变会增大到另一个维度的尺寸，这可以结合元件改进来减少这种增大的尺寸。

第三步：基于 TRIZ 理论的专利挖掘思路分析。

（1）TRIZ 的主要研究内容。

TRIZ 方法论包含用于问题分析的分析工具、用于系统转换的基于知识的工具和理论基础。TRIZ 理论体系图如图 14-9 所示。

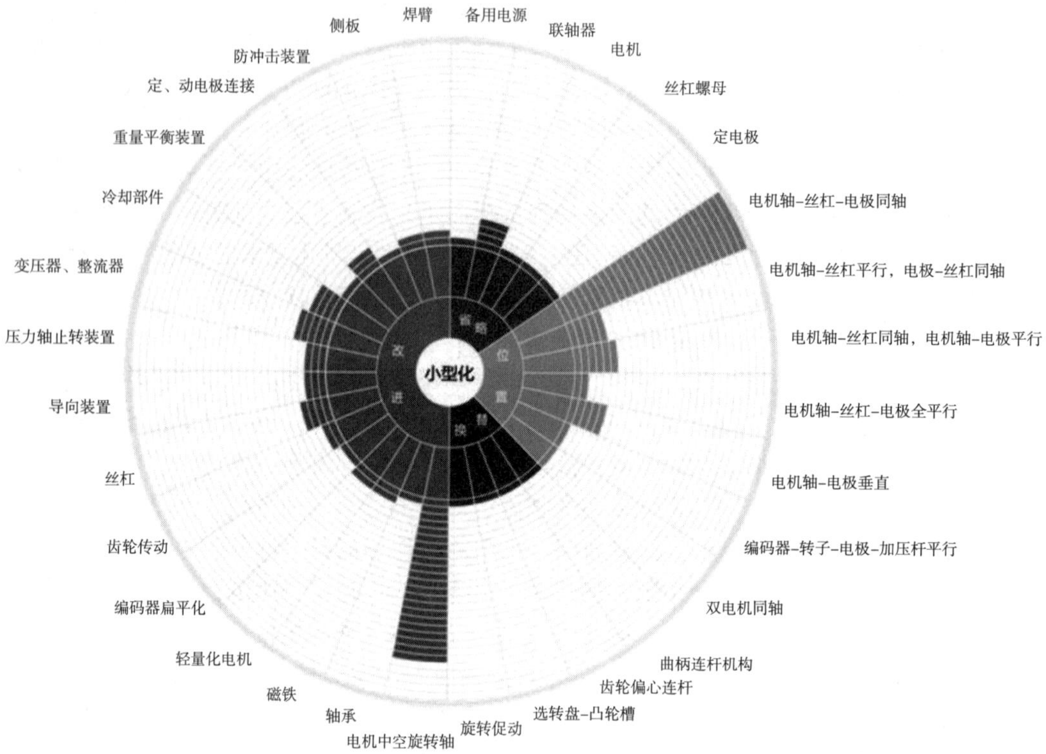

图 14-8　机器人伺服点焊钳小型轻量化技术需求—技术手段分析

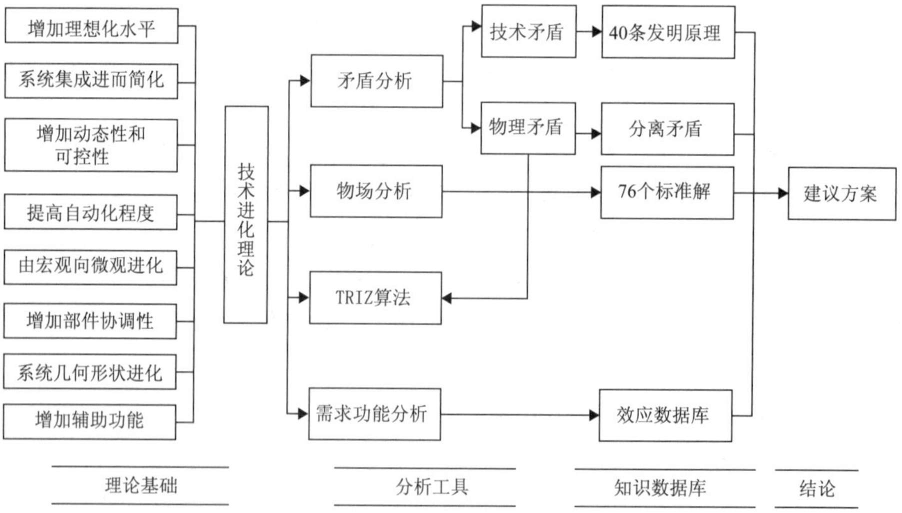

图 14-9　TRIZ 理论的实施过程

先简单介绍一下什么是矛盾分析。为了提高产品的市场竞争力，需要不断对产品进行改进设计。当改变某个零部件的设计以提高产品某方面的性能时，可能会影响到与这些被改进零部件相关联的零部件，结果可能使产品的另一些方面的性能受到影响。如果这些影响是负面的，则设计出现了冲突（矛盾）。

矛盾普遍存在于各种产品的设计中，发明问题的核心是发现冲突并解决冲突。TRIZ

中一般把矛盾分为两类，即物理矛盾与技术矛盾。

物理矛盾是为了实现某种功能，一个子系统或元件应具有的一种特性，但同时出现了与该特性相反的特性。

技术矛盾是指一个作用同时导致有用及有害两种结果，也可指有用作用的引入或有害效应的消除导致一个或几个子系统或系统变坏。技术冲突常表现为一个系统中两个子系统之间的冲突。TRIZ 理论提出用 39 个通用工程参数描述冲突。实际应用中，首先要把组成冲突的双方内部性能用该 39 个工程参数中的 2 个来表示，然后在冲突矩阵中找出解决冲突的发明原理。

（2）TRIZ 理论围绕技术需求的专利挖掘思路。

伺服点焊钳的小型轻量化是指焊钳整体体积的缩小、长度方向的缩小和重量的减轻。也就是说改进的工程参数是运动物体的质量、运动物体的长度和运动物体的体积。焊钳小型轻量化之后，焊钳的强度会下降，而且由于机电一体化结构变小，维修困难，也就是说恶化的工程参数是强度和可维修性。

通过查询表 14-4 可以得到对应的参数标号，改善的通用工程参数为 1、3、7，恶化的通用工程参数为 20、36。

表 14-4　通用工程参数序列表

序号	名称	序号	名称	序号	名称
1	运动物体的重量	17	静物消耗能量	33	兼容性成连通性
2	静止物体的重量	18	功率	34	易用性
3	运动物体的长度	19	张力/压力	35	可靠性
4	静止物体的长度	20	强度	36	可修复性
5	运动物体的面积	21	结构的稳定性	37	安全性
6	静止物体的面积	22	温度	38	易受伤性
7	运动物体的体积	23	光照度	39	美观
8	静止物体的体积	24	运行效率	40	外来有害因素
9	形状	25	物质浪费	41	制造能力
10	物质的量	26	时间浪费	42	制造精度/连贯性
11	信息的数量	27	能量浪费	43	自动化水平
12	动物作用时间	28	信息遗漏	44	生产率/生产力
13	静物作用时间	29	噪声	45	系统复杂性
14	速度	30	有害的散发	46	控制复杂性
15	力/力矩	31	有害的副作用	47	测量能力
16	动物消耗能量	32	适用性	48	测量精度

通过查询矛盾矩阵，以及表 14-5 的40 条发明原理得到表 14-6 所示解决伺服点焊

钳小型轻量化技术需求的发明原理，之后对相应的专利技术进行标引，可以看出现有技术的热点和空白点，并分析出可能的技术周期和所采取的对策。

表 14-5　40 条发明原理

序号	名　称	序号	名　称
1	分割	21	超高速作业
2	分离	22	变害为益
3	部分改变	23	反馈
4	不对称性	24	中介
5	组合	25	自服务
6	多功能性	26	代用品
7	套装	27	用低成本不耐用的物体替代
8	重量补偿	28	机械系统的替代
9	预加反作用	29	气动与液压结构
10	预置动作	30	柔性壳体或膜
11	预补偿	31	使用多孔性材料
12	等位性	32	改变颜色
13	逆问题	33	同质性
14	曲面化	34	抛弃与修复
15	动态化	35	参数变化
16	部分或过度改变	36	相位变化
17	维数变化	37	热膨胀
18	振动	38	使用强氧化剂
19	周期性动作	39	惰性环境
20	有用动作持续	40	复合材料

表 14-6　矛盾矩阵分析

恶化的参数 希望改善参数	20 强度	36 可修复性
1. 运动物体的重量	28,27,18,40	2,27,28,11
3. 运动物体的长度	8,35,29,34	1,28,10
7. 运动物体的体积	9,14,15,7	10

经过分析可知，解决点焊钳小型轻量化问题的专利申请采用的主要发明原理是套装和曲面化，目前已经属于比较成熟的技术，国内申请人在研发时可以对这些技术加以学习，但是应注意专利技术的规避。目前的专利申请还体现在采用复合材料、分离、预补偿、重量补偿、抛弃与修复和参数变化等发明原理，仅有少量的申请，但这些申请表明了这些发

明原理的可行性，而且给出了产生原始创新想法之前的参考，企业确定新的技术方案的难度会相对较低。关于机械系统的替代、分割、预操作、预加反作用和动态化的发明原理，尚没有专利申请分布，且不属于不能实现的情况，创新主体可以根据自身的特长，选择合理的创新思路，但是难度相对较高（见表 14-7 和图 14-10）。

通常所选定的发明原理多于一个，这说明前人已用这几个原理解决了一些特定的技术冲突。这些原理仅仅表明解的可能方向，即应用这些原理过滤掉了很多不太可能的解的方向。尽可能将所选定的每条原理都用到待设计过程中去，不要拒绝采用推荐的任何原理。假如所有可能的解都不满足要求，则需对冲突重新定义并求解。

通过以上分析可知，冲突理论似乎是产品创新的灵丹妙药，然而实际在应用该理论之前的前处理与应用之后的后处理仍然是关键的问题，下面表明了问题求解的全过程。

第一步：定义待设计系统的名称（保护主题：伺服点焊钳）；

第二步：确定待设计系统的主要功能（技术需求：小型轻量化）；

第三步：列出待设计系统的关键子系统、各种辅助功能；

第四步：对待设计系统的操作进行描述；

第五步：确定待设计系统应改善的特性、应该消除的特性（整体体积的缩小、长度方向的缩小和质量的减轻）；

第六步：将涉及的参数要按标准的 39 个工程参数重新描述（运动物体的重量、长度和体积）；

第七步：对技术冲突进行描述，如果某一工程参数要得到改善，将导致哪些参数恶化（强度，可维修性）；

第八步：对技术冲突进行另一种描述，假如降低参数恶化的程度，要改善参数将被削弱，或另一恶化参数被加强（强度下降、维修困难）；

第九步：在冲突矩阵中由冲突双方确定相应的矩阵元素（查表）；

第十步：由上述元素确定可用发明原理（查表）；

第十一步：将所确定的原理应用于设计者的问题；

第十二步：找到、评价并完善概念设计及后续的设计。

表 14-7　利用 TRIZ 理论的发明原理对应的技术手段

<table>
<tr><th>改进工程参数</th><th>恶化工程参数</th><th>发明原理</th><th>技术手段或相关专利</th><th>对策</th><th>可能周期</th></tr>
<tr><td rowspan="8">1 运动物体的重量</td><td rowspan="4">20 强度</td><td>28 机械系统的替代</td><td></td><td>研发困难</td><td>萌芽期</td></tr>
<tr><td>27 用低成本不耐用的物体替代</td><td>不可行</td><td>不可行</td><td>不可行</td></tr>
<tr><td>18 振动</td><td>不可行</td><td>不可行</td><td>不可行</td></tr>
<tr><td>40 复合材料</td><td>FR2551912A</td><td>较大发展</td><td>发展期</td></tr>
<tr><td rowspan="4">36 可修复性</td><td>2 分离</td><td>JP8276279A，JP2001038670A</td><td>较大发展</td><td>发展期</td></tr>
<tr><td>27 用低成本不耐用的物体替代</td><td>不可行</td><td>较大发展</td><td>不可行</td></tr>
<tr><td>28 机械系统的替代</td><td></td><td>研发困难</td><td>萌芽期</td></tr>
<tr><td>11 预补偿</td><td>EP1089019A</td><td>较大发展</td><td>发展期</td></tr>
</table>

续表

改进工程参数	恶化工程参数	发明原理	技术手段或相关专利	对策	可能周期
3 运动物体的长度	20 强度	8 重量补偿	JP7214332	较大发展	发展期
		35 参数变化	JP20122254463A，CN102145431A	较大发展	发展期
		29 气动与液压结构	不可行	不可行	不可行
		34 抛弃与修复	冷却水循环	较大发展	发展期
	36 可修复性	1 分割		研发困难	萌芽期
		28 机械系统的替代		研发困难	萌芽期
		10 预置动作		研发困难	萌芽期
7 运动物体的体积	20 强度	9 预加反作用		研发困难	萌芽期
		14 曲面化	JP10026204，CN1182002，CN101043969，DE102009049745，滚珠丝杠	学习及规避	成熟期
		15 动态化		研发困难	萌芽期
		7 套装	空心压力轴、空心电机轴、冷却部件、型材	学习及规避	成熟期
	36 可修复性	10 预置动作		研发困难	萌芽期

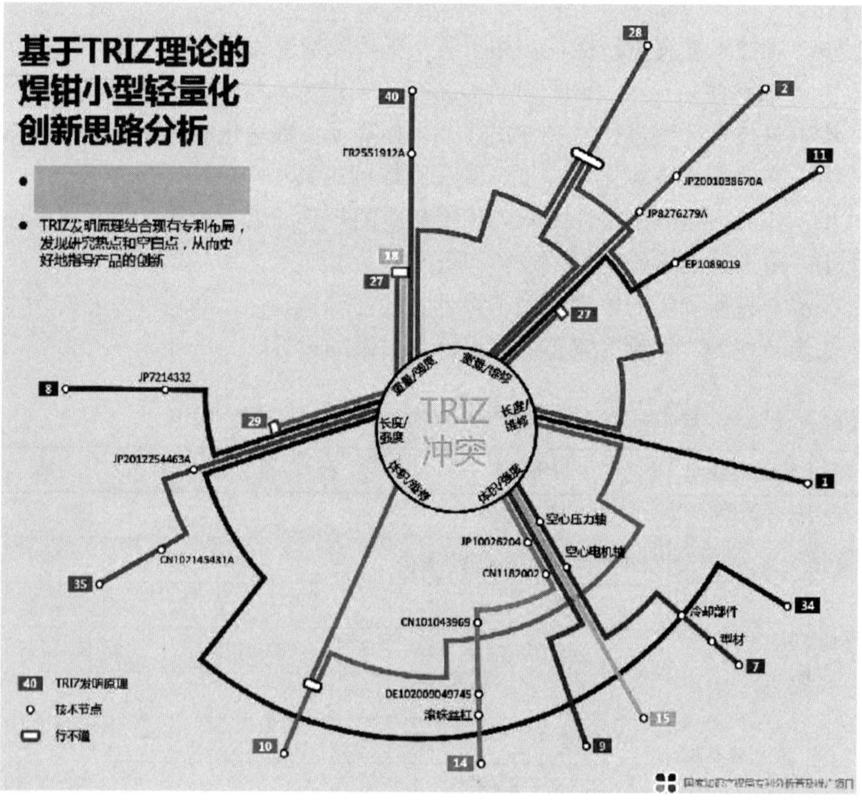

图 14-10　基于 TRIZ 理论的焊钳小型轻量化的专利挖掘路径分析

第四节 基于标准制定专利挖掘策略的专利分析案例

在一些特定的领域，比如移动通信行业，技术标准的制定是创新主体进行专利挖掘的重要驱动因素，能够将专利申请布局在行业技术标准中，有助于企业更好地执行战略发展意图，同时在应对侵权纠纷时减少举证的困扰。本节以“Mobile 3D 标准制定”[1]的专利分析为例，探索将技术提案和规范文档分析与专利分析有机结合的思路，提供部分企业在涉及标准专利产出时的实施路径，探讨此类情形的专利挖掘策略。

【案例 14-4】围绕 Mobile 3D 标准制定的专利挖掘策略分析

案例设置目的：掌握先进的标准制定的专利挖掘策略的专利分析方法。

第一步：Mobile 3D 标准的背景分析。

3GPP（Third Generation Partnership Project）是一个成立于 1998 年 12 月的标准化组织，其目标是在 ITU 的 IMT-2000 计划范围内制定和实现全球性的第三代移动电话系统规范标准。3GPP 组织中包括 4 个技术规范组（TSG），每个 TSG 又进一步可以分为多个不同的工作组（WG）。各工作组并不制定标准，而是提供技术规范（TS）和技术报告（TR），并由 TSG 批准，一旦 TSG 批准了，就会提交到组织的成员，再进行各自的标准化处理。

作为移动通信领域重要的标准化组织，3GPP 拥有移动通信领域大量的系统性和时效性都很高的技术文档，主要包括技术报告（TR）和技术规范（TS），以及各个企业和组织针对某个技术报告或技术规范提出的标准提案。其中海量的标准提案和规范文档包含丰富的技术和产业信息，本身能够提供丰富的技术情报，而且相对于专利文献信息来说具有更强的系统性和关联性。

由于当时国际上没有公认的、完整的 3D 传输和应用的标准规范，限制了 3D 移动视频产品的全面发展。2010 年 6 月，在 3GPP 组织的系统和业务技术规范组第四工作组（3GPP SA WG 4）的第 59 次工作组会议上，诺基亚和 ETRI 在 IVCS 项目（改进的视频编码支持）的研究中均提出应进行 3D 移动视频的研究，通过多次会议、历经 200 余项提案，最终形成了当前版本的 Mobile 3D 技术报告。

第二步：ETRI 提案的专利挖掘路径分析。

3GPP Mobile 3D 的提案人主要有 3 类：第一类是电信运营商，如欧洲移动电话公司（Orange）和中国移动；第二类是设备制造商，如爱立信和诺基亚；第三类是研究机构，其中具有代表性的就是韩国电子通讯研究院（ETRI）。

ETRI 成立于 1976 年，根据其官网的介绍，“它是通过在信息、通信、电子、广播和融合环境领域的研究、技术开发和技术发布来推动韩国国家经济和社会的发展”。ETRI 在韩国电信的发展中起到关键作用，比如在研发 DMB 移动电视、CDMA 技术等领

[1] 杨铁军. 产业专利分析报告（第 31 册）：移动互联网［M］. 北京：知识产权出版社，2015：308-320.

域扮演了举足轻重的作用。ETRI 的成员来自高校与企业，研究经费也是韩国政府和企业对半分（每年研发费用为3.45亿美元），这是韩国政府的一种产学研合作模式，具体方式是 ETRI 本身只进行技术的研发，不直接参与成果转化，使用政府与企业的资金携手攻关，最终由企业实现成果转化，并在下游应用研究成果。例如在研发 DMB 移动电视技术方面，ETRI 扮演着举足轻重的作用，政府拿下这项技术后，就交给了三星和其竞争对手 LG，由它们生产出手机电视的新品。

在 3GPP SA WG4 的第 65 次会议中，ETRI 同时提出 3 个解决可降级的提案，这 3 个提案分别涉及：通过预览频道（preview channel）减少 zapping delay（S4-110646）、通过纠错编码来解决网络丢包（S4-110647）和通过多描述编码 MDC 来解决网络丢包（S4-110648）。这样 3 个提案的背后，对应着 3 种技术路线的演进，分别是传输预览缩小图、纠错编码和多描述编码 3 个方向。每条技术路线演进过程中必然会遇到技术冲突，或者说必然要克服技术缺陷，这正是专利挖掘的出发点，也是标准提案与专利产出的联动点，参见图 14-11。

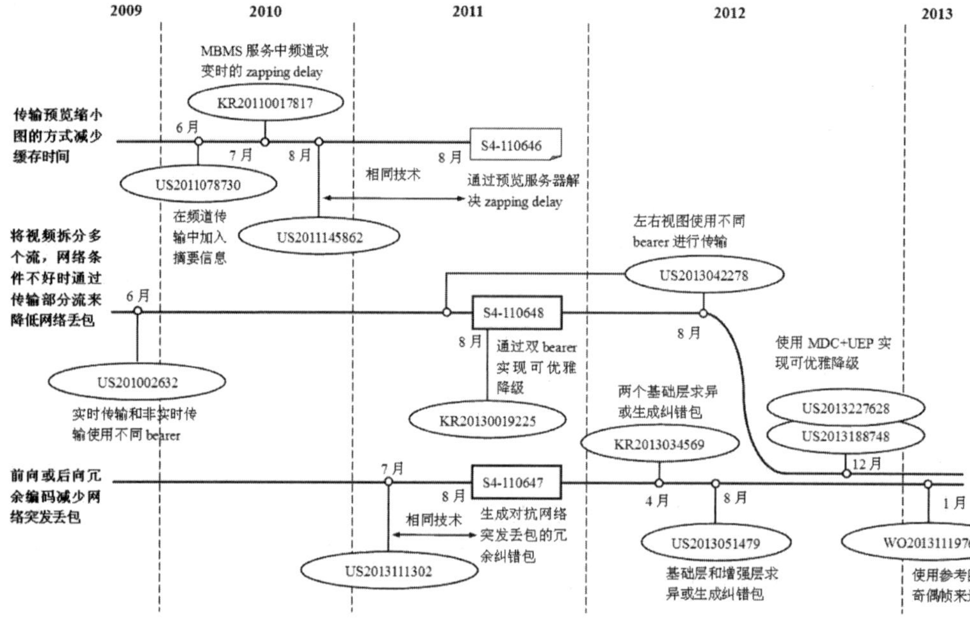

图 14-11　ETRI 提案的 3 条技术演进路线中提案与专利的联动分析

从 ETRI 以上 3 项技术中表现出提案和专利申请的相互演进过程，不难发现：

（1）传输预览缩小图的方式减少缓存时间的研发方向：虽然相关提案被大会认可并被写入了最后的技术报告中，然而这项技术只在提案前的 1 年左右进行了 3 件相关专利的申请，提案被认可之后，ETRI 没有对这项技术作出进一步的专利申请。由于通过传输预览缩小图的方式减少缓存时间相对简单，不具有进一步深化研究的空间，虽然被写入标准和协议，技术前景并不是很好，专利挖掘的前景也不被重视。

（2）前向或后向冗余编码减少网络突发丢包的研发方向：相关提案被大会关注，并由大会提出相关修改意见，该项技术被写入最后的技术报告。不同于传输预览缩小图的方式，ETRI 在提案前 1 个月就该项技术进行了相关专利的申请，之后 ETRI 一直对这项技术进行持续研究，首先是 2012 年 4 月申请了对冗余编码中纠错数据生成方式的具体改进——将不同图像组的基本层图像数据进行求异或生成纠错数据，同年 8 月，ETRI 又进一步改进，将异或处理的对象变成了一个图像组的基本层和另一个图像组的增加层，并提出专利申请。2013 年 1 月，ETRI 再次针对纠错数据的生成方式进行改进并提交专利申请。相比于传输预览缩小图的研究方向，由于具有继续深化研究的空间，ETRI 很重视通过前向或后向冗余编码减少网络突发丢包，对其持续研发，同时也在研发过程的关键节点层层布局，在标准演进的进程中保持着专利挖掘的稳定节奏。

（3）将视频拆分成多个流，网络条件不好时可以通过传输部分流来降低网络丢包的研发方向：ETRI 在提案前 1 个星期申请了一项专利，在会议期间，又紧急地提出一项专利，这两项专利与提案相对应，只是对视频流拆分的方式有不同的处理手段。其中一个申请中提到将左视图和右视图拆分成不同的流，另一项申请则考虑将奇数图像和偶数图像拆分成不同的流。由于该项提案没有得到大会的认可，导致 ETRI 对其重视程度有所降低，直到 2013 年 12 月 19 日和 20 日，ETRI 才再次就该项技术申请了两项专利，均通过非均匀差错检测方法来进一步优化，这种方式实质也用到了纠错编码，使得通过传输部分流来降低网络丢包与通过前向或后向冗余编码减少网络突发丢包有了共同点。

第五节　基于包绕核心专利挖掘策略的专利分析案例

包绕竞争对手核心专利的策略是企业专利战略的重要内容，是创新主体间进行专利交叉许可的基础。本节以“燃气轮机叶片的改进”[1] 的专利分析为例，剖析国外行业领先企业针对局部核心专利的包绕策略和做法，以供国内创新主体参考。

【案例 14-5】围绕燃气轮机叶片技术改进的专利挖掘策略分析

案例设置目的：掌握基于包绕核心专利的专利挖掘策略的专利分析方法。

第一步：核心专利的背景分析。

通用电气公司的专利 US5660524A 对整个燃气轮机行业的技术推动具有重要贡献，不仅本公司后续的很多专利申请引用该专利公开的技术方案，而且联合工艺、西门子、罗罗、斯奈克玛、霍尼韦尔等竞争对手也频繁引用该专利技术。

对该专利 US5660524A 引用次数最多的为斯奈克玛 28 次，霍尼韦尔 22 次，联合工艺 16 次。在专利 US5660524A 公布后，申请人联合工艺很快作出反应，于 1999 年提交了有关涡轮机叶片冷却的专利申请，表明其对竞争对手的最新研发动向关注度很高，并且一旦判断该专利具有一定的市场价值，就迅速跟进投入研发力量；其次作出反应的是申请人霍尼韦尔、斯奈克玛，相继于 2001 年和 2002 年提交了有关叶片冷却的相关专利申请，对专利 US5660524A 的引用次数甚至超过了联合工艺，并且该两位申请人均引用

[1] 改编自：杨铁军．产业专利分析报告（第 17 册）：燃气轮机［M］．北京：知识产权出版社，2014：86-94.

了该专利中的核心方案——冷却回路设计。

第二步：通用电气对核心专利的技术改进策略分析。

从图14-12中可以看出通用电气对叶片的改进策略是由单一结构到内腔变大，再到蜂窝结构，最后到对称结构。可见，通用电气首先研发的是简单、容易铸造的叶片结构，然后逐步通过隔肋结构的设置增加热交换接触面积提高冷却效率；随后，为了增加内部冷却腔室的气体容量研发出了外壁较薄的叶片结构。紧接着，通用电气研发出了结构相对较为复杂的蜂窝形叶片结构。最后，为了能够更好地使叶片均匀冷却，研发出了具有对称的冷却通道的叶片，该结构能够很好地减少热应力集中，提高冷却效率。

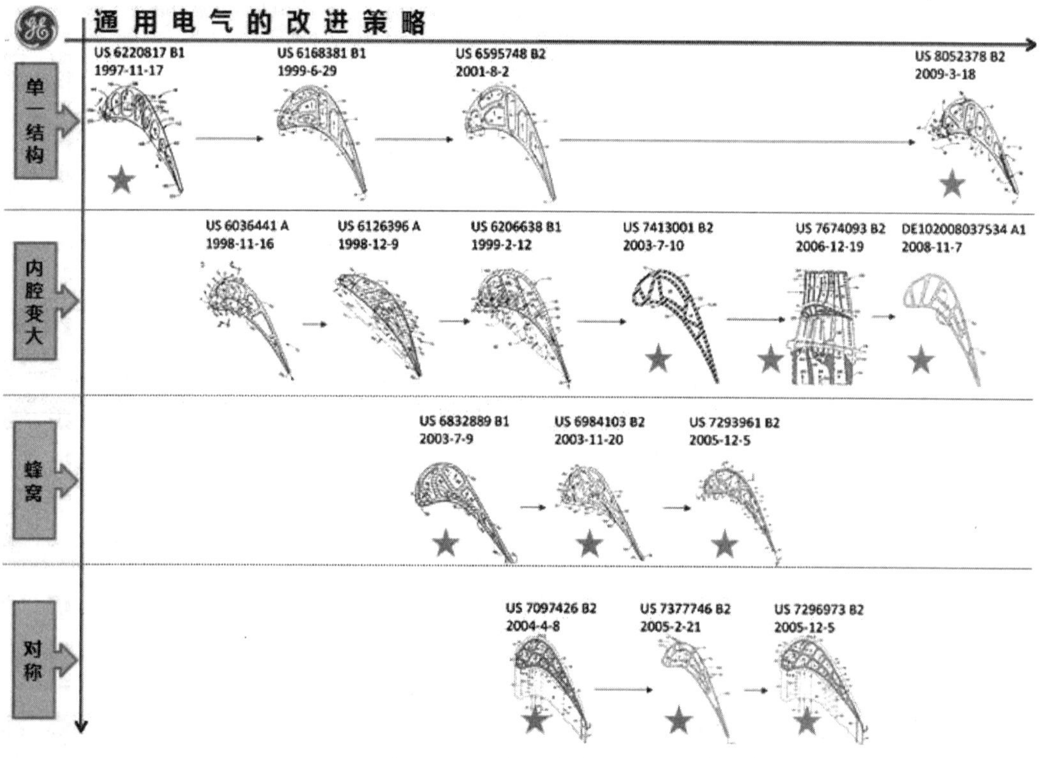

图14-12　通用电气对核心专利的技术改进策略

（1）1997~2009年，通用电气一直在对单一结构的叶片进行改进。这种结构的共同特点是外壁较厚重，为了增加连接强度，外壁与隔肋连接处较厚，冷却气体在内部均采用蛇形冷却回路。单一结构的叶片由于结构相对简单，一直是企业技术人员研发的基础。

（2）1998~2008年，通用电气一直在对叶片进行内腔变大的改进。这种结构的特点是叶片外壁较薄，且厚度均匀一致，使叶片内部腔体明显变大，叶片较宽的区域隔肋基本上呈现平行结构。

（3）2003~2005年，通用电气一直在对蜂窝结构的叶片进行改进。这种结构的共同点是隔肋不规则分布，结构比较紧凑，蛇形冷却回路长度进一步延长，冷却室横截面呈蜂窝形。从纵向来看，2003 年出现的两种叶片结构较为近似。

（4）2004~2005 年，通用电气一直在对对称结构的叶片进行改进。总体来看，这种结构的特点是：将叶片内部空腔分隔成对称的冷却通道结构，具有平行的蛇形冷却回路，相应减少了回路之间的压力差和温度差，降低压力侧回路与吸力侧回路的隔板之间的热梯度，起到减少热应力、提高冷却效果的目的。

第三步：其他公司对核心专利的技术改进策略分析。

其他公司相对通用电气的改进方案种类较少，聚焦在内腔变大和对称结构两个方向，如图 14-13 所示。罗罗、联合工艺、西门子、霍尼韦尔的改进方案起步较晚，叶片结构简单，明显落后于通用电气；阿尔斯通和弗罗里达对叶片的研发相对比较深入。其中霍尼韦尔对双层结构的叶片研发比较关注，弗罗里达对对称结构的叶片研发比较深入。通用电气在 2004~2005 年持续对对称结构的叶片进行改进，早于弗罗里达公司对对称结构叶片的改进。

结合通用电气改进策略图可以看出，通用电气对叶片的改进整体上领先其他竞争对手，其在燃气轮机叶片的自我改进方面具备优势，换句话说，通用电气非常重视对核心专利的包绕延伸，也就是重视对专利技术的二次挖掘。

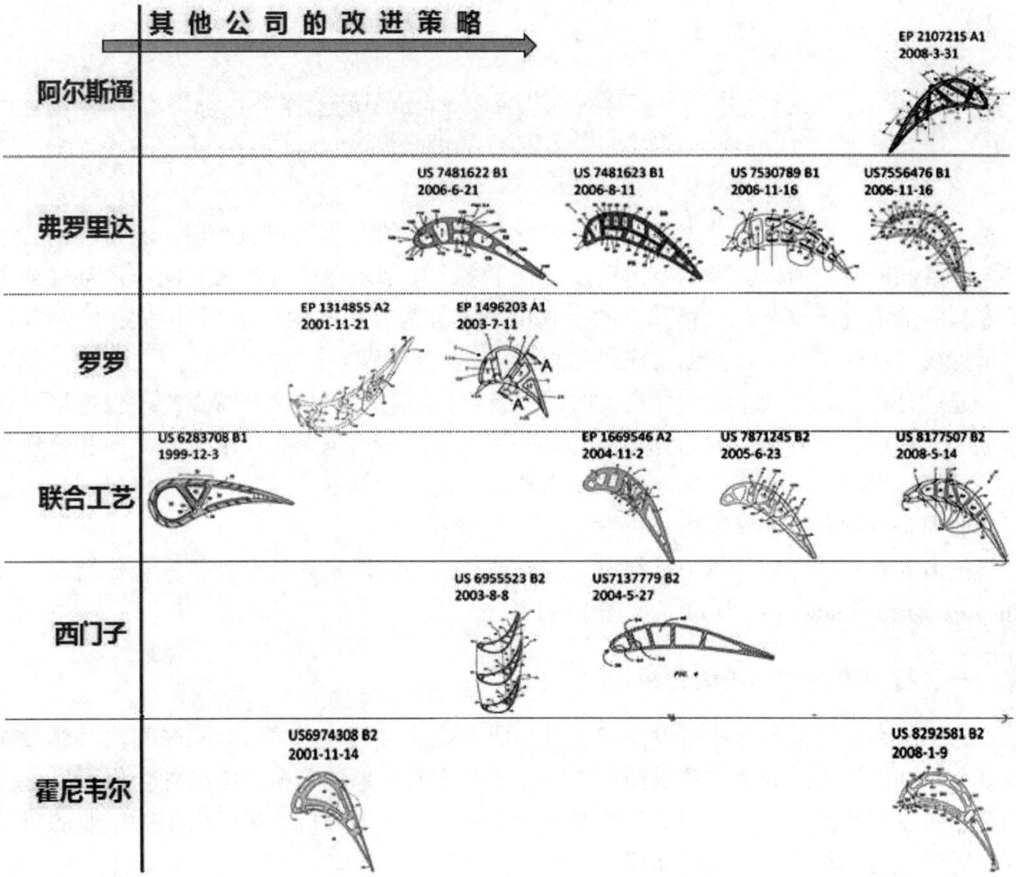

图 14-13　其他公司的改进策略

第十五章　研发合作策略的专利分析

合作研发是企业节约研发资源投入、提高技术创新效率、增强市场竞争力的有效方式。特别是随着知识经济时代的来临，企业创新模式也更多地从自主创新发展到开放式创新阶段，开放式创新要求企业摒弃原有的创新活动理念，打破传统的企业边界，将企业内部和外部的资源有机地结合在一起，充分协调企业内外部资源来产生创新思想，综合利用企业内外部的市场渠道来为创新活动服务。因此，越来越多的技术研发需要产业链上中下游或者技术链的产学研用的不同创新主体进行集群创新，以实现在整条价值链上的价值最大化。本章旨在介绍如何通过专利信息分析手段研究某行业的研发合作特点和企业典型的研发合作策略，并给出典型的分析案例。

第一节　研发合作策略的专利分析方法

由于研发合作的情况越来越普遍，研发合作产生的专利等知识产权，通常会由合作参与者共同所有，所以，专利申请逐步出现了多个申请主体联合起来共同申请某件或某组专利的情形（下文将这种情况下的专利申请统称为专利共同申请）。因此，专利共同申请可视为创新主体间合作创新成果的直接体现。

通过分析专利共同申请的数量、时间、技术领域、申请主体等特点，不仅可以了解行业的合作群和研发合作的趋势，而且有助于更清楚地认识企业技术研发方向和合作策略，寻找技术研发的合作伙伴以及探索实现自主创新的机制。因此，本节将分别介绍针对行业和企业的研发合作策略分析方法。

很多商业性的专利分析工具都以共同申请人这一字段来分析专利研发合作情况，如 Thomson Data Analyzer（TDA）（见图 15-1）。

一、行业研发合作策略分析

为了了解某领域的合作研发现状、合作研发模式及其特点，可对某时间段某领域涉及多个专利申请人的专利申请或授权量趋势、合作研发地域分布、国内外合作研发主体和合作研发涉及的具体技术分支等情况进行分析，并根据分析结果得出相关行业的研发合作所存在的问题并提出相关建议。

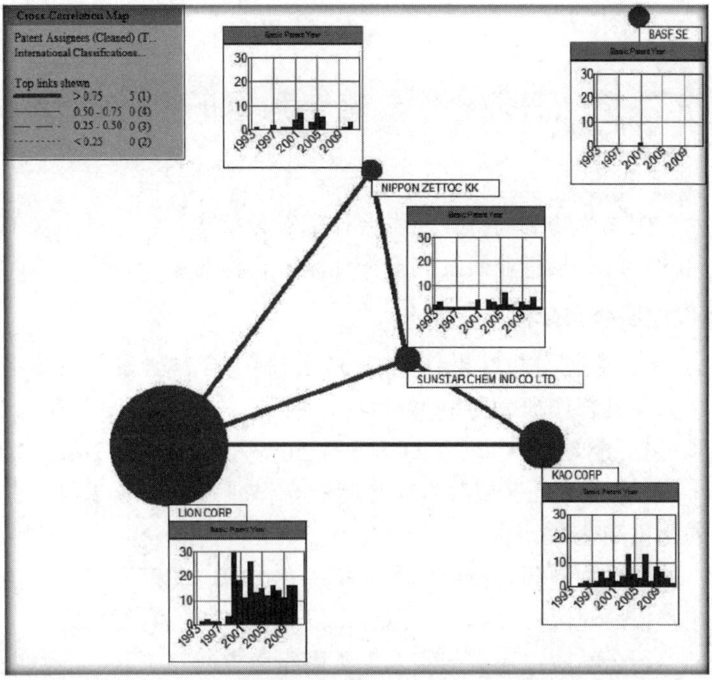

图 15-1　利用 TDA 制作的狮王公司的专利研发合作关系

二、创新主体研发合作策略分析

不同创新主体针对特定技术或产品共同申请专利的行为，一定程度上能够反映出创新主体的合作研发策略。一般来说，合作研发策略包括企业内部和外部两种，对于一些层级较多的集团企业，内部往往存在合作研发，企业内部的合作研发是否体现在合作申请专利上，还取决于企业内部知识产权管理制度；多数创新主体都与外部资源进行合作研发，合作对象类型上可以分为同行企业、产业链上下游企业、高校院所、个人等，与外部资源的合作研发逐渐发展成为合作创新网络，权利申请权、所有权和使用权的共享机制成为创新网络的基础载体。创新主体研发合作策略分析的主要内容包括：

（1）合作研发专利布局分析。包括：分析合作申请专利的布局时间、地域、技术分布、法律状态等。

（2）合作对象（网络）分析。包括：分析专利共同申请人的类型、频率、合作强度等，绘制合作对象网络图，进一步明确主要合作伙伴，必要时可对重点合作对象进行专利技术追踪分析。

（3）合作研发重点技术方向分析。包括：分析共同申请专利的技术热点和重点，必要时对热点和重点技术方向进行技术路线分析。

（4）合作研发模式和特点分析。在以上分析内容基础上，分析合作研发的具体模式，比如：横向一体化合作模式、纵向一体化合作模式、产业链创新生态网络合作模式、产学研协同创新合作模式等。

第二节　研发合作策略专利分析的典型案例

【案例15-1】国内生物制药行业研发合作情况分析❶

案例设置目的：掌握某行业研发的合作地域、合作对象、合作领域的分析方法。

1. 合作研发地域分布分析

从图15-2所示的数据分析结果看，国内生物制药合作研发地域集中度相当高。排在第一位的是上海，其合作研发专利共计453项，占总合作研发专利的60.72%，其次是北京（117项，15.68%）、广东（34项，4.56%）、江苏（23项，3.08%）和福建（15项，2.1%）。排名前5的区域共有生物制药合作研发专利642项，占国内合作研发专利授权总量的比重高达86.1%。

原因分析：国内生物制药合作研发主要集中在上海、北京等经济、科技发达的高水平学术研究机构密集的地区。比如，上海经济发达，不仅拥有复旦大学、中国人民解放军第二军医大学等著名学府，还有国家人类基因组南方研究中心、上海人类基因组研究中心等实力雄厚的科研院所，以及上海博道德因技术有限公司等领先的基因测序企业。

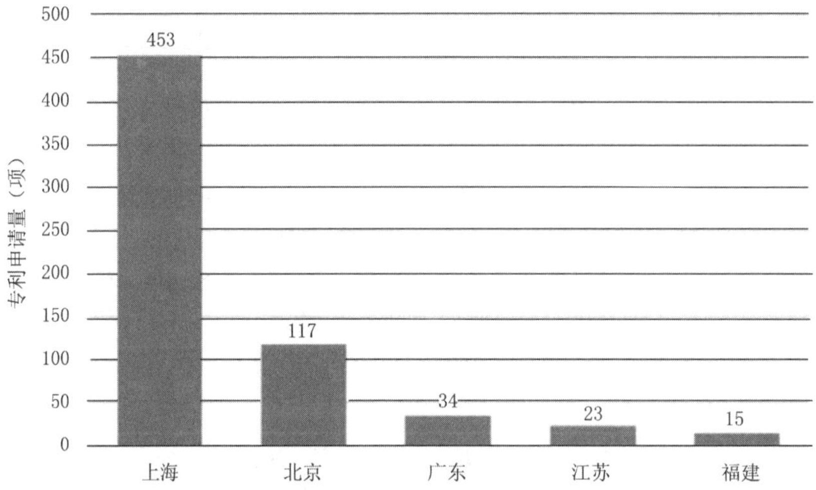

图15-2　国内生物制药专利共同申请数量地域分布

如表15-1所示，国外在华的生物制药合作研发专利共521项，分别来自24个不同的国家和地区，集中在北美、西欧、大洋洲的澳大利亚和亚洲的日本、韩国和印度等。其中，美国合作研发专利授权量为206项，占国外在华合作研发专利授权的39.24%，其次是日本（82项，15.6%）、法国（44项，8.4%）、英国（23项，4.38%）和韩国

❶ 顾兴燕，等. 我国生物制药行业专利合作研发的可视化研究［J］. 管理学家（学术版），2010（10）.

(22 项，4.19%)。排名前 5 的国家共计合作研发专利授权量 377 项，占国外在华合作研发专利的比重为 71.8%，同样表现出较高的地域集中度。

原因分析：国外生物制药合作研发主要集中在美国、日本和西欧，这些国家和地区同样具有经济发达、生命科学研究水平高、学术研究机构密集的特点。

表 15-1　国外来华的生物制药专利共同申请申请人国籍分布

国　家	合作研发专利授权量（项）	国　家	合作研发专利授权量（项）	国　家	合作研发专利授权量（项）
美　国	206	荷　兰	15	古　巴	4
日　本	82	比利时	9	瑞　典	4
法　国	44	意大利	8	南　非	3
英　国	23	丹　麦	8	爱尔兰	3
韩　国	22	以色列	7	西班牙	3
瑞　士	20	印　度	7	突尼斯	2
德　国	19	加拿大	6	巴　西	2
澳大利亚	17	奥地利	5	芬　兰	2

2. 合作研发的研发主体类型分析

通过分析合作研发数据的研发主体，可以发现除了企业、高校、科研院所 3 个主体之外，还存在各种各样的基金会、政府机构、非营利研究中心、医院等。从国内的情况来看，企业与高校合作占据合作研发主导地位，共计专利 361 项，占国内生物制药合作研发专利总量的 48.39%，明显高于全部合作研发中 37.25% 的水平，科研院所与高校的合作排在第二位（105 项，14.08%），高于全部合作研发中 10.1% 的水平，企业和科研院所的合作占第三位（78 项，10.46%），低于全部合作研发中 13.97% 的水平，而企业与企业的合作排在第四位（76 项，10.19%），显著低于全部合作研发中 21.3% 的水平，这说明我国生物制药合作研发中高等院校发挥了重要作用，而企业与企业之间的合作程度则有待提高。

与国内不同，国外企业与企业间的生物制药合作研发的比例最高。企业与企业的合作研发专利为 194 项，占国外在华生物制药合作研发专利的 36.95%，远高于国内 10.19% 的水平；其次是企业与高校的合作（111 项，21.14%），低于国内 48.39% 的水平；再次是企业与科研院所的合作（99 项，18.86%），高于国内 10.46% 的水平；而科研院所与高校的合作（25 项，4.76%），则低于国内 14.08% 的水平。

结论一：国外企业与企业的合作研发较为频繁。

原因分析：一方面企业更了解市场需求，因而更容易研发出符合市场需求的新药，另一方面新药研发是一项整合分子生物学、基因组学、系统生物学知识和技术的复杂的系统工程，所以需要生物制药巨头之间、生物技术公司和制药公司结盟并联合进行投资研发。

结论二：国内在生物制药研发方面，企业与企业间的合作水平较低，而企业和高校的合作研发比例最高。

原因分析：一方面是由于我国长期以来研发成果都集中于高校和科研院所，另一方面是由于生物制药在我国还属于新兴产业，出现的时间并不长，因而大部分企业的总体研发实力较弱。随着市场竞争的加剧，生物制药产业的发展壮大，企业之间的合作研发有待进一步加强。

结论三：从合作研发参与方来看，国外在华所获得的授权专利申请人中除了传统的高校、科研院所、企业之外还有很多其他申请人，这些其他申请人构成了企业的外部专家网络，比如各种各样的基金会、政府机构、非营利研究中心、医院等。相对而言，国内申请人还集中于企业和学术机构，其他申请人主要是医院。

建议：随着生物制药产业的发展壮大，申请人主体的多元化必定会成为未来发展趋势之一，我国企业应根据项目需要更好地利用外部专家资源，拓宽合作伙伴范围，寻求优势资源，提高研发效率。

3. 合作研发的重点技术分支分析

生物制药所涉及的技术领域十分广泛，其所涵盖的生物制药产品的种类和应用领域也相当广泛。通过对合作研发原始数据进行统计分析发现：生物制药合作研发的研究重点主要是重组、蛋白和抗原技术，而从IPC分类来看，在肽（C07K）、培养基（C12N）、微生物学方法或酶学方法中的条件反应控制（C12Q）等是合作研发的重点。而在C07J（甾族化合物）、C08B（多糖类；其衍生物）还没有出现合作研发的情况，查看原始数据还可以看出，这两个领域本身专利数量较少（C07J专利授权量58项，C08B专利授权量103项）。各技术及产品领域10年来累计合作研发授权专利数及排名情况见表15-2。

表15-2　不同技术分支10年来累计合作研发授权专利数及排名情况　　单位：项

	C07H	C07K	C12M	C12N	C12P	C12Q	总计	排名
单克隆	0	27	0	18	1	1	47	6
蛋白	9	151	2	134	7	84	387	2
发酵	0	5	6	6	1	0	18	9
干扰素	0	7	1	1	0	0	9	10
抗原	2	58	0	32	1	9	102	3
受体	4	31	0	20	0	34	89	4
细胞培养	0	5	6	24	3	0	38	7
疫苗	2	13	0	31	0	6	52	5
重组	6	248	1	230	3	4	492	1
转基因	1	7	0	24	0	1	33	8
总计	24	552	16	520	16	139	1267	
排名	4	1	5	2	6	3		

【案例 15-2】基于研发合作情况的东丽公司技术薄弱点和研发方向分析[1]

案例设置目的：掌握通过研发合作情况分析申请人的技术薄弱点和研发方向。

1. 企业的技术薄弱点分析

东丽在选择合作时具有明确的目标性，在土木设施和基础建设的碳纤维应用方面，主要合作对象是清水建设株式会社（SHIMIZU CONSTR CO. LTD，以下简称清水公司）。清水公司成立于 1804 年，距今已有 200 多年历史，是一个具有从建筑、土木和其他建筑工程的规划、计划、勘查、调整到设计、施工和维修保养整体承包体制的综合性建设公司。东丽与清水公司的合作正好能够弥补其在土木建设方面专业知识的不足，对于了解碳纤维应用在建筑领域的性能需要方面有极为重要的意义。双方在碳纤维应用于土木设施和基础建设方面的共同申请有 JP2008163643A、JP2008063753A（见图 15-3）。

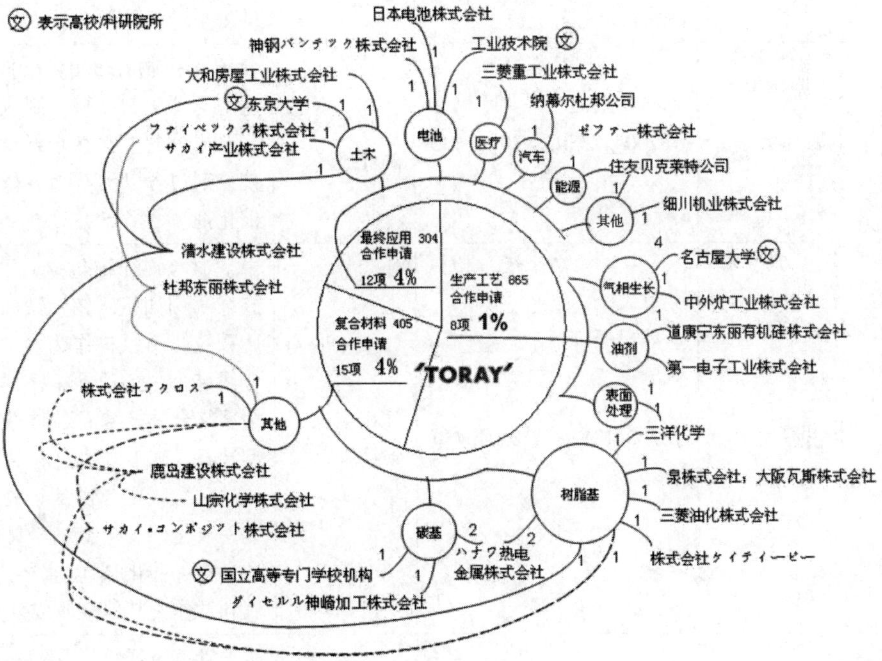

图 15-3　东丽的合作专利申请情况

2. 企业的技术发展方向分析

除注重与不同类型企业的合作外，东丽还加强与科研院所和高校在技术前沿领域的开发研究。表 15-3 显示东丽与高校和科研院所的合作情况，表中专利按照时间顺序进行列举。与高校和科研院所的最新合作在一定程度上反映了东丽研究的前沿，尤其值得关注的是气相生长碳纤维。东丽有关气相生长碳纤维的申请主要在 2000 年以后，在此方面与大学合作频繁。该领域可能是东丽希望突破的新的技术发展方向，主要技术特点是以不同沸石作为催化剂载体，并在一定温度下形成层状中空纳米碳纤维。

---

[1] 改编自：杨铁军. 产业专利分析报告（第 14 册）：高性能纤维［M］. 北京：知识产权出版社，2013.

表 15-3 东丽与高校和科研院所的合作专利申请情况

序号	合作高校和研究院所	公开号、公开日	领域	技术简介
1	工业技术院	JP60153943A 19850813	能够用于电池电极的碳纤维生产方法	炭化温度以上在惰性气体氛围中加热聚丙烯腈基碳纤维，分散金属成分附着在纤维表面形成金属—碳纤维
2	名古屋大学	W003045843A1 20030605	气相生长碳纤维	中空纳米纤维的制备方法，通过使在具有 900℃ 耐热性的沸石上附着有金属的催化剂与含碳化合物在 500～1200℃ 接触，生成以单层至 5 层纳米碳管为主要成分的中空纳米纤维
3	名古屋大学	JP2004123505A 20040422	气相生长碳纤维	含碳化合物在 500～1200℃ 的温度下与催化剂接触，制成以碳为主要成分的中空纳米纤维，其中催化剂包含以沸石为载体的金属催化剂
4	名古屋大学	JP2004131360A 20040430	气相生长碳纤维	中空纳米碳纤维包含选自 3～12 族金属例如钒、钼、铁和钯。金属颗粒使用原料作为载体，例如金属醋酸盐、金属硝酸盐和/或金属络合物。沸石载体选自 USY 型沸石、MFI 型沸石和 MFI 型金属硅。含碳化合物是碳氢化合物或一氧化碳。中空纳米纤维是碳纳米管。催化剂包含 3～12 族金属和钴作为其他金属成分
5	东京大学	JP2008163643A 20080717	防护管道	防护管道由纤维增强塑料的外表面形成。在接缝处，接缝辅助成分由纤维增强塑料或金属成分组成
6	名古屋大学	W02012002266A1 20120105	上浆剂	碳纤维涂敷 a、b、c 三种上浆剂，并加热到 160～260℃ 加热 30～600s
7	国立高等专门学校机构	JP2012030196A 20120216	复合材料	复合材料包括在水中的碳纤维和基体材料。碳纤维被放置在有机基体材料中，部分碳纤维暴露在基体材料表面外

【案例 15-3】三菱材料公司的研发合作策略分析[1]

案例设置目的：掌握阐释研发合作策略的分析方法。

为了探索实现自主创新的合作机制，从专利技术研发合作的角度比较了国内申请人及三菱材料公司的合作申请模式。研究发现，由于缺少刀具企业与下游企业的研发合作环节，国内刀具企业“丧失”了自主创新的原动力。只有建立产业链上下游研发合作的良性循环，国内刀具产业链才能真正形成现代制造技术的共荣发展和自主创新机制。

发达国家的刀具企业从生产传统标准化刀具发展到制造现代高效刀具仅仅用了几年时间，几乎与全球制造业的产业升级同步；而国内刀具企业没有抓住制造业升级的机遇，失去了现代制造技术发展的机会，被国外同行远远甩在了身后，其中的原因是多方面的。专利技术研发合作代表了企业间较为深入、紧密的创新合作关系，从这个角度入手可以找出国内与国外刀具企业与相关配套行业合作关系上的差异性，挖掘出企业间深层次的合作研发机制，这或许能给国内刀具企业带来一些启示。

第一步：国内刀具领域主要申请人共同申请情况分析。

从国内主要申请人共同申请情况（见图 15-4）来看：第一，国内刀具企业与刀具用户（如汽车、机床、航天等工业方面的企业）研发合作较少，这不仅不利于国内刀具企业研发、生产满足用户需求的刀具，也不利于国内刀具企业拓展市场。同时，也不利于形成完善的“产用结合”的刀具产品研发链条。第二，刀具企业与上游的刀具基体材料行业或企业的合作研发少。第三，国内主要刀具企业相互之间共同申请少，同行之间没有建立技术优势互补的研发合作方式，也不利于快速拓展自身的刀具技术。同时，研发上各自为战，则无法使得中国刀具行业在技术竞争力上形成共同发展的合力。第四，中国刀具企业与大学或者研究机构的合作申请少。

第二步：三菱材料[2]**专利共同申请情况分析。**

1. 合作对象分析

从图 15-5 中不难看出，三菱材料的合作对象涉及的行业是多样化的，有像丰田、本田、爱信、铃木等从事汽车产业的下游企业，也有像神户钢铁、特殊陶式提供原材料的上游企业，还包括丰田技术学院的研究机构，以及住友电工、神户工具等制造刀具的同行企业。这种合作研发机制已经突破了传统的产学研合作模式，根据企业需求形成了“四位一体”的新兴模式。

---

[1] 改编自：杨铁军．产业专利分析报告（第 3 册）：切削加工刀具［M］．北京：知识产权出版社，2012：187-197.

[2] 三菱材料（Mitsubishi Materials）是日本的知名刀具制造企业，其刀具产品主要应用于汽车制造、航空航天以及模具加工等工业领域。三菱材料的刀具在汽车行业刀具消费市场的占有率达到 50%。其实，三菱材料在刀具行业是个小字辈，其近 30 年的发展依靠了合作研发的方式——最大限度地整合各方资源，挖掘利用合作对象的优势技术。

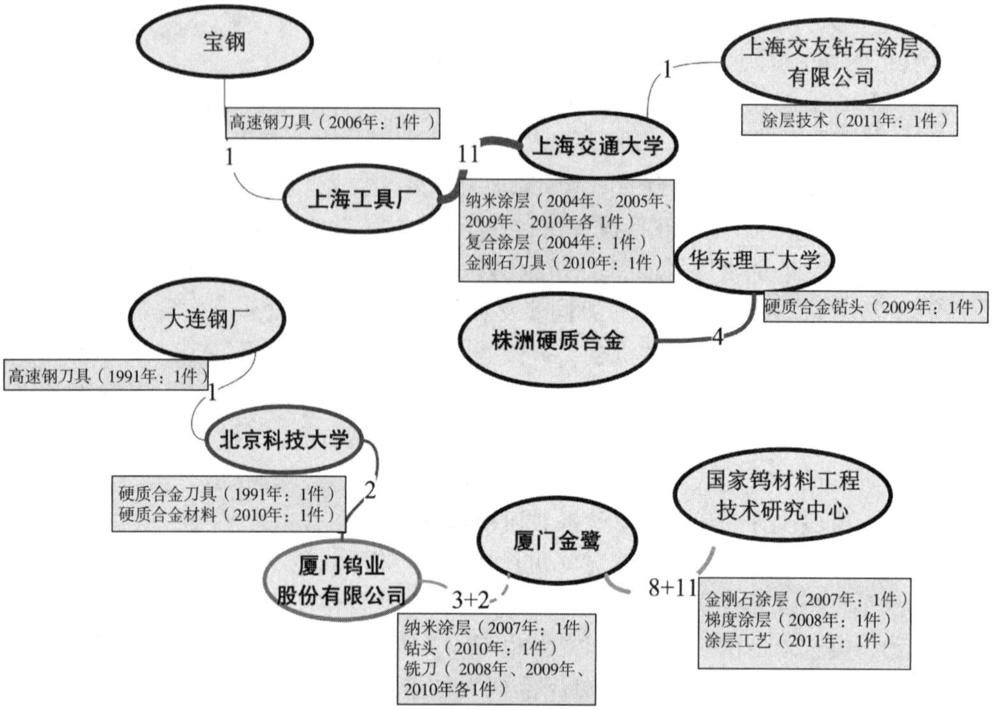

图 15-4　国内主要申请人共同申请情况

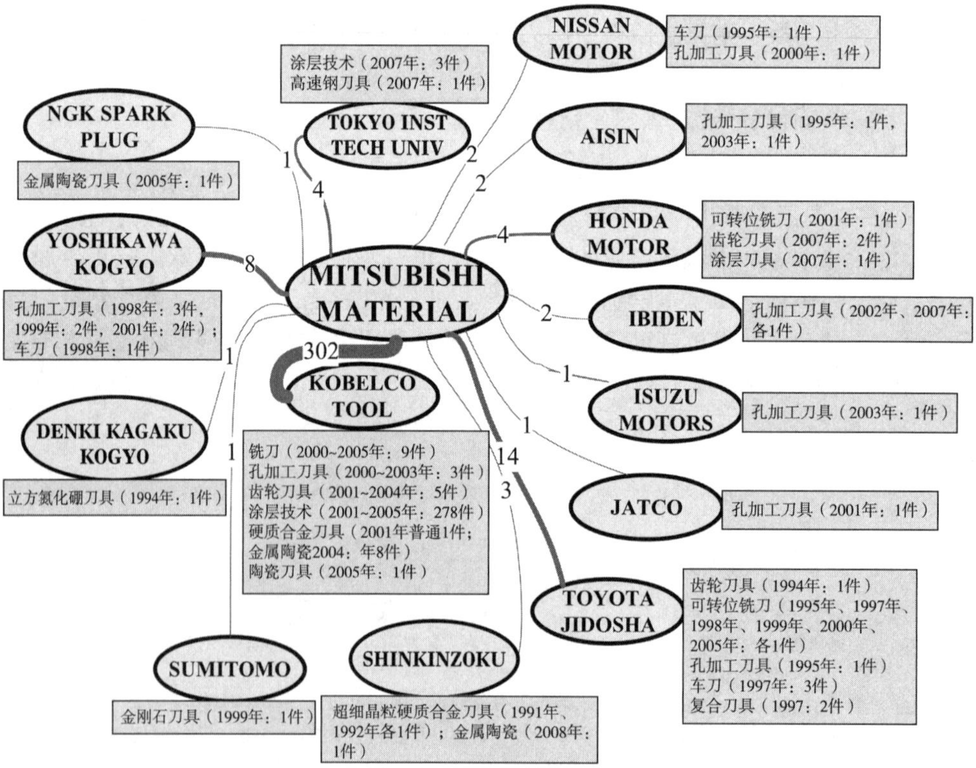

图 15-5　三菱材料的合作申请伙伴

2. 合作内容分析

因为合作对象的研发重点不同，专利技术合作的领域也会有所差异（见图 15-6）。三菱材料与下游企业（汽车、航空航天、电子产品行业）的研发合作就侧重于刀具的具体应用方面，与上游企业（原材料行业）的合作偏重于刀具的材料；而与学校、研究机构的合作，则侧重于前沿理论的探索，这种基础理论的突破会在不久的将来应用于实际，引领刀具行业的发展方向；至于同行企业，它们之间的合作偏向于刀具领域的通用型问题，这种取长补短式的合作模式更有利于吸取同行企业的技术特长，帮助企业研发人员更好地拓展思维及调整研发方向。

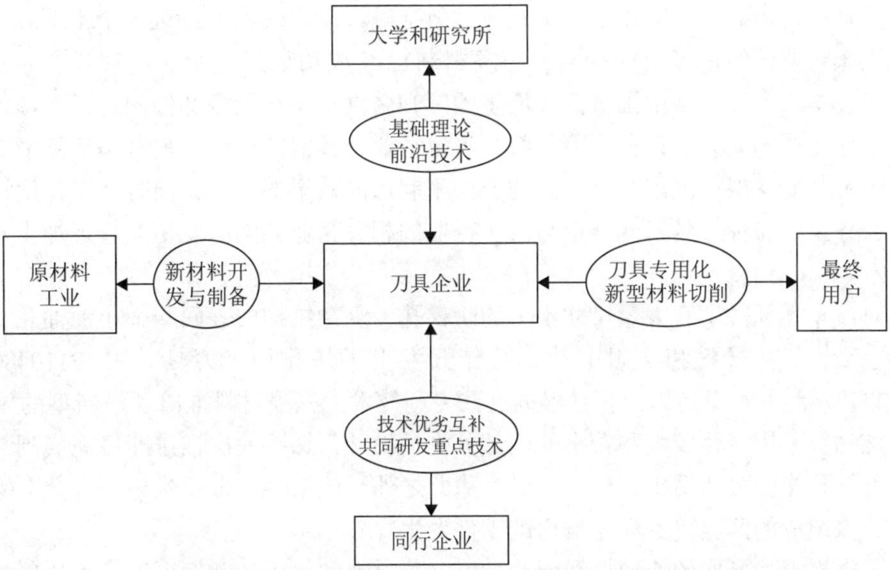

图 15-6　三菱材料的合作申请伙伴类型及合作内容

针对下游企业：三菱材料与汽车领域的相关企业合作研发了多种规格的孔加工刀具、整体硬质合金铣刀及多功能的复合刀具（如 JP2002144130A，2001 年与本田发动机厂共同申请的可转位刀片式铣刀；JP2002052410A，2000 年与日产发动机共同申请的深孔切削刀具；JP11033815A，1997 年与丰田电动车共同申请的复合刀具），从上述共同申请的领域中不难发现，三菱材料主要与这类企业合作研发切削特定对象的刀具技术。

针对上游企业：随着航空航天、能源工业的发展，涌现出大量高性能的新型材料，这些新型材料的切削加工已成为业界共同的难题，因此三菱材料与上游企业合作研发时就会倾向于金属陶瓷、立方氮化硼等超硬材料的突破（如 JP2007069309A，2005 年与 NGK-SPARk 共同申请的金属陶瓷刀具；JP8047801A，1994 年与 DENKI-KAGAKU 共同申请的立方氮化硼刀具）。

针对研究机构：这种合作关系早已被业界所熟知。研究机构的技术理论比较深厚而且比较前沿，容易把握整个行业的发展方向。因此三菱材料与东京研究所（TOKYO INST TECHNOLOGY NAT UNIV）的合作就集中于涂层工艺领域（如 2007 年共同申请的

3 件涂层技术专利：JP2008229759A、JP2009072837A、JP2009072838A）。这是因为近年来，为了提高涂层综合性能，业界普遍采用涂层材料复合、涂层层构复合及涂层方法复合的手段，来弥补单层涂层的缺陷，从而提高涂层整体性能。

针对同行企业：同行企业虽然是竞争对手，但同样存在合作的基础❶，那种同行业中“黑白分别、非敌即友”的思维方式早已过时，根据各自的技术优势灵活地选择行业竞争对手结成合作伙伴已经成为常态（如 JP2001157902A，1999 年与住友共同申请的金刚石刀具技术；JP2010121192A，2008 年与 SHINKINZOKU 共同申请的金属陶瓷刀具技术）。

3. 合作特色分析

三菱材料的产品主要应用于汽车制造、航空航天以及模具加工这 3 个工业领域，特别是在汽车行业，经过多年的探索，三菱材料已经成功地进驻哈飞、现代、通用、铃木、丰田、本田、爱信、中国重汽等许多国际知名汽车整车及零部件制造厂，赢得了厂商们的信任。据不完全统计，三菱材料在汽车行业刀具消费市场的占有率达到了 50%。

三菱材料能够根据汽车制造厂商的要求来制造高效率的刀具，同时能提供给汽车制造商种类齐全的非标刀具，此外也与汽车行业的相关企业共同研发切削特定加工对象的刀具技术。

针对汽车零部件中有大量尺寸不一的阶梯孔、复杂结构内表面和细小深油孔，加工精度要求高，三菱材料和丰田电动车合作开发出了深孔加工刀具，如 JP11048025A、JP2006247774A 中所提到的，并且根据这些专利技术，三菱材料推出了最新型的 Miracle 钻头。该钻头采用半径较大和较小的两部分沟槽设计，钻头一次推送即可完成到终点的切削，且钻孔深度可达钻头直径的 8 倍。除此之外，该钻头在微粒状超硬合金上镀有由铝、钛、氮组成的薄膜，不易与被切削工件发生焊着。

为了提高刀片换取的快速性和便捷性，三菱材料和丰田还开发出了刀片快速连接技术，如 JP9076112A、JP11104902A、JP10277807A、JP10277810A 中所提到的带有刀片更换装置的转动切削工具。对应此专利技术，三菱材料研发出了一整套针对不同刀具的快换系统，该系统是适合批量生产线不可缺少的高效率系统，能够缩短刀具更换时间，提高机床运转效率，还能减轻刀具重量，使更换刀具安全轻松。

根据汽车行业轻量化的要求，出现了许多新型的难加工材料，针对这些技术难题，三菱材料综合推出的 IMPACT MIRACLE 减震立铣刀系列采用不等螺旋角，与以往产品相比能有效抑制高频震颤，在难切削材料及大悬伸量的加工条件下也可实现稳定加工，实现更高效率。

4. 结论与建议

比较国内企业和三菱材料的专利技术研发合作伙伴，就会发现国内企业缺少了其中一个环节：刀具企业与下游企业的研发合作。正是这个环节的缺失直接导致了国内刀具产业链的发展中没有形成现代制造技术的合作发展和创新机制。大家都依靠从国外引进

---

❶ 刘红光，吕义超．专利情报分析在特定竞争对手分析中的应用［J］．情报杂志，2010（7）：35-39.

技术，各自为营，无法形成合作创新的联盟。制造业的经验告诉我们，只有产业链的最终用户（汽车、航空航天、电子产品、模具等行业的企业）具有自主创新的意愿，主动带领配套供应商共同发展，才能开创出新天地。因此毫不夸张地说，最终用户才是实现自主创新的“源头”，如果把自我创新的机制比喻为一辆跑车的话，那最终用户就扮演着发动机引擎的角色。

（1）针对下游

为了推动刀具产业链自主创新机制的建立，下游企业扮演着不可或缺的角色。韩国就是一个成功的例子，十几年前其刀具企业的研发实力与中国相当，但到目前，中国刀具企业的技术总体水平已与韩国存在着不小的差距，究其原因就是韩国刀具企业在下游企业的带动下，建立了产业链上下游合作发展的良性机制。

其实早在1998年，中国刀具企业已经在此方面进行了初步尝试，国家精密工具工程技术研究中心（以下简称工程中心）在数家国内刀具龙头企业的努力下在成都组建。工程中心成立不久，成都工具研究所就与一汽大众公司合作，对其使用的汽车专用刀具完成了刀具测绘、图纸会签、刀具检测、上线试刀等工作，并协助开发了CBN刀具、陶瓷刀具、齿轮刀具以及整体硬质合金刀具的试制。鉴于下游企业合作开发的重要性，中国刀具企业仍然需要主动寻找下游厂商结为合作伙伴，实现全方位的上门服务，加强与汽车、通用机械、航空航天、医疗器械、电子设备等企业的研发合作，提升刀具在高速、高效和专用化方面的性能，同时扩大中国刀具企业在下游企业的市场份额。

（2）针对上游

针对产业链的上游：加强与钢铁、钨矿、陶瓷、金刚石、立方氮化硼等生产和研发的企业进行合作，提升刀具基体材料的性能。中国在刀具基体材料上具备资源优势，中国刀具企业可以和这些资源行业或企业展开密切合作，从刀具基体材料上加强研发合作，例如厦门金鹭和厦门钨业的合作方式。充分将中国在钢材、硬质合金、金刚石等方面的资源优势转化成刀具技术优势是非常必要的，也是切实可行的。

除了继续加强重大科技专项中针对刀具的重点技术研究以及在出口退税方面的国家财政支持以外，还应当通过设置刀具技术风险投资机构或风险投资基金建立刀具技术创新的风险分散机制；考虑将专利技术的产业化应用作为大学教师的考核指标，完善收益分配机制，以促进形成“产学研用”的技术研发应用链条；通过引导国有大中型企业刀具国产化以及提高对国内刀具的政府采购比例形成产业链上下相互扶持的机制，这一点可向韩国学习。

（3）针对“产学研结合”

在“产学研”方面：在中国刀具行业的专利申请人中，大学和研究机构具备较强的研发能力。中国刀具企业可以根据这些大学和研究机构的专业特长有选择性地进行技术合作，加强基础研究和关键技术研究。

（4）针对企业同行

刀具企业之间也可以进行“优势互补、强强联合”技术合作。“优势互补”既可以是针对同一刀具品种的不同技术（例如刀具基体材料制备技术、刀具设计制造技术、涂层技术等），也可以是针对同一加工对象的配套刀具中的不同刀具品种（例如生产发动机缸体的面铣刀、深孔钻头、内冷铰刀等)。“强强联合”既可以是针对具体刀具技术分支，也可以是针对具体刀具品种。

需要指出的是，这仅仅是从双方技术优势互补的角度出发提出的建议，而实际的合作形式中，除了国内企业、大学、研究单位之间的合作之外，还可以与国外公司进行合作，吸收先进技术。另外，根据中国刀具及与之密切相关的机床行业的实际，刀具生产企业可以与机床生产及使用企业建立合作关系，力求扩大刀具在机床的中高档应用所占比。

【案例15-4】川崎重工业株式会社高铁领域合作研发策略分析❶

案例设置目的：掌握利用专利分析追踪重点竞争对手的合作研发策略。

在对高铁领域开展专利分析时，专利重点申请人川崎重工是重点竞争对手之一，为了深入分析该竞争对手的创新开发策略，需要对其专利布局中的合作申请进行分析。

川崎重工是日本主要的高铁制造企业之一，从2004年开始，中国高铁大规模引进国外技术，其中的“2型车”，即CRH-2是以日本新干线2-1000为原型车，由川崎重工转让的，中国共订购60列，由青岛四方机车车辆股份有限公司受让并在此基础上开展国产化研究。川崎重工在高铁制造技术领域通过广泛的技术合作策略积累形成了较强的技术实力，通过以下专利分析可以归纳出川崎重工的专业协同创新模式。

1. 川崎重工在高铁领域的合作对象分析

川崎重工与日本企业在高铁领域的合作申请专利如图15-7所示，可以看出，合作对象几乎都为日本国内的企业或组织，从合作对象的类型上有以下特点：

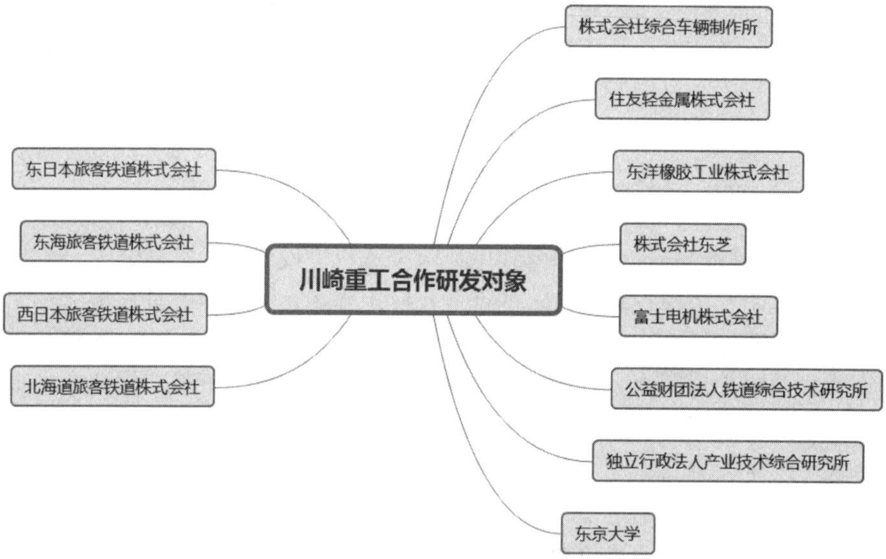

图15-7 川崎重工在高铁领域的主要合作对象

（1）与铁路运营公司合作最多。东日本旅客铁道株式会社等铁路运营公司的主要

❶ 改编自：杨铁军．产业专利分析报告（第48册）：高速动车组和高铁安全监控技术［M］．北京：知识产权出版社，2016：216-222.

业务是铁路运输，属于线路运营一线，能够对车辆性能和功能的优化提出更加明确的需求，有利于面向市场需求开展研发创新。

（2）与零配件企业合作研发。高铁是一个零配件众多，涉及机械、电子、电气控制、材料等众多学科领域的综合性产业链。通过专利合作申请情况分析可以看出，川崎重工与配套零配件供应商保持较为密切的合作关系。

（3）与高校、科研机构合作研发。川崎重工与东京大学、铁道综合技术研究所、产业技术综合研究所等建立了合作关系，并共同申请专利，围绕基础性或前瞻性领域开展科研攻关。

2. 合作研发的技术内容

川崎重工与日本企业在高铁领域的合作专利申请涉及的技术内容主要包括：动车组、线路工程、牵引供电、运用维护、通信信号、信息系统6个技术分支，其中合作申请专利最多的为动车组相关技术，占全部共同申请专利量的76%，这是由于动车组是高铁技术最关键的技术内容，是竞争的主战场，川崎重工以其子公司川崎车辆工程公司为动车组的研发主体，并与多家旅客铁道株式会社广泛合作。在线路工程领域，川崎重工与多家基建公司合作紧密，比如西松建设株式会社。在牵引供电方面，与制造电力设备的富士电机株式会社合作最紧密。在运用维护方面与作为铁路运营商的西日本旅客铁道株式会社合作最紧密。在通信信号方面与日本信号株式会社合作最紧密。在信息系统方面与电子信息巨头索尼公司合作最紧密。

3. 合作研发策略分析

以川崎重工为代表的日本高铁企业注重海外专利布局，并成立日本“国际高速铁道协会”，利用协会向海外输出新干线技术和设备，并推动日本高铁标准国际化，这种合作研发策略值得我国相关领域的企业借鉴和参考。

第十六章　专利布局策略的专利分析

随着专利作为一种商业战略工具被越来越多的企业所熟知和娴熟运用，分析他人的专利布局和做好自身的专利布局，已经成为企业专利工作的重要组成部分。本章主要为达成两个目标：第一，运用专利分析方法对既有专利布局策略的倒推，即倒推视角；第二，运用专利分析方法获得未来专利布局策略的参考，即借鉴视角。

第一节　专利布局策略的专利分析方法

虽然专利布局的概念目前被提及和讨论得很多，但并不存在唯一的定义。笔者认为，对于专利布局的概念，允许有不同的理解，专利布局及其策略，观察的人不同、观察的对象不同、观察的目的不同，都可能导致对于专利布局概念理解的差异。因此对于专利布局策略的分析方法也必然会有很多种。

一、传统专利布局理论分析法

关于专利布局的理论论述，最为经典的，莫过于瑞典 Chalmers 大学工业管理与经济学系 Ove Granstrand 教授提出的 6 种专利布局模式：

（1）特定的阻绝与回避设计模式；
（2）策略型专利模式；
（3）地毯式专利布局模式；
（4）专利围墙模式；
（5）包绕式布局模式；
（6）组合式布局模式。

有关这 6 种模式的具体介绍可参考原文[1]或“专利布局的典型模式及其功能、使用条件分析”一文[2]。总体而言，Ove Granstrand 教授所提出的 6 种专利布局模式，基本是侧重从专利技术的视角，对专利布局策略的铺设情况进行的概括。但我们知道，专利作为一项商业战略竞争工具，其不只是也不应该只是一个技术工具，对于专利的运用，要综合考虑其商业价值，而商业价值的实现，最直接的就是专利在特定时间和特定空间（即市

---

[1] Ove Granstrand. The Economics and Management of Intellectual Property: towards intellectual capitalism [M]. Edward Elgar Publishing, Inc., 1999: 218-222.

[2] http://dwz.cn/DCDnW.

场）为特定对象或主体所带来的价值。因此，笔者认为，对于专利布局策略的理论分析基础，还应该纳入更多视角，尤其是商业视角甚至战略视角，从而囊括技术、时间、空间和主体4个要素，围绕这4个要素进行专利布局的分析，才更接近真实的商业世界。

二、四要素理论分析法

本章提出用于专利布局分析的四要素理论，即以技术、时间、空间和主体4个要素为分析对象，通过分析4个要素之间的组合关系，对已有专利布局进行分析或还原，并对未来的专利布局提供参考和借鉴。在四要素理论框架之下，专利布局策略表现为基于四要素中给定要素的组合并形成相应的策略类型，从而专利布局策略的分析将变得更加有据可依、有径可循。

值得说明的是，虽然理论上四要素理论下的专利布局策略分析是基于4个要素的组合，但由于专利本身乃是技术的载体，技术要素可以说是专利的天生要素，因此实际操作中，四要素的组合是在技术要素确定存在的基础上，基于其余3个要素（时间、空间和主体）的组合，并由此形成不同维度下的专利布局策略分析维度。

1. 二维布局分析

将技术要素和其他3个要素中的一个进行组合，就形成了二维专利布局层面的分析。显然，根据与技术要素组合的要素不同，二维专利布局分析策略理论上会形成3种分析类型，论述如下。

（1）TT分析维度（技术与时间）

将技术（Technology）与时间（Time）两个要素组合进行专利布局分析的分析维度，可以说是最为简单的专利布局分析维度之一。当用专利分析方法去分析这种维度时，其表现就是专利的时间分布情况，若以图表形式展示，即是常见的专利数量随时间的分布趋势图❶。

对于这种策略的分析结果，从倒推视角看，分析者能够较为快速和直观地知晓分析对象在特定时间范围内进行专利布局的密度（即专利数量的多寡）；而从借鉴视角看，分析者根据自身与分析对象的关系以及所处的现实环境，也能够对于自身要实施的专利布局，在技术与时间要素的组合上迅速获得启示❷。

（2）TS分析维度（技术与空间）

将技术（Technology）与空间（Space）或市场（Market）两个要素结合进行专利布局，我们就获得另外一种简单的布局分析维度。用专利分析方法分析这种维度后，其结果呈现的就是专利的地域分布情况，若以图表方式展示，即较为常见的专利数量随地域的分布图。

---

❶ 需要说明一点，TT策略分析时，实际上隐含了空间要素即地域在后面，因为，专利的地域性特点，决定了当我们谈及专利时，必然隐含提及了地域。但是，由于与后面会提到的TS策略不同，TT策略分析关注的是纯粹的"量"的分布，即在所关心的时间范围，到底有多少个专利被布局，而这些"量"具体分布在哪些地域是TT策略暂不关心的。

❷ 例如，整个行业的专利布局密度持续增大，那么作为参与行业竞争的分析者（假定就是某家企业在进行TT策略分析），则很可能无法置身事外，而需要主动或被迫参与到这场专利竞赛中去。

同样地，对于这种分析维度的分析结果，从倒推视角看，分析者能够较为快速和直观地获悉分析对象在特定空间范围内进行专利布局的密度；而从借鉴视角看，分析者根据自身与分析对象的关系以及所处的现实环境，也能够对于自身要实施的专利布局，在技术与空间要素的组合上迅速获得启示。

（3）TP 分析维度（技术与主体）

将技术（Technology）与主体（通常即专利权人 Patentee）两个要素结合进行专利布局，则获得另一种简单的布局分析维度。用专利分析方法分析这种维度，其结果呈现的就是专利技术所处领域的专利权人分布情况，若以图表方式展示，即常见的专利数量随专利申请人/专利权人分布图。

对于这种分析维度的分析结果，从倒推视角看，分析者能够较为快速和直观地获悉在特定专利技术所处行业，专利权人❶进行专利布局的密度；而从借鉴视角看，分析者根据自身与分析对象的关系以及所处的现实环境，也能够对于自身要实施的专利布局，在专利数量布局方面快速获得启示。

2. 三维布局分析

与二维布局分析类似，当我们将技术与市场、时间、主体三者中的两者进行组合时，就获得两种侧重点不同的三维布局分析，分析如下。

（1）TTS 分析维度（技术、时间与空间）

在技术这一必需元素之外，再组合时间与空间两个要素，则获得较为常见的专利布局分析维度，即 TTS 分析维度。用专利分析方法分析这种维度后，其结果呈现的就是专利技术在时空两个维度的分布情况，若以图表方式展示，可以是分别以时间、空间为轴，专利数量为值的气泡图。

对于这种分析维度的分析结果，从倒推视角看，分析者能够较为快速和直观地获悉分析对象❷在特定市场、特定时间（段）的专利布局密度；而从借鉴视角看，分析者根据自身与分析对象的关系以及所处的现实环境，也能够对于自身要实施的专利布局，在技术、空间和时间要素的组合上迅速获得启示。

（2）TTP 分析维度（技术、时间与主体）

类似地，当将技术这一必需元素与时间、主体两个要素进行组合，则获得另一种常见的专利布局分析维度，即 TTP 分析维度。用专利分析方法分析这种维度，所得结果呈现的就是专利技术在时间和专利权人两个维度的分布情况，若以图表方式展示，可以是分别以时间、主体为轴，专利数量为值的气泡图。

对于这种分析维度的分析结果，从倒推视角看，分析者能够较为快速和直观地获悉

---

❶ 当专利权人不特定时，则观察到的实际上是一种“协同布局策略”，即有关专利技术所处整个行业的布局，进一步地，这种布局可能是“意向协作式布局”，即行业中的参与者之间形成某种默契，进而形成了一种默契合作下的“意向协作式专利布局”，这些参与者可能分别承担了不同角色，与之相对地，整个行业布局也可能是“非意向协作式布局”，即行业参与者之间的布局完全没有显性或隐性默契配合，各个参与者的专利布局行为组合到一起形成了整个行业的非意向协作式布局。对于这种行业布局要有深刻认识，对于那些新进入者，或者想要挑战行业秩序者，是极为重要的。

❷ 分析对象可以是特定对象，也可以是非特指的行业内相关参与者。

分析对象在特定时间（段）的专利布局密度；而从借鉴视角看，分析者根据自身与分析对象的关系以及所处的现实环境，也能够对于自身要实施的专利布局，在技术、时间要素的组合上迅速获得启示❶。

（3）TSP 分析维度（技术、空间与主体）

同样地，当将技术这一必需元素与空间、主体两个要素进行组合，就可以获得另外一种常见的专利布局分析维度，即 TSP 分析维度。用专利分析方法分析这种策略所得结果，呈现的是专利技术在空间和专利权人两个维度的分布情况，若以图表方式展示，可以是分别以空间、主体为轴，专利数量为值的气泡图。

对于这种分析维度的分析结果，从倒推视角看，分析者能够较为快速和直观地获悉分析对象在特定市场的专利布局密度；而从借鉴视角看，分析者根据自身与分析对象的关系以及所处的现实环境，也能够对于自身要实施的专利布局，在技术、空间要素的组合上迅速获得启示❷。

3. 四维布局分析

前面提到的二维、三维布局分析，均没有同时使用技术、时间、空间和主体 4 个要素，因此，自然会想到将所述 4 个要素同时进行组合，由此获得四维布局分析（TTSP 分析维度）。

实际上，现今开展的大多数专利分析工作中，很少有人会考虑基于 TTSP 策略的专利布局分析。然而，TTSP 分析维度分析本身并不是神秘莫测的分析方法，TTSP 分析维度的分析结果，其图表表现形式，通常是较为复杂的组合图形式，例如可以是以时间、空间、主体中的两者为轴，剩余的另一个为标识，专利数量为值的组合图❸。

对于这种分析维度的分析结果，从倒推视角看，分析者能够较为快速和直观地获悉分析对象在特定市场、特定时间（段）的专利布局密度；而从借鉴视角看，分析者根据自身与分析对象的关系以及所处的现实环境，也能够对于自身要实施的专利布局，在技术、时间和空间要素的组合上迅速获得启示。

三、布局力度分析法

在实际利用专利分析方法进行专利布局策略分析时，还需要具体考虑另外一个重要因素，即某种布局策略下的布局力度。专利布局力度，是衡量专利布局效用的重要指标，专利布局力度达不到要求，所铺设的专利之局则可能很容易被破掉，反之，专利布局力度合适，则能够很好地实现专利的保护和攻击功用。为了表征专利布局力度，笔者提出布局密度和布局强度两个细分指标，其含义如下。

---

❶ 注意：TTP 策略与前面的 TT 策略虽然在借鉴视角都是为了获得关于技术与时间要素组合的启示，但两者之间存在一定的差异。TTP 策略分析往往针对多个特定的分析对象，而 TT 策略分析，往往是非特定对象的分析或单个特定对象的分析，两者的分析对象通常是不同的，因此，获得的启示也往往不同。

❷ TSP 策略与 TS 策略的差异，与 TTP 策略和 TT 策略的差异类似。TSP 分析更关注的是特定对象（专利权人）的专利空间布局，而 TS 策略分析不注重专利权人这一对象究竟是谁，其更关注的是在某个地域究竟有多少专利被布局，是从宏观上对特定地域的专利布局密度进行感知。

❸ 此时讨论的默认基础是技术。

1. 布局密度

简而言之，布局密度就是各种专利布局策略分析方法中，那些用来表征专利布局密集程度的、能够定量化的指标的值，是定量专利分析的重要内容。例如，某个技术领域中，特定时间段内的申请数量，或者申请数量超过某个数量的专利申请人数量，或者有专利布局的地域数量（例如软件专利可能在美国申请数量最多，而中国可能相对要少）。

布局密度除了给出数量信息，重要的是它可以为分析者带来决策参考价值。例如，布局密度一方面可以给出警示，显示出何时、哪里、谁进行了大量的布局，另一方面可以指引分析者在此基础上，有针对性地采取相应的专利布局策略，例如是该避实就虚，还是尽快加入专利竞争的行列。

2. 布局强度

与布局密度不同的是，布局强度更多的是从定性分析的角度，综合考虑各方面因素，从而将定性的内容，通过某种统一的基准，转变为可以定量化的值，因此是定性分析的重要内容。例如，通过定量分析获得待评价的重要专利，需要对这些重要专利进行逐篇阅读，深入研究其权利要求保护范围的合适程度与稳定性，并对其赋予可量化的值，将这些值最终进行整合，获得一个关于某个专利权人或某个地域的细分技术领域的专利布局强度，从而可以进行横向比较，比如比较专利权人 A 与 B 两者在同一个细分技术领域的专利布局强度，而不仅仅是布局密度，也许专利权人 A 布局的数量（密度）有限，然而其强度远高于 B，则 A 可能是分析者要重点关注的对象而非 B。

四、混合理论分析法

混合理论，是将传统布局理论分析法、四要素理论分析法、布局力度分析法三者整合，以用于专利布局策略的分析理论基础，也是我们利用专利分析方法进行专利布局策略分析时应该遵循的依据。因为不论是哪种类型的布局方法，其归根结底可以解析为某个或某些专利权人的某种/某些专利技术在某个时间（段）内在某个/某些地域/市场的配置布局，只是具体分析工作中，是否需要将 4 个要素全部纳入，则需要根据具体的工作目的而定。

也就是说，不论是哪种专利布局策略的分析，最终都可以解析为传统布局理论、四要素理论、布局力度（实际上再对应到布局密度与布局强度）的综合分析，对三者所包括的要素所形成的既有组合的分析，就是对现有专利布局的解构和反向推演，而基于未来商业目的对这些要素的组合的谋篇布局，就是面向未来的专利布局策略构建。

一般而言，通过专利分析方法对专利布局进行分析的过程，通常应该包括从定量分析到定性分析的演变过程。首先，需要根据应用场景，根据相应的理论指导，通过定量分析的方法，实现对于数量庞大的专利文献的聚焦，锁定具有更大分析价值和意义的目标专利文献；随后，对这些锁定的目标专利文献及其所承载的各种技术、市场、法律信息，采用定性分析的方法，深入挖掘出目标专利之间的联系，勾勒出由这些目标专利形

成的“专利之局”。❶

下面用一个简要的例子说明从定量分析到定性分析的过渡❷。在这个例子中，希望分析目标对象佛吉亚公司（一家来自法国的领先型汽车零部件系统供应商）在汽车座椅滑轨这一细分技术领域的中国授权专利布局情况。

为了实现上述目标，方案可能有多种。首先可能想到的，是通过检索佛吉亚公司的所有中国专利，然后逐篇阅读，确定座椅滑轨领域的专利，并逐步分析这些专利之间的关系。不过，由于企业用于进行专利分析的资源一般都是相对有限的，这种全面网罗专利、逐篇阅读的做法，必然需要耗费大量的人力物力资源，是多数企业不愿或不能承受的。❸

作为一种替代方案，由定量到定性的专利布局分析，由于其能够尽可能地兼顾“全”与“准”，在实际工作中应用得最多。例如对于上述的佛吉亚案例，其实现过程可以是这样的：

首先，检索佛吉亚公司所有座椅滑轨领域的授权中国专利（全样本的构建，定量过程，见图 16-1）；

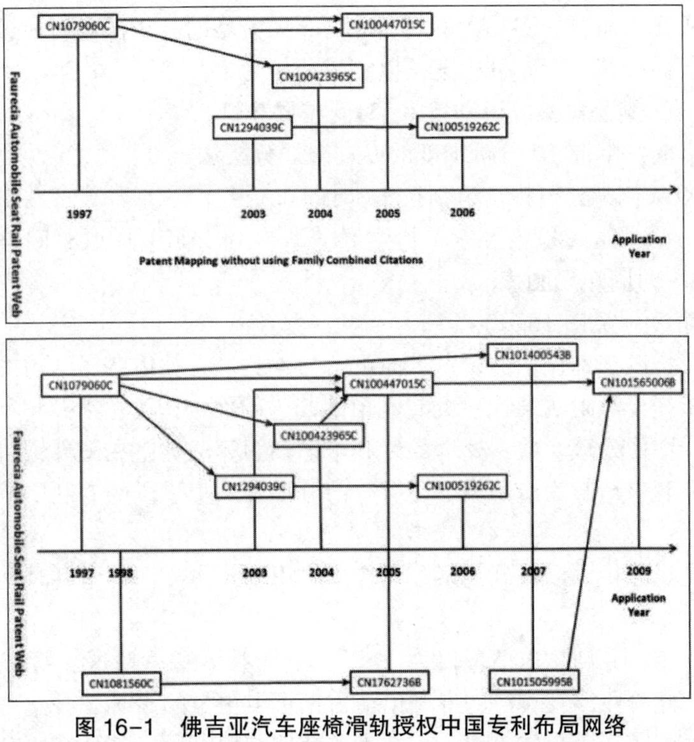

图 16-1　佛吉亚汽车座椅滑轨授权中国专利布局网络

注：上图为常规引证方法获得，下图基于同族专利的扩展引证关系获得。

---

❶ 需要指出的是，定量分析到定性分析的演变过程，不是必需的，而应该视情景而定。例如，假若分析对象清晰明确，数据量合适，则可以是基于全部专利文献的定性分析。

❷ Patent Landscape Analysis Using Family Based Citation［EB/OL］. http://ssrn.com/abstract=2397385.

❸ 注意，不是任何情况下这种做法都不可能实行，例如在分析目标样本容量足够小、足够有代表性的情况下，这种方法具有可行性。正如后面我们要看到的，通过定量分析到定性分析的过渡，正是为了使分析样本容量足够小和具有代表性。

其次，运用专利同族分析方法，获得前一步得到的中国专利的全球同族专利信息（为下一步做准备，仍然是定量分析）；

再次，运用基于同族专利的专利引证分析方法，获得具有“客观”引证关系的授权中国专利布局网络图（供下一步使用，仍然是定量分析）；

最后，对前一步获得的中国授权专利形成的专利布局网络进行深入的定性分析，研究佛吉亚公司在该细分技术领域的中国专利布局策略（研究过程中可能会发现，其在中国与其他地域的布局可能会存在差异）。

第二节 专利布局策略专利分析的典型案例

为了让读者对于前面内容中的专利布局分析方法尤其是四要素理论分析法有更具体的认识，下面用几个简单的实际案例对相应的布局策略的分析法进行讨论。考虑到定性分析的技术依赖性很高，因此分析案例以定量分析为主。

【案例16-1】某公司指纹识别技术-时间布局分析

案例设置目的：掌握TT分析维度的专利布局分析法。

（1）分析对象：某公司指纹识别技术-时间布局❶。

（2）实现方法：定义检索要素—检索和获取专利文献—提取时间信息—分解技术分支—绘制技术-时间布局图表。

（3）图表解读（见图16-2）：

某公司涉及指纹识别技术的研发方向可分为4类：有关传感器结构或附件结构（如设备外壳、手指托架等附属结构）的专利申请归为硬件结构类；涉及特征提取、匹配算法、分类算法、图像处理、数据处理的专利申请归为算法类；在硬件领域以及信息处理等软件领域的专利申请归为应用类；还有一部分涉及采集手段的专利申请划归为获取处理流程类。

通过数据定量分析可以看到，某公司在指纹识别技术方面的专利时间布局具有以下特点：

1979~1992年，专利总申请量仅为17项，处于技术积累阶段，每年的专利申请量均在5项以下。此阶段涉及算法的专利申请占据了申请量的65%，并且大部分专利申请来自浅井及其发明团队。总体来看，在技术的前期积累阶段，某公司的专利申请主要是对核心技术团队的研究方向进行跟进。

随后的1993~2001年，专利申请量出现了跳跃式增长，由每年不足10项快速增长到年近50项。而其中与算法有关的专利年申请数量较为平均，为每年5~10项，而与硬件结构和应用相关的专利申请则大幅增加，并分别占据了总申请量的29%和40%左右。在1997~1999年，某公司面向企业用户推出了大量配有指纹识别系统的计算机及

❶ 改编自：杨铁军. 产业专利分析报告（第33册）：智能识别［M］. 北京：知识产权出版社，2015：71-73.

移动终端设备，与之对应，某公司涉及计算机及移动终端设备的专利申请占据了其在硬件应用领域专利申请的60%左右。总体来看，此阶段某公司的专利申请主要是跟随产品的上市和推广。

2002年以后，某公司涉及指纹识别技术的专利申请量出现下降趋势，并稳定在每年10~20项。在此阶段，涉及算法的年平均专利申请量维持稳定发展，而此前迅速增加的涉及硬件结构以及应用的专利申请量则出现了大幅萎缩。可以推测，某公司已针对核心产品和技术基本上完成了专利布局。

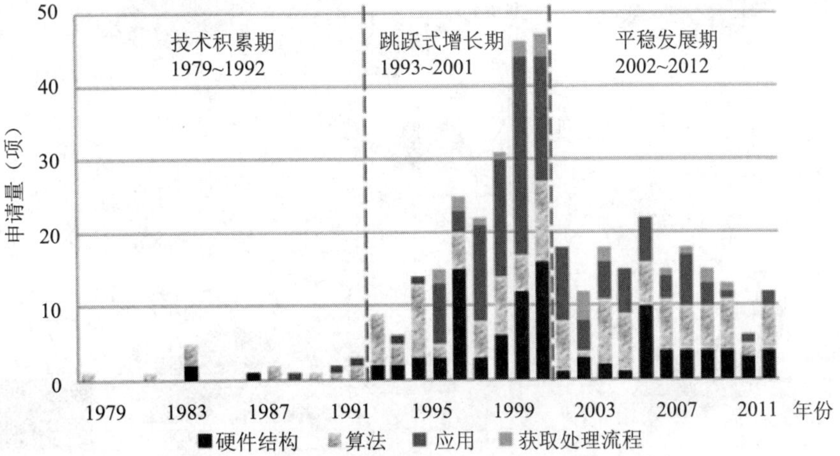

图 16-2 某公司在指纹识别技术方面的专利时间布局

【案例 16-2】多屏互动技术-空间布局分析

案例设置目的：掌握TS分析维度的专利布局分析法。

（1）分析对象：多屏互动技术-空间布局❶。

（2）实现方法：定义检索要素—检索和获取专利文献—提取空间信息—分解技术分支—绘制技术-空间布局图表。

（3）图表解读（见图16-3）：

多屏互动技术指基于某些通信协议并借助无线网络的连接，在不同多媒体终端上可进行多媒体（音频、视频、图片）内容的传输、解析、展示、控制等一系列操作，从而在不同设备上同时共享多媒体内容的技术。

多屏互动技术在技术构成上可以分为数据源处理、网络传输、人机交互、显示、应用5个技术分支，这些技术分支在全球主要技术输出地的空间分布上形成各自的特点。数据源处理是当前多屏互动技术的关键环节，其体现在美、韩、日、欧四地的专利申请量均位居第一。而网络传输，与数据源处理同为多屏互动技术的重要底层支撑，在美、日、欧三地的专利申请量位居次席，而在韩国的专利申请量少于数据源处理和显示两个技术分支，仅位居第三。作为平板显示产业制造强国的韩国，近几年在高端液晶显示和

---

❶ 改编自：杨铁军. 产业专利分析报告（第31册）：移动互联网［M］. 北京：知识产权出版社，2015：226-227.

OLED 显示领域强势发力，因而韩国创新主体在发展多屏互动技术时更加突出其与自身优势产业的融合，专利空间布局特色明显。

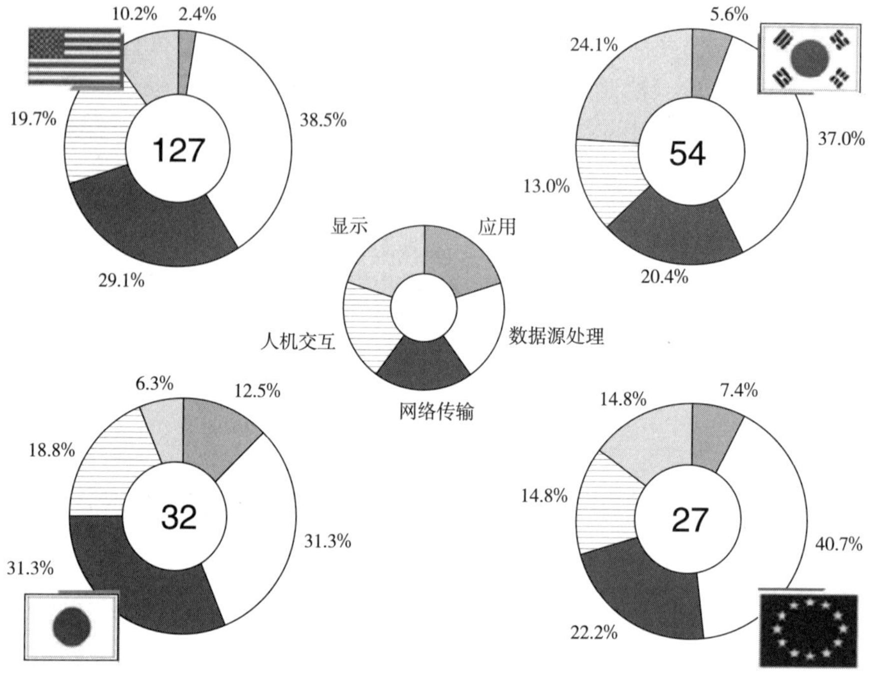

图 16-3　多屏互动技术-空间专利布局

【案例 16-3】多屏互动技术-竞争主体布局分析

案例设置目的：掌握 TP 分析维度的专利布局分析法。

（1）分析对象：多屏互动技术-竞争主体布局❶。

（2）实现方法：定义检索要素—检索和获取专利文献—提取竞争主体信息—分解技术分支—绘制技术-竞争主体布局图表。

（3）图表解读（见图 16-4）：

目前多屏互动技术是移动视频领域的研究热门，各厂商都推出了基于多屏互动技术的产品。由于技术阵营的不同以及技术储备的差异，多屏互动技术的各主要倡导者在专利申请方面所表现出来的偏好和特长也是各不相同的。三星作为产品线最全，同时移动端与家用端产品均很强势的企业，其在专利申请方向上全面布局，包括数据源处理、网络传输、人机交互、显示及应用等手段均有涉及，而且数量可观。诺基亚、微软作为老牌手机制造商以及智能系统开发商，在网络传输、数据源处理以及人机交互方面更为侧重。索尼与苹果则可能更注重于用户体验，因而在人机交互方面具有优势，同时兼顾了数据源处理。国内企业 TCL 的申请重点仅在于人机交互，其他类别几乎少有涉及。

❶ 改编自：杨铁军. 产业专利分析报告（第 31 册）：移动互联网［M］. 北京：知识产权出版社，2015：222.

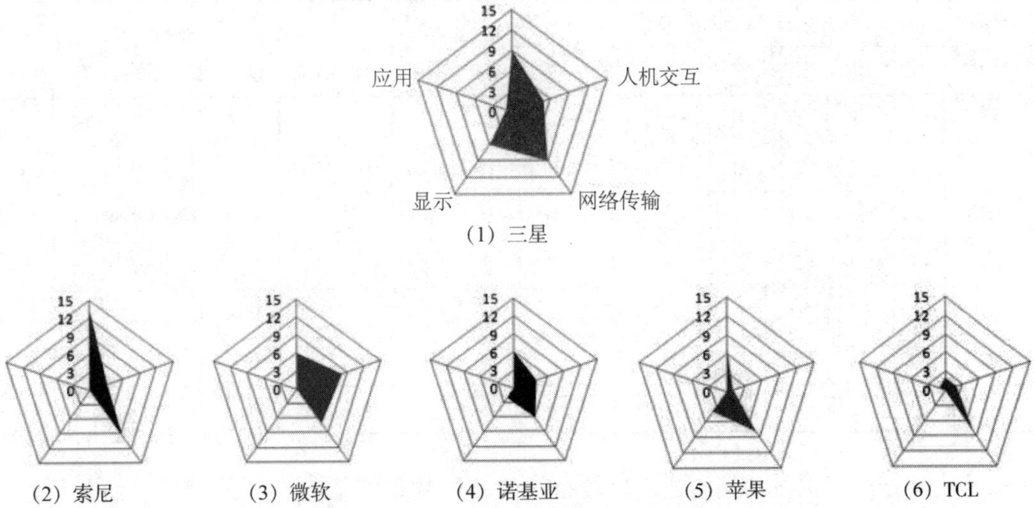

图 16-4　多屏互动技术-竞争主体专利布局比较

【案例 16-4】指纹活体检测技术-时间-空间布局分析

案例设置目的：掌握 TTS 分析维度的专利布局分析法。

（1）分析对象：指纹活体检测技术-时间-空间布局❶。

（2）实现方法：定义检索要素—检索和获取专利文献—提取时间信息—提取空间信息（—分解技术分支）—绘制技术-时间-空间布局图表。

（3）图表解读（见表 16-1）：

表 16-1　指纹活体检测技术-时间-空间布局

时间	1999 年以前								2000~2004 年							
空间	中	德	EP	法	日	韩	美	WO	中	德	EP	法	日	韩	美	WO
日	0	1	0	0	6	2	2	0	10	0	3	0	18	2	9	1
美	0	0	0	0	0	0	0	0	0	4	4	0	2	0	5	4
中	0	0	0	0	0	0	0	0	12	0	0	0	0	0	0	0
法	2	3	4	4	2	1	2	1	8	0	5	5	4	0	2	6
韩	0	0	0	0	0	1	0	0	0	0	0	0	0	13	0	0
德	2	3	2	0	1	0	0	1	2	6	2	0	0	1	4	3
EP	0	0	0	0	0	0	0	0	0	0	2	0	0	0	2	0

❶ 改编自：杨铁军. 产业专利分析报告（第 33 册）：智能识别［M］. 北京：知识产权出版社，2015：57-58.

续表

时间	2005~2010 年								2011~2013 年							
空间	中	德	EP	法	日	韩	美	WO	中	德	EP	法	日	韩	美	WO
日	37	2	27	0	85	20	51	14	1	0	1	0	3	2	9	1
美	14	2	17	0	5	5	31	16	0	0	0	0	0	0	2	0
中	48	0	0	0	0	0	0	0	39	0	0	0	0	0	0	0
法	1	0	2	3	1	4	7	2	0	0	0	2	0	0	2	1
韩	4	0	0	0	0	27	1	5	0	0	0	0	0	3	3	0
德	0	4	3	0	0	0	4	3	0	0	0	0	0	0	0	0
EP	4	2	4	0	4	3	6	2	0	0	0	0	0	0	0	0

传统的指纹识别技术是指通过比较指纹的不同物理特征（例如分辨率、面积尺寸、灰度等级）来进行生物个体鉴别的技术。目前非常热门的指纹活体检测技术是对传统指纹识别技术的进一步改良，其基本原理是使采集成像过程深入人体手指指纹的真皮层，在识别基础物理特征的同时增加检测温度、湿度或血流等特征，从而显著提高生物个体的鉴别准确性。

表中展示的是指纹活体检测技术各技术原创国的专利申请流向。日本作为最大的技术原创国，最重视的海外市场为中国和美国，其对于这两个目标国家的渗透萌发于2000~2004 年，在专利布局密度上，日本申请人对中国和美国布局数量相当。与此同时，韩国与中国的指纹活体检测产业迅速兴起，两国创新主体积累了一定规模的专利数量。2005~2010 年技术发展期，日本在美国市场的布局密度明显超过中国市场，而中国申请人的专利申请量已经快速与韩国申请人拉开了差距。从各国创新主体在不同发展阶段、不同地域市场的专利布局表现来看，专利布局在技术时空维度的影响因素各具特点。

【案例 16-5】深度神经网络语音识别技术竞争主体技术-时间布局分析

案例设置目的：掌握 TTP 分析维度的专利布局分析法。

（1）分析对象：深度神经网络语音识别技术竞争主体技术-时间布局❶。

（2）实现方法：定义检索要素—检索和获取专利文献—提取时间信息—提取竞争主体信息—分解技术分支—绘制竞争主体技术-时间布局图表。

（3）图表解读（见图 16-5）：

深度神经网络技术是一种前沿的语音识别技术，其工作原理是模仿人脑思考方式，从而使语音识别速度更快，识别准确率也更高。从技术构成上来看，深度神经网络技术可以分为并行计算、语音合成、特征提取、搜索引擎、说话人识别、声音分类、声学模型训练 7 个技术分支。

从图中可以看到，2002~2006 年的 8 项专利申请中，微软公司占有 7 项，覆盖了除

❶ 改编自：杨铁军．产业专利分析报告（第 33 册）：智能识别［M］．北京：知识产权出版社，2015：556-557.

语音合成外的其余 6 个技术分支，说明这段时期微软公司在深度神经网络中的研发持续进行，虽然申请量不大，但专利技术布局触角很广。

2008 年和 2009 年分别仅有 1 项专利申请，均来自美国 NEC 实验室，涉及搜索引擎中的语义检索。美国 NEC 实验室在神经网络领域具有很强的实力，世界上最早的深度学习用于自然语义处理的研究工作就诞生于此。

微软研究院在 2010 年发现深度神经网络可显著提高语音识别的精度，于是在这方面投入大量资源，2011 年微软公司在声学模型训练方面申请了 2 项专利，在并行计算方面申请了 1 项专利。

在微软之后，其他语音巨头也不甘落后，2012 年 IBM、谷歌和 Nuance 也纷纷申请专利，内容涉及使用深度神经网络训练声学模型、语音合成和特征提取。从这一阶段开始，中国国内创新主体开始重视深度神经网络的发展前景，从学术界到工业界纷纷将其调整为研究重点，2013 年共申请了 13 项专利。

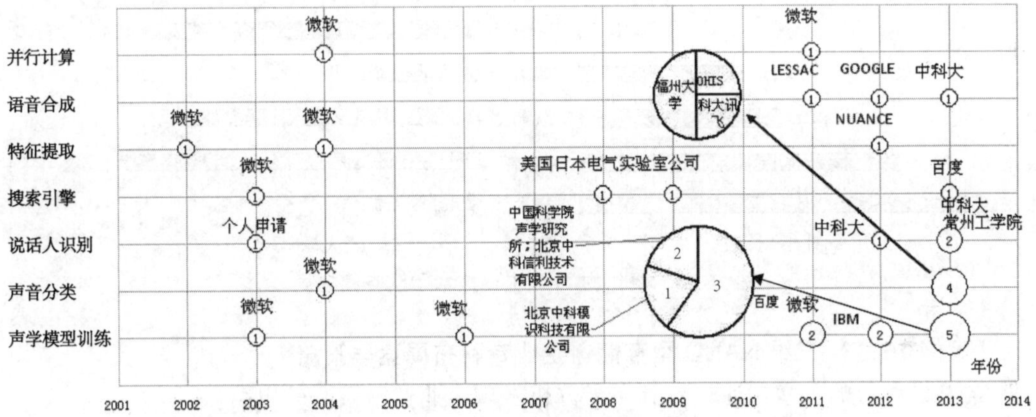

图 16-5　深度神经网络语音识别技术竞争主体技术-时间布局

【案例 16-6】氧化物 TFT 主要技术-团队-空间布局分析

案例设置目的：掌握 TSP 分析维度的专利布局分析法。

（1）分析对象：氧化物 TFT 主要技术-团队-空间布局❶。

（2）实现方法：定义检索要素—检索和获取专利文献—提取空间信息—提取竞争主体信息（—分解技术分支）—绘制竞争主体空间布局图表。

（3）图表解读（见图 16-6）：

氧化物 TFT 是当今高端平板显示器件经常选用的像素控制元件，是控制平板显示面板上每一像素是否被点亮的开关，比如苹果公司的 iPad Air 系列产品采用的就是基于氧化物 TFT 的液晶显示面板。来自日本东京工业大学的细野秀雄团队和来自美国惠普公司的霍夫曼团队是目前最为重要的从事氧化物 TFT 研究的两个技术团队，图表展示了细野秀雄团队和霍夫曼团队的专利申请进入各个主要国家/地区占全部申请的比重。

细野秀雄团队除了在本国（日本）进行专利申请之外，其最重视的布局空间是美

❶　改编自：杨铁军．产业专利分析报告（第 12 册）：液晶显示［M］．北京：知识产权出版社，2013：107-108.

国，其全部申请的 80% 都进入了美国，其次是欧洲（50%），而进入韩国和我国大陆的比例相同，都是 40%，但在我国台湾地区的比例很低，只有 10%。霍夫曼团队除了在本国（美国）之外，最重视的地区是我国台湾地区，其比重达到了总申请量的 79%，这与细野秀雄团队显著不同，另外，霍夫曼团队在日本的申请只占总量的 25%，这也与细野秀雄在美国的比重（80%）差距很大。

众所周知，中国、韩国、日本是当前全球平板显示产业最主要的制造地，而我国大陆、美国、欧洲、韩国是平板显示产品最重要的出货地。细野秀雄团队自持在本土日本的专利布局优势，更多地将空间布局的触角伸向平板显示产品的销售地和使用地；但霍夫曼团队选择了避开细野秀雄团队优势地区的策略，并没有在日本与之正面交锋，而是将技术空间布局的重心放在平板显示产品制造工厂的主要所在地——我国大陆和台湾。

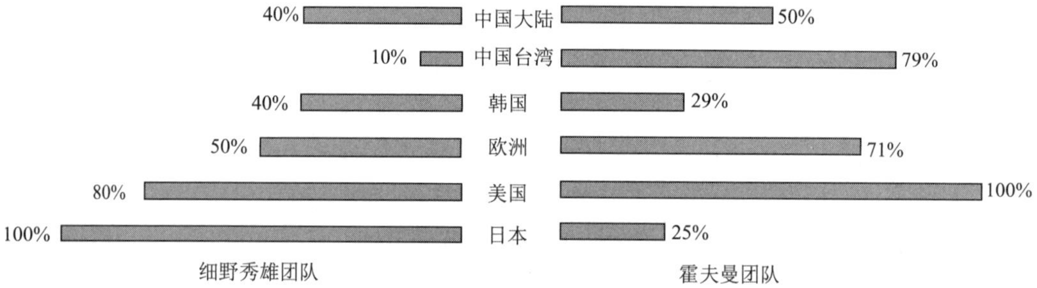

图 16-6　氧化物 TFT 主要技术团队空间布局

【案例 16-7】三维 NAND 型存储器企业专利布局竞争策略❶

案例设置目的：掌握通过专利布局分析发现企业竞争策略的思路。

1. 三维 NAND 型存储器产业技术背景

近年来，NAND 型存储器超越其他闪存成为信息存储领域的关键芯片，全球 NAND 存储器市场主要集中在韩国三星、日本东芝、美国闪迪、美国美光、韩国海力士、美国英特尔等日、美、韩厂商手中。当前，全球这些厂商都将 NAND 型存储器的研发方向转向三维 NAND，其中存储器的半导体架构是技术创新的核心和专利申请的热点，沟道和存储单元结构的重要性在三维 NAND 关键技术中仅次于存储器架构，架构、沟道和存储单元结构决定了存储器件的最基本性能。此外，通过存储器的字线位线技术、选择晶体管技术、阶梯区技术和外围电路技术也是三维 NAND 中的重要技术。

2. 东芝通过抢先布局基础专利形成核心竞争优势

2006 年东芝率先抢占了垂直沟道架构（BiCS 架构）的核心专利族，并于 2007 年在 VLSI 会议上正式发表三维 NAND BiCS 技术。该专利族授权专利的权利要求保护范围大，几乎覆盖所有的垂直沟道架构，成为三维 NAND 垂直沟道架构的基础专利族。随后东芝在自身 BiCS 架构基础上继续改进并提出了 P-BiCS 存储器架构，P-BiCS 存储器架构以

❶ 国家知识产权局知识产权发展研究中心. 三维 NAND 型存储器专利分析和预警项目研究报告［R］. 2016.

较简单的方式提升了存储容量。研究发现，对于垂直沟道架构的这些专利，东芝通过PCT申请在全球众多国家和地区同步布局基础专利，并通过分案申请、延续申请等方式不断延伸扩充保护范围，掌握了BiCS架构核心技术的专利组合，同时也以BiCS和P-BiCS存储架构为基础，在沟道、存储单元等其他关键技术上也布局了很多重点专利。

3. 三星依靠次核心及较重要层级专利布局实现赶超

三星无法绕开东芝BiCS架构的核心基础专利，通过改进形成新的TCAT架构，并率先抢占了内部填充绝缘层的通心粉沟道基础专利，进而布局了阶梯区互连接触的重点专利（见图16-7）。为提高存储密度，三星在2014年开始大量申请将包括页缓冲器的外围逻辑电路制作于阵列下方的专利，为已经推出市场的产品提供支撑。三星虽然没有掌握最核心的基础专利，但其通过后期关键技术节点抢占，率先实现三维NAND量产。由此可见，三星通过后级关键技术的专利布局赶超，弥补了前级技术层级的专利布局短板，为市场竞争赢得了较大的主动权。

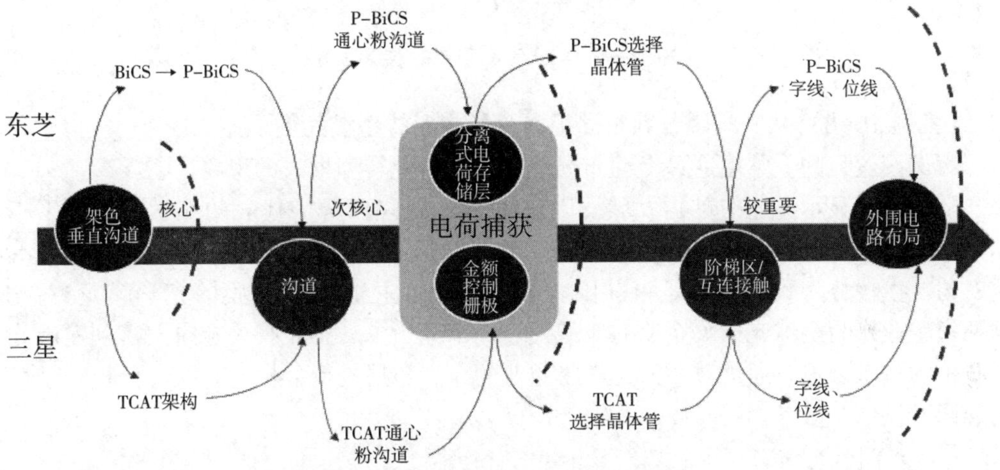

图16-7 三星与东芝的专利布局竞争

4. 美光通过存储单元结构重要节点专利布局实现突破

美光进入三维NAND存储器领域时，重要的关键技术已经被三星以及东芝占领，核心基础专利也没有相应的布局。最开始，美光紧跟东芝以及三星的技术路线，在TCAT架构以及P-BiCS架构的基础上进行二次改进创新（见图16-8），随后美光采取针对重点技术节点进行突破创新的策略进行研发，将浮栅技术应用于三维NAND存储器，取得了较大成功，进而在后续市场竞争中通过完善专利布局保障了其市场地位，降低了技术的依赖性和风险性。

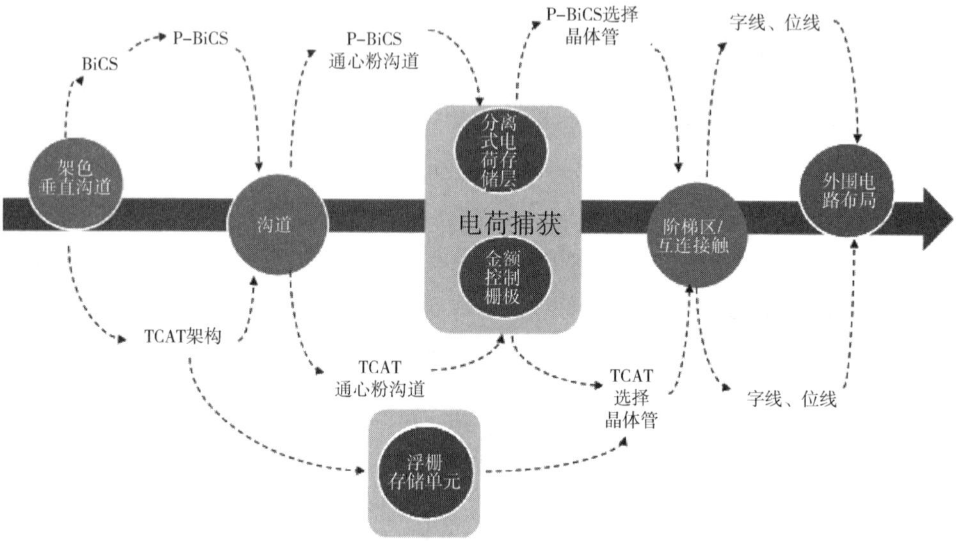

图16-8　美光专利布局的改进完善

【案例16-8】从光学膜专利布局视角分析企业转型模式❶

案例设置目的：掌握通过专利布局分析发现企业转型模式的思路。

随着平板显示产业的迅猛发展，以TAC膜、阻隔膜等为代表的光学膜成为平板显示产业的核心材料。当前，富士胶片是全球光学膜市场上的巨头，在TAC膜领域具有绝对的技术优势。我国乐凯是目前国内唯一能够自主生产TAC膜的光学膜龙头企业。这两家企业作为全球光学膜企业的典型代表，都经历了从感光胶片走向没落到发展光学膜技术的转型过程。通过对两家光学膜企业的专利布局进行分析，有助于分析转型模式的异同以供借鉴参考。

1. 富士模式

富士胶片曾经是日本最大的感光材料企业，掌握着感光胶片的精密涂布、精密成形、制膜、粒子形成等核心技术。从20世纪90年代开始，数字化浪潮席卷全球，数码相机迅猛增长，传统的感光胶片销量以每年20%～30%的幅度锐减，市场规模大幅萎缩。2003年，富士胶片开始大胆转型，设立了数码影像、光学元器件、高性能材料、印刷系统、文件处理、医疗生命科学6大板块，并将平板显示用TAC膜作为未来发展的重点产品。

得益于富士胶片长期以来积累的光学材料及膜制造技术，富士胶片紧抓平板显示市场机遇，加大研发投入，在TAC膜领域全力开展专利布局，申请专利累计达1367项（见图16-9），占其光学膜申请总量的1/3以上，涉及相位补偿、光学同性、耐候及量产等多个技术分支，到2006年前后基本构筑了较为严密的专利布局，与此同时投资建立多条产线，逐渐发展成为光学膜领域的巨头。富士胶片通过技术创新升级和专利布局保护，强有力地支撑了企业发展战略，逐渐在光学膜领域确立了其霸主地位。

❶ 国家知识产权局知识产权发展研究中心. 光学膜专利分析和预警项目研究报告［R］. 2018.

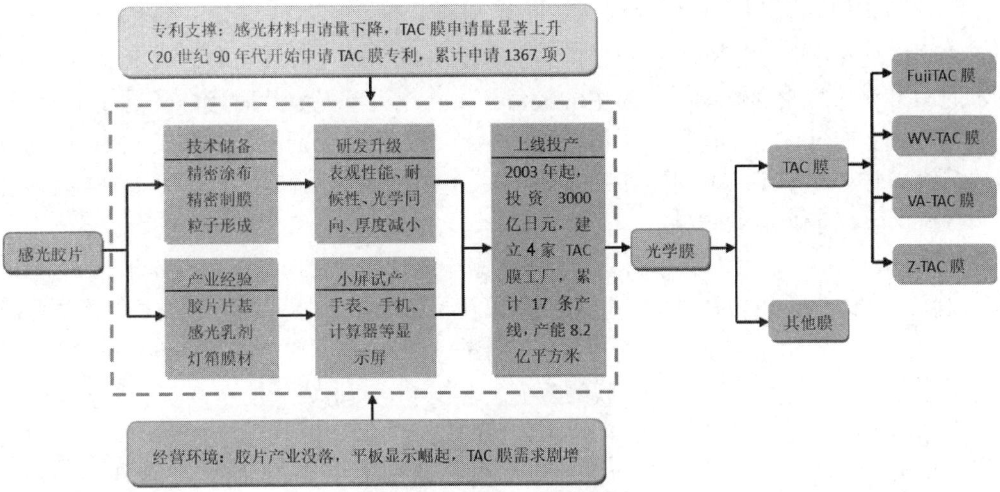

图 16-9　富士胶片转型模式

2. 乐凯模式

乐凯胶片作为国内胶片行业的龙头企业，同样遭受了数字化浪潮的冲击，在感光胶片产业的重挫之下，不得不寻求改变经营战略和业务方向。从 2005 年开始，乐凯明确向光学膜领域转型，并于 2007 年实现了 TAC 膜量产，同时还积极向聚酯膜领域拓展，上线多条聚酯膜产线和配套的母料、切片产线。乐凯依托 TAC 膜和聚酯膜两大光学基膜，向扩散膜、增亮膜拓展，形成多种光学膜材共举的态势。

在专利布局方面，乐凯于 2009 年提交了第一件涉及 TAC 膜技术的专利申请，之后积极进行专利布局保护，在光学膜领域累计申请专利 72 项（见图 16-10），分布在 TAC 膜、聚酯膜、扩散膜等领域，主要涉及制膜、涂布等基础技术。乐凯在中国的产业环境下充分运用自己的技术基础，坚持独立的技术体系，在市场上站稳了脚跟。

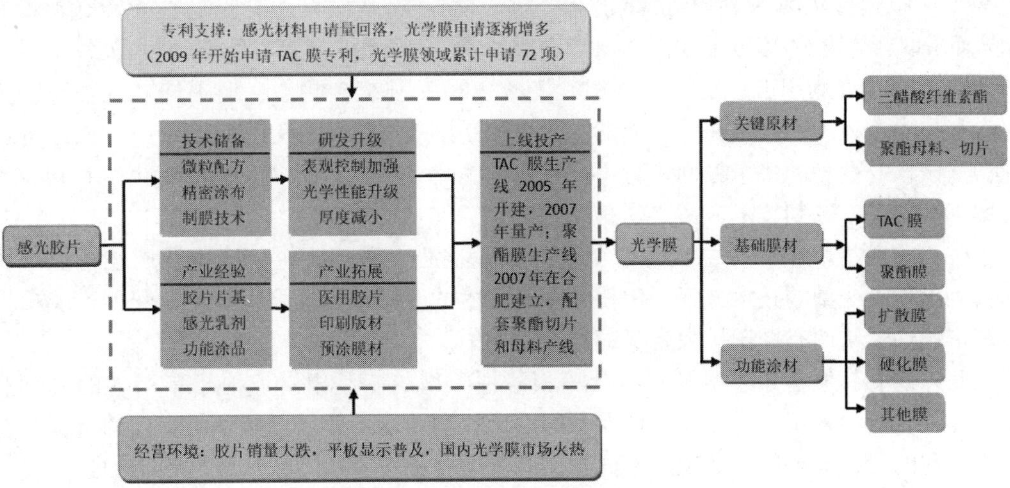

图 16-10　乐凯胶片转型模式

3. “富士模式”与“乐凯模式”异同

相同之处在于，两家企业在转型前，主营业务都是感光胶片材料，受到全球数字化技术的冲击，急需改变传统胶片为主的经营格局。作为感光胶片时代的优秀企业，两家企业在胶片生产过程中，均积累了精密制膜、精密涂布、乳剂配制等相关技术，为膜材性能升级、转型光学膜领域奠定了坚实的技术基础，因此两家企业均以 TAC 膜切入光学膜领域，实现了企业的转型。

不同之处在于，通过专利布局分析发现，富士胶片在胶片时代就已经申请了大量涉及感光材料的专利，早在 1991 年富士胶片就开始在 TAC 膜技术上进行专利布局，比 2003 年正式转型投产早了 10 余年时间，随着平板显示产业的崛起，富士胶片主动在光学膜领域进行了更大力度专利布局，在 TAC 膜的多个关键技术分支形成了壁垒，获得了垄断优势，可以说专利布局先行为富士胶片在 TAC 膜领域的成功转型提供了有力支撑。

而乐凯是在传统胶片业务受冲击严重下滑的情形下，开始向光学膜领域转型，在 2005 年才明确转型方向，直到 2009 年才开始布局光学膜领域的专利，转型和布局步伐稍慢，不过乐凯在种种困境冲击下，始终坚持独立自主的研发体系，牢牢把握住了核心技术与经营自主权，还向光学级聚酯膜等领域进行拓展，同步在 TAC 膜、聚酯膜、扩散膜等多个领域进行广泛专利布局，通过丰富膜材品类的竞争策略，实现了稳定发展。

【案例 16-9】专利组合类型及专利组合布局解析[1]

案例设置目的：掌握常见专利组合类型及专利组合布局的分析方法。

专利组合通常是指具有一定技术关联性的专利集合，可以理解为在某一领域或相近领域内各个层次的专利组合而成的能够有效阻击竞争对手、占据技术和市场优势的专利集合，其目标是保护专利组合内的核心专利产品或方法，从而巩固申请人的竞争地位。

常见的专利组合有以下几种类型：

（1）集束型专利组合：其特征是为实现某具体功能，分别采用相互平行技术方案的多个专利，这些平行的专利技术方案之间相互独立，可以相互替换。集束型专利组合的申请人通常会采用尽量穷尽实现某一功能的所有可行技术方案，从而避免其他创新主体绕过其专利组合而采取新的技术方案，因此从某种意义上来讲，各个技术方案之间具有竞争关系。

（2）伞型专利组合：这种专利组合与集束型专利组合相似，但不同之处在于，多个专利技术方案不是围绕相同功能的实现，而是围绕着某核心专利技术进行二次改进创新，从该核心专利的多个方面进行不同程度的细化，从而得到多个更加优化的专利技术方案，因此各个专利技术方案之间相互补充。

（3）星型专利组合：主要针对专利的某一核心发明点，将其应用领域进行扩展从而衍生出各种变型的技术方案，使核心专利技术的应用得到加强，产生更强的产业集聚性和依赖性，从而有助于扩大自身的产业影响力。

此外还有其他诸如链型专利组合等，各种类型的专利组合取决于申请人的战略意图，往往会灵活采用，比如在单件专利的多个权利要求上就已经体现出组合的特征，在多件专利的组合上也往往呈现出不同类型专利组合的综合应用，从而达到维护自身技术

[1] 国家知识产权局知识产权发展研究中心. 汽车轻量化专利分析和预警项目研究报告［R］. 2017.

优势和市场地位的目的。

下面通过汽车轻量化设计领域的案例，介绍相关企业通过不同类型的专利组合构建市场竞争优势的情形。

研究发现，板材液压成型是汽车轻量化设计的关键技术，很多重要专利主要掌握在新日铁、福特、科西马、通用、日产等厂商手中，其中新日铁在液压成型技术方面的专利布局就呈现典型的伞型专利组合，如图 16-11 所示。

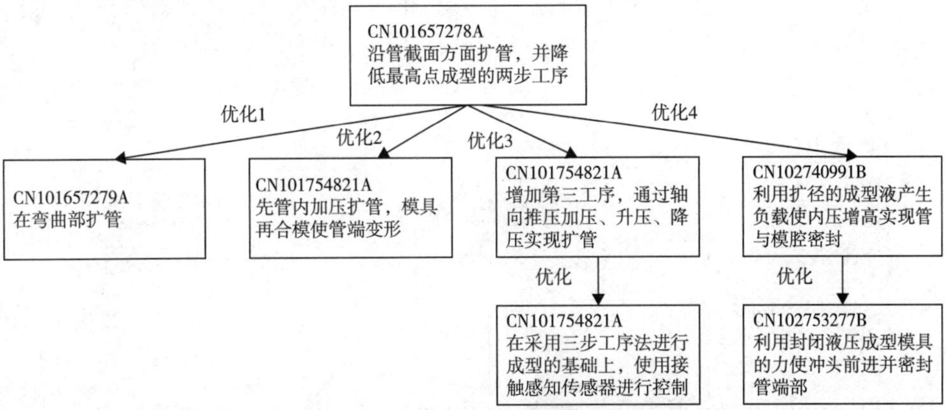

图 16-11　新日铁的专利组合

（1）根据本章所述重要专利的筛选指标和方法，获得新日铁汽车板材液压成型技术的核心专利 CN101657278A，具体步骤不再赘述。

（2）梳理在上述核心专利基础上进行改进创新的外围专利，分析其专利组合布局的类型和方式。在新日铁的相关专利中，进一步研究发现，CN101657279A 对具有弯曲部位的管的液压成型进行了优化，限定了在弯曲部至少一处具有扩管部；CN101754821A 对加压工艺进行了改进创新，使加压流体充满金属管内部而保持预定的内压，在此状态下合模，在管端从模具超出的状态下使管端变形；CN101754821A 增加了第三工序，通过轴向推压加压、升压、降压实现扩管，同时对第三工序的技术方案进行了进一步细化，在采用三步工序法进行成型的基础上，使用接触感知传感器进行控制；CN102740991B 利用扩径的成型液产生负载使内压增高实现管与模腔密封；CN102753277B 对此进行了进一步改进，其利用封闭液压成型模具的力使冲头前进并密封管端部。

通过对新日铁的专利组合布局进行分析，可以看出，新日铁围绕液压成型加压方式进行了多个专利申请，从扩管的部位、加压的方向、加压的控制、加压的步骤等多个方面和角度进行改进，形成了板材液压成型技术的小规模专利群，属于典型的伞型专利组合，发挥了良好的专利保护的功能，对于实现相近功能的技术方案较难通过其他方式绕过，具有较高的专利价值。

再比如，福特汽车的专利布局总体上呈现星形组合的方式，但是在局部也存在伞形组合方式和链形组合方式，因此福特汽车的专利布局是一种综合组合方式。结合图 16-12 来看，福特汽车以 CN1778615A 为核心专利，围绕液压成型管件布局了很多专利，其主要布局在 4 个方向：一是液压成型设备，二是液压成型材料，三是液压成型方法，四是液压产品结构。这其中又以液压成型方法和液压产品结构为重点，福特汽车在这两个方面进行了大量布局，其中液压成型方法主要是将接地线固定的车辆的液压成型铝合金构件、弯曲预成型后退回制备液压成型工件等方面，而产品结构则主要是支撑结构、支撑构件、侧梁、车架及其结合部、框架等。可以看出，福特公司则以管件液压成型的核心专利为中心，首先进行星形专利组合的整体布局，而后在具体分支上又采用伞形专利组合布局，如此使得专利布局的规模较大，专利布局的结构更加完善，对竞争对手来说相对很难突破其专利壁垒，从而有助于维护其自身市场竞争优势和地位。

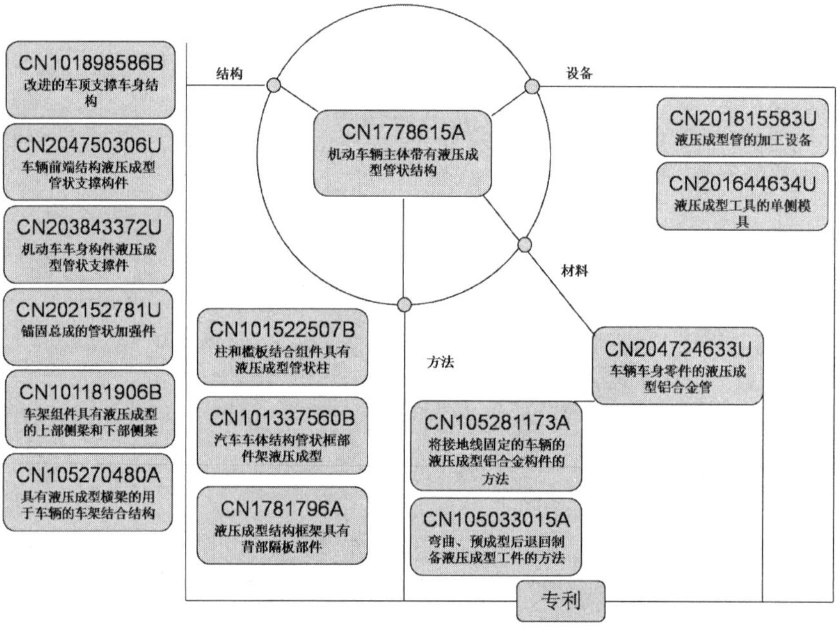

图 16-12　福特汽车的专利组合

第十七章　专利诉讼策略的专利分析

专利分析可以帮助厘清行业内不同诉讼主体的实际诉讼模式和应诉经验、诉讼主体在不同地域面对和实施的专利诉讼情况，还可以通过专利诉讼情况结合专利申请和布局情况透视一个企业的整体专利战略。本章从专利诉讼的主体分析、应诉策略、诉讼风险分析、诉讼战略延伸分析等角度阐述可能用到的专利分析方法，并给出了相应的分析案例。

专利诉讼是指当事人和其他诉讼参与人在人民法院进行的涉及与专利权及相关权益有关的各种诉讼的总称。专利诉讼有狭义和广义理解的区分，狭义的专利诉讼指专利权被授予后，涉及有关以专利权为标的的诉讼活动；广义的专利诉讼还可以包括在专利申请阶段涉及的申请权归属的诉讼、申请专利的技术因许可实施而引起的诉讼、发明人身份确定的诉讼、专利申请在审批阶段所发生的是否能授予专利权的诉讼以及专利权被授予前所发生的涉及专利申请人以及相关权利人权益的诉讼等。本书专利诉讼策略分析仅指狭义的专利诉讼，即专利权受到非法侵害所造成的侵权诉讼，包括单一的专利侵权诉讼以及伴随其他原因，如专利许可合同等引起的专利侵权诉讼等。

无论作为原告还是被告，在选择专利诉讼技巧以及管理整个专利诉讼流程的过程中，均需首先对专利诉讼的目的进行分析，通常的专利诉讼目的包括：

(1) 阻断对手进入目标市场。通过专利侵权诉讼，采取法律手段或者商业手段，阻断竞争对手公司进入目标市场，从而提高本公司产品在目标市场的竞争力。

(2) 获得侵权赔偿。通过收集证据，利用专利法中的惩罚性赔偿，获得惩罚性赔偿金。

(3) 消耗对方公司资源。利用高昂的诉讼成本以及较长的诉讼周期，消耗对方公司的人力物力，打压竞争对手。

(4) 获取对方资讯。通过专利侵权诉讼中的特定取证程序，获取对方不对外公开或者难以收集的资讯，在后续的商业行为中加以利用。

(5) 衰减对方商业竞争力。发起诉讼后，通过向对方客户发送警告函或者媒体宣传的方式，衰减对方的商业竞争能力。

(6) 获得专利许可费用。通过诉讼，迫使对方进行专利许可谈判，进行知识产权商品的推销，获得专利许可费用。

(7) 影响下游客户订单情况。向下游客户发送警告函，为避免成为共同侵权人，可以令下游客户转单；或者通过专利诉讼，巩固下游客户对公司技术能力的认知，保持订单情况及营收。

第一节 诉讼主体的专利分析

专利侵权诉讼的主体包括原告、被告以及诉讼第三人等，在专利侵权诉讼中，需要进行相关专利的分析以便确定专利诉讼策略，从而更好地实现专利诉讼的目的。本节旨在从专利诉讼主体的角度，讲述如何利用专利分析，实现专利诉讼的目的。

一、原告的诉讼策略

作为专利侵权诉讼的原告，为实现发起专利侵权诉讼的目的，需要确定专利侵权诉讼的被告、诉讼地点、诉讼方式、诉讼请求等。

下面分别对上述原告的诉讼策略进行分析与论述。

（1）被告的确定。分析相关侵权产品销量，结合所涉及公司的专利申请情况，确定发起专利诉讼的被告。例如，专利诉讼的目的为影响下游客户订单情况，则根据下游客户与所选择被告的紧密程度，确定是否将该下游客户列为共同被告。如该下游客户与所选择被告紧密程度高，则将该下游客户列为共同被告有利于震慑其他下游客户；如该下游客户与所选择被告紧密程度低，则不将该下游客户列为共同被告，而采取发出警告函的方式，则有利于迫使其转单为本公司产品。

（2）诉讼地点确定。分析所选择的被告在各个国家或者地区所拥有专利的情况以及其他商业和法律因素，根据专利诉讼的目的，选择最为便利的专利诉讼地点，是实现专利诉讼目的的重要考虑。

（3）诉讼方式确定。根据所选择被告所拥有专利情况、涉案产品所涉及专利情况以及产品销售情况等商业因素，根据专利诉讼的目的，选择发起诉讼的方式。例如，专利诉讼的目的为阻断对手进入目标市场，则结合所拥有专利分析，采取便于发出禁令的诉讼方式发起专利诉讼。

（4）诉讼请求确定。根据涉诉专利分析，以及产品销售情况等因素，结合专利诉讼的目的，确定专利诉讼的诉讼请求。例如，专利诉讼的目的为获得侵权赔偿，则对涉诉专利进行分析，选择可被适用为惩罚性赔偿的专利，以及尽可能令涉诉的整个产品定价作为侵权赔偿计算基数。

（5）其他。根据相关专利分析与专利诉讼目的，确定专利诉讼的诉讼客体、是否上诉、管辖权异议等其他事宜。

【案例17-1】迫使竞争对手的客户采购本公司产品的诉讼策略分析

案例设置目的：掌握通过专利布局差异分析、侵权比对分析来确定专利起诉策略。

S公司作为一家234型号芯片供货商与P公司存在竞争关系，S公司希望通过专利诉讼迫使P公司的客户采购本公司234型号芯片，并巩固S公司目前的客户关系，保持234型号芯片的订单情况和营收。

1. 专利布局差异分析

参见图 17-1，S 公司针对本公司 234 型号芯片以及 P 公司对应产品所拥有的专利情况、产品销售情况进行了初步分析，获知本公司在 234 型号芯片图像压缩处理方面的专利申请数量高于 P 公司。

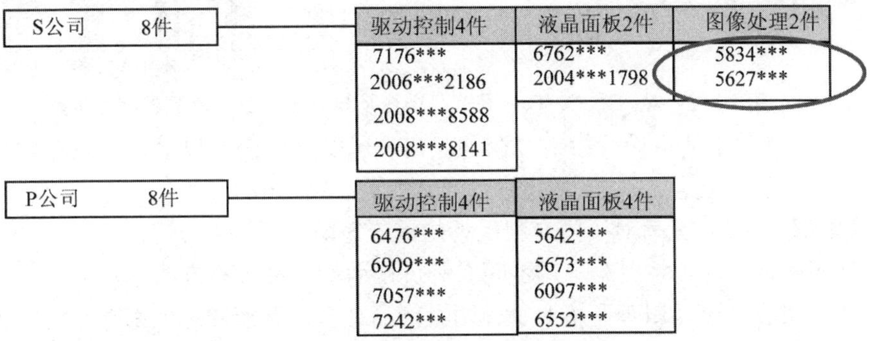

图 17-1　S 公司与 P 公司在美国涉及 234 型号芯片相关专利对比

2. 侵权比对分析

参见表 17-1，经过权利要求分析，可知 P 公司的相关芯片落入 S 公司的两件相关专利的权利要求保护范围。

表 17-1　专利 US5834×××与 US5627×××权利要求分析

发明点/专利		US5834×××	US5627×××
解决技术问题		●	●
权利要求 1			
技术特征	A	●	●
	B	●	●
	C	●	●
……		……	……

3. 技术紧密程度分析

P 公司的主要客户包括 A、B、C、D 以及 E 这 5 家公司，这 5 家公司同 P 公司的紧密程度如图 17-2 所示。其中，紧密程度可以根据专利相互引证关系、技术关联度、其他合作关系等计算获得。A 公司和 B 公司同 P 公司的紧密程度高，C 公司、D 公司以及 E 公司同 P 公司的紧密程度相对较低。

因此，建议 S 公司在对 P 公司发起的专利侵权诉讼中，指控 P 公司产品侵犯专利 US5834×××与 US5627×××的专利权。同时，将 A 公司和 B 公司列为共同被告，向 C 公司、D 公司以及 E 公司发出警告函，警告其如继续购买 P 公司的芯片，则会参照 A 公司和 B 公司，将其列为专利侵权诉讼的共同被告。

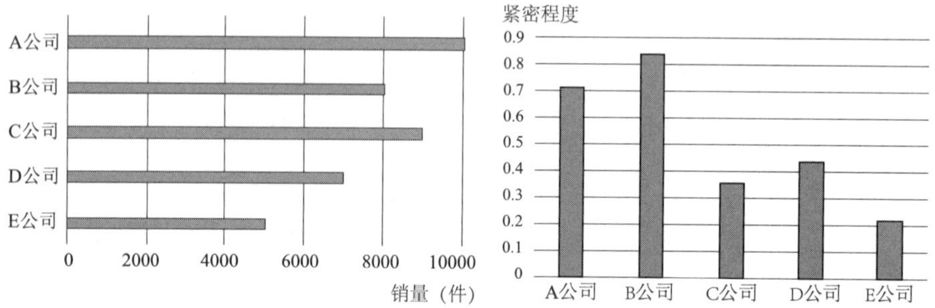

图 17-2　A、B、C、D 公司产品销量及与 P 公司的技术紧密程度示意图

S 公司通过上述诉讼行为给 C 公司、D 公司以及 E 公司以警示，虽然 P 公司会极力消除诉讼影响，但这 3 家公司仍很可能转而购买 S 公司的芯片。

【案例 17-2】竞争对手间专利反诉的诉讼策略分析

案例设置目的：掌握竞争对手间专利诉讼前的专利分析方法。

M 公司和 Z 公司属于竞争对手，两者产品在多个国家和地区都存在竞争关系。M 公司企图通过专利诉讼使 Z 公司的商业信誉受损。

M 公司在中国拥有较多的专利申请，而 Z 公司在中国并未进行过多专利布局。M 公司为了打击 Z 公司，选择在中国对 Z 公司发起专利诉讼。M 公司需要筛选出可用于起诉 Z 公司产品侵权的专利，同时亦需要从 Z 公司的专利申请中筛选出 Z 公司有可能提起反诉的专利。

参见图 17-3，根据两家公司在中国的专利布局情况，在 Panel 技术方面 M 公司的专利数量远远多于 Z 公司，且 M 公司在 Panel 技术方面的专利中筛选出可用于起诉 Z 公司产品侵权的专利数量最多，而在该技术方面 Z 公司可能提起反诉的专利数量为 0。因此，选择采用 Panel 技术方面的 7 件专利起诉 Z 公司专利侵权。在专利诉讼过程中，还可用两家公司在该技术的专利数量对比等信息进行媒体宣传，以打压 Z 公司的企业形象，实现专利诉讼的目的。

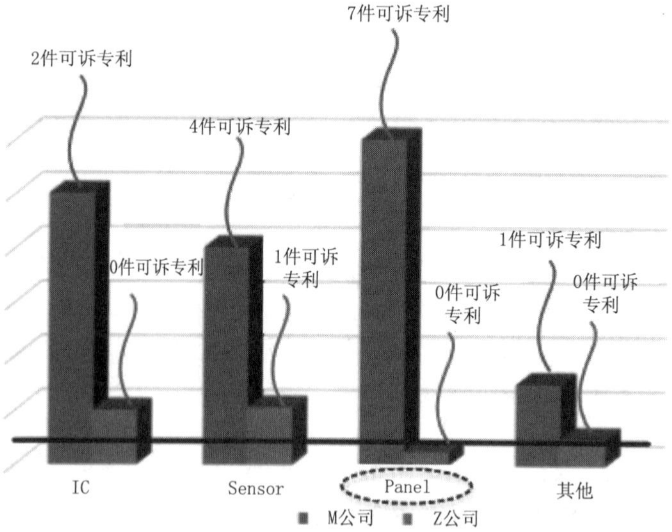

图 17-3　M 公司与 Z 公司专利情况比对

在实际应用中，选择确定专利诉讼的地点以及专利诉讼的专利还需要考虑诉讼制度、公司的诉讼资源等其他因素，结合专利分析的结论，确定最终提起专利诉讼的地点以及专利诉讼涉及的专利。

【案例 17-3】NPE 的专利组合诉讼策略分析

案例设置目的：掌握专利诉讼前围绕产品的专利组合分析。

N 是一家 NPE 公司，其获取 A 公司的产品销售数据后，企图通过专利诉讼从 A 公司获得巨额专利赔偿。N 公司对 A 公司产品技术方案进行分析，考虑到 A 公司抗辩理由通常为诉讼专利的技术不能涉及整个侵权产品，而计量侵权赔偿时，不能根据整个侵权产品的售价来裁定，因此，N 公司选择诉讼专利时需要分析各专利的权利要求，选择对应权利要求包含整个侵权产品的专利，或者将不能够涵盖整个侵权产品的专利进行部分连续案的申请。

参见表 17-2，US6578×××相对于其他专利在保护客体、解决技术问题以及产品实施例方面，更加符合以获取专利赔偿为目的的专利诉讼的需求。N 公司可以选择购买该专利，当然如果 N 公司同时拥有 US6578×××、US7256×××以及 US7258×××等相关专利时，可以选择采用多件专利组合发起诉讼。或者，N 公司亦可根据 US7256×××以及 US7258×××等相关专利申请部分连续案令其涵盖整个侵权产品，从而使用其部分连续案发起诉讼。

表 17-2　US6578×××、US7256×××、US7258×××技术特征与产品比对

<table>
<tr><th colspan="2">发明点/专利</th><th>US6578×××</th><th>US7256×××</th><th>US7258×××</th><th>……</th></tr>
<tr><td colspan="2">保护客体</td><td>●</td><td>●</td><td></td><td></td></tr>
<tr><td colspan="2">解决技术问题</td><td>●</td><td>●</td><td>●</td><td>……</td></tr>
<tr><td colspan="2">对应产品实施例</td><td>●</td><td></td><td></td><td></td></tr>
<tr><td colspan="2">权利要求 1</td><td>●</td><td></td><td></td><td>……</td></tr>
<tr><td colspan="2">主体名称与产品一致</td><td>●</td><td></td><td></td><td></td></tr>
<tr><td rowspan="3">技术特征</td><td>A</td><td>●</td><td>●</td><td>●</td><td>……</td></tr>
<tr><td>B</td><td>●</td><td>●</td><td>●</td><td>……</td></tr>
<tr><td>C</td><td>●</td><td>●</td><td>●</td><td>……</td></tr>
<tr><td colspan="2">……</td><td>……</td><td>……</td><td>……</td><td>……</td></tr>
</table>

二、被告的应诉策略

作为专利侵权诉讼的被告，需要根据原告发起专利侵权诉讼的目的，采取发起专利无效请求、专利不侵权抗辩、和解谈判、参股或者收购行为、反制行为等诉讼策略。

下面将分别对上述被告的诉讼策略进行分析与论述。

（1）专利无效请求。对原告发起诉讼的专利提出无效请求，从而无须进行后续的专利侵权诉讼。当然在某些情况下，亦可对原告的其他专利提出专利无效请求，以便在专利许可谈判过程中取得有利的谈判地位。

（2）不侵权抗辩。针对原告发起的诉讼，证明并非产品的全部技术特征都落入相关专利的保护范围，因此产品并未侵犯相关专利权。

（3）和解谈判。积极与原告方进行谈判，支付许可费用以避免专利侵权判决的下达对企业商誉造成的损失，同时节约专利诉讼的成本。

（4）参股或者收购。通过参股或者收购原告，与原告达成和解，从而结束相关诉讼。

（5）反诉行为。对原告方发起反诉，反诉的地点可以根据双方的诉讼资源进行选择，从而在专利许可谈判过程中取得有利的谈判地位。

（6）其他。根据相关专利分析与专利诉讼目的，确定媒体宣传、诉讼资源等其他应对方法来降低侵权诉讼带来的损失。

【案例 17-4】被告的专利无效应诉策略分析

案例设置目的：掌握专利无效准备的专利分析方法。

A 公司在中国遭遇 T 公司在中国提起的专利侵权诉讼，诉讼专利为 CN1682×××C。A 公司针对 T 公司的诉讼专利 CN1682×××C 进行专利权稳定性评估，判断诉讼专利是否满足专利授权的要求，即判断其专利性。A 公司对诉讼专利的专利性存疑，诉讼专利有可能不满足专利法对于创造性的要求。因此 A 公司可以针对该专利提起专利无效，以避免由于专利侵权造成的损失。

具体地，A 公司在收集专利无效证据时，可以参考诉讼专利 CN1682×××C 的同族专利审查历史文件。虽然专利审查独立，但不同专利据审查员所提供的前案仍能够作为无效中的对比文件予以使用。

参见表 17-3，根据诉讼专利 CN1682×××C 的同族美国案分析，其针对审查员提出的前案 D4，增加了新的技术特征 a。而这一技术特征在 CN1682×××C 的权利要求 1 中并不存在，因此可以考虑将前案 D4 补充作为新的对比文件，阐述其针对前案 D4 不满足专利性的理由。如 T 公司将新的技术特征 a 补充到 CN1682×××C 的权利要求 1 中，则实现了部分无效诉讼专利 CN1682×××C。而 A 公司亦可能因为不具有新的技术特征 a 而免于落入 CN1682×××C 的权利要求 1 的保护范围。

若诉讼专利的专利性不存疑，A 公司亦可对 T 公司在中国，甚至其他国家或者地区的其他专利性存疑的专利提起无效申请，从而对 A 公司施加压力。通过所述无效申请，令 A 公司在同 T 公司的专利许可谈判过程中取得有利的谈判地位。

表 17-3　CN1682×××C 同族专利比对

权利要求	特征	说明书对应内容	美国同族权利要求	技术特征	区别特征	分析
1	A	说明书第 2 页 0034 段，图 1：	1	A+a	a	针对前案 D4 增加技术特征 a
…	…	…	…	…	…	…

【案例 17-5】被告专利反诉的应讼策略分析

案例设置目的：掌握被告反诉的专利分析方法。

参见图 17-4，Apple 公司与 ELAN 公司的诉讼由 ELAN 于 2009 年 4 月最先提起，当年 7 月 Apple 提起反诉，2010 年 3 月，就在 Apple 平板计算机 iPad 上市前夕，ELAN 又再次向 Apple 挑起诉讼，可能意图是扰乱 iPad 上市。

图 17-4　Apple 与 ELAN 专利诉讼[1]

参见表 17-4，Apple 反诉 ELAN 所用 3 件专利中，加黑字体专利为多点触控相关专利，具体技术情况：US5764218 为 IC 控制中的手势识别，利用接触触摸感应指标控制输入设备，生成按键值。其余两专利分别为终端设备的触控垫，以及技术设备的主机。

表 17-4　Apple 与 ELAN 诉讼专利

项次	专利号	申请日	授权日	发　明　名　称
Apple 相关专利				
1	7495659	20031125	20090224	Touch pad for handheld device
2	6933929	20011207	20050823	Housing for a computing device
3	5764218	19950131	19980609	Method and apparatus for contacting a touch-sensitive cursor-controlling input device to generate button values
ELAN 相关专利				
1	7274353	20030924	20070925	Capacitive touchpad integrated with key and handwriting functions

[1] http://iknow.stpi.narl.org.tw/Post/Default.aspx?CateID=5.

续表

项次	专利号	申请日	授权日	发 明 名 称
2	5825352	19960228	19981020	Multiple fingers contact sensing method for emulating mouse buttons and mouse operations on a touch sensor pad

ELAN 主要利用 US5825352 起诉 Apple，该专利 US5825352 为 IC 控制中的位置识别，检测当前至少一个手指的触摸输入位置，执行预先设定的控制功能。该专利曾用于诉讼 Synaptics，且胜诉。专利 US5825352 原由 Logitech 转移给 Koa T&T，Koa T&T 更名为 K-Tech Device，K-Tech Device 转移给 ELAN。

由上述分析可知，Apple 针对 ELAN 发起的诉讼，采取了反诉的措施来避免专利侵权诉讼所带来的损失。

第二节　诉讼可能性的专利分析

在专利诉讼过程中，选择一个国家或者地区作为发起专利诉讼的地域，需要对该国家或者地区的专利布局情况，以及相关公司在该国家或者地区的专利策略进行分析。根据上述分析，结合本公司的法律资源、专利布局情况，确定专利诉讼策略或者进行诉讼风险预警。此外，专利在各技术分支的布局强弱分化也是很多提起诉讼的诱因。“前事不忘，后事之师”，行业内已有专利诉讼中涉及的专利，也属于极有可能再次进行诉讼他人的“高危专利”。

诉讼可能性分析中常用的专利分析包括：

（1）申请趋势分析。对特定国家或者地区的相关技术的申请日进行分析，从而获得特征技术在该国家或者地区的专利布局时间、技术发展情况、生命周期状态等信息。

（2）申请人分析。对特定国家或者地区的相关技术的主要专利申请人的申请专利情况进行比对分析，从而获得各主要专利申请人在特定地区的专利布局情况、各主要专利申请人的技术特点等信息。

（3）技术分类分析。对特定国家或者地区的相关技术在各技术分类中的专利申请数量进行分析，从而获得各分类技术中的专利布局情况、各分类技术的发展情况等信息。

（4）同族分析。对特定国家或者地区的相关技术在其他国家的同族专利情况进行分析，获得该技术的全球布局情况、同比重市场情况等信息。

（5）诉讼专利分析。对相关的专利诉讼进行分析，获得诉讼专利，并检索诉讼专利是否在特定国家或者地区存在同族专利以及是否有连续案存在的可能。

（6）其他。对特定国家或者地区的相关技术的专利申请情况进行其他分析，获得各类同专利布局情况相关的信息。

【案例 17-6】某领域重点专利申请人专利诉讼的可能性分析

案例设置目的：掌握由专利竞争态势分析诉讼的可能性的方法。

某领域截至 2008 年的美国专利申请情况如图 17-5 所示。

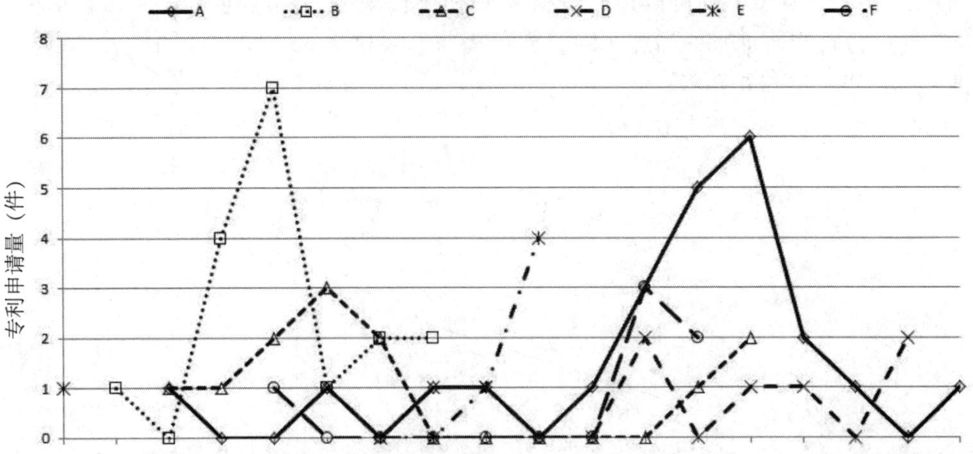

	1991	1992	1993	1994	1995	1996	1997	1998	1999	2000	2001	2002	2003	2004	2005	2006	2007	2008	年份
A			1	0	0	1	0	1	1	0	1	3	5	6	2	1	0	1	
B		1	0	4	7	1	2	2											
C			1	1	2	3	2	0	0	0	0	0	1	2					
D						1	0	1	1	0	0	2	0	1	1	0	2		
E	1						0	0	1	4									
F					1	0	0	0	0	0	0	3	2						

图 17-5　A、B、C、D、E、F 公司专利申请示意

由图 17-5 可知，A 公司进行专利申请的日期较早，且一直持续性地在美国进行该技术的专利申请布局。B 公司虽然专利申请日期较早，但自 1999 年后并未再进行相关专利布局，因此可进一步分析 B 公司是否针对该技术仍有相关产品在销售。C 公司包括一家以专利许可为主业务的分公司，其 2005 年后并未再进行专利布局。D 公司的最早专利申请日期晚于 A 公司，但是其直至 2007 年仍持续性地进行专利申请。E 公司和 F 公司专利申请数量不多，且分别自 2001 年和 2004 年并未再进行专利布局。

因此，在某领域的美国专利布局中，A 公司专利布局在时间上的连续性最强，可根据其产品销售情况，结合其以往的专利诉讼策略确定其发起专利诉讼的可能性。D 公司在该领域专利布局在时间上的连续性仅次于 A 公司，同样结合其以往的专利诉讼策略确定其发起专利诉讼的可能性。而对于 B、E、F 公司由于其后期并未就该技术继续进行专利申请布局，应当分析其产品情况，确定其是否已经转移产品布局，综合其他商业因素（退出主流市场）考虑是否存在专利转让的可能性。对于 C 公司，由于其为 NPE 公司，且后续并未就该技术继续进行专利布局，应考虑其收取专利许可费的可能性。

参见图 17-6，对这几家公司的专利技术关联度进行分析，若 A 公司和 D 公司为竞争对手，B、E、F 公司已经退出主流市场，C 公司为 NPE 公司。A 公司专利和 D 公司专利的技术关联度不高，A 公司专利和 B 公司专利的技术关联度较高。新进入者则可以考虑购买 B 公司的专利技术，以规避有可能发生的 A 公司发起的专利侵权诉讼。同样，由于 D 公司和 E 公司的技术关联度较高，新进入者也可以考虑购买 E 公司的专利技术，以规避有可能发生的 D 公司发起的专利侵权诉讼。如果 A 公司拥有基础专利，则新进入者则可以选择向 A 公司支付许可费用，尽量采用 A 公司技术以规避 B 公司有可能发起的专利侵权诉讼。

而对于 NPE 公司 C，则可以预先分析其专利进行规避，同时避免 C 公司对 B、E、F 公司专利进行收购所带来的潜在风险，亦可提前购买这 3 家公司的专利或者早期支付较低的专利许可费率获得授权。

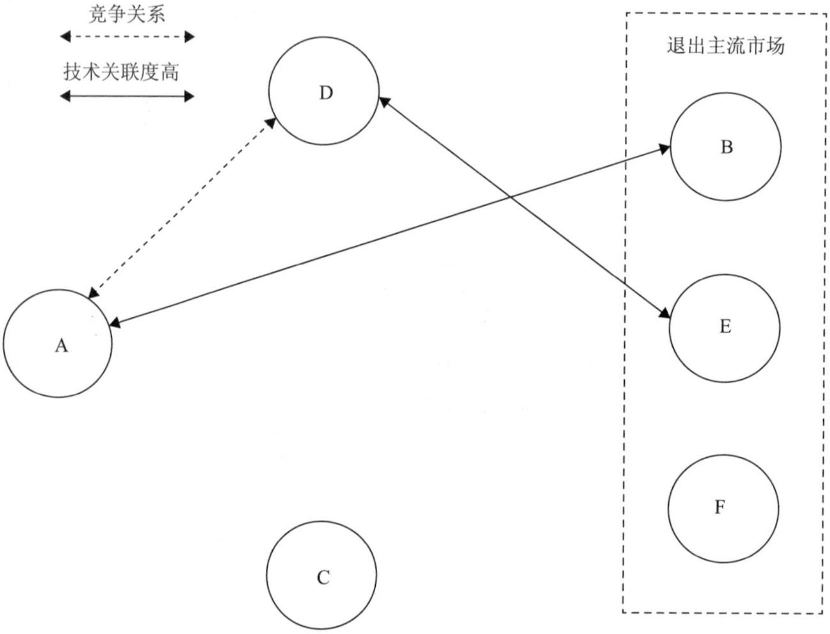

图 17-6　A、B、C、D、E、F 公司专利关联度示意

【案例 17-7】威盛公司专利诉讼可能性分析

案例设置目的：掌握由专利地域布局情况分析诉讼的可能性。

2006 年检索威盛及其子公司威腾光电在中国台湾、中国大陆及美国三地的 396 件光驱相关专利家族分布如图 17-7 所示，其中：

中国台湾公告的 105 件专利中有 93 件在中国大陆或美国地区进行了申请，且相关专利大致先在中国台湾最早进行申请。可见威盛专利部署策略大致为先在中国台湾进行相关专利申请，再根据产品的市场导向或部署策略向其他地区申请。

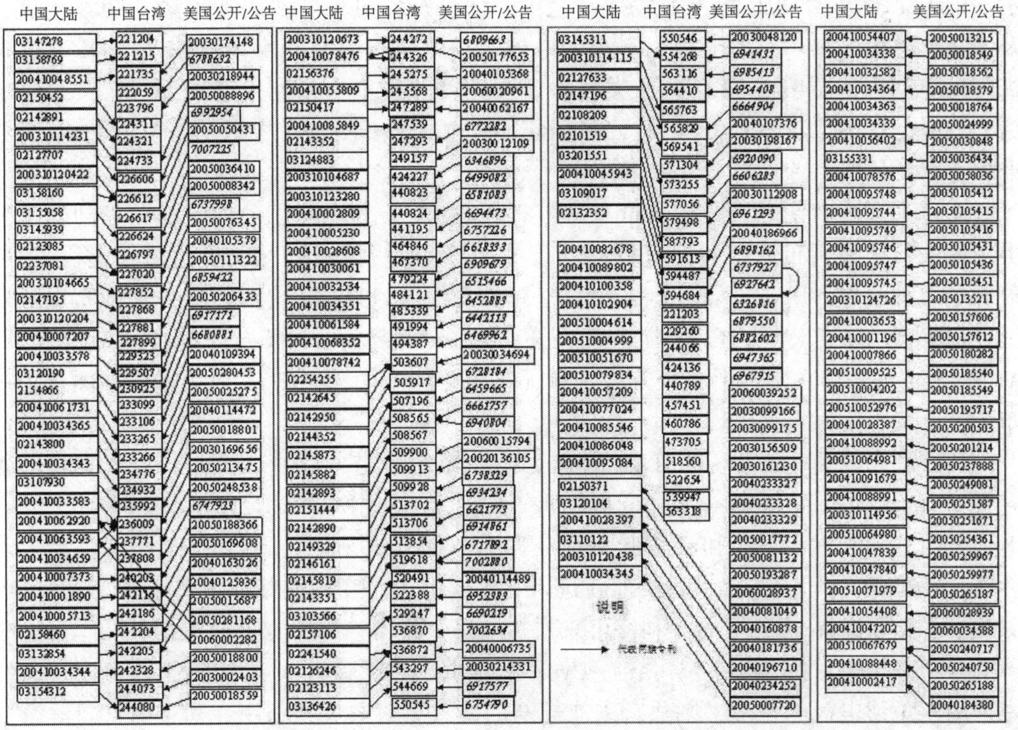

图 17-7　威盛在中国台湾、中国大陆及美国的光驱相关专利家族分布

美国公开/公告的 151 件专利申请中有 134 件与中国台湾或中国大陆的专利为同族关系，且美国相关专利大多都会要求中国台湾相关专利的优先权，美国公开/公告的相关专利多于中国台湾公告的专利是因美国自申请日（优先权日）起 18 个月亦进行公开，由此亦可看出威盛在中国台湾申请的相关专利同时也会在美国进行申请部署。

中国大陆申请的 140 件专利中有 114 件与中国台湾或美国申请的专利为同族关系，且中国大陆申请相关专利的申请日大致晚于中国台湾的申请日，因中国大陆均自申请日起 18 个月即为公开，故中国大陆目前公开的相关专利多于中国台湾专利，由此可以看出威盛在中国台湾申请的相关专利也会在中国大陆进行申请部署。

通过上述专利分析可知，威盛公司在中国大陆、美国、中国台湾都进行了较完整的专利布局，这同其市场布局有一定关系。因此，应对威盛公司发起的专利诉讼，建议采取无效的方式进行反击，可以选择无效其诉讼专利，亦可选择具有地域优势的地区（中国台湾、中国大陆、美国）无效该公司其他重要专利。无效诉讼专利时，应当参考该专利在其他地区的审查历史情况，充分利用不同国家或地区审查员提供的前案作为无效证据。此外，还可根据其市场情况，选择具有优势法律资源的地域进行反诉，反诉时应当选择威盛公司专利布局较少的国家或者地区进行。

【案例 17-8】PATTERN 技术美国专利诉讼可能性分析

案例设置目的：掌握由技术主题布局情况分析诉讼的可能性。

2010 年检索的多点触控技术中 PATTERN 技术美国专利申请布局情况如图 17-8 所

示。PATTERN 技术的技术分类包括：电极阵列、菱形电极、多边形电极、矩形电极以及三角形电极 5 类。菱形电极、多边形电极、矩形电极的专利申请都始于 2006 年，电极阵列专利申请始于 2007 年，各类技术后续年度几乎都有专利申请提出。起步最早的为 Cypress，之后，Apple、Atmel、AU Optronics、ACROSENSE、MSTAR 等公司也参与到电极形状的研究。

通过上述专利分析可知，Apple 公司 PATTERN 技术中除三角形电极的其他技术分类中都进行了专利布局，其拥有较广泛技术领域的专利布局。Atmel 公司在电极阵列、菱形电极和多边形电极方面进行了专利布局，其在 PATTERN 技术领域中专利布局的广泛度仅次于 Apple 公司。Cypress 公司在菱形电极和多边形电极方面进行了专利布局，AU Optronics 公司在多边形电极方面进行了布局，MSTAR 公司在三角形电极方面进行了布局。

从专利布局情况来看，MSTAR 公司为该领域的新进入者，而 Apple 公司为行业领导者，Atmel 公司和 Cypress 公司同样拥有 PATTERN 技术中较为广泛的专利布局。结合上述公司的专利诉讼策略和产品市场等因素，Atmel 公司和 Cypress 公司较容易发起专利诉讼，MSTAR 公司同样容易对其他新进入者发起诉讼。在诉讼策略上可以考虑获得 Atmel 公司或者 Cypress 公司的专利许可来对抗 Apple 公司，当然也可以考虑获得 Apple 公司的专利许可来对抗 Atmel 公司或者 Cypress 公司。对于新进入者 MSTAR，由于仅其一家采用三角形电极的技术，则适宜采取规避的方式尽量避免其利用专利布局发起诉讼。

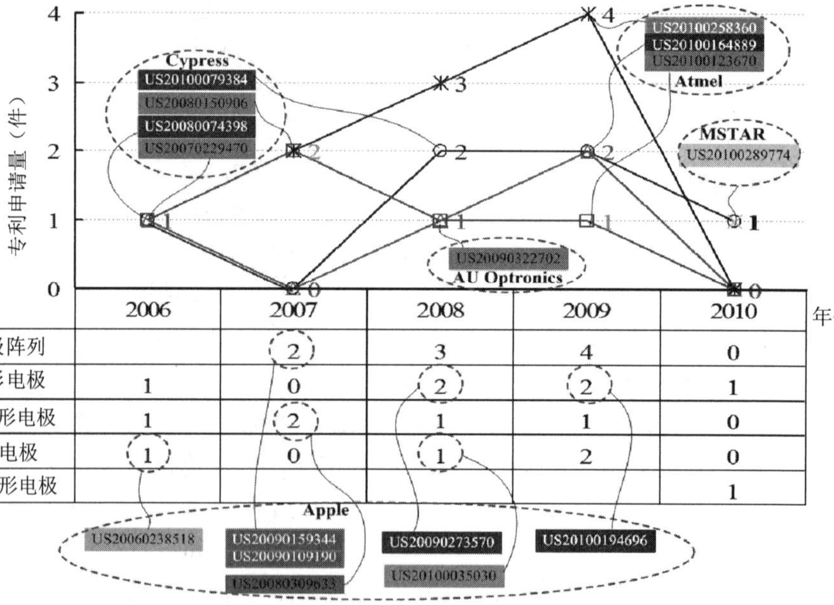

	2006	2007	2008	2009	2010
电极阵列		2	3	4	0
菱形电极	1	0	2	2	1
多边形电极	1	2	1	1	0
矩形电极	1	0	1	2	0
三角形电极					1

图 17-8　PATTERN 技术美国专利申请年度

【案例 17-9】Apple 与 Nokia 专利诉讼分析

案例设置目的：掌握由已发生的专利诉讼情况分析诉讼的可能性。

2010 年检索的 Apple 与 Nokia 专利诉讼情况如图 17-9 所示。Apple 与 Nokia 这两个

手机巨头此次诉讼由 Nokia 最先提起。Nokia 提起诉讼的起因可能有两点：①2009 年年初 Nokia 主动与 Apple 进行谈判，欲将 GSM、Wi-Fi 的相关技术与 Apple 交换触控屏幕的专利，但谈判过程中双方利益无法均衡致使谈判失败；②2009 年 Apple 智能手机 iPhone 在市场上热卖，导致 Nokia 手机销售量显著下降。2009 年 10 月 Nokia 正式向美国 Delaware 联邦地方法院对 Apple 提起诉讼，Apple 也于 12 月在美国 ITC 和 Delaware 联邦地方法院提起反诉，2010 年 11 月 3 日美国 ITC 认定 Nokia 采用 Symbian 和 S40 系统的手机未侵犯 Apple 的专利。从图中可见双方起诉较为频繁，2010 年 12 月，诉讼地扩展到英国、德国、荷兰地区法院。

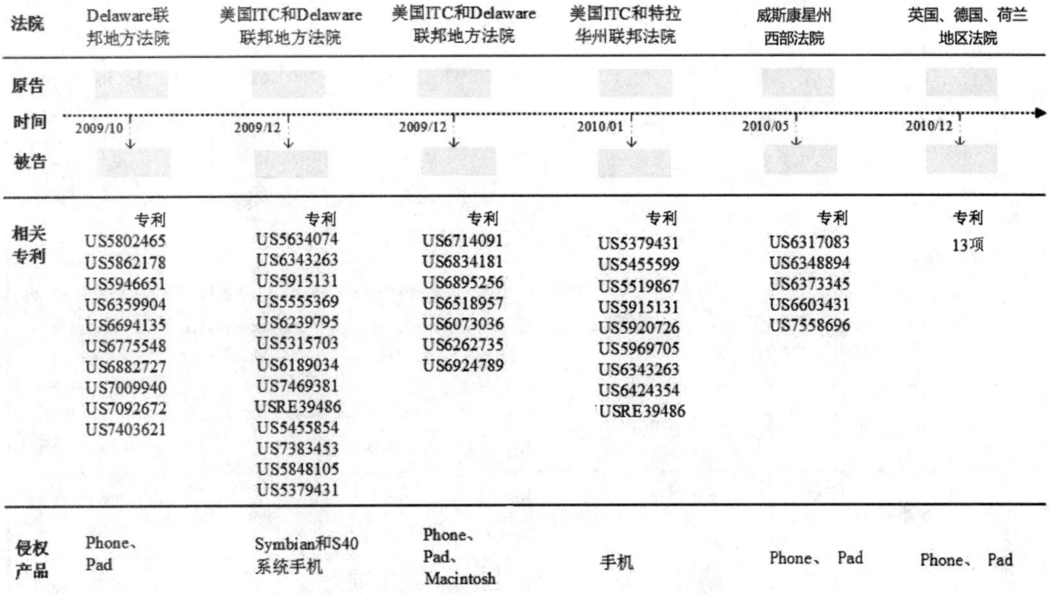

图 17-9　Apple 与 Nokia 诉讼示意[1]

Apple 与 Nokia 双方诉讼主要围绕对方手机产品，但并没有涉及触控相关技术专利（见表 17-5）。Nokia 对 Apple 提出诉讼使用的专利技术主要围绕手机天线设计、定位装置和语音传输这 3 个技术领域；Apple 反击所用专利技术涉及手机装置的软件 OS 系统、绘图处理、硬件接口及电源管理等方面。

表 17-5　Apple 与 Nokia 诉讼专利列表

项次	专利号	申请日	授权日	发明名称
Apple 相关专利				
1	USRE39486	20010702	20090707	Method and device for position determination
2	US5315703	19921223	19940524	Object-oriented notification framework system

[1] http://iknow.stpi.narl.org.tw/Post/Default.aspx?CateID=5.

续表

项次	专利号	申请日	授权日	发 明 名 称
3	US5379431	19931221	19950103	Boot framework architecture for dynamic staged initial program load
4	US5455599	19950404	19951003	Object-oriented graphic system
5	US5455854	19931026	19951003	Object-oriented telephony system
6	US5519867	19930719	19960521	Object-oriented multitasking system
7	US5555369	19940214	19960910	Method of creating packages for a pointer-based computer system
8	US5634074	19930507	19970527	Serial I/O device identifies itself to a computer through a serial interface during power on reset then it is being configured by the computer
9	US5848105	19961010	19981208	GMSK signal processors for improved communications capacity and quality
10	US5915131	19950505	19990622	Method and apparatus for handling I/O requests utilizing separate programming interfaces to access separate I/O services
11	US5920726	19970612	19990706	System and method for managing power conditions within a digital camera device
12	US5969705	19970313	19991019	Message protocol for controlling a user interface from an inactive application program
13	US6189034	19960508	20010213	Method and apparatus for dynamic launching of a teleconferencing application upon receipt of a call
14	US6239795	19990526	20010529	Pattern and color abstraction in a graphical user interface
15	US6343263	19940802	20020129	Real-time signal processing system for serially transmitted data
16	US6424354	19990401	20020723	Object-oriented event notification system with listener registration of both interests and methods
17	US7383453	20030403	20070206	Extensible, replaceable network component system
18	US7469381	20011106	20080722	System for ensuring encrypted communication after handover
Nokia 相关专利				
1	US5802465	19961001	19980901	Data transmission in a radio telephone network
2	US5862178	19960620	19990119	Method and apparatus for speech transmission in a mobile communications system

续表

项次	专利号	申请日	授权日	发 明 名 称
3	US5946651	19980818	19990831	Speech synthesizer employing post-processing for enhancing the quality of the synthesized speech
4	US6073036	19970428	20000606	Mobile station with touch input having automatic symbol magnification function
5	US6262735	19981104	20010717	Utilizing the contents of a message
6	US6317083	19990716	20011113	Antenna having a feed and a shorting post connected between reference plane and planar conductor interacting to form a transmission line
7	US6348894	20000510	20020219	Radio frequency antenna
8	US6359904	19980814	20020319	Data transfer in a mobile telephone network
9	US6373345	19991029	20020416	Modulator structure for a transmitter and a mobile station
10	US6518957	20000808	20030211	Communications device with touch sensitive screen
11	US6603431	20010824	20030805	Mobile station and antenna arrangement in mobile station
12	US6694135	19991229	20040217	Measurement report transmission in a telecommunications system
13	US6714091	20001219	20040330	VCO with programmable output power
14	US6775548	19980622	20040810	Access channel for reduced access delay in a telecommunications system
15	US6834181	20020313	20041221	Mobile communication device and related construction method
16	US6882727	20000306	20050419	Method of ciphering data transmission in a radio system
17	US6895256	20001207	20050517	Optimized camera sensor architecture for a mobile telephone
18	US6924789	20010829	20050802	User interface device
19	US7009940	20011010	20060307	Integrity check in a communication system
20	US7092672	20000919	20060815	Reporting cell measurement results in a cellular communication system
21	US7403621	20050825	20080603	Conserving power by reducing voltage supplied to an instruction-processing portion of a processor
22	US7558696	20071214	20081223	List scrolling and document translation, scaling, and rotation on a touch-screen display

根据 Apple 与 Nokia 诉讼可以获知其涉及诉讼的美国专利，诉讼专利除了对应于对

方的产品外，亦应当是专利权人的核心专利，可以通过检索这些专利的同族专利以及跟踪其连续案来规避掉对应的诉讼风险。对于手机通信领域的新进入者，应当在产品设计中考虑规避这些专利及这些专利的连续案，并根据这些专利的同族布局和公司诉讼策略进行产品市场的调整。同时，考虑针对诉讼专利的规避设计申请专利，作为日后专利许可谈判的武器。

第三节 诉讼策略延伸的专利分析

不同的企业在同一国家或者地区所采取的专利策略会因其产品特点、公司实力、企业文化、法律资源等因素，存在非常大的差别。同一企业在不同时间阶段所采取的专利策略亦存在差别。通过分析某企业已经发生的专利诉讼或者许可谈判事项中的专利策略，可以透视出该企业的专利运用策略、专利布局保护策略、研发方向，甚至是该企业可能的研发合作和企业兼并情况，不仅可以帮助本企业对有可能发生的专利诉讼提前做好准备，亦可为本公司制定科学合理的专利策略提供参考。

【案例 17-10】Apple 专利诉讼情况分析

案例设置目的：掌握通过某企业的专利诉讼情况分析其专利运用策略。

图 17-4、图 17-9、图 17-10、图 17-11 为 2010 年搜索的 Apple 主要专利诉讼；由图可见，Apple 分别与 ELAN、Nokia、Motorola、HTC 发生过专利诉讼❶。

（1）专利涉诉情况一：Apple 与 Nokia、Motorola、ELAN 的诉讼，Apple 并不是发起人，而 Apple 所采取的措施均为反诉。

专利战略透视一：Apple 不会主动诉讼且未威胁其产品地位的竞争对手；面对诉讼也积极通过研发或者购买的专利进行反诉。

（2）专利涉诉情况二：Apple 主动向 HTC 和 Samsung 发起诉讼。

围绕 iPhone 智能手机产品的众多诉讼中，Apple 与 HTC 诉讼是少见的由 Apple 最先提起的诉讼。且起诉时间选择在 HTC 在全球移动通信大会（2010 年 2 月）发表了 3 款支持 Android 系统的智能手机之后，由于 Android 系由 Google 推动的手机系统，外界猜测 Apple 意在打击 Google。参见图 17-12 可知，Apple 发起的诉讼来势凶猛，首先使用 20 件专利起诉 HTC。随后在 6 月份 Apple 又再次提起诉讼，且补充了相关专利。

参见图 17-12 及图 17-13❷，Apple 与 Samsung 的专利诉讼也是 Apple 主动发起的少数诉讼之一。据市场调查，Samsung 的 Galaxy Tab 堪称市面上最快大量上市的 Android 平板计算机，而 Samsung 的智能手机 Galaxy S 的销售量在短时间内达到 1000 万部，由于目前 Android 手机厂仍是采用机海策略，若一款手机能够销售到千万部，势必会对 iPhone 造成莫大的威胁，推测这也是诉讼的主因之一。外界指出，Apple 的用意除了警

---

❶ http://iknow.stpi.narl.org.tw/Post/Default.aspx?CateID=5.

❷ http://iknow.stpi.nad.org.tw/Post/Default.aspx?CateID=s.

告 Samsung 的智能手机或平板机可能会影响到 Apple 的市场占有率，另外以后也可能会增加 Apple 向 Samsung 采购的谈判筹码。

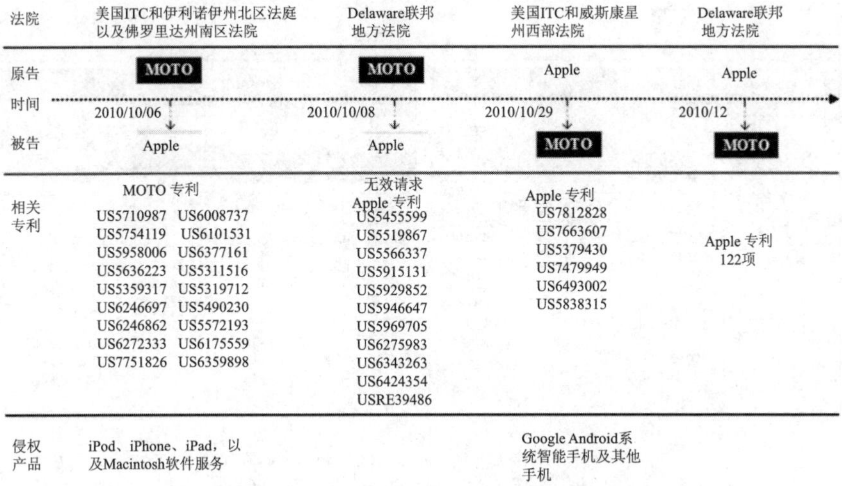

图 17-10　Apple 与 Motorola 的专利诉讼

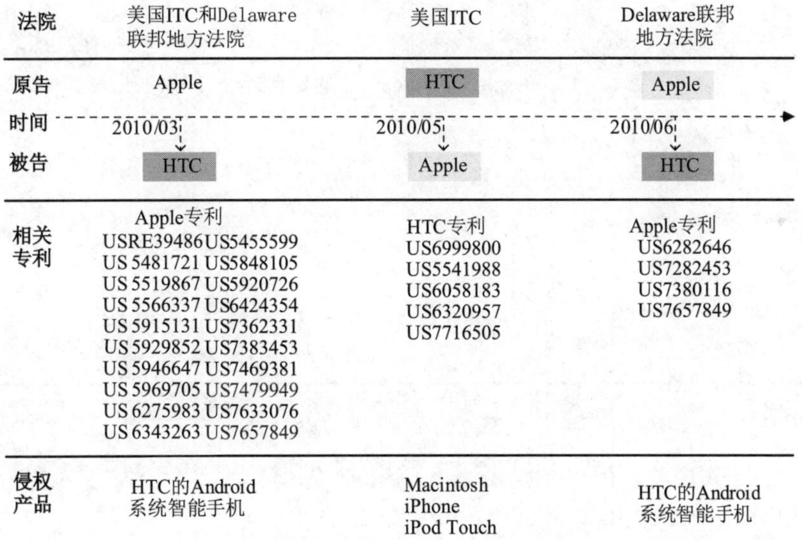

图 17-11　Apple 与 HTC 的专利诉讼

专利战略透视二：当 Apple 的 iPhone 智能手机面临市场威胁时，Apple 有可能主动提起诉讼以维持其市场占有率。

（3）专利涉诉情况三：参见图 17-14，Apple 在美国的诉讼中以被告为主，其是 2014 年被诉最多的公司。因此，Apple 在目前的美国诉讼中，仍主要以应对各 NPE 发起的专利诉讼为主。

专利战略透视三：Apple 的专利布局不全面，需要购买专利或专利许可来应对大量的专利诉讼。

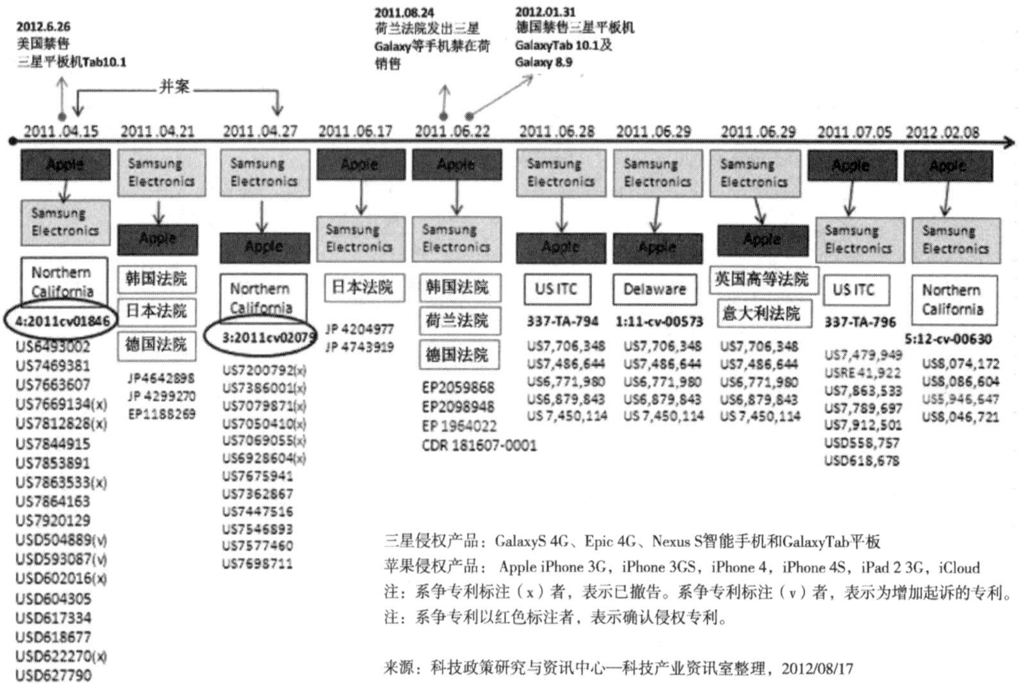

图 17-12　Apple 与 Samsung 的专利诉讼（一）

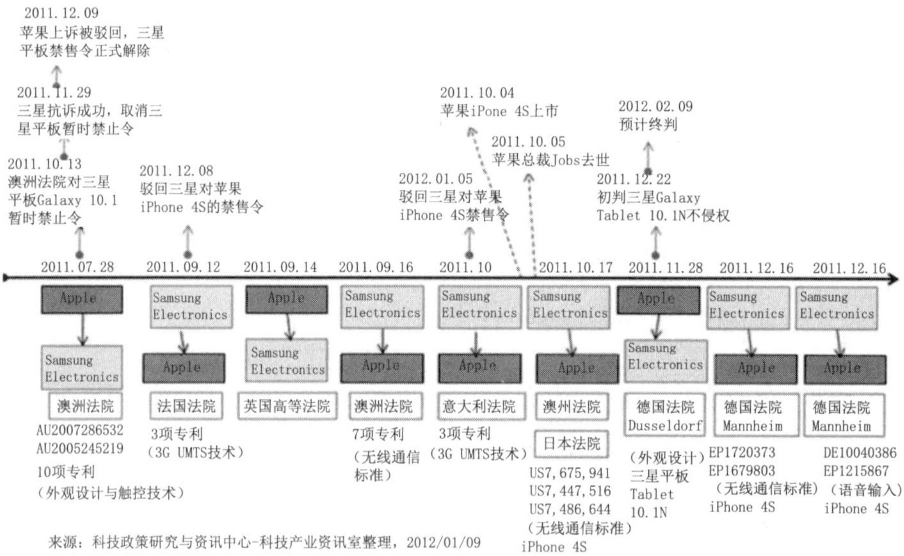

图 17-13　Apple 与 Samsung 的专利诉讼（二）

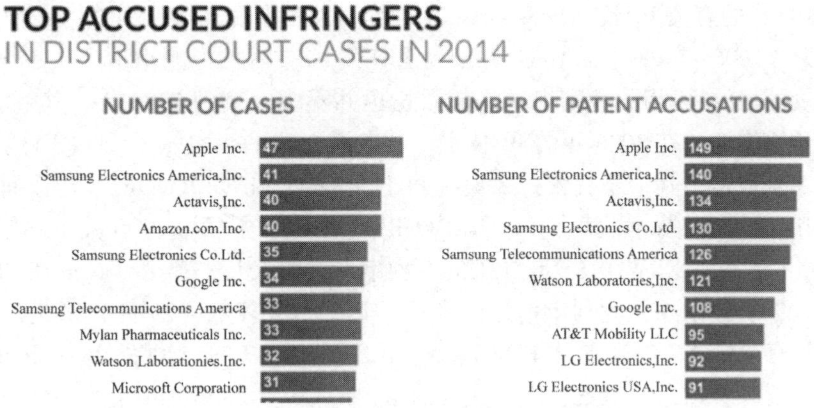

图 17-14　2014 年美国专利诉讼被告情况❶

数据验证：

2010 年检索的 Apple 多点触控专利情况如图 17-15 所示。1995~2005 年，Apple 的多点触控专利申请数量并不多，每年申请的相关专利只有 1~3 件，主要集中在 IC 技术方面，也有少量的 Panel 和 Sensor 相关技术专利申请；从 2006 年开始，Apple 的专利申请数量呈增加的趋势，可能与 2005 年收购 FINGERWORKS 有关，也可能是 Apple 为了 2007 年 iPhone 的上市进行的技术储备；其专利申请数量在 2007 年达到高峰，同时专利申请以 IC 技术、Panel 技术、Sensor 技术为重点，同时也有涉及 Drive 和 Scan 技术。

2005 年 Applle 收购了 FINGERWORKS，而该公司是由特拉华州立大学的 Wayne Westerman（简称 Wayne）及 John Elias（简称 Elias）在 1999 年成立的，Wayne 和 Elias 将其有关多点触控的多数成果都申请了专利，原属于 FINGERWORKS 的专利也转让给了 Apple。

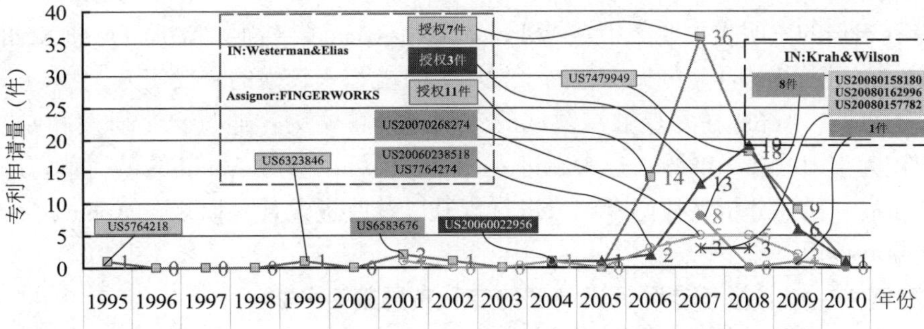

	1995	1996	1997	1998	1999	2000	2001	2002	2003	2004	2005	2006	2007	2008	2009	2010
Drive													8	0	1	0
IC	1	0	0	0	1	0	2	1	0	1	0	14	36	18	9	1
Panel										1	1	2	13	19	6	1
Sensor							1	0	0	1	0	3	5	5	2	
Scan													3	3		

图 17-15　Apple 多点触控专利申请年度示意❷

❶ http://home.docketnavigator.com/.

❷ http://iknow.stpi.narl.org.tw/Post/Default.aspx?CateID=5.

Apple 最早的有关 IC 技术的专利申请 US5764218 出现在 1995 年。该专利与 cursor control 有关。1996~1998 年，Apple 并未提出有关 IC 技术的专利申请。从 1999 年开始，陆续有少量的 IC 技术相关专利申请，但数量也并不多。直到 2006 年，其 IC 技术相关专利申请开始增加。在 2006 年的 IC 技术专利申请（14 件）中，少量（3 件）是 Apple 的研究成果，但是，其中还有较大数量（11 件）是从 FINGERWORKS 转让而来的。事实上，早在 1999 年 Apple 就从 FINGERWORKS 转让来了第一件有关 IC 技术的专利 US6323846。从 FINGERWORKS 转让来的专利申请发明人几乎都是 Wayne 和 Elias。2007 年，Apple 的 IC 技术相关专利申请达到高峰，其中绝大多数（29 件）都是其自身的研发成果，只有少量（7 件）是从 FINGERWORKS 转让而来的。2008 年 Apple 的 IC 技术相关专利申请有所减少。但是，需要注意的是，Apple 于 2008 年申请了一件有关手势识别的专利 US7479949，该专利在 2010 年 1 月已授权，并在 Apple 的 2010 年的几次专利诉讼中，Apple 多次引用该专利。这件专利技术涉及将多种触控输入方式解读成指令输入的动作，包括以手势滚动、翻动页面、网页放大缩小及其他可能的指令。

Apple 有关 Sensor 的可能最早的专利 US6583676 出现在 2001 年，从 2001 年开始，Apple 就 Sensor 技术的专利申请趋势比较平稳，2007 年和 2008 年最多才达到 5 件。2006 年的 3 件 Sensor 技术专利申请中，有 2 件还是从 FINGERWORKS 转让而来的。2007 年的 5 件 Sensor 技术专利申请中，有 1 件也是从 FINGERWORKS 转让而来的。

Apple 最早的有关 Panel 的专利申请 US20060022956 出现在 2004 年，以后逐年都有 Panel 技术相关专利申请提出，其申请数量从 2007 年开始大幅度增加，到 2008 年达到高峰。在 2007 年 Panel 技术相关专利申请中，有 3 件是从 FINGERWORKS 转让而来的。

Apple 最早的有关 Drive 和 Scan 的专利申请较晚，集中出现在 2007 年，2007 年 Apple 申请了 8 件有关 Drive 的专利申请、2009 年申请了 1 件（US20100253638）有关 Drive 的专利。2007 年和 2008 年 Apple 各申请了 3 件 Scan 相关专利。Apple 的 Drive 和 Scan 专利申请的发明人主要集中在 Wilson-Thomas James（简称 Wilson）和 Krah-Christoph Horst（简称 Krah）。可见，这两个发明人可能都有较强的研发实力。

综上可知，Apple 在多点触控领域的专利申请策略为：通过自主研发和专利转让，构建了较为牢固的技术屏障。作为新进入行业者，可以参考 Apple 的专利布局进行相应的专利布局，比如分析其核心专利，进行规避以及改进设计，以规避 Apple 之后有可能发起之专利诉讼。

【案例 17-11】基于专利诉讼情况的专利布局策略分析

案例设置目的：掌握由专利诉讼情况透视专利布局策略。

专利诉讼情况一：由图 17-16 可知，ELAN（义隆电子）与 Synaptics 诉讼始于 2006 年 3 月，由 ELAN 最先提出，采用的专利为 US5825352，于 2007 年 6 月获胜。2006 年 4 月 Synaptics 提起的反诉于 2008 年 5 月也获得胜诉。最后双方握手言和，彼此授权许可专利，且 ELAN 放弃之前向 Synaptics 提出的另案胜诉权利金。[1]

专利 US5825352 原由 Logitech 转移给 Koa T&T，Koa T&T 后更名为 K-Tech Device，

[1] http://iknow.stpi.narl.org.tw/Post/Default.aspx?CateID=5.

K-Tech Device 转移给 ELAN。

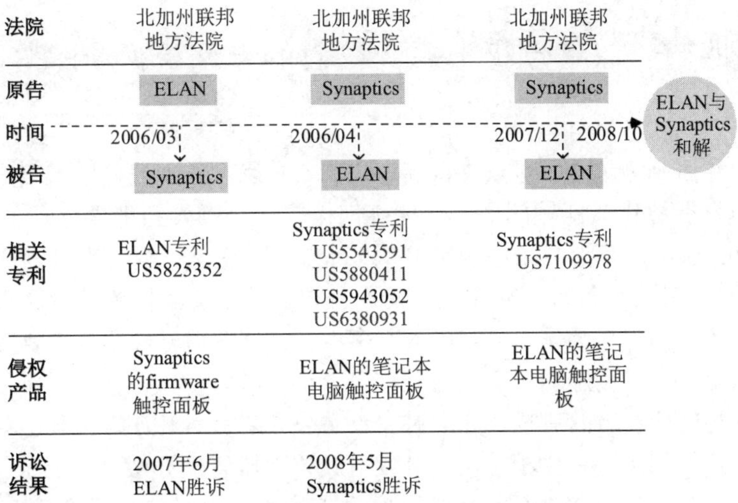

图 17-16　ELAN 与 Synaptics 的专利诉讼

专利诉讼情况二：由图 17-17 可知，ELAN 于 2010 年 1 月再次利用 US5825352 提起诉讼。此次是针对中国苏州瀚瑞微电子（Pixcir）提出专利侵权诉讼。2010 年 4 月，苏州瀚瑞微电子虽在中国大陆法院提起了声明："未收到任何美国内华达州地方法院受理该案件通知原告应诉之任何文件，且主张义隆电子违反不公平竞争法"，但在 11 月又主动撤回了该诉讼。此次诉讼源于苏州瀚瑞微电子的 Tango S32 微控制器应用在触控屏幕或触摸板时所具有能侦测同时存在多指操作的技术，ELAN 声称侵犯该 US5825352 专利技术。该诉讼为 ELAN 打击新进入行业者的诉讼，其诉讼目的可能为将竞争对手限制在目标市场以外。

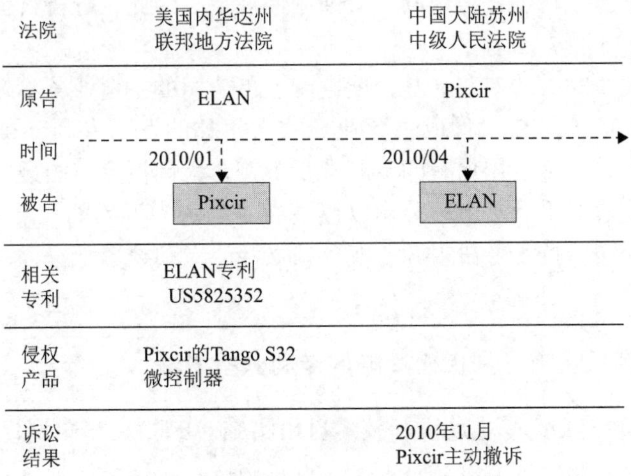

图 17-17　ELAN 与 Pixcir 的专利诉讼

专利战略透视：根据 ELAN 的专利提出的专利诉讼情况发现其善于利用专利购买来增强自己的专利布局，以便在其后的专利诉讼与专利许可谈判中处于有利地位。

第四节　以科创板上市为核心的专利诉讼策略分析

科创板以注册制为核心，重点支持新一代高新技术产业和战略性新兴产业，给众多科技企业快速发展搭建了良好的平台。《科创板首次公开发行股票注册管理办法（试行）》（第153号令）第十二条中规定："发行人业务完整，具有直接面向市场独立持续经营的能力：（三）发行人不存在主要资产、核心技术、商标等的重大权属纠纷，重大偿债风险，重大担保、诉讼、仲裁等或有事项，经营环境已经或者将要发生重大变化等对持续经营有重大不利影响的事项。"

对于拟在科创板上市的科技企业来讲，首次公开募股（IPO）期间是专利诉讼高发期。竞争对手往往利用《科创板首次公开发行股票注册管理办法（试行）》第十二条，通过发起专利诉讼，影响企业面向市场的独立持续经营能力，阻碍或阻断其上市进程。因此，专利诉讼成为阻击竞争对手科创板上市的常见热点。

掌握科创板上市企业涉及的专利诉讼策略分析方法，一方面可以使科创板上市公司识别风险，进而防范在上市期间遇到专利诉讼妨碍其上市；另一方面，竞争对手可以利用分析而来的专利诉讼策略，发起专利诉讼阻碍竞争对手在科创板上市。

一、阻击科创板上市常见专利诉讼策略

为说明科创板上市涉及的专利诉讼策略，本书将"上市公司"作为一方，将针对上市公司发起专利诉讼的另一方称为"竞争对手"。识别科创板上市涉及的专利诉讼策略，首先要识别上市公司与竞争对手之间的竞争态势。竞争对手针对上市公司发起专利诉讼的策略，通常基于科创板上市的3个强制性规定。因此，分析科创板上市专利诉讼策略应主要从如下3个方面着手：

第一，分析竞争对手的专利，是否能影响上市公司的主营业务不独立。

第二，如果上市公司与"形成主营业务收入相关的发明专利"被宣告无效，分析此类结果是否会导致上市公司保有的专利数量不符合科创板上市的最低要求。

第三，一旦竞争对手针对上市公司以侵害商业秘密为诉因的"专利权属纠纷"，分析是否会对上市公司的技术合法来源、业务独立性、专利数量不符合科创板上市的最低要求造成影响。

二、应对科创板上市专利诉讼策略的专利分析方法

1. 对本企业的核心产品主动发起技术自由实施（FTO）尽职调查

上市公司应当在科创板上市前对本企业自身的核心产品和核心技术进行技术自由实施（FTO）尽职调查。在FTO尽职调查过程中发现存在高风险专利的，应当全面了解高风险专利的专利权人是否为同行业竞争者或从业人员，评估是否存在被发起诉讼的现实风险，就本方产品针对高风险专利做规避设计。

对于难以规避且又无法达成许可或转让协议的风险专利，上市企业可以提前准备向国家知识产权局申请宣告该等高风险专利无效。经过专利分析，发现无法规避或减小专利侵权风险的，应尽快自主地停止生产和销售具有侵权风险的产品，避免在上市过程中引起不利的专利侵权诉讼。

这项工作应当尽量提前着手，在企业完成前期技术开发和生产能力扩张后，且上市目标逐渐清晰或公开后，上市企业随时可能面临竞争对手通过发起专利诉讼妨碍其上市。对于企业在预披露招股说明书之前已经涉及专利诉讼时，在招股说明书中应当将涉案专利所涉及的技术从企业核心技术清单中排除。

专利侵权风险的直接后果是使上市公司的主营产品停止上市，进而妨碍上市公司主营业务的独立性。因此，识别出有可能被竞争对手利用的风险专利，即相当于识别出竞争对手已经有了第一种“妨碍上市公司业务独立性”的诉讼策略。

2. 开展专利与主营业务的对标分析

对于科创板上市企业而言，如果其形成主营业务收入的发明专利低于5件，该上市公司即不具有科创属性，很难在科创板上市。

无论上市公司还是竞争对手，都应当先针对上市公司识别其主营业务，然后识别出其与主营业务相关的发明专利。如果在上市期间，上市公司发现任何人针对其“形成主营业务收入的发明专利”发起无效宣告，即可识别出竞争对手可能已经选用了前文所述的第二种专利诉讼策略。

上市公司防范该诉讼策略的方法是加强“专利挖掘和布局”，使得本公司“形成主营业务收入的发明专利”远远超过5件。

对于一家新兴的科技企业，技术是其生命，而专利是维护技术价值最有效的途径之一。专利挖掘的目的即在于既要让独立研发的每一个技术成果得到专利保护，又要构建性价比最高的专利组合，最终获得有估值潜力的授权专利。企业应当围绕自身的核心产品、核心技术以及未来发展方向，在充分掌握现有技术状况的情况下，不断改进和研究，形成有价值的专利申请方案并最终获得专利资产。

企业同时应当了解有潜在威胁的竞争对手，针对竞争对手的核心产品和核心技术，进行必要的专利分析，基于分析结果学习竞争对手专利挖掘和专利布局的思路，发现其弱点，然后针对竞争对手进行有“进攻性”或“压迫性”的专利布局。

3. 开展专利权属纠纷与商业秘密侵权风险分析

员工的职务发明属于其所在单位。《专利法实施细则》第十二条明确规定了“退休、调离原单位后或者劳动、人事关系终止后1年内作出的，与其在原单位承担的本职工作或者原单位分配的任务有关的发明创造”为《专利法》第六条“执行本单位的任务所完成的发明创造”。对于入职1年以内的员工参与技术研发且作为专利申请的发明人的，企业应当严格审核该专利申请的技术方案与员工在原单位的本职工作和原单位分配任务的相关性；如发明内容与该发明人在原单位的因工作和任务所涉及的技术方案构成相同或实质性相同，应当放弃该等专利申请；或者专利申请内容与发明人在原单位所涉及的技术方案上具有一定延续性的，应当在1年之后申请。

如果竞争对手以上市公司招聘了其离职员工，且将离职员工泄露的商业秘密申请为上市公司的专利，特别是与“形成主营业务收入相关的发明专利”，则会导致出现“专利权属纠纷”。该等专利权属纠纷对上市公司是非常危险的。

三、案例分析

对于一家科技企业来讲，当其预披露了《科创板首次公开发行股票招股说明书》，就意味着其成为行业内竞争对手关注的目标。当其遭遇竞争对手的专利诉讼打击时，可以积极应诉、反诉、申请宣告相关专利无效，亦可以通过协商谈判的方式达成和解协议解决纠纷。

【案例 17-12】竞争对手发起专利侵权诉讼破坏业务独立性的诉讼策略与应对

M 公司系中国传感器市场较为知名的一家公司，其主营的传感器芯片产品在国际市场具有较大优势，G 公司与 M 公司在该种传感器芯片领域存在直接的竞争关系。

G 公司的诉讼策略主要包括以下几个方面：

提起实用新型专利侵权之诉→提起发明专利侵权之诉→以专利权权属纠纷为由提起诉讼→提出无效宣告请求。

2019 年 7 月，G 公司以 M 公司 3 款产品侵害其 3 件实用新型专利权为由，在北京知识产权法院提起诉讼，要求 M 公司立即停止制造、销售和许诺销售被诉侵权产品，并赔偿 1000 万元损害赔偿金；

2019 年 11 月 1 日，M 公司预披露《首次公开发行股票并在科创板上市招股说明书》；

2019 年 11 月 18 日，G 公司以 M 公司的上述 3 款产品侵害其某发明专利为由，向北京知识产权法院提起诉讼，主张 M 公司赔偿经济损失 3000 万元；

2019 年 11 月 25 日，G 公司的关联公司以 M 公司及其部分股东、技术高管为被告，以职务发明的专利权权属纠纷为由，主张 M 公司享有专利权的一件发明专利系某高管在 G 公司任职期间的职务发明，专利权应当归 G 公司所有，向苏州市中级人民法院提起诉讼；

2019 年 12 月 25 日，G 公司再次以 M 公司及其部分股东和技术高管为被告，以发明专利的权属纠纷为由，向苏州市中级人民法院提起诉讼；

2020 年 1 月，G 公司及其关联自然人针对 M 公司的 3 件专利向国家知识产权局提出专利无效宣告请求；

2020 年 3 月 4 日，G 公司再次以 M 公司为被告，向北京知识产权法院提起专利侵权诉讼，主张 M 公司赔偿经济损失共计 4500 万元和合理支出 100 万元；

2020 年 3 月 19 日，G 公司再次以 M 公司及其部分股东和技术高管为被告，以专利权属纠纷为由，向苏州市中级人民法院提起诉讼；

2020 年 4 月，G 公司再次提起专利侵权诉讼，主张 M 公司 4 款产品分别侵害了其 3 件专利权，应当停止侵权并赔偿经济损失 5000 万元。

由于接连不断涉诉且诉讼标的巨大，M 公司至少 5 次就上海证券交易所关于涉案专利诉讼的审核意见回函答复，发行人律师同时出具《补充法律意见书》就相关专利诉讼情况进行专门说明。在上海证券交易所的上市审核过程中，为应对G公司的专利诉讼，M公司主要采取了以下几方面措施：

提出无效宣告请求→聘请第三方出具专业鉴定意见→积极应诉→充分阐述相关专利诉讼的影响。

（1）针对涉案专利向国家知识产权局提出无效宣告请求。

事实上，G公司于2019年7月发起的专利侵权诉讼所涉3件专利已于2020年1月分别被国家知识产权局宣告全部或部分无效。这样，G公司将不得不撤诉或很大程度上面临败诉风险。

（2）在向国家知识产权局提出无效宣告请求的同时，聘请第三方鉴定机构对专利稳定性和被诉侵权产品的侵权风险出具专业鉴定意见。

针对G公司于2019年11月和2020年3月发起的专利侵权诉讼所涉专利，M公司委托上海某鉴定机构出具鉴定报告，确认M公司被诉侵权产品未落入涉案专利的保护范围，不构成侵权。

（3）积极应诉，全面收集证据，用事实证明专利侵权不成立、权属纠纷不成立。

M公司项目管理较为规范，保存了较为完善的研发记录，针对G公司2019年11月、2019年12月与2020年3月提起的专利权属纠纷诉讼，M公司拥有上述涉诉专利技术的研发记录，并能够证明所涉技术与相关自然人在G公司的本职工作等无关，以及该等专利技术与G当时的技术存在显著差异。

（4）充分阐述相关专利诉讼的影响。

根据第三方鉴定机构或中介咨询机构的专利稳定性评价报告和侵权评估报告，以及相关证据，针对上海证券交易所的审核问询，在回复中充分阐述涉案专利与企业核心技术无关、相关专利诉讼对企业的生产经营、业务独立性和持续经营能力等不构成重大影响。

最终，M公司的科创板上市申请于2020年6月经上海证券交易所科创板股票上市委员会审核同意，于2020年7月经中国证券监督管理委员会注册同意。根据M公司的成功应对方案，我们不难总结出，一方面，企业应当在日常管理过程中注意规范化管理，保存包括研发资料在内的各类过程文件，以备诉讼之需；另一方面，企业应当充分利用无效宣告程序对竞争对手的专利主动发起无效，以形成有力回击；发起无效程序所针对的专利，可以是涉案专利，亦可是竞争对手的其他稳定性较弱的专利。同时，企业可以委托第三方鉴定机构，第一时间对涉案专利的稳定性、被诉侵权产品的侵权风险进行评估，鉴定意见可以作为回复上交所和应诉的参考依据。特别说明的是，企业还可以根据竞争对手所发起的专利诉讼情况，依情适时主动针对竞争对手提起恶意诉讼之诉。

【案例17-13】竞争对手发起专利侵权诉讼破坏业务独立性的诉讼策略与和解策略

J公司是一家国内知名的投影仪厂商。2020年5月，J公司预披露了其《首次公开发行股票并在科创板上市招股说明书（申报稿）》。

2020年6月，F公司以J公司制造的某型号投影仪所采用的技术方案完全落入其享有排他许可专利权发明专利保护范围为由，起诉至天津市第三中级人民法院，请求判令J公司停止侵权行为，赔偿原告经济损失4500万元和维权合理支出共计100万元。2020

年 7 月，G 公司（涉案发明专利的专利权人）发布《公告》，对 J 公司截至 2019 年 12 月 31 日已授权的全部 16 项发明专利向国家知识产权局提出无效宣告请求。

为了及时处理纠纷和推进上市进程，J 公司与 G 公司和 F 公司迅速展开协商，并于 2020 年 8 月达成战略合作意向，签署了《和解协议》和《专利许可协议》。2020 年 9 月末，J 公司科创板上市审核通过。

【案例 17–14】竞争对手发起专利侵权诉讼破坏业务独立性的诉讼策略与迂回应对策略

当企业遭遇竞争对手的专利诉讼打击时，不论是采取法律上的反击措施还是通过和解谈判解决纠纷，都应当抓住主要矛盾，迅速处置，及时答复上海证券交易所问询。

A 公司于 2019 年 3 月预披露《科创板首次公开发行股票招股说明书（申报稿）》，2019 年 5 月 20 日，A 公司收到重庆市第一中级人民法院转递的法律文书，获悉 C 公司向重庆市第一中级人民法院提起 8 件专利侵权诉讼，请求 A 公司与第二被告共同赔偿 C 公司经济损失共计 5000 万元。

为应对 C 公司的专利诉讼，A 公司主要采取了以下几方面的措施：提起恶意诉讼损害赔偿之诉→提出无效宣告请求→提起侵害名誉权之诉。

A 公司于 2019 年 5 月 28 日向重庆市第一中级人民法院针对 C 公司提起恶意诉讼损害赔偿之诉，涉案金额包括 5000 万元的损害赔偿金和 80 万元的合理支出。

2020 年 6 月，A 公司针对涉案 8 件专利向国家知识产权局提出无效宣告请求。

2020 年 8 月，A 公司针对 C 公司的行为以“侵害名誉权”为由，向上海市徐汇区人民法院提起诉讼。

虽然 A 公司及时采取了上述反击措施，且涉案 8 件专利中的 6 件专利最终被国家知识产权局宣告无效，另外两件专利的侵权诉讼也于 2020 年 8 月经重庆市第一中级人民法院判决侵权不成立，但 A 公司最终未能成功实现科创板上市。上市遇挫的原因在于，《上海证券交易所科创板股票发行上市审核规则》第四十八条规定，发行人及其保荐人、证券服务机构回复上交所审核问询的时间总计不应超过 3 个月。由于 A 公司无法在审核时限内解决专利诉讼相关问题（回复用时共计 87 天，再次回复问询的时间仅剩 3 天），其于 2019 年 10 月主动申请并经相应程序中止 IPO 审核；2019 年 11 月，A 公司主动向上交所撤回科创板上市申请文件。

可见，科技企业作为发行人，答复上交所问询时，应当及时、准确，并抓住主要矛盾，在时间上尽量减少拖延，在内容上尽量围绕专利诉讼对企业的影响。上市前应当组织系统的知识产权尽职调查和相关的专利分析，只有提前识别问题、提前做出应对预案，才能做到及时、准确、稳健地答复交易所问询，避免超出审核时限而不得不撤回申请。

第十八章　专利运营策略的专利分析

专利运营的根本目的在于实现专利的经济价值，合理的专利运营策略不仅能够降低交易成本、提高运营成功率，而且能够实现专利价值最大化，比如：在 ICT 领域一些跨国企业依托专利池及技术标准体系构建的运营策略容易获得更高的专利许可收益。虽然不同主体的专利运营策略各异，但制定运营策略均离不开系统的专利分析工作。本领域旨在介绍专利运营的基本概念、模式和策略，并通过典型案例介绍不同专利运营策略的分析方法。

第一节　专利运营概述

专利运营是指为实现专利价值最大化进行的资产配置和经营运作的市场活动，专利运营既是市场经济条件下通过资本运作有效配置专利资产的商业模式，也是运用专利制度实现专利价值最大化的微观市场行为。专利运营的概念包含 3 层含义：第一，“专利权”是专利运营的客体；第二，市场主体是专利运营的主体；第三，专利权价值最大化是专利运营的根本目的。[1]（见表 18-2）

一、专利运营的模式

从专利运营模式来说，专利运营可以分成 4 类：一是基于专利所有权的专利运营，包括专利转让、专利所有权作价入股、专利所有权质押等；二是基于专利使用权的专利运营，包括专利许可、专利使用权作价投资等；三是基于使用权+支配权的专利运营，主要是指专利池运营；四是基于收益权的专利运营，包括专利证券化、专利收益权质押等。目前，我国的专利运营模式以专利许可、转让、作价入股、专利质押融资为主。[2]

二、专利运营的主体

专利运营主体正呈现出多元化的趋势，越来越多的市场主体参与到专利运营活动中，总体而言可将专利运营主体分为 3 类：生产型实体企业、知识产权运营服务机构、高校院所技术转移转化机构。

---

❶ 毛金生，陈燕，等. 专利运营实务［M］. 北京：知识产权出版社，2013：30-40.

❷ 李昶. 中国专利运营体系构建［M］. 北京：知识产权出版社，2018：58-66.

生产型实体企业广泛分布在不同行业中，是专利运营的基础，这些企业的专利主要依托自身研发创新产生，专利运营活动服务于企业主营业务，专利运营模式和策略灵活多样，一般采取许可、被许可、交叉许可等方式保障自身经营的安全和自主性，从而获得更大的发展空间。

知识产权运营服务机构包括为专利运营提供交易平台、数据、运营产品、咨询评估、资金等服务的机构，这些服务机构的蓬勃发展有助于专利运营迈向商业化，各类知识产权运营服务机构在专利运营资源整合、新盈利模式实践、复合型运营人才等方面具有重要作用。非专利实施主体（Non-practicing Entities，NPE）是一类并不依赖生产、制造或销售产品创造收入而是专注于购买和主张专利权的企业或组织，包括专利权主张实体（Patent Assertion Entities，PAEs）和寻求开发和转让技术的实体，前者主要通过第三方获取专利并通过许可谈判、侵权诉讼的方式获得专利权收益，后者则主要通过转让、作价入股等方式获得专利权收益。NPE 在进入市场初期被称为专利流氓（Patent Troll），但随着司法实践的深入，人们对 NPE 的认识逐渐趋于“中性”，NPE 成为知识产权运营市场上的必不可少的参与者。❶

NPE 通过收购或委托开发来构建专利组合或专利池，并通过收取授权费的单向认证或许可模式来进行营利。换言之，当一个机构具有投机性收购、寻租式诉讼这两个特征时便可将其称之为 NPE。较之一般的 NPE，PAE 则还具有恶意诉讼和绑架式许可两个特点，其中，恶意诉讼是指利用多件专利对多个目标发起狼群式反复诉讼，而绑架式许可是指将大量无关专利与涉嫌侵权的专利强迫性地一起许可给涉嫌侵权者，并收取高昂的许可费。国际上部分著名的 NPE 及其专利运营特点详见表 18-1。❷

表 18-1　部分 NPE 及专利运营特点

公司名称	收益模式	技术领域	专利来源	运营特点	运营情况
Intellectual Ventures	许可、转让、诉讼	所有领域	企业、科研院所	强制专利组合，通过空壳公司和运营策略避免追踪	累计投入资金超过 50 亿美元，拥有超过 3.5 万件专利
Acacia Research	诉讼、许可	高科技	个人发明者、小公司	会员制收费	股票价格超过 10 美元，资产总额超过 5 亿美元
Altitude Capital Partners	转让、许可、诉讼	医疗、汽车、生物、通信	中小企业、大学	服务内容丰富，具有投资性质，甚至为诉讼提供融资	资助 i4i 公司诉 Microsoft，使得 Word2007 遭受禁令，法院判赔 2.9 亿美元

❶ 漆苏．非专利实施主体研究［J］．知识产权，2019（6）：50-57．

❷ 毛金生，陈燕，等．专利运营实务［M］．北京：知识产权出版社，2013：252-253．

续表

公司名称	收益模式	技术领域	专利来源	运营特点	运营情况
Interdigital Communication	许可、诉讼、转让	通信、电子	研发、收购	注重研发，深度介入全球标准的制定	2008～2010 年收入分别为 2.28 亿美元、2.97 亿美元、3.94 亿美元
Transpacific IP	评估、交易、管理、咨询	电子、通信、新能源、生物	研发、企业并购	全面服务，在中国收购大量专利	7 年内完成 8 万多项专利服务与交易，仅次于高智

实际上，上述 3 种类型专利运营主体之间的界限正在趋于模糊，越来越多的 MC 和 OTT 将自己或幕后机构的专利许可给 NPE 来进行运营，从而在避免被扣上“专利流氓”的黑锅的同时获取更丰厚的利益。例如苹果公司将一批从北电公司购买的专利转让给 RPX 公司，从而更广泛地限制微软和谷歌等竞争对手，又避免被称为“专利流氓”。

高校院所的技术转移转化机构是指设在高校院所内部或外部专门从事技术转移转化和运营的部门或企业，比较有代表性的如斯坦福大学的技术许可办公室（Office of Technology License，OTL）❶、技术转移办公室（Office of Technology Transfer，OTT）❷、东京大学技术转移机构（TOUDAI TLO）等。这些高校院所的技术转移转化机构将知识产权、技术转移转化、投资等职能合并，采取集中管理和运营，成为高校院所科技成果转化的主要运作模式。❸

第二节　专利运营策略的专利分析方法

在实际的专利运营活动过程中，专利分析具有重要的决策支撑作用，对于参与专利运营的各方消除信息不对称、降低交易风险是必不可少的。针对专利运营策略的专利分析内容主要包括以下几个方面（见表 18-2）。

1. 行业竞争特点分析

由于不同行业的技术复杂程度、技术生命周期和市场竞争特点存在差异，专利运营模式也不尽相同，因此，在分析专利运营策略时首先要考虑所属行业的技术创新和市场竞争特点，运用专利生命周期、专利申请趋势、专利申请活跃度、专利密集度、专利集中度等指标总结行业特点。例如，电子通信等领域的新产品/新技术更替速度更快，技术生命周期更短，相关主体的专利运营策略偏激进，经常采取专利诉讼手段达到专利许可或转让目的；而医药、化学、机械等领域，新技术的研发周期较长，新产品替代速度相对较慢，专利运营策略偏谨慎，多采取更加温和的方式促成许可或交叉许可，以降低

❶ 沈玲玲．面向产学研合作的高校专利运营服务模式探索［J］．情报探索，2020（6）：82-86.

❷ 秦林姿．美国大学科技成果转化 OTT 模式研究［D］．长沙：湖南师范大学，2019：5.

❸ 宋河发，曲婉，等．国外主要科研机构和高校知识产权管理及其对我国的启示［J］．中国科学院院刊，2013（4）：450-460.

成本和风险。

2. 专利运营主体分析

一般而言，专利运营机构在开展专利运营活动前，需要对专利技术的来源方和可能的购买/合作方进行调查分析，包括其知识产权资产总体情况、知识产权管理能力、知识产权运营基础等，必要时结合参与运营活动各方的财务情况进行综合分析，以防范企业经营风险带来的专利运营风险。

3. 专利运营客体分析

对专利运营客体的分析目的在于评估运营目标专利（组合）的真实性、有效性和潜在价值，以此为基础选择可能的运营目标对象，制定合理的专利运营策略。针对目标专利（组合）进行全面的专利分析，包括：专利的来源、专利权利有效性、专利组合的技术覆盖程度、专利保护的地域范围、专利保护的时间跨度等。

4. 专利运营模式分析

由于专利运营目的和对象不尽相同，不同运营主体采取的运营手段和收益模式也存在差异，而且同一运营主体针对不同的运营对象也往往采用不同的运营手段，因此，通过专利分析与商业活动的结合，能够洞悉某专利技术的运营策略，从而为自身制定合理的专利运营策略提供决策参考。这里所用到的专利分析主要包括：某项技术相关专利的转让或许可记录分析、申请人或发明人信息变更分析、专利与披露的商业信息的关联分析等。

表 18-2 针对专利运营策略的专利分析内容和方法

分析维度	专利分析内容	专利分析指标
行业竞争特点分析	行业专利总量分布	行业专利技术分布
		行业专利集中度
	行业专利发展趋势	专利申请趋势
		专利申请活跃度
		专利生命周期
专利运营主体分析	专利来源方分析	发明团队分析
		专利技术路线分析
专利运营客体分析	专利有效性分析	专利稳定性分析
	专利保护周期分析	专利保护期限分析
	专利保护范围分析	专利地域分析
		权利要求保护范围分析
专利运营模式分析	权利人变更分析	转让专利分析
		许可专利分析

第三节　专利运营策略专利分析的典型案例

【案例 18-1】EOS 公司反客为主的专利运营策略分析❶

案例设置目的：掌握能够洞悉某企业由弱到强的专利运营策略的分析方法。

激光烧结工艺是美国 DTM 公司（被 3D Systems 公司并购）的原创技术，但是 EOS 公司却逼迫 DTM 公司进行了交叉许可，从而以最低成本获取了激光烧结核心专利的使用权。以下具体分析 EOS 公司是如何反客为主的。

1. 专利突围策略分析

参见图 18-1，从 DTM 公司的专利布局图可以看出，DTM 公司对 SLS 激光烧结技术的专利布局策略，为典型的“围栏式”专利布局，即拥有核心专利技术——激光烧结的工艺和装置，利用美国优先权抢先占领专利市场。被施引频次最多的是粉末输送涂覆装置（100 次），其后是核心专利 SLS 工艺（93 次），激光设备、烧结材料和扫描定位（均为 70 次左右），对气体保护装置关注较少。

经过对粉末输送涂覆重要专利（申请号为 US1991000789358）分析发现，DTM 公司对粉末涂覆辊子进行了较为严密的专利布局，竞争企业难以绕过。

参见图 18-2，EOS 公司通过以各种不同的应用包围对手的核心专利，选择了粉末涂覆装置这一外围布局点作为突破方向，并在 DTM 公司没有进行针对性布局的测量装置和激光传感器方面进行战略性专利布局。

另据资料显示，EOS 公司早期对于气体保护装置没有布局，但是后期利用自己与瑞士的 FHS 圣加伦应用科学大学 RPD 研究所合作申请的 PCT 专利 WO2007000069A（优先权日为 2005 年 6 月 27 日），完成了其 EOSINT M280 产品中集成保护气体管理体系的建立。

2. 市场推广策略分析

EOS 公司将粉末涂覆装置这一外围布局点作为突破方向，并依托技术优势和后期的市场推广，赢得了利用刮板代替 DTM 公司粉末涂覆技术的先机。

通过上述分析可见，作为初期的技术跟随型企业，EOS 公司采取“点面结合”“战略性放弃”的专利运营策略。结合专利分析结果及自身的研发优势，对激光烧结工艺的外围技术进行了改良，占据 DTM 公司在外围专利的必经路线，并且在市场推广方面占据先机，从而逼迫对方进行专利交叉许可，以最低成本获取激光烧结核心专利的使用权。

❶ 改编自：杨铁军. 产业专利分析报告（第 18 册）：增材制造［M］. 北京：知识产权出版社，2014：127-152.

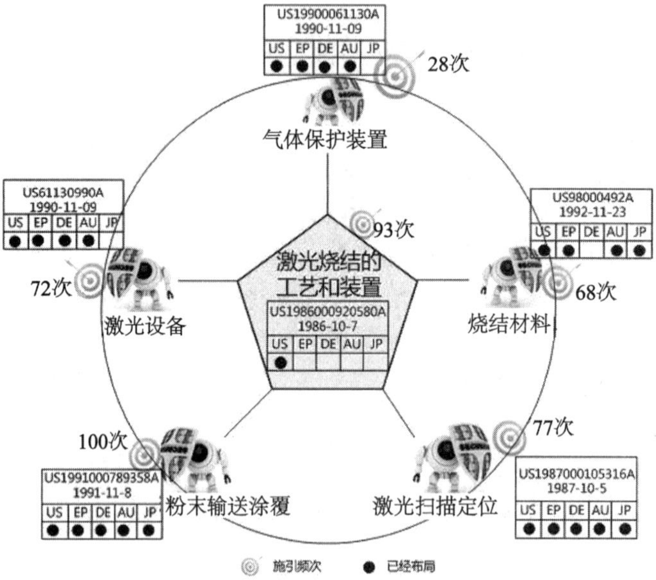

图 18-1　DTM 公司激光烧结专利布局模型

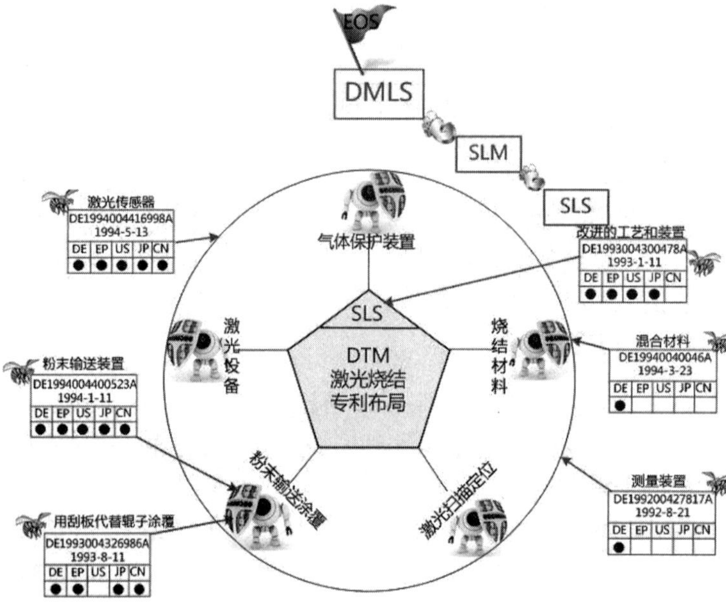

图 18-2　EOS 公司突破 DTM 公司专利壁垒模型

【案例 18-2】某药物专利增值运营策略分析[1]

案例设置目的：掌握能洞悉专利转化增值的专利运营策略分析方法。

2003 年年初，王教授（化名）在影响因子超过 20 的某国际著名期刊上发表了一篇论文，并将该论文所涉及的技术申请了美国专利。7 年多之后，相关专利以千万美金外加销售提成的天价许可给了某世界制药巨头，其中，OTT 模式的某专利运营机构（下文简称 OTT）起到了决定性的作用。通过对后续专利申请情况、专利许可情况以及相关商业信息的综合分析，该专利运营机构的运营模式逐渐显现出来，主要可划分成以下几个阶段。

1. 后续专利申请情况分析

由于该项技术尚未进入前期的临床试验，存在技术风险，并且王教授的早期专利申请存在严重的撰写漏洞，为提升专利保护力度，OTT 与王教授通过共同设计新的实验并补充相关实验数据、检索与其有相同作用的分子、设计制备合成的方法、确定作用范围等方式，最终撰写了保护范围更广、权利更稳定的两件高质量专利申请文件，并通过 PCT 途径进入了澳大利亚、欧洲等多个国家和地区。

2. 专利许可合同分析

这其中包括王教授许可给 OTT 的许可合同和完善专利组合后许可给其他公司的专利许可合同。

（1）收益分配模式分析

OTT 并未采取转让成果所有权的模式，而是采取许可模式来获得许可费和销售提成。在收益分配方面，许可转化收益的 50% 奖励给发明人，10% 分配给 OTT，其余部分在发明人所属单位内部分配。

（2）被许可对象分析

在提交了高质量的专利申请之后，OTT 并没有通过技术交易会等方式开拓市场，而是针对性地根据该技术的特点对潜在被许可方的资金实力、开发能力和经验、商业策略、产品兼容性等因素进行考量，并由项目经理与选定的潜在被许可方联系，评估合作可能性。

（3）再许可策略分析

OTT 针对目标公司的特点对专利估值作出调整，然后由谈判专家单独与被许可方敲定合同的主要条款。为了避免发明人参与可能带来的利益冲突，商业和法律谈判会保持与发明人沟通，但是由 OTT 的专家单独进行并作出最终决定。

考虑到新药所面临的临床前和三期临床试验的巨大风险，最终 OTT 与被许可方达成了阶段付款协议，作为平衡，该协议仅将美国和欧洲的专利权授予许可。其中，阶段付款是指被许可方首先给付入门费，并根据新药研发的不同节点分次支付剩余的许可费，一旦新药上市并达到约定的销售水平，专利权人可以连续多年获得高额的销售提成。

3. 综合分析

通过上述分析可见，OTT 巧妙且合理地把握了专利运营中的几个关键环节：①完善

[1] 改编自：上海盛知华知识产权服务有限公司．盛知华成立周年庆专刊［R］．2011-07-21.

专利组合、提升专利保护力度；②确定收益分配模式；③策略性筛选再许可对象及许可模式。最终 OTT 获得了丰厚的收益。该案例中专利运营的主要环节及可能运用到的专利分析内容参见图 18-3。

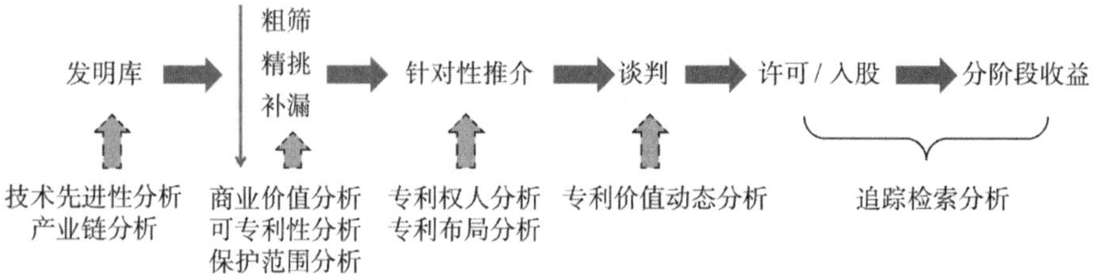

图 18-3　专利运营流程示意

【案例 18-3】Alliacense 公司的专利许可策略分析❶

案例设置目的：掌握能够洞悉 NPE 专利运营策略的分析方法。

Alliacense 是 TPL 集团的全资子公司，负责设计与执行知识产权授权计划，并致力于提高 TPL 的知名度。其通过购买或公司并购获得了摩尔微处理器专利组合（MMP）的 7 件美国专利和相应的他国同族专利，这些专利主要涉及微处理器的基础技术，用于手机、汽车、家用电器、航天等领域。利用上述专利，Alliacense 向 Casio、Sony、Epson、Ford Auto、HP 等 20 余家公司收取了丰厚的专利许可费用，其中仅 HP 公司就支付了约 2600 万美金。

在对 Alliacense 的上述专利许可过程分析发现，有以下几个关键点值得关注：

（1）专利法律状态尽职调查分析

为保障自身专利质量，以防被无效，Alliacense 于 2009 年在德国专利法庭和美国商标专利局都确定了相关专利的有效性。

（2）专利许可策略分析

推进“多级许可费”制度，许可费是根据专利包整体存活期、公司平均销售额和许可费支付的先后顺序所确定。给第一个支付许可费的企业大幅优惠，会给其他被诉对象带来压力，尤其是第一个支付许可费的企业为行业龙头的时候。

（3）专利诉讼策略分析

Alliacense 没有选择与处理器生产商或代工企业进行谈判，而是直接向这些下游的终端代工企业（OEM）发出律师函，并明确表示第一个支付许可费的企业可享受大幅优惠，以给其竞争对手造成压力，一旦有公司同意会晤，Alliacense 随即展开谈判，几乎不给对方反应及要约的时间。Alliacense 最开始只是针对性地起诉个别厂家，然后再对多家企业发起密集诉讼，目的在于让那些无力通过专利分析进行反击却又惧于 Alliacense 威名的企业就擒，而其中一些企业实际上并未侵权。可见，Alliacense 的专利诉讼策略十分巧妙，OEM 企业比元器件厂商更为集中，起诉可行性更强，不易引起公愤；元器件本身价值较小，而按照最终产品计算侵权额可以获得更多赔偿；迫使零售商和消费者给 OEM 企业造成压力，因为 OEM 企业的产品会投放到下游市场，如果无法按期交

❶ Tim Pohlmann, Marieke Opitz. Typology of the Patent Troll Business[J]. R&D Management, 2013(2): 103-120.

货，零售商会诉其违约，消费者也会不满，同时企业内部的销售部门也会施压，促使问题以最快方式解决（见图 18-4）。

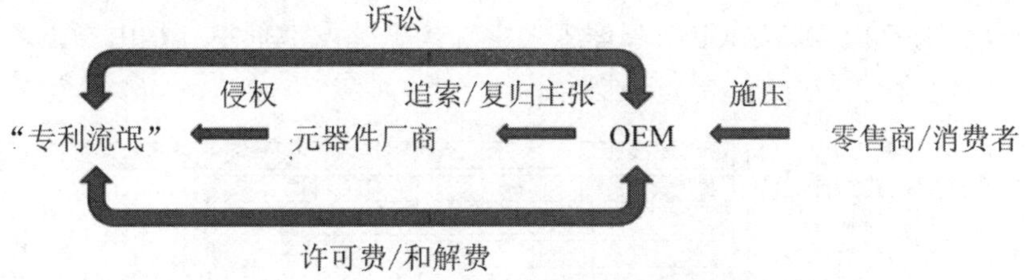

图 18-4 Alliacense 专利许可策略示意

【案例 18-4】山东理工大学聚氨酯发泡剂技术专利运营策略分析

案例设置目的：基于高校院所科技成果转移转化的专利运营策略分析。

高校和研究院所是科研创新的源头，在科研项目攻关过程中运用合理的专利运营策略能够有效提升创新成果的转化效率，并能够有力保障创新者的知识产权利益，本案例通过专利分析研判高校研究院所的专利运营策略。

聚氨酯泡沫具有保温性能好、密度小、质量轻等特性，在日常生活中用途广泛。我国是聚氨酯的生产大国，但是多年来受制于发泡剂技术被发达国家垄断，我国的生产企业每年需要支付大量的技术专利使用费。传统聚氨酯发泡采用的是物理技术，虽然这种技术已经升级、更新了 4 代，但仍然含有氯、氟等卤素。[1] 因此，开发无毒、高效率的聚氨酯发泡剂具有非常显著的市场需求和潜在的经济效益。在专利数据库中对聚氨酯发泡剂相关专利进行全面检索，共获得 8700 余项专利（族），对这些专利进行趋势分析（见图 18-5），可以明显看出我国相比其他发达国家，从 2010 年后相关专利申请量出现爆发式增长，尤其是 2017 年、2018 年出现了专利申请的高峰，充分说明了我国在该领域有大量的研发投入和迫切的市场需求。

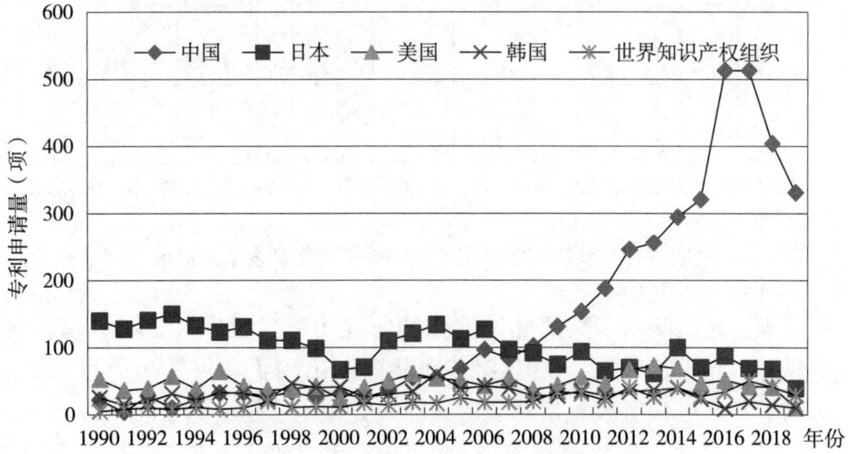

图 18-5 聚氨酯发泡剂全球专利申请趋势对比

---

[1] 徐明波. 如何畅通高校科技成果转化体制机制——以一项技术专利成功转化为例 [J]. 中国高校科技，2020 (5): 92-96.

进一步，对我国聚氨酯发泡剂相关专利进行分析，如图 18-6 所示关于申请人排名情况，可以看出排名前 15 的专利申请人中仅有一家高校——山东理工大学，结合发明人统计（见图 18-7），可以确定山东理工大学的聚氨酯发泡剂专利是由毕玉遂团队申请的，这与各方面新闻报道的信息完全吻合。

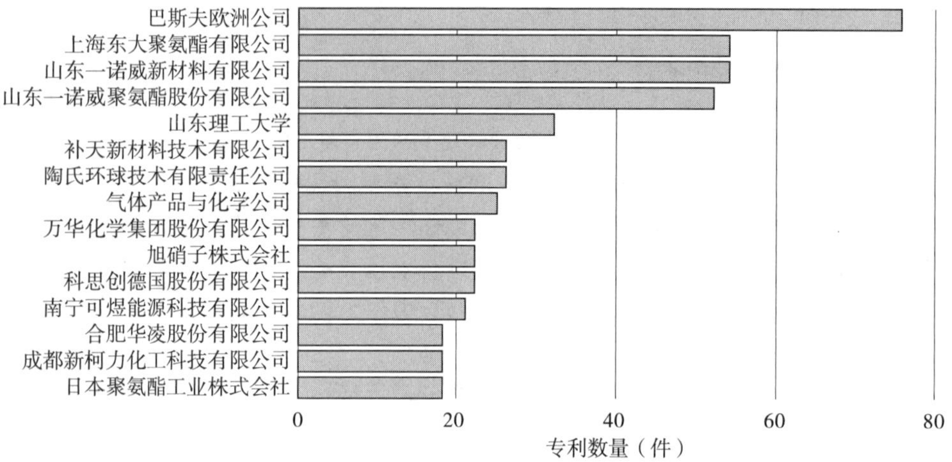

图 18-6　我国聚氨酯发泡剂领域主要专利申请人排名

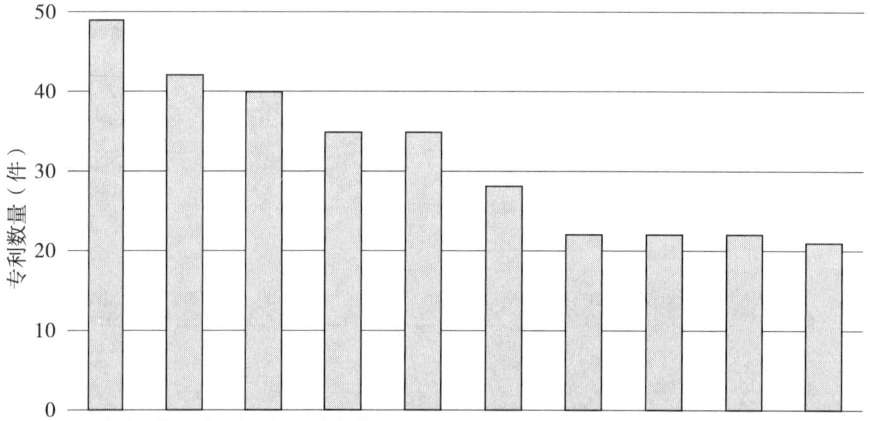

图 18-7　我国聚氨酯发泡剂领域主要专利发明人排名

深入研究毕玉遂团队对于聚氨酯发泡剂的研发历程，发现从 2003 年就开展了相关研究工作，经过 7 年艰苦攻关，2010 年该团队研制出用化学方法生产聚氨酯泡沫的发泡技术，达到了不产生含氯氟元素物质的国际领先技术水平。为了实现商业化运营，毕教授团队与知识产权专家团队周密布局，于 2016 年、2017 年共申请 37 件中国发明专利，其中有 9 件已获得授权，4 件申请了 PCT 专利，专利组合涉及的技术方向如图 18-8 所示。

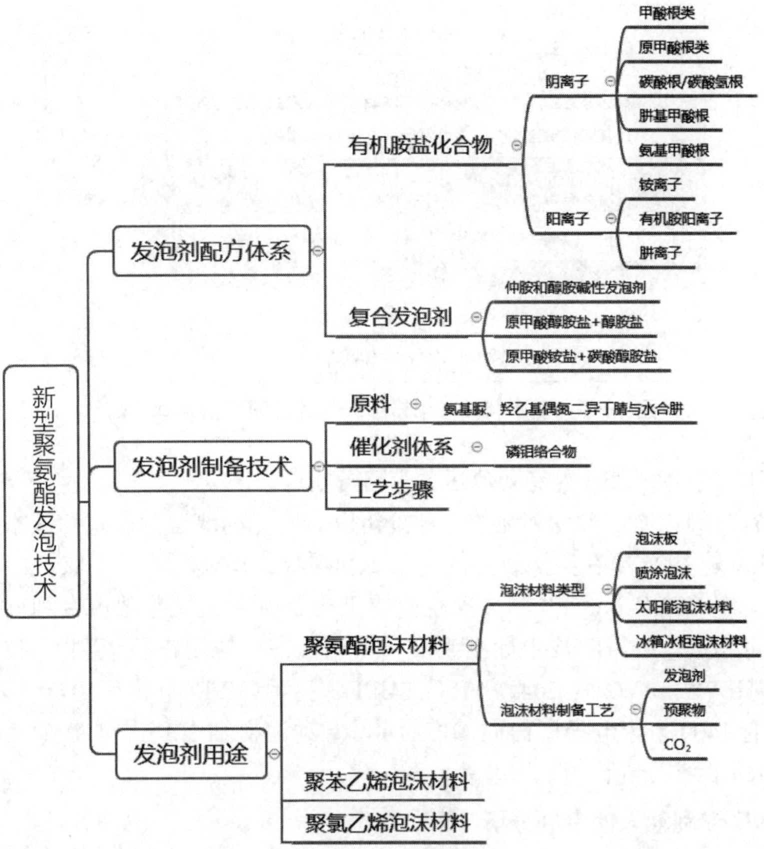

图 18-8 毕玉遂团队关于聚氨酯发泡剂技术专利布局情况

从技术领域来看，专利组合覆盖了发泡剂核心组分体系、制备工艺技术以及发泡剂的直接用途，实现了“强化专利布局，扩大保护主题、从全球范围内着眼”的既定目标。以这些专利组合为基础，2017 年 4 月，山东理工大学与一家新材料生产企业签订专利技术独占许可合同，以 5.2 亿元转让发泡剂技术 2 项专利。从专利转让许可数据可以看出，这家企业就是补天新材料技术有限公司。科技成果的成功转化，聚氨酯化学发泡剂技术正式开启产业化进程。根据山东理工大学科技成果转化收益分配管理办法，毕玉遂教授团队获得 4 亿多元的收益，专利组合在科技成果转化过程中产生了巨大的经济价值。

如图 18-9 所示，从专利运营策略上分析，数据显示毕教授团队的专利绝大多数是与负责产业化的企业补天新材料技术有限公司共同申请的。也就是说，毕教授团队采取了运营环节前置的思路，瞄准产业化实际需求开展技术创新，并在取得突破性进展的关键节点进行专利集中布局，快速形成了知识产权优势，并通过共同申请、专利转让、许可等运营手段与合作企业形成利益共同体，一方面通过自主知识产权保护体系为企业产业化铺平道路，另一方面通过合理的运营策略实现了研发团队创新收益，这对于高校院所科技成果转移转化具有重要的借鉴意义。

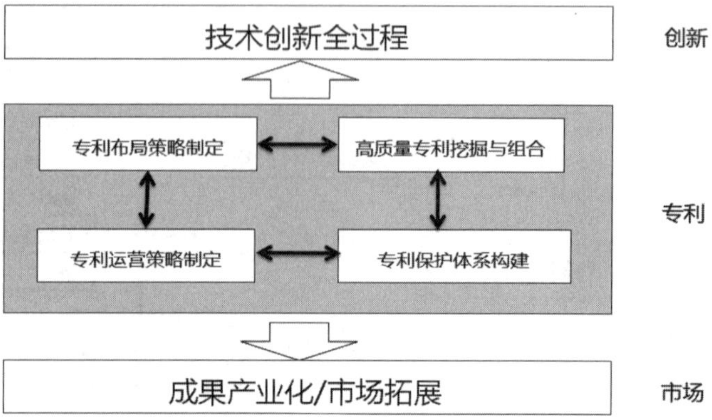

图 18-9　基于科技成果转移转化的专利运营整体策略

【案例 18-5】MPEG LA 专利池运营策略分析❶

案例设置目的：通过对专利池的专利分析以研究专利池运营模式和策略。

MPEG LA 是 1996 年在美国成立的一家专利授权代理公司，其采取“一站式”专利池运营模式，即 MPEG LA 公司从多家企业或机构获得专利权非独占专利许可，再与专利池潜在许可用户就必需的技术标准或平台专利权许可使用进行谈判。目前 MPEG LA 运营着包括 HEVC、AVC/H. 264、ATSC、MPEG-2 和 MPEG-4 等 10 余个标准的专利池，全球已有 1400 余家电子厂商向 MPEG LA 专利池交纳专利许可费（大部分）以获取 AVC/H. 264 标准专利许可。

1. HEVC 专利池入池专利分析

专利检索数据显示，MPEG LA 管理的 HEVC 标准专利池专利 1100 多件，专利权人主要是韩国、日本、美国、德国、英国、法国 6 个国家的 30 余位专利权人。其中，韩国、日本和美国的企业持有 HEVC 标准的专利数量已占到专利池专利总量的 90%，韩国不仅在专利权人数量上占据首位，其所拥有的专利数量也遥遥领先于其他国家。三星电子公司更以 517 件专利高居专利入池量首位，其在 HEVC 视频编码技术上具有主导优势，如图 18-10 所示。

根据每一件专利申请所涉及的技术，对 MPEG LA 的 HEVC 专利池中的专利进行归类，可分析涉及各项技术的专利占比情况。如图 18-11 所示，MEPG LA 池内 HEVC 的专利涉及数量最多的分支技术是编码树，为 144 件，约占到了池内 1104 件专利的 13%，其次是 SEI 消息和帧间预测模式、亮度运动向量预测，分别为 128 件，各占 12%。

❶ 案例改编自北京国知专利预警咨询有限公司《广东新一代显示领域专利预警分析报告》（2018），文字有删减和改写。

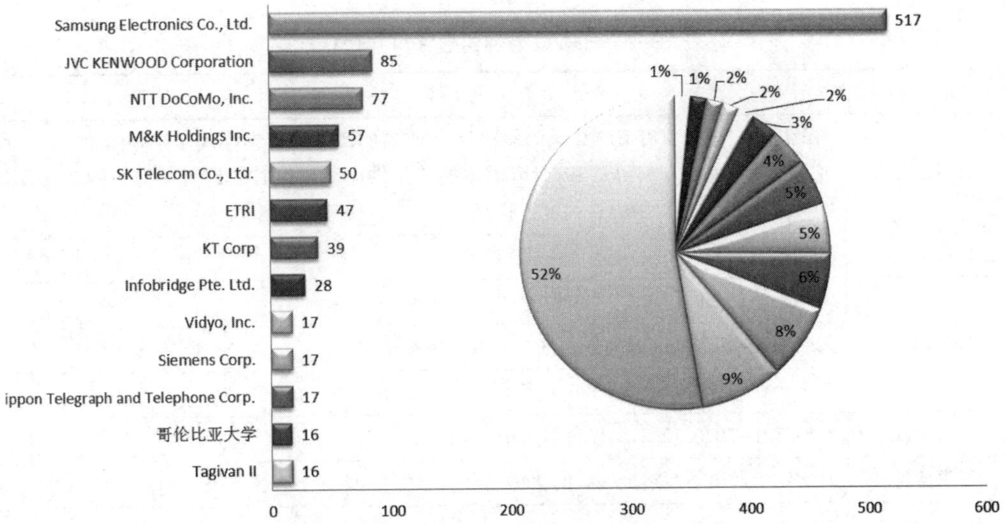

图 18-10　MPEG LA 专利池专利权人排名

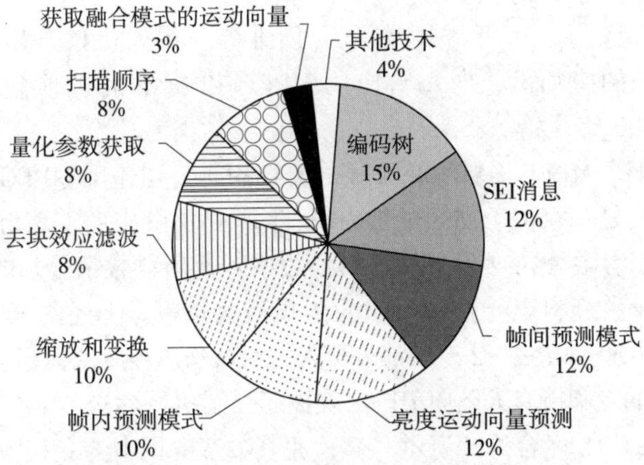

图 18-11　MEPG LA 池各技术主题专利分布

2. HEVC 专利池许可策略

通过检索 MEPG LA 发布的 HEVC 专利清单，发现 34 位专利权人中，仅有 15 位专利权人向 ISO/IEC 和/或 ITU-T 提交了《专利许可声明表》，其余专利权人并未在《专利许可声明表》数据库中见到，如 JVC KENWOOD、M&K、Infobridge、Siemens、BBC、NHK、Orange SA、KAIST 和 KBS 等。MPEG LA HEVC 专利池除了内部专利权人之间的交叉许可之外，统一对外许可的被许可人共有 123 家企业，遍布世界各地。我国大陆地区的广东海博威视电子科技股份有限公司、杭州海康威视数码科技有限公司、深圳金亚太科技公司（Shenzhen Geniatech Inc.，Ltd.）、深圳同为数码科技股份有限公司（Shenzhen TVT Digital Technology Co.，Ltd.）4 家企业为被许可人。MPEG LA 对 HEVC 的授权与收费延续了 H. 264 的收费策略，H. 264 时代，MPEG LA 的专利许可费大概是每台设备（多为电视、手机、个人电脑等终端产品）0. 1 美元，每年的最高许可费（cap）约为 500 万美元。

表18-3 HEVC专利组合许可费用标准

项目	具体内容
许可对象	向最终用户销售含有HEVC编码器和/或解码器的产品的被许可人（半导体芯片供应商或其他包括HEVC编码器和/或解码器的产品供应商可以其获许可的客户的名义支付HEVC专利税）；对HEVC内容不收费
许可类型	全球范围的分许可（制造、使用、销售）
收费标准	每年不超过10万Unit，不收费
	每年超过10万Unit的部分，每Unit收0.2美元
	单个企业每年最多收费2500万美元
许可期限	2013.5.1~2020.12.31，以后每5年1个时段
费率调整	每次向上调整不超过上一次的20%

3. HEVC专利池对中国企业的影响

从2006年年底起，康佳、天柏、长虹、创维等一系列机顶盒生产商都陆续收到了欧洲MPEG LA组织的律师函，向每台应用MPEG-2标准的机顶盒索要2.5美元专利费，起征日期从2000年开始。

2007年2月8日，MPEG LA宣布就Mintek Digital公司违反MPEG-2专利组合许可一事提出诉讼。Mintek是一家位于加州的DVD机生产商及供应商。该诉讼同时指控Mintek母公司江苏数字技术有限公司（以下简称新科数字）及新科数字公司的母公司新科电子集团有限公司（以下简称新科电子）应对Mintek的行为负责。上述两家公司均来自我国。

2009年3月和8月，MPEG-2专利池许可人先后对联想和海尔提起诉讼。2009年8月20日，MPEG LA授权的专利持有人已向美国法院提起强制执行诉讼，指控海尔美国贸易公司、海尔集团和HAIM L. L. C.（合称“海尔”）侵犯其数字电视中的专利使用权。MPEG LA向美国纽约南区地方法院递交的起诉书称，海尔在美国出售数字电视机等产品，但未与各专利持有人签署授权协议，也未签署MPEG LA公司的组合授权协议。诉讼主张主要包括经济赔偿以及法院禁令，禁止海尔在其产品中使用，或提供、销售、导入这些专利。

4. HEVC专利池运营策略的特点

（1）专利许可政策在HEVC标准被批准前确立。从2013年5月1日的许可期限开始时间来看，与第1版HEVC标准的批准时间接近，说明专利许可政策在标准制定期间确立。

（2）HEVC专利池信息相对透明。MPEG LA对每一件申请加入的专利都会提交给独立的专利专家评估其必要性，并在官方网站列举了全部的专利清单，供用户浏览、研究。

（3）企业获得专利许可的成本事先已经确定。事先公开许可期限和费率调整原则，并设置最小规模的许可收费的例外情况，比如：每年购买不超过10万Unit的HEVC产品的企业不需要支付许可费用。同时设置许可封顶费用，比如：设定单个企业的封顶费用是每年2500万美元。在当前条款下及整个许可期内，可以增加新的许可人和必要专利，但不增加额外的许可费用。

应用分析方法篇

正如本书绪论中所述，专利数据分析方法、技术分析方法以及战略分析方法是按照分析内容和深入程度进行分类的。实际中的专利分析报告和专利分析项目都是解决实际问题，围绕解决问题的主线通常需要系统地运用多种专利分析方法和手段。设置本篇的目的是将前三篇中的专利分析方法进行串联，以使读者能够对所有的专利分析方法融会贯通、灵活应用。

专利分析的目的多种多样，系统的应用也层出不穷。本篇仅列出了4种常用的专利分析系统应用类型。技术引进是我国很多企业进行技术创新的前提，然而很多企业在进行技术引进时不注重专利分析并遭受了很大的经济损失。本篇列举的第一种就是关于专利技术引进中的专利分析。我国一直是产品出口大国，由于专利布局不足，更为突出的是出口前很少进行专利调研和风险防范，在产品出口的过程中屡屡面临专利侵权诉讼。因此，本篇列举的第二种系统应用是产品出口中的专利分析。企业在发展过程中必然会面临国内外的技术竞争对手，如何在激烈的市场竞争中第一时间发现竞争对手，并根据竞争对手的动向制定相应的对策，为此，将本篇第二十一章设置成对抗竞争对手的专利分析。专利预警作为预防专利纠纷、警示专利法律风险的重要途径，已得到了越来越多的关注，属于专利分析最为广泛的应用之一。专利预警及应用的外延比较广泛，其实质上也涵盖了前3章中部分专利分析的内涵，由于本书很难穷尽所有的专利分析系统应用类型，因而将其作为本篇的最后一章。

第十九章　技术引进中的专利分析

专利分析已成为技术引进过程中必不可少的决策工具和决策依据。本章重点阐述了专利技术引进中的专利分析项目及流程，并对所要用到的专利分析方法给出了相关指引，同时列举了专利技术引进过程中专利分析的典型案例，案例中系统梳理了常用的专利分析方法。

第一节　技术引进中专利分析的必要性

一、技术引进的范畴

技术引进是指一个国家或地区的企业、研究单位、机构通过一定方式从本国或其他国家、地区的企业、研究单位、机构获得先进适用的技术的行为。其中，专利技术越来越成为技术引进的“主角”。专利技术引进最为典型的方式为购买或者获得许可。此外，企业兼并、合资生产、引进研发人员等也是技术引进的方式，对于一个国家来说，将国外掌握先进技术的公司直接引进入驻也是一种技术引进的方式。

二、专利分析对技术引进的作用

专利分析可以帮助企业厘清专利技术的主要发展脉络和趋势，以便确定所要引进的技术方向，进而确定所要引进的技术主题。此外，专利分析还可以帮助企业分析哪些是相关技术主题的必要或核心专利，哪些是非必要专利。再者，专利分析可以帮助企业做好拟引进专利技术的尽职调查工作，规避技术引进中的知识产权风险。总之，专利分析工作已成为技术引进过程中所有工作的重中之重，不可或缺❶。

第二节　技术引进中的专利分析方法

一、技术引进中的专利分析流程

1. 确定专利技术引进的主题和方向

技术引进通常需要花费大量的金钱，“好钢要用在刀刃上”，因此在进行技术引进

❶ 房华龙，张鹏．技术引进中的专利分析方法探讨［J］．中国发明与专利，2012（1）：56-59.

时，需要找准亟需且必需的技术主题和技术方向，争取引进的专利技术为技术发展趋势的前沿技术和必要技术，且能够弥补企业自身的技术短板。

2. 确定技术引进的目标企业或科研单位

在进行技术引进之前，就需要做好专利技术追踪工作，以便随时掌握该领域主要专利权人的研发动向。当确定完需要引进的专利技术主题和技术方向后，需要对该技术主题下的主要专利权人的技术实力进行评估，以便决定引进谁的技术。此外，对于这些拟作为专利技术引进对象的专利权人的技术转让许可情况进行必要分析，判断它们对外技术转让许可的可能性。

3. 筛选和确定技术引进的专利范围

在确定技术引进的目标企业和/或科研单位之后，紧接着就需要筛选出与所需技术主题最为相关的重点专利。这个环节尤为重要，找对了专利权人就像找对了“门”，而找对了真正需要引进的专利才算找到了“钥匙”。比如需要引进围绕自身某一产品的核心专利，此时需要将这些专利权人覆盖了该产品的技术特征的专利逐一找出来，通过法律状态、同族布局情况、自由实施可能性、侵权可规避性等进行翔实的调查和分析，以保证被作为技术引进对象的专利技术有充分的必要性，而没有任何的实质性“缺陷”。

4. 评估技术引进的其他风险

除了上述分析之外，专利转让许可合同的仔细审查也很重要。对于专利许可的方式、年限、范围、对象等要进行非常严谨的分析。此外，相关专利的交叉许可情况分析、排他性合同条款及其他保密协议（NDA）分析也是必不可少的。该项工作需要保证引进技术的企业不能“技术搁浅”，以及避免“二次付费”等问题。

5. 技术引进后的消化吸收再创新

技术引进往往不是一个企业的最终目的，真正实现自身技术实力特别是研发能力的提升才是技术引进的关键。技术引进时提供给企业准确把握技术发展方向的一个支撑，只有借鉴利用同行业的技术吸收再创新的成功经验，制定合理的技术研发、专利挖掘和专利布局策略，才能真正站在巨人的肩膀上。

二、技术引进中的专利分析项目

表 19-1 列举了技术引进中的专利分析内容以及相关的专利分析方法，其中大部分已在本书的前述部分涉及。而对于技术引进来说，通常还需要进行技术匹配度分析，其是判断一个企业是否应为最合适的技术引进对象的重要考量因素。

表 19-1　技术引进中的专利分析流程及专利分析项目

专利分析流程	专利分析项目	
	专利分析内容	专利分析方法
第一步 确定专利技术引进的主题和方向	(1) 该技术主题的专利技术发展趋势	a. 专利申请趋势分析（参见第一章）； b. 技术生命周期分析（参见第一章第二节）； c. 技术路线分析（参见第十章）
	(2) 专利布局的热点和空白点	专利技术功效矩阵分析（参见第八章）
	(3) 自身技术的短板分析	a. 主要技术分支中自身专利数量占总专利申请量分析（参见第二章、第三章）； b. 自身技术实力分析（参见第二章、第三章）
第二步 确定专利技术引进的目标企业和/或科研单位	(1) 做好技术追踪工作	技术追踪方法与策略分析（参见第十三章）
	(2) 分析主要专利权人的技术实力	a. 专利申请量及布局情况分析（参见第二章、第三章、第十六章）； b. 技术角色分析（参见第六章第三节）； c. 发明团队分析（参见第三章第二节、第十九章案例和第二十一章）； d. 技术匹配度分析（参见本章第二节）
	(3) 分析主要专利权人的技术转让许可的可能性	a. 研发、申请、布局、运用策略（参见第十三章、第十六章）； b. 专利转让许可情况（参见第十八章）； c. 专利诉讼情况（参见第十七章）
第三步 筛选和确定专利技术引进的专利范围	(1) 检索和标引与所需技术主题相关的重要专利	a. 筛选重点专利（参见第九章）； b. 专利价值评估（参见第七章、第九章）； c. 相关专利技术权利要求与自身产品的技术特征对照分析（参见第十一章、第十二章）
	(2) 专利技术引进的必要性分析	a. 相关专利技术的可规避性分析（参见第十二章）； b. 相关专利技术的法律状态及地域布局情况分析
	(3) 专利技术引进的“缺陷”分析	a. 相关专利技术的技术实施自由度分析（参见本章的案例部分）； b. 相关专利技术所涉及的技术秘密分析

续表

专利分析流程	专利分析项目	
	专利分析内容	专利分析方法
第四步 评估专利技术引进的其他风险	（1）专利转让许可合同审查	a. 专利许可方式、年限、范围、对象分析（参见第十九章）； b. 非必要专利分析（参见第七章、第九章）； c. 相关专利的交叉许可情况分析（参见第十八章）； d. 排他性合同条款及其他 NDA 协议分析
第五步 专利技术引进后的消化吸收再创新	（1）准确把握技术发展方向	技术发展方向分析（参见第十章）
	（2）借鉴利用同行业的技术吸收再创新的成功经验	已有成功的专利技术引进后消化吸收再创新策略分析（参见第十九章、第二十章）
	（3）制定合理的技术研发、专利挖掘和专利布局策略	相关领域专利技术研发、专利挖掘和专利布局策略分析（参见第十、十二、十四、十五、十六章）

技术引进的方式选择应考虑到技术匹配度的问题。图 19-1 示出了企业进行技术引进时的技术匹配度分析示例。

对于本公司站在该行业的技术发展趋势的角度，公司 1 和公司 2 应当作为技术引进的对象，如对于公司 1 来说，条件允许的情况下，可以进行并购，对于公司 2 来说，条件允许的情况下，可以引进该公司的主要发明人。其次，从当前的专利组合分析来说，公司 3 与本公司技术重合度最大，如果公司 3 在领域 3、领域 4、领域 5 这 3 个技术分支中掌握了大量的核心专利，威胁到了本公司的市场安全，则可考虑通过企业并购、专利买卖或专利许可等手段进行专利技术引进。

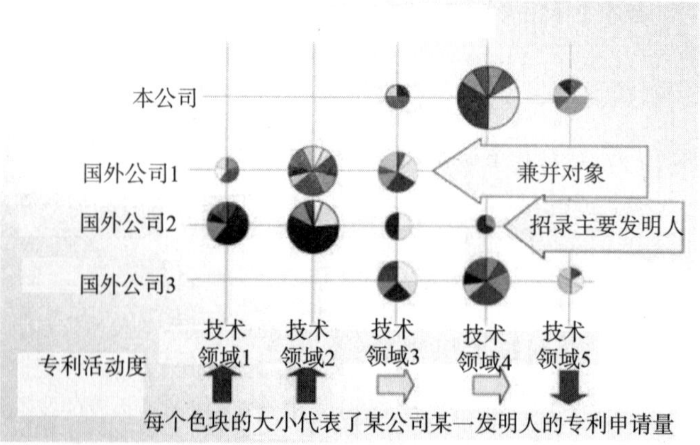

图 19-1 企业进行技术引进的技术匹配度分析示例

第三节　技术引进专利分析典型案例

【案例 19-1】锅炉领域专利技术引进中的专利分析[1]

案例设置目的：掌握专利技术引进时的专利尽职调查分析步骤及分析方法。

我国的能源结构决定了煤炭是主要的能源来源。此外由于我国煤种特点和污染排放控制的要求，急需大型循环流化床燃烧技术以实现宽煤种、低污染的目的。国家也通过产业政策、资金扶持等手段大力鼓励发展大型循环流化床锅炉，但在当时以我国的制造能力水平和技术发展水准仅能实现 135 MW 等级的循环流化床（CFB）锅炉。2002 年，在发改委的组织下，国内三大锅炉企业合作，共同引进了法国 Alstom 公司全套的 300MW（1025t/h）亚临界循环流化床锅炉技术。

对循环流化床锅炉的引进前需求、GEC Alstom 公司的资产状况、专利资产和专利价值等方面进行分析，分析内容见表 19-2，结果如下：

1. 引进方技术需求分析

2002 年前，我国三大锅炉厂仅能制造 135 MW 等级的 CFB 锅炉。从已有的 CFB 锅炉来看，其技术来源主要为苏联遗留的技术。由于锅炉制造涉及重工业，属于大型成套生产设备，需要有高标准严规格的大型装备制造能力进行配套。自 2000 年以来，CFB 锅炉的机组大型化发展取得了突破性的进展，在国外逐渐形成了法国 GEC Alstom 公司和美国 FW 公司两大 CFB 锅炉技术流派。

2. 法国 GEC Alstom 公司的基本情况

经核实，GEC Alstom 公司主要从事以轨道交通和锅炉为代表的重型机械装备制造业，是集成电厂和能源生产服务等领域的全球领先公司，全球超过 1/4 的电力由其设备所提供。体现在专利文献中，GEC Alstom 在锅炉燃烧设备领域的申请量在全世界居于首位，专利布局涉及近 30 个国家和地区，在美洲、欧洲、亚洲、非洲、大洋洲都有专利申请，在中国的专利申请数量也居于行业首位。

3. 技术引进情况概述

GEC Alstom 公司在锅炉燃烧设备领域的技术布局均衡，在煤粉炉、流化床炉领域均有涉猎。具体到流化床炉这个分支，GEC Alstom 公司的全球申请量仅次于 FW 排在第二位。其对循环流化床锅炉的研发遍及布风、给料、回料、排渣、控制等各个方面，其中，在回料系统和炉膛方面的专利申请数量排在各分支的前 2 位，且明显高于其他分支（见表 19-3）。

---

[1] 改编自：杨铁军. 产业专利分析报告（第 3 册）：燃煤锅炉燃烧设备［M］. 北京：知识产权出版社，2012：515-526.

表 19-2　循环流化床锅炉技术引进的专利分析内容

分析内容	分析项目
一、引进方需求分析	（1）技术水准现状分析
	（2）配套能力及政策环境分析
	（3）国际技术流派分析
二、公司基本情况	公司规模及经营模式分析
三、技术引进情况概述	（1）技术引进情况概述
	（2）引进技术内容
	（3）引进形式
四、专利详情分析	（1）专利权有效性及专利内聚度分析
	（2）技术原创性分析
	（3）技术成熟度分析
	（4）技术实施自由分析
	（5）定量分析

GEC Alstom 公司的专利布局情况与其产品特点有关。GEC Alstom 公司的鲁奇（Lurgi）型循环流化床锅炉，其主要特点有：①炉膛呈单炉膛，下部为裤衩型双布风板结构；②炉膛两侧墙各布置 2 只绝热型分离器；③采用外置式换热器，分离器分离下来的高温物料一部分直接返回炉膛，另一部分通过机械分灰阀引入外置式换热器，通过调节进入外置式换热器内的高温物料量，达到控制床温与汽温的目的。因此，GEC Alstom 公司的 CFB 锅炉改进重点在于回料系统和炉膛方面，这与专利文献所反映出的信息相符。

表 19-3　GEC Alstom 公司在流化床锅炉领域的各个技术分支的全球申请量　　单位：项

布风系统	给料系统	回料系统	炉膛	排渣系统	控制	送风	其他
14	19	52	38	11	11	18	2

结合其他市场信息和前面的分析可以看出，GEC Alstom 公司的 CFB 锅炉技术无论是在产业上还是在专利方面，都处于重要的地位，是国际上两大 CFB 技术流派之一。同时基于我国当时的技术水平和政策环境等多方面因素考量，选择 Alstom 公司作为技术引进的对象，在当时是比较恰当的。

这次技术引进涉及 46 项许可专利，专利的技术分布情况见表 19-4。

表 19-4　GEC Alstom 公司的技术引进专利技术分支分布　　单位：项

布风系统	给料系统	回料系统	炉膛	排渣系统	控制	送风	其他
2	3	22	14	1	1	1	2

4. 技术引进的类型

技术引进主要包括专利许可和专有技术许可两种类型，这两种形式亦可混合使用。专利许可仅是一种授权行为，技术出口方将其在某国家申请批准的专利编号与专利说明书告知引进方，并给予专利技术制造和销售产品的权利，但并不提供详细技术资料。而在专有技术许可中，出口方除了授权外，还必须向进口方提供全套的技术资料，并有义务进行技术指导和人员培训，协助引进方掌握该技术。一般情况下，技术进口方不单独引进专利使用权，而是采用混合许可的方式。

此次引进采取了混合许可的模式，既包括专利许可，也包括专有技术许可。

5. 专利详情分析

（1）专利权有效性及专利内聚度分析

技术出口方 GEC Alstom 提供了 46 项专利。其中有 2 项专利在 WPI 以及 EPODOC 数据库中无法检索获得；此外，技术出口方所提供的有些专利的同族信息也与检索得到的信息不相符。从中国区域范围的有效性以及引进后若干年的专利有效性情况看，这 44 项专利中有 21 项存在中国同族，另外 23 项未在中国申请专利。对于未在中国提出申请的 23 项专利，技术进口方应仔细研究这些专利的内容，清楚自身需求，慎重评估所述专利的价值及其对技术的披露程度，若属于确实需要引进的情况，可采用专有技术许可的方式进行引进，并且在谈判时注意最大限度地维护自身权益。在 21 项中文专利中，目前仍然有效的有 16 项。其中 4 项在随后的 2~3 年因为未缴纳费用或其他原因专利权已经终止，也就是说，技术出口方在技术转让行为发生后就放弃了这些专利。

从有效的 44 项专利技术分支分布情况分析，基本集中布局在 CFB 锅炉上面，且基本涵盖所有分支，因此具有良好的专利内聚度。

（2）技术原创性

经分析，这 44 项专利中有 28 项属于原鲁奇公司，其余分别属于 ABB-CE 或 GEC Alstom 公司，且这些专利技术及其在先专利申请均源自鲁奇公司或是其他被 GEC Alstom 并购的公司的在先专利文献，因此具有良好的技术原创性。

（3）技术成熟度

从提供的 44 项专利来看，大多数专利（37 项）的申请日在 1990~1999 年，7 项早于 1990 年，13 项迟于 1996 年。此外，从引进前的其他调查表明有超过半数的专利应用于法国普罗旺斯 Gardanne 电站的 250 MW 循环流化床锅炉，因此具有较好的技术成熟度。

但是鉴于过半数的专利（23 项）在引进时剩余期限不足 10 年，这说明专利的剩余寿命期存在较大问题，从某种角度上来说对技术引进方不利。

（4）技术自由实施分析

由于受当时我国装备制造水平、市场范围和容量等诸多因素影响，并未考虑到引进技术对于制造水平的影响，在技术引进时也未能完整考虑到知识产权的地域性、未来市场发展潜力等诸多因素，接受了仅在中国大陆范围内对三大锅炉厂进行专利技术使用的约定。因此，其技术实施自由度受到较大程度的地域限制。此外，由于也未能完整考虑到中国的煤种与欧洲等地的优质煤种存在较大差异，因此对技术改进的知识产权归属和专利转让后的知识产权保护没有进行最有利于引进方的约定，因此合同中也未能最大限度地体现引进方的利益。

（5）技术引进的影响

针对法国 GEC Alstom 公司 300 MW 亚临界 CFB 锅炉技术的这次引进，直接促进了我国大容量、高参数 CFB 锅炉的研发和制造。此前国内只能生产 135 MW 等级的 CFB 锅炉，而 2006~2007 年在国内相继投产 11 台 300 MW 的 CFB 锅炉（见表 19-5）。

表 19-5　国内 300MW 级 CFB 锅炉一览（2006~2007 年）

序号	电厂名称	台数	制造商	投运时间（年）
1	白马示范电站	1	Alstom	2006
2	云南红河发电有限责任公司	2	哈尔滨锅炉厂	2006
3	秦皇岛热电厂	2	东方锅炉厂	2006
4	云南巡检司电厂	2	哈尔滨锅炉厂	2007
5	云南国电开远发电有限责任公司	2	上海锅炉厂	2007

我国 CFB 锅炉行业的蓬勃发展状况在专利申请上也得到了相应的体现。CFB 锅炉的国内发明申请量从 20 世纪初的每年 10 来件增长到 2009 年的 88 件，年增长率约为 40%。引进技术在较大程度上促进了国内技术的提高。

所引进的 GEC Alstom 公司的鲁奇型 CFB 锅炉存在鲜明的特点，但是在投产和实际运行中，发现其也存在一定问题，主要有：①运行过程中两床失稳；②冷渣器问题；③锅炉水冷壁磨损问题；④风帽磨损与风室漏渣问题；⑤鲁奇型 CFB 锅炉的物料循环控制装置为机械式锥形阀，其结构复杂、容易卡塞、容易磨损、材料等级高、价格昂贵；⑥炉膛底部布风板制造中外形尺寸控制困难，收缩余量难以控制。

国内几家大型锅炉制造厂经过消化吸收，并在国内科研院所和技术专家的支持下对技术进行了改进和发展，有效解决了这些问题。

从上面的一些实例可以看出，我国通过对 Alstom 公司 CFB 锅炉的技术引进，并结合自主研究，较好地实现了对引进技术的消化吸收和改进，完善了国内大型 CFB 锅炉的设计和运行技术，目前我国的循环流化床锅炉设计制造能力基本达到国际先进水平。

【案例 19-2】某技术引进目标企业的技术实力分析

案例设置目的：掌握引进国外高科技企业时的专利尽职调查分析步骤及分析方法。

该案例对将要对其进行专利技术引进的目标企业的技术实力进行了详细的分析。具体分析内容和分析项目见表 19-6。

表 19-6　专利技术引进目标企业的技术实力分析内容

分析内容	分析项目
一、公司基本情况	(1) 公司规模及经营模式分析 (2) 研发团队分析
二、专利尽职调查	(1) 专利权有效性 (2) 专利权同族数 (3) 专利权剩余保护寿命 (4) 专利权的无效及诉讼 (5) 专利权归属
三、专利价值分析	(1) 定量分析 ①专利强度分析 ②专利引证数据分析 (2) 定性分析 ①专利权稳定性 ②技术原创性 ③技术成熟度 ④有无替代性技术 ⑤技术实施自由分析
四、专利风险分析	侵权比对分析
五、企业专利控制力分析	
六、企业专利技术与产品关联度分析	权利要求与技术特征分析
七、行业发展前景分析	(1) 专利申请趋势分析 (2) 技术生命周期分析
八、结论	

具体案例内容如下：

应×××部门的要求，对××公司的专利资产状况、专利价值、专利风险、专利技术实力等方面进行分析，评议结果如下：

1. 公司基本情况

(1) 公司规模及经营模式分析

经核实，××公司主要从事新药开发、医疗器械和化妆品的技术研发，拥有自主的产品品牌。该公司先后在新加坡、中国上海和济源成立了子公司，公司发展态势为扩张态势。

××公司于2005年在美国登记注册。公司主要从事新药开发、医疗器械和化妆品的技术研发。2010年获权进入中国，投资总额为100万美元。目前在亚太地区已有3家子公司。

××公司旗下主要产品包括天然植物祛痘修复精华霜、祛痘焕颜精华、祛印无痕修复精华、净肤保湿洁面乳、冰晶皂、夏威夷火山泥面膜等。另有品牌名为××的天然植物养发柔顺洗发露。

（2）研发团队分析

经核实，××公司的核心研发团队规模有近10人。该公司在皮肤病药物、透皮制剂、给药技术等方面科研实力较强，并有一定的技术储备。

2. 专利尽职调查（Patent Due Diligence，PDD）

经核实，在××公司提供的11件专利中，目前只有9件获得了专利权。

××公司提供的专利中9件被授权，1件未公开，1件待审。在这9件专利权中，7件为发明，1件实用新型，1件外观设计。经核实，只有7件专利权人为××公司，无专利同族❶；剩余2件专利权人为×××（个人），同族数量都超过了5个。上述9件专利权的专利年龄平均在2年左右。未查到涉及上述9件专利的诉讼及无效信息（详细信息见表19-7）。

表19-7 ××公司专利清单尽职调查

公开号	类型	主要领域	专利权人	法律状态	剩余寿命	同族数量	诉讼无效
CN×××××××××	发明	外用抗菌霜	××公司	授权	18年8个月	无	无
CN×××××××××	发明	外用透皮软膏	××公司	授权	18年8个月	无	无
CN×××××××××	发明	减肥霜	××公司	授权	18年8个月	无	无
CN×××××××××	发明	祛痘霜	××公司	授权	18年6个月	无	无
CN×××××××××	发明	医用促透剂	××公司	授权	18年11个月	无	无
CN×××××××××U	新型	皮肤贴剂	××公司	授权	6年4个月	无	无
CN×××××××××S	外观	皮肤贴剂	××公司	授权	6年6个月	无	无
CN×××××××××	发明	医药冷却剂	×××（个人）	授权	17年8个月	7	无
US×××××××	发明	医药冷却剂	×××（个人）	授权	19年2个月	无	无
EP×××××××	发明	化妆品冷却剂	—	待审	—	6	无
GB××××××××	发明	—	—	—	—	—	—

3. 专利价值分析（Patent Value Analysis，PVA）

（1）定量分析

①专利强度分析。从专利强度的指标来看，授权的7项发明专利的专利强度参差不齐，主要为一般专利。

利用Innography专利分析工具中的专利强度指标对××公司提交的专利清单中授权的发明专利进行了专利强度分析（见图19-2）。通过研究发现，这些专利的专利强度差别

❶ 同族专利是指基于同一优先权专利申请文件，在不同国家或地区多次申请的内容基本相同的一组专利文献。

较大，4 件属于一般专利，2 件为优质专利，1 件为较差专利。

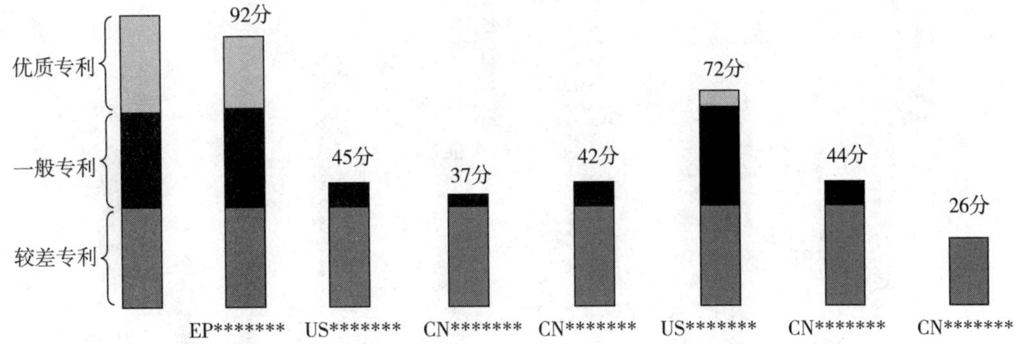

注：数据依据Innography专利分析工具中的专利强度指标计算汇总得出。主要参考了以下指标：
（1）专利权利要求数量（Claims）
（2）专利引用次数和被引用次数（Citing and Cited)
（3）专利家族数（Family Size）
（4）专利审查时长（PTO Length）
（5）专利年龄（Age）

图 19-2　××公司专利强度分析

②专利引证数据分析。从专利引证信息来看，这些专利技术较为前沿，有一定的技术容量，在专利布局上具有一定延续性和整体性。

通过对××公司提交的专利清单中授权的发明专利（包括一些同族专利）进行前引证和后引证分析发现（见图 19-3），这些发明专利特别注重引证在前专利技术，且一些专利还引用了大量的非专利文献，吸收指数较高，说明这些专利紧跟技术发展趋势，能够保持一定的原创性和前沿性。其次，一些专利引用专利技术和非专利技术文献的时间跨度较大，例如 CN××××××××× 引证的文献的时间区间为 1978~2010 年，说明发明人注重技术积累，具备一定的技术容量。此外，××公司的专利十分注重引用其自身的在先专利，表明技术研发具有一定的延续性。技术主题涉及皮肤病皮肤用药、促透剂、皮肤贴剂的结构和外观等多个方面，专利布局网络整体性较强。

(2) 定性分析

为了深入分析，特筛选出专利权人为××公司的 3 篇代表性专利进行分析，分别涉及专利 1：CN×××××××××（透皮产品的应用）、专利 2：CN×××××××××（透皮产品）、专利 3：CN××××××××× U（透皮产品的结构）。分析结果见表 19-8。

××公司的 2 件涉及透皮产品与透皮产品的应用的发明专利稳定性高、具有一定的原创性、能够自由直接地实施，但存在可替代性的技术。

××公司的 1 件涉及透皮产品结构的实用新型专利稳定性极低、原创性差、不能够自由直接地实施，且存在可替代性的技术。

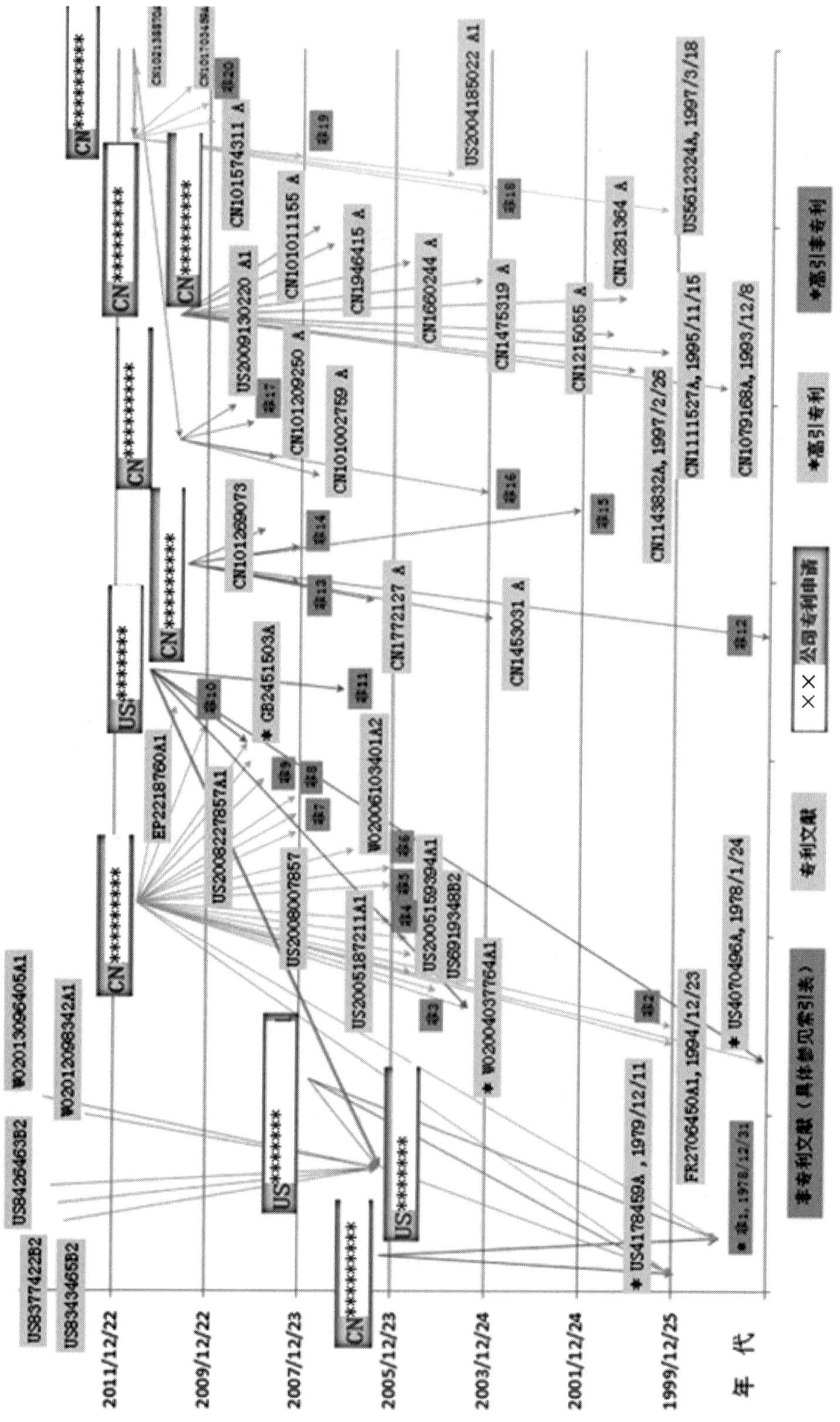

图19-3　XX公司专利引证网络分析

表 19-8　××公司专利价值分析

专利号	类型	稳定性	原创性	自由实施度	技术成熟度	可替代性
专利 1	发明	高	有一定的原创性	高	高	存在可替代性技术
专利 2	发明	高	有一定的原创性	高	高	存在可替代性技术
专利 3	实用新型	极低：权利要求 1~6 不具备新颖性，权利要求 7 不具备创造性	差	低	高	高

具体分析情况如下：

专利 1：CN×××××××××

申请号：××××××××××××

发明名称：一种××软膏及其制备方法

尽管现有技术中具有较多关于薄荷醇作为透皮吸收促进剂的报道，并且薄荷醇促进盐酸利多卡因透皮吸收的报道也较多，例如 CN101530401A、CN101002759A，但未发现现有技术中关于芒果脂应用于透皮吸收剂的报道，并且说明书证实了芒果脂和薄荷醇的比例在 8∶2~9∶1 时两者会产生协同作用，提高药物的吸收率。因此本专利具有较高的稳定性，对于透皮吸收剂的选择，尤其是促进盐酸利多卡因的吸收方面，具有一定的原创性，由于本专利所采用的原料除芒果脂之外都是现有技术中常见的成分，具体步骤也比较常规，因此自由实施度较高。

技术上而言，制作较为简单，成熟度较高，但现有技术中关于盐酸利多卡因透皮吸收技术的报道很多（CN101530401A、CN101002759A 等几十篇），并且本专利的透皮促进剂效果相对于现有技术并没有特别明显的优势（CN101209250 A），因此本专利可替代性强。

专利 2：CN×××××××××

申请号：××××××××××××

发明名称：一种医用促透剂组合物

专利 2 与专利 1 类似，核心内容在于芒果脂、薄荷醇和丙二醇进行复配，其产生了意料不到的技术效果。本专利具有较高的稳定性，对于透皮吸收剂的选择，尤其是三者复配方面，具有一定的原创性，由于本专利所采用的原料除芒果脂之外都是现有技术中常见的成分，因此自由实施度较高。

技术上而言，制作较为简单，成熟度较高，但现有技术中关于透皮组合物复配的报道很多（方晓阳等，“中药透皮吸收促进剂的研究与进展”，《中草药》，2003 年 2 月第 34 卷第 2 期，第 188~192 页），并且本专利的透皮促进剂效果相对于现有技术并没有特别明显的优势，因此本专利可替代性强。

专利3：CN×××××××××U

申请号：×××××××××××

发明名称：一种贴剂

专利3稳定性很差，很容易被无效，例如权利要求1~3相对于CN200980835Y、CN1545407A不具备新颖性，权利要求1、4~6相对于CN2520860Y不具备新颖性，权利要求1~2、4~5相对于CN2323783Y不具备新颖性，权利要求7相对于CN2520860Y或CN2323783Y不具备创造性。尽管技术上容易实施，但现有技术中替代产品也很多。

4. 专利风险分析（Patent Risk Analysis，PRA）

在实施专利CN×××××××××U时，会侵犯CN200980835Y、CN1545407A、CN2520860Y、CN2323783Y等的专利权。未对××公司的产品的专利侵权风险进行逐一核查。

5. 企业专利控制力分析（Enterprise Patent Strength Analysis，EPSA）

针对××公司的主要研发方向“可溶性生物降解微针”和“智能透皮产品”进行了专题检索。

在可溶性生物降解微针领域，××公司未申请专利。该领域在全球的专利申请总量只有80余件，专利集中度较低，技术门槛不高，研发机遇和市场风险并存。

在智能透皮产品领域，××公司专利申请不足5件，不属于在华专利申请的主要申请人（见图19-4）。该领域的专利集中度低，技术门槛不高，存在研发机遇。

××公司涉及智能透皮产品的在华专利申请不到5件，不属于在华专利申请的主要申请人行列，在华专利申请中，申请量排名前五的申请人的专利申请总量也只占到9%（见图19-5）。这说明该领域的专利集中度较低，技术门槛不高。此外，在该领域，研发实力较强的企业较少，存在一定的研发机遇。

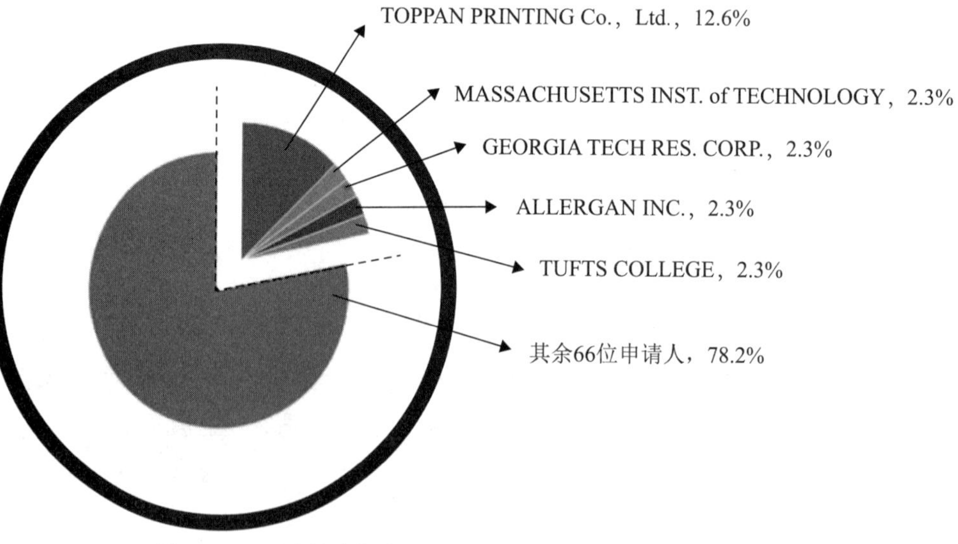

图19-4　可溶性生物降解微针全球专利申请主要申请人分析

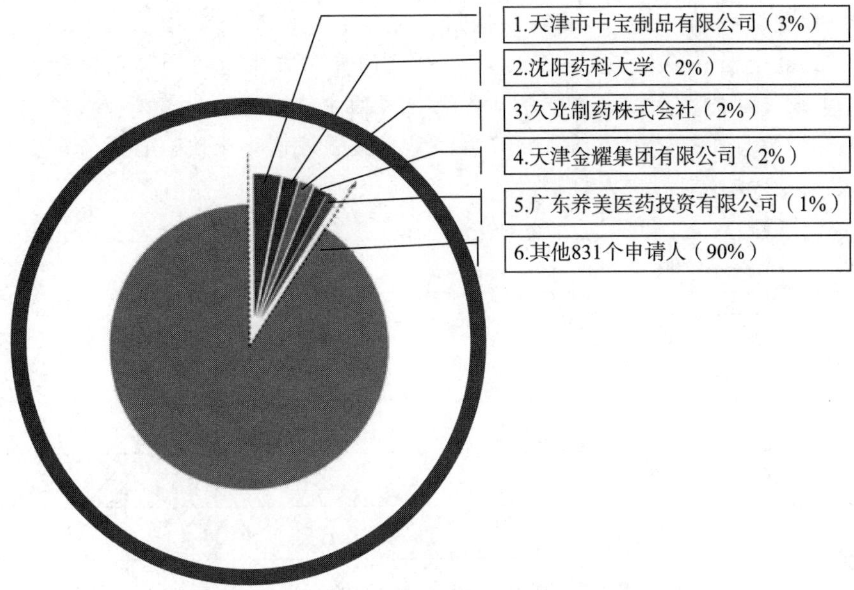

图 19-5　智能透皮产品中国专利申请主要申请人分析

6. 企业专利技术与产品关联度（Patented Technology Products Association，PTPA）

××公司主要产品“××××天然植物祛痘修复精华霜”是一种新型药妆类祛痘产品，依托公司的研发技术“天然植物多元化透皮促渗系统”，主要涉及两项发明专利，分别属于祛痘霜和医用促透剂领域。

7. 行业发展前景（Industry Development Foreground，IDF）

针对××公司的主要研发方向“可溶性生物降解微针”和“智能透皮产品”进行了分析。

在可溶性生物降解微针领域，全球申请量不足 100 项（同族专利归为 1 项），在华专利申请为 11 件，属于新兴的生物技术领域。专利申请趋势不明朗，2006 年后申请量有所下滑，预示着该领域可能存在一些技术瓶颈，市场前景不明晰（见图 19-6）。

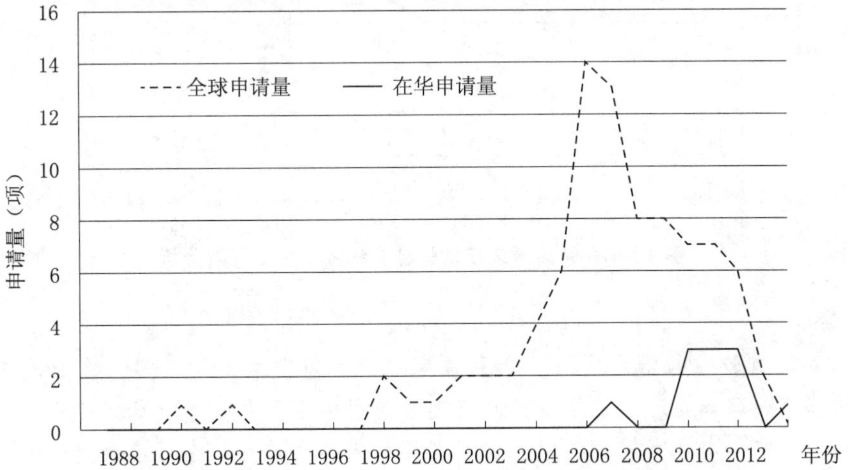

图 19-6　可溶性生物降解微针领域全球和在华专利申请趋势

在智能透皮产品领域，自2006年以后，在华专利年申请量维持在120件左右，申请人数量在80个左右（见图19-7）。从该领域的专利技术生命周期图来看，已经出现了进入技术成熟期的拐点标记（见图19-8），表明主流技术趋于清晰，该领域专利布局的最佳机遇期将会在短时间内结束。可以预见，该领域已处于快速布局阶段，市场主体将很快形成，存在短期的研发机遇。

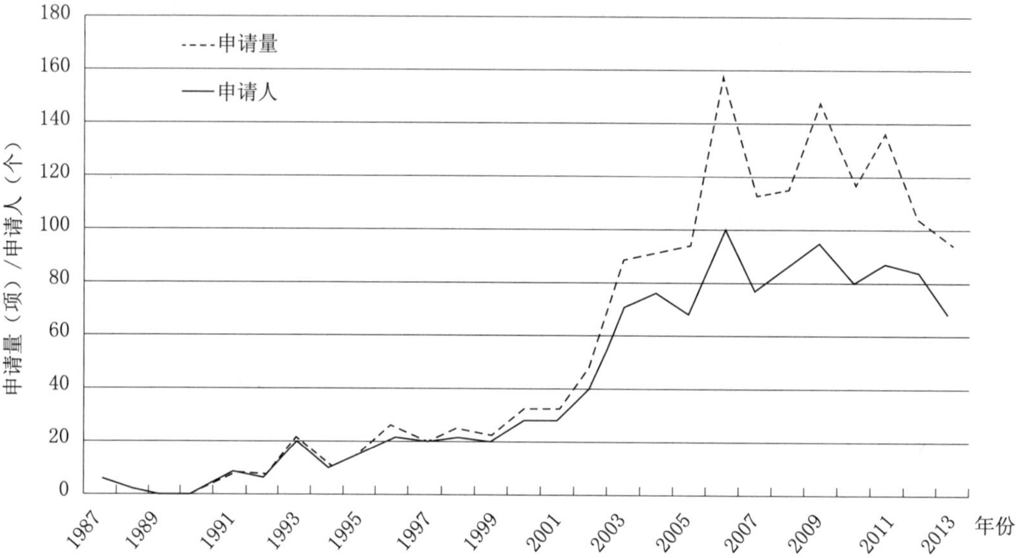

图19-7　智能透皮技术领域在华专利申请趋势

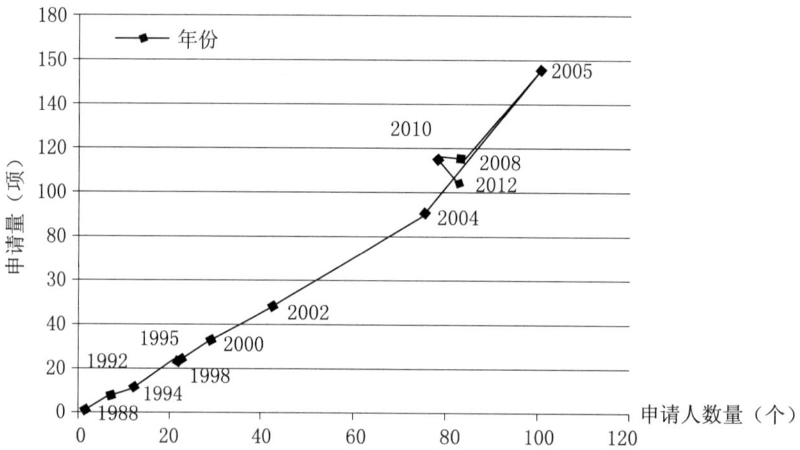

图19-8　智能透皮技术领域专利技术生命周期分析

8. 结论

××公司具有较强的研发实力，专利强度一般，但技术较为前沿，在专利布局上具有一定延续性和整体性。涉及透皮产品与促透应用的2件发明专利稳定性高，具有一定的原创性，能够自由、直接地实施，但存在可替代性的技术。在可溶性生物降解微针领域，该公司没有申请专利，专利控制力差；在智能透皮产品领域，该公司虽有少量专利申请，专利技术控制力仍然较弱。××公司应利用自身研发强项围绕该行业重点领域加快布局专利，以获得长期稳定的发展和收益。

注意事项：

(1) ××公司实际的技术控制力还需要考虑该公司专利权购买、许可、转让等专利权处置情况以及该公司拥有的专有技术秘密的情况；

(2) 在评价××公司专利价值时，由于时间及资源的问题，没能就行业专家的意见进行调研，因此缺少对该公司专利市场价值方面的评判；

(3) 由于缺乏相关信息，未对相关行业标准覆盖的专利进行调查，不清楚××公司在这些行业是否存在技术门槛和市场门槛；

(4) 由于时间的原因，未对相关行业的技术发展路线、专利申请趋势、主要申请人技术实力对比分析，但就相关领域专利技术生命周期分析获得的信息已能够对相关行业的发展前景作出基本的、方向性的判断。

【案例 19-3】某企业海外并购中的专利尽职调查分析

案例设置目的：掌握企业海外并购时的专利尽职调查分析步骤及分析方法。

该案例是某企业并购海外某汽车电子公司的知识产权尽职调查项目，旨在通过该案例讲述专利尽职调查的方法。

1. 企业并购中的知识产权分析评议整体流程

具体的企业并购中的知识产权分析评议流程分为 4 大阶段：并购前期准备阶段、尽职调查阶段、谈判阶段和并购完成阶段，如图 19-9 所示。

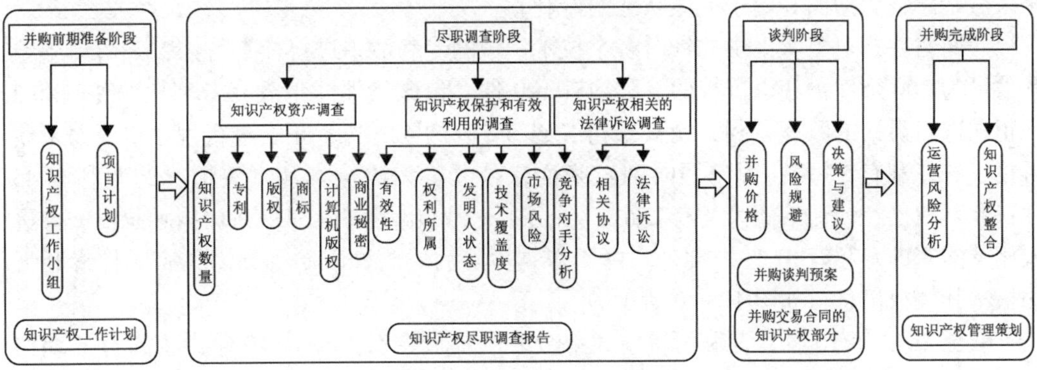

图 19-9　企业并购中的知识产权分析评议工作流程

(1) 并购前期准备阶段

企业在并购前期准备阶段需成立知识产权工作小组，制订后续的并购活动中的知识产权工作计划。

(2) 尽职调查阶段

知识产权工作小组完成企业并购活动的知识产权尽职调查工作，调查内容主要是：第一，知识产权资产调查，调查内容包括并购存在的专利资产以及专利资产的所有权、有效性、核心专利发明人状况，还需兼顾商标调查；第二，知识产权保护和有效利用的调查，调查内容包括对该公司全球市场知识产权风险分析，竞争对手以及上下游专利技术分布状况，并购技术与自身技术的协同性，商业秘密和其他未注册的知识产权问题的调查；第三，知识产权相关的法律诉讼调查，调查与该公司专利和商标相关的已经发生或正在发生的诉讼事宜，还需调查是否存在潜在的诉讼风险，是否收到侵权警告函，根据产品销售市场的需要还需进行反垄断调查。

（3）谈判阶段

在并购期间与企业、并购对象、知识产权管理部门保持沟通，指明并购存在的潜在知识产权风险，并提出并购的建议，通过对无形资产的评估对并购价格提出建议，完成并购谈判预案和并购交易合同的知识产权相关的内容。

（4）并购完成阶段

在并购完成后进行运营风险分析，根据企业自身的知识产权状况进行并购的知识产权整合，提出后续的知识产权管理措施。

该案例涉及了专利、商标、技术秘密、计算机软件著作权等多种知识产权内容，下面仅将专利尽职调查分析内容以及方法进行介绍，相关数据仅为示例，不具有真实性。

2. 全球专利调查

（1）专利有效性调查

专利是技术型公司的重要无形资产，专利的有效与否、权利人是否属实、有效期的长短等直接关系到并购的出价和市场风险。

在Derwent Innovation（原Thomson Innovation）专利检索平台上检索到的并购对象有近2000件专利，含PCT专利申请和欧洲专利局的专利申请，抽查发现，大部分专利都是未缴费、视为撤回等处于无效状态的专利。

然而对并购对象所提供的针对多个技术领域的专利清单进行核查得知，该清单中专利数量为200余件；获得授权的专利约有109件，包含3件即将放弃专利权的专利和2件正在进行诉讼的欧洲专利，授权专利占全部专利的42.9%；正在进行程序申请而未获得授权的专利有57件；因申请时间较晚而未公开、无法核实其真实情况的专利有45件；专利权已经转让给他人的有2件；处于国际专利申请（PCT专利）国际阶段、待进入相关国家的专利有37件；此外，由于数据库滞后、语种限制等原因，有4件专利无法核实其授权信息，如图19-10所示。

截至2012年10月，专利清单中大部分专利的剩余有效期在10年以上，有效期在10年届满的专利有15件，其中美国专利9件，德国专利6件；从技术领域来看，涉及A技术的专利9件，涉及B技术的专利5件，涉及C技术的专利1件。未来5年到期的专利包括了2个专利族。

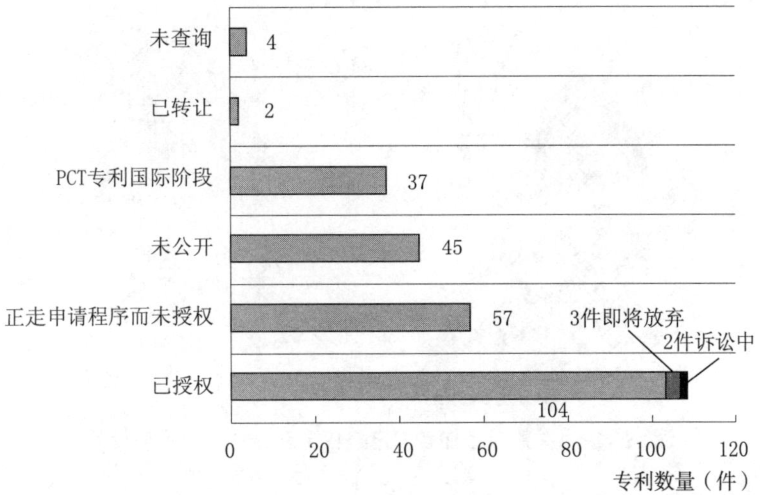

图 19-10　并购对象的专利整体情况

（2）专利申请国家分布调查

专利的申请国往往意味着专利权人的目标市场和竞争对手所在。并购对象在美国申请的专利数量最多，为 71 件，其次为德国 50 件，卢森堡 36 件，中国 20 件。由此可知，并购对象产品的市场和客户主要是美国和德国，其竞争对手很可能主要集中在美德两国；同时，美国、德国、卢森堡和中国的市场对并购对象来说都比较重要，是后续拟加大投入力度的市场。并购对象在各国专利申请分布如图 19-11 所示。

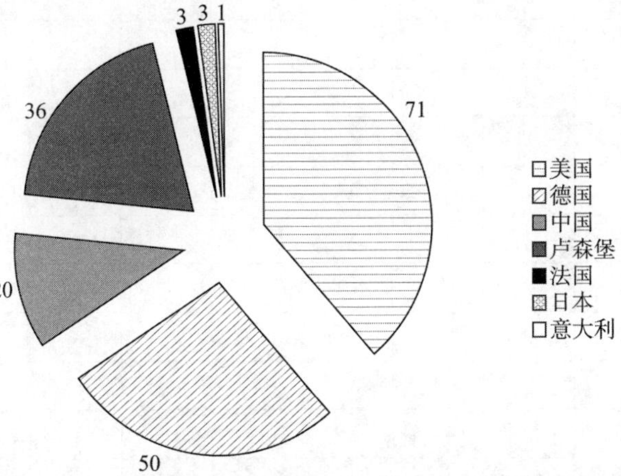

图 19-11　并购对象在各国专利申请分布（单位：件）

在专利权人的产品与专利关联度较高的情况下，其授权量越大，知识产权保护也将越好，其垄断地位就越牢固，市场风险较小。并购对象在美国的授权专利有 45 件，在德国有 37 件，在中国有 14 件，具体分布情况如图 19-12 所示。

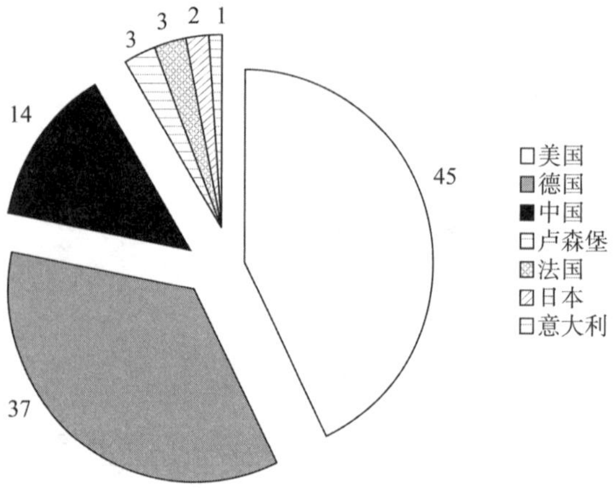

图 19-12　并购对象在各国已授权专利分布（单位：件）

并购对象授权的欧洲专利大多数是在德国有效，而许多日本的专利由于未缴纳年费已经失效，并且在过去的几年中，并购对象似乎已经决定放弃日本专利申请。

（3）专利申请技术分布调查

在并购中，拟并购的专利与产品的关联度越高，支撑范围越广，则其价值就越大。并购对象的相关技术在各国家/组织所持有的专利技术分布情况见表 19-9。

表 19-9　并购对象技术在各国家/组织的专利分布

国家/组织	美国	德国	中国	卢森堡	法国	日本	印度	意大利	EP	WO
产品技术 A									√	
产品技术 B	√	√	√						√	√
产品技术 C										√
产品技术 D	√		√						√	√
产品技术 E	√	√		√					√	√
产品技术 F	√			√						√
产品技术 G	√	√							√	√
产品技术 H	√	√							√	√
产品技术 I				√						
产品技术 J	√	√	√	√					√	√
产品技术 K	√	√			√				√	√
产品技术 L	√	√	√			√	√		√	√
产品技术 M	√	√							√	√
产品技术 N	√	√	√	√	√	√		√	√	√
产品技术 O	√	√	√	√		√			√	√
产品技术 P	√	√							√	√

并购对象相关技术的产品在美国市场的专利覆盖度最广，在16个产品技术系列中，除了产品技术A、产品技术C和产品技术I以外，其他产品都有相应的专利支撑，这说明并购对象高度重视美国市场，其主要竞争对手亦在美国；其次是德国，11个产品技术系列有相应的专利支撑；再次是中国，6个产品系列有相应的专利支撑，其余10个产品系列由于没有专利支撑，在产品进入中国后可能侵犯他人专利权或被随意仿制，存在一些市场风险，但是，并购对象的14个产品技术系列已经进行了国际专利申请，上述缺陷可以通过在规定时间内将这些专利进入中国进行弥补。

根据并购对象所持有专利的技术分布，可以分析其技术实力和市场竞争优势。从具体技术来看，并购对象的产品技术E拥有56项专利，在各技术中最多，基本可以认定其在该项具体技术上有很强技术研发实力；其次是产品技术O有48项专利，产品技术N有42项专利，也具备较强的技术实力；而在产品技术P、产品技术M、产品技术I和产品技术A这4项具体技术上，其专利申请量很少，未形成有效的专利布局，对产品还未形成有效支撑，但是，这些专利已经开始为并购对象的新产品铺路，展现了其产品拓展的一个方向。

此外，根据对专利清单中的专利进行初步分析，这些专利的技术主要集中在A技术，有较大一部分专利是围绕B技术领域进行申请的，这些技术与拟并购的产品和技术是相关的。

调查发现，并购对象在C技术应用的专利上投入最多，有较强的专利布局。但是从下文的竞争对手分析可以看出，本领域竞争者手中也掌握大量授权专利，由此带来的市场风险和法律风险需要进一步评估。

3. 中国专利调查

主要针对并购对象的中国专利进行调查，目的在于了解并购对象在中国的专利布局。在中国的专利布局对并购对象产品在中国的生产和销售有重要影响，如果专利布局有前瞻性、系统性和针对性，则可以很好地维护专利权人的市场优势地位。

依据并购对象提供的专利清单，并购对象在中国共申请了20件专利，其中14件已获授权，另外6件正在审查，包括1件因未公开而无法核对其真实信息的专利，这些专利权的剩余有效期都在10年以上，其涵盖的产品技术有产品技术B、产品技术D、产品技术J、产品技术L、产品技术N、产品技术O共6类。

可以看出，并购对象在中国申请专利的时间较晚，并购对象的产品的中国市场并不成熟，可能有很大的市场空间。需要注意的是，一项在申请中的名为×××××的专利，其专利申请人是“并购对象和某公司”，即该项专利由并购对象和某公司共同拥有专利权，建议在并购前期评估这篇专利的市场价值和技术价值，如果价值较大，可以考虑在并购时获得全部专利申请权。

此外，在Derwent Innovation专利检索平台上以并购对象为专利权人检索到的中国专利有64件，远远多于专利清单上的20件中国专利，但多出的专利是正在申请、尚未授权的、已经失效的专利，建议将多出的专利中的必要专利纳入并购资产中，否则可能对并购对象的产品进入中国市场带来法律风险，其生产和销售可能会侵犯这些专利权。

4. 主要产品的专利组合分析

总体来说，并购对象较好地维护了知识产权，但也有一些不足之处。并购对象的某些重要专利族如下：

P1 家族包括 2 件专利，美国的专利在申请中尚未授权，德国的专利有效，名为×××，与某重要技术相关，与某公司共有。

P2 家族，名为×××，在中国、欧洲尚未授权，与某公司共有。

P3 家族（意大利、德国、西班牙、法国、中国、日本和美国已授权），名为×××，一共 8 件专利，与某公司共有，其中在中国和欧洲的专利存在诉讼问题，这也说明这些专利非常有价值。

2012 年 11 月 5 日，被授权查看并购对象的未公开专利，申请发生在 12 个月以内，或者提出 PCT 申请，这些专利仍然可以在世界上大多数国家提出申请。其中，未公开的 P4 和 P5 专利族，涉及某重要技术，权利要求保护范围较大，而且描述中几乎没有发明操作的细节。由于这些专利并未形成明确的权利要求，所以后续这些专利即使被授权或者申请优先权也可能会被无效。

由于本案例涉及的重要产品数量很大，因此，在此仅选取一个产品进行描述。

以 A 技术为例，该应用涉及并购对象的某产品技术。

在这项技术领域的专利和专利申请的时间跨度反映了一个相对广泛的产品组合。最早的专利申请始于 2001 年，有 48 件专利。自 2010 年以来提交的 14 件专利申请显示在这一技术领域内专利申请增长趋势明显。该产品技术专利族情况如下：

P6 有 3 件德国专利，涉及 B 的技术。

P7 有 3 件德国专利，1 件正处于国际专利申请阶段。由于某公司提出异议，欧洲专利并未获得授权，这也可以认为该专利是有价值的。

P8 一共有 2 件专利，1 件美国专利处于申请中未授权，1 件德国专利有效。并购对象与某公司共享该专利族。

P9 一共有 2 件专利，分别是德国和美国的，均为权利有效。此专利族具有广泛应用。

P10 一共有 2 件专利，欧洲专利处于申请中未授权，美国专利权有效，此专利涉及使用光源，其中包括两个调制光源。根据该规范，避免了高精度制造的误差，从而允许这些摄像头造价更低，这正体现了该产品的市场优势。

P11 一共有 4 件专利，1 件正处于国际专利申请阶段，中国、德国和美国专利都处于申请中未授权。本发明广泛适用于快速移动的环境，实用价值较高。

5. 竞争对手分析

本部分是针对不同的产品技术领域，大范围搜索外部公司的报告，对竞争对手分别进行分析。由于本案例涉及的重要产品数量很大，因此，在此仅选取一个产品进行描述。

以 A 技术为例，该应用涉及并购对象的某产品技术。竞争对手公司包括：PMD 技术，FAB，英飞凌（Infineon），IFM 汽车，Mobileye，Conti，Bosch，Hitachi，Takata，

Autoliv，Calsonic，大陆/西门子 VDO，Delphi，Gentex 公司，Leopold Kostal，Magna Electronics，Mando 公司，SL 公司和 TRW（天合）汽车集团。专利检索控制在激光雷达系统、碰撞检测、占用检测和其他车辆相关技术的应用，大约有 50 000 件专利。

6. 诉讼情况分析

由于本案例涉及的诉讼情况比较复杂，因此，仅选取其中一个具有典型代表性的美国诉讼案件进行描述。

某美国公司起诉并购对象侵犯了 3 件美国专利，并购对象进行了反诉，宣告专利无效，并主张该美国公司生产的使用该美国专利的产品侵犯了自身的专利权。

对并购对象来说，这场诉讼最有利的结果是某美国公司的相关专利被宣告无效、并购对象的相关专利被确认有效且被认定为遭到故意侵权，则某美国公司将被判支付给并购对象诉讼支出、损害赔偿和惩罚性赔偿。在这种情况下，某美国公司也会被禁止生产、销售或以其他方式出售侵犯并购对象专利权的任何产品。当前没有充足的参考资料来判断，在这样的案件中并购对象将会获得怎样的收益，或因阻碍了某美国公司的产品销售而获得怎样的商业优势。

并购对象最坏的结果是承担损害赔偿，被禁止侵权产品的任何交易（包括出售、制造和进口等），且专利被宣告无效。

这项诉讼目前的状态是各方都请求简易程序判决，法官将会根据事实作出决定。如果法官否定了简易判决程序，那么该诉讼将继续由陪审团审判。在美国，陪审团审判非常昂贵和不可预知，因为大量证据需要收集，并且陪审团成员并未接受过专利法的教育。因此，陪审团审判的结果经常会令法律专家难以预测。

此外，双方都相信他们有胜诉的机会，或者他们将不会在法庭上解决上述问题。在上法庭前由于涉及很大的信息量，要考虑所有问题的完整分析是很困难的，并且大量需要分析的信息是被该美国公司保密的。

在此基础上，对于并购对象最坏结果的合理评估如下：

（i）赔偿金判决大约某金额；

（ii）更多的法律诉讼费大约某金额；

（iii）未来产品销售支付给某美国公司的专利侵权许可费（数目未知）。

关于解决此案件的 3 种可能：（a）简易判决；（b）陪审团的最后判决；（c）契约。

7. 其他专利尽职调查内容

（1）发明人调查

世界上多数国家，发明的产权属于发明者。如果发明者发明的过程或者范围在其工作过程中，那么产权将属于雇主。关于来自雇员的发明的要求，德国有明确的复杂的法律。一项发明在所有权上的任何改变，通常要求一份书面的有关各方签名的协议。

因此，企业对并购对象提出了该问题，并购对象首席技术官与专利律师回复了该问题，确认了截至目前就他们所知，所有与来自员工的发明相关的正式规定都是相符的。经调查发现，从并购对象的子公司到并购对象的发明分配，已按照法律执行，为此转移的赔偿已经支付给发明者。

根据首席技术官（CTO）所述，除了子公司，所有发明都在某国完成。某国法律规定，作为雇员期间和在雇用范围内完成的发明属于雇主。法律也规定，有收益的发明应该向雇员支付补偿。并购对象未向总部的雇员支付任何补偿。因为法律规定只有有收益的发明才需要支付补偿，所以并购对象是否应当在此方面确认负债尚不清楚。此外，法律规定任何索赔都是从专利权授予起的 3 年后。现有证据表明并购对象熟悉法律要求，并有合适的公司政策确保满足法律要求。

（2）并购对象与专利有关的协议

从表面上难以看出并购方未来可能要承担的义务，但是需要注意到以下潜在问题：

号码为×××的文件是 2009 年 4 月 1 日并购对象与某公司之间的“股份合作协议”，该协议作为某专利的参考。这也是随后申请和授予欧洲专利的优先级应用程序。由于协议并没有提及专利授权，该协议有可能是无效的。

某专利族涉及 A 技术，名称为×××，该专利由并购对象与某公司共同拥有，但是在资料库中没有有关共同所有权的文件记录。并购对象的法律顾问回答没有与此专利相关的任何协议。

（3）专利权属、法律状态、涉诉等情况尽职调查

在 Derwent Innovation 专利检索平台上检索到的并购对象有近 2000 件专利。针对企业比较关注并购对象 5 个技术领域的专利清单进行核查得知，专利申请为 254 件，获得授权的专利有 109 件；在美国申请的专利数量最多，为 71 件，德国 50 件，卢森堡 36 件，中国 20 件；并购对象相关技术的产品在美国市场的专利覆盖度最广，在 16 个产品技术系列中，除了 3 个产品系列以外，其他产品都有相应的专利支撑；其次是德国，11 个产品技术系列有相应的专利支撑；再次是中国，6 个产品系列有相应的专利支撑；并购对象的某项技术专利申请 56 件，为各技术中最多，在 4 项具体技术上，其专利申请量较少，但是，这些专利已经开始为并购对象的新产品铺路，展现了其产品拓展的一个方向。但是，并购对象还有较多核心知识产权属于版权、商业秘密和其他未注册的知识产权。

存在 3 家公司提出的专利无效异议，以上法律程序的最坏结果，就是相关专利无效，但是不影响并购对象在相关国家、地区的贸易。

8. 结论

总的来说，并购对象创新能力较强，专利状况较为良好，开展了较好的专利申请和维护，专利对产品的支持度较好，关联企业较少，专利权有效期普遍较长，有较好的市场价值和技术价值。

针对以上专利调查结果，给出以下建议：

第一，并购对象的产品需要多项专利共同支撑，应当采取全面收购的策略，包括其所有的专利技术、商业秘密以及计算机软件，避免对后续经营造成影响；

第二，针对并购对象所有专利，在后续谈判中，重点围绕必要专利资产和并购对象未纳入专利清单的专利进行分析和评估，确保购入的专利权权属无争议；

第三，在今后管控中，开展对国内外专利申请的管理和布局，注意抢占先机；

第四，针对并购对象存在着以商业秘密、版权形式存在的知识产权，要进一步了解发明人特别是核心发明人离职与否等状况，提早做好安排，保持稳定；

第五，多方调查，获取更多信息，进一步开展竞争对手分析，在此基础上有针对性地开展技术研发，保持竞争优势；

第六，针对专利侵权诉讼密切跟踪，如在并购合同签订时不能终结，则通过支付条款法律设计，将可能的最大损失扣留，待案件清晰后处理。

第二十章　产品出口中的专利分析

在国际市场中，对新产品和新技术十分敏感，相关产品和技术一旦出现在市场，就可能遭遇仿制或者面临侵犯他人专利权的情况。因此，许多企业开始把产品出口前的专利检索作为一项极为重要的工作来做，并将专利分析作为产品出口中必不可少的决策工具和决策依据。本章重点阐述了产品出口中的专利分析方法及操作流程，并对所要用到的专利分析方法给出了相关指引，同时列举了产品出口过程中专利分析的典型案例。

第一节　产品出口中专利分析的必要性

一、产品出口的范畴

产品出口是指一个国家或地区的企业或组织将本国生产或加工的产品输往本国或本地区外的市场进行销售或包括展示营销等其他以营利为目的的商业行为。

二、专利分析对产品出口的意义和作用

随着国际化进程的发展和加速，尤其是我国近年来企业参与国际化生产程度的提高，产品出口和产品展示（境外参展）等商业行为越来越多。与此同时，由于近些年发达国家经济显露出颓势，贸易保护主义日渐抬头，发达国家企业利用其先发优势和在专利等知识产权方面的优势地位和强势话语权，在诸多领域对中国企业设立各种障碍和门槛。因此在产品出口前进行专利分析、风险调查显得尤为必要。

进行专利分析对企业在产品出口前具有非常重要的作用，其体现在：第一，专利分析可以帮助企业更好地了解自身产品的技术发展历史；第二，专利分析可以帮助企业评估产品的价值；第三，专利分析可以帮助企业了解境外市场的政治、经济和商业环境。更重要的是，专利分析还能帮助企业在产品出口前，了解风险所在，并规避专利风险。总之，专利分析已成为企业产品出口工作中必不可少的重要项目。

第二节　产品出口中的专利分析方法

一、产品出口的专利分析流程

（1）出口产品的技术概况分析

开展出口产品的技术情报分析，分析出口产品的全球技术概况，分析出口产品的技术发展情况以及出口产品的技术可能涉及的国家。

（2）出口国家的市场概况分析

初步分析出口国家生产同类产品的市场概况，梳理出产品对应的企业名称以及企业并购现状，每家企业大致占有的市场比例以及具有的技术优势。

（3）出口产品的技术分解

出口产品的技术一般可以按照产品的系统组成分类，制定符合专利分析需要的技术分解表，技术分解层数可根据现实情况进行调整。

（4）出口产品的专利检索

相关专利检索的目的是要找到与出口产品相关的所有专利或公开的专利申请，包括专利地域性检索、专利有效性检索等。专利地域性检索要找出相关专利的已经公布的同族专利以及潜在的同族专利❶。专利有效性检索是要找到与出口产品相关的所有专利的法律状态，即确定所有专利是否授权且有效、视为撤回、视为放弃、届满等状态。

（5）出口产品的专利检索结果分析

竞争对手分析。包括该产品相关的技术上具有哪些竞争对手，每个竞争对手拥有该产品相关的专利数量，该产品在该技术竞争中所处的优势与劣势。每个竞争对手在该技术相关的专利量中所占有的份额。如果对每个技术竞争对手拥有的专利总数量进行对比分析，可获得竞争对手的技术竞争力。在竞争对手的分析中，发明人信息也是判断竞争对手技术实力的一个依据。

同族专利分析。将检索到的所有专利按专利族划分成组，在每个专利族中按专利申请时间顺序排列同族专利。从同族专利的情况可了解该专利技术所要控制的市场范围及大小，竞争对手的市场意识及预测能力，竞争对手的专利布局现状。

专利有效性分析。分析专利或专利申请的法律状态，主要根据各国专利法中有关专利期限计算的规定和有关缴费规定以及专利公报的相关公告或专利数据库中有关数据作出专利有效性推断。例如，美国专利有效性判断，1995 年 6 月 8 日之前申请的专利，有效期自专利授权日起 17 年；1995 年 6 月 8 日之后申请的专利，有效期自申请日起 20 年。专利维持费每 4 年缴纳一次，如果在规定的时间内未缴纳，专利权即终止；此外，

---

❶ 所谓潜在的同族专利是指国际专利申请或地区性专利或专利申请中被指定的尚无公开出版物的国家的专利或专利申请。检索潜在的同族专利时通过国际申请或地区性专利或专利申请的说明书扉页上的指定国著录项目即可获得其全部信息。

美国对药品专利还有复杂的专利期限补偿制度。因此，在进行专利有效性分析的过程中，应对目标国家的专利制度有充分的了解，具体问题具体分析。

目标市场专利占比分析。所谓目标市场专利占比是指同一技术主题全球前10名的申请人在目标市场申请专利数量占这些申请人全球专利数量的百分比。

在获得了所关注的技术主题目标市场专利占比的基础上，继续深入考量同族专利中目标市场专利的占比。另外，辅助以差异较大的其他领域目标市场专利占比，共同来判定目标市场的政治、经济和商业环境。通常而言，专利占比较大，特别是不同技术主题专利占比都较大，并且占比数值接近的目标市场政治较稳定、经济波动较小、商业环境较好，比较重视专利等知识产权保护；反之，则不然。另外，还可以依据全球前10位申请人中分属不同国家的申请人目标市场占比的差异来预评估目标市场的贸易保护主义倾向，更利于企业的产品出口决策。

分析结论与建议。通过专利分析，引导企业正确利用专利信息，向企业提出供其参考的建议，有效规避出口产品的知识产权风险。

二、产品出口的专利分析内容及方法

表20-1列举了产品出口中的专利分析内容及相关的专利分析方法，其中大部分已在本书前述部分涉及，在此仅介绍如何利用专利分析来预评估产品出口目标市场的政治、经济和商业环境。

表20-1　专利分析流程及项目

专利分析流程	专利分析项目	
	专利分析内容	专利分析方法
第一步　明晰产品技术的发展历史	（1）该技术主题的专利技术发展趋势	a. 专利申请趋势分析（参见第一章）； b. 技术生命周期分析（参见第一章第二节）； c. 技术线路分析（参见第十章）
	（2）自身技术的长短处分析	d. 主要技术分支中自身专利数量比例分析（参见第二章）； e. 根据自身技术流派分析自身技术实力
第二步　初步了解产品出口目标市场的政治、经济和商业环境	分析技术主题在目标市场的专利技术发展趋势	a. 目标专利申请趋势分析（参见第一章）； b. 目标市场专利全球占比分析； c. 目标市场专利制度预评估
第三步　发现并确定目标市场的主要竞争对手和/或潜在合作伙伴	分析目标市场的申请人情况	a. 目标市场主要申请人分析（参见第三章）； b. 目标市场主要竞争对手分析（参见第二十一章）； c. 目标市场潜在合作伙伴分析

续表

专利分析流程	专利分析项目	
	专利分析内容	专利分析方法
第四步　规避专利风险和产品出口的其他风险	(1) 技术主题侵权风险分析	a. 目标市场主要申请人侵权风险分析（参见第十一章、第二十三章）； b. 规避设计分析（参见第十二章）； c. 相关领域专利布局策略分析（参见第十六章）
	(2) 商业合同风险分析	a. 产业链上下游企业侵权风险分析（参见第二十三章）； b. 技术泄露风险分析及技术转让合同管理

第三节　产品出口专利分析典型案例

【案例 20-1】上海锅炉厂出口印度的专利风险分析[1]

案例设置目的：掌握出口产品进入新兴市场前的专利分析步骤及分析方法。

2010 年 10 月，上海电气集团股份有限公司与印度信诚电力签订超大电厂项目，上海电气制造的 360 台 660MW 超临界火力发电机组出口印度。在此项目中，上海电气发电机组的核心之一、由上海锅炉厂负责生产的大型循环流化床燃煤锅炉（下面简称 CFB）是整个项目的重中之重。由于此前上海锅炉厂曾经参与由发改委组织的从国外 A 公司引入 CFB 技术的技术引进，因此大大提高了锅炉制造水平。但是，与此相应的是，由于较大部分的技术源自国外，且国外公司在合同中曾限定相关技术仅在中国范围内使用，因此给上海锅炉厂的产品出口造成困难。

为了进一步了解情况，探寻产品出口印度的可能性和预估潜在风险，上海锅炉厂进行了知识产权评议，并具体用到了以下方法。

一、分析自身技术的优劣势

由于中国锅炉企业的专利技术主要来源于 A 公司的 CFB 技术，虽然相应地也具备 A 公司的技术长处，但是由于受合同制约，在不同地域的实施自由度受限。

经过更深入的分析，发现在对 A 公司的技术消化吸收后，实际上克服了 A 公司技术的诸多问题，并在炉膛技术（见图 20-1）、布风板技术和排渣技术等技术分支都形成了自主知识产权。

---

[1] 改编自：杨铁军. 产业专利分析报告（第 3 册）：燃煤锅炉燃烧设备［M］. 北京：知识产权出版社，2012：527-533.

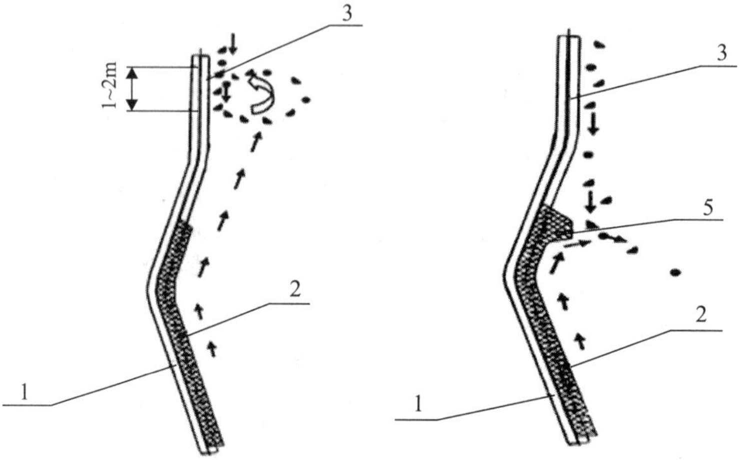

图 20-1　改进后的具有自主知识产权的炉膛专利技术示意

二、目标市场主要竞争对手分析和潜在合作伙伴分析

通过对目标市场专利申请量排名（见表 20-2）进行分析，了解到主要竞争对手是 A 公司、B 公司、F 公司，尤其是 A 公司，其专利申请量位居第一，与上海锅炉厂许多技术高度重叠，是最为重要的竞争对手；而 B 公司和 F 公司是次要的竞争对手；排名第 2~6 位的公司既是竞争对手，在某种情况下又是合作伙伴。印度本土申请人数量众多，但是每个申请人的专利申请量较少（数据未示出），因此某种角度上是潜在的合作伙伴。

表 20-2　目标市场主要申请人专利申请量排名

申请人	印度专利数量（件）	全球专利数量（件）	印度占比（%）
A 公司	76	426	17.8
F 公司	47	237	19.8
B 公司	38	164	23.2
M 株式会社	11	237	4.6
H 株式会社	10	381	2.6
S 株式会社	5	239	2.1

三、专利侵权风险分析

由于 A 公司是主要的专利技术来源，因此在目标市场律师、上海市知识产权局产权服务中心、产业技术专家和知识产权专家的共同协作下，对 A 公司的专利保护范围进行分析，并仔细分析自身技术保护范围。发现 A 公司在印度的专利布局存在漏洞，同时上海锅炉厂经过改进后的 CFB 技术存在自主知识产权，还具有替代技术，可以绕过 A 公司的技术壁垒。但是由于自主知识产权未在印度进行专利布局，保护存在困难，存在被其他公司侵权的风险。

【案例 20-2】某公司出口阿尔及利亚的垃圾压实机专利分析[1]

案例设置目的：掌握在国外市场对抗竞争对手的专利分析步骤及分析方法。

C 公司生产一种垃圾压实机，并准备将该产品出口到阿尔及利亚。由于 C 公司生产的垃圾压实机与德国宝马公司生产的垃圾压实机相似，担心专利侵权，特委托专利局文献部检索关于德国宝马公司生产的垃圾压实机（车）有关专利的申请情况：在中国的专利申请情况（含说明书全文）；在阿尔及利亚的专利申请情况（含说明书全文）；在其他国家的专利申请情况。

1. 专利检索

根据 C 公司提供的德国宝马公司的垃圾压实机使用说明书，和 C 公司生产的某型垃圾压实机使用说明书等资料，首先检索了德国宝马公司的专利，在 WPI 数据库中检索到 57 件专利。尽管大多数专利与压实机主题有关，但没有一件是关于上述垃圾压实机的专利。根据 C 公司提供的资料上显示出的主题词，在国家知识产权局局域网 WPI 数据库、CPRS 中国专利数据库以及各国专利网站中从主题角度检索，找到相关专利文献 23 件，其中，美国专利 7 件，英国专利 1 件，国际专利申请 1 件，中国专利 4 件（见图 20-2）。另外还有它们的同族专利 19 件。

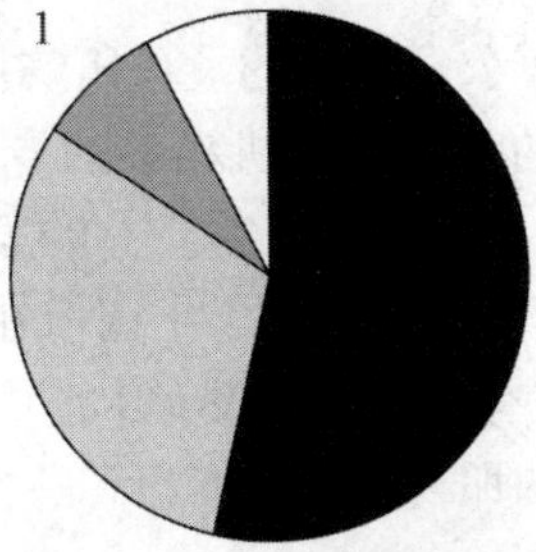

图 20-2　专利申请国家分布示意

2. 竞争对手分析

（1）国外竞争对手分析

按照专利权人归类，上述所有国外相关专利分别属于 6 个专利权人。这 6 个专利权人分别为 3 个美国公司、1 个英国公司、2 个美国个人。在上述 6 个专利权人中，技术实力较强的是一家美国公司，拥有 4824 件美国专利或专利申请，其中与 C 公司所描述的垃圾压实机主题相关的有 7 件。该公司自 1975 年开始第一次提出有关垃圾压实机的专利申请，经过 25 年，到 2000 年仍有专利申请。这 7 件专利由 9 个发明人完成。另外 2 个美国公司分别拥有 7 件和 5 件美国专利，与 C 公司所描述的垃圾压实机主题相关的专利分别为 2 件和 3 件。2 个美国个人分别拥有 2 件和 8 件美国专利，与 C 公司所描述的垃圾压实机主题相关的专利分别为 2 件和 3 件。英国公司拥有 2 件美国专利，其中与

---

[1] 吴泉洲. 产品出口前莫忘专利检索 [J]. 中国发明与专利，2006 (2).

C 公司所描述的垃圾压实机主题相关的有 1 件；此外还拥有英国专利 1 件，国际专利申请 1 件，均与该主题相关。

由此可知，国外技术竞争对手主要是拥有 7 件相关专利的美国公司。

（2）国内竞争对手分析

从检索结果可知，国内没有拥有专利技术的竞争对手，只有 C 公司拥有 4 件中国实用新型相关专利。

3. 同族专利分析

在以上检索结果中有同族专利的相关专利为 1 件，分别属于 1 个专利族；其余 4 件仅有本国专利。在上述各专利族中，拥有已公布的同族专利数量最多的专利族的同族专利数量未超过 6 件。而且，其同族专利主要是发达国家或地区（如美国、日本、英国、欧洲专利局、加拿大，以及澳大利亚等）的专利。已公布的中国同族专利的专利族有 2 个，全部来自技术实力最强的那家美国公司。

4. 专利有效性分析

能够检索到的或通过判断分析可得出专利有效性结果的专利共有 32 件。其中视为撤回的 3 件，视为放弃的 2 件，届满失效的 5 件，未指定中国的 2 件，指定中国但未进入中国国家阶段的 1 件，授权有效的 19 件。

5. 分析结论

（1）德国宝马公司没有申请与 A 公司生产的垃圾压实机相似的专利。

（2）虽然有不少与 A 公司生产的垃圾压实机相关的专利及专利申请，但除 A 公司拥有中国实用新型有效专利外，其他公司的情况是：有的虽然申请中国专利但没有请求实审而被视为撤回，有的虽然通过国际申请指定了中国但在规定的时间内没有进入中国国家阶段而不可能获得中国专利权，有的根本就没有申请中国专利。

（3）检索中没有与 A 公司生产的那种垃圾压实机相关的阿尔及利亚专利。

6. 检索启示与建议

（1）从初次检索结果看，A 公司把检索目标锁定到德国宝马公司，而检索人员则根据 A 公司的要求把检索目标也定位到德国宝马公司，结果没有检索到与 A 公司生产的那种垃圾压实机相似的专利。对于检索要求不能满足检索目的时，主动提示 A 公司如何提出正确的检索要求。

（2）从检索到的 A 公司的中国实用新型专利看，A 公司在开发出自己的产品后及时申请专利以寻求保护的做法表明其具有初步的专利意识，但这并不意味其具有专利战略意识。一个具有专利战略意识的企业，应当在产品开发前先进行专利信息检索收集相关专利资料，作出正确的形势判断然后制定出具体产品的专利战略目标再有的放矢地开发出产品，如果有可能的话再申请专利，寻求知识产权保护最后去开发并占领市场。

（3）所有上述国外专利的权利所有人在申请专利时也犯了一个对市场估计不足的错误，要么没有申请中国专利，要么虽提出 PCT 申请并指定中国，但没有在规定时间内进入中国国家阶段，没有一项在中国获得专利保护，从而给中国企业一个发展的机会。

（4）虽然在国外已有许多与A公司生产的那种垃圾压实机相似的专利，A公司仍应考虑该技术是否还有发展前景，如果确定有发展前景就应尽快根据已掌握的专利信息（尤其是专利技术竞争对手的信息），制定该产品今后的发展战略，做好进一步的技术创新，争取获得更多更有效的自主知识产权保护，从而在该种产品的市场竞争中获得更多的份额。

（5）A公司可以从此产品所经历的发展过程中汲取经验和教训，运用到企业其他产品的专利战略之中，甚至运用到整个企业发展战略之中，从而使企业成长为拥有国际竞争实力的企业。

【案例20-3】某公司产品出口日本的专利风险分析

案例设置目的：掌握已知竞争对手条件下的目标市场专利风险分析。

案例简要介绍：根据某公司检索分析需求及该公司提供的某产品文档，参考前述背景下技术调研的内容，可确定本检索分析主要针对某隔膜产品。基于可能涉及的专利侵权风险，本项目检索范围包括以下技术方向：①陶瓷+锂电池；②陶瓷+隔膜；③隔膜+锂电池；④基膜+锂电池。基于主要竞争对手，本项目重点关注并检索的专利权人包括：①帝人株式会社；②东丽；③旭化成；④住友；⑤思凯德；⑥LG化学。

随着移动设备、电动工具、储能等的高速发展，全球对锂离子电池的需求随之增长迅速，并带动了锂离子产业规模的发展。在市场需求方面，锂离子电池市场需求以接近50%的年均复合增长率高速成长。在产业规模方面，据IIT统计数据显示，2005~2013年，全球锂电池市场规模从56亿美元增长到141亿美元，复合年增长率为12.1%，预计2022年市场规模将达到422亿美元，未来10年复合年增长率预计为12.9%。

分析过程如下：

第一步：专利检索。

确定检索策略，鉴于此类检索的全面性要求较高，本项目的专利检索采用“交叉融合”策略。即将一级技术分支检索得到的专利数据融合为总体专利数据样本供后续分析使用。检索时，利用关键词和分类号构建检索式，获得准确检索结果。

明确检索范围，本项目专利数据的检索日期为：2020年×月×日。本项目专利检索分析的对象为日本专利（此为示例，风险排查的全面性考虑，应包括WO文献一定期限内的筛查），包括发明和实用新型专利，但不包括外观设计专利。

根据某公司的检索需求及现有技术调研可知，该公司产品的主要竞争对手专利权人主要包括帝人株式会社、东丽、旭化成、住友、思凯德和LG化学（见表20-3）。

表20-3　某产品重要专利权人

序号	中文名称	英文名称
1	帝人株式会社、帝人集团、帝人化成股份有限公司	Teijin Ltd.、Teijin
2	东丽、东丽电池隔膜株式会社、东丽株式会社	Toray Ind Inc.、Toray Battery Separator Film Co., Ltd.、Toray Industry
3	旭化成、旭化成电子材料株式会社、旭化成株式会社、旭化成化学株式会社	Asahi Kasei Chemicals Corp.、Asahi Kasei E - materials Corp.、Asahi Kasei Corp.、Asahi Kasei

续表

序号	中文名称	英文名称
4	住友、住友化学株式会社	Sumitomo Chemical Co., Ltd.、Sumitomo Chemical Company
5	思凯德、赛尔格有限责任公司	Celgard、polypore
6	LG化学、株式会社LG化学、LG化学株式会社	Lg Chem Ltd.、LG Chemical

第二步：查全查准率验证。

检索结果汇总，将使用壹专利[1]和Innography分别检索获得的某产品的专利结果汇总合并，得到的检索结果见表20-4。

表20-4 某产品检索式与检索结果统计

最终检索式	日本申请量（项）
S31 or S42 or S43 or S24 or S15 or S16 or S17 or S18 or S19 or S110	6953

此类检索一般追求查全率，因而检索式涵盖范围较宽，数据噪声可能会较大；查全率、查准率验证的样本抽样形式、计算方式及检索结果见表20-5、表20-6。

表20-5 某产品查全率统计

抽样形式	相关量（项）	检中量（项）	查全率（%）
由某公司提供的竞争对手专利为基准，考察是否查全	221	216	97.74
主要原因：分类号为上位化，且该5件专利的技术方案涉及基膜的制备方法，与自主实施方案相关但区别性很大			

表20-6 某产品查准率统计

抽样形式	专利权人	相关量（项）	不相关量（项）	查准率（%）
在检索式中找出以下3家竞争对手的专利，人工判读相关性，相关性扩大到选取关键词时考虑到的技术因素，而非仅为自主实施技术涉及的产品参数和工艺，最后取平均值	Celgard	88	6	93.18
	帝人	259	17	93.44
	旭化成	429	35	91.84
综合查准率				92.82

第三步：高风险专利筛选。

筛选原则：高风险专利的筛选根据某公司的实际分析需求进行，主要考虑法律状态、技术相关性等因素，具体筛选方法如下：

[1] 壹专利（http://www.patyee.com/）为广州奥凯信息咨询有限公司自主研发的全球专利检索分析平台。

（1）根据日本特许厅官方渠道确定法律状态为审查中或授权有效状态。

（2）结合某公司技术专家对技术的理解以及产品实际生产情况，再次排除关联性不强的技术。

（3）根据日本特许厅官方渠道确定的原文中涉及的技术特征进行一一比对，删除不会产生实际风险的专利。

（4）针对可能具有侵权风险的专利——根据原文进行技术特征比对，确定高风险专利（见表 20-7）。

表 20-7　某产品高风险专利

公开号	申请人	申请日	标　题	法律状态
JP6069677B2	LG、东丽	2015/2/25	涂有多孔活性层的有机/无机复合分离膜及其电化学装置	有效
JP4846717B2	LG	2005/8/17	复合多孔膜及电化学装置	有效
JP5031791B2	三星	2009/3/27	电极组件及包括该电极组件的二次电池	有效
JP5883762B2	LG	2012/10/10	有机/无机复合微孔膜和由其制造的电化学装置	有效
JP6523531B2	住友	2018/6/14	层叠多孔膜、非水电解液二次电池用间隔件及非水电解液二次电池	有效
JP5460962B2	LG	2005/12/22	有机-无机复合多孔隔膜及采用该隔膜的电化学装置	有效
JP4460028B2	帝人	2008/6/4	非水二次电池隔膜用聚烯烃微孔膜基板及其制备方法、非水二次电池隔膜和非水二次电池	有效
JP4711965B2	旭化成	2005/9/29	聚烯烃微孔膜	有效
JP4836297B2	旭化成	2010/5/21	多层多孔膜	有效
JP4846849B2	LG、东丽	2008/2/5	涂有多孔活性层的有机/无机复合分离膜及其电化学装置	有效
JP5216327B2	旭化成	2006/12/11	聚烯烃微孔膜	有效
JP6404512B1	旭化成	2018/2/28	非水电解质电池隔膜和非水电解质电池	有效
JP6425484B2	旭化成	2014/9/30	电池隔板	有效
JP6430839B2	旭化成	2015/1/26	电池隔膜和非水电解质电池	有效
JP5144651B2	日立	2008/9/30	电池隔板和非水电解质电池	有效
JP5148360B2	日立	2008/5/12	多孔基底隔膜以及使用该隔膜的电化学元件	有效

第四步：高风险专利侵权判断分析。

以 JP6069677B2 为示例：

（1）基础信息见表 20-8。

表 20-8　JP6069677B2 基础信息

标　题	涂有多孔活性层的有机/无机复合分离膜及其电化学装置			申请号	JP2015034971A
申请日	2015. 02. 25	优先权日	2007. 02. 05	授权日	2017. 02. 01
申请人	LG 化学株式会社、东丽电池			状态	授权有效
技术点	多孔活性层+聚烯烃			失效日	2035/2/25

（2）侵权对比分析（以独立权利要求 1 示例）见表 20-9。

表 20-9　特征对比分析（以独立权利要求 1 示例）

技术特征	独立权利要求 1 特征	自主技术特征	侵权比对
技术特征 A	具有孔的聚烯烃多孔基底	采用××基膜	相同
技术特征 B	包含无机粒子和黏合剂聚合物的混合物的多孔活性层，该多孔活性层被涂覆到所述聚烯烃多孔基底的至少一个面上；其中所述多孔活性层的剥离力为 5gf/cm（1gf/cm=0. 98N/m）以上；所述隔膜于 150℃单独放置 1 小时后，其在纵向或横向上的热收缩率为 50% 以下	采用×××石或者×××铝（对应无机粒子）加入×××剂制备陶瓷浆料（对应多孔活性层）；制备得到的隔膜（对应涂覆至聚烯烃多孔基底） 剥离强度≥××N/m ×××℃/h 纵向热收缩率≤××% ×××℃/h 横向热收缩率≤××%	相同
技术特征 C	其中所述黏合剂聚合物为第一黏合剂聚合物和第二黏合剂聚合物的混合物，所述第一黏合剂聚合物对水滴的接触角为 70°～140°，所述第二黏合剂聚合物对水滴的接触角为 1°～69°	加入××（对应第一黏合剂）和××（对应第二黏合剂）且数值范围落入其中	等同
技术特征 D	第一黏合剂聚合物对所述第二黏合剂聚合物以 5∶95～95∶5 的重量比混合；其中所述无机粒子对所述黏合剂聚合物以 50∶50～99∶1 的重量比混合	××（70%～99%） ××（0. 5%～10%） ××（1. 5%～20%）	相同

（3）风险分析：从技术对比来看，自主技术与专利 1 技术在黏合剂的使用上存在差别，自主技术中黏合剂聚合物是一种，而专利 1 技术采用第一和第二黏合剂聚合物，通过结合日文原文说明书深入研究发现，专利 1 中第一黏合剂为聚偏二氟乙烯、聚偏二氟乙烯、六氟丙烯、聚偏氟乙烯-三氯乙烯、聚甲基丙烯酸酯、聚丙烯腈、聚乙酸乙烯酯中的一种或多种，而自主技术中采用的黏合剂为聚丙烯酸或聚丙烯酸酯或聚丙烯腈或聚苯乙烯或 PVA、丙烯酸树脂、聚丙烯酸类；专利技术中第二黏合剂为三聚氰胺、三聚氰胺聚乙烯醇、三聚氰胺纤维素、氰基纤维素、羧基甲基纤维素中的一种或多种，自主技

术中虽然未采用第二黏合剂，但是加入CMC（羧甲基纤维素、羧甲基纤维素钠），即自主技术中羧甲基纤维素等同于第二黏合剂，则自主技术采用羧甲基纤维素和聚丙烯腈完全落入专利1技术保护范围中，此自主技术存在侵犯专利1专利权的风险。

以上案例从某一国家重点关注的竞争对手出发，全面排查目标市场国家的专利风险，最终落实到微观的专利侵权特征对比上，能够给出口单位在风险应对和技术研发的角度提出落地性建议。此外，在专利风险分析中，还需要注意到一点，对某一国家进行专利侵权风险分析的前提，是对该国知识产权法律制度、知识产权保护环境的深入了解。如果不了解这一点，直接进行侵权对比并判定风险的话，很容易造成逻辑上的错误。

第二十一章　对抗竞争对手的专利分析

专利文献作为技术信息中最重要的信息源，是集技术信息、经济信息、法律信息于一体的最重要的情报源之一，对于企业技术竞争分析具有重要意义，分析和利用专利信息，是获取竞争对手情报的有效渠道之一❶。本章旨在从专利分析的角度，介绍如何识别竞争对手，深入了解竞争对手的技术优势以及发展趋势，并作出适当的对抗策略。本章重点阐述了对抗竞争对手中的专利分析方法及操作流程，并对所要用到的专利分析方法给出了相关指引，同时列举了对抗竞争对手中专利分析的典型案例。

第一节　对抗竞争对手的专利分析方法

对竞争对手的专利活动进行分析，可以了解本领域的主要竞争对手、竞争对手的技术优势、专利战略、技术实力、技术规划策略、市场规划策略等方面的信息❷，从而预测竞争对手未来的目标、资源、市场力量和战略，为本公司制定专利和市场对抗战略提供依据。

一、对抗竞争对手的专利分析流程

1. 识别竞争对手

狭义而言，竞争对手是指产品销售以及专利布局和本企业实力较为接近的厂商；广义而言，竞争对手是指产品销售或专利布局和本企业有竞争关系的厂商。因此，在识别竞争对手时首先需要考虑如何定义竞争对手，然后综合多个角度确定竞争对手，例如：

（1）从专利的角度来看，可通过分析相关技术领域专利申请人排名、重点专利的专利权人、专利许可和诉讼情况等共同确定竞争对手。

（2）从行业的角度来看，可从现有的厂商、潜在的加入者、替代品厂商中确定竞争对手。

---

❶ 詹斯特，赫西．竞争对手分析［M］．高文瑾，译．北京：经济科学出版社，2004：1-3.

❷ 张鹏，等．竞争对手专利情况分析方法探讨［J］．中国发明与专利，2011（9）：46-49.

(3) 从市场的角度来看，可从品牌竞争者、行业竞争者、需要竞争者、消费竞争者中确定竞争对手。

(4) 从行业所处的竞争地位角度来看，可从市场领导者、市场挑战者、市场追随者和市场补缺者中确定竞争对手。

2. 多角度收集竞争对手信息，并分析竞争对手的实力

除了专利信息之外，竞争对手的产品、销售渠道、市场营销、生产与经营、研发能力、资金实力、组织架构、上游供应商、下游客户、合作伙伴、合资公司及子公司、所参与的产业联盟等状况均是需要收集的信息。

分析竞争对手实力时，需要将多种类型的信息相结合，其中对专利信息的分析包括专利申请趋势、技术构成、技术发展脉络、地域构成、重点专利、合作伙伴、发明人团队、专利布局策略、专利许可情况、侵权诉讼纠纷、授权专利维持年限等多个角度。

3. 制定对抗竞争对手策略

根据竞争对手实力分析结果，从技术、研发团队、市场运营、合作伙伴、专利布局、专利风险预警、专利运营等多角度共同制定竞争对手的对抗策略。

总体而言，从专利的角度对抗竞争对手的策略有 3 种：

(1) 不对抗策略。当竞争对手的实力过于强大时，可能不屑于利用专利发起攻击，则企业在短时间内可采取不对抗策略，或者寻求专利许可和技术合作；当竞争对手的实力过弱时，在市场和专利布局方面难以对企业造成影响，则企业只需做好自身专利布局，并持续关注竞争对手动态即可，无须采取太多进攻性策略。

(2) 防御性策略。当竞争对手产品销售以及专利布局对企业有一定的影响，但是未有迹象表明短时间内可能会造成专利风险时，企业可以采取防御性策略，如根据自身研发及竞争对手的专利布局特点开展防御性专利挖掘，购买防御性专利，寻求合作伙伴，采取专利风险预警，对高危专利进行技术规避等。

(3) 进攻性策略。当竞争对手产品销售以及专利布局对企业有一定的影响，并且已经或者有迹象表明将会造成专利风险时，企业应采取进攻性策略，如专利诉讼、专利交叉许可谈判、专利无效、购买攻击性专利等。

二、对抗竞争对手的专利分析项目

表 21-1 列举了对抗竞争对手的专利分析内容以及相关的专利分析方法，其中大部分在本书的前述部分已有涉及。

而对于竞争对手的分析通常还需要对其研发团队进行深入分析。竞争对手研发团队分析主要是针对竞争对手所申请专利中的一些主要发明人进行分析统计。通常可以分析发明人的申请量、在整个团队中的地位、技术生涯情况、技术研发方向等，来判断整个发明团队或个人的研发能力，进而判断一个企业的技术实力。

表 21-1 对抗竞争对手的专利分析流程及主要专利分析项目

专利分析流程	主要专利分析项目	
	专利分析内容	专利分析方法
第一步 识别竞争对手	相关技术领域或重点专利的申请人排名	a. 数据排序分析（参见第三章）； b. 重点专利分析（参见第二章）
第二步 收集竞争对手的情报，以及分析竞争对手的实力	技术实力分析（技术构成、技术发展趋势、研发团队等）	a. 数据趋势分析（参见第一章）； b. 数据构成分析（参见第三章）； c. 功效矩阵分析（参见第八章）； d. 技术路线图分析（参见第十章）； e. 专利技术追踪策略分析（参见第十三章）； f. 研发团队分析（参见本节）
	专利布局分析（申请趋势、地域构成、专利保护策略及范围等）	a. 数据趋势分析（参见第一章）； b. 数据构成分析（参见第三章）； c. 数据关联分析（参见第四章）； d. 专利保护与布局策略分析（参见第十六章）； e. 权利要求分析（参见第十一章）
	专利运营分析（许可、诉讼、无效、授权专利维持等）	a. 专利诉讼无效策略分析（参见第十七章）； b. 专利运用策略分析（参见第十八章）
第三步 制定对抗竞争对手的策略	技术规避、专利挖掘、研发合作、专利诉讼无效等策略分析	a. 规避设计分析（参见第十二章）； b. 专利挖掘策略分析（参见第十四章）； c. 研发合作策略分析（参见第十五章）； d. 专利诉讼无效策略分析（参见第十七章）

1. 发明人技术生涯分析

图 21-1❶展示了 FANUC 公司专利中研发人员的研发时间以及研发数量，这是较为常见的分析内容。从图上直观地可以看出，申请量最大的发明人分别是二瓶亮、鸟居信利、渡边淳。且研发时长最长的发明人以二瓶亮为代表，其发明生涯从 1979 年一直延续到了 2010 年；与其相类似的还有加藤哲朗、榊原伸介。这些研发人员对于企业具有较高的忠诚度，如果考虑引进这一类人才，则较为困难。另一方面说明该企业的人事制度深得人心，杜绝了顶尖人才的外流情况。

❶ 杨铁军. 产业专利分析报告（第 19 册）：工业机器人［M］. 北京：知识产权出版社，2014：317-319.

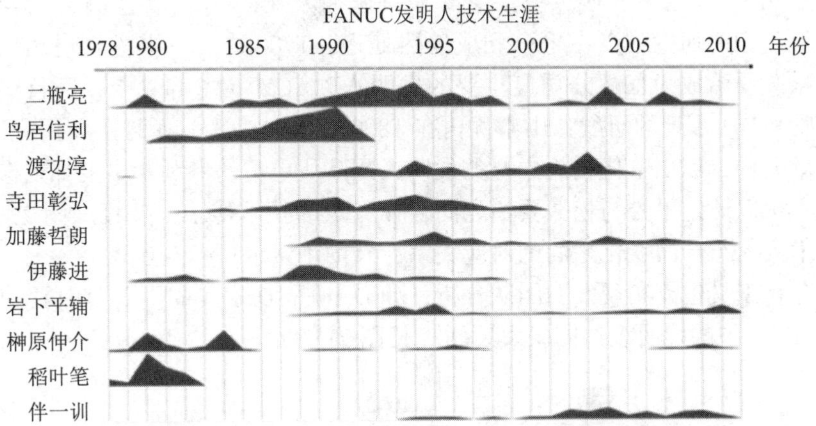

图 21-1　FANUC 公司发明团队的研发时长分析

2. 发明人技术传承关系分析

另外，发明人分析中还应注意多个发明人的技术传承关系。图 21-2 为日本东丽公司发明人分析图。图中按时间和产品示出了该公司研发人员的研发强度和研发时间跨度。其中名字的大小表示所涉及的专利的多少❶。

由图 21-2 可知，T300 的主要发明人是平松，平松参与了 T300/T400/T700 的研发。

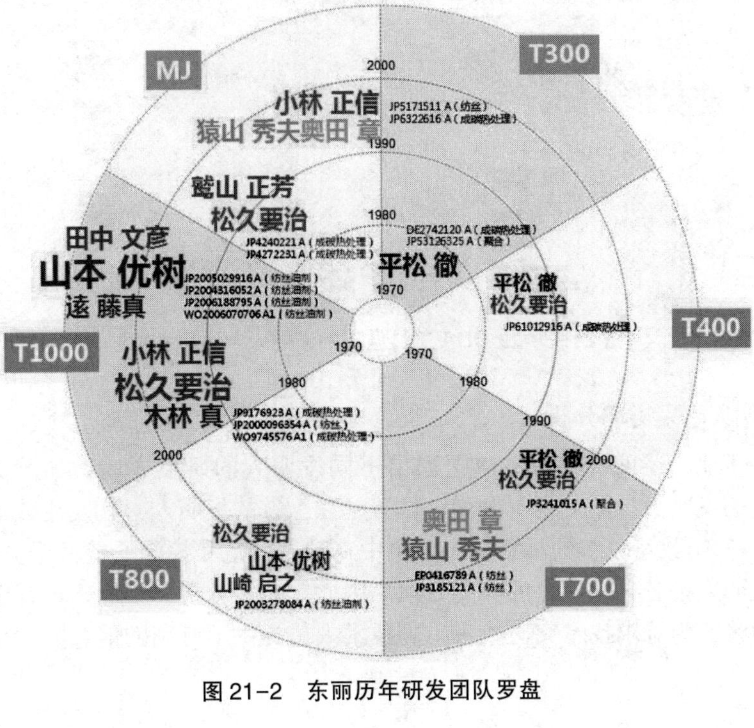

图 21-2　东丽历年研发团队罗盘

❶ 杨铁军. 产业专利分析报告（第 14 册）：高性能纤维［M］. 北京：知识产权出版社，2013：153.

自第二代产品T400之后，松久要治与平松一起研发T400，之后他们共同合作研发了T700，而且他们的研发重点在聚合和成碳热处理；T700之后，平松就退出了东丽的研发团队，松久要治成为东丽公司最主要的发明人、ACM技术部骨干，而且参与了往后的T800/T100/MJ系列的研发；山本优树在T800研发时进入，而且主要研究纺丝油剂，到T1000的时候，以山本优树为中心的发明人团队所申请的专利基本上都是涉及纺丝油剂。由此，可以认定平松与松久要治之间存在一定的技术传承，并且从图21-2上也可以看出技术人才与产品变化之间的对应关系，有助于认定目标人才。

一些分析工具也能实现发明团队分析，如Derwent Data Analyzer（DDA，原Thomson Data Analyzer）中的发明人共同研发关联（见图21-3）。

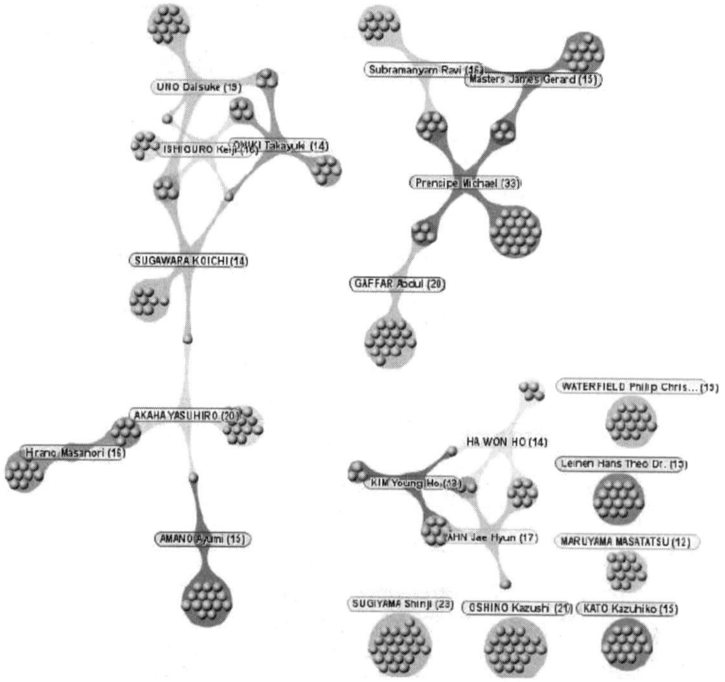

图21-3　由DDA工具做出的发明人共同研发关联

3. 发明人研发方向分析

再进一步地，还可以利用雷达图列出不同发明人的研发方向，如图21-4所示❶。按照发明人的发明数量从上到下排列，位置越在上方的发明人，其发明数量越多。由图21-4可知，发明数量较多的林繁树主要集中在动力行走和控制系统两个分支的研究上。其他重要发明人都各自有侧重的研究方向。因此针对该分析，可以确定各个分支的重要技术研发力量，为寻求技术突破或者猎聘技术人员提供了有利的信息。

---

❶ 改编自：杨铁军. 产业专利分析报告（第3册）：农业机械［M］. 北京：知识产权出版社，2012：153-155.

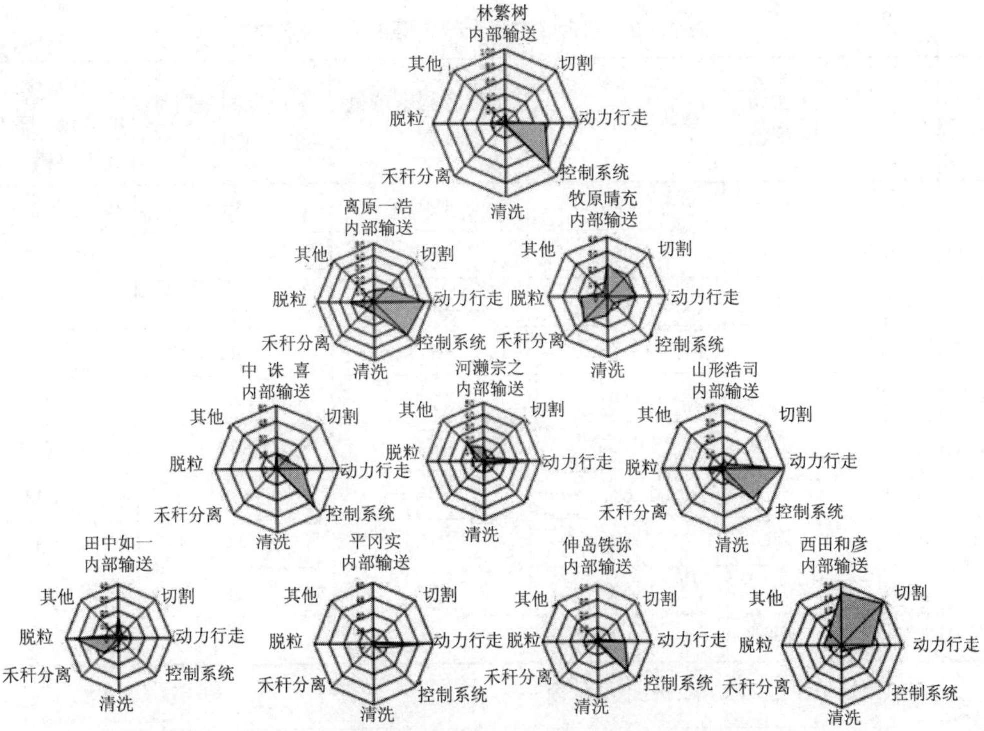

图 21-4 久保田联合收割机领域各主要发明人主要研发方向示意

第二节 对抗竞争对手专利分析典型案例

【案例 21-1】我国农机行业的主要国外技术竞争对手分析

案例设置目的：掌握识别竞争对手的专利分析方法。

第一步：识别主要竞争对手。

对于我国农机行业来说，主要的竞争对手应当在我国具有大量的有效专利布局、占有较大的市场份额。

由表 21-2 可知，日本公司中久保田、洋马农机公司的申请量都超越或者接近千项，在华的专利有效量分居全球第一、第二位，久保田在 20 世纪 90 年代就来中国开设分公司。美国企业迪尔和凯斯纽荷兰虽然在全球市场占有率上占有较大优势，但在中国的市场份额不大，在中国的专利申请量也不大。因此，综合考虑，当前我国农机行业的主要竞争对手应当是日本公司中的久保田与洋马农机公司。

表 21-2　联合收割机全球主要申请人排名❶

公司	所属国家	全球市场份额*	全球专利申请量（项）	多边专利申请量（项）	中国专利申请量（有效）（件）
井关农机	日本	2.0%	1902	38	33（23）
洋马农机	日本	4.1%	1613	81	77（52）
久保田	日本	4.6%	1442	123	71（52）
凯斯纽荷兰	美国	10.6%	1035	441	0
三菱农机	日本	<0.4%	904	6	0
迪尔	美国	14.4%	771	507	17（7）
克拉斯	德国	3.6%	743	439	8（2）
爱科	美国	7.4%	310	45	4（0）
萨姆	意大利	1.6%	221	61	0
罗斯托夫	俄罗斯	—	101	3	0

* 全球市场份额为 2005 年农机市场份额。

第二步：竞争对手的研发重点转移分析。

在专利分析中，常细化到针对某一技术的各个分支上的申请比重来进行比较，从而能够获知竞争对手的技术侧重点。这在各类专利分析中较为常见，因此这里不再举例说明。当发现竞争对手在某个领域、某个技术分支或某个重点技术上的申请量有明显减少之后，应当适当扩展到其他相关领域、技术分支或重点上，进一步分析竞争对手是否有技术重点转移或者新的技术出现，以对此制定相应的策略。

通常相关领域、技术分支或者技术重点可以通过 IPC 分类号的变化体现出来（也可以通过技术主题或技术分支概念术语来体现）。一般来说，可以简单统计竞争对手每一年在每个领域下的技术均分布在哪些分类号下面，或者说，统计每一年的主要 IPC 是哪一个，来确定竞争对手的技术演变趋势、技术研发对象。也即可以通过技术分支年申请量的变化来判断竞争对手的研发方向。当重要竞争对手在某一技术分支的申请量逐年降低的时候，预示着该技术可能是接近淘汰的技术，或者该竞争对手有意从该技术分支逐步撤出；当竞争对手在某一个技术分支上的年申请量增加的时候，说明该技术分支可能是近年来或者该竞争对手近期的技术研发热点。

表 21-3 所示为久保田在柴油机领域的 IPC 统计，其统计数据将每年的申请量转换为每一年某些分类号中申请所占比例，通过这样的转换，更能直接体现出技术的转移情况。

❶ 改编自：杨铁军. 产业专利分析报告（第 3 册）：农业机械［M］. 北京：知识产权出版社，2012：29-32，150-155.

表 21-3　久保田柴油机各个阶段公开专利使用最多的 3 个主分类号统计[1]

阶　段	使用最多的 3 个主分类号	占所在阶段的百分比（%）
1990~1994 年	F02B3	30.2
	F02D1	11.9
	F02B19	7.5
1995~1999 年	F02D1	20.5
	F02B3	18.5
	F02D31	10.2
2000~2004 年	F02D1	15.8
	F02B19	15.5
	F02D41	8.8
2005~2008 年	F02D1	18.2
	F01N3	13.2
	F02M59	6.6

从表 21-3 中的数据可知，初期较为侧重的分支 F02B3 随着时间的推移其使用频次下降，这说明久保田在这个分支上的研究力度和保护力度正在逐渐减弱。而分支 F02D1 在各个阶段均能保持较高的使用频次，这说明这一分支对久保田柴油机技术的发展来说一直处于重要地位。分支 F02B19 在第一和第三阶段占有重要位置，而 F02D41 在第三阶段才呈现一定的比重，这说明在某一些时间段内，久保田在这几个分支上进行了重点研究，这一方面可能是市场原因造成的，另一方面有可能是久保田在这些分支上有了新的进步因而开始进行申请。在最后一个阶段中，出现了 F01N3、F02M59，这也许就是久保田新的技术发展方向，需要提起注意。

【案例 21-2】某公司在中国 Y 型轧机领域的重点竞争对手分析

案例设置目的：掌握对抗竞争对手的专利分析方法。

第一步：识别竞争对手。

如表 21-4 所示，通过专利检索、筛查、归类及统计分析可知，虽然日本申请人在 Y 型轧机领域的全球专利申请量领先优势明显，但是多边专利申请量和中国专利申请量明显偏低，而德国的 SMS 集团全球专利申请量及中国专利申请量均处于领先地位。

此外，通过分析 Y 型轧机领域的市场占有情况可知，SMS 集团在全球和中国市场的占有率均位于第一位；而 A 公司的市场主要集中在中国国内，领先于其他国内厂商。

因此综合专利申请和市场占有情况，在国内 Y 型轧机领域 A 公司可将 SMS 集团视

[1] 刘红光，吕义超．专利情报分析在特定竞争对手分析中的应用［J］．情报杂志，2010（7）：35-39.

为最主要的竞争对手。

表 21-4　Y 型轧机全球主要申请人专利申请情况

公司	所属国家	全球专利申请量（项）	多边专利申请量（项）	中国专利申请量（有效）（件）
JFE	日本	145	12	4（3）
SMS 集团	德国	113	65	35（20）
住友集团	日本	74	5	2（2）
新日铁	日本	56	10	6（4）
川崎重工	日本	32	2	1（1）
达涅利	意大利	18	16	4（2）
西门子 VAI	奥地利	15	10	6（3）
中冶南方	中国	11	1	11（8）
中冶赛迪	中国	8	0	8（6）
鞍钢	中国	5	0	5（4）

第二步：收集竞争对手的情报，以及分析竞争对手的实力。

通过调查发现，SMS 集团由多家为钢铁和有色金属工业从事机械设计和设备制造业务的跨国公司组成，总部位于德国。其两大核心企业 SMS Demag 和 SMS Meer 共同构成了 SMS 冶金分支，无论市场份额还是专利申请量在冶金领域均处于全球领先地位。

以下为 SMS 集团在技术、专利布局和专利运营方面的分析结果。

（1）专利申请趋势

如图 21-5 所示，总体而言 Y 型轧机领域的全球专利申请呈现出下降的趋势，而 SMS 集团在该领域的全球和中国专利申请在 2004 年之后也明显减少，可见 Y 型轧机领域的技术很可能已经趋于成熟，SMS 集团也基本完成了专利布局。

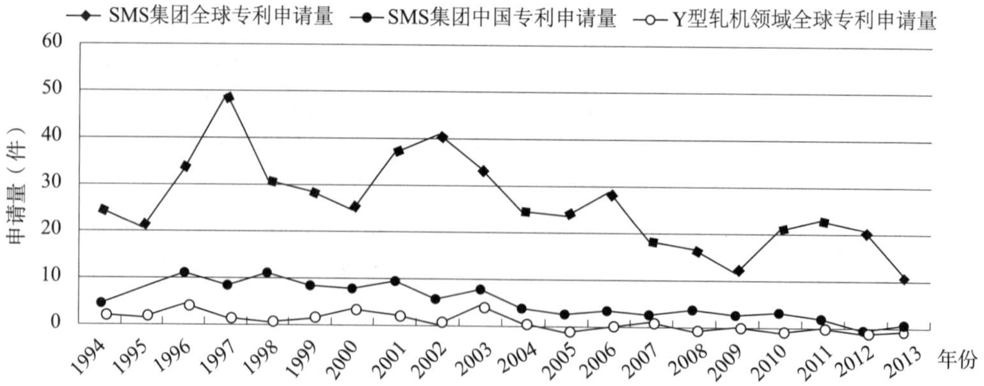

图 21-5　SMS 集团在 Y 型轧机领域的全球及中国专利申请趋势

（2）专利申请地域构成

如图 21-6 所示，SMS 集团向全球 15 个知识产权组织申请了 Y 型轧机的相关专利，其中欧洲和美国的申请量明显领先于其他国家或地区。结合 SMS 集团的发展历程可知，由于其总部位于德国，并且欧洲和美国是钢铁冶金行业的传统市场，其在欧洲和美国拥有多个子公司或者生产基地，故欧洲和美国的专利申请量领先也就不足为奇了。

而 SMS 集团在中国的专利申请量仅次于欧洲和美国，并且已成立了中国分公司，足见其对中国市场的关注度。

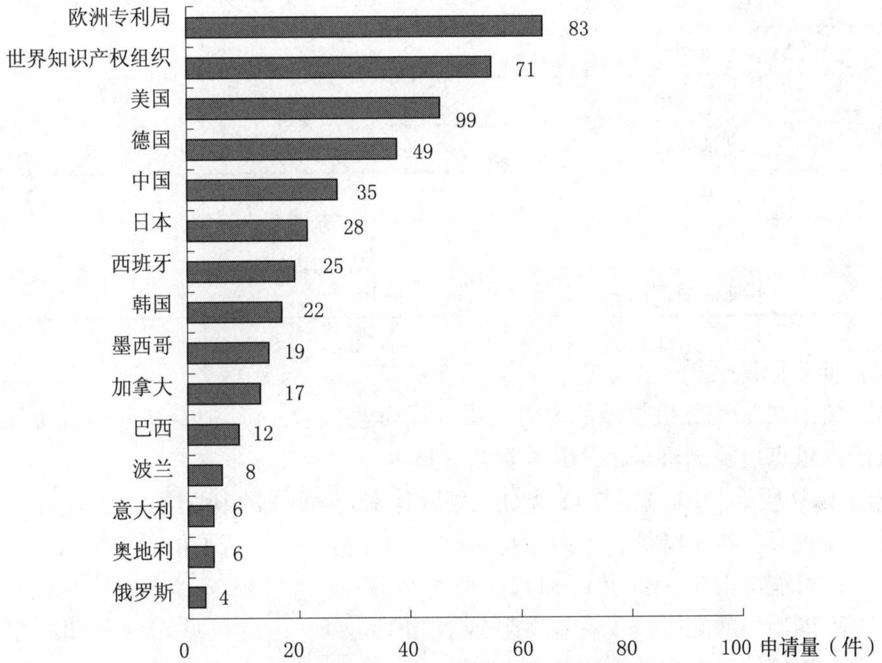

图 21-6　SMS 集团在 Y 型轧机领域的专利申请组织分布

（3）技术构成情况分析

由表 21-5 可以看出，SMS 集团在 Y 型轧机领域的各个技术分支几乎均有专利申请，表明其针对 Y 型轧机开展了全面的技术研发。

表中列出具体名称的技术分支为 A 公司较为关注的分支，相比而言 SMS 集团在“型钢轧制法”分支的全球和中国专利布局更为密集。

表 21-5　SMS 集团在 Y 型轧机领域的专利申请技术构成情况

技术分支		全球专利申请量（项）	中国专利申请量（件）
工艺	轧机孔型	3	1
	型钢轧制法	9	5
	其他轧制工艺	34	7

续表

技术分支		全球专利申请量（项）	中国专利申请量（件）
设备	轧机整体系统	2	1
	轧辊辊系	3	1
	换辊装置	5	2
	导卫装置	3	0
	轴向锁紧装置	2	1
	轧辊位置调整装置	2	0
	机架	6	2
	油气润滑	3	1
	其他附件	19	6
电气	AGC	4	2
	HPC	2	0
	其他控制方法	16	6

（4）研发团队规模

SMS 集团在 Y 型轧机领域的发明人团队规模达 35 人，其中专利申请量排名前列的发明人研发重点主要侧重于工艺和设备相关技术。

如图 21-7 所示，SMS 集团在 Y 型轧机领域有 8 位发明人的申请量达到或超过了 10 件。

进一步检索分析了解到，申请量排名前列的发明人还申请了很大数量的其他类型轧机专利，这可能是由于 SMS 集团拥有多种类型的轧机生产线，尽管型号存在差异，但是实际上不同型号的轧机技术存在关联或者相似之处，由此可见 SMS 集团在整个轧机领域具有大规模的研发团队，研发实力极强。

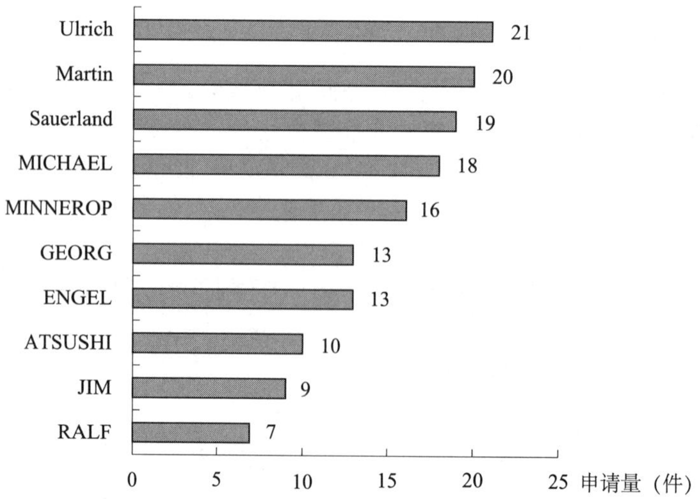

图 21-7　SMS 集团在 Y 型轧机领域的发明人排名

(5) 重点专利侵权比对分析

本案例以“型钢轧制法”这一技术分支为例，对SMS集团的中国专利与A公司的方案进行了侵权比对分析，分析结果显示A公司的“型钢轧制法”相关技术方案对SMS集团的中国专利可能构成专利侵权。

具体比对结果见表21-6。

表21-6　SMS集团在“型钢轧制法”分支的中国专利侵权比对结果

序号	申请号	侵权比对结果	说　明
1	CN02××××	有侵权可能性	专利使用的是X-H工艺，而A公司方案为X-X-H工艺，虽然从技术的角度来说两种工艺中轧机布局和轧制过程明显不同，但是在侵权诉讼中法官可能会认为“X-H工艺”与“X-X-H工艺”近似
2	CN97××××	有侵权可能性	
3	CN98××××	有侵权可能性	
4	CN20××××	侵权可能性较小	主要区别在于该专利在机组前设有立轧机架，而A公司方案设置的是开坯轧机，立轧机架与开坯轧机不属于等同的技术特征
5	CN20××××	侵权可能性较小	主要区别在于该专利设置有精整站，而A公司方案未设置

(6) 专利运营策略

可能由于SMS集团的技术和市场霸主地位难以动摇，所以截至分析之日，其在中国几乎没有发生过任何专利诉讼，全球范围内也未有数据显示SMS集团在Y型轧机领域发生过专利诉讼和许可。

(7) 分析结论

虽然A公司的技术方案可能对SMS集团的专利构成侵权，但是可能由于SMS集团在Y型轧机领域的技术实力、专利布局和市场占有率均处于全球领先地位，其认为中国市场的对手实力较弱，故短时间内在中国对A公司发起专利诉讼的可能性不大。

第三步：制定竞争对手对抗策略。

继续以“型钢轧制法”这一技术分支为例。虽然SMS集团在中国利用专利发起攻击的可能性不大，但是一旦发生专利诉讼，会对A公司产生较大的影响，因此A公司仍需要制定适当的对抗策略，具体建议如下。

(1) 预先准备专利诉讼的应诉材料

从专利、图书、期刊、教科书或者工具书等公开文献中查找关于轧制工艺发展历程的介绍，以证明X-H工艺和X-X-H工艺的技术性实质不同，或者证明A公司所采用的技术方案属于在SMS集团专利申请日之前的公知技术。

调取SMS集团相关专利的审查中间文件，查看在审查意见答辩中，申请人是否存在限制权利要求保护范围的情况，以便于侵权诉讼时缩小权利要求的保护范围，以及查看审查员是否找到了说明X-H工艺和X-X-H工艺存在实质性差别的对比文献。

（2）专利无效准备

如果能无效 SMS 集团“型钢轧制法”的相关中国专利，则可以彻底消除专利侵权风险，具体而言：

CN02××××：权利要求书主要技术特征包括“X-H 轧制加工工艺的描述”和“相关参数限定”，通过专利检索发现了多篇专利在该专利申请日之前已公开了“X-H 轧制加工工艺的描述”这一特征，而“相关参数限定”在某技术资料中也已找到，因此可以考虑对该专利提出全部无效申请。

CN97××××：独立权利要求 1 的主要技术特征仅为“X-H 轧制加工工艺的描述”，通过专利检索发现了多篇专利在该专利申请日之前已公开了该特征，而从属权利要求的附加技术特征 A 公司完全没有采用，因此可以考虑对专利提出部分无效申请，即无效该专利的独立权利要求 1。

CN98××××：权利要求书的主要技术特征包括“X-H 轧制加工工艺的描述”和“相关参数限定”，但是尚未有证据显示该专利中的“相关参数限定”属于现有技术，因此如无效该专利，还需通过调取审查中间文件、专利和文件检索等途径进一步查找无效证据。

（3）技术规避设计

从专利的角度来看，技术规避设计的思路有 3 点：①改变 Y 型轧机的具体结构，因为相关专利对 Y 型轧机的某些结构限定得比较具体，如果将装置的结构进行改进后仍然能得到相同的效果，则可实现技术规避；②改变材料的成型过程，如改变孔型，会导致所需要的装置结构不同，进而使成型工艺不同，则可实现技术规避；③改变轧机机组设置，以规避某件专利中的平行并错方案。

第二十二章　专利对标分析

企业的发展需要正确的定位，包括在产业中的定位和在同行企业中的定位。在产业层面上研究产业链整体技术布局情况时可以利用专利全景分析工具，而在企业层面上研究则可以利用专利对标分析工具。

专利全景分析的目标在于比较全面地呈现一个产业的全景地图。通过专利全景分析能够揭示产业的发展阶段、发展趋势、创新活跃度、热点主题、主要参与者、新近参与者等。专利全景分析通常覆盖产业链的上游、中游和下游，涉及庞大的数据量，覆盖宽泛的技术主题和应用领域，包含众多的参与主体，其更专注整体性、趋势性研究。专利全景分析不是终点，而是企业明确自身产业定位和廓清竞争环境的第一步，即确立自身在产业链的定位，明确竞争对手和/或潜在合作伙伴，厘清自身为产业其他环节提供什么价值。

专利对标分析更加聚焦于企业间的竞争、合作与发展，主要研究企业间的竞争效率和差异化，以及与未来发展趋势的匹配。其方法论借鉴于“对标分析”。对标分析是由美国施乐公司首创的一种独特的管理方法，施乐公司将其定义为“一个将产品、服务和实践与最强大的竞争对手或是行业领导者相比较的持续流程”[1]。企业基于自身需求而系统性地收集行业内外企业数据，基于企业商业目标，选择对标对象，并从竞争环境、商业模式、发展路线等各方面与对标对象进行比较、分析、判断，获取竞争情报的过程。专利对标分析已经超出了管理学的范畴，在企业诸多场景下都得到了具体的应用。例如跟随型企业利用专利对标分析跟踪行业标杆企业技术路线；先进型企业利用专利对标分析研究竞争对手技术发展脉络；领先型企业利用专利对标分析结合论文监控并分析比较特定技术领域主要研究机构最新的研究技术动向；收购型企业利用专利对标分析辅助进行收购对象之间的价值对比等。

第一节　专利对标分析的应用场景

专利对标分析以专利文献为数据基础，结合企业产品/服务信息、商业信息等，围绕企业定位和竞争环境，依据对标要解决的问题与预期达成的目标可以在企业中构建各种应用场景。

---

[1] https://baike.baidu.com/.

（1）跟踪标杆技术路线

对于技术跟随型企业，在行业主导企业已开展的技术创新方向上，跟踪技术的发展路线，选择符合自身定位的技术进行开发或改进，有的放矢设定研发目标，既可以避免方向选择错误而导致的技术开发风险和市场风险，还可以形成自身的相对技术优势。

（2）分析竞争对手策略

对于技术先进型企业，其自身已经处于行业前列，但是为了保持行业先进地位，避免被革新技术或者新兴技术取代，需要保持对行业竞争对手的动态监控，以及进行自身与竞争对手的对标。可以通过专利文献了解竞争对手的技术方向选择、应对场景覆盖等，结合竞争对手的产品/服务信息、对外文宣和投融资情况，可以进一步对标自身与竞争对手的发展态势。

（3）探索研发方向和设定研发目标

对于技术领先型企业，其本身已经在行业处于主导地位，利用新技术率先开发新产品/新服务，保持行业主导市场地位，占据有利市场地位，是企业的关注重点。在探索新的研发方向方面，关注特定领域的主要研究机构的科研成果是很好的选择，系统收集多个相关机构的论文和专利，结合企业自身能力，制作产品化路线图，可以降低开发成本和减少研发风险。

（4）设定产品开发目标和工程目标

企业在产业环节中面临各方面的竞争和压力，除了来自同行业企业的竞争之外，还有来自潜在进入者以及替代品生产者的竞争，同时还面临来自上游供应商和客户的压力。开放式创新打破了大企业研发中心单独搞研发的创新模式，产业的融合也使很多颠覆性的竞争都来自行业之外，因此，通过专利对标分析关注本行业初创企业创新点，替代品的融合趋势和演进趋势等，结合本企业的定位设定企业自身的产品开发目标和工程目标。

（5）潜在的其他众多应用场景

企业仍然可以将专利对标分析用于更多的商业活动中，例如：

对标分析竞争对手与自身标准必要专利的数量、质量，以及覆盖地域/产品的范围；

对标分析竞争对手专利覆盖自身产品/服务的情况，以及反过来的情况；

对标分析竞争对手海外市场扩张的投入情况，包括专利和产品；

对标分析多家拟收购/投资企业的技术和研发情况，支持投资决策；

在外部综合评价企业创新性的场合，例如科创板上市，通过专利对标分析阐明自身技术先进性和竞争优势等各种场合。综合以上应用场景需要说明的是，针对专利对标分析正确的理解方式如下：

1）专利对标分析不限于仅对标一家企业，可以依据对标目的同时对标多家企业。

2）专利对标分析不限于仅对标行业龙头企业，任何一家在某方面有特色的企业的整体或者部分都可以成为对标对象。

3）专利对标分析不限于将自己与其他企业进行对比，也可以是在其他企业之间进行对比。

4）依据事先设定的借由专利对标分析解决的问题，需要结合其他信息，如产品/服务信息、商业信息等，才可能得出客观、公正的结论，才可以用于指导企业的决策。

第二节 专利对标分析的方法与流程

一个成功的专利对标分析，首先应当围绕要解决的问题进行设计和规划，要解决的问题和希望达成的目标一直指引着后续的分析步骤。

具体来说，一个科学的专利对标分析程序通常分成以下六步：①目标设定；②确立对标对象；③建立分析框架；④数据收集与整理；⑤对标分析；⑥对标分析成果的利用。

一、目标设定

目标的设定至关重要，清晰的目标可以指导标杆的选择与分析框架的制定，避免陷入盲目的信息收集，而在分析阶段可以指引分析的方向。

专利对标分析目标，即通过提出要解决的问题，回答问题，并据此得出的可以支撑决策的结果。

如前所述，目标设定是以企业明确的自我定位为前提的，企业将自身放在特定的行业，放在产业链特定环节上，放在具体发展策略和创新策略的关键问题上。

企业要解决的关键问题可能是多方面的，包括发展问题、产品问题、技术问题等。需要筛选和确认可以通过专利对标分析解决或辅助决策的问题。

专利对标分析基于专利信息，而专利信息本身所蕴含的技术信息、商业信息和法律信息使得对专利信息的深入、系统分析，并与市场信息、产品信息等结合而做出的分析结论可以用于支撑企业多样的决策活动。

但是，设定专利对标分析的目标需要注意：要解决的问题是与目标相关的，回答该问题即可以达成目标；要解决的问题需要聚焦并且是借由信息收集和分析可以解决的；当要解决的问题较宽泛时，可以拆解成多个相对聚焦的问题。

一些值得借鉴的问题是：

1）S 公司在 AMOLED 的最新的研发动向是什么，新技术的产品化方向是什么？

2）T 公司在 AI 方向研发的重点是什么，与产品对应关系如何，想定的应用场景如何？

3）行业外 J、A 公司的技术与本行业的产品/服务的融合趋势和路线是什么？

4）量子通信相关公司的产品化路径是什么？

5）相比于对标公司，本公司的优劣势在哪里？需要在哪些方面进行加强？

提出要解决的问题之后，再次审视问题的回答是否可以形成据以行动的成果，如果审视的答案是肯定的，即可开展下一步的工作。

二、确立对标对象

确立对标对象对于多数企业来讲是容易的，标杆通常就是本行业的主导企业或者已经在市场上正面对决的竞争对手或者已经杀入本行业的其他行业的企业，例如颠覆某传统行业的互联网企业。

而对于另外一些企业，标杆并不是显而易见地就在哪里，需要综合多种渠道的信息去发现并进行甄别和选择。

即便标杆就在那里，但是出于人力、物力、财力、发展阶段和竞争环境的原因，就一个特定企业而言，如何做出选择也是需要经过审慎的评估选择的。

选择标杆需要考虑：

与标杆之间在竞争环境上，企业能力近似；

与标杆之间具有一定的可比性，通过努力有接近甚至超越的可能；

将长期标杆与短期标杆结合。

三、建立分析框架

分析框架，是衔接数据和结论的桥梁，既是指引数据收集的大纲，也是将数据加工分析而形成要解决的问题的答案的逻辑框架。

例如，如果需要了解标杆企业在目标领域是不是在持续研发，最近是否关注，那么就应该分析该企业在目标领域的历年专利申请量、近年申请占比，从专利布局趋势上反映其在研发上的持续性。

如果需要了解标杆企业关注的目标市场，则应该分析该企业在目标领域中在各个国家/地区的历年专利申请量，从在各个国家/地区的专利申请趋势反映除了本土以外，是否还关注其他国家/地区，以及有没有最近格外关注的国家/地区。

如果需要了解标杆企业针对某特定产品/技术在特定市场有没有相关的专利，则需要具体针对特定产品/技术的相关方案，检索标杆企业的特定专利，有没有在特定市场的专利成员。

如果要了解标杆企业最近在目标领域的研发动向，则从定量角度可以分析其在细分领域的历年专利申请量等，反映其新近关注的重点细分领域，必要时需要人工深入阅读近期专利发掘其重点研发方向或方案。

如果能够围绕对标分析的目标定位和要解决的问题，设计分析的思路和框架，最终的分析成果必然能更好地解决实际问题。一旦分析内容确定，则可以倒推如果要进行这些角度的分析，需要哪些分析指标，需要哪些信息和字段，应当如何去构建数据集，数据应当更追求全面性还是准确性，是否需要人工阅读逐一去噪，具体的分析过程中需要采取什么样的手段和方式实现，例如完全基于定量分析，还是结合定性分析，是采用专利家族为单位进行数据分析还是基于单件申请为单位进行数据分析等。

专利文献作为最为权威、客观、全面的情报载体，具有丰富的结构化的字段，可以分别从技术角度、市场角度、竞争角度、法律角度等提供信息。

表22-1中列举了一些分析指标，以及这些指标可以从哪些角度说明问题，也就是分析的角度，可以围绕对标分析的目标定位和要解决的问题，从中选择若干个关心的分析角度对应的分析指标，从而实现有效的分析，避免将资源投入在不关注的分析内容上。

表 22-1　对标分析参考指标

说　明	分　析　指　标	分析角度
目标技术领域概况	目标技术领域的专利申请数量/专利家族数量/授权专利数量	作为参照对象，了解目标专利权人/申请人在其中的位置
	目标技术领域的历年专利申请量/近年专利占比/年复合增长率	
	目标专利权人/申请人在目标技术领域的专利家族数量/专利申请数量	
标杆企业对标分析	目标专利权人/申请人的总专利家族数量/专利申请数量	总体量
	目标专利权人/申请人在目标技术领域的累计布局的专利家族数量及占总体专利家族数的比例	目标领域的研发积累
	目标专利权人/申请人在目标技术领域的累计布局的专利申请数量及占总体专利申请数的比例	目标领域的专利投入
	目标专利权人/申请人在目标技术领域的累计布局的授权专利占比	发明创新性
	目标专利权人/申请人在目标技术领域专利的历年专利申请量	研发趋势
	目标专利权人/申请人在目标技术领域专利的近年专利占比/年复合增长率	创新活跃度
	目标专利权人/申请人优先权国家/地区分布	研发中心
	目标专利权人/申请人布局国家/地区分布及各地布局专利申请数量	重点目标市场
	目标专利权人/申请人在各国家/地区的历年专利申请量	新近关注市场
	目标专利权人/申请人在各细分技术/应用分类的专利申请数量/专利家族数量	重点领域
	目标专利权人/申请人在各细分技术/应用分类的历年专利申请量/近年专利占比/年复合增长率	研发动向
	目标专利权人/申请人各细分技术/应用分类的优先权国家/地区分布	主要技术研发中心
	目标专利权人/申请人各细分技术/应用分类的布局国家/地区分布	细分技术关注市场
	目标专利权人/申请人在目标技术领域的年均专利被引证频次	总体技术影响力
	目标专利权人/申请人在目标技术领域的平均同族规模	总体投入
	目标专利权人/申请人在目标技术领域的平均专利强度	综合强度
	目标专利权人/申请人在目标技术领域的平均专利剩余年限	专利寿命
	目标专利权人/申请人的平均专利强度对比平均专利剩余年限	值得关注的对象
	目标专利权人/申请人在各细分技术/应用分类的年均专利被引证频次	优势领域
	目标专利权人/申请人在各细分技术/应用分类的平均布局同族规模	重点投入领域
	目标专利权人/申请人的合作研发对象	合作关系网
	引用目标专利权人/申请人专利的企业或者目标专利权人/申请人专利引用的对象	潜在运营对象
	目标专利权人/申请人的核心发明人和团队研发方向	核心人才

续表

说明	分析指标	分析角度
标杆企业对标分析	目标专利权人/申请人作为原告的专利诉讼案	诉讼策略
	目标专利权人/申请人作为被告的专利诉讼案	涉诉情况
	目标专利权人/申请人的专利转让受让，专利许可被许可分析	运营关系
	目标专利权人/申请人的核心产品/技术侵权分析	对方法律风险/收购机会
	目标专利权人/申请人的核心专利分析/阻击专利分析	自身的法律风险/收购机会

另外，指标的选择也应当要结合后续落地实施的需要，譬如，最终应用对标分析结果的部门的组织架构，如果前期设计时即考虑到这些因素，那么在做技术细分/应用领域细分时，即可尽量贴近企业现有的组织架构，由此能够便于分析成果的落地执行。

四、数据收集与整理

数据收集包括专利信息和非专利信息。所谓非专利信息包括论文信息、企业信息、产品信息、市场信息等。企业信息可以通过企业官网、企查查以及国家企业信用信息公示系统等诸多的工具获得，产品信息可以通过企业官网以及电商平台获取，而市场信息可以通过券商研报、企业年报等途径获得。另外，不可忽视的信息是用户调研信息和专家访谈，从中可以快速获得技术趋势性信息和需求变化信息等。

对于分析对象标杆企业也就是目标专利权人/申请人的获取，在检索时需要尽可能全面地检索目标专利权人/申请人的所有专利，需要考虑：该企业的专利申请主体名称，名称的各种变体，其控股子公司，收购公司等。

有些数据库里有专门的专利权人/申请人清理团队，已经对拥有专利数量超过一定数值的实体，进行专利权人/申请人名称的标准化处理，例如针对“宝洁”这家公司的专利申请主体，通过在 DWPI 专利权人代码字段的检索可以得知，“PROCTER & GAMBLE”已经被德温特知识产权团队进行标准化清理并赋予了一个 4 位标准代码：“PROC-C”，那么使用这个代码进行专利权人/申请人检索：CMP=（PROC-C）即可自动检索到所有相关专利申请主体的专利。

针对欧美专利申请量较大的企业，结合某些专利数据库中的公司树字段[1]，可以用于显示和选择检索相关的申请主体的专利，例如针对 Procter & Gamble 公司，如图 22-1 所示，可以选择其控股子公司的专利。

当然如果要做到绝对全面的检索还需要进一步结合人工调查企业的收并购信息、公司架构信息、法人信息、合作申请人信息等进一步核实和补充针对目标企业的专利检索。

[1] https://clarivate.com/derwent/learning/videos/.

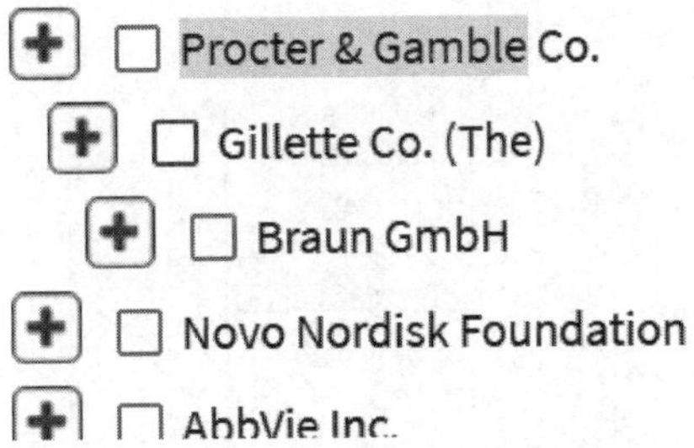

图 22-1　Derwent Innovation 公司树示例

五、对标分析

对于目标专利权人/申请人的专利数据的收集，未必是其所有专利，尤其对于具有综合业务线的企业，应当收集的是聚焦于项目特定技术主题或者应用场景的专利，而不是眉毛胡子一把抓，偏离分析的目标和定位。

如果将数据集按照既定的分类框架进行分类标引，将专利分入多个关注的细分主题或应用场景，则能够支持更深入的对比分析，辨析其重点研发方向、热点研发方向等。既定的分类框架包含的内容决定了项目最终分析成果覆盖的主题，既定的分类框架的细分类的颗粒度决定了项目最终分析成果的分析深入程度，因此分类框架相当于建造一座大厦的地基，应当基于实际需求和数据基础来定制。

一旦一个或多个目标企业的专利数据集确定，即可以支持各种维度的分析，从时间维度上可以反映其研发趋势，从空间维度上可以反映其关注的市场，从技术维度上可以反映其新近投入的热点方向，这些都可以从分析框架中选定的多个分析指标入手进行数据分析。

对标分析的分析结果的可视化，可以尽可能地选择能够清晰呈现对比结果的图表。

例如图 22-2[1] 中显示出：国家电网（SGCC）在人工智能领域专利申请的年均增长率达到了约 70%，而 IBM 在人工智能领域专利申请的年均增长率达到了约 38%。

图 22-3[2] 则从新近活跃度和专利总数两个角度结合起来对比目标企业在各细分技术方向上的研发重点（总数上布局多的一般来说是研发重点），以及研发热点（一般新近活跃度比较高的是近期的研发热点方向）。由此可以判断，目标企业在细分方向 A 和细分方向 B 上布局的专利累计数量最多，是研发的重点方向，而在细分方向 F 和 E 技术上虽然布局的专利累计数量少，但是新近活跃度最高，因此是近期研发的热点方向。

图 22-4 则显示出目标企业在人工智能领域各自侧重的应用领域，例如 Alphabet、Microsoft、Samsung、Toyota 最关注的应用领域是个人电子设备，而 Bosch、Hitachi、Mitsubishi 在人工智能细分领域最关注的是交通运输，LG、NEC、NTT、Panasonic 最关注的是电信领域，Fujitsu 最关注的是生命医药领域等，而国家电网（SGCC）最关注的还是人工智能在能源管理领域的应用。

---

❶ https://www.wipo.int/edocs/pubdocs/en/wipo_pub_1055.pdf.

❷ https://mp.weixin.qq.com/s/LLRwuj6zVLXl_dDViNYnFw.

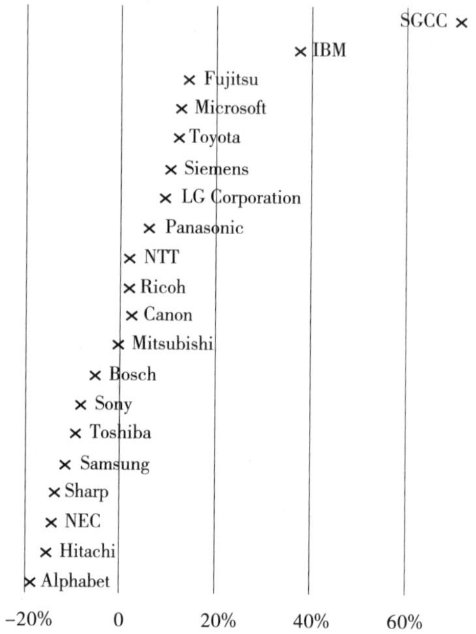

图 22-2　对标实体创新活跃度

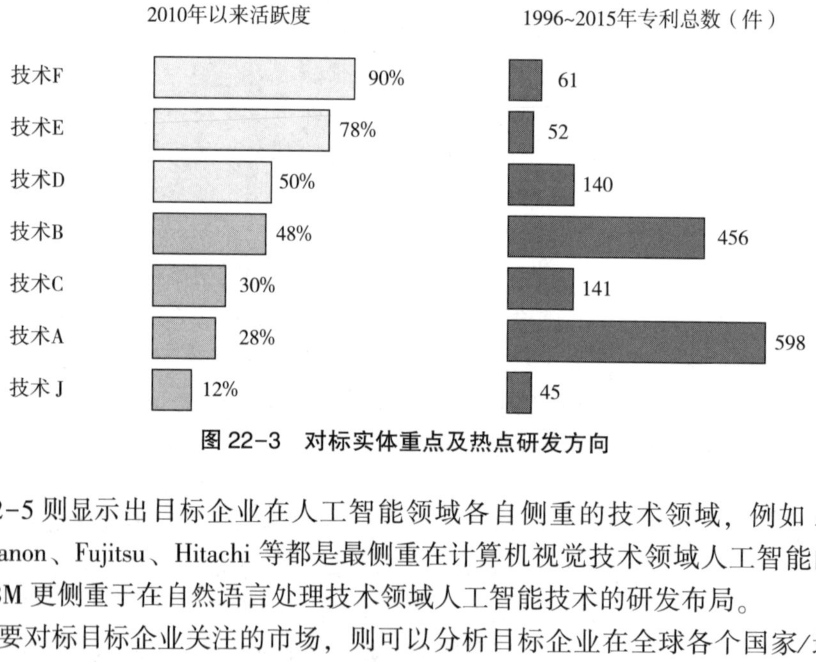

图 22-3　对标实体重点及热点研发方向

图 22-5 则显示出目标企业在人工智能领域各自侧重的技术领域，例如 Alphabet、Bosch、Canon、Fujitsu、Hitachi 等都是最侧重在计算机视觉技术领域人工智能的研发布局，而 IBM 更侧重于在自然语言处理技术领域人工智能技术的研发布局。

如果要对标目标企业关注的市场，则可以分析目标企业在全球各个国家/地区分别布局的专利申请数量，由此可以对比看出多个目标企业各自最关注的目标市场。如图 22-6 所示，Alphabet 除了本土市场美国以外，最关注的就是中国，其次是欧洲，佳能除了本土日本以外，最关注的是美国市场，其次是中国和欧洲。而国家电网（SGCC）虽然专利申请量非常大，但是其只关注本土中国市场，无意拓展海外市场。当然要想进一步了解目标企业在近期的市场动向调整，则可以从目标企业在各个国家/地区布局的历年申请量分析是否有近期明显加大在特定目标市场布局的倾向，或者是否近期有退出某目标市场的趋势，从而从趋势上判断目标企业的市场动向。

	Transportation	Personal devices, computing and HCI	Telecommunications	Document management and publishing	Life and medical sciences	Security	Business	Industry and manufacturing	Physical sciences and engineering	Energy management	Arts and humanities	Networks	Education	Cartography	Entertainment	Computing in government
Alphabet	333	**709**	593	521	119	206	463	61	53	18	163	241	67	361	55	38
Bosch	**1,469**	137	185	17	129	184	14	58	230	155	9	13	25	21	10	3
Canon	56	293	195	**496**	380	118	56	50	33	15	89	28	31	11	11	18
Fujitsu	299	200	253	326	**401**	351	173	110	55	25	73	54	66	8	22	34
Hitachi	**735**	306	338	270	447	297	168	199	256	141	98	61	90	23	13	37
IBM	424	1,050	759	**1,223**	553	486	935	546	112	43	150	308	215	184	82	81
LG Corporation	451	409	**524**	71	113	212	94	49	57	93	84	43	15	9	13	10
Microsoft	278	**1,438**	754	944	319	377	780	192	155	22	209	332	151	218	236	96
Mitsubishi	**501**	130	179	119	171	121	50	88	148	94	42	45	49	17	17	14
NEC	190	203	**438**	351	368	317	197	105	69	51	97	58	63	21	17	47
NTT	42	72	**273**	177	129	107	61	27	23	21	55	57	36	14	11	22
Panasonic	487	323	**494**	251	322	261	115	96	101	97	145	53	80	21	45	31
Ricoh	163	176	134	**367**	55	72	95	81	22	6	62	44	24	10	7	24
Samsung	538	**922**	755	265	595	446	183	131	165	140	176	135	73	42	62	44
SGCC	184	160	374	43	158	322	194	518	36	**646**	6	148	14	114	1	55
Sharp	88	153	142	**203**	92	54	21	28	33	7	74	14	35	7	8	16
Siemens	415	268	458	170	**1,127**	293	60	266	323	164	51	58	58	39	11	31
Sony	209	495	**538**	196	372	299	194	46	85	34	267	88	106	67	314	32
Toshiba	286	336	274	**439**	390	161	232	132	108	142	158	73	37	12	12	50
Toyota	**1,987**	169	198	14	188	92	26	36	267	173	40	30	80	31	15	19

图 22-4　对标实体重点布局细分应用领域

	Computer vision	Speech processing	Natural language processing	Control methods	Knowledge representation and reasoning	Robotics	Planning and scheduling	Predictive analytics	Distributed AI
Alphabet	**1,568**	839	924	176	200	77	40	108	2
Bosch	**687**	92	51	285	20	46	30	11	0
Canon	**3,282**	587	420	17	35	36	15	8	2
Fujitsu	**2,727**	608	640	105	176	56	46	35	10
Hitachi	**2,310**	526	373	449	202	88	137	53	4
IBM	2,683	1,133	**2,962**	151	1,213	48	209	214	8
LG Corporation	**1,362**	549	177	224	2	195	13	10	4
Microsoft	**2,428**	1,076	1,809	33	461	46	130	171	9
Mitsubishi	**1,441**	589	207	225	96	64	49	36	3
NEC	**2,778**	1,094	569	79	255	45	48	78	9
NTT	**1,336**	962	472	38	131	25	23	40	8
Panasonic	**2,726**	1,316	406	218	75	76	32	27	3
Ricoh	**1,993**	341	318	42	32	24	16	9	0
Samsung	**3,365**	935	509	351	84	370	65	55	5
SGCC	**567**	39	358	5	8	51	480	186	160
Sharp	**1,086**	332	396	61	15	29	11	8	4
Siemens	**1,792**	374	207	292	125	148	139	52	14
Sony	**2,477**	977	436	96	112	236	37	48	5
Toshiba	**3,417**	1,013	641	300	177	62	82	75	10
Toyota	**1,394**	507	84	493	47	105	44	23	5

图 22-5　对标实体重点布局细分技术领域

	U.S.	Japan	China	WIPO	EPO	Republic of Korea	Germany	India
Alphabet	3,695		898	1,473	844	424		
Bosch	865	371	626	848	790		1,650	
Canon	2,456	3,404	584		524			
Fujitsu	1,905	3,952	686		655			
Hitachi	1,668	3,947	596	777	627			
IBM	7,990	1,281	884					
LG Corporation	818		519	358	471	1,986		
Microsoft	5,811	851	1,584	2,070	1,466	773		624
Mitsubishi	1,042	2,446	437	566	334		364	
NEC	1,959	3,909	498	1,280	553			
NTT		2,726						
Panasonic	1,857	3,910	852	903	750			
Ricoh	942	2,376	311		316			
SGCC			2,680					
Samsung	3,566	653	1,394	763	1,226	4,146		
Sharp	741	1,550	239	255	204			
Siemens	2,195	578	692	1,346	1,448		1,859	
Sony	2,603	2,602	1,507	1,091	1,132	497		
Toshiba	2,172	4,936	626					
Toyota	1,869	2,642	836	751	498		724	

图 22-6　对标实体关注目标市场

图 22-7❶用针对本公司和目标公司之间的专利优劣势的对比，分别从各细分方向的专利总量、新近专利占比、专利强度 3 个角度进行对比，如果 2 个以上角度都占优势，则可以视为重点关注的优势方向，例如图中本公司的优势技术方向可以认为是 F、J 和 L，而竞争对手的优势技术方向可以认为是 C 和 K。

图 22-8❷则用占比的方式，对比了 7 家企业分别在授权的 5G 声明标准必要专利、授权的 5G 声明标准必要专利有欧洲/美国/PCT 家族成员的、声明的 5G 标准必要专利这 3 种视角下，每家企业的专利在 7 家总数中的占比（7 家的总数视为 100%）。

❶ https://p3.smarket.net.cn/tangsenlutou/tangsenlutou-template/1c1b3e7a4f8934ddc9b9ab3ce50e2838/html/articleinfo.html?code=041tJKkl2oulW54pRnnl2QS4Fd0tJKkl&articleId=2008112193270924&configId=1435238&weChatId=5525&scope=snsapi_userinfo&retCode=0&excode=14b975d6f4d1e97de5a3d24c113893ce.

❷ https://www.iplytics.com/wp-content/uploads/2020/02/5G-patent-study_TU-Berlin_IPlytics-2020.pdf.

	本公司			竞争对手1		
	总数量（件）	平均专利强度得分	新近专利占比	总数量（件）	平均专利强度得分	新近专利占比
技术A	124	37.9	14%	38	41.5	50%
技术B	62	39.5	80%	42	55.3	31%
技术C	71	35.4	100%	32	58.8	100%
技术D	94	36.9	38%	103	61.4	15%
技术E	27	41.2				
技术F	96	52.6	55%	45	58.1	11%
技术G	58	18.8	15%	120	22.1	48%
技术H	136	25.3	79%	140	32.0	38%
技术I	52	51.5	8%	12	66.8	12%
技术J	15	58.6	60%	52	68.3	25%
技术K	160	23.0	33%	192	73.5	75%
技术L	48	57.3	54%	32	80.9	50%
技术M	26	34.0	47%	5	47.9	12%

超过平均发明强度

活跃度超过50%

汇聚领域

图 22-7　对标实体优势技术领域

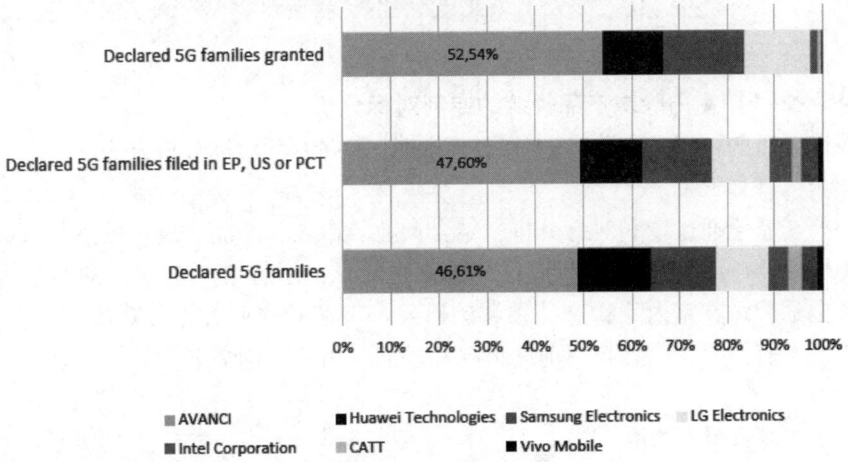

图 22-8　对标实体 5G 标准必要专利份额

六、对标分析成果的利用

专利对标分析的成果，即经过分类标引的专利、分析结论和建议等都具有巨大的商业价值。

1. 专利数据的利用

对标分析形成的专利数据是针对特定企业的产品、服务、技术所做的系统检索和深度标引的数据，因此，经过标引的数据本身就具有非常大的利用价值。

研发部门可以系统研究特定企业的技术路线和技术演进情况。

市场部门可以根据与特定产品相关的专利数据，来研判特定企业在特定产品/服务上的投入情况，识别该企业参与的新的应用场景。

IP 部门可以将本企业产品与特定企业的专利进行比对，识别风险状况；还可以将本企业专利与特定企业的专利数据统一绘制成可视化图表，作为 IP 竞争工作的指导。

形成内部专利数据库，持续跟踪后续申请的趋势，监控风险专利的状态，以及作为已知的现有技术，用于后续专利撰写、无效程序、产品的风险排查等。

2. 分析结论的利用

专利对标分析的结论回答了最初设定的商业问题，客观全面的分析结论可以指导企业的商业活动。

对于发现的新技术或新的技术趋势，可以考虑作为本企业的研发目标。

对于发现的技术的新应用场景，可以考虑作为本企业的新产品开发目标。

对于发现的符合技术趋势的技术，可以考虑合作或者收购。

对于发现的竞争对手的研发动向，可以考虑对本企业的研发策略进行调整。

第三节　对标分析典型案例[1]

【案例 22-1】室内除味产品领域的专利对标分析

案例设置目的：以室内除味产品领域为例，掌握专利对标分析方法。

第一步：目标设定。

宝洁公司希望通过专利对标分析，结合产业、市场、产品、技术信息，掌握室内除味产品领域主要厂商的研发、市场和专利布局差异，了解市场需求及潜在的合作对象等，服务宝洁公司在室内除味产品领域的研发、市场和商业合作战略决策。简单来讲，一方面需要了解主要厂商各自目前的情况和动向，另一方面需要为后续开发和商业战略决策提供方向。

第二步：确立对标对象。

在本案例中，对标分析的技术领域是明确的，即室内除味技术领域，需要研究明确的是对标分析的对象，即对比哪几家厂商。在有的场景中，对标分析的对象是清楚的，而对标分析的技术领域是待定的，因此，需要根据需求确定是应该限定至一个特定的技术领域进行对标分析，还是对于对标对象之间覆盖的全部技术领域进行综合对标分析。

就本案例而言，室内除味产品领域有许多的参与厂商，在确立对标对象的过程中，首先通过收集电视广告、商业信息等调查手段，从室内除味产品行业内，识别出市场份额较高的含宝洁公司在内的 5 家主要厂商作为候选对象，如图 22-9 所示。当然，如果

---

[1] 引用案例来自：https://www.jstage.jst.go.jp/article/johokanri/58/10/58_745/_html/-char/ja.

在对标对象的选取过程中，用户并不明确自己的对标对象而且商业信息很难获取，也可以通过专利信息辅助调查候选对象。

本案例中通过商业信息调查，可以了解随着社会背景的变化，市场上用户对于室内除味产品领域认知的变化，以及各厂商的相应产品。调查结果显示，室内除味产品的用户对香气的认知经历了 3 个阶段，第一阶段是 1970~1990 年的“遮蔽恶臭”，第二阶段是 1990~2008 年的“彻底除味和无香”，第三阶段是 2008 年之后的“享受香气”。图 22-9 中梳理了 5 个主要厂商的主要产品和产品上市的年份。图中使用矩形框标出产品、出品年份等，以了解每家厂商的产品代际变迁。

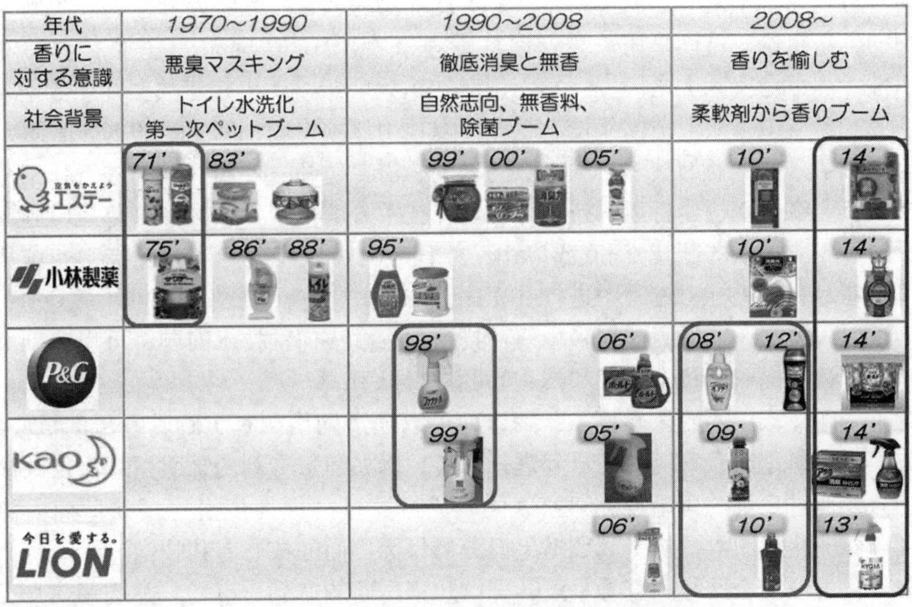

图 22-9　对标实体市场产品代际变迁

最终对标对象的选取可以考虑业务领域和产品的相似性、市场的交叉性，也可以考虑技术的先进性等。宝洁公司基于自身的市场和竞争定位，将专注除味剂/香料产品的厂商エステー以及专注于制药领域的小林制药排除在对标对象之外，而聚焦于自身与另外两家大型综合日化产品生产厂商“花王”“狮王”的对标。因此，最终确定的对标对象是花王、狮王与宝洁公司自身这 3 家厂商在室内除味领域的对标。

第三步：建立分析框架。

为了了解对标对象在室内除味领域的市场、产品、技术、专利差异和动向，可以从以下维度进行分析：

· 几家厂商在室内除味产品领域的专利申请趋势，反映其在室内除味产品领域的创新趋势，反映何时开始创新、与产品推出的关系、目前的创新态势等；

· 几家厂商在室内除味产品领域的技术研发重点的交叉和差异情况；

· 几家厂商具体采用什么技术方案解决什么技术问题；

· 几家厂商的核心技术，包括市场宣传与专利布局体现的各自的核心技术。

以上仅是列举了几个围绕本案例最核心的需求选择的分析维度，实际上还有很多其他的分析角度可以有助于了解几家厂商的异同点，可以参见表 22-1 进行分析维度的选取。

第四步：数据收集与整理。

由于本项目选择的对标对象是宝洁、花王和狮王，因此需要获取的数据源包括这 3 家厂商的专利信息和商业信息。

由于本项目限定于室内除味技术领域的对标分析，因此需要制定对于室内除味技术的专利检索策略，以获取 3 家厂商在室内除味技术领域的专利数据进行对标。

为了进行 3 家厂商的专利申请趋势的对比而反映其创新趋势差异，需要了解 3 家厂商专利的创新年份，可以采用一个德温特专利家族（DWPI family，一个德温特专利家族的多件专利申请实际上是同一项发明创新主题）的最早优先权年数据，该数据表征该德温特专利家族中首次申请的年份，也即可以视为该项发明创新主题的创新时间。

为了了解几家厂商的技术研发重点的异同，需要对几家厂商的专利进行技术分类标引，通常应当在早期构建特定的技术分解表或技术分解框架，该技术分解表应当反映关注的目标技术所包括的子技术和/或应用，并且应当可以实现专利分类标引，该技术分解表可以在专利分类标引过程中进行补充完善。

为了深入了解 3 家厂商分别采用何种技术手段解决何种技术问题，可以分别对专利进行深入研读，提取其技术手段和技术问题进行标引。

为了了解几家厂商的核心技术，一方面可以通过网络调查了解其宣传的核心技术，另一方面可以通过对几家厂商的专利进行分析，例如通过专利的被引用频次反映该专利的影响力，通过专利的德温特专利家族同族成员数量（同族规模）反映厂商内部的重视程度和商业化意图等，从专利数据层面分析目标厂商的核心专利技术。

另外，可以结合网络调查等手段，了解几家厂商的产品、市场、并购等信息，与专利数据进行对比分析。

通过以上示例可以了解，对于数据的获取、收集和整理，应当是围绕设定的分析目标和设计的分析框架来进行的，分析目标和分析框架决定了要收集的数据类型，以及要获取的专利的范围、字段、需要进行的标引工作等，最终数据的整理可以以专利家族为单位进行，也可以以专利申请为单位进行，取决于分析的目的，如果是要进行技术层面的对标，则可以以专利家族为单位进行数据整理，如果是要进行专利布局层面的对标，则可以以专利申请为单位进行数据整理。

第五步：专利对标分析。

图 22-10 显示 3 家厂商 1994~2014 年在室内除味技术方面的专利申请趋势。

在 20 世纪 90 年代中期，3 家厂商都没有除味产品，而在除味产品问世之前，3 家厂商的相关专利申请经历了一个大幅提升，并在 2000 年达到申请量的高峰；随着技术的成熟，虽然产品大量推出，但是相关技术的专利申请量开始回落。

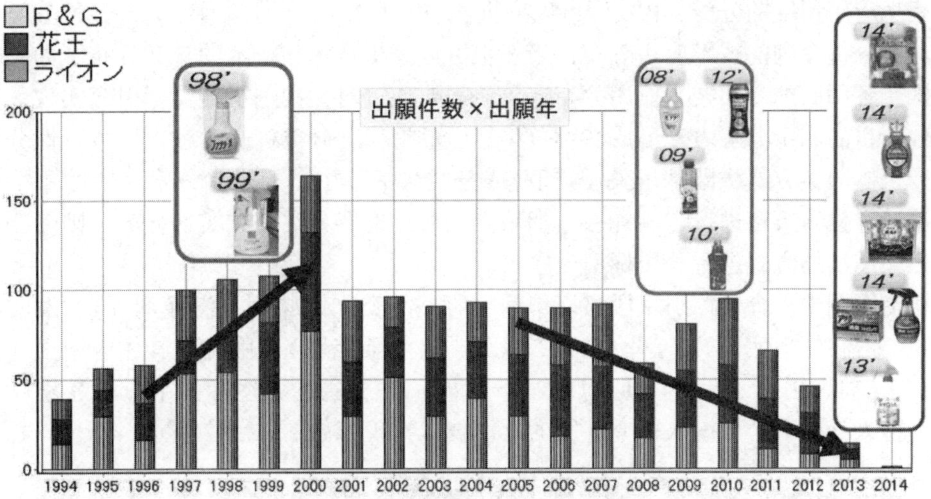

图 22-10　对标实体专利申请趋势

图 22-11 为以日本专利分类号 FI 为纵轴、F-term（多角度应用分类）为横轴，形成的技术-应用矩阵，呈现 3 家厂商各自研发投入的重点领域（矩形框）。图中圆的大小表示专利数量，颜色区分 3 家厂商专利量占比。图 22-11 中还将 3 家厂商在室内除味技术领域的产品和专利进行关联，从而初步发现 3 家厂商在技术路线上的差异。

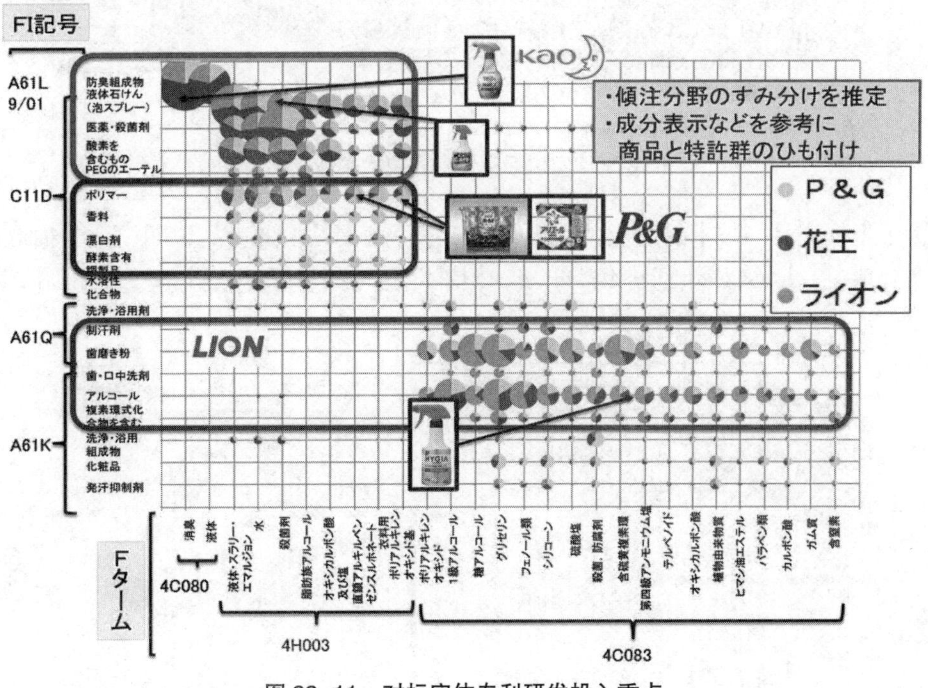

图 22-11　对标实体专利研发投入重点

凭借专利分类号可以比较快速粗略地了解几家厂商的布局技术/应用的差异，例如日本的 F-term 分类号、德温特专利数据库的德温特专利手工代码（DWPI Manual Code）

等具有从应用角度的分类，IPC 等可以提供从技术角度的分类，因此结合多种分类系统可以参考分析专利的技术应用分布，当然也可以分析技术和技术的交叉分布。如果希望具体探究各厂商的专利技术应用分布，仍然需要通过对专利进行分类标引来实现，需要根据分析目的制定分解表来形成后续分类标引的框架，分类标引过程根据可行性分析可以选择机器分类方式，即基于关键词和/或分类号的标引，通过为分解表中的每个分类分别设计子检索策略进行专利标引；如果无法通过机器分类方式实现分类，则需要通过人工逐篇阅读的方式进行分类标引。

在本案例中，分类标引字段可以包括：商品品类（除味剂、洗涤剂等）、发明解决的问题、解决方案大分类、解决方案二级分类（物质名称）、用途（具体应用于什么样的商品）、原因物质（什么物质引起发臭/污垢）等。通过上述标引字段对 3 家厂商的专利进行人工标引，可深入探究各家的具体技术实现，如图 22-12 所示。

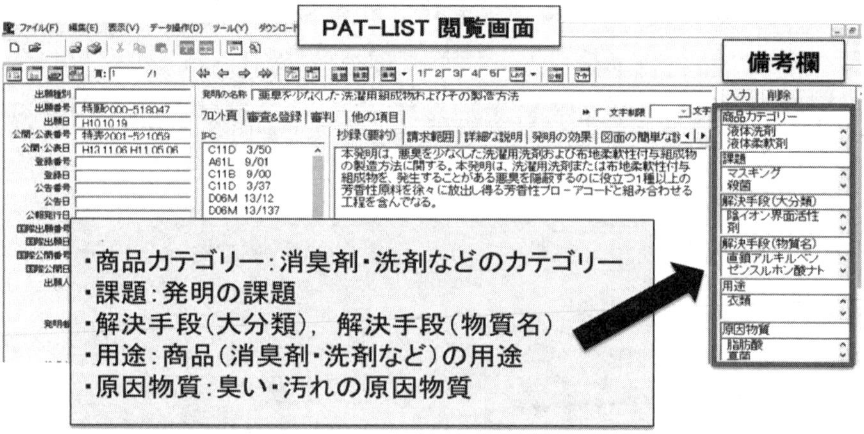

图 22-12　对标实体专利技术实施方式

为了把握产品与技术的对应关系，收集 3 家厂商网站上的产品说明，从中抽取出产品的主要成分，以及对外宣称包含的核心技术，如图 22-13、图 22-14 和图 22-15 所示。

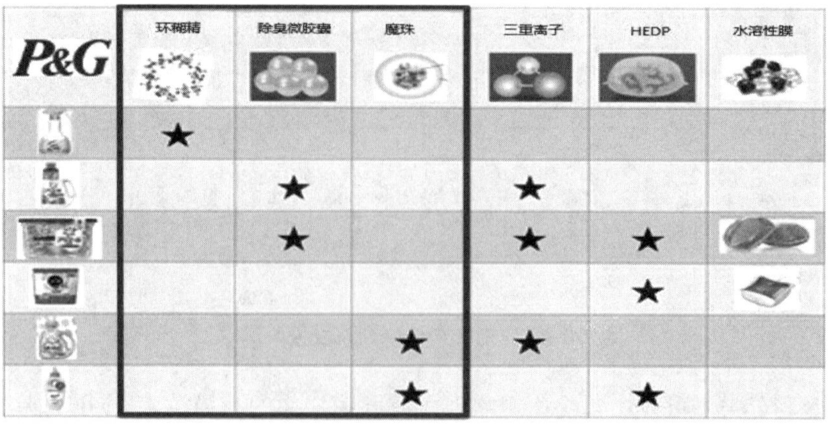

图 22-13　宝洁核心产品技术对照

KAO	绿茶提取物	尿臭阻滞剂	选择性除臭	衣类保护剂	超阴离子
	★	★			
	★		★		
	★			★	
					★

图 22-14　花王核心产品技术对照

LION	MEE	MES	叔铵盐	OBS－12	金属化合物
	★				
	★	叔铵盐	烷基铵盐 三甲基铵盐		
			DDAC		
					★
		★		★	★

图 22-15　狮王核心产品技术对照

这些信息可以与专利进行对照，加以印证，进一步呈现厂商的产品策略和技术的应用场景。图 22-16 显示了 3 家厂商按照专利强度评级的核心专利与产品技术的对应。图 22-16 中显示的是通过专利评级提取出的专利评级较高的专利，分别以专利评级作为纵轴（如 A-、C+等），以申请年份作为横轴，显示核心专利申请趋势，然后进一步解析这些核心专利的具体技术，并与 3 家厂商对外宣称的核心技术进行对比，从而确定 3 家厂商的核心技术。

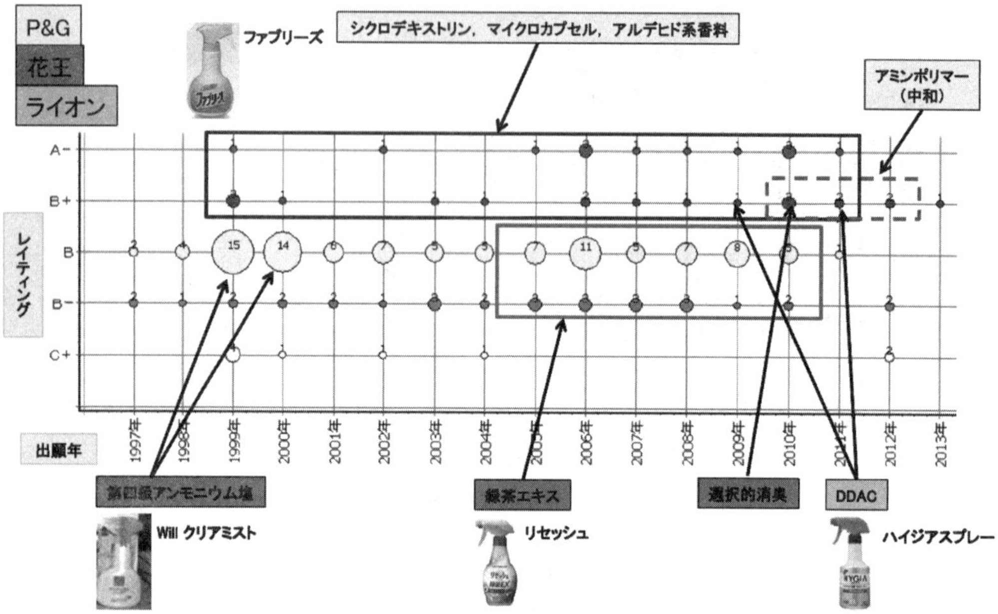

图 22-16　对标实体核心专利产品技术对应

核心技术对标结果如图 22-17 所示，从中可以看出对于宝洁公司而言处于相对空白而对于花王和狮王属于核心技术的领域，如矩形框圈定部分所示。宝洁公司的室内除味产品围绕环糊精、除味微胶囊等核心技术展开，而在杀菌技术方面没有布局；而花王和狮王则布局有大量的杀菌技术。这两家厂商在杀菌技术中，均使用了叔铵盐技术，但是仍存在其他差异化技术路线，例如，花王使用绿茶提取物，而狮王使用 OBS-12 技术。

企業	においを取る 界面活性剤 多孔質etc	においをなくす 殺菌系	中和 金属化合物 アミン化合物	マスキング 香料
P&G	シクロ デキストリン 		アミンポリマー	アルデヒド系 香料 マジックビーズ 
Kao	尿臭ブロッカー ウルトラアニオン	緑茶エキス 第四級 アンモニウム塩		選択的消臭
LION	MEE MES	DDAC （第四級 アンモニウム塩） OBS−12	金属化合物	

图 22-17　对标实体核心技术

除了了解 3 家厂商的核心技术异同以外，为了辅助宝洁的研发方向战略决策，还可以通过收集市场需求，例如男性和女性分别看重的室内除味产品需要解决的问题，并分析对标对象在应对这些需求方面分别采用了何种技术手段。如图 22-18 所示，以专利标引中整理出的“发明解决的问题”和用户问卷中形成的“不满意点”作为纵轴，将专利中揭示的“解决方案”作为横轴，形成技术功效矩阵，呈现了当前哪些“问题”还没有充分的技术手段予以解决。图中矩形框中圈中的问题，具有较多的技术解决方案，可以被认为“问题”已经较好地得到了解决，而矩形框圈外的问题，还没有得到很好的解决，例如“希望去除香烟中含有的有害物质（包含 PM2.5）”，据此探索出潜在的产品开发方向，而对标分析结果显示这个方向是目前 3 家厂商都没有充分触及的领域。

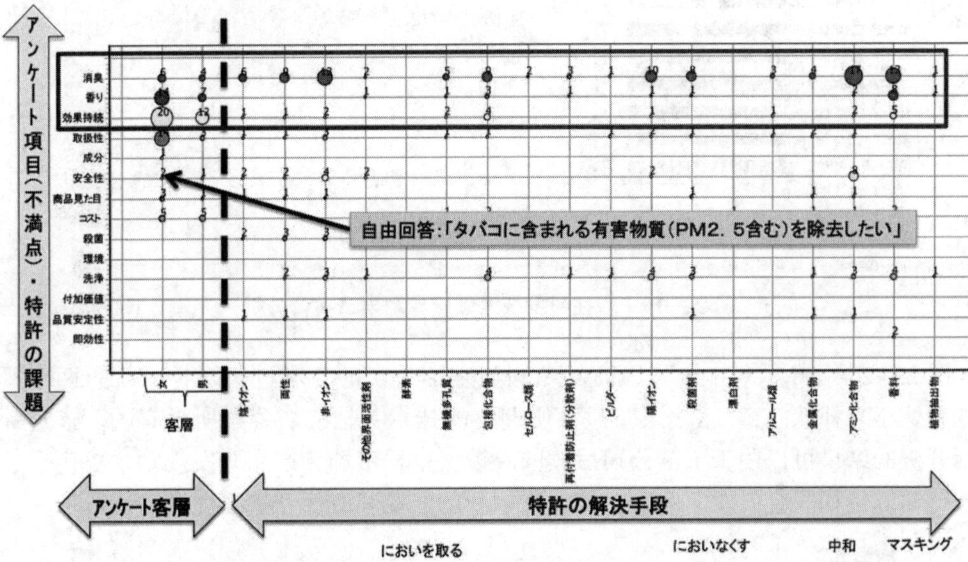

图 22-18　对标实体应对市场需求的专利技术布局

第六步：对标分析成果的利用。

本案例中通过对标分析掌握了 3 家主要厂商在室内除味技术领域中的产品和技术异同，了解了 3 家厂商的核心技术优劣势和布局差异，可以为宝洁公司提供客观清晰的竞争地图，辅助后续研发决策。分析结果还揭示了存在市场需求而 3 家厂商均未充分布局的潜在研发方向，可以进一步通过专利对标分析发掘潜在的合作伙伴。通过检索潜在研发方向上的专利，识别在该方向上进行专利布局的实体，发现大阪大学和“ネオス”厂商在该技术领域排名靠前，并且在联合申请相关专利，如图 22-19 所示。

<検索式>

発明の名称+要約+請求の範囲	シクロデキストリン + サイクロデキストリン + シクロアミロース + 環状デキストリン + Cyclodextrins + cyclodextrin + 環状オリゴ糖 + シクロデキストリン誘導体 + シクロデキストリン類 + シクロヘキサアミロース + シクロヘプタアミロース + シクロオクタアミロース + クラスターデキストリン + 高度分岐環状デキストリン+包摂化合物+包接化合物
発明の名称+要約+請求の範囲	PM2.5+ＰＭ２．５+微小粒子状物質 + 大気汚染物質 + 粒子状物質 + 飛散粒子物質 + 有害物質 + 有害ガス + 内分泌撹乱物質 + 内分泌撹乱物質 + 発がん物質 + 発癌物質 + 発ガン物質 + 毒物 + ダイオキシン + ポリ塩化ビフェニル+β-ピリジル-α-N-メチルピロリジン+一酸化炭素+１酸化炭素+ノックス
論理式	S001*S002⇒８２件

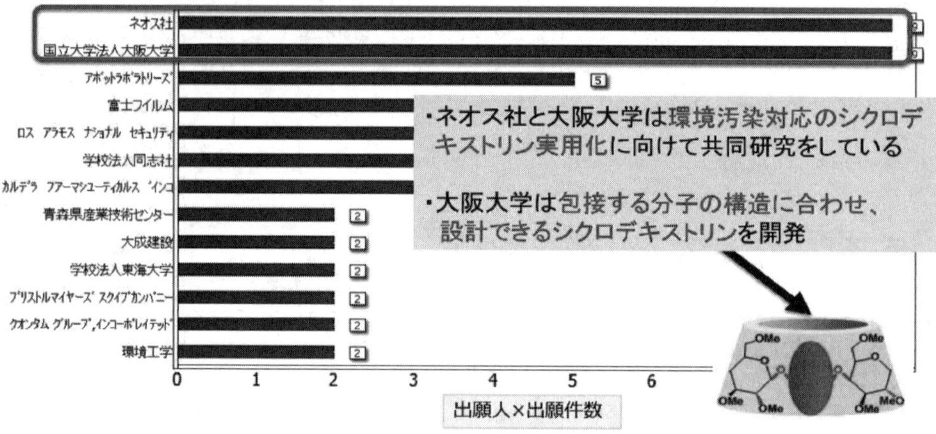

※出願年：1982年～，検索日：2015年4月5日，使用データベース：Hypat-i2

图 22-19　潜在研发技术领域专利申请实体分析

图 22-20 中将“ネオス”厂商的专利与宝洁公司的专利进行对标发现，两个厂商的专利处于互补状态，“ネオス”厂商所拥有的技术，是宝洁公司所没有的。该进一步对标分析的结果可以用于宝洁公司后续的决策，根据市场、产品开发规划，决定后续的商业行动，例如联合研发、收购，抑或开始新的监控和对标分析而促进自行研发。

<検索式>

発明の名称+要約+請求の範囲	シクロデキストリン + サイクロデキストリン + シクロアミロース + 環状デキストリン + Cyclodextrins + cyclodextrin + 環状オリゴ糖 + シクロデキストリン誘導体 + シクロデキストリン類 + シクロヘキサアミロース + シクロヘプタアミロース + シクロオクタアミロース + クラスターデキストリン + 高度分岐環状デキストリン+包摂化合物+包接化合物
出願人・権利者名	プロクター+株式会社ネオス
論理式	S001*S002⇒６５件

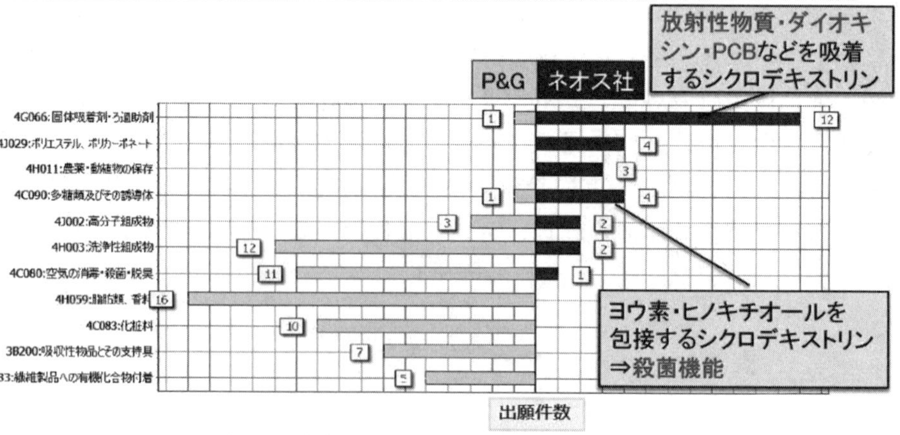

※出願年：2007年～（ネオス社のシクロデキストリン関連出願が2007年以降のため），検索日：2015年4月5日，使用データベース：Hypat-i2

图 22-20　本厂商与潜在合作厂商专利对标分析

第二十三章　专利预警及应对中的专利分析

当前和未来一段时期内，我国将采取更严格的知识产权保护制度，进一步深化知识产权领域体制机制改革，完善法律法规，着力构建知识产权大保护工作格局❶。同时，随着经济全球化进程的加快及“一带一路”倡议的推进，越来越多的中国企业走出国门，参与国际竞争，随之而来的知识产权风险也大大增加。专利预警作为一种专利情报分析手段，能够在把握规律的基础上系统地监测专利布局态势，从宏观、中观和微观不同层面发挥出辨识当前风险、观察未来趋势的显微镜和望远镜功能，其对于辅助政府科学决策，帮助企业技术创新，提升市场竞争力，全面增强国家、产业及企业抗御风险、化解危机的能力，提升创新驱动发展效率，具有广泛而深远的意义❷。本章重点从技术研发、侵权诉讼两个角度介绍专利预警的分析方法，同时列举了研发活动及侵权应对过程中专利预警分析的典型案例。

第一节　专利预警概念

一、专利预警的概念

专利预警指通过收集、整理、分析判断与产品相关的专利、市场等信息，对外部的各种专利威胁加以识别、分析和评价，了解其威胁程度和可能导致的危害，再向决策层发出警报以维护自身利益与安全❸。专利预警作为知识产权预警的重要组成部分，从层次上划分为国家专利预警、行业专利预警和企业专利预警，其分析客体虽有区别，但本质和方法基本相同❹。本章重点阐述企业专利预警分析方法。

二、企业专利预警的基本作用

1. 为企业是否涉足新研发领域提供情报支持

企业在成立之初或调整研发策略的过程中，面临的最大问题是技术领域的选择，除

❶ 申长雨. 全面开启知识产权强国建设新征程［J］. 知识产权，2017（10）：3-21.

❷ 张勇. 专利预警——从管控风险到决胜创新［M］. 北京：知识产权出版社，2015.

❸ 赖院根，朱东华. 专利预警警情的理论研究［J］. 科学学与科学技术管理，2009，30（2）：5-9.

❹ 刘桂锋，李伟，刘红光. 基于专利地图的企业专利预警模式实证研究［J］. 情报杂志，2012（5）：12-19.

了要考虑政策以及市场等因素外，最重要的是新技术领域发展前景的判断，专利预警可以通过分析技术的生命周期来展示该技术所处的发展阶段，从而为企业是否介入该领域提供参考。

2. **辅助企业选择研发方向和技术突破口**

企业选定研发领域之后，下一步工作便是寻找研究的方向和技术突破口。专利预警中的技术脉络图是找寻技术研究方向的有力武器，通过它与技术功效矩阵的结合，可以为企业研发提供有力参考。技术功效矩阵可以在某种程度上为我们展示该技术未来发展的前景，其将多个技术手段和多种技术效果组成二维矩阵，可以帮助发现目前大多数企业的研发思路及技术空白点，从而指导企业研发。

3. **帮助企业合理配置资源提升研发效率**

企业创新除了要选择正确的研发方向和技术突破口之外，还需要解决的另一个问题是研发效率的提升，专利预警可以从以下方面促进创新资源配置，提升研发效率。

一是遴选引进技术：通过专利预警分析，对海量专利数据进行筛选，选出代表技术领域发展方向和重点的核心专利，企业在研发过程中可重点关注这些核心专利，通过进一步结合市场、政策、企业发展规划等信息，选取适当的专利技术进行引进，从而达到提升自身研发起点的目的；二是评估引进人才：人才是创新的第一资源，人才引进中最主要的问题是待引进人才与企业发展的契合度，包括引进人才的研究能力及其研究方向与企业发展方向是否一致两个方面，这两个方面都可以通过专利预警进行评估；三是找寻合作对象：通过专利预警，可以对行业技术领域的申请人进行分析，发现不同申请人的研发特点，从而为企业寻找合作对象提供参考；四是公知技术利用：公知技术记载了大量技术信息，通过专利预警跟踪关注相关专利的法律状态及在不同国家/地区的申请状况，及时获取相关公知技术并充分利用，有利于帮助提升研发效率。

总之，专利预警可以在宏观层面为企业调整研发领域提供预判，同时可以在微观层面为企业寻找研发方向和技术突破口、提升研发效率提供参考，使企业站得更“高”，看得更“远”，是辅助企业研发的有力工具❶。

第二节　专利预警及应对中的专利分析方法

下面分别从企业研发、侵权诉讼两个角度来阐述企业专利预警分析的方法。

一、研发角度的专利预警分析流程及分析项目

专利预警可以服务于研发创新的各个阶段。包括创新前的研发方向选择、技术突

❶ 魏保志. 从专利诉讼看专利预警［M］. 北京：知识产权出版社，2015.

破口寻找、创新中的技术及人才引进、现有技术检索利用，以及创新后的成果评估等❶。

研发角度的专利预警分析流程按研发阶段分为：

（1）新技术立项阶段。在新技术立项阶段，对技术主题进行专利检索及专利信息分析，以了解技术发展状况，为是否立项提供依据。立项阶段的专利预警分析侧重于宏观方面的定量分析，旨在了解技术发展的宏观态势、行业发展阶段、主要竞争对手等方面的信息。

（2）技术研发阶段。研发过程中通过对现有技术的专利预警分析，一方面，可以预估可能存在的侵权风险；另一方面，可利用现有技术的不足或技术空白点来确立自己的研发方向。此外，还可以根据相关专利的主要申请人、主要发明人及其研发方向，为引进技术和人才提供线索。

（3）技术成果权利化阶段。随着研究的开展，不断产生的阶段性成果可申请专利，在项目结束时可形成比较完善的专利布局，确保企业技术创新成果权利化。

（4）技术产业化阶段。通过专利预警分析，根据技术发展趋势的变化、技术研发热点是否迁移、有无新兴技术产生、技术空白识别等，可以帮助企业认清形势，及时调整研发策略，规避市场风险。根据竞争对手专利动态及其市场份额、产品体系和涉诉情况等信息，评估企业技术竞争力和侵权诉讼可能性，预警潜在风险，识别技术合作者、关键技术人才等。

（5）权利运用阶段。获得专利权后，专利权利的运用并不局限于企业自身对专利技术的产业化，更多地体现为产品或服务的市场准入权、市场垄断权或市场控制权❷。

研发角度各阶段专利预警分析内容及方法见表 23-1。

表 23-1　研发角度的专利预警分析的内容和方法

阶　段	专利预警分析内容	专利预警分析方法
新技术立项阶段	技术主题专利申请总体情况	a. 专利申请趋势分析（参见第一章）； b. 专利申请类型分析（参见第二章）； c. 技术生命周期分析（参见第一章）； d. 技术构成分析（参见第二章）
	申请人情况	a. 申请人类型分析（参见第二章）； b. 主要申请人分析（参见第三章）
	地域分布情况	专利申请地域布局分析（参见第二章、第十六章）

❶ 魏保志. 从专利诉讼看专利预警［M］. 北京：知识产权出版社，2015.

❷ 张伯友. 树立科学的专利运用观的思考［N］. 中国知识产权报，2015-01-19.

续表

阶　段	专利预警分析内容	专利预警分析方法
技术研发阶段	专利布局的热点和空白点	a. 技术路线分析（参见第十章）； b. 功效矩阵分析（参见第八章）
	重要专利分析	a. 数据聚类分析（参见第五章）； b. 专利引证分析（参见第六章）； c. 重点专利分析（参见第九章）
	研发创新点挖掘	a. 专利挖掘策略分析（参见第十四章）； b. 规避设计分析（参见第十二章）
	研发合作	研发合作策略分析（参见第十五章）
	人才引进	发明人分析（参见第二十一章）
技术成果权利化阶段	可专利性分析	a. 专利新颖性分析； b. 专利创造性分析
	专利保护与布局策略分析	专利保护与布局策略分析（参见第十六章）
技术产业化阶段	行业技术追踪分析	a. 专利技术追踪策略分析（参见第十三章）； b. 技术发展趋势变化分析（参见第一章）； c. 技术研发热点分析（参见第八章）； d. 技术发展脉络及发展方向分析（参见第十章）
	竞争对手专利分析	对抗竞争对手分析（参见第二十一章）
权利运用阶段	专利运用	专利运用策略分析（参见第十八章）
	专利维权	专利诉讼策略分析（参见第十七章）

二、诉讼角度的专利预警分析流程及专利预警分析项目

近年来，专利诉讼不仅是知识产权的保护手段，也成为策略性的竞争工具和谋利手段，这导致专利诉讼数量在全球范围快速增长，成为企业技术管理和新产品研发面临的突出问题。面对专利诉讼数量快速增长带来的管理挑战，专利预警是应对这一态势的重要手段❶。

诉讼角度的专利预警分析流程（见表 23-2）包括：

（1）专利有效性分析：分析涉诉专利法律状态、专利权稳定性。

（2）专利侵权分析：分析专利的保护范围，并将其权利要求与涉诉产品的技术特征进行比对，分析涉诉产品是否落入专利的保护范围。

（3）诉讼策略分析：基于上述分析结果，制定自身的诉讼/应诉策略。

---

❶ 张米尔，国伟，李海鹏. 专利动态特征与专利诉讼：基于智能手机产业的研究［J］. 管理科学，2020，33（4）：98-106.

表 23-2　诉讼角度的专利预警分析的内容和方法

涉诉方	专利预警分析内容	专利预警分析方法
原告	被告的专利布局情况	a. 专利申请趋势分析（参见第一章）； b. 专利申请类型分析（参见第二章）； c. 专利地区分布分析（参见第二章）； d. 专利技术构成分析（参见第二章）； e. 专利布局策略分析（参见第十六章）
	涉诉专利有效性分析	a. 法律状态分析（参见第二章）； b. 专利权稳定性分析（参见第十一章）
	涉诉专利侵权分析	a. 权利要求保护范围分析（参见第十一章）； b. 侵权比对分析（参见第十一章）
	诉讼策略分析	a. 专利诉讼策略分析（参见第十七章）； b. 应对无效策略分析（参见第十七章）
被告	原告的专利布局情况	a. 专利申请趋势分析（参见第一章）； b. 专利申请类型分析（参见第二章）； c. 专利地区分布分析（参见第二章）； d. 专利技术构成分析（参见第二章）； e. 专利布局策略分析（参见第十六章）
	涉诉专利有效性分析	a. 法律状态分析（参见第二十章）； b. 专利权稳定性分析（参见第十一章）
	涉诉专利侵权分析	a. 权利要求保护范围分析（参见第十一章）； b. 侵权比对分析（参见第十一章）
	应讼策略分析	a. 无效策略分析（参见第十七章）； b. 应诉策略分析（参见第十七章）

需要特别说明的是，专利预警分析的流程、内容和方法并不是固定的，实践中应根据专利预警的主体、对象、目的等灵活调整专利预警分析的内容、指标和深入程度，以得到更有针对性的分析结果。

第三节　专利预警及应对专利分析典型案例

【案例 23-1】新技术立项阶段的专利预警分析

案例设置目的：掌握新技术立项阶段的专利分析步骤及分析方法。

2006 年，XKL 公司计划立项开展一种聚乳酸制备新技术的研究，立项前希望通过专利分析了解聚乳酸技术领域的中国专利技术总体情况及主要研发机构的相关专利情况，以对研发方向和侵权风险作出初步预判。

项目拟开发一种聚乳酸制备技术，以双螺杆反应挤出机为反应器，使聚合反应、单体和副产品的脱出、分子量控制、产物纯化等过程在反应挤出机中一次性完成，并得到高分子量的聚乳酸。项目专利预警分析以聚乳酸技术领域中国发明专利申请为分析对象。

第一步：行业专利态势分析。

（1）专利申请趋势分析

从专利申请量（见图 23-1）来分析：2000 年以前各年聚乳酸专利申请量均在 5 件以下，2001 年以后专利申请数量明显增长，说明我国在聚乳酸技术领域的研发投入力度逐步加大。

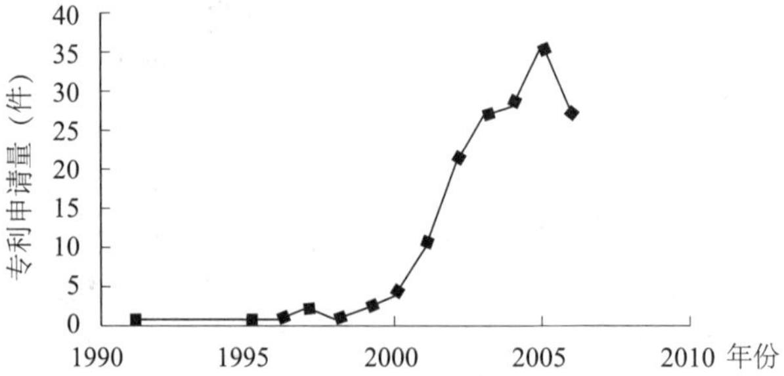

图 23-1　聚乳酸专利申请态势

（2）技术生命周期分析

通过技术生命周期图（见图 23-2）可发现：早年我国聚乳酸专利申请数量和申请人数量都很少，2001 年以后聚乳酸年专利申请数量和专利申请人数量都逐步增加，也表明行业技术处于发展阶段，越来越多的创新主体涉足该领域开展研发并申请专利。

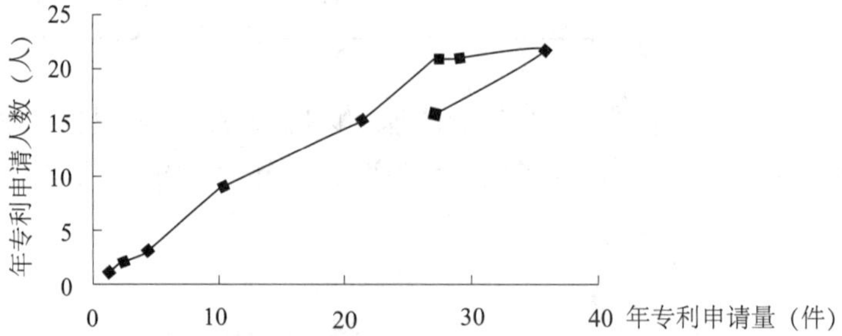

图 23-2　聚乳酸专利技术生命周期

（3）专利技术来源国分析

如图 23-3 所示，聚乳酸中国专利技术主要来源国为中国、日本和美国，日本在中国申请的专利数量远高于美国等其他国家，这在一定程度上表明了日本积极抢占中国聚乳酸领域市场的战略动向。同时不难看出，日本已成为全球聚乳酸研发大国，因此日本相关公司是需重点关注的竞争对手。

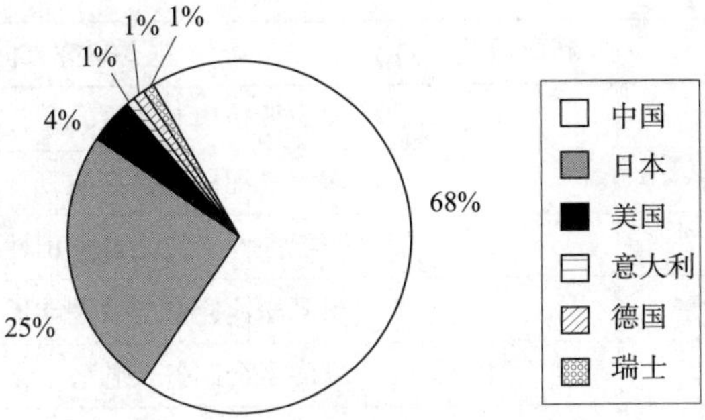

图 23-3　聚乳酸专利技术来源国分布

（4）专利技术构成分析

目前大多数聚乳酸专利是方法与用途并举。方法主要涉及聚乳酸及其树脂组合物的制备和改性，用途则聚焦医用和包装领域，尤其以医用为热点。总的来看，医用聚乳酸技术相对成熟。在包装方面的应用技术较少，在食品、农用及日用品等领域的应用也还有待开发，如图 23-4 所示。

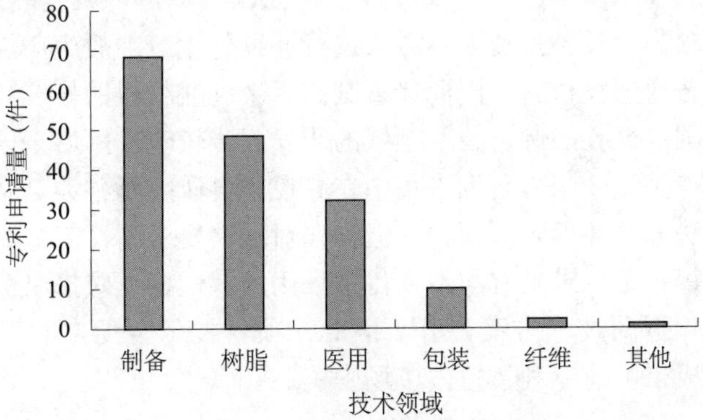

图 23-4　聚乳酸专利技术构成

第二步：行业竞争态势分析。

结合各申请人的专利申请时间分析结果表明，我国对聚乳酸的研究和专利申请比国外晚。国内专利申请人主要为高校和科研院所（见表 23-3），企业申请人较少。相比之下，国外申请人主要为企业。

同济大学走的是双螺杆挤出合成路线，引入扩链剂，获得低成本、高分子量的聚乳酸；中科院长春应化所采用多方复配技术来获得综合性能优良的聚乳酸复合材料；东华大学侧重于改善聚乳酸的加工性能和力学性能。相对国内专利申请人，日本三菱树脂株式会社和岛津制作所申请专利较早。三菱树脂株式会社的专利主要涉及薄膜制品，岛津制作所的专利主要方向是开环聚合制备聚乳酸，并通过选用特殊的引发剂提高反应效率。

表 23-3　聚乳酸中国专利主要申请人

申请人	专利申请量（件）	主要研究方向/技术路线
同济大学	13	双螺杆挤出制备聚乳酸，聚乳酸基复合材料
中科院长春应化所	11	多元复配制备聚乳酸复合材料
东华大学	9	聚乳酸力学性能及加工性能改善
三菱树脂株式会社	6	聚乳酸薄膜制备及性能优化
岛津制作所	4	开环聚合制备聚乳酸

第三步：立项技术研发方向预判。

从表 23-4 可以看出，聚乳酸技术领域的主要研究方向是改善性能，其次是提高分子量、降低成本和简化工艺。其中，通过合成路线选择、工艺设计、原料和助剂选用来提高聚乳酸分子量、改善聚乳酸的各种理化性能和综合使用性能是聚乳酸专利技术最为密集的研究领域。大多数专利采用常用助剂如增塑、增韧、增强、交联等技术手段来达到改善理化性能和使用性能的目的，而扩链剂则主要用于提高聚乳酸分子量。

进一步分析专利技术内容，发现现有技术存在以下不足：聚乳酸的生产工艺复杂，流程长，对原料要求高，设备投资大，无法进行连续化生产，故生产成本高，得到的聚乳酸成本远远高于普通塑胶材料，因而严重制约了聚乳酸材料的推广和使用。

综上所述，我国在聚乳酸制备技术领域的研发起步较晚，落后于国外，日本企业研发全球领先，应重点关注。国内研发多集中在高校和科研院所，涉足企业较少。专利技术主要有直接缩合法和开环聚合法两种，但存在对原料要求高、工艺流程长、生产成本高、产物分子量低等不足。未见有与本项目拟采用的双螺杆反应挤出机一次性制备高分子量聚乳酸相同或相近的技术方案公开。因此，项目技术暂无专利风险，可以立项研发，并及时将创新成果申请专利，抢占市场先机。

表 23-4　聚乳酸专利技术功效矩阵（表中为专利申请号）

功效	合成技术路线选择			工艺设计及参数控制	原料选择及配比设计	助剂选择和使用	
	螺杆挤出	直接熔融	开环聚合			交联/增容/增强/增塑剂	扩链剂
提高分子量	200410066456 200510030548	03115321 200410017212 200410052604 200610029505 95100144	200510029963	200410066456 200610030922	200610030922		03115321 200410017212 200310110047

续表

功效	合成技术路线选择			工艺设计及参数控制	原料选择及配比设计	助剂选择和使用	
	螺杆挤出	直接熔融	开环聚合			交联/增容/增强/增塑剂	扩链剂
改善性能	200610116334 200510030548		02103318	03114939 200510023647 200510030494 200610030922 200610116039 200510030548 200610031001 00814964	03114939 200610116039 200510017205 200510017206 200510017207 200510017208 200510119118 200610026297 00814964 00818327 03806735 03816032 98811756 200380107680 99119441	200310115826 200410011366 200510119120 200610016732 200510110181 200610027821 200610116654	200310110047
简化工艺	200410066456	03115321					
降低成本	03115321 200410017211 200410017212 200410052604	200510029963					

【案例 23-2】研发路径选择的专利预警分析❶

案例设置目的：掌握研发路径选择的专利预警分析步骤及方法。

企业研发创新前通过专利预警分析技术发展路线，在了解主要竞争对手专利布局现状的基础上寻找技术研发突破口。

第一步：主要技术方向的技术发展路线分析。

首先通过数据检索、清洗和标引获得全面准确的专利数据样本 3 万多条。以此为基础通过对核心专利技术的识别和梳理，形成各主要技术方向的技术发展路线图。图 23-5 简要示意了 1995 年以后的 3 个时间段内关键技术的专利申请人、技术主题等情况。

❶ 改编自：魏保志. 热点技术专利预警：汽车安全气囊分册［M］. 北京：知识产权出版社，2014.

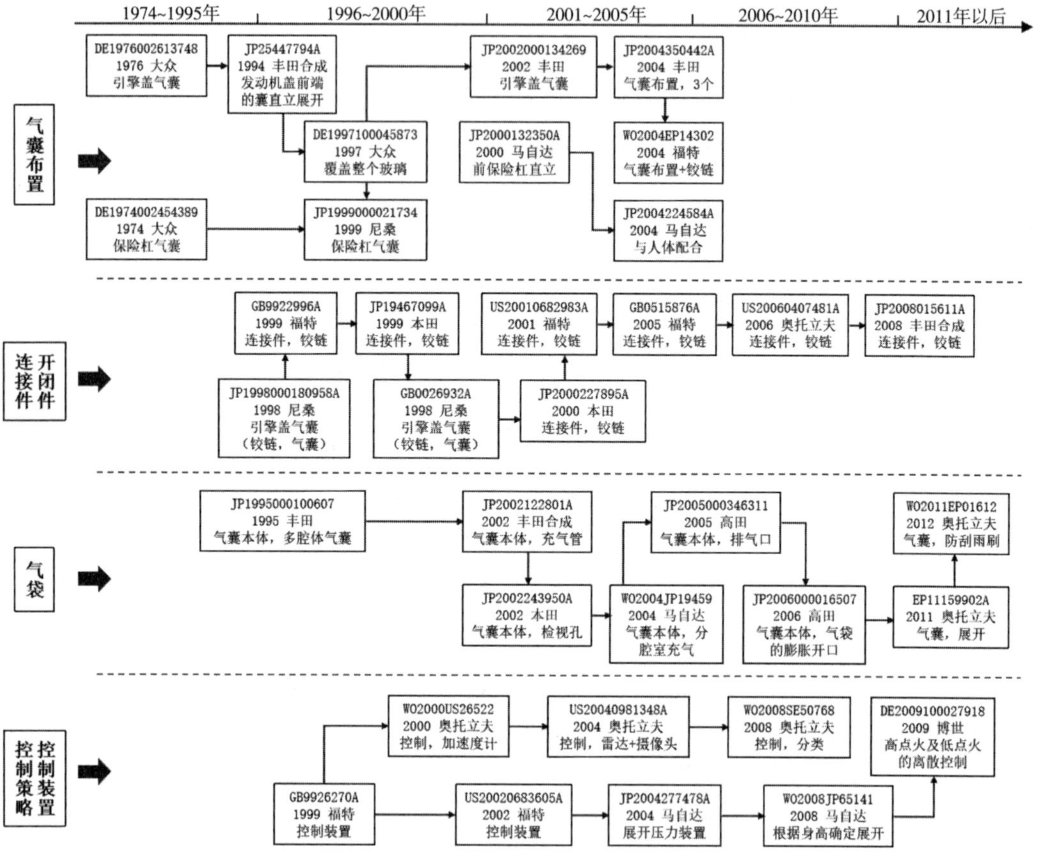

图23-5　行人安全气囊技术发展路线示意

第二步：竞争对手的专利分析。

通过对专利申请人信息的挖掘，了解主要申请人在不同时间和不同技术方向的竞争情况，及其研发方向的动态变化等。图23-6示出了安全气囊气体发生器技术主要竞争者专利申请量随时间变化的排名变化情况。通过该示意图，可以从一个侧面了解主要竞争对手的技术研发和专利布局情况。

第三步：制作专利技术功效矩阵。

从技术研发角度全面分析不同竞争者为了解决安全气囊设计中的特定技术问题采用的各种技术手段。如图23-7所示，纵轴表示要解决的技术问题或达到的技术效果，横轴表示解决问题所采用的技术手段，纵轴与横轴的交汇点的大圆圈表示专利申请布局的总量、内圈表示下面列出的主要竞争者的专利申请量，该图即包含了竞争者信息的技术功效矩阵。例如，左上角的第一个交汇点气泡说明，通过接触式乘员识别手段来提高反应速度的专利申请共有89件，其中，重点关注的福特公司9件。

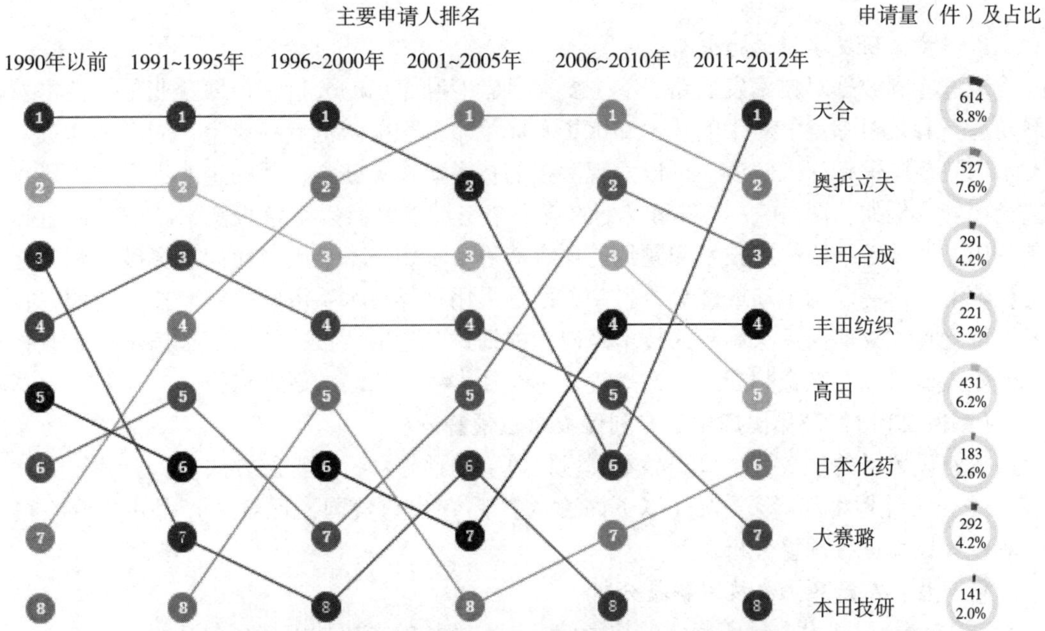

图 23-6　安全气囊气体发生器技术主要竞争者专利布局情况示意

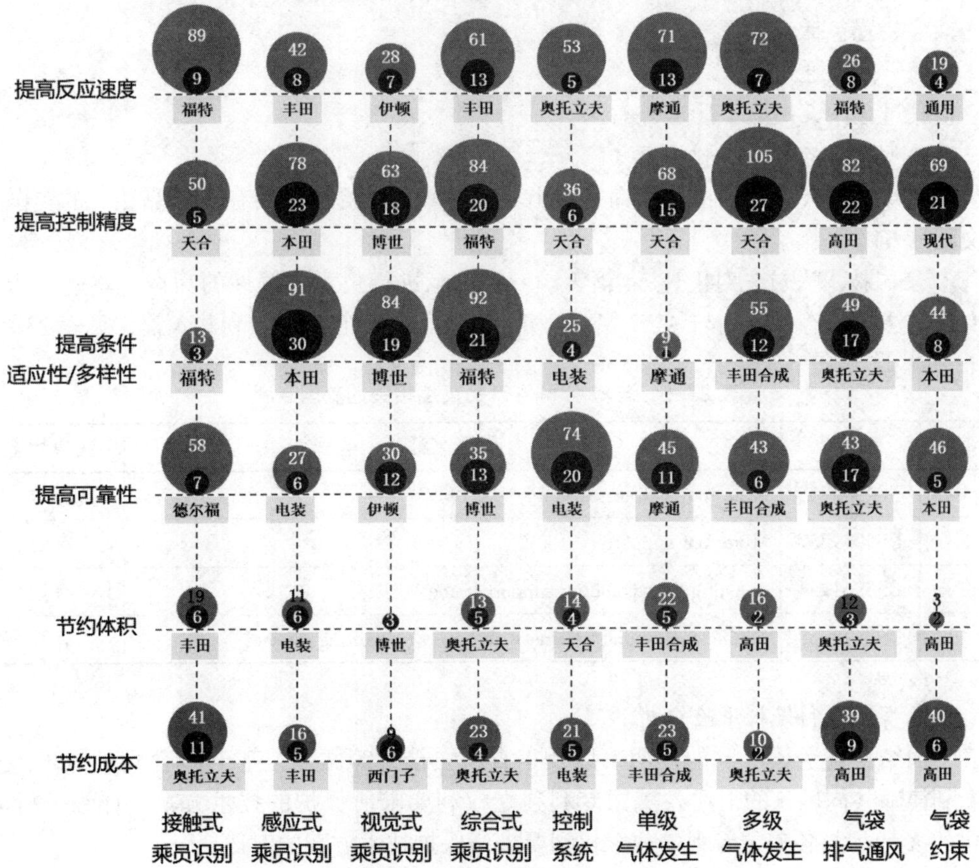

图 23-7　智能型安全气囊技术功效及主要专利申请人

第四步：研发路径选择分析。

通过专利数据对技术发展路线、主要竞争者专利布局的分析，帮助企业了解技术发展动态，有效跟踪竞争对手的技术和市场布局策略，积极防范专利风险；同时，通过对技术功效矩阵进行深入解读，可以发现潜在的技术研发突破点，帮助企业进行技术研发路径规划。例如，图 23-7 中圆圈较小的若干个交汇点具有以下情报意义：一方面意味着采用这类技术手段解决技术问题目前还有待进一步的技术突破，而如果突破，则可能在技术上取得一定的主动或优势；另一方面是采用这类技术手段解决对应技术问题在技术上可能存在短期内无法逾越的技术障碍。根据这些竞争情报、技术情报信息，企业技术研发人员可以在综合判断之后选择符合企业技术发展战略的研发路径。

【案例 23-3】产品出口中的专利侵权风险预警分析

案例设置目的：掌握出口产品专利侵权风险的预警分析步骤及方法。

××公司计划将其×××支架（以下简称 A 产品）出口美国，现对 A 产品可能存在的专利侵权风险进行预警分析。

第一步：A 产品主要技术特征分析。

基于××公司技术人员所确认的技术信息，A 产品的主要技术特征包括：

×××支架，包括顶梁、掩护梁、推移装置、抬底千斤顶、×××、×××、……。

推移装置包括×××。

抬底千斤顶通过×××。

抬底过程中，抬底千斤顶外有×××。

第二步：目标市场专利检索。

国家知识产权局专利检索咨询中心出具的检索报告提示，共有 A 产品相关的美国专利文献计 64 篇。

××公司技术人员先对上述 64 篇美国专利文献进行技术相关性的筛选，并进一步检索专利的法律状态，得到与 A 产品高度相关且现行有效的美国专利共 4 篇，见表 23-5。

表 23-5　与××公司 A 产品高度相关的美国专利

序号	专利号	发明名称	法律状态
1	US4940363	Mine roof support assembly	有效
2	US5039257	Mine roof supports	有效
3	US5961254	A hydraulic advancing support frame	有效
4	US7476058	Mining roof support frame with base skids lifting device	有效

第三步：专利侵权风险分析。

下面结合各美国专利的说明书以及审查历史档案等文件，基于××公司的技术人员和专利律师共同确认的上述各美国专利独立权利要求所保护的技术方案，详细分析××公司的 A 产品与各美国专利的独立权利要求所保护技术方案的对比。

（1）US4940363 与 A 产品的对比分析

通过对比（见表 23-6）可以看出，A 产品与 US4940363 号美国专利的独立权利要求所表述的技术方案相比，至少存在 3 处不同点，根据全面覆盖原则，A 产品没有落入 US4940363 号美国专利的独立权利要求所保护的范围。

表 23-6　US4940363 的独立权利要求与 A 产品主要技术特征比较

项目	US4940363	A 产品	对比结果
技术领域	采矿用的液压支架装置领域	采矿用的液压支架装置领域	相同
主题	液压支架	液压支架	相同
技术特征	具有使用时靠近矿面的第一端	前端使用时靠近矿面	相同
	具有使用时远离矿面的第二端	后端使用时远离矿面	相同
	具有前行装置	具有推移千斤顶和推移杆构成的推移装置	相同
	具有基座举升装置	具有抬底千斤顶	相同
	基座举升装置包括举升油缸和铰接于基座的臂部	（略）	不同
	举升油缸作用在支架上的位置位于支架重心与第二端之间	（略）	不同
	上述结构使支架相对臂部旋转而被抬起第一端	（略）	不同

（2）US5039257 与 A 产品的对比分析

通过对比（见表 23-7）可以看出，A 产品与 US5039257 号美国专利的独立权利要求所表述的技术方案相比，至少存在 4 处不同点，根据全面覆盖原则，A 产品没有落入 US5039257 号美国专利的独立权利要求所保护的范围。

表 23-7　US5039257 的独立权利要求与 A 产品主要技术特征比较

项目	US5039257	A 产品	对比结果
技术领域	采矿用的液压支架装置领域	采矿用的液压支架装置领域	相同
主题	液压支架	液压支架	相同
技术特征	具有基座	具有底座	相同
	基座具有两个平行的滑板	底座由两个平行的滑板构成	相同
	每个滑板具有前端	滑板具有前端	相同
	具有顶梁	具有顶梁	相同
	作用在顶梁与基座之间的千斤顶（即支撑顶梁的立柱）	具有支撑顶梁的液压立柱	相同

续表

项目	US5039257	A 产品	对比结果
技术特征	与基座连接的辅助千斤顶，具有在支架前行过程中举起或降下支架部分的功能	（略）	相同
	连接在基座与辅助千斤顶之间的无效行程部件	（略）	不同
	上述无效行程部件可以协助基座与顶梁之间的相向运动，利于压缩支架	无此功能	不同
	无效行程部件与基座铰接	无此结构	不同
	上述铰接结构可以使一个滑板的前端相对于临近的滑板前端垂直移动有限范围	无此功能	不同

（3）US5961254 与 A 产品的对比分析

通过对比（见表 23-8）可以看出，A 产品与 US5961254 号美国专利的独立权利要求所表述的技术方案相比，其技术特征全部相同或等同，根据全面覆盖原则及等同原则，A 产品落入 US5961254 号美国专利的独立权利要求所保护的范围。

表 23-8　US5961254 的独立权利要求与 A 产品主要技术特征比较

项目	US5961254	A 产品	对比结果
技术领域	采矿用的液压支架装置领域	采矿用的液压支架装置领域	相同
主题	液压支架	液压支架	相同
技术特征	具有两个平行的基座滑靴	具有底座，由两个平行的滑板构成	相同
	支撑顶梁的立柱安装在基座滑靴上	支撑顶梁的液压立柱安装在底座上	相同
	前行油缸支撑安装在基座滑靴之间的横梁上（或是过桥上）	（略）	等同（两者实际上都是将前行油缸与基座连接）
	前行油缸可伸长的活塞杆随前行杆位于废矿侧（即采空端）	（略）	相同
	前行杆位于前行油缸之下	推移杆位于推移千斤顶之下	相同
	前行杆的另一端连接在面向传送装置的矿面侧	推移杆的另一端与采矿区的刮板运输机连接	相同
	举升油缸垂直或竖直方向支撑在前行杆上	（略）	相同

续表

项目	US5961254	A 产品	对比结果
技术特征	上述结构是为了在前行过程中举升基座滑靴	上述结构是为了在推移过程中抬起底座前端	相同
	前行过程中，举升油缸安装于基座滑靴侧面的导向条或称为侧面导向板里	（略）	相同
	上述结构是为了举升油缸能够在高度上滑行	上述结构是为了抬底千斤顶在高度上滑行	相同
	通过 U 形的张力蹬形支架连接所述侧面导板，该 U 形支架中部被举升油缸支撑	（略）	等同（两者实际上都是为了在抬起底座时使抬底油缸的外套有行程空间可以收缩，以抬起底座）

（4）US7476058 与 A 产品的对比分析

通过对比（见表 23-9）可以看出，A 产品与 US7476058 号美国专利的独立权利要求 1 所表述的技术方案相比，其技术特征全部相同，根据全面覆盖原则，A 产品落入 US7476058 号美国专利的独立权利要求 1 所保护的范围。

表 23-9　US7476058 的独立权利要求与 A 产品主要技术特征比较

项目	US7476058	A 产品	对比结果
技术领域	采矿用的液压支架装置领域	采矿用的液压支架装置领域	相同
主题	液压支架	液压支架	相同
技术特征	具有掩护式顶部支架	具有掩护式顶部支架	相同
	具有两个基座滑板	底座由两个滑板构成	相同
	滑板之间具有梁式构件	（略）	相同
	梁式构件上安装有基座举升装置	（略）	相同
	基座举升装置具有至少一个液压举升油缸	（略）	相同
	基座滑板之间安装有行进单元	（略）	相同
	基座举升油缸向下顶在行进单元的行进杆上	（略）	相同
	基座举升装置铰接于梁式构件	（略）	相同

结论与建议：

综上分析，A产品未落入US4940363号美国专利独立权利要求所记载的保护范围，未落入US5039257号美国专利独立权利要求所记载的保护范围。但A产品分别落入US5961254号、US7476058号美国专利的独立权利要求所记载的保护范围，如果出口到美国市场，具有很大的专利侵权风险。

此外，如果将A产品的部分零部件拆除以规避直接侵权的风险，那么依据35. U. S. C. 271（f）（1）~（2）条款内容，依然存在可能间接侵权的风险。

【案例23-4】应对竞争对手的专利预警分析

案例设置目的：掌握应对竞争对手的专利预警分析步骤及方法。

该案例展示了企业面对竞争对手威胁、主动检索竞争对手的专利，并将竞争对手的专利无效掉的过程。

案例背景简介：×××公司与其力传感器技术的主要竞争对手KHAG公司（以下简称竞争对手）之前系合作关系，后来合作终止，由此引发了相应的纠纷，两者关系进一步紧张，之后×××公司在招投标过程中屡次受到竞争对手的投诉或举报，声称×××公司涉嫌侵犯其专利权，给×××公司的生产经营活动造成了严重影响。基于上述背景，×××公司委托某律师事务所就其竞争对手在中国已公开的专利进行检索和专利侵权风险分析。

第一步：竞争对手专利尽职调查。

由于×××公司的力传感器产品仅在中国大陆市场销售，因此对竞争对手专利调查的地域限定在中国大陆。检索显示，竞争对手在中国大陆的专利有4件，包括2件以PCT申请进入中国的发明专利（见表23-10）和2件外观设计专利（见表23-11）。

表23-10 竞争对手在中国大陆的发明专利（申请）

<table>
<tr><th>序号</th><th>PCT公开号</th><th>公开日</th><th>申请号</th><th>申请人</th><th>法律状态</th><th>发明名称</th></tr>
<tr><td rowspan="2">1</td><td>WO/2006/089446</td><td>20080220</td><td>200680006129.7</td><td>基斯特勒控股公司</td><td>有效</td><td>用于压电式作用力或压力传感器、通过电绝缘膜固定在一起的部件</td></tr>
<tr><td colspan="6">本发明涉及一种安装在作用力或压力传感器（1）中，尤其在热线点火塞中的部件（2）。所述部件包括：一盘状或带孔盘状的测量元件（3），其由压电材料制成；带孔盘状或盘状的电极（4），其位于所述测量元件的两侧，并且具有多个用于与导体（10）接触的接触位置（8）；以及一个或多个传递本体（5，5’），其设置在所述电极的外部两侧。根据本发明，所有这些构件（3，4，5，5’）通过一外部电绝缘膜（7）机械地固定在一起</td></tr>
<tr><td rowspan="2">2</td><td>WO/2007/143870</td><td>20090701</td><td>200780022403.4</td><td>基斯特勒控股公司</td><td>实质审查</td><td>横向力测量装置</td></tr>
<tr><td colspan="6">本发明设计的思想在于，在用于测量弯矩的压电传感器中的测量元件通过其轴线分开，并且将具有相反朝向的两个半部电连接。该传感器的轴线布置在机械结构的中性弯曲轴线上，因此在其轴线的两侧同时测量机械结构的张力和压力</td></tr>
</table>

表 23-11　竞争对手在中国大陆的外观设计专利

序号	申请号	申请人	法律状态	外观名称	外观附图
1	201130367089. 2	基斯特勒控股公司	有效	力传感器	
2	201130410764. 5	基斯特勒控股公司	有效	中空型材	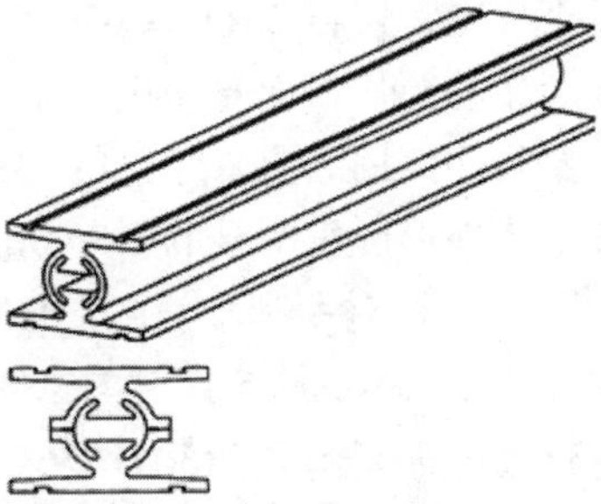

检索发现，竞争对手在中国大陆的申请人并没有采用其在中国市场常用的中文名称“奇石乐”或“奇士乐”，而是采用“基斯特勒”，这也是国外公司进入中国申请专利的技巧之一。

第二步：专利侵权风险分析。

通过×××公司的技术确认，×××公司的力传感器技术与表 23-10 中的专利技术方案差别较大，无侵权风险，不再进行技术对比分析；同时，确认×××公司的力传感器产品的外观设计与表 23-11 中的 2 件外观设计专利（专利号分别为 ZL201130367089. 2、ZL201130410764. 5）相近，存在被诉侵权的风险。

第三步：应对策略分析。

进一步对现有技术检索分析，发现该两件专利的稳定性存在问题，因此建议×××公司采用专利无效宣告途径以消除被诉侵权风险。经过×××公司和专利律师的精心准备，就上述两件专利分别向专利复审委提起了无效宣告请求。

（1）针对专利号为 ZL201130367089. 2 的外观设计专利的无效宣告请求

针对发明名称为力传感器、专利号为 ZL201130367089. 2 的外观设计专利（下称涉案专利 1），×××公司于 2012 年 4 月 23 日向专利复审委提出了无效宣告请求，其理由是涉案专利 1 不符合《专利法》第 23 条的规定，请求宣告该专利无效，同时提交了如下证据：

证据 1：专利号为 US5461924 的美国专利说明书文本；

证据 2：论文《压电石英称重传感器及其在动态公路车辆称重系统中的应用》。

（2）针对专利号为 ZL201130410764. 5 的外观设计专利的无效宣告请求

针对发明名称为中空型材、专利号为 ZL201130410764. 5 的外观设计专利（下称涉案专利 2），×××公司于 2012 年 4 月 23 日向专利复审委提出了无效宣告请求，其理由是涉案专利 2 不符合《专利法》第 23 条第 1 款和第 2 款的规定，请求宣告该专利无效，同时提交了如下证据：

证据 1：专利号为 US5461924 的美国专利说明书文本；

证据 2：论文《压电石英称重传感器及其在动态公路车辆称重系统中的应用》。

案例结果：经过涉案双方的意见陈述、口审，复审委对涉案的两件外观设计专利均作出宣布专利权无效决定。

（1）针对专利号为 ZL201130367089.2 的外观设计专利无效宣告请求的审查决定

2012 年 11 月 27 日，国家知识产权局专利复审委员会作出第 19646 号无效宣告请求审查决定，宣告 201130367089.2 号外观设计权全部无效。决定要点：涉案专利 1 是实际产品的照片，而对比设计是生产实施之前的设计图，两者的不同点属于为适应后期运输安装和使用的要求作出的功能和外形上的完善，而且上述变化并没有对涉案专利产品的整体外形产生明显的影响，因此两者的外观设计没有明显区别。

（2）针对专利号为 ZL201130410764.5 的外观设计专利的无效宣告请求的审查决定

2012 年 12 月 5 日，国家知识产权局专利复审委员会作出第 19674 号无效宣告请求审查决定，宣告 201130410764.5 号外观设计权全部无效。决定要点：型材属于不确定长度的产品，其设计特征主要在于截面的形状，与型材的长度无关。对比设计表达了传感器的完整截面和部分长度，已经完整表达了其外观设计。涉案专利 2 的设计 1 和设计 2 采用上下分体造型，但并没有改变其截面近似于“工”字形的形状，为配合分体造型而设置的支撑部在整体中所占比例不大，对整体视觉效果没有显著影响，涉案专利 2 的设计 1 和设计 2 与对比设计没有明显区别。涉案专利 2 的设计 3 与对比设计的截面的形状相同，设计 3 亦没有其他设计特征，对比设计已公开了设计 3 的全部内容，涉案专利的设计 3 与对比设计属于相同的外观设计。

竞争对手不服对上述两件外观设计专利的无效宣告审查决定，遂提起行政诉讼，北京市一中院维持复审委决定，竞争对手再上诉，最终北京市高级人民法院依然维持复审委决定，上述两件专利自始无效。至此，历时两年多的无效宣告程序终结，×××公司的本次检索分析的产品专利侵权风险得以消除。

【案例 23-5】产品出口前的专利预警分析

案例设置目的：掌握产品出口前专利侵权风险预警分析的步骤及方法。

重庆鑫景特种玻璃有限公司计划将生产的某特种玻璃产品（下称“A 产品”）出口欧洲，现对 A 产品出口欧洲地区的专利侵权风险进行预警分析。

第一步：A 产品技术特征分析。

略。

第二步：目标市场相关专利检索。

根据 A 产品的技术特征，检索欧洲地区相关专利，共得到 300 余篇专利。逐一阅读这些专利文献，根据专利技术相关性进行筛选，进一步检索专利法律状态，最终得到与 A 产品高度相关且现行有效的欧洲专利 3 件，3 件专利均为××公司持有的发明专利，见表 23-12。

表 23-12　与 A 产品高度相关的欧洲专利

序号	专利号	专利权人	发明名称	法律状态	专利类型
1	EP222××××B1	××公司	×××的玻璃	有效	发明
2	EP278××××B1	××公司	×××离子交换玻璃	有效	发明
3	EP264××××B1	××公司	×××离子交换玻璃	有效	发明

第三步：专利侵权风险分析。

（1）A 产品与 EP222××××B1 的对比分析

通过对比（见表 23-13）可以看出，A 产品与 EP222××××B1 号欧洲专利的独立权利要求所表述的技术方案相比，至少存在 4 处不同。根据全面覆盖原则，A 产品没有落入 EP222××××B1 号欧洲专利所保护的范围。

表 23-13　A 产品主要技术特征与 EP222××××B1 的独立权利要求比较

项目	A 产品	EP222××××B1	对比结果
技术主题	一种包括硅酸盐玻璃的盖板	一种包括硅酸盐玻璃的盖板	相同
技术特征	（略）	组分 1，配比范围 1	相同
	（略）	组分 2，配比范围 2	不同
	（略）	组分 3，配比范围 3	相同
	（略）	组分 4，配比范围 4	相同
	（略）	组分 5，配比范围 5	不同
	（略）	组分 6，配比范围 6	相同
	（略）	组分 7，配比范围 7	相同
	（略）	组分 8，配比范围 8	相同
	（略）	组分 9，配比范围 9	不同
	（略）	组分 10，配比范围 10	相同
	（略）	铝硼硅酸盐玻璃的液相黏度至少为 100kP	不同

（2）A 产品与 EP278××××B1 的对比分析

方法同上。

（3）A 产品与 EP264××××B1 的对比分析

方法同上。

对比分析结果表明：A 产品没有落入 EP222××××B1、EP278××××B1 和 EP264××××B1 三件欧洲专利所保护的范围，不构成专利侵权。A 产品出口到欧洲市场，暂无专利侵权风险。

参考文献

[1] Yoon B, Park Y. Development of new technology forecasting algorithm：hybrid approach for morphology analysis and conjoint analysis of patent information [J]. IEEE Transactions on Engineering Management, 2007.

[2] 张燕舞，等. 企业战略与竞争分析方法之一：专利分析法 [J]. 情报科学，2003，21 (8)：808-810.

[3] 方曙，等. 专利情报分析方法及应用研究 [J]. 图书情报知识，2007 (4)：64-69.

[4] 肖沪卫. Internet 专利竞争情报开发研究 [J]. 情报杂志，2003，22 (10)：52-54.

[5] 郭婕婷，肖国华. 专利分析方法研究 [J]. 情报杂志，2008 (1).

[6] 蔡爽，等. 专利分析方法评述及层次分析 [J]. 科学学研究，2008 (S2).

[7] 查先进，杨凤. 基于对比分析法的专利情报分析实证研究 [J]. 图书馆论坛，2008，28 (6)：193-197，204.

[8] 李春燕. 基于专利信息分析的技术生命周期判断方法 [J]. 现代情报，2012，32 (2)：98-101.

[9] 刘斌强，江玉得. 基于专利信息分析的技术生命周期判断与应用 [J]. 唯实，2011 (1)：77-79.

[10] 蔡神喜. 我国专利集中度测度指标研究 [D]. 武汉：华中科技大学，2011.

[11] Ernst H. Patent Portfolios for Strategic R&D Planning [J]. Journal of Engineering & Technology Management, 1998, 15 (4)：279-308.

[12] 李小丽. 基于专利组合分析的技术并购对象甄选研究：美国生物制药技术型企业的实证 [J]. 情报杂志，2009，28 (9).

[13] 徐丹丹. 专利文本聚类分析及可视化研究 [D]. 南京：南京理工大学，2009.

[14] 刘佳，宋之杰. 基于文本聚类的稀土萃取技术专利信息分析 [J]. 燕山大学学报，2014，38 (3)：243-251.

[15] 王贤文，刘趁，毛文莉. 基于专利共被引方法的技术聚类分析：以苹果公司专利为例 [J]. 科学与管理，2014 (5)：31-37.

[16] 吴正. 可视化工具在专利分析中的应用 [J]. 数字图书馆论坛，2009 (10)：60-67.

[17] 彭爱东. 专利引文分析在企业竞争情报中的应用 [J]. 情报理论与实践，2004，27 (3)：276-278.

[18] 王舒. 基于专利引用的企业技术影响力及其创新战略分析 [D]. 大连：大连理工大学，2011.

[19] M M S Karki. Patent Citation Analysis：A Policy Analysis Tool [J]. World Patent Information, 1997, 19 (4).

[20] 庞景安，黄迎燕. 国内外专利引文数据库的研究与发展 [J]. 情报科学，2004，22 (2)：182-187.

[21] Organization for Economic Co-operation and Development. The Measurement of Scientific and Technological Activities：Using Patent Data as Science and Technology Indicators [D]. OECD Patent Statistics Manual, Paris, 1994.

[22] 侯筱蓉. 基于引文路径分析的专利技术演进图研究 [D]. 重庆：重庆大学，2008.

[23] Seidel A. A Citation System for Patent Office [J]. Journal of the Patent Office Society, 1949 (31).

[24] 李运景，侯汉清. 引文分析可视化研究 [J]. 情报学报，2007 (2).
[25] Narin F，Olivastro D. Linkage between patents and papers：An interim EPO/US comparison [J]. Scientometrics，1998，41 (1-2)：51-59.
[26] 许琦，林晗. 基于专利引证网络的专利产业化评价方法研究：以燃料电池领域为例 [J]. 数字图书馆论坛，2016 (9)：49-56.
[27] 孔妍. 中国和印度的国际知识流动：基于专利引文的对比研究 [J]. 科技促进发展，2011 (1)：35-40.
[28] 段异兵. 高影响力中国海外发明专利的引文分析 [J]. 科学学研究，2009 (5)：678-681.
[29] 黄鲁成，蔡爽. 基于专利的技术跃迁实证研究 [J]. 科研管理，2009 (2)：64-69.
[30] Hall B H，Jaffe A B，Trajtenberg M. The NBER Patent Citations Data File：Lessons，Insights and Methodological Tools [R]. NBER Working Paper，8498 (2001).
[31] Iwan von Warburga，Thorsten Teicherta，Katja Rostb. Inventive Progress Measured by Multi-Stage Patent Citation Analysis [J]. Research Policy，2005，34 (10)：1591-1607.
[32] 马天旗，刘欢. 利用专利引证信息评价专利质量的改进研究 [J]. 中国发明与专利，2013 (1)：58-61.
[33] 李清海，刘洋，吴泗宗. 专利价值评价指标概述及层次分析 [J]. 科学学研究，2007 (2)：281-286.
[34] 许玲玲. 运用专利分析进行竞争对手跟踪 [J]. 情报科学，2005 (8).
[35] 杨璧嘉，张旭. 专利网络分析在技术路线图中的应用 [J]. 情报分析与研究，2008 (5)：1271-1276.
[36] 李睿，张玲玲，郭世月. 专利同被引聚类与专利引用耦合聚类的对比分析 [J]. 图书情报工作，2012 (4).
[37] 杨中楷，梁永霞，刘则渊. 美国专利商标局 10 个高被引专利的计量分析 [J]. 科学学与科学技术管理，2008 (11)：35-39.
[38] 刘伍堂. 专利资产评估 [M]. 北京：知识产权出版社，2011.
[39] William J Murphy，John L Orcutt，Paul C Remus. Patent Valuation：Improving Decision Making Through Analysis [M]. London：Wiley，2012.
[40] 広瀬祖州，等. 特慲権価値斟価モデル (PatVM) [M]. 东京：東洋荚済新報社，2006：v-ix.
[41] 刘璘琳. 专利质押贷款模型及实证研究 [D]. 武汉：华中科技大学，2012.
[42] 方厚政. 专利质押贷款模式影响因素的实证研究 [J]. 上海经济研究，2014 (8)：50-56.
[43] Black F，Scholes M. The pricing of options and corporate liabilities [J]. Journal of Political Economy，1973，81 (3).
[44] 杨春鹏，伍海华. 实物期权在专利权价值评估中的应用 [J]. 系统工程理论与实践，2002 (6).
[45] 唐锐. 专利的期权定价方法研究 [D]. 湘潭：湘潭大学，2012.
[46] 龚益鸣，丁明芳. 应用 TRIZ 进行技术预测 [J]. 研究与发展管理，2004，16 (5)：77-81.
[47] 肖沪卫，顾震宇. 专利地图方法与应用 [M]. 上海：上海交通大学出版社，2011.
[48] Ernst H. The Use of Patent Data for Technological Forecasting：The Diffusion of CNC - Technology in the Machine Tool Industry [J]. Small Bussiness Economics，1997 (9)：361-381.
[49] Virene E P. Reliability Growth and Its Upper Limit [C]. Proc. Ann. of Symposium on Reliability，1968.
[50] 郭凯，王晓东，等. 白光 LED 领域专利申请状况分析 [J]. 中国发明与专利，2014 (12)：32-35.

［51］董江水. 应用SPSS软件拟合Logistic曲线研究［J］. 金陵科技学院学报，2007，23（1）：21-24.
［52］车慧中. 预测专利数量趋势的方法及计算机系统［P］. 中国专利：201310222214. 9，2013-06-05.
［53］刘璐，郭静，等. 国内知识产权质押融资典型模式比较与存在问题分析［J］. 现代商业，2014（35）.
［54］陈燕，方建国. 专利信息分析方法与流程［J］. 中国发明与专利，2005（12）.
［55］陈颖，张晓林. 专利技术功效矩阵构建词汇模型研究［J］. 情报科学，2012（11）：1704-1708.
［56］瞿东升，陈展，等. 专利信息的技术功效与应用图挖掘研究［J］. 现代图书情报技术，2012（7）：96-102.
［57］霍翠婷，等. 日本FI/F-term分类体系在专利技术/功效矩阵中的应用研究［J］. 情报杂志，2013，32（11）：140-144.
［58］罗立国. 基于专利信息服务平台的专利地图研究［D］. 武汉：华中科技大学，2009.
［59］曾元显. 专利文字之知识探勘：技术与挑战［C］//淡江大学资讯与图书馆学系. 台北：现代资讯组织与检索研讨会，2004.
［60］陈颖，张晓林. 专利技术功效矩阵构建研究进展［J］. 现代图书情报技术，2011（11）：1-8.
［61］王圣顺. 专利文件之专利技术特性及功能知识分析法［D］. 台北：台湾科技大学，2006.
［62］NTCIR. The 7th NTCIR Workshop（2007/2008）［EB/OL］. ［2011-09-28］. http://research. nii. ac. jp/ntcir/ntcir-ws7/ws-en. html.
［63］NTCIR. Patent Retrieval Task（Patent）［EB/OL］. ［2011-09-28］. http://research. nii. ac. jp/ntcir/workshop/On-lineProceedings4/index. html.
［64］冯志云. 试论技术功效矩阵图在专利挖掘和完善专利组合中的应用［C］. 中华全国专利代理人协会年会知识产权论坛，2014.
［65］Invention Machine Knowledgist［EB/OL］. http://www. invention-machine. com.
［66］Sheremetyeva S. An Efficient Patent Keyword Extractor As Translation Resource［EB/OL］. http://www. mt-archive. info/MTS-2009-Sheremetyeva. pdf.
［67］Dong G，Li J. Efficient Mining of Emerging Patterns：Discovering Trends and Differences［C］//In Proceedings of the Fifth International Conference on Knowledge Discovery and Data Mining，1999：43-52.
［68］Graff G D. The Sources of Biological Innovation for Agriculture：the comparative advantages of public，entrepreneurial，and corporate R&D［C］//Agricultural and Resource Economics University of California-Berkeley，2002.
［69］Graff G D，David Zilberman. The Division of Innovative Labor among Universities，Entrepreneurs，and Corporations in Agricultural Biotechnology［C］. 2004.
［70］Hall B H. A Note on the Bias in Herfindahl-type Measures Based on Count Data［C］//University of California at Berkeley and NBER，2000.
［71］Kjersten B W，Laurel S D. Quality versus Quantity：Women's Patenting in the Life Sciences［C］//the Society for the Social Study of Science，2005.
［72］Liu B，Hsu W，Ma Y. Discovering the Set of Fundamental Rule Changes［C］//In Proceedings of the Seventh ACM International Conference on Knowledge Discovery and Data Mining（KDD），2001.
［73］Song H S，Kim J K，Kim S H. Mining the change of customer behavior in an internet shopping mall［C］//Expert Systems with Applications，2001：157-168.
［74］Lerner J，Tirole J，Strojwas M. Cooperative Marketing Agreements between Competitors：Evidence from Patent Pools［C］//NBER Working Papers，2003.
［75］CHI-Research，Http://www. chireserach. com.

[76] http://www.ccl.itri.org.tw/products/patent/84008.htm.
[77] 王霞，等. 企业制定战略规划的有效方法：技术路线图 [J]. 哈尔滨职业技术学院学报，2011 (1)：30-31.
[78] 程序，于海燕. TRIZ 理论在专利技术路线图制定中的应用研究 [J]. 情报学报，2012 (10)：1045-1051.
[79] 高自省. 技术路线图基本功能探析 [J]. 技术经济与管理研究，2013 (10)：12-16.
[80] WALSH S T. Roadmapping a Disruptive Technology：Acase Study [J]. Technological Forecasting & Social Change，2004：71.
[81] 叶继涛. 基于路线图的技术预见方法探讨 [J]. 科技与经济，2008 (2)：3-6.
[82] Phaal R，Farrukh C J P，Probert D R. T-Plan-The Fast-Start to Technology Roadmapping：Planning Your Route to Success [G] //Institute for Manufacturing，Cambridge：University of Cambridge，2002.
[83] 许琦，等. 基于专利引证网络的技术进化路线分析：以数据挖掘领域为例 [J]. 科研管理，2013 (2)：27-35.
[84] 石蕊，施蕾. 卫星导航专利分析报告之一：接收机微带天线 [J]. 数字通信世界，2014 (2).
[85] 刘倩楠. 基于专利引文网络的技术演进路径识别研究 [D]. 大连：大连理工大学，2010.
[86] 北京市高级人民法院知识产权审判庭. 北京市高级人民法院《专利侵权判定指南》理解与适用 [M]. 北京：中国法制出版社，2014.
[87] 刘桂锋，李伟，刘红光. 基于专利地图的企业专利预警模式实证研究 [J]. 情报杂志，2012 (5).
[88] 房华龙，张鹏. 技术引进中的专利分析方法探讨 [J]. 中国发明与专利，2012 (1)：56-59.
[89] 吴泉洲. 产品出口前莫忘专利检索 [J]. 中国发明与专利，2006 (2).
[90] 詹斯特，赫西. 竞争对手分析 [M]. 高文瑾，译. 北京：经济科学出版社，2004.
[91] 张鹏，等. 竞争对手专利情况分析方法探讨 [J]. 中国发明与专利，2011 (9)：46-49.
[92] 刘红光，吕义超. 专利情报分析在特定竞争对手分析中的应用 [J]. 情报杂志，2010 (7)：35-39.
[93] 李伟. 基于专利地图的我国企业专利预警机制研究 [D]. 镇江：江苏大学，2011.
[94] 汪佳梅. 利用专利信息应对专利侵权纠纷的策略探讨 [C]. 中华全国专利代理人协会年会知识产权论坛论文，2014.
[95] 郝志国. 浅谈专利权保护客体的认定及专利侵权行为 [J]. 纺织器材，2004 (6).
[96] 李维思，等. 基于专利分析的产业竞争情报与技术生命周期研究 [J]. 企业技术开发，2011 (6)：91-93.
[97] 陈燕，等. 专利信息采集与分析 [M]. 北京：清华大学出版社，2006.
[98] 李伟. 基于专利分析的国外混合动力汽车竞争情报研究 [J]. 图书情报研究，2012 (2).
[99] 张娴，等. 专利地图分析方法及应用研究 [J]. 情报杂志，2007 (11)：22-25.
[100] 吴晓波，李正卫. 技术演进行为中的混沌分析 [J]. 科学学研究，2002 (5).
[101] 贺正楚，等. 生物医药产业共性技术路线图研究 [J]. 中国软科学，2012 (7)：49-60.
[102] 盛知华成立周年庆专刊 [R]. 上海盛知华知识产权服务有限公司，2011-07-21.
[103] Tim Pohlmann，Marieke Opitz. Typology of the Patent Troll Business [J]. R&D Management，2013 (2)：103-120.
[104] Hull J C. Options，Futures，and Other Derivatives [M]. NJ：Prentice-Hall，1997.
[105] Merton R C. Continuous-Time Finance [M]. Oxford：Wiley-Blackwell，1990.
[106] 杨铁军. 产业专利分析报告（第 3 册）：切削加工刀具 [M]. 北京：知识产权出版社，2012.
[107] 杨铁军. 产业专利分析报告（第 5 册）：立体影像 [M]. 北京：知识产权出版社，2012.

[108] 杨铁军. 产业专利分析报告（第12册）：液晶显示［M］. 北京：知识产权出版社，2013.
[109] 杨铁军. 产业专利分析报告（第19册）：工业机器人［M］. 北京：知识产权出版社，2014.
[110] 杨铁军. 产业专利分析报告（第10册）：功率半导体器件［M］. 北京：知识产权出版社，2013.
[111] 杨铁军. 产业专利分析报告（第9册）：汽车碰撞安全［M］. 北京：知识产权出版社，2013.
[112] 杨铁军. 产业专利分析报告（第11册）：短距离无线通信［M］. 北京：知识产权出版社，2013.
[113] 杨铁军. 产业专利分析报告（第17册）：燃气轮机［M］. 北京：知识产权出版社，2014.
[114] 杨铁军. 产业专利分析报告（第18册）：增材制造［M］. 北京：知识产权出版社，2014.
[115] 杨铁军. 产业专利分析报告（第31册）：移动互联网［M］. 北京：知识产权出版社，2015.
[116] 杨铁军. 产业专利分析报告（第33册）：智能识别［M］. 北京：知识产权出版社，2015.
[117] 杨铁军. 产业专利分析报告（第12册）：液晶显示［M］. 北京：知识产权出版社，2013.

推 荐 书 目

1. 《专利分析：方法、图表解读与情报挖掘》(第2版)
2. 《专利分析：检索、可视化与报告撰写》
3. 《专利挖掘》(第2版)
4. 《专利布局》(第2版)
5. 《专利检索之道》

6. 《发明分析与权利要求撰写：专利律师指南（原书第2版）》
7. 《专利工程：构建高价值专利组合与控制市场指南》
8. 《高价值专利筛选》
9. 《高价值专利培育与评估》
10. 《专利估值：通过分析改进决策》

11. 《国外及我国港澳台专利申请策略》
12. 《专利运营之道》
13. 《专利转移转化案例解析》
14. 《专利导航典型案例汇编》
15. 《企业创新与专利信息利用实务》(第2版)